Adult Activity Books Ser.

The Giant Book of

Binary Puzzle

1000 Easy to Hard (12x12) Puzzles

Vol. 11

Khalid Alzamili, Ph.D.

A Special Request

Your brief review could really help us.

Thank you for your support

August 2020

ISBN: 9789922636320

Dr. Khalid Alzamili Pub

www.alzamili.com

Author Email : khalid@alzamili.com

CONTENTS

INTRODUCTION

Playing logic puzzle is not just a fun way to pass the time, due to its logical elements it has been found as a proven method of exercising and stimulating portions of your brain, training it even, if you will and just like training any other muscle regularly you can expect to see an improvement in cognitive functions. Some studies go as far as indicating regular puzzles can even help reduce the risk of Alzheimer's and other health problems in later life.

Binary Puzzle (also known as " Binairo", "Takuzu", "Tohu wa Vohu") is a logic puzzle with simple rules and challenging solutions. It is played on a rectangular or square grid.

The rules of Binary Puzzle are simple:

1- Fill in the grid with digits "0" and "1"

2- There are as many digits "1" as digits "0" in every row and every column.

3- No more than two cells in a row or a column can contain the same number.

4- Each row is unique, and each column is unique.

0		1		0	1						1
	1			1	0	1	1	0		1	1
1	0	1		0	0	1			1		0
0	0		1		1				0		1
0	1				0	1	1				
	0	0			1		1	1		1	
0	1		0		1	1	0				1
	1	0	1		0				0	1	
	0	1	0	1						0	
		1	1		1				0	1	
1			1								
1			0				0			0	

0	0	1	0	0	1	0	1	1	0	1	1
0	1	0	0	1	0	1	1	0	0	1	1
1	0	1	1	0	0	1	0	1	1	0	0
0	0	1	1	0	1	0	0	1	0	1	1
0	1	0	0	1	0	1	1	0	1	0	1
1	0	0	1	0	1	0	1	1	0	1	0
0	1	1	0	0	1	1	0	0	1	0	1
1	1	0	1	1	0	0	1	0	0	1	0
1	0	1	0	1	0	1	0	1	1	0	0
0	0	1	1	0	1	0	1	0	0	1	1
1	1	0	1	1	0	1	0	0	1	0	0
1	1	0	0	1	1	0	0	1	1	0	0

This Logic Puzzles book is packed with the following features:

- 1000 Binary Puzzle (12x12) from Easy to Hard.
- Answers to every puzzle are provided.
- Each puzzle is guaranteed to have only one solution.

We hope this will be an entertaining and uplifting mental workout, enjoy The Giant Book of Binary Puzzle.

Khalid Alzamili, Ph.D.

Easy (1)

0				0			1				1
		0	1	0	0				1	0	
	0	0						0		1	
	0		0			1			0	0	1
	1				0	1	1				1
1			0		1			1		1	0
		1				0			1		0
		0			0	1	0	1	0		
	0	1					1	0		1	
0	0		1			0		0	1	1	0
1	1		0	1	1		0	1			1
1	1	0		1		1	0		1		

Easy (2)

		1			1		1	1		1	1
0			0			1					1
		0	1	0	0		0	0	1		0
				1	1		1		0		1
		1	0				1	0			0
1			1			1		0	1	0	1
1	0	1					0	1			1
0		0			1		1		0		
		0		1	0	1	1	0			0
0	0	1	0	0		1		1	0		
					0		1		0	1	
		0		1	0	1		0	1	0	

Easy (3)

1		0	1	0				0		1	1
	0						0		1		
1		0	0	1	0			0		1	
	0			0				1	0		1
	0				1		0		1	0	
0	1		0	1			1	1			0
0	0	1							0	0	
	1			0					1	0	0
0	1		0	1			1		1		
0	0							1	0	0	1
1		0				0	0				0
1	1		1	1				0		0	

Easy (4)

1		0			0				0		
	0				1	0		1		1	0
	0		1		0		0	1	1		
1	1			1			0	0			
	0			0			1	1			
			1	0		0		1		0	1
1		0	1	1	0			0			
0					1	1	0		1	0	
1	1		1	1	0				1		
1	0		1				1	0	0	1	
	1	1			1		0		0		1
	1			1	0	1	0			0	0

Easy (5)

0	0		0			1	0			0	
	0	1	1		0	1					1
1		0			0	0	1	1			0
					1	1	0		0		1
0				0	1	0			1		
1	1			1		0			1	1	0
	1			1				1	0		0
1		0		0	1		0		0		
	1	0		1				0	1	0	0
	0		0		1	0			0		
1	1		1		1	1					
					0	0					0

Easy (6)

					0	0	1		1		1
1		1	1		0	1		0			
	0				1		1		0	1	
0		0		1		0	1	0			1
								1		1	0
0		1	0	1	0				0		1
0		1		1		1	1			0	
	0		1	0			0				1
0					1						0
0	0		0		0		1	0	1	1	
			1	0	1			1	0	0	1
	1	0	1			1		0			

Solution on Page (170)

Easy (7)

1				1			1	0	1	1	0
1				1			1				1
	0	1		0	1			1	1	0	
	0	0	1				0	1	1		0
			0	1			1	0			
			0	0		1	0			1	1
1				1	0						
	1	1			1	0	1	1	0		1
0	1			1		1		1		1	
	0								1		
	1			1	1	0		0		0	0
		0		0	1			1			0

Easy (8)

0	0		0				1				
	0			0	0	1			1		
0	1	0	0							1	
	0	1	0	0	1			1	0	0	
		1		0	0		1		1		
0				1		0	0	1			1
1			1	1	0	0			1		
1	0			0				0	0	1	0
	1				1	0	0		0		1
		0			0			0			
				1		0	1		0	1	
1			1	1	0	1	0			0	

Easy (9)

0				1		0		1	0		
0	1	0	0	1		1	1			1	0
		1	1					1		0	
	0	1			1			0	1		0
0											0
	0						1	1		1	
1			1	0				1		0	1
				1		1	1	0			0
1	1		1	0		1		0		0	1
0			0		1	0	1		0	1	
	1					0	0		0	0	
	1	0	1	1		1	0	0			

Easy (10)

0		1		0	1						1
	1			1	0	1	1	0		1	1
1	0	1		0	0	1			1		0
0	0		1		1				0		1
0	1				0	1	1				
	0	0			1		1	1		1	
0	1		0		1	1	0				1
	1	0	1		0				0	1	
	0	1	0	1						0	
		1	1		1				0	1	
1			1								
1			0				0			0	

Easy (11)

									0		
			1					1	1	0	1
		0			1	0					
			0		0		1	1		1	
0	0			0		1	0	0	1	1	0
1		0				1	1	0			
0	1	0	0			0					
	0		1				0	1	0		0
1	1			1		0	1	0	1		
			0	0	1					0	
1			0	1	1				0	1	0
1		0	1	1		0	1	0	0		0

Easy (12)

		1		0				1	0	1	
0	1	0					0	1	1	0	1
	0	1		0				0			
0		1	0		1		1	1			
						0	0	1	0	1	1
	0			0	0	1	1	0	1		
0		1	1							0	
				1			0	1		1	
1				0	0		1	0		1	0
	0					1	0	1			
1		0			0	0		0	1		0
	1		1	1		0	1		0	1	0

Solution on Page (170)

Easy (13)

1	0	0	1	0	0		0		1		
0				0	1			1		1	
				1		0	1	0		1	0
	0	0	1	0			0		1	0	
	0		0			1	0		0	1	1
	1		1		0	0		0	0		
1			1			1					
0	1					0	1				1
1				1	0	1	1				
1	0		1	0			0		0		1
		1						0		1	
1		0			0	1	0				

Easy (14)

	0		0	0		0	1	1		1	1
1	0	0	1	0						0	1
		1	0	1	1						0
	0	1			1	1		1			
					0					0	1
0	1	0	0			0		1		1	0
0			1			1		0			1
	0		0		1					0	0
1	1	0			0		1				0
0	0					1	0		0	1	
1		0		1	0	1			1	0	0
		0								0	0

Easy (15)

			0		1	0		1	0		1
0	0		0	0				1			
		0		1	0		1			0	
0		1	0	0	1						
1	1					1					0
0	1				1		0		0	1	0
0			1				1	0		0	
1					0		0	0			
	1	0		1		0	0				0
	0		1		1	0			0	1	
1	0	0	1		0	1	0			0	0
1				1	0		1	0		0	

Easy (16)

0	0		0		1	0				1	
			0	1	0		0	1	1	0	
1	0	1	1		0	1			0	1	
0	0		0		1					0	1
		0	0							1	0
1	0				1			1		0	
	0		1							1	
1		0	0		1	0	0	1	1		0
	1						0	0	1		0
	0		0	1		0					
1	1	0			1	0		0			
1	1	0		1	0	1					

Easy (17)

1		1		1	1	0		0	0	1	0
	0		0		1					0	1
			1		0	1	0	1	0	1	
			0				1		1	1	0
0	0		0			0	0		1		1
0		0		0			1	0			1
	1			1		1		1			
1				0	1			1			1
		0	1					0		1	
						0		1	0	0	
	1	0	1	0	1				1		0
1	1								0	1	0

Easy (18)

	0		0	0		0	1	1		1	
	0	1			1		0				1
1			1	1		0	1		0		
0				1		1	0				
0	1	0	1			1		0		0	
1			0			0	1	1	0		0
1		1	0		0						
		0	1			1			0		1
1	0		1	0	0	1	0		1	1	
0	0			1		0	1	1		0	1
1					1			0		1	0
	1							0		0	

Solution on Page (170)

Easy (19)

1	0	0	1	0		0	0	1	0		
1	1	0	0			1		0			
0	0		0	1	0			0			
0	0		1		1		0		0		
		0		1	0			0		1	
1	0		1	0	0			1	1		
0		1		0	1	0		1		1	
	1	1	0	1		1	1				0
1	1						0				
1			1							1	
0		1		1	1	0					0
					1			0			0

Easy (20)

1	0				0		1				
0	0			0	1		1	1	0		1
0		0				1					
	0		1		1		1				
			0		0	1		1	0	0	1
	0	1	1	0		0		1			
1	1			0	1	0	1			0	
0		1		1	0		1	0			
	0			1	1				0	0	
1			1		1		0	0			1
0		1	0			0	1			1	
				1				0		0	0

Easy (21)

0		0		1			1			1	
	0		0	1		1		1	1	0	1
					1	0			1	1	
0			0	1		0					1
0			1		0	1	1	0			1
1				1			0	0			0
	0			0		0			0	0	
			1		1	1		0		0	
		0		1	0				0	1	
	0					0	1	0	0		
1		0					0		1		0
	1		0	1	0	1		0	1		0

Easy (22)

	1			0	0		0	1		0	
	0			1	0		1			1	1
		0	1	0		1				1	
0						0		0			
	0	1			0	1		1	0	1	
1	0		1		1				0		
	1					0	1	0	1		
1			0	1	0		0	1			
1	1		1	1			1	0	0		
0	0	1	0			1					1
		0		1		1	0	0			0
1		0	1	0			1			1	0

Easy (23)

1		0	1	0		1		1			1
	0	1					1				
0		0		1			0			1	1
1		1				1	0	1			0
0						0		0	1	0	1
				1		0					0
	0	1	1		0	1	0			0	
0				1		0			0		0
				0	0				0		0
	0		1		1			0		0	
	1			1		0		0	0	1	
		0	1	0	0	1	0	1	0	0	1

Easy (24)

	1	0	0				1	0		1	1
	0	1	0	0		0	1	1			1
0		1		0	1				1		
			0		0				1		
0	0							1	0	1	1
		1		0		0	1			0	1
			0		0	0	1				
0	1	0				1			1	0	
				0	1	1		0			
	1	0		1				1		1	
1	0	1		0		1	0				1
	1	0	1	0		1		0		0	0

Solution on Pages (170-171)

Easy (25)

			0		1		1	1	0		
0				1			1		1	1	
	1	0			1	0		1			
		1		0		1	0	1		1	
	1		0	1		1	1			0	
	0				1		1	0	1		0
0		0	1		0			1		1	
1	1			1	0						
1		1		0	1				1	0	
0	0		0	1		1		0	0	1	1
1			1			1	0		1	0	
	1	0	1			0		1	0	0	1

Easy (26)

		0	1			1	0	1			1
	0	1					1				1
0	1	1						1	1		
	0	0						0			0
		1	0	1			0		0	1	
0					1		1		1	0	0
		0	1	0	1					0	
0	1		0	1		1		0			0
1	1	0	0			0	1	0			
0	0	1		0	0			1			1
1				1	1	0	1	0	0	1	
	1				1			1		0	

Easy (27)

0			1			0	1	0	0	1	
	0			0					0	1	
1		0			0				1	0	0
	1				0				0		1
0				0	1				1	0	
				1				1			
	1	1		0	1	1				0	
	0	1	0	0	1	1		1	1		0
1		0	1	1		0			0	1	
0		1		0	1		0				
1	1		1	1						0	0
1			1		0	1		0	1	0	0

Easy (28)

	0		0		0					1	1
0	1		0	1							
1		1	1		1	0	0	1		0	1
0	0	1				1	1	0			0
0		0					0	1			1
1		1	1				1				0
0	0	1	1				0	0		0	
1	1		0	1	0		0				1
			1	0	1			0			
				0	1		0			0	1
1	1	0	1			0	1				
				0			0		0		0

Easy (29)

				0		1	0		0	1	
0		1	0		1		1				0
0	1		0	1	0		0		1	0	
1		1				1					0
0		1		1	1		0		0		
0				1				0	1	0	
			1								
	1	1			1	0	1		0	1	0
1	1			0		0					
0	0	1	1	0	0		1			1	
1	1		0	1	1						1
1	1	0	1	0		0	1				

Easy (30)

		0		1	0	1	1		1	0	1
	0		0	0			1			1	1
		0	1	0		1		1		1	0
0	1	1				1	0		1		
0	0	1	1		1		1	0			
1	0					0		1	0		1
				1	0	1		0		0	
1	0		0	0		1	0		0		1
	1	0	1			0					
0				1				1			
1		0				0	0				
1	1	0							1		0

Solution on Page (171)

Easy (31)

	1			1	1						1
0	0		0		1		1	1		1	
	0	1		0		1	0	0			0
0		0	0	1	1		1	0	1		
0	1	0	1					1		0	1
1	0	1	0	0	1	0					0
0	0	1		1		1		0	1		
					0						0
				0				0			0
			0	1	0			1		1	1
		0	1	0			1	0	0	1	
1				1	0	1				0	

Easy (32)

0		1	1	0	0		0			1	1
		0		0	1		1	1		1	
0	1		0					0	1		
		1			1						1
		0	1			0	1		1		
			0	1	1	0	0	1	1		
1	0	1	1	0	0		1	0	0		0
0			0	0	1	0			1		
1							1		1		0
	0	1		0	1						0
0	1				1	0				0	1
	1	0		1				0	1	0	0

Easy (33)

1	0		0	0	1		0			1	1
			0	1		0	1		1	1	0
0		0						1	1		
1	0	1		0	1				0		
	1	0				1	0	0		0	1
0				1			1	0	0		1
1	0		1				0			0	
0		0	1						1	0	
	1			1	0	0			0	1	
0	0	1	1		1		0				1
1						1	0	0	1	0	0
		0	0		1					1	0

Easy (34)

1		0								1	1
						0	1	1	0		
0	0				1		0				0
	1					0	1		0		
	0				1	1		1	1	0	1
	0	0		0	0			1	0		
0				1		0	1			1	0
		0		0		0	0	1	1		
	0	1		1	0						0
		1	0	0	1	1					
	1	0		1				0		0	0
1	1	0	1	1	0	1	0		1	0	0

Easy (35)

0				0	1		1	1	0		1
0	1		0	1	1		0		1		
	0			0		1	1	0		0	
1	0	1	0		1	0	0		0	1	
		0	0	1	0			0		0	
0		1			1		1	0		1	
1				1		1	0			0	
		1				1	0	1	0	1	
				1		0				0	
	0		0			1	0	1		1	
		0		1		0					
1			1				0				0

Easy (36)

	0	1		0	1			1	0	1	1
		1	0		1	0	0		0	1	1
0		0				1	1			0	0
		0		0			0				1
	0	1	0	1		0				0	1
		0	0		0					0	0
1			1	0	1	0	0	1	0		0
0				0					1		
	1		1						1		
1	0	1				1				1	
		1			1	0					1
	1				0		0		1	0	0

Solution on Page (171)

Easy (37)

0		1				0	1	1			1
		1				1				0	1
	1				0	0		0			
1		0	1			1				1	0
	0		0			1		1			
0	1				0					0	1
		0					1	0	1		0
0	0	1	1	0	1	0		1		1	1
	1					0		0		1	0
	1	1	0			1	0		1	0	
		1		1	0				0	1	
					0		0	0		0	0

Easy (38)

	0		1			0	0		1		1
1			0		0	0	1	0		1	0
	0	1		0		1	0				
		1			1	0					
1	1		0	1	0	1	0		0	1	0
		1	0					1		1	
1				1	0		1	0	1	0	
				0	1	1	0	1			
		0	1	1			1				
0				0	0		0	1			1
			0		1	0				1	0
1					0		0			0	0

Easy (39)

			0		0		1	1		1	1
0	0		0	0				1			
			1		0	1	1	0			
0				1			1	1		0	1
	0			0	1	1				1	1
	1		1	1	0				1		
0		1		0				0	1		
	1	0			1			1			
1		0		1		0		0	1		
	1	1			1	1		1	0		1
	1			1	0			0			0
1	0			0		1	0		1		0

Easy (40)

		0			0		0	1		0	1
0				0							1
						1				1	0
1	0		0	1				0	1		1
				0	1		0			1	1
				1	0		1	0	0		
1			1		1						
0	1	1	0	0	1		1		0		1
	1			1	0	1	1	0	0	1	
	0							1	1	0	
		0	0		1			0	0		0
1			1	1	0	1	0	0	1	0	

Easy (41)

0		0		1	0	1			1		1
0		1		0		0	1		0		1
		0		1			1	0		1	
0	0			0	1			1	0		
		0		1		0		1	0		1
	0	1	1	0	1		1	0		0	
		1	0	0	1		0			1	1
		0	1				1		0		0
			1	0			0		1		0
				1	0		1	0			
1					1	1	0	1	1		
		0	1		0						0

Easy (42)

				0	1		1			1	
	1			1	0	1	1	0		0	
		0			0			0		1	
0	0			1						1	
		0		1		0	1			0	
1	0		1			1		0	1		0
0				0		0	1	1	0	0	
	1	0	0	1			1	0			0
1						1	0		1	0	
0		1		0	1	1		1	0	1	
	1		1			0		0			0
1					0		0	0	1		0

Solution on Pages (171-172)

Easy (43)

	0			0			0		1		1
	1		0		1	0		1			1
0	0	1	1			0		0	1	1	
			1		0		0		0		
0			0	1							0
0						1		1	0		1
1		0				1		1			
	0	1	0		1			0		0	1
1			1			0		0		1	
	1	1	0	0					0	0	
		1			0	0				1	0
1	1	0		1		1		0	1		0

Easy (44)

1		0			0			1	1		1
0	0	1	0	0		0					1
	1		0	1		1		0		1	
	0			0	0	1	0	1			
	0										
	1	0		1		1		0	1		1
	0	1	1	0				1			1
	1	1		1					0	1	0
		0						0	1		0
	0	1					1		0		1
1			0	1			0	0	1	1	
1			1	0		0		1			0

Easy (45)

		0	1			1			1	1	
							0	1	1		
0				1	0		1				
1		0			1	1				1	0
1	0				1	1	0				
		1		1	0		1				
				0	0		0	0			0
		1		1		0	1	1		0	
1		0	1		0	0			0	1	
0	0	1	1		1		0	0	1		1
	1			1	1						0
1	1	0	1			0		0		0	0

Easy (46)

			0		0	1			1	1	
		0	1	0	0	1	0				1
0			0			0			0		
	0				0	1	1	0	0		1
		0		0		1	0				1
					1		0		0		
0		1	0			0		0	0		
0		0	1	1	0				1	0	0
	1	0			1				0	0	1
		1				0					1
	1	1	0	1		1	0	1	1		0
1				0	1			0	1		0

Easy (47)

	0	1	0	0			1	1	0		1
0						1	0	1	0	1	
		1	1		0					0	
	0		0	1	1			1	0	1	
0							1	0			
1	0			1		0		1			
0	1	0	0				0		1	0	
					1	1	0	0	1		0
		1									0
		0	0			0			0		1
		0	1		0		1	0	1	0	0
1	0		1				0	0	1		0

Easy (48)

0	0				0		1		0	1	
1	0			1	0	0	0			1	0
	1	1			1	0		0			
0		1				0	1		0		1
1		0		1				1	0		
0						0	1	0	1		1
	0	1	1	0	1		0		0		
1	1		1	0							
1	1					0				0	1
		1		1	0		0			1	1
	1	0		0			1				0
	1		1	0	1		0				

Solution on Page (172)

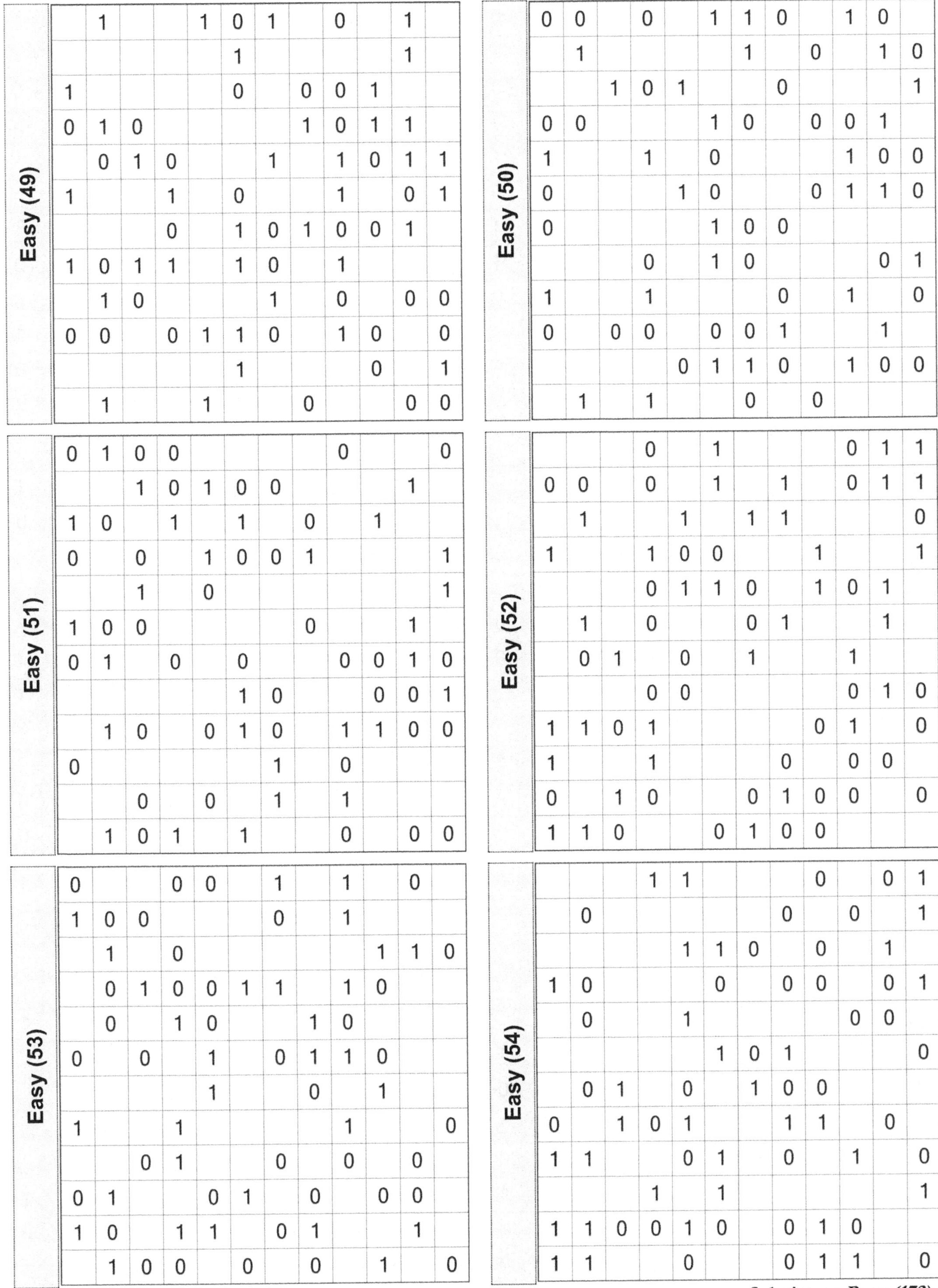

Easy (49)

	1			1	0	1		0		1	
					1					1	
1					0		0	0	1		
0	1	0					1	0	1	1	
	0	1	0			1		1	0	1	1
1			1		0			1		0	1
			0		1	0	1	0	0	1	
1	0	1	1		1	0		1			
	1	0				1		0		0	0
0	0		0	1	1	0		1	0		0
					1				0		1
	1			1			0			0	0

Easy (50)

0	0		0		1	1	0		1	0	
	1					1		0		1	0
		1	0	1			0				1
0	0				1	0		0	0	1	
1			1		0				1	0	0
0				1	0			0	1	1	0
0					1	0	0				
			0		1	0				0	1
1			1				0		1		0
0		0	0		0	0	1			1	
				0	1	1	0		1	0	0
	1		1			0		0			

Easy (51)

0	1	0	0					0			0
		1	0	1	0	0				1	
1	0		1		1		0		1		
0		0		1	0	0	1				1
		1		0							1
1	0	0					0			1	
0	1		0		0			0	0	1	0
					1	0			0	0	1
	1	0		0	1	0		1	1	0	0
0						1		0			
		0		0		1		1			
	1	0	1		1			0		0	0

Easy (52)

			0		1				0	1	1
0	0		0		1		1		0	1	1
	1			1		1	1				0
1			1	0	0			1			1
			0	1	1	0		1	0	1	
	1		0			0	1			1	
	0	1		0		1			1		
			0	0					0	1	0
1	1	0	1					0	1		0
1			1				0		0	0	
0		1	0			0	1	0	0		0
1	1	0			0	1	0	0			

Easy (53)

0			0	0		1		1		0	
1	0	0				0		1			
	1		0						1	1	0
	0	1	0	0	1	1		1	0		
	0		1	0			1	0			
0		0		1		0	1	1	0		
				1			0		1		
1			1					1			0
		0	1			0		0		0	
0	1			0	1		0		0	0	
1	0		1	1		0	1			1	
	1	0	0		0		0		1		0

Easy (54)

			1	1				0		0	1
	0						0		0		1
				1	1	0		0		1	
1	0				0		0	0		0	1
	0			1					0	0	
					1	0	1				0
	0	1		0		1	0	0			
0		1	0	1			1	1		0	
1	1			0	1		0		1		0
			1		1						1
1	1	0	0	1	0		0	1	0		
1	1			0			0	1	1		0

Solution on Page (172)

Easy (55)

		0	0	1		0		0			0
							0	1		0	1
0						1	1	0		1	0
0	1		0					1			1
			0	0	1				1		
	1			1	0				0	1	0
				0	1	1		0		0	1
	0	1		1	1	0	0		0		1
0				1	0			0	0	1	0
		1	1		1	1		1		0	
	1	0		1		0			1	0	1
1		0				0					

Easy (56)

	1	0	0	1	0	0	1			1	1
0	0			1			1	0			
1				0	1						0
	1		0				0			1	0
	0	1		0		0				0	
		0								1	
	1	1		1	0			1			
1		1	1			1	0	1	0	1	0
1			0	1	1	0					
	0	1	0	0	1				0		1
1			1		0	1	0		1	0	0
1	1		1		0		0	1			

Easy (57)

1		0		0			1			1	
		1		0		0	0			0	
		1	0	1	0		1		1		
	0		1		0		1	1		1	0
0	1				1	1		0	1	0	
0	0			1	1	0				1	0
		0	1			1		0	1		0
0		1	1	0						1	
						0	1		1		
0	0	1		0			0	1		1	1
1	1					0	1		1		
1	1			0	1				0		1

Easy (58)

	0	1	0		1				1	0	
		1	0		1		1	1		1	1
											0
	0	1		0	1		0	1	0	1	
		1	1	0	1		1		1	1	
	1			1		0			0	0	
			1							1	
1		1		0	1	0	1	0			1
1		0			0		1		0	1	0
0	0	1		1			0	1			
1	1									0	0
	1		1	1		0		0			0

Easy (59)

1	0		1		0		1		0		
					1		0	1			
0	1		0	1	0	1	0	1		0	
	0	1			0		1	0			
1		1				0			1		
0											1
0	1	0				1		1			0
1	0				1		1				1
	1	0		1	0			0	1	0	0
	1		0			1	0		0	0	1
1	0	1	1		1			0		1	
1				0				1			0

Easy (60)

0		1	0	0		0	1	1		1	1
		0		1					0	0	
		1	1	0		1			1	1	
		1					0	1		1	1
	1	0	0				1	0	1		1
					1			0		1	0
1	0	0			1	1	0			0	
0	1			1		0	1		0		
	1	0	1		1	0					
	0		1			1			0		1
		1	0	1	1			0	1	0	0
	1						0				

Solution on Page (172)

Easy (61)

0	1	0	0		0		0	1		0	1
	0	1						1		1	1
	0		1		0			0		1	0
0						0	1	0	1		
	0		0	1		1			0	1	1
	0		1						1		0
1		0					1		0		0
	0		0	1	0	1		0			1
1	1				1						
0	0	1		0			1		0	0	
1			0					0	0	1	
	1	0	1		0					0	

Easy (62)

	0		0	0		1				0	
0				1				0	1		
1	0		1	0		1	0	1	0		1
0	0			1					1	0	
0	1			1						1	0
	0	1	1			0					
		0			0			0		1	1
1	1	0		1	0		1		1	0	
1						0		1			0
	1	1			0	0		1		0	
1	1	0	1	1				0	1	0	0
1			1					0		1	

Easy (63)

1			1	0					1		
0	0	1			1	0	1			1	1
0		0				1					
	0		1		1						
	0				1					0	
		0	1			1		1	1		0
1		1	0	1		0	1	0		1	1
0	1	1		0		1		1	0	0	1
1	1		1	1	0	0	1		1		
0									0		1
		0	1		0	0		0	0	1	
		0	1				0	0	1		

Easy (64)

0	0	1	0	0		0	1	1	0		
	0		1	0		1				0	
		0	0	1	1	0					0
0			0		1	0					
1			1		0			0	1	0	1
	0			1			1	1			
	1		1	1				0	1	0	
				0	0			1		0	
1				1	1		1	0	0		
1		1			1		0				0
0		1					0	1			1
1		0			0		1	0			0

Easy (65)

1	1			1	0			0	1		0
0		1					0		0		1
0	0		1		0			0	1	0	1
	1	0	0		1	0		0		1	0
			0	0	1	1	0	1	1		
	1			1					1		0
											0
		1	1			0		1	1		1
			1				0	1			0
	0	1			0	1	1			0	
	1	0					0	1		0	
	1			1		0	1	0		1	0

Easy (66)

	0	1		0					0		
	0	0	1	0	0	1				1	
					0	1	0	1	1		1
0		1				0	0	1			
1		0		1	0				1		
		1			1		0		0	0	
				1	0		1		0		
1	0		0	1	1				1		
	0	1	1		0	1		0	1	1	
0			0							0	
1	1	0				0	1	0	0		0
1		1	1	0	1				1		

Solution on Page (173)

Easy (67)

		0	0	1			1	0	0	1	1
0					1		0		1	0	1
0		1				1	1	0			
	1	0	0	1		0					0
0			1		1				1		1
	0	0	1					0		1	0
	1			1	1	0	0				
		1				0	1			1	0
				1	0			0	1	0	
0		1			0		0		0		1
0		1	0	1			1	0			
	1				1	0		1			

Easy (68)

0	1	0		1		1		1		0	1
					0		0	0	1	0	
			0				1	1		1	
	1		1	0	0					1	
1		1	0	0	1			1			0
0		1	0	1			1	0			
				0	0				0	1	
			0				1				
		0	1	0	1		1	0	0		0
0				1	0			1			1
	1			0		0	0	1	0	0	
1	1		1	1					0		0

Easy (69)

	0		0	0		0	1		0		1
		1	1	0	0		1		1		
1	1	0	0			1		1		1	0
	0	1		0				1		0	1
0	0		0				1		0		1
1			0								
	1	0						1	0		1
1	0		0				1	0		1	
			1		0	0	1		1		0
	0	1		0		1			0		
	1	0	1	1		0	1	0			0
		0		1			0	0		0	0

Easy (70)

			1		0					1	1
1					0	1	0	1	1	0	
			0	0					1		
0	0	1				0	1	1	0		
			1	1	0			0			1
	1			1	0	1	0	0		1	0
				0	1					0	1
1	1	0	0			0	1				
1		0	0			1		0			
			1	0	1	0					
1	1		0	1				0			
	1	0	1	0	1	0		1			1

Easy (71)

0	0	1			1	1		1			
1					0		1	1	0	1	
						1	1		0	1	1
1	0			0	1						
	1	0	0	1			0	1			0
	0	1	0	1				0		0	
					1	0	1		0		0
1	1							0			
			0	1	1	0	0	1			1
	0			0	1		1	1		1	1
1					0				1	0	0
	1						1		1	0	0

Easy (72)

							1		0	0	1
0	1	0		1		0		0		1	0
0	0	1		0	1	1		0	1		1
		1			0	0	1	1			0
	1				0						1
			1		1	0			1		
1		1				0	1			1	
0			1		0			1	0		1
		0		0				0	1		
	0						1	1			
1	1		1	1			0	0			
1	1	0	1		1	1	0	0	1		0

Solution on Page (173)

Easy (73)

1		0		0	0			0			
0			0							1	1
		0							1	0	
		1	1	0	0	1	1	0	0	1	1
0		1	0	0		1	0		1	0	1
		0	0	1	1		1	0	1		
	0			1	0		0		0		
	1			0	1			1	1	0	
0				1		0			1		
1					0		0			0	
0	1	1		1		0					0
	1	0	1		0		0	0			

Easy (74)

0	0	1	0		1	0					
	0		1		0	1			1		1
1	1	0	0	1				0	1	1	0
	0		0		1						1
0	1					1		1		0	1
0			1		0	1		1			
	0	1		1		0	1	0	1		0
		1	1	0					0		
			0			1		1	1		0
	0					1	0	1	0		
1	1			1			1	0	0		
	1			1	0	1			1		

Easy (75)

0	0				1	0		1	0		1
0				1			1				
	1		1	0	1				0	1	0
1								0	0		0
0				0	1	1	0				1
1	1	0		1	0	0	1	0	1	1	
	0		1					1	0		
	1	0	1			1		0	1		
				0		0			1		0
			0	1	0						1
	1		1	1		0				0	
	1		1		1	0		1	0	0	1

Easy (76)

0			0							1	
1		0		0	1	0	1	1			
			0		0	1	1	0			
0				1	0			1		1	1
	0		1	0							0
				0		1		1	0	1	
		0	1	1		0		0		0	0
		1		0	1			1	0		1
1	1	0	0		0	1		0	1	1	
		1			1			1	1	0	
	1	0				0					0
1		0		1	0	1			1		0

Easy (77)

1	0	0							0		1
	1	1		0	1	1					0
			0	1		0		0	1	1	
		0		0		1		0	0		
0			0		0						0
	0					0					
	1	0		0	1		0	1	0		
				0	0		1	0	1		
		0	0	1	1	0					1
0	0		0						1		
		0	1	1	0		1		0		0
1		0			0	0		0	1	0	0

Easy (78)

1	1			1				0		1	1
	1			1	0	1			1	0	
0	0		1	0							0
					1						1
0	1	0	1		0	1			1		
	0					0	1	1			1
	0	1	1		1			0		0	0
	1		1	0			0		1	0	
1		1		1	0	1		1		1	0
0					1	0					1
	1		1		1	1		0			0
1	1	0	1	1		1	0				0

Solution on Page (173)

Easy (79)

1				0	0	1	0	1	0		
					0	1			1		
0	0	1				0	1		0		0
0	0		1	0				0			1
	1						0				
	0		0		1	0	1			1	1
0	1	0	1	0	0	1	1		1		
1		1				0			0	0	
0	1		1		0	0		0	1		
1	0		1	0		1	0			0	0
	1	1							0		1
				1	0	0		0		1	0

Easy (80)

0	0		0		1	1		1			
0			0		0			0	1	1	0
	1		1	0			0		0	0	
	0	1				1	1	0	1		
	1	0	1		1	0	1	1	0	1	
1		0				1				1	0
0	1		0	0	1	0			1	0	1
1			1	1							0
			1	1	0		0	0	1		
							0			1	
1			0		0						1
		1				0		0			

Easy (81)

1		0		0							1
0	1		0	0			1	0		0	
	0						1		0	1	
0	1	0		0	0	1	0		0		
1	0	1		1			1	0		0	
0		1	1			1	1				
0	1		1		1				1	0	0
1	0	1						1	0	0	
			0	1	0	1		0	1		
	0			0	1		0		1	0	
		0	0	1			1	0		1	0
1	1								1		

Easy (82)

		0	1	1				0	1	1	
		1	0		1		0		1		
0	1	0		1		0	1	1		1	
			1	0			1		1		
			0		1	1				1	1
			1			1	0			1	
1	0							0		0	1
		1	0	0	1		0	1			
					0	1	1	0		1	0
	0	1		1	1		0		1		1
1	1	0	1				1	0	0	1	
		0		0		1		0	1		0

Easy (83)

1	1	0	0				1	0	1		
0		0	0						0	1	1
0	0		1	0	1		0	0			0
1					0			0	1		
	1	0		1							
0	0		0	0						1	
1			1			1	1	0	1		
	1	0	0	1	1			1	0		1
	0			1	0				1	0	0
		1		0		0	1	1		1	0
	0			0	1				0		
1						1	0	0	1	0	0

Easy (84)

0	0			0				0	0		
	0	0	1			1		1	1		
	1				1	0	1	0		1	0
		1		0				1	0	1	
1		0	1		0			1			1
1		0		1	0	0				1	
0				0			0	1	1	0	1
			0	1		0	0	1			0
1	1							0		0	
1	0						0				
0	1			1	1					1	0
	1	0		1			0				0

Solution on Pages (173-174)

Easy (85)

		1				1		1		1	
1		0	1	0				0		0	1
0		0		1	1		1	1	0	1	
1	0				1		0		1	1	
					0		0		1	0	
0	0		0							1	
1		0	0	1		0			1		0
	0					1	0	1		0	
		0			0		1				0
	1	1	0		0	1					
	0	1	1	0		0	0		0		0
	1	0		1	0		1	0			0

Easy (86)

				1					0		
	0		0		1	0	1		0		
	0				0		1			0	
0			1	1	0	1	0	0			
1	0	1							0	1	
0	0	1			1						
0	1	0	1	1		0	1			0	
			0				1	1	0		0
1	1	0		0		1		0	1		
0	0		0		1		0	1	1	0	1
1		0	1		0	0		0		1	
			1	1		1		0		0	

Easy (87)

			1			1		0	1		
		1			1		1		0	1	1
0	1	0			0					0	1
1	0	1	1		1	0		1		1	0
	0		0	0			0			0	
			0				1		0		
1		1	1		1		0			0	
						0		1	0	1	1
1	1	0	1	1	0	1	0			0	
0		1	1			0	1				1
		0	0		0			1	0		0
1	1	0					1		0	1	

Easy (88)

0			0	0	1	0					1
1		0	1	0		1	0			0	1
					0	1		0		1	0
0	0		0		1			0		1	
		0	1		1	1		1			0
0	1	0	1	1	0	1		0			
	1		0	0			1				1
		1			1			1	0		
1	1			1	0						0
	1	1			0			0	0	1	0
1			1	0		0	0	1		0	
	1	0		1		0		0	1		

Easy (89)

1		0	0	1		0		1	0		
0				0	1		1		0	1	
	0	1	1			1			1	1	
	1					1	0	0			
0				0					0	0	
	0	1			1	1	0	0			
	0	0		1		0		1			
	1		0	0	1		0	1	0	1	
1		0	1		0	0		0	1	0	0
0	0		0	1					0		1
			1	0		1	1				
1			1				0	0		0	0

Easy (90)

	0			0	1	1		1	1		1
1	0	0	1	0			1	0			
	1				1				0		0
0					1	1		1		1	
1	1	0				1			1	0	0
		1		0	1	0				1	1
				1			1				0
1			1					0		0	
	0	1		1							
0	1				0	0		0	0		1
1	0	1	0				0		1	0	0
1	1		1	1		0	1	0	1		

Solution on Page (174)

Easy (91)

	0		1	0	0	1	0	1	1		1
		1						0			
		1	0			0				1	1
1	0			0			1			0	1
			0		1			1		1	0
0	0	1		1	0	1	0			0	
1	0	0					1	0		1	
	1	1		1	0			1			0
		0	1	1	0		0		1		0
0		1		0	1			1	0		
1				1	1		1				
	1	0		1				0	1	0	

Easy (92)

1		0	1			1		0	0	1	1
0		0	0	1					1		
0				0	1	1		1		0	1
		0	1			1	0	1		1	
0	1		0	1	1			0	1		
			0			0	1	1		1	
	1				1	1		0		0	0
		0	1	1		0			1		
		1		0					0	0	1
	1	1				1			1	0	
			1					0	0	1	0
1		1	1	0		0	0			0	

Easy (93)

		1	0	1	0	1	1		1	1	0
0	0		1	0	1		0	1			
1			0	1	0		1	1		0	1
0		0					0				
				0					0	1	
		0	0			0	0			0	0
0	0						1			1	
		1	1		0			0		0	
	1				1	0		1	0	0	1
0			0					1		1	
1				1	0	0	1			0	0
		0	1	1	0		0			0	

Easy (94)

0				0	1	0		1		1	1
0	1		0			1					1
				1	0	0	1		1	1	
0									0	1	
				0	1		0		1	0	
	0				0					1	1
0		1		1		1	0			0	
1	0			0		1		0	1	0	
1	1			1	0			0	0	1	0
0				0		1	0	1	0		1
1		0			0		1			0	0
		0	1	1			0	0			

Easy (95)

0	1	0	0		0			1			
0	0				0				1	0	
1		0	1		1	0	1		1		
	1	1	0						0		
	0		0	1	0	0	1	0	0	1	1
	1					1		1	1	0	
0	0		0		0	1				0	1
		1		0				1			
		0	1	0	1			0			
		1		1			0		0	1	
1				0		0	1		0	1	0
1				1	0	1		0		0	

Easy (96)

	1										1
		1	0		1	1		1	0	1	
		0								1	
	1		0	1					1	0	0
				0	0	1	1				1
1	0	1	0		1	0		1	1		0
	0	1	1		1	0	1	1		0	1
		0			0	1		0	1		
1				1			1	0		1	
0	0	1	1	0	1					0	
	1		1	1	0	0	1				
1		0	0		0			0	0		

Solution on Page (174)

Easy (97)

		1			1	1		1		1	
1									1	1	0
					1	0					
			1		1	1			0		
1	0	1	0	1	0						1
				1			0	1	1		
	0			0	1	0	1	0		1	0
1		0	0	1			1		1		
	1					1	0	1		0	1
		1	1	0			1			1	0
1	1		0			1	0	1		0	
1	1	0				0	0		0	0	

Easy (98)

1	1	0		1		0					
		0	1				1		1	1	
0		1	1		1			1		1	1
0	1	0			0	1			1		
		1		0	1		1	1	0	1	0
1	0		1	0	1		0	1		0	
	1		0			1	0	0		0	
	1				1	0		1	0		
1	0				0	1					0
0			1	0				1	0	0	
	1	1		1				0			
		0							1	0	

Easy (99)

0	1			1	0	1			1	0	1
	0	1	0	0	1			1			1
1		0		0	0			0	1		
0		1	0	1	0			0			1
			1		1	0		1			
1	0			0			1				
	1		0	1		1					
1		1		1					0	1	
				0			0				0
0	0		0	1			1			0	1
1	1	0		0				0		1	
1	1	0		1	0		0	0		0	

Easy (100)

0	0	1			1		1	1			1
0	0	1	1	0		1	0				1
			0	1	0	1	0		1		
	0	0			1	0			0	1	
			0		1	1	0				1
0		0	1		0	1		0	1		
1		1	0			0		0			
	1								0		1
1			1		0	1	0		1	0	0
			0				0		0		
1	1	0			1						0
	1	0	1	1	0					0	

Easy (101)

0		1	0	1	0	1	1	0	0	1	
0	1					1			0	1	
	0		1			0	1	0	1	0	
		1			0			1		1	1
			0	1	0		0	1		0	
1		1				0	1	0		1	0
0	0		1	0			0	0			
1					0					0	
1	1	0	1			0					
			0						1		0
1	1	0	1	0					0		1
				0	1		0			0	

Easy (102)

0	0	1		1				1			1
0	0				1	1				1	1
				1		0		0	0	1	0
0	1			1		1		1		0	1
	0	1	1		1						
	0		1			0			1	1	
		1	0		1	1	0			0	1
1	1					1	1				
1	0		1			0	0		0	1	
		0						1	1	0	
1		0	1				1	0	1	0	
		1	1		1				0		0

Solution on Pages (174-175)

Easy (103)

1	0				0			1			1
	0	1	0						0	1	1
	1		0		0		1	0			0
	1	0	1		1		0	1	0	0	1
	0			1	0		1			0	
0	0	1			1		1		0		
			1				0	0	1	0	
		1		1		1			0		
1	1	0	0		1						0
1			1	0	1		0	1	0	0	
0	1			1		1	0				
1	1		1			0		0			

Easy (104)

0	0						1	0	1	1	0
0				1	1		0				
1		0	0	1		0		0			
	0	1		0	1		0	0			
0								1	0	1	
1	1			1	0	0		0	1		0
0				0	1	0		1	0		1
1					0			1	0	0	1
			1		0	1				0	
		1			1		1				0
1						0	0		0	0	1
	0	1			0		0			0	0

Easy (105)

1	0		1	0					1		
0		0	0		0		1			1	
1					1				1		1
1	0		1		0	1		0	1		
	1			1	1		0		0		
	0		0	0	1		0	1	0		
	1	0	1				1	0	1		0
0		1	0	1			1			1	
				1				1	1		0
	0	1					0		0		
0	1	1	0				1	0			0
1		0	1	1	0	1		0			

Easy (106)

0						0				1	
1			0			1		1			1
0		1	1	0		1	1	0			0
0		0		1						1	1
		1	0	0	1		0	0			1
					1	0		1		1	0
1				1	0						0
0	1	1	0	0	1			1			
				1			1			1	0
0				0	1		0	1	1	0	1
1	1		1	1		0			0		0
			1		0	1			1	0	

Easy (107)

		0		0	0						1
0	0	1	0	0		0	1	1	0		
	0	0				1				1	
	1			1	1	0	1		0	0	
0	0	1				1	0				
1	0					0			1		
	1	1	0	1				1	0		1
1		1		0	1	1				0	0
		0	1			1	0			1	0
0					0						1
1		1		1		0			1	0	0
	1	0					0	0			0

Easy (108)

		0				1		1			1
	0			0		1		1	1	0	1
					1	0		0	1	0	
0	0	1	1		0		0				1
0	1			1						1	1
				1	1	0		0	1	0	
	0				1	1			1	0	
1	1				0	0	1		0		0
1	0	1		0		0	1				
		1	0				0	1	0	1	
	1			1		0					0
		0	1	1	0	1		0			

Solution on Page (175)

Easy (109)

0			0	0	1		1		0	1	1
		1	0	0	1	0		0	1	0	
						1		1	0	1	0
0		1	0			0			0	1	
0						0	1		1		1
	0	0					0	0	1	1	
	1				1						
			0	1		0	1	1			
	1	0		1			0			0	
0				0	1	1				0	1
	1		1					0	0	1	0
1	1	0			1		0		1	0	0

Easy (110)

0	0							1			
0	1	0	0		1	0		1	0	0	
	1	0	0		0			0	1		
0			1	0		1	0	1			0
0	0				1			1	0	1	1
		0				1		0			1
1	0	0				1		0			
	0	1			1	0	0		0		
					0	1		0			
	0			0	1	0				0	1
0	1		0	1		0	1	0		1	
1	1		1		0	1		0		0	

Easy (111)

1							1	1	0	0	
1	0	1				0				1	1
0			1		0		1		1	1	
	1		0	1			0		1		
		0			1	0	1	1			1
						1		0	1		
0			0	1		1		0			0
	0	0	1				0				1
		1		1	0	1			1		
0	0	1			1				0		
	1	0	1			0				1	0
1	1	0	1	1					1	0	0

Easy (112)

	0	1	0	0		1				1	
	1	1	0		0	1				0	1
	0		1							1	0
				1			0	1			1
	1	0		1		0				1	0
	0	1	1	0					1		0
	0				0			1		0	
	1	0	0	1			0		0	0	
	1		1	1	0	0		0		1	0
				0	1	1	0	1			
	1	0	1		0			0		0	0
1			1					0	0	1	

Easy (113)

							1	1	0		1
0	0	1		1	0	1		1	1		
1		0			0	1	0	0	1		0
	0		0		1	0			0	0	
		0			1	0	1		0		
	0	1		0		1				1	
0						0	1	1			1
		0	0					1		1	0
1		0		1	0		1			0	
0				0				1	0		1
1	1			0	1			0			0
				1	0			0	1	0	0

Easy (114)

0		1		0	0	1	0		0		
				1				1	1	0	1
		0					1		1	1	
0						1	0			1	
	1		0			0		0	1	0	
1	0				0		1				1
		0	0			0				0	1
1		1	0	1				0	1	0	
1	1	0	1		0		0	1	0		
	1				1		0				1
	0			0			1	0	1	0	
1	1	0				1		0	0	1	0

Solution on Page (175)

Easy (115)

1	0			0						0	1
0									1	1	
		1	0	0	1		1	0			
	0		1			1				0	0
0	1				0		1	0	0		1
1	0		1		0		1			1	1
					1	1		1	1		
0		1			1	0	0	1			0
0			1	1	0	0	1		1	0	
		1		0	0	1		1			
			0		1		1	0		1	
					1	0	0	1	0		

Easy (116)

	0	1				0	1	1			1
1	1			1	0	0					1
	1			0		1		0		1	
								1		1	
1	0			0							
0	1	0			0			0		0	
		1			1			1		1	0
	0	1	1				1	0	0	1	
1		0	1					0	1		1
0			0	1	0			1	0	1	1
	1	0	1			0	1	0		0	
1	1			1		1		0		0	0

Easy (117)

	0	1	0	1		0		1			1
1	0				0	1	0	1	1	0	1
				1	1	0				1	
		1			1		0	1	0	0	1
1		1		0				0	1		0
1	0	0			0	0			0		
		1								0	0
0	0				1				1		
1		0					0			1	0
			0		1	0		1	0		
	1	0	1	0			0		1	0	0
1	1		1	1			1		0	1	0

Easy (118)

0		0		1				1		1	1
0		1		0		1	0	1	1		1
1	1				0				0	1	
		1			1		1	0	1		1
			0	0		1	0			1	
1		0	0	1		1	0	1		0	
	0		1		1	0				1	
1				0		1	0			1	0
			1			0	1	0			
0	0		0					1	0		1
1		0					0		1	0	0
1	1				0		0	0	1		

Easy (119)

	0		0	0			1	1		1	1
1	0		1						1	0	
		1		1			1	0			0
		1		1	1			1	1	0	1
			1		0			0		1	0
0					1	1			0		
	1			1		0		0			
1		0			1		0	1			0
				0		1	1	0	1		0
0	1		1			0		1		1	
1	0					0	1		1	0	
	1		1		0	1	0	0			

Easy (120)

0	0	1			1	0		1	0	1	1
0		1	0			1	1	0			
1	1			0	0		0		1	0	
0	0	1	1	0					1		
0					0	0		1	0		
1		0		0				0			0
	1	0		0			0		0	1	
1		1		1	1		1	0		1	0
1	1		0		1	0		1			
	0			0					0		
				1							
1	1	0	1			1	0	0		0	

Solution on Page (175)

Easy (121)

					1		0	1	1		1
0	0		1						0		1
1				1	1			1		0	
0	0	1					1	1			1
		0	1	0							
				1				1		0	0
0	1		0		1	0	0		0		
1		1		1		0		0		0	
1		0					0		1	0	
0	0	1					0	1	0	1	
1	1		1		0	0	1		0		
1		0		1		0				0	0

Easy (122)

0	0			1	0			0			1
0		0	0			0	0	1	1		
		1		0	1			0	0		0
0	0	1	0	1				1	1	0	
0			1	0	1	0	1	1			
		1						0	0	1	
			0		1	1				0	
		0	1				0	1			0
	1	0			0	0			1	0	
0	0				1				0	1	
	1		1		1	1	0				
	1	0		1	0				1		0

Easy (123)

0		1	0	0			1	1		1	1
	0	1	0	0	1	1					
0	1				0	0	1		1		0
0	0	1	0						0	1	
1	0		0		0				0	0	
	1						0			1	
				0	1		1			1	
1	1		0	1		0					
1		0				1				0	
0		1		0	1			1			
		0		1	0		0	1		0	1
1		0		0	1		0		1	0	

Easy (124)

0	1	1			1	0	0	1			
		0	0		0	0	1		0	1	1
	0	0					1				0
0	0	1				1					
			1		0					1	
1						0			0	1	
1		1		0	0	1				0	
	1	0	1	0	1	1			0	0	
1			0		0		1	0		1	0
0			1		1	1			0		1
1		0			1				0	1	
1		0		1		1	0			0	0

Easy (125)

0	0		0	0			0	1		1	
0	0	1		1		0					1
	1				1	1	0	0		0	0
0		1			1	0		1			
		0	0	1	0		0	0			1
0	0		1							1	
0					0	0	1			0	1
							1	1	0		
		1				1	0			0	0
0		1				1	0				1
			0	1	1		1		1		
	1		1	1	0		1	0			0

Easy (126)

		1	0				0	1		1	
	0			1	0	1		0			
	1	0			0	0			0	1	
0	0			0		1				0	
1	0		1	0	0			0	1	1	0
		1		1	1	0	0	1	0		
0			0			0					
	1	0	1	1				0			
1	1	0		0	1		0		0	1	
0	0		0	1	1				1	0	
1	1	0					0		1		0
1	1						1	0			0

Solution on Page (176)

Easy (127)

0		1						1	1		
1					0				0	1	1
0	1		0	1	1	0		0			0
0		1				0					1
	0			1					1		1
0				1	0	0	1				0
				0	1			1	0	0	
1		0	0		0				0	1	0
	1			0				1	1	0	
			0				0		0	1	1
	1	0		1	0	0	1	0			0
				1	0	0	1			0	0

Easy (128)

	0	1		0		0		1			1
						1	1	0	1		0
			1		0	1	0			0	
0	0	1		0				1	1		
		1				0	1		1	1	0
	1									0	1
1	0	0	1	0			1		1		1
0		1	0		1		0			1	
1	1		1	0		1	1	0	0		0
1		0		0	1		0	1		0	
			0			0	1	0	0		0
		0	1	1			0		1	0	

Easy (129)

1	0	0		0		1		0			0
	0		1	0		0					1
0		1	0			0				0	
0	0	1	0			1			1	1	
1	0	0	1	0				1	1		
		1		1						1	
	1	1		1	1			0		1	
	0					1	0	0		0	
	1		0	1	0					0	1
			1			0	1	0	1		
		0		1	0	1		0		0	0
1		0	1	0			0				

Easy (130)

1	0		0	1		0		0		1	
0			0				1				1
	1					1	0		1		1
	0	1			0		1	0	0	1	0
	0			0	1	0	0	1		1	1
				1	0		1	0		0	1
					0		1				
0	0	1	1				0				0
		0	1	0	1			1			1
0	0	1		1	0			0			0
			1		1			0		0	
	1		0	1		0				0	

Easy (131)

0	0		0	0	1					1	
0				1		0					
1	1	0		0	1	1	0			0	0
		1				1	1	0		0	
	0		0		1	0	1		0		0
	1	0	1	0		1	0			0	0
1				0	0	1	1		0		1
0										0	0
	1	0				1	0	0		0	
		1						0			1
	1				1			1		1	0
	1	0		0		1		0	1	0	1

Easy (132)

1	1		1		1	0			1	0	0
						1			0	1	1
			0				1		1	0	1
0	1	1	0					1	1		
1	0						0	1	0		1
0	0	1			1		1	0	1		
0			0			1		0		0	1
					1	0	1	1	0	1	
			0	1			1	0			1
0	0	1	1	0			0		1		
1	1	0			0	1					
1		0			0						0

Solution on Page (176)

Easy (133)

1		0			1		0				
	0	1		1		1		0	1		0
	1					0			0	1	1
			1	0							1
1		1			1	0		1	0	1	
	1		1			0		1		0	1
	1	1	0			1		0	1		
1	0	1	0				0			1	
								0	1		0
	0				1				0	1	1
	1	0	1	1		0	1		1	0	0
		0	1	1			0		1	0	0

Easy (134)

1		0		1		0		0			0
1		0	1				0	1	1	0	1
	0	1	0	0		0					
	1								1		
		0	1	0			0	1		0	1
0			1				0	1	0	1	
0		1	0		1			0		0	
	0	0	1	0		1		1		1	
0					0		0	0		0	1
0	0	1								0	
1			1				1	0		1	0
	1	0	1		0			0			

Easy (135)

			1	0			0	1		1	
		0	1		1	0	1		0		
		1	0	1		1	1	0	1		0
1	0		1	0		1		1	1		
		1		1		0	0	1			
		1		0		1				1	0
1	1	0	0	1				0		0	0
0	0	1	0	0	1		0	1	0		
		0	1		0		1	0		0	0
	1			0	1	1					
						0	0			1	
	1								0		0

Easy (136)

1		0	1		0		0	1			1
	1								0		1
0		1	1					0	1		
	1			0	1	0	0				1
1	1				0		1			0	
		1		0				0			
		0	1		0		1	1			0
0					1		1	0		1	
			0	0		1	0	1		0	1
1			1			0		0	1	1	0
	1				1	1	0				1
	1	0	1		0	0	1		1	0	

Easy (137)

1						0				0	
								0	1	1	
1					1	1	0	1	0		1
	0	0					1				1
0				1	0	0		0	1	1	
0		1			1	1		1	0	0	1
		0			0	0	1	1		1	
					0	0	1		1		
		1	0			1	0			1	0
1	0		1		0		0	1		1	
0	1					0	1	0	1	0	0
1			1	1				0	1	0	0

Easy (138)

1				1	0		1				
1	0	0	1	0	0		1				
	0	1	0			1		1	1		
			0		0			1	0	1	
	0		1			1				0	0
0	0					0		1			
0	1		1				0		1		
1		1		1		0	0			0	
0	1			1	0			0	1		0
1	0		1	0	0	1	0		0		
		1	0				0		0		
	1		1					0	1	0	0

Solution on Page (176)

Easy (139)

	0		0		1					1	
	0					1			0	1	1
				1				0		0	
	0	1	1			1	0	1		1	
	0	1		1	1			0	1		
	1		1	0		1	0	0	1	1	
		0						1			
0		1	0		1			0	0	1	0
		0	1	0		1		1		0	0
1			1				1	0			1
0	1	1		1	1					0	0
1			0		1	0		0		0	

Easy (140)

1	0		1	0	0		1			1	
0	0	1		1		1		0		1	0
0		0			1				1		
1	0					0					
	0			0	1	1	0	1	1		
		0				0	1			0	1
	0		0					0		1	0
0						1	1		0		0
1			1	0			0	1		0	
0		1		0	1		0		1		
1				1		0	1	0	0		
1	1		0						1	0	0

Easy (141)

0		1		0	1		1		0	1	1
			1		0						
	1			1			1		1		0
		1						1	0		
1		1	1	0		1	1			0	
0		0		0		1	0	0	1	0	1
0	1					0					0
1			0	1			1		1		0
	1	0	1	0		0	0		0	0	1
		1	0	0		1	0		0		1
				1		0		0			0
		0				0	1	0	0	1	0

Easy (142)

	1			1		1	0	0			
		1		1		0	1				1
		1			1	1	0		0		1
	1			1			1	0	1		
0			0		1		1	0	1	1	0
0				0	0					1	
	1		0		0		1		1		
0	1		1			1		1	0		0
1	0			0	1			0		0	0
				1	0	0					
1	1	0		0			0			0	
		1			1	0	0		0	0	

Easy (143)

0			1			0	0				1
0	1	0	0			1			0		
1	0				1	0	0		1		0
	0	1	0		0	1		0	1		
			0		0	0			0		0
1	0	1	1	0					1		0
0	0		0		1		1	1			
0					0	1	1				
1		0	1				0			0	
0	0			0		1	0			1	
1	1		1	1			1		1	0	
		0	1			1		0			

Easy (144)

	0	1			0		0	1	0		1
	1		0	1		0		0			
0	1	1			0			0		0	
0					1		1			1	
				0		1		1		0	1
	1			1			1		1	1	0
			0	0			1	1			1
1	0			1	0				0	0	1
			0			0					0
0	1	1		0	1		0	1	0		
1	0	1		0		0	1			1	0
	1	0	1							0	

Solution on Pages (176-177)

Easy (145)

1		0		0	0	1	0		0		1
0		1	0	1	1		0	1	1	0	1
		0	0			0			1		0
1						1	0		0		0
0	0			0			0		1	0	1
		0	0	1	0		1	0		1	0
	0	1							1	0	
0			0	0		1	0	1	0	0	
			0						1	1	
			1	0	1	1	0		0	0	1
1	1	0	0				1				
1							1				0

Easy (146)

0	0	1		0				1			1
			0	1	0	1			1	0	1
1	0		1	0	1			0			0
	0	1			0				0		1
				1	1					0	1
1	0							0			0
			1					1	0		1
	0		0	0	1				1		0
1				1		0		0		0	
	1	1	0		0	1		1			1
	0	1	1	0						1	0
1				0	0			1	1		

Easy (147)

1					1				1	0	
	0	1	0		0		1	1	0	1	
0		0			0	1		0	1	1	0
	0		1			0	0	1	0		
0		1				1		1		1	
			1			1	1	0		0	
	0			0			1		0	1	
		1				1	0	1		0	0
1			1	0	0	1	0	0			0
0			0	1	1		1				1
1		0		0			0			0	0
			1					0			0

Easy (148)

0		1						1			1
1	0			0	0	1		1		1	1
0	1			1		0	1				
0				0		1	0			1	1
		1				1	0	0	1		
0	0	1					1		1		
0							0	1	0		1
1	0		0		1	1		1			
	1				0						0
	0		0		0			0	0	1	1
			1	0		0				0	0
			1	1	0		1	0		0	

Easy (149)

	0	0	1		1	1		0		0	
	0	1		1	0				0	1	0
		0			0		1	1		1	
			1	0	1			0		0	
1				0			1	1	0		0
0		0	0			1					1
0		0				0		0			
1	0	1	0		1		0	1	0		
						1		0	1	1	
			0	1	1			1	0	0	1
			1			0				1	
		0			0			0	1	0	0

Easy (150)

0		1		1					1		1
0				0	1			0	1		0
1				1		0		1			
0		1	0		1		0	1			1
	0			1			1	0			
			0	1	1	0	0				1
		1	1	0						1	
	1	0	0	1		1			0	0	
1	1			0		0		0		1	0
				1		0	1	0		1	0
	1	0		0	0			1		0	1
		0	1	0		0	0		0		1

Solution on Page (177)

Easy (151)

	1	0	0	1	1	0	0	1			1
			1	0	0			1			1
0		1		1	1	0		0	1	1	0
1				1						0	
	0		1			1			1		0
	0			0				1			1
			0	1			0		1		1
	0		1		1	0	1		0	1	
				0		1		0			0
	1		0	1	1	0				1	
			1	0		0				0	
1		0	1		0			0		0	

Easy (152)

0								1			
		0	0	1						0	1
	0		1		1		1		1	1	0
		1	0	1	0	0					1
0					1	1		1			1
		0		1	0	0		0	0		0
	1			1	1	0		0	1	0	0
		1		0	1	1					
	0				0		1		1	0	
	1					0	1	1	0	0	1
	0					0	0	1	0	1	
1		0		1			0	0	1	0	

Easy (153)

		1				1		1		1	1
1	0			0	0			1	1		1
	1	0				0	1		1		0
	0	1		0	1		1		0	1	
1		1	1	0		1	0	1	0		
0	1								1		0
0					1		0	1		1	0
		1	0			0					
1	1	0	1		0	1		0			
				1	0		0	1			
1	1		1					0	1	0	0
1					0	0	1			0	

Easy (154)

1		0					1	1	0	1	0
0		0	0				1	1			
	0		1							0	
0	1	0			1				1	0	1
	0		1	0		1	0			1	1
		0			0					1	
				1			1	0		0	
0		1	0				0		0	1	1
	0					1	0			0	
0				1		0			0	1	
						0	0	1	1		
	1	0		0	0		0	1	0	0	1

Easy (155)

0	0	1			1		1	1			1
0				0		1				0	
1		0	1	1			1	0	0		0
	1	0	0			1	0	1		0	1
			1		1			0		1	
			1	1		1	1			1	0
0			0	0	1	1	0				1
	1			1				0		0	
		1	0			1			0		
	1			0	1	0			0		
		0	1	1	0	1				0	
		1	0		1	0			1		

Easy (156)

0	1	0	0	1		0		1			
						0	1	0	1	1	
			1		1			0	1	0	
		1			0	0		1	0	1	0
				0	1	1		1	1		
	0	0		1					1		
0		1		0			0		0	1	
	0		0	0		1			0	0	1
		0	1	1		0		0	1		
	0			0			0	1	0	1	1
1	1		0	1						0	1
1						0		0			

Solution on Page (177)

Easy (157)

1	0	0		0		0	1		1	1	
0	0	1		0			0	1	1		
0	1	0	0				0	1	0	1	
1		1	1	0				0	1	0	
				1			1	1	0	1	1
0		0	1		1		0		1		1
		1		0		0		1			0
	1			1		1			0		1
1							1	0	1	0	0
0			0	0		1		1	0		
1		0				0				1	
		0		1							0

Easy (158)

	0				1				0		
	0			0		1					
		0	1							0	
0	1			1		0	1		0		
	0	1		0		1	1	0			0
1				0	1	1		0		0	
0		0	0					1		1	
1	0		1	0	0	1	0				1
1			1		0				1	0	0
0		1		1	1		0		0		1
1	1		1	0		1		1	1		
1	1	0	1			0	1				

Easy (159)

1	0			0	0	1	0				1
0		1		1	1				1		1
0	1	0						0		1	0
		1					0		0	1	
0	0	1		1	1				1		
		0		0							
1	0	1		1	1			0			0
		1	0		1	0	1		0		
1	1	0	1	1		1	0				
	0	1	0	1				1			
	1	0	1	0	1	1			1		0
		0			0	0	1		0		0

Easy (160)

1	0			0	0				1	1	
	0	1	0			0		1	0		1
		0		1			0	1		0	1
				1	0	1				1	
0	1			0					1		
	0					1	1				1
1			0			0		1	1		0
0			0		1		1	1	0	0	1
	0	1		0		1		0	1	1	
							0		0	0	1
1		0	1	1						1	
			1	0	1		0		1	0	

Easy (161)

	0	0		0	1		1	0		1	0
0	0	1	0	0		0		1			1
0								1			1
1	0	1	1	0				0	0		0
0	0	1					0			0	
			1	1	0						
1	0	1		1	0	1	0		0		
	1						0		0	0	
					0	1			1	0	0
0	0	1	0	0		1	0				1
			1				1		0		0
		0	1	1							

Easy (162)

			0			0		1		1	1
0		0		1	0	1	1	0			
1	0	1				0		1	1		0
		1	1	0	0					0	
0						0	1				0
		1					0		1	0	1
0		1		0	0	1	0		0	1	1
		0				0			1	0	
			1						1	1	
0	1	1	0						0	0	1
1		1		0			0	0			
1			1	0			0				

Solution on Pages (177-178)

Easy (163)

1			0			0		1	1	0	
0		1			0		1	0			
0	1		0	1	0			1			
1	0			0	1		0			0	0
0	0	1									1
			0			0	0	1	1		
			0		0		0	1			0
0	0						1	0	0	1	
	1	0	1		0	0		0	1		0
								1		0	
	0	1		1	1	0	1		0		0
	1	0					0		1	0	0

Easy (164)

1		0	1			1	0		0	1	
0	0	1	1		0	1	1				
0					1	0	1		0		0
1	0	1	0			0	0	1			
0					0				1		0
	1						1	1	0	1	
			1				0	0			
0				0				1		1	
		0			0		1	0	1		0
0		1	1	0	1						
1		0							0	1	
1	1	0	1	1			1		1	0	0

Easy (165)

	0	1	0	0	1		1		0	1	
	0	0		0		1	1		1		
0	1			1		1		0		1	0
0				1	1		1	1	0	1	
1			1				0			0	1
0					0	1		0	1	1	
1			1	0	0	1		1	0		1
		0			1	0					
1		0	0						1	1	
1	0			0						1	0
			0				0	1	0		
1		0		1			0		1	0	

Easy (166)

	0			0	0	1			1	1	
0	0			0		0	1		0		1
0					0		0	1			1
	0	0	1		0	0	1			1	0
1	0		0				0		0		1
	1	1	0	1	1						
	1				0	0	1	0		0	1
		0		0	1						
						0		0		1	
	0		0	1	0	0			0	1	1
		0	1	0				0			
	1		1		0			0	1		

Easy (167)

0	0	1		0			1		0		
0	1		0			1	1			0	1
1		0			0	1			1		
	0	1		0	1	0	1	1	0	1	0
	1						0	0			
	0				0		1	0			
0											0
1			0				1	1	0		
1			1	1	0	1	0	0	1		
0		1	0	1		1	1		0	1	
			1			0	0		1		0
1	1				1	0			0	0	

Easy (168)

		1			1			1	0		1
	0				0	1		1	1		1
	1			1			0	0	1	1	0
		1	1					1			
		1	0	1		1	1	0		0	
	1	0		0	0			1			0
		1	1	0		0	0		1	0	
0			0	1	0		1				0
1	1			1		0	1		1	0	0
0	0		1	0			0				
1				1		1			1	0	0
		0	0		1						0

Solution on Page (178)

Easy (169)

0	0	1		0	1	0	1	1	0		
0		0	0			0			1	0	
1											0
0		1	1		1	0	0		0		1
	1	1								0	
					0			0	0	1	
		1	0	1		0		1			
1			0			1		1	1	0	
		1	1	0		0	1	0		1	0
	0		1		1				0	0	
1	1	0	0	1		1					0
		0	1	1			0	0		0	0

Easy (170)

1		0		0		1		0	0	1	1
0		1			0	0			0	1	1
0							0			0	
		1		0		1	0	0	1	0	
	0				1	0					
		0							0	1	1
	0		1	0		1	0	0			0
0		1	0			0	0			1	1
		0	0	1			1				0
		1		0	1		0	1	0	1	1
				1		0		0			
	1		1	1	0	1		0	1	0	

Easy (171)

	1	0	0			0		0		1	
		1	0			1	0		1		1
0		0	1				1	1			
					0	0	1			0	
0	0	1		0	1					1	1
0				1		1	1	0		1	0
1		1		0	1		0			0	0
	0	1	0	1		0	0		0		
1	1				0		1	0	1		0
	0				0	1		1	0		1
									0		0
1		0	1	1					1	0	

Easy (172)

1	0	0	1	0	0			1	0		1
0	1		0	1				0		1	
		1			1			1			1
1		0					1	1	0	0	1
1		0	0					0		1	
	0	1		0			0	1			0
				0	1	0		1		0	1
	1		0				1				
0			1	0	0			0			1
	1	1		1			0	1			1
1	1			1		1	0	0	1		
	0			0			1		0	1	

Easy (173)

			0		1		1		0		
		0		1	1		1		0		
0			1				0	1	1		
1	1			1		0	1	0	1	1	
0		1		0	1		0				1
			1		1					0	
1	1			1	0	0	1				1
0			1			1	0	1		0	
1		0		1		0	1	0	1	0	
0		1	0		1	0				1	0
1	1	0		0					1		1
		0		1	0	1		0		0	

Easy (174)

	0	1	0		1	0	1	1		1	1
0	1		0			1	0			0	1
	1	0		0	0			0			
0	0			1		0	0			0	
0				1	0	0					1
			1	0					1	0	
		1		0		1				1	
		1				0		1			0
1	1					0			1		0
	0		0		0			1		0	
		0		0	1	0	1	0			0
1		0	1		0	1		0	1	0	

Solution on Page (178)

Easy (175)

			0		0	0		1	0	1	1
	0	1	1			0		1		1	1
		0		1	0	1	1		1		
		1	1		1	1		1		1	
					1		0	1	1	0	1
			0								0
0	1				0		1		1		1
1		1		1	1	0	0				
1				1	1				1		
		1	1	0		1	1		0	1	
1		0				0		1	1	0	0
1		0	1		0				1		

Easy (176)

0	0		0						0		
0	1		0			1	0		1	0	
		1	1		0	1			1	1	0
	0		0	1	1		1	1		0	
		0	1	0	1	0	1			1	1
				1	0	1	0	1	1		0
	0		0		1	1	0		0		
		0			1		1	0		1	0
		0							1		0
			0	0				1	1		1
	1			1			1			1	
			1	1		1	0		1		0

Easy (177)

1		1		1	1	0	0	1		1	0
1		0		0	0	1				0	1
	1	1	0	1		0		0			
			1				0		0		
1		0		0				0		0	
	1				1						
	1	1		1	0			1			1
1		0							0	1	1
0	1		0	0	1		0			0	
	1	1		1	0	1	1	0	0		
				0				1		0	1
1		0		1			0	0	1	0	

Easy (178)

0		1		0		1				1	1
0	1		1		0				1	0	
1			0	0	1			1	0	1	
					1		0	1	1	0	
				1	0					1	
				1		1	0		1	0	0
					1	0		0	1		
1		0	0		0	1		1	0		1
1	1	0	1		0		1				0
0		1							1		
1	1		0		1		0			1	0
1		0	1				0				0

Easy (179)

1	1		0					0			
0			1			1	0			1	1
	0			1		0	1	1			
1					0				1		
0	1		0	0	1				0		
	0	1	0			0	1			0	
					0			1			0
		1		0			1	1		0	
1	1	0	1	0	1		0	0			
	0		0	1			0		0		1
			1	0			1	0		0	0
1	1	0	1	1	0	1		0			0

Easy (180)

0		1	0	0		0	0	1		0	1
1	0		1		0			0		1	0
0		1		1			1				
0			0		1			1			1
				0	1	0	1	0			
0			0	1		1	1				
1	1	0	0	1				1			1
	0	1	1	0		1	0	1	1		
	1			1			1		0	1	0
		0	0						1	0	
	0	1	1		1	1	0		0	1	0
	1				0	1	0				0

Solution on Page (178)

Easy (181)

0			0	0		1				0	
0		1		0					0		
1	1	0		1	1	0		1			0
1		1			1	0	1			0	
0		1	1			1	0		0		
1	1		0		0			0			
0	0		0			0	1	1		1	1
0		0									1
	1	0		1			1				0
0	0	1	0	1		0					1
	1		1			1	0	0		0	
	1	0	1	1	0		1		1		

Easy (182)

					0	1	1	0	0		1
	0		0	0	1	0	1			1	
1	0	0	1		0	1	0	1	1		0
	1		0							1	
					1		0	1	0	1	
			0		1	0	1		1		
		0	1	1	0	1		0	1	0	0
0	0								0	1	
	1		1		0				1	0	1
	0		1								
0		1			1			0		0	0
		0	1	0			0		0	0	

Easy (183)

1	0		1		0		0	1			1
			0				1	1			1
		0	0		1	0		0			
1	0		1		0		0				0
	0	1				0	0	1	0	1	
0		0						0			1
1			1	0	1			0	1	0	
0	1		0	0		0	0		0		1
1	1	0		1		1	0				0
0					1			1			
		0	0			1			0	1	0
1			1		1					0	

Easy (184)

			0		1	0	1	1	0	1	
0				1		1	0	1	0	1	
		0			1						0
	0					1	0		1		
		1					1	0		1	1
	1		0			0					
0	1	0	0		0				0	1	1
1	0	1		0	1			0		0	
1	1			1			1	0			
0	1	0			1	0		1		1	1
	0	1				1				0	0
1	1	0	1	0		1	0	0			

Easy (185)

			1		0				0	1	1
0			0		0			1	1	0	
	1	0	0		1	0				1	0
	0		1		0		1	0		1	
	1			1							0
0		1		0	1	0	1		0	1	
	1		1	1				0		0	0
0					1	0		0			
		1	0			1	0	1	1	0	0
						0		1	0	0	1
1	1		1	0					0		
	0	1	1	0			0				0

Easy (186)

1					0		0	0		1	
	0		1		1			0			1
0	0				0	1	0	1			1
1		0	0	1	0	0	1	1	0		
0		1					0			0	1
	0						1				
1			0	1	0		0	1	1		0
0				0			1				1
	0				1	0	0		0		
	1	0	0			0					
		0				1	1			0	0
1		1	1	0	1		1			1	0

Solution on Page (179)

Easy (187)

1		1							0	1	
0			1			1	0	1		0	
			0	1		0	1				
1	0			0			0	0			
		1		1						1	
							1	1			
1	0		1	0	1			0	1	0	0
0	1		1	0	1	0	0				
	1				0		1		1	0	
	0		0	0	1		0	1	0	1	1
1		0	1		0			0		0	
1			1	1	0		0	0	1		

Easy (188)

1		0		0					1	0	
0		0	0					0		1	
0		1	0				1	1	0		
				0	1						1
	1		1					0			0
			0		1	0		0		1	1
1			0		0	1			0		1
	1	0	1	0	1	0		0	1	1	
		1		1		1					
0					1		0	1	1		
1	1	0	1	1		0		0			0
1	1	0	1	1	0	1					

Easy (189)

		0		1					1	0	
	0			0	1	0				1	1
1		0		0				0			0
0		0		1	0	1			1		0
0				1	0	0					1
1	0							1	0	1	0
	0			1		1	0			0	
1		0		1	0	0			0	1	0
1		1	1		1	1				0	0
0				1					0	0	1
		0	1			1	1	0	0		0
1				0	1		0	1			

Easy (190)

1			1		0		0				1
	0		0	0			0		0		1
		0		1	1	0		1	0	1	
	0	1	1			1	1		1		1
1		1		0	1	1	0	1	0	1	
		0			0			1		1	1
	0	1			1	0	1	0	1		1
	0	0			0				0	1	0
		1			1				1		
0		1									1
1			1			0		0	0		
			1				0				

Easy (191)

0		0					0			0	
		1	1			1		0			
0	0		0	0			1	1		1	
0	1		0			1	1			0	
		1	1		1	0				0	0
0		1		0		1		1		1	1
		0			0	1				0	0
			0								1
	1			0		0	1	0	0	1	
0	0				0	1	1				
1			1						0	0	1
1	1		1	1	0				0		0

Easy (192)

	0			1			0	1		0	1
			0				1	0			
		1		0	1					1	1
	0				0				0	0	1
1	1	0									
	0	1		1	0	0	1	1	0	1	
	0	1	1	0		1		0		0	
	1	0	1		1		0	1	0		0
0		1						0	1	1	
0	0				1		0	1	1	0	
	1		1			0		0			0
		0	1	0		1	0	0		0	

Solution on Page (179)

Easy (193)

			1	1	0					1	
0		0	0					1		0	
	0				1					1	1
1		1			1	0		0	0		
1	1	0		1	0	1	0	1	1		
				0		0		1	0	1	
	1	1	0			0	1			0	1
			0	1	0		1	0			
0		1			1	1	0		1		0
	1		0		1	0		0			1
			1			1			0	0	
1	1				0	1	0	0			

Easy (194)

1	0	0				1	0			1	1
1	0	0		0	0	1		1			
0		1		1	1		1				
		1	0			0		1			
1	1		1	1		1	0				
1			0							1	
		1								0	1
0	1		1		0				0	1	0
1	0				1		1	0	1		0
		1			0	1		1	0		
		0	0	1				1		1	0
1		1		0	1		0	0	1	0	

Easy (195)

1	0	1	0		0	1	0			1	
1		0		1	0	1	0				1
		1	1	0		0		1			0
		1		1		1			0		1
	1	0	0	1		0		1	1	0	
0		1	1	0				0	0		
				1	1	0				1	1
				0			0		1	0	
		0				0	1			0	1
	0	1						0			
1	1				1			1	0	0	1
1		0			1						

Easy (196)

	0			0	1	0		1		1	
	1		1	1	0	0	1	1	0		
0		1				1		0			1
		0			1		0		0		
		1				0	1	0	1	1	
			0			1	0	1	1	0	1
1	0						1		0		
	1	1				0	0	1	0	0	1
1	1		1	0						0	
	0		0			0			1		0
	1					0			0	0	
	1	0	1				1	0			

Easy (197)

	1	0	0				0		0		
	0			0		0	1	0	1	1	
				0	0				1		
	0				0	1	0		0		1
	0			0		0	1				
0	1	0	1	1		1		0	1		1
1			1	0	0			0	1		
	0						1	1	0	1	0
1				0						0	
0		1	0		1	0			1		
1		0	1				0		1	0	
1	1	0	1		1	0		1			1

Easy (198)

0		1	0	1	0		1	1	0	1	1
1	0	0				1	0				
		1									
				1	1	0			1	0	1
	0		1	0	1				0	1	
0	1	0	1	1			1				0
	1	1		0			0				1
		1			0	0		1		1	0
	1		1				0	1			1
0		1	0		0		1	0	1		1
1			1				0				
		0	1				0	1	0	1	

Solution on Page (179)

Easy (199)

1	0	1	0	0	1			1		1	1
	1		1			1		1		1	1
		1				1		0	1	0	
					1			1			
1			0				1	0			1
1			1		0				1	1	
0	0	1	1	0							0
	1			1	0					1	
		0	0			0	0		1		
0	0		1			1				0	
			1		0	1			0		0
1	1	0		1		0			1	0	0

Easy (200)

		0		0	0	1					
		0	0	1	0		1	1			
0			0						1		
			1	1		1		0		1	0
0		1	0	0		0		1		1	1
			0		0	1	1		1	0	
			1	1		0	1			1	0
	1			0				1	1	0	0
				1	1			1	0		
			0			1		0	0		
1	0	1			1		0	0			0
1	0			0	1				1	0	0

Easy (201)

					1	0	1				0
		1		0	1		0	1	0		1
1	1		1				1		1		0
0						1	0		0	1	
	0			1	1	0	1				1
		0		1	0	1		1	1	0	0
			0	0	1	0			0		
			0	1			1		1	0	
1			1	1				0			0
	0	1	1	0	1	0	1	1			
	1	0				1					
	1		1			0	0			0	

Easy (202)

			1							1	
0	0		0		0	1	1		0		
0	1		1	0			0				
1	0		1	0		1	1				0
0	0	1	0	1	0	0	1	1			1
	1		1			1	0		1	1	
1	0				1	1			0		1
		1	0					1		1	0
		0	1	0	1		0		1	0	
	0		0					1		0	1
					0	0	1	0			0
1	1		0	1			0	1			

Easy (203)

	0		0			0					
0			0		1	1	0	1	0	1	
	1				0	0		0			
0	0	1		1				1	0		
0	0		1	0				0		1	
	1									0	
0	1	0		0	0						0
1		1			1	0	1	0	1	0	
	1			0		1				0	
	1	0		0	1	0	1	0	0	1	1
1		1			1	0			1		
1	1			1		1	0	0	1		

Easy (204)

1	0		1		0			0			
0	0		0	0		0		1			
0							0		1		0
1	0	0	1					0			0
	0	1			1	0		1	0	1	1
	1	1				0	1				
	1		1				0	1			0
0	0				1					0	1
1				0	1			0	1		0
0	1		1	1			1	0		1	
1				1		0	0	1	0		
			1	0	1	1		0		0	0

Solution on Pages (179-180)

Easy (205)

0		1	0				0			0	
0	0			0		0			0		1
1	1						0	0	1		
	0	1			0	1	1		1		0
0			0		1	0		1	0	1	
	1			1			1	0		0	1
		0		0					0		
1	0			1	0		0				
1	1				1	0		0	1		0
0					1	1	0		0		
	1	0			0		1	0		1	0
1	1		1	1	0		1	0	1	0	0

Easy (206)

		1	0	0		1	0		1	0	
0	0	1	0	0		0	1	1	0		
		0		1				0	1		
0	0		0	0	1	1	0				1
0	1	0	1	1		0	1		1	0	
		1		0							0
	0			1	1	0		1		1	
	1		0						0	0	
	1	0		0		1			1	0	
							1	0	0	1	1
		0		0	1				0		0
1						0				0	0

Easy (207)

	1	1	0		1	0		0	0		
	0		1	1	0	0					
		1					0	1	1	0	
0	1	1	0	0		0	1	0			
		0			0	0		1	0		
	0	1		1	0		0				
										1	0
1		0		1	0	0	1	1		0	1
	0	1	1					0	1	1	0
			1			1	0				
1	1		0	1	1				0	1	
1	1	0	1	1		1					

Easy (208)

1	0	0	1	1	0	0	1		1		
0			0	0		1					
	1		1	1	0	1	0				
					1		1				
0	0		0	0							
	1					0			1		0
	1			0	0	1	0		0	0	1
	0			0		1	0	1	1		
				1				0	0	1	1
0	1	1	0	0	1					0	
1		1	0	1		0				0	0
	1					0	1	0			

Easy (209)

0			0		1						1
1	1	0			0	0	1		0		
0	0	1					0	0			
	0			0	1	0		1		1	1
		0	1					0	1	0	
0					1		0	1	1	0	
1		0	1	1		0		0	0		0
0				1	1	0		1	1		
					0	1	1			1	
		0	0		1	0					
		1				1			1	0	0
1					0	0			1	0	

Easy (210)

0	0		0	0			1			1	
1			1		0	1		0		0	1
	0				0	0				1	0
0	0		0			1			0	1	1
		0		0	1			0			1
1	0					1	0			1	0
		1	0								
0	1	1			1	0	1		1		
	1			1		0	1		0	1	
			1	0	0			1			1
					1	0		0		0	0
1	1		1	1	0	1			1		

Solution on Page (180)

Easy (211)

1	0				0		0				1
			0		1					1	
0				1	0		1			1	
	0	1	1		0	1				0	
0									0	0	1
0				0	1		0	1		1	0
1		1	0	1		0		0	1	0	1
			0							1	0
0							0		0		
0	1	1	0		0		1	0		0	
1		0		1			0	0	1	0	0
1			1	0	1		0	1	0	1	0

Easy (212)

1	0	0			0			0			1
		1			1		1		0	1	
						1	0	1	1	0	
0					1			0			
0	0										0
1	0		0		0						1
0	1		1	0		1		1	0		0
		1	0	0	1		0	1		0	
1	1						1	0	1		
0	1	1	0	1		0				1	
	0	1			0	1	0	0	1		
1	1	0	1	1					0	1	

Easy (213)

0		0	0		1			1		1	
1	0		0		1		1		1		1
	0	1		0			0		0		
0		0		1			1	0			
			0		1			1		0	1
	0					0					1
1		0		1			0	0	1	0	
	0		1		0		0	1			
0		1	0		1	0	1	0	0		
0	0			1		1		1	0		
	1		1	0	1	1					0
	1					0		0		0	0

Easy (214)

		1								1	1
	0	1		0	1		1	1	0	1	
				1		1			1	0	
			1	1	0		1	0	1		
0	1	1	0		1		0				
		0		1	0	1	1			1	
1				0	0	1					1
	1		0	1	1		1	0	0	1	0
					0	1	0	1	1		0
		0				0	1	1	0		1
		0		1	1				0	1	0
	0		1			1					

Easy (215)

			1		0	1			0		1
1		1	0			0	1	0	1		1
		0	1					0	1	0	
	1		0	0		0		1	0	1	1
1										0	
0	1	0	1			1		1	0	1	1
		1	0	1	1				0		1
1	1				0		1			1	
		1			1	1	0	1	0		0
	1	0					0			0	1
1			1						0	1	
		1			1		0				0

Easy (216)

	0	1		0	1						
1		0	1						0	1	1
0	1	1			1			0	1	0	0
	0			0		1	0		0		1
1	0	0		1							0
	1	1	0		1			1		0	0
	0		1	0				0	0		1
			0	1				0	1	0	
0			1		0					0	1
		1				0				1	1
1	1	0	1			0		0		0	
1	1	0	1		0				1	0	0

Solution on Page (180)

Easy (217)

	0	1	0	1		1	0	1		1	1
1		1	0	1	0	1	1			0	
0					1	0					
0	0						0	1		0	
1	0	0		1	0	0	1		0	1	1
0	1	1		0	1	1					0
0	0			0							1
			1	1	0				0		
			1	0			0	0			
	0	1		1		0	0	1	0		1
	1				1	0	1	0			
	1				0	1		0			

Easy (218)

1							1	0			0
0	0		0	0	1					1	
0	1	0			0				1		1
1		1		0	1		1	0			0
	0		0		0			1	0	1	
	1	0	0	1	1			1		1	
1			1			1	0				
		1		1	0				0	1	
1					0	1	0	1			
		1	1		1		0	1			1
1	1	0	0				1				1
	1		1	1		1				0	

Easy (219)

1								1	0	1	
	1	0			0	0		1		0	
0		1			0					1	
		1		1	1		0	1			
1	1	0			1	0			1		0
	0	1		1		1			1	0	
0	0		0			1	0	1			1
		0	1	1		0	1		0		0
0			1	0	1		0		1	0	0
				1					0	1	
					0	0				0	0
		0		0	1				1		0

Easy (220)

0	1			1	0			1	1	0	
	0	1	0			0	1	1	0	1	1
1			1	1		1				1	0
		1	0			1	0	0	1		1
0	0	1	1		1		1		0	1	
	1	0	0	1	0		0	1			0
		1		0	0						
1	0				1						1
1	1	0	0						1		0
		1		0	0					1	
1			1				0				
				1	1				0		

Easy (221)

0		1		0	1	0	1			1	1
0		1	1	0							0
1			0			0			0		
0				1	0				1		0
	0	1		0	1						
			0	1	0	0	1		0	0	1
1			1	0						1	
0			0						0		1
		0	1	1	0	0	1	0	1	0	
0	0		0	1	1		0	1		1	
	1				0				0		0
	1		1	1							0

Easy (222)

		1	0				1	1	0		1
0	1	0						1			
1		1	1		1	1	0	0			
0	0	1	0				0			1	1
0				1		0	1	0			
							1	0		1	
	0	1		0	1	1	0	1	0		1
1		1	0			0					
					1		0		1	0	0
	0		0			1			1	0	
	1		1	1		0		0			0
		0	1		0			0		0	0

Solution on Pages (180-181)

Easy (223)

			1				0		0		1
				1		0	0			0	1
		0				1		0		1	
1		1	1		1		0	1	0		
0	1	1	0		1		1				0
		0	1			1		0		0	
0			0			0	1				1
0			1	1				0	1	0	
		0			1			0	1		0
	1							1		0	1
1				1		1	1	0	0	1	0
1	1		1	1	0	0		0		0	

Easy (224)

1						1				1	
				1		0			0	1	
	1			1		0	0	1	1	0	1
1	0				0		1		0		
0	0	1			1			1		1	1
			1	0	0			0			1
				1		1	0				
0			0	1	1			0			0
		0	1		1		0	1	0		1
	0			0			0		0		1
1			0	1		0				0	
1			1	0	1	1	0	0		0	0

Easy (225)

1	0					0	1	0	0	1	1
0			0		1	0		1	0		
0	0		0	0	1		0		1		
				1						1	0
		1			1				0	0	
	0		1				0	1	1		
0	0			1	0		1			1	
		1	0			0			0		1
		0						0		0	0
			1	0			0	1	0	0	
1		0	0						0	1	0
1	1	0	1		0	1	0				0

Easy (226)

0	0		1	0		1			0		1
	1		0	1		0	1		1	0	1
1					0		0			1	0
0	0	1				1		0		0	1
0		0	0	1			1				
					1				0		
		1	1				1		0		1
		0	0		0		0	1	1	0	0
1		0		0	1		1	0			
			0	1			1	0		0	
1		0	1	0		0				0	
1		0	1				0	1			0

Easy (227)

			0	1				0	1		1
		0	0		0				0		1
		0	1	0	1		0				0
		1	0		0			0	0		
	1	0	1	0					1	1	0
1	0	0	1			1	0	1			
	1	1	0	1	1			1	0	0	1
1					1					1	
	0			0	0			1	1		
	1		0				0	1	0		
	1			1	0	0				1	0
1		1	1			1		0		0	0

Easy (228)

0	1		0		0		1	0		1	
0		1					1	1			1
1		1			0	1	0				1
0	1	0	0	1	1		1			1	0
		1		0				1	0	0	
	0	1							1		
1			1	0	0		1		0	1	
0		1				1			1	1	0
1			0	1	1		0		0		1
			1		0	0			0		0
0			1		1	1					0
		0		1	0	0					

Solution on Page (181)

Easy (229)

	0	1	0		1			0		1	1
0				1		0					0
		1	0	0				1		0	1
1		0	1	1		1			0		
		1		0		0		0		0	
	0	1	0			1	1	0	1		
				1			0	1		0	1
0	1	1	0				1	1	0		0
	1	0	1	0		1					0
0	0				0			1		0	1
1									0		
	1			0					0	0	

Easy (230)

	1			1	0	0		0		1	1
1			0	1					1	1	0
		1	1			1		1	1		0
1	0					0				0	
0		1	0		0			0	0	1	
0	0		0	1		0			1		1
	0	0	1			1				1	1
0		1		1			1		1		
0		1					0	1		0	1
	0			0					1		
		1	0		1			0	0	1	
1		0	1			1					

Easy (231)

1	1	0			0	0			1		
0	0	1	0		1				0	1	
0		1	1	0		1					1
		0	0							1	0
0		0	0	1	0			1		1	1
		1	1				0	1		0	
			1	0			0			1	
0	1	1					1		0	0	1
1			1		1			0			0
1	0	0	1				1				1
0	1	1	0		1		0	1		0	
		0	1				0	0			

Easy (232)

					0	0			0	1	1
0	1	0		0	1			0		0	1
		1		0			1			1	0
0				1		1				1	1
0			1		0	1	0		1		
1				1	1	0		0	1		
0	0					0		1		1	0
	1		0	1		1					1
1	1		1		1		1	0	1	0	0
	0		0		1	1	0	1			1
1	1		1						1	0	
		0		1				0	0	1	

Easy (233)

0	0	1				0		1	0		
		1	0	0				1			
0	1			1	0	0	1	0	1		0
			0	0			0		1		1
	1	0		0			0	1	0	1	
		1	0	1	1				0	1	1
		0	1		0	0					
0		1			1		0		0		
						0	1				0
	0	1	0		0		1	1		1	1
1			1				0		1	0	
1		0	1			1	0		1		0

Easy (234)

	0						0	1		1	1
0					0		1				
0	1		1			1	0			0	0
1	0	0			0		0		1	0	
0	0	1		1		0	1	0			
	1				0	0	1			1	0
		1	1			1	0	1			0
								1			
1	1				0	1	1	0	1	0	
0			0			1			0		
	0	1	0		1		1	0	0		
1	1				0	0	1	0	1		

Solution on Page (181)

Easy (235)

1			1			1		1		1	
						0		1		0	
	1	0			0	1		0	1	1	
0		1				1	0				
1	0			0			1	0	1	0	
		0	1	1	0	1			0	1	0
		1		1	1			0	0		
	1		1		1		1	0	1		0
0	1		0				0		0	0	
0	0			0	1				0		1
1	1	0						0	1		
		0	1	1	0		0		1		0

Easy (236)

0	1							1		0	1
	1	0	0	1	1					1	
1						1	0	1	1		
	0			1			1		0		1
0	1	0		1	1			0	1		0
	0	1	1	0				1	0	0	
	0	1	1	0	0		1		0	1	
1	1							0		0	0
	0		1	0			0				0
0	0			0	0	1		0	1		1
1		0							0		
			1			1		0		0	0

Easy (237)

1			1				1		0	1	1
		0	1	0							1
0		1			0	1		1		0	0
0			0			1		1	1		
		0	1		1					1	
	0				0	1	0	1			
	1	0		1							
	0		1			0		1	0		0
			0		0		0	0	1	0	
0							1	1			1
1	0	1	0	1				1			0
1	1	0	1	1	0	0	1	0	1		0

Easy (238)

			0		1	0		1	0		1
	0				0				1		1
							0	1		1	
		1				0	1			1	
	0	1		0			1	0			
1	1	0			1			1	0		0
	1				0	1		0	1	0	1
		1		0		0	0	1	0		0
1					0		0	0	1		
0		0		1		1		0			1
		1		0	1		0	1	1	0	0
1	1			1			0		0		1

Easy (239)

	0		0			0	1	1			
0			1	0						1	
1		0				0	1		1	0	
1			1	0	1		0			1	
				1	0		1			1	
	1		0				0		1		0
0		1	1	0		1	1	0			1
0	1		0			0		1	0	1	0
		0		0	1	1			1		
0				1			0		1		1
		0			1	0			0	1	0
1		0	1			0		1			1

Easy (240)

			0					1	1	0	1
1	1			1	0		1				
	0								0	1	1
					1		0	0			1
1	0					0				0	
0		1	0		0	1				1	
0	1	0	1	0	1		0	1			
		0	1			1		0	0		0
0			0				0			0	0
		1	0		1					0	
1	1			1	0	0		0	0		0
1	1	0	1	0		1			1		0

Solution on Page (181)

Easy (241)

			1	1			1	1	0		
			1	0		1			0	1	1
	1	1			1	0					
0		1		0				1			
		0		1	0			0	0	1	1
				1		1			1	0	
0		1	0			1	0	1		0	
		0		0	1		0		0		0
	1	1	0	1			1	0			1
			1			1	0	1			
1	1	0		0	1			0		0	
	1	0		1	1	0	1				

Easy (242)

1	1	0				0	0	1		0	
0		0				1	1	0	1		
0	0			0				1		0	
1		1			1			1	0		1
1	1	0			0	0					
0	0				0			1		1	1
	0				1		0	0	1	0	
0		1			1	0					0
						0	1				0
	0		1		1			0	1		
	1	1		0		1		1	0		0
	1			1	0		1	0		1	

Easy (243)

		0	0	1	0	0	1	0		1	1
			1			1			1		
0	0	1	0					1			
0		0	0		1	0		0			
1					0	0	1	1	0		
0							0				1
	1	1						0			0
	1		1	0	0	1		1			
	0	1					0	1	0	0	1
0	1			1	0	0			1		0
1	1		1	0			0	0		0	0
1							0		0		1

Easy (244)

0	0		0			1	1			1	
						1	1		1		
			0	1	1		0	1	1		1
	0	1		0		0	1				
	1		1	1		1	0				0
0		1	1	0	0	1	0		0	1	
		0	0		1			0			1
	1			0							0
1	0	1		0		0		1		0	
	1	1			0		0		0		1
1		0		0	1	0	1		0		
1	0					0	0		1		

Easy (245)

0		1		0		0	1	1	0		1
			0	1		1	0			1	1
1	0		1		0		1	0			0
0		1				0	0		0		
		0	0		0			1	1	0	1
			0	1						0	
0						1					1
1		0	0		1		0		1		0
1			1			0		0			
	0			0	1	1	0	1			1
				0			1		1		0
1	1	0	1	1	0					0	0

Easy (246)

		0	0		0	0	1			0	
0	0		0		0	0		1		1	1
0	0				1	1			1	0	
		0		1	1	0	1		1		
	0			0			0		0	1	
	1	0		1			0				1
		0			1						
		1	1			1		1		1	
	1		0	1	0		1	0		1	1
0		0	0	1							1
		1			1					0	0
		1	1		1	0	1		0	1	0

Solution on Page (182)

Easy (247)

0	1			1		0		1	0		1
		0					0				
	0			1	1	0	0		1	0	1
	0	0			0			0			1
		1			1		0			0	
		1	1		0		1	0		1	1
		0	1		1		0		0		
			0			0			1	0	0
				0	0	1			1	1	
0		1	0	0	1	1	0	1			
	0	1	0	1				1	0		0
	1	0	1	1			1	0			0

Easy (248)

0	0		0	0	1		1	1			
1			1	0	0	1	0		1	0	1
0		0	0	1		1					0
0					1	0	1				1
	0	1		0	0		0			0	
			0	1	0	1			0	0	
	1		0			0					0
0		1	1	0					1		
				0		1		1	0	1	
0	0			1	1		0		0		
1		0	1		1	0					
1	1		1				0	0	1		0

Easy (249)

0		1				1		0			
		1				0	0				
	1	0	1		0	1				0	1
0							1		1		0
0	1	0	0			0	1	1			1
				0	1	1		0	1		0
0			1		1			1			
	1	0	0	1			0		0		0
		0		0	0	1		0		0	
0	0		0	0	1	0			0		
1				1	0			0	0	1	0
1	1		1			1		0	1		

Easy (250)

		1		0	1	0	1	0			
0	1	0			0		0	1			1
			1	0	0				1	0	1
								1	0	1	0
0		1	0			1					0
0		1				0	1	1		0	1
						0	1				
	1	1		0		1	0	1	1	0	0
1		0					0	1			1
		1	1	0		1	1		0		1
				1		0		1	1		
	1	0		1		1	0				0

Easy (251)

	1							1	1		
0	0							0	0	1	
	1	0			1		0	1	0	0	
			1	1			1	0	1	1	
0		1	1			1				1	
0		0	0	1		0	1				1
		1	0	0				1			0
	0	1		0		1	0	1			
						1	0	0	1		0
0	0	1	0	1	1					0	1
	1	0			1		1		0	1	
1					0	1	0				

Easy (252)

	0	1			1	0	1			1	
		0	0								0
0			1	0	0		0			0	
	1	0			1		1	1		1	
1		1	1	0					1	0	0
1			1	0		1	1		0		1
				1	1	0	0	1	0	0	
			0		0				1	1	
		0		0	1	0	0		0	0	
0			0			1		1			
				1				0		0	0
					0			0	1		0

Solution on Page (182)

Easy (253)

0			0				0				1
0	0				0			1	0	1	1
1	1		1	0				0		0	0
	0	1			1		1			1	
0	1	0		1		1					
1	0	1	1			1				1	
0	0		1	0		0	1		0		0
	1	0	0					1			1
1	1	0	1	1					1		
		1	1		1			0	1	1	
	1			1		0	0		0		
	1	0		1		0				1	0

Easy (254)

		1	0			0		1	1		
	0			0		0	1	1	0		0
		0	0			1			0	1	1
0	0			0	1		0	1			
	0						1		1	1	
0	1			1		0		1			
			1		1		0	0		1	0
	1			0	0	1					
0				1					1		0
0					1		0				1
1		0	1	1	0	0		0			0
1	1		1	1				0			0

Easy (255)

			0	0	1	1		1	1	0	
	0	1	0	1	0	0	1	1			
1	1				0				1		0
	0	1				1	0	1	0		1
1			0		1	0	1	0			0
					0					1	1
0	1		0	1							
1	0						0			0	0
		0			0		0				0
0		0		1			1		0	1	
1			1			0	0	1	0	1	
1			1	1	0		1				0

Easy (256)

0	0	1			1	1	0				
		0	1	1	0	1	0	0			1
	1				1	0	1	0		1	
0	0			1		0		1	0		1
1	1			1					1		0
	0					0		1		1	
0			1			1		1	0		
		0			0		1	0		0	0
		1		0		0		1	0	1	0
				1	0	1		0	0	1	1
1			1	0				1			
	0		1	0							0

Easy (257)

0		1	0	0	1	0					1
0		0			0	1		0		0	1
		0		1	0		0		0		
				0	1	0	0		1	0	
1	0	0	1			1	1	0	1		
0		1			0					1	
1		0			1			1	0	0	
1	1		1			1		0			
0		1	1	0			0		1	1	
		1	0	1			0	1	0		
1	1		1		0			0		1	
1											0

Easy (258)

			0	1		0	1		0	1	
0	0		1		1			0		0	
0		1		1		0	1	1			0
			1				0	1		0	
				1	1	0			1		
	0	1	0		1		1	1	0		1
1		1	1	0	0		0			0	0
								0			
1		1			0	1					0
0			0	0	1		0		0	1	1
						0	1		1		
1	1	0			0		0	0	1	0	0

Solution on Page (182)

Easy (259)

		1		0	1		1	1			
	0	1			1		0	1	1	0	1
0			1	1			1			1	
1	0		0		1	1	0	1	1		0
0		0	0	1	0			0	1		
0										1	
	0	1		1		1		0			
		0	1	1		1		0	0	1	
		0			1		0		0		1
	0	1			0		0	1	1		
		0	1	1	0				0		
		0		0			1	0	1		

Easy (260)

					1	1		1			
						1	1	0		1	1
			1	0	1		0		1		
	0		0		0			0	1	1	0
	1	0								1	
	0	1		0		0				0	
0	0	1		0		1	1		0		
1		0	0				0	1	0		1
1	1		1	1		0		0		0	0
0		1									1
1		0			1	0			0	1	0
	1		1	1			0	0	1		0

Easy (261)

		1	0		1		1			1	
0	0	1		0	1	1	0	1		1	
	1	0			0			0			0
1	0	1	0	1				0			
0		1			1	0		1			0
					0	1			1		
	0		0		0		1		0		1
		0	1		1		1			1	
1	1		1	1	0						0
0					0		1	0	0	1	
1	1	0		0	1		0		1		
1	1			0			0		1		

Easy (262)

1	0	0	1	0					1		
			0		1	0	1	1	0	1	1
		0		1	0		1				
	0		1				0		1	0	
	1	1	0			1		0			0
0	0		0				0			0	
1		0	1	0	1		1	0	0		
0					0	1			1	0	
1		1		1		0		1	0		
1	1			0		0		0	1		
		1	0			1	0	1	0		1
		1				0		0	0	1	0

Easy (263)

0	0					0			0		1
	0		0	0		1	0	1			1
			1	1		0				0	0
							1	0			1
0			0	1	1	0	0		1	0	1
	1							1	1		0
1		0							0		1
	1		0			0	1	0		0	
		0		1	0	1			0	1	
1			1	0		0	0		1		1
0	1	1		1	1			0	0	1	0
1			1	1		1		0			0

Easy (264)

		0		1			1				1
0		1					0			1	1
0		1	1		0					1	0
	1				0						1
0	0	1	0		1	1	0		1	0	1
0			1		0	1				1	0
	0	1						1		1	
0			0	1		0	0				
1	1				0	1	1			1	
0	0				1		1	0		0	1
	1		1	0		0				1	0
	1	0				1	0	0	1		

Solution on Pages (182-183)

Easy (265)

1						1	0	1	1		
		1						1		1	
0	0	1			0		1				1
1		0		0		1				0	
	1	1		1			1	1	0	1	0
0	0		0	0	1	1	0				1
	0			0	0				1		
0		1	0					1	0	0	1
1	1	0	1	1	0	0	1	0			
	0	1	1		1				1	1	0
			0				0				1
	1						1	0	1	0	

Easy (266)

0	0	1				1				0	1
		1				0				1	
0	1	0	1	0		1	0	0			
			1		0	1	0	1	0	1	
				1		0				1	0
0	1		0	1	1		1	0			1
			1		1		0	1	0		1
1					0	0	1		0		
		0			1	1	0		1		
0		1	0			0	1	1	0		
1		0	1	1	0	1				0	
		0	1	1	0						0

Easy (267)

1	0	1	0	1		0		1	0		
0		1		0			1	1			1
0				0			1				
		0	1					1	1		0
						0		1	0		
	1	0		0		1	0	0		0	
1	0			1		0	1			1	1
		1				1		1		0	0
1	1	0	1			1	1				0
		1			1			1	0	1	
				1	0	0	1	0			
1		0	1		0		0	0			

Easy (268)

	0	0		0		1	1	0			1
				1		0	0		1		1
0	1		0	1				1		1	
	0	0			0	1	1		1		
				0		1			1		1
0		1		1	0	0		0		1	1
1	1			1				0			
0				0		1			0		0
1	1				0		1	0		1	
		1	0	1	1		1	0	1		
1	0	1	1		0		0	1	0		0
								1			1

Easy (269)

0		0	0			1		1		1	
							1	1	0	1	
		1		0		1		0			0
0		1	0						0		1
				1	0	0	1	0		1	0
1	0	0			0	1				0	
0	0					0	1				
1	1	0	1	0		1			0	1	0
1	0	1					0	1			
0				0	0	1		1	1		
	1	0		0		0	1				
0		1	0	1	1					0	0

Easy (270)

	0	1	0	0			1	1			1
0	0	1					1	0	1		
1	1	0		0		1	0				
	1					0	1	1	0		0
0											1
			1		1	1			1	0	0
	1		1					1			1
1	0	1		1	1		1				0
1			1			1		0			
	1			0	1		0	1			
	0	1	0		1			0		0	0
1	1	0	1			1					1

Solution on Page (183)

Easy (271)

					1	0	1	1			1
	0	1	0		1			1	0		
1	1	0		1	0	0	1		1	0	
		1		1	0		1				1
	0				0			0	0	1	
0	1	1	0		1	1	0		0		0
		0	0	1	0			1	1	0	0
	0						1		1		
0			0	0	1		0	1	0		
1				1	0	1		0	1	0	
1		1	1						1	0	

Easy (272)

	0			0	0				1	0	1
0				0	0		0		0		1
		0					1		1		0
1	0	1	1			1	0		1		1
				1		0	1	1		0	1
	1	1		0	1					1	
	0	1	1								
		0		1	1				0	1	0
1		1	0	1	0	1		0	1		
		1			1	0		1			
	1		0	1		0	1	0			
		0		1	0		0	0	1		

Easy (273)

		0	0					1	0		
0		1		0	1	1					1
0	1	0		0		0	1	0			1
			0		0				0		
				0			0				1
0			1			1				1	0
			0		0			0	0		
0	0	1		0		1			0		1
				1		1	0	0	1		0
			0	1	0		1		0		1
1	1	0		0		1				0	0
1			1	1	0	0	1	0		0	

Easy (274)

	0	1	0					1		1	1
					0	0	1	0			
0			0	1	0	1		1	1	0	
0	0				1	0		1	0	1	
			1			0	1		0		
0	0	1	0			1	0			0	
1	1	0		1	1		1				0
0					0	1	0	1	0		1
1		1	1	0			1				
0	1				0		1	0		1	1
	1						0		1		
1	0	1				1	0	0	1	0	0

Easy (275)

1	0	1	1								
			0	1			1	1		1	1
0	0						0			0	1
		1	1			1			1	1	
		0			1		1		0		1
0	1	0	0			1			1	1	
		1			1				0	1	1
		1		0			0	0	1	0	
1	1				0	1	1	0			0
0		1			1	0	1	1		1	0
				1		0	0				
			1	1	0			0			

Easy (276)

					0		1			0	1
		0			0		1	1	0		1
		1		0	1	1					
1			0	0			0	1	1		1
1	1	0			0	1	1	0		1	
		1	1			0		0		1	
	0					1	0				
			0			1		0	1	1	
	0							1	0		1
			0	1		1	0		0	1	1
1		0	1		0	0	1		1		0
1				0	1	1		0	1	0	

Solution on Page (183)

Easy (277)

	0		0				1	0	1	1	
				1		1				1	1
	0	1	1	0		1				0	
0	1		0		1	0			0		
						0			0		0
	0	0	1	1	0	1	0	1	1	0	
0		1	0	0	1			0	0		1
1			0	1		1			1		
	1		1				0	1	0	0	
0			0	1	0		1			1	
1		0			1	1		0			0
1		0			0						

Easy (278)

	0			0			0	1	0	1	
		1	1		0	1	1	0			
	1			1	0	0		1	0		
0		1		0			0	1		0	
	1	0		0	0	1	1			1	0
1		1			0		0	1		0	1
	0	1				0		0	0	1	1
0		0	1							0	
1		0			0	1	1			1	0
					1	0					
	1				1	0		1	0	1	
	1		1							0	

Easy (279)

1				0			1	0	1	1	
1		1		0		0		1	1		
		0				0	1				
0		1	1								
	0					1			0		1
		0				0	1	0	0		1
0	1	1					0	1		0	
1			0		1		0		0		0
0	1			1				0		0	1
0		1		0	1			1		0	
1		0		1	1	0	1				0
1	1		1		0	1	0				0

Easy (280)

0		0	0		0		1	1	0	1	1
	1	0			0	1				1	0
1	0	1		0			0				0
		1		0		1		1			1
0		0	1	1		0			1		1
		1	0			1		0			0
	0		0	0					1	0	
	1	0				0	1		0	1	0
			1					1	0		
0	0	1			0	1		1			
	1			0	1		1	0	0		
1		0									0

Easy (281)

	1			0	0	1	0	0		0	
	1	0		1		0	1			1	1
1	0		0	1		0	0			1	
				0	0	1		0		0	1
			0	1	1		1		0	1	0
	0		0				0			0	
							1	0	1	1	0
	1		0		1	0				1	1
			1					0			
	0			1	0					0	
			1		0	0	1	0			0
	1	0	1		1		0	0	1		0

Easy (282)

					0			1	1	0	1
	1		0					1		1	1
	0		0		1	1	0			1	
	0	1		0	1			1	0		1
			0		0				0		
1	0		0			0	1				0
0	0	1	1				1	0	1		1
			0	1		1	0	1	0		0
				0	1		1		0		0
0	0	1			1		0			0	1
			1			1			1		
1	1		1	1		0				1	0

Solution on Pages (183-184)

Easy (283)

1					0	1		0			1
0	0			0		0	1		0	1	
	0					1	1		1	1	0
1	1				0	1	0			0	1
0		1					1				1
	1		1	0	0	1		0			
1	0			1	1				1	0	
0				0	1	0	1				
	1	0	1			1		0	1		
			0			0	1	1	0		0
1	1	0	1	0	1				0	0	
	1	0	1				0			0	

Easy (284)

				1	0						1
1		1	1		0		0	1	0		0
	0							0	1		0
	1			0	0						1
1		1		0	1			1		0	
	0		1		0	0					0
0			0		1	1		1	0		1
	0			0		1	0	1	0	1	1
1	1		1				1		1	0	0
				0			0	1		0	
1		0	0				1	0			0
1	1	0	1		0		1			1	

Easy (285)

0	0		0							1	1
0				1	0	1	0	1			
	1	0	1			1		0	1	1	
				1			1	1	0		1
		1								1	1
			1		1	1			1	0	
	1		1		1		1	0		1	0
	0			1			1	1		1	1
1		0	1			1	0				0
0	0		0		1				0	1	1
	1	0				0					0
1	1		1	1	0		0				

Easy (286)

0		0	0	1						0	1
0				0	1		1			1	
1	0	0					0	0	1		0
		0	0		0		1	0		0	
1			0			0					
0							0				
		0				1		1		1	0
1		1		1			1		0	1	0
0	1	0		0				1			1
1		1	1		0			0	0	1	
0		1	0				0		0		1
			1		0			0		0	0

Easy (287)

0		1	0		1	1	0	1	0	1	1
	1	0	0		0			0			
0	0	1		0					1		1
		0	1		0					1	1
		1	0		1	0	1		1		0
	0	1	0	0		1	0				
	1	0	1			0	1	0	0	1	0
0		1				0				1	
	1	0	1		0		0			0	
			1						1	0	
1				1	0	0	1		0	1	0
			1				1	0			

Easy (288)

1				0	1	0	1	1		0	1
0	0				0		0	1		1	
0		0	1	0		0			1		0
	0		1		0		0				0
	0	1		1		0		1		1	
0	1						1				1
				1			0				
0	1			0	1		1				1
1		0		1	0	1		0			0
	0		0	1	0	1	1				
					1				0	1	0
			1	0	1	1			1	0	

Solution on Page (184)

Easy (289)

		0					1	1		1	
					0	1		0		1	0
		1						1			
					0	0	1		0	1	0
	0	0		0	1	0	1	0	0	1	1
			1			1	0				0
				1	0	0	1	0	1	0	
1		1				0				1	
1	1			0			0		1		
	0	1	1			1	1			1	
0		1		1	1	0	0	1	0	0	
1		0	1	1			0				0

Easy (290)

					0	1	1	0	1	1	0
			0			0	1	1		1	1
0			0			1	0	1			
1		1				0		0			0
	0	1	0	1			1	0	1		1
0		0	1			0	0			1	
1	0	1		1	1						0
0			0	1					0	1	
	1				1				0	0	
		1	0	0			0			0	
		0			0	0	1	0			0
1		0	1			1		0			

Easy (291)

	0				1				1	0	1
0	0		0								
	1	0				1	0		1		
0		1			0			1	0		
	1	0				0	1	0			
1		1	0				0		1	1	
			1					1	0		0
	1			1	0		1	0	1	0	
1	0		0	1				0	0		0
0	1					1	0		0	0	1
1					0	0		0	1		0
1		1	0		0	0				1	

Easy (292)

	0			0				1	0		1
1	0	0	1			1	0			0	1
	1		0		0	1	1		1	0	0
			1			0				1	
		1			1		0		1		1
	0					0		1			1
	1	0	1	1	0	1	0			1	
1	0				1		0			0	
		0			0	0			1	0	0
	0	1			1	0	0	1			1
				0	1				1		0
1			1		0						0

Easy (293)

	0			0	0		0		1	0	
	0			1					0		1
	1	0		1		0			1	1	0
1	0		1	0			0		0	0	1
0	1	1		1							0
0	0			0		0				0	
		0		0					1	0	
0	1			1			0		1	1	
				1		0		1	0	0	
		0	1	0			0	1	0	1	0
	0	1	0				0	0	1		
1	1		1		0						

Easy (294)

		1					1	1	0		
0		0		1	0	0	1	0	0		
1			0		0	1	0	1	1		
0						1	0			0	
0	1					0		0	1		
1				1	0			1	0		
0		0	0					0	1		
		0	1		1		0	1	1		0
		1			0	0	1	0	0	1	
0	1					1	1	0	1		0
1		0		0						0	
	0	1		0	1	1				0	0

Solution on Page (184)

Easy (295)

	0	0	1	0		1			1		
	0	1					1		0		
0	1			1	0		1				0
1	0	1			0	1		0	1	0	
				1		0				1	
		0	1	0		1	1		1		0
			0		1	0	0	1	0		1
0					0	1					
1		0	1	0			1	0	1	0	
0	0		0			0	1	1	0		
1		0	1	1						0	
	1	0		0			0			0	

Easy (296)

0	1	0	1	0		1			0		
		1			1			1		1	1
			0		1		1				0
0	1				0					1	0
0	0		0					1		1	1
	0	0			1	0		0		0	1
0	1				0			0		1	0
1			0						0		
1	1	0			0		1		1		
	0			0			1	0			1
	1			1		0	0	1			0
			1	1	0	1	0	0	1		

Easy (297)

	0						1		0	1	
0	0								1		
	1	0	1	0			0		1		1
0	0	1		0	1	1					1
0			1			0	1		0		
1	0				0	1				0	
		1	0	1		0	0	1	1	0	
		0								1	0
	0					0	1		1	0	1
0		1	0	1		1		1			1
	1	0		1	0	0	1	0			0
	0	1	1	0			0				0

Easy (298)

		1			0		0	1		1	
	0		0	0		0				1	1
1	1	0		1			1	0	1		0
	0			0	0		0		1	0	
0	0	1	0								0
1	1			1	0		0	0			
	0	0			1						1
			0			0				0	
1					0	1		0		1	0
		1	0	1	1		1		1	1	
1	1	0		0	1		0		0		1
1	1	0	1	1		1					0

Easy (299)

0					0	1	0	1			
0		1					1	1	0		
	0	0	1		0		1	0		0	
0				0	1	0	0	1			
0	0			0	1	1			1		
1			1	1	0				1	0	
0	1			0	1	1		1		0	
	0		0				1				0
			1		1						0
0	0	1					1		0		
		0		1	0	0		0	1	0	0
1	1			0			0			1	

Easy (300)

			0		0				1		0
	0				1	1	0			1	1
0	0		1		0				1		1
	1	0		1	0	0				1	
0	0			0			0			0	1
		0				0		0		1	1
	1	0	1	0	1	1		1			0
	1					1		0			
	0	0	1		1	0			0		
				1	1		0			0	1
1			1	1		1		0		0	0
			1	0	1					1	

Solution on Page (184)

Easy (301)

0				0	1					1	
0	0					1		0	1		
	1		1		0	1		1	0	1	0
		1		1		0			1		0
0	0	1		0			0		1		
					0	0				1	
	1	0	0	1				1		1	
	0	1			0	1	1	0	1		
		0	1	0		0	0			0	1
		1		1		0		1	0	1	
1				0	1	1	0			0	0
	1		1		0		0		1	0	

Easy (302)

	0					1	0			1	
1		0			0	0	1	0			
	1	1				1		1	1	0	
		1	0	1	1		1				1
			1	1	0	1	1	0			0
		1									1
0		1	0			1	1	0	0	1	
1	1	0	1	1		1			1		0
		1		0			0	1	0	1	
0		1				1			0	1	1
1				1				0		0	0
	1	0								0	

Easy (303)

0				0		0	1	1		1	
1		0				1		0			
1		0		1		0		1	1	0	0
0	0								0	1	1
0							1		1		0
1				1		0	1		1	0	1
	1	1		1					0	0	
		1		0	1		0		0		
1				1		0	1				0
0	1			0		1		0		0	1
1		0	1		0						0
1		0		1		1			1	0	0

Easy (304)

		0				1		0	1		1
			0		1	0	1			1	1
			1	1				0			0
1	0	0			1					0	
			0			1	0		0	1	
1	1	0			0	0	1	0	1	1	
0	0	1					0				1
	1	1		0		1				1	
	1	0	0			1	1		1	0	
		1		0			0	1	0		1
	1	1				0			0		0
1	1			1		1		0			

Easy (305)

	0					1		0			0
0		1	0	0		1	0		1	0	1
0			0		1		1				
		0		0		1		0	1	1	0
	0		0			1			0	1	
		0	1		0	0			0		
			0			1	0			1	
		0				0	0		0		1
	1		0			0	1	0		1	
0		1			0		1	0			1
	1	0	1	0	1	0	0	1	0		
1		0	1			0	1		1		

Easy (306)

	0	0						1		1	1
		0				1					
	1	1	0	1				0			0
		1		1			0			0	1
1		0	1			1	1		0		1
0	1	1		1	1		1			0	0
	1		0			0		1			1
				0	0	1	1	0		0	0
		1					1	0	1	1	
	1	0		1		1	0				
1	0	1		1	1					1	
1	1	0		0	1	0		1	1	0	

Solution on Page (185)

Easy (307)

0	0		1	0	0	1				0	
		0			0	0	1			1	1
	0			0			0	0			0
0	0			0			0			0	1
0	1	0	0					1	0		
	0		0			0	1	0			0
0				0	1	1		1	0	0	
	1		0					1		1	0
1	1				0	1		0		0	0
0	0		0		1		0				1
1			1	0				0	0		
	1		1			1		0			

Easy (308)

0		1	0			1	0	1			1
			1			0	1		1	0	1
	1			1	0	1	0		0	1	
			0	0		0		1		1	
1			1		0	0		0	1		
			0		1					1	
0		1	1		0			0		1	
				1					0		1
		0	1			0		0	1		0
	0		0	0				1		1	1
	1				0					1	0
1	1	0		1	0			0	1	0	

Easy (309)

1	1		0				1				0
	1	0		1				1			1
0				0	1	1	0		1	0	
1			0				1	1		1	0
	1	0	0	1		1			1		
	0	1		0	0		0		1		1
1	0		0								0
	1	0					0				1
0		1	1			0	1	0		0	
0		1				0				1	
	1		1	1	0			0	1		
1	1	0								0	1

Easy (310)

1			0	0		0	1	0		1	
		0			0		1	1			1
0	0			0	1	1	0				
1				1	0		1			1	0
	1			1				1		1	
	0	1	0	0	1			1			1
1	0	0	1		1		1	0	1		
			0				1	1			
					0			0	1	0	0
	0	1	1		1	0		0			0
	1		0		0			1	0	0	1
1		0	1			1				0	

Easy (311)

			1	1	0	0		0			1
0	0		0	0		1			1	0	
1				1		0		1		1	0
		0		0	0					1	
0	0			1		1				0	
1		0		0					0	1	0
0			0	0	1			0		1	1
	0	1		1		1			1		
				0	0				1		
0	0	1			1		1		0		1
1		0	1			0	1	0	0	1	
1	1			1	0						

Easy (312)

			1						0	1	
				0		1	1	0			
		1		1					1		
0	0				0	1	1	0			
1	0	0	1	0							0
	1	1			1		0	1	0		1
0		1		1		0	1	1			
1			1		0			0	1	0	1
0	1	1	0			0			0		0
	0			1		1	1			0	
			1		1				0	1	0
1	1	0			1			0	1	0	

Solution on Page (185)

Easy (313)

		0	0	1		0	1		0	1	
0	0		1	0	0	1					1
			0		1	0	1		1	0	
1		0	0	1			0			1	
0				0	0						0
		0	0		0			0			
1				0			0	1			
0			0	1	1					1	0
		1				1	0	0	1		0
	0	1				1		1	0	0	
1			0	1		0				1	1
		0		0	1				1	0	0

Easy (314)

			0		1		1		0	1	
	0	0		0	0	1	0	1	1		
0	1		1	1				0		1	
			0	0	1			1	0	1	
1			1	1					0		
0	1	0					1	0		1	
1			1	0		1					1
0		1			1	0			0	1	0
1	1				0		0			0	0
1			0		1						
	1	1		1	1	0	1		0	1	
1	1	0		1				0			

Easy (315)

				1	0			1	0	1	1
0	0	1				1			1		
1		0	1	0	1		1				0
		0			0				1	0	
0	0	1				1			1	1	0
			0	1				0	0	1	1
		1			0		0				0
0	0			0		1			1	0	
1	1	0			1						0
		1	0	1	0				0	0	1
	0	1		0	1			0			
			1			0	0		0	1	

Easy (316)

1	0				1	1	0	1			
			0			0		1	0		
0	1	0	0			1				1	
1	0	1				1		1	0		1
		1		1			1	0			
0		0						0		1	0
	0		1	0							
	1						0			1	
	1	0		1	0	0	1			0	0
				0	0	1	0				1
1	1	0		1	1	0	1	0	0		
1		0		1	0	1	0			0	0

Easy (317)

1	0				0			1	0		1
1	0		1			1	0			0	1
	1					0	1				0
0	0		0		1	0	1	1			1
	1		1		0	1		1	1	0	0
0			0		0		1			1	1
0		1			1		1		1	0	0
1					1		0	1	0	1	
0	1							0			
0		1					0				
	1	0	0		1				1		0
	1		1	1						0	0

Easy (318)

0		1	0					1	0	1	1
	0	1			0	1	0	1		1	1
		0	1			1	0				
	1	0		1		0	1		0		1
0					1	1	0	1		0	
						1	0				
1		0		1			1		0		0
0	0					0		1		0	1
	1	0	1	1		1	0		1		0
	0		0	1			1		0		0
1		0		0	0		0				1
				1	0		1			0	

Solution on Page (185)

Easy (319)

0	0	1	0			0			0		1
			0	1	0			1		0	1
	0	0			1			0	1	1	0
	0		0		1			1	0		
0	1		0				1	0			1
	0				1	1				1	0
	0		1	0							
0			0	1	0		1			0	
					1	0		1		1	0
1					1		0		0	0	1
0	1			1						0	0
1			1	1	0		1		0		0

Easy (320)

	0	0		0		1	0		0	1	1
	0					0	1	1			
0		0					1				1
0			1		1				0		1
	0	0	1		1				1		
0	1	1		1		1	0	1	0		
	1	1	0	0	1	0	0		0		
						0	1		1		0
0	0			0		1		1	0	1	1
1		0		1	0		1				0
	1	0			0			0	1		

Easy (321)

0					1	0	1	0		1	0
		1	0				0				1
1	0			1	0	0	1	1	0		
	1	1	0		1		0		1	1	
0	0		0	0	1	0	1	1			1
1	0	0	1								0
		1	0	1		0	1		0		
	0		0	0	1		0	1	0	0	1
				1							
		1	0					1	0		
1	1		1	1					0	1	0
1				1	0		0				

Easy (322)

0	0		0				0	1	1		
	0			0	1			1		1	1
	1		1					0	1		
	0			1						1	
0				0	1	0		1			0
1	0			1	0		1	0			
0	0		1			1			0	1	
				1			1		1	0	
1	1	0		1				0	0	1	0
		1	0			1	0	1			
	1		1		0	1			1	0	1
1		0	1	1	0	0		0			

Easy (323)

	0		0	0	1		0				
	1	0	1		0		0	1			
	0		0	1							0
	0			0			1		0		
0				0	1	1	0			0	1
	0	0	1	1				1	1		0
	1	1	0			0		0			0
1			0	0						0	
1		0				0		0	1	0	0
0	0	1			0						0
1				0			0	1	0		
1	1	0	1	1		0		0			0

Easy (324)

				0			1	1			
		0			0	0	1				1
			1	0	1		0	0		0	
		0		1	0		1		0	0	
		1	0	0	1	1	0	0	1	1	
	0		0		0	1	0			0	
1		0			0			1			0
0				0	1			0	1		1
1			1	1		0		0	1	0	0
0		1						1			0
						1		0			1
1	1			0		0		0	0		0

Solution on Pages (185-186)

Easy (325)

1	0	0					0		0	1	
		1				0		0	1		0
		0	0	1		0		1			1
	0					1	1	0	0	1	
						1		1			
0	1	0	1				1	0	1		1
	1	1	0	0			0	1	1		
	0		0		1					1	0
	1			1		0				0	
		1			1		0	1	1	0	
1	1		1	1			1	0			
		0		1	0	1	0	0		0	0

Easy (326)

0			0	0	1	1			0		1
	0	1		1	0			0		0	1
1	1	0				0			1	0	
		1				1	1	0	0		1
0				1	0						
1	0		1	0		1		0	1	0	0
		1	1	0				1		1	1
	1			1		1	1		0	1	
		0		0	1		1	0	1		
				1				1	1		
1	1	0				0	0				
					0	0		0		0	

Easy (327)

	0			0	0			0		1	
0			0	0							1
0	1	1					1		1		0
								0			1
0	0				1						
0	1			0		0	1	1		0	1
1		0				0	1		1	1	
0	0			0	1	1		1		1	0
1		0			0					0	1
			0	1		0				0	0
		1	1		1		0		0		
1			1	1	0	1		0	1	0	0

Easy (328)

		1	0	0		0		1			
		0		0		1				0	
1		1		1	0		1	0		1	
	1	0	0		1	0			0		
	0				0	1	0			1	
1				1	1		1		1		0
0			1			1		0	0		
	0			1		0			0		0
	0	1	1				0	0	1	0	0
0	1	0		1						1	
1			1	0	1	0	0			0	
1		0					0		1	0	0

Easy (329)

			0	1	0		0		0	1	
1		0	1	0	0		1				1
	1		0	1	1				0	1	
1	1			1	1	0		0	1		
1	0		1				1	0			1
	0	1				0		1			
				1			1	0		1	
1		0	1						0		1
0	1	1		1		0		0			0
0		1		0	1			1	0		1
	1			1	0		1		0	1	0
1			1			0					0

Easy (330)

		0	0	1	1		0		0	1	1
0				1	0		1	1			
		1			0				1	0	
				1			0		1		1
	0	1	0	1	0	1		0			1
	0	1	1		0		0			1	
			0								0
	0	1	1				1	1		0	
1		1		0	0		1				
0	1	0	0	1	0		0	1	1	0	
	0		1	0	1				0		
				0		1	0	0			0

Solution on Page (186)

Easy (331)

0		1		0		1	0		0	1	
0			0	1						1	
1	1		1	0	1		0			0	1
1	0			0					1	1	0
	0			1				1	0	1	1
0	1	0	1		1				1		
			1	0	0		0				
	1	1					1			1	
		0	0				0	1			
0		1	1		0				0	1	
1		0	1			0	1	0			0
	1		0			0	0	1			

Easy (332)

	0										
		1	0		1	0	1			0	1
	0	0		1				0		1	
	0	1	0		1		0		0	1	
0	1	1					0	1		0	1
	0		1		0		1		0	1	
		1			0	1	1		1		
0			0				0	1		1	0
				1		1	1	0	1	0	
	0	1			1	0		1			1
	1			1				0	1	0	0
			1		0		0			0	0

Easy (333)

	0				0		0		0	1	
		0		1	1	0			1		
0	0		0		0	1				0	1
	0	1		0	1		0			1	
		0			0			0		0	
	0	1	1	0		1	0	1			1
			0		1			0	1	0	
						0		0	0	1	0
0	0			0		1	0		1	0	
0	1			1		0		1	0	0	
		1		0			1			1	
			1	1		1	0		1	0	0

Medium (334)

0		0			0		1			1	1
1			0						0		
				1					1		0
			0				0	1		1	
		0	0			0	1				0
		1									
	1				0	0				0	0
				1						1	
0		1					0		0		1
				1				0	0		0
1				0		1		0			

Medium (335)

	1		0				1	1		1	
										1	
	0	0							1		
	1			1						0	1
	0	1				0					
		0						1	0	1	0
	1				0	1					
1		1					1	0			
1			0	1		1				0	0
	0			1	1			1			
		0	1			0				0	0
			1	1				0			0

Medium (336)

0	0		1	0		1		1			
	1				0				1		1
							1		0		
1		0		1	1						
			0						1		1
				1		0					
		1		0		0		0	0		
	1				0			0		0	0
	1					0					
				0	0					0	0
	1				1		0	0			0

Solution on Page (186)

Medium (337)

		0	1					1			1
		1	0		1	1					
	1						1				
	1		1					0			
0		1			1						0
		1				1			1	1	
					1		0				1
			0	0		1		1			1
			1		0	0		0	1	0	
			0	0					0		
1	1			1	0					0	
1	1								0	1	

Medium (338)

	0							1		1	
0				1	0				1	0	
	0	0									
0	0				1	0	1			1	
			1	0		1			1		
		1			1		1		0	1	
					1		0			1	0
1		0				0			0		
	1			0		0	0			0	0
				1							
	0			0			0	1			
					0		0		1		0

Medium (339)

	0	0		0		0			1		
	0				1		1		0		
0		0						0			
			0	0		0		0			1
0					0		0				
			1						0	1	
	0										1
			0	0		1					
								0	1	0	
			0	0		1	0	1			
1					0			0			
1	1		1	1			0				

Medium (340)

		0	0		0		0			0	
			0	0			1				1
					1				1	1	
			0		0		0				
0	0				1			1		1	
				0			1				0
1				1	1		1			0	
										1	1
	1	0			0	0					0
	1		1								
							0	1		0	0
1									1		0

Medium (341)

0	0							1			
1		1		0	1			1	1		
				0			1			1	1
0	0		0		1					0	
			0			0					
0				1	0						
0	0										
		0								0	0
		0		0	1						0
			0	0			1			1	
		0				0					
1		0			0	1			1		0

Medium (342)

						1					
0			0					1			
	0	1		1	0						
1						1	1		0		
			0						0		1
	0		1			0	1	0			
				1	0				0		
	1	1				1		0		1	
	1	0									
0		1	0			0	0			1	
1							0				0
		0	0			0				0	0

Solution on Pages (186-187)

Medium (343)

		0		1	1				1		1
		0			0		0		1		0
		0		1	0				1		
			1								
1	0		1								
					0			0		0	0
1				0				0			
1		0				0	0				
			0	0		0				0	
	0	1						1	0		
1	1				0	1			1	0	

Medium (344)

							1				1
			0	0			1				1
			1							0	
	1	0					1				1
0		1			1			1	0		
1		0									
								1		0	
1		0				0	0				1
1			1		1	0		0	0		
			1	1					1		1
	1			1		0					
					1	0	1	0			

Medium (345)

0	0				1		1				0
0		1			1				0		
	1										
			0							1	
		0	1			0		1		1	1
0				1			0				1
1			1				1	0			
				0		0					
			1	1		0	1	0		0	
	0								0	0	
1					1	0	1				
	1		1	1			0		1		0

Medium (346)

					0			1	1		1
0	0			0		0		1	0	1	
					0		1		1		
1			1		0					0	
1						0		1		1	0
		0				0			1	0	
	1			0				1	0		
	0			0		0	1				1
0		0			0	1		1		0	
	0		0			0	1				1
				0						1	
1			1			1				0	

Medium (347)

					1	0			1	1	
0			0				1	1		1	
0					0			1			
		1		1							
0	1		1	0					1	0	
	1					0	0			1	1
						1					
		1		0							
	1	0		0				0			
0	0							0	1		1
						0	0		0		
					0			0			

Medium (348)

	1		0					0	0		
1		1	0					0		1	
		0			1	1					
0	0					1				1	
	0								0	1	
0		0									
						1				1	1
	0	0			0	0				0	1
0				0					1		
0											1
		0			0		0	0		0	
			1		0						0

Solution on Page (187)

Medium (349)

0		0	0		0	0			0	1	
		0		0			0				
1						0			0	1	0
	0	1						1		1	
	1			0	0						1
0		1	0		1		1		1		0
						1					
0					1	0		0	0		
1				0			0	0			
0				0					0		
	1						1	0		0	
	1		1						1	0	

Medium (350)

	0			1	0						0
			1			1				1	1
	1	1			1		0		0		
						1					
1	1					0				0	1
				0					0		
					0		0				
	0	1	0		1	0			0	1	0
		0	0						0	0	
	0				0	1		1			
		0							0		0
1				1	1			0			

Medium (351)

		1				0	1			1	1
	0				0				1	1	
			0		1						
		1					1	1		1	1
1		0	1						0		
			1							0	1
1	1							1			0
1			1	0		1	0	1		0	
					0						
0						1		0	1		0
		1		0		0				0	1

Medium (352)

		1	0				1		0		
		1	0		0					1	
				0	0		1		1		0
		1	0					1		1	
				1		1	1			0	1
		1	1							1	0
1			0	1		1	0				
					0		1				
		1						0		0	0
	1							1			0
							1			1	
1	0	1				0	1				

Medium (353)

0			0		1			1		1	
			0				1	0			0
				1			0		0	0	
						1				0	1
		0									
	0			1	0						
	0		0		1		0	0			
				0			0				
1	1		1		0					1	
1		1	1		0						0
	1			0			1	1			1
	1			1			0	0		0	

Medium (354)

			1					0	0		
0		1					1				1
0											
	0							0	0		1
0	0		0					1	1		
				1		0					
	1	0		1	0		0		1		0
1											
	1	0		1		0					0
				1			0		0		
1		0				1		0			0
		0			0			0		0	0

Solution on Page (187)

Medium (355)

		1			1	1			0		1
		0	0		0					1	
							0	1			1
		1	0					1		1	1
1				1							
0	0				0			1		1	
1		1						0	0		
0		0					1				
	1			0		0					1
0						0	1				1
1	1		1				0	0			
		0	1		1						

Medium (356)

		0		0		1				0	
0			0	0						1	1
			0			1		0			1
	0				0	1				1	
							1				1
		0	0		0		1		0	0	
0											
							1		0	0	
	1		1	1			1				0
0			0						0		
	1			1			1				
1				1		1		0			

Medium (357)

0		0	0						0		
0	0		0	0			0	1		0	
				0	0			0	1		
						0	1				1
	0				0				1	1	
			1	0		0		1			
		0				0			1		1
		1		0	0			1			
	1			0		0	1				0
	1	1			1			1	1		
1											
1									1		0

Medium (358)

0	0			1	0				0		
0							1	1		1	
	0			0	1						0
0	0			1		1		0			
						0	0		0		
	0			0	0						1
							1				
0			0	0				1		0	
	1		1							0	0
1		1			1			0			
		1			1				0		1
			1	1				0	1		

Medium (359)

						1	1			1	
0						0	0				1
	1	0		1				1	1		1
1		1	0				1				
0	0				1	1			1		1
								1		1	
1		1			0						0
	1					0		0			0
1	1				0				0	0	
		1	1						1		
	1		1	1		0		0			
				1							

Medium (360)

1	1					0					1
	0		0	0		0	1				
				0	1				1	1	
	1										
0					1		0		1		1
			1	0		1		0			0
			0			0	1	0			
		1	1		1		0				
1	1						1	0			
			0	0		1					
			1					0	0		0
	1			1	0			0			

Solution on Page (187)

Medium (361)

0			0	0		0			0		1
0		0	0			1	1				
	0				0			1			
	0	1		1		0					0
		1		1			1				
	1				0						
					1	1			1		1
	1	0						0			
	0			0							
				1	1						0
		1				0	0			0	
		0		1			0	0		0	

Medium (362)

		1			1	0		1		1	1
1			1					0			1
	1	1				1					
		1				0	1		0	0	
				0					1	0	1
	1	1			0			1			
				1						1	
1	1		1				1				
					1				0		
0								0	0		
				0		0					0
1				0		0		1		0	

Medium (363)

	1	0				0			1	0	1
				0			1	1			
0	0			0				1	0	1	
		0							1	1	
				1	1			1			
	0						1	1		1	1
1									1		0
	1	0				1					
									0		0
0					1	1		1	1		1
1	1					0		0			
		0	1						1		

Medium (364)

	1				1			0		1	
1		0								1	
		1				1	1				0
				0						1	
	0		1				0	0		1	
0					0			1			
0		1		0		1					
	0		1	0				0		1	
						1					1
					1	1		1			
										0	0
1	1		1	1			0	0		0	

Medium (365)

0									0		1
		1		1		1					
			1		1		0		0	0	
						0		1		0	1
	1	1		1				0	1		
					1	1		1			
			0							0	1
0	1					1	1				1
1	0					0	1			0	
		1						1			
1			1	1			1		0		
	0		1					0	1	0	

Medium (366)

	0					1	0	1			
0				1		1	0		1	0	
0		0		1					1		0
		0				1	1			1	
			0		0						0
					1	0					0
1				0			0		1		
				0	0		0		0		
1		1	0			0					
		1	0		0			1			
	1								0	1	0
		1							1		0

Solution on Page (188)

Medium (367)

	1				0	0			1		
0		0			0					1	
0							0	0		0	
						1	1			1	0
										0	
		1				1		1	0		
1				0	0						
0	1	0			0		1		0	0	
						0					0
					0			0		0	1
1		0						0			
1	1					0					

Medium (368)

1		0	0		1						
			1				0		1	0	
0					1		1	1			1
0								0			
		1					1			0	
0		1	0			0	0				
	1					0	1		1		
	0	1			1					1	
	1			0		1					1
1					1		1		0		
0	1				1			1			1
1	1		1	1							

Medium (369)

1	1			1				1			1
1						0	0				
		0		0	1						
					0		0				
1		1	1			0					0
	1		1	1							1
0					0		0	1			
			1		1	0		1			
		1				1	1			1	0
	0						0				
		0	1			0		0	0		0
	1				1					0	

Medium (370)

	0			0			0		1		
		1			0		1		1		0
0				1	1						
1					0		1	0	1	0	1
	0		0								
			0	0			0			0	
0						1		0			
		1	0			0	0				
0			0	1	0						
	1	0								0	
					1	1			0		
1					0	1		0	1		0

Medium (371)

			0			0					
	1					0		1		1	1
1				0	1				1		
	0	0		0				1		1	1
					1	0					
			0	0			0		0	1	
				1							1
	1		0			1				0	
	1			0							
								1	0		
1	1		0		1						
1					0		0	0		0	0

Medium (372)

		1						1			1
0			0					1	1		
		1			0		0		1	1	
	0		0				1				
				0					1		
							1			0	
				1	0		1			0	0
	0		1			0					
		0		0	1		1			0	
										1	1
		0					1	0			
1		0		1	0	1					

Solution on Page (188)

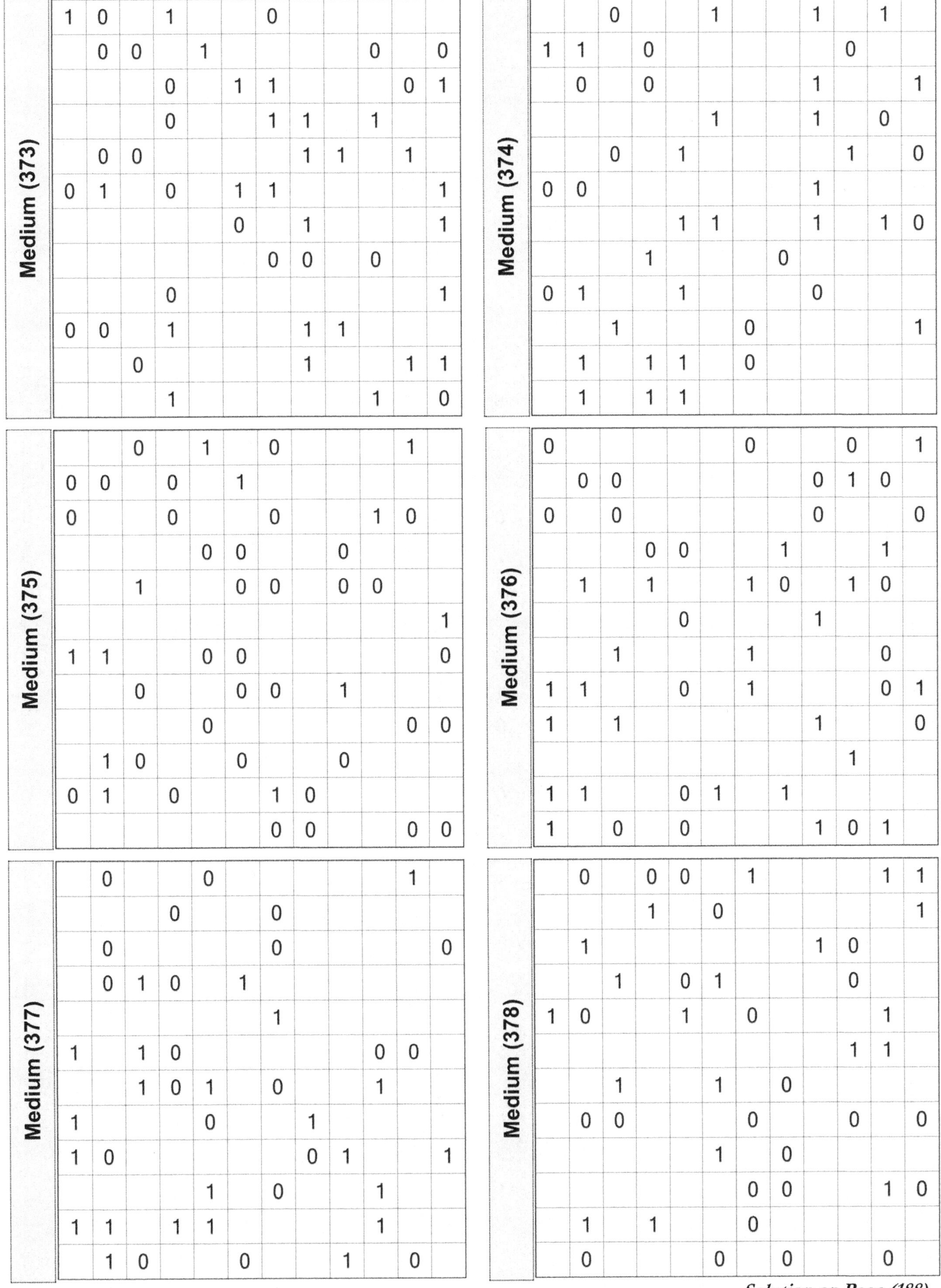

Medium (373)

1	0		1			0					
	0	0		1					0		0
		0		1	1					0	1
		0			1	1		1			
	0	0					1	1		1	
0	1		0		1	1					1
					0		1				1
						0	0		0		
			0								1
0	0		1				1	1			
		0					1			1	1
			1						1		0

Medium (374)

		0			1			1		1	
1	1		0						0		
	0		0					1			1
					1			1		0	
		0		1					1		0
0	0							1			
				1	1			1		1	0
			1				0				
0	1			1				0			
		1				0					1
	1		1	1		0					
	1		1	1							

Medium (375)

		0		1		0				1	
0	0		0		1						
0			0			0			1	0	
				0	0			0			
		1			0	0		0	0		
											1
1	1			0	0						0
		0			0	0		1			
				0						0	0
	1	0			0			0			
0	1		0			1	0				
						0	0			0	0

Medium (376)

0						0			0		1
	0	0						0	1	0	
0		0						0			0
			0	0			1			1	
	1		1			1	0		1	0	
				0				1			
		1				1				0	
1	1			0		1				0	1
1		1						1			0
									1		
1	1			0	1		1				
1		0		0				1	0	1	

Medium (377)

	0			0						1	
			0			0					
	0					0					0
	0	1	0		1						
						1					
1		1	0						0	0	
		1	0	1		0			1		
1				0			1				
1	0						0	1			1
				1		0			1		
1	1		1	1					1		
	1	0			0			1		0	

Medium (378)

	0		0	0		1				1	1
			1		0						1
	1							1	0		
		1		0	1				0		
1	0			1		0				1	
									1	1	
		1			1		0				
	0	0				0			0		0
					1		0				
						0	0			1	0
	1		1			0					
	0				0		0			0	

Solution on Page (188)

Medium (379)

1	0					1	0		0		
	0				1	0			1		
		0	1				1			1	0
0		1	0			1	1				
	0	0		0							0
				1	1						1
0			0					0		1	0
1	1										
					1	1		1			
						1					
		0					1		0	1	0
			1		1		0	1			0

Medium (380)

		0				1		1			0
0	0								0		
0	1		1		0	0		0	0		
						1					
0	0		0				1		1	1	
0		0			1						
			0	1			0				
0				1		0		0	0		
			1				0		0		
0				0						0	
	1		1						0		
	1		1		0						

Medium (381)

	0				0	0					
	0				0	0		1			
			1					1	1		0
				0	0				1	1	
0							0			1	1
			0		1			1	1		
			1	0						1	0
	0	1						1			1
1	1		1								0
							0				
1				0						0	0
1		0		0				0	0		

Medium (382)

							0		1	0	1
0			0		0		1				1
1			0	0		0					
0	0		0			0					1
		0	1	0	1						
1						0		1			
						0		1		1	1
1	1								1	0	
		0		0		0			1		0
				0							
1	1		1		0	0					0
1			1				0	0		0	

Medium (383)

			0	0							
0					0		1			0	1
0				0			1		0	1	0
		0			0				1		1
0	0		0	1	0			0			
0				1				1			1
	0					0		0		0	
0							1				
1	1		1						0	0	
0			0	0			0				1
			1								
	1				0					0	

Medium (384)

		0						1			
		0								1	
0					1			0		1	0
0							0				1
	0		1								
				1	1			1		1	1
		1		0							
				1	0				0		
0	0		0					0		0	
					1	1			0	0	
		0	0		1	0	1				
		0	1					0	1		0

Solution on Pages (188-189)

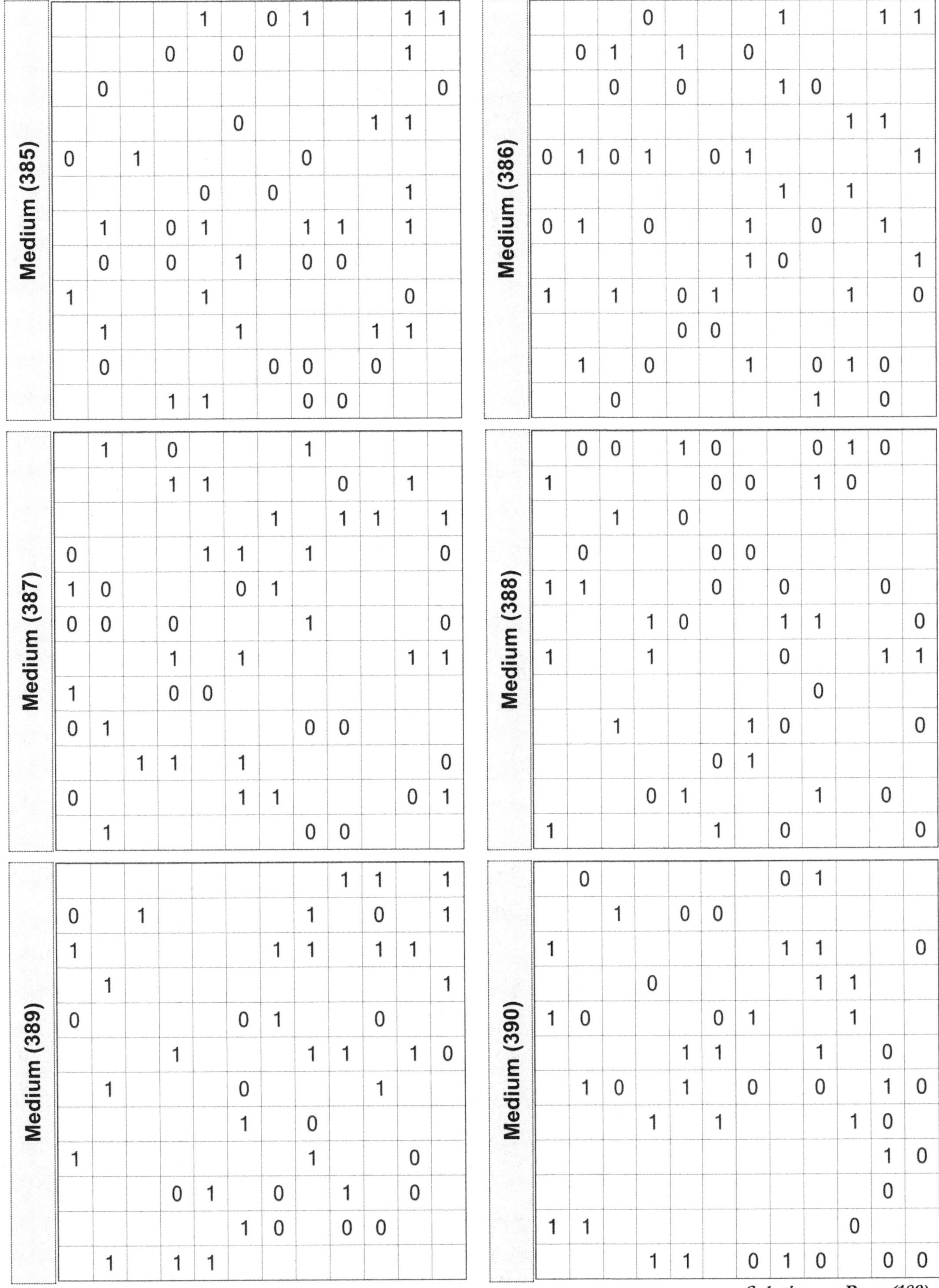

Medium (385)

				1		0	1			1	1
			0		0					1	
	0										0
					0				1	1	
0		1					0				
				0		0				1	
	1		0	1			1	1		1	
	0		0		1		0	0			
1				1						0	
	1				1				1	1	
	0					0	0		0		
			1	1			0	0			

Medium (386)

			0				1			1	1
	0	1		1		0					
		0		0			1	0			
									1	1	
0	1	0	1		0	1					1
							1		1		
0	1		0			1		0		1	
						1	0				1
1		1		0	1				1		0
				0	0						
	1		0			1		0	1	0	
		0						1		0	

Medium (387)

	1		0				1				
			1	1				0		1	
						1		1	1		1
0				1	1		1				0
1	0				0	1					
0	0		0				1				0
			1		1					1	1
1			0	0							
0	1						0	0			
		1	1		1						0
0					1	1				0	1
	1						0	0			

Medium (388)

	0	0		1	0			0	1	0	
1					0	0		1	0		
		1		0							
	0				0	0					
1	1				0		0			0	
			1	0			1	1			0
1			1				0			1	1
								0			
		1				1	0				0
					0	1					
			0	1				1		0	
1					1		0				0

Medium (389)

								1	1		1
0		1					1		0		1
1						1	1		1	1	
	1										1
0					0	1			0		
			1				1	1		1	0
	1				0				1		
					1		0				
1							1			0	
			0	1		0		1		0	
					1	0		0	0		
	1		1	1							

Medium (390)

	0						0	1			
		1		0	0						
1							1	1			0
			0					1	1		
1	0				0	1			1		
				1	1			1		0	
	1	0		1		0		0		1	0
			1		1				1	0	
										1	0
										0	
1	1								0		
			1	1		0	1	0		0	0

Solution on Page (189)

Medium (391)

					1	1					1
	0					0		1			1
1					1	1			1	0	
			0				0	1	0		1
			0		1		1				0
1		1			0				1		
		1			1	0		1			0
1			0			1	1				0
					1				0	0	
			0		1						
			1	1		1				0	
						0	1		1	0	

Medium (392)

0	0		0					1			
	0	0		1		1			1		
0					0						
		1					1	1		1	0
	0		0			1	1				
		0		1		0			1		
		0						0			
	1		0		1		1	0		0	0
			1				0				
					0			0			
			0		0	0					
	1	0		0					1		

Medium (393)

	0		1			1	0	1	0		1
	0	0			0		1				1
0					1						
	0		0	0					0		
	0				0	1					
		1				1	0	1			1
					1			1			
1				0	1	0	1		0	1	
1			0					0		0	
		1		0			0	1			
						0			1	0	
1							0			0	

Medium (394)

		0					1			1	1
1		0	0						0		
0	0			0		1		1			
								1			
1			1			0					0
0		1		0	1		1		0	1	
		1	1								1
			1				1	0			0
	0									1	
				0	0				1		
	1						0	0			0
											0

Medium (395)

		0		0						1	1
1	1					0	1	0			0
		1		0	1		1	1			1
0				1					1		
	0			0							
0	0						0				
			1		0					0	
					0					1	0
						1				0	0
		0		0				1	1		
	0					0					0
			1				0	0			

Medium (396)

0			0	0				1			1
0			0			0	1		0		
	1				0				0		0
	0		0			1				0	
0			1							1	
	1					1	0			0	0
0		0				1		0			0
			1	0						0	
	1			0				0			
0					0	1		1		1	
		1	1			0					
1	1						0		1	0	

Solution on Page (189)

Medium (397)

	0	1			1	1				1	
								0			1
			1	1			1	1			
0	0		0				0			0	1
0				1					0		
	1					1				0	
0		1	0		0			1	0		
		1		1						1	
	1			0			0	0			0
	0	1				1					
			1		0	0				1	0
1								1	1		

Medium (398)

						1	1		1		1
			0	1		1					0
0		1		1	1					1	
1						1		1			0
		0	0								
0			1				1	1			0
									1		1
	1					1		1		1	0
	1	1								1	
		1		1			0				1
	1				1			0	0		0
1	1										

Medium (399)

		0	0		0		1				1
	0			0		1			1		
	0			1	1		1				0
			0		0					1	
0	0				1	1					0
1											1
0	1			1	1		0	1			
			1						1		1
1					1					1	
			0	0					0	1	
											0
1		0		1		0	1			0	

Medium (400)

	1	1		0		0			1		1
0	0		0				0			1	1
				1				0			
			0			0			0	1	
		1			1	1		1	1		
1	0			0							0
			1				0			1	
	0					1			0		
			1		0			0			0
			0	1			0	0		1	0
		1		0			0		0		
1					0						

Medium (401)

	1		1			1					
	0				1				1		
			0					1	1		
0	1				0			0			1
					1						1
1		0	0							0	
	1					1					
1	0			1			0			0	
1					1	1				0	
	1		0	1		1			1		
										0	1
1			1		0	0					

Medium (402)

					1	0			0		
							1	0		1	
0	0		0	0			1	1			
	0										
			0				1	1		1	1
0	0		0								
						0		0		0	0
0	1					1					
1	1					0					0
											1
1					0		0	0		0	
	1		1	1						0	

Solution on Pages (189-190)

Medium (403)

		0		0	0				0		
	1		0	0					1		
0			1				1	1			0
1					0	1	0		1		
	0			1					0	1	
0	1										0
	0		0	1		0	0		1	0	
		0					1	0			
								0	1		0
							0				
1			1					0	0		0
1	0				1				1		

Medium (404)

				0			0				
0					1				0		
	0			0				0		0	
0	0		0		1		0		1	0	
		1				0	1				
1	1					1			1		
						0	0				
								0	0		0
	1		1			0		0	0		0
	1			0	0				1		
1	1		1	1				0			

Medium (405)

1		1		0		0	1				
			0	0			1	1			
								0		0	
	0	1			1					1	1
0	1		0			0			0		
1	0		0		1					0	
0				0	1		0				
		0						0			
0		1	0		1				0	1	
1	1			1				0			
	1		1			0		0		0	

Medium (406)

		0	0		1			1		1	1
				1				1	1		1
		1		0			1		0		
0	0		0					1		1	
0							0				1
				1		1	0		0		
0	0								0		1
						0					
	0		0	1			1			0	
			1			1	0		0		
		0			1		1				0
1		0		1	1						

Medium (407)

						0			0		
			0	0				1	1		
					1			1			
	0	0									
	0	1		0			0		0	1	
					0		1		1	1	
		1		1		1			0		
					1	1					0
					1				1		0
		1		1				1	1		
	1				1		1				0
	1						0	0		0	0

Medium (408)

	0	0		0		1					
	0		0	0					1		
					1		1				
	1		1	0					0		1
						1	1				1
				1		0	1	0			
0			0								
	0		1							0	0
		1					1				
	0			1				0		0	1
						0	0		0	1	
		0	1			0		0	0		

Solution on Page (190)

Medium (409)

	0				0	1			1	0	1
0		0	0		0				1		0
	0					0	1			0	
0	0				0					1	
1						0		0			
	0			1	1			0			
		1		0			0		0	1	
					0	1			1		
1				0				1			1
0					1	0					1
	1						0	0			
				0					0		

Medium (410)

1					1	1		1	1		
				0				1			
0							1		1		
			1		0			1	1		
			0			0					
					1	0					0
1	1						1				
		1			0		0		0	0	
		1									
	1			1	0		0	0		0	
		1					0			0	
	1	1			0	0		0			

Medium (411)

	0		0		1		1				
								0		0	1
0		0	1		0		1		1		
	0		0			0		1	0		
		1			0	0					
						1			0		
			0			0	0		1		
1	1										0
1	1					1	1		0		
			1				1	1		0	1
1				1							
1	1		0		0	0				1	0

Medium (412)

	0					0				1	
			0		1	0					
			1	1				0		1	0
		1							1	0	
	0		1		1	0	1		1		0
	1						0				1
				1	1						
1	1			1	0			1	1		0
	1								0		0
		1									
1	1		1	1				0		1	0
1			1	1		1			1		

Medium (413)

	0					1	0			1	1
				1	0		1	0	1		
0		1						1			
	1	1							0		
0					0	1					
		0	0				1				1
						0				0	1
				1		1			1	1	
0			0				0		0		
		1						0		1	0
	1		1	1			0	0		0	

Medium (414)

0	0			0				1			
							1	1		1	1
			0	1							0
	0			0	1		1	0	1		1
0	0										
1			1	1				0	1		0
				1			1				
1		0				1				0	1
1				1			1				
				1		0					
	1	0				0		0			
				1	0				1		0

Solution on Page (190)

Medium (415)

			0			0	1	0			
	0	1			1						
	0			0				0	1		1
0		1			0		1				
0	0				1			0			
	0				0	1				0	
			0	0						1	
		1	1								
1					1						
		1	1							0	
1			1							0	
1	1			1			1	0	1		

Medium (416)

	0	1		0				1	0		1
1		1	0					1	1		1
		1		1			1	1			
	0	0			0				0		
				1						1	
			1								
1	1										0
	1		1				0		1	0	
		1				0		1	1		
1			1	0	1	0	1				
	1						0				0

Medium (417)

0		1		0						1	1
					1		1	1			1
			1	1		1		0			
0	0		0								
				1							
	1		1					0		1	
	0	0				0		0		0	
	1	1		1	1						0
				1				0			
						1	0		0	0	
0	1			1		0			0		0
	1		1	1							

Medium (418)

	1				0					1	
			0	0				1		1	0
0		1		0			0				
0					0				0		1
			1			0		0	1		
1						0	0			1	
			0					0	1		0
0	0				1	1			1		1
	1			1							
	0		0		0						
1						0		0		0	
1		0	1				0				0

Medium (419)

						1	1				0
	0				1		1	1		1	
		0		1						0	
		0		0					1		0
									0	0	
	0	1	0		0		1			1	
		0			1	1		1	1		
0								0			0
1			1								
			0	1			1		0	0	
	0	1		0				1			0
	1									0	0

Medium (420)

		1	0		1		0	1		1	1
			0		1			1			1
1	1					0	1				
	0					1	0				
0				0		0	1		0	1	
						1		1	1		
								1	0	1	
				1		0				1	0
		1									0
	1			1	1						
	1	0	1		0	1		0		1	
					1	1		0			

Solution on Page (190)

Medium (421)

				0		1		1			1
	0					1	0	1			
					0				0	1	
			1						0		1
0		1		1	1		1	0			1
0											
	0			1		1			0		
				1			0				0
		0			0			0	1		
			0	0			1	1			
			1		0					0	0
		0			0					0	0

Medium (422)

	1		0			0		1	0		
	0						0				
1		1			1					0	
					0	0					1
			0	0			1		0		1
	0		1	0					0		
1	1				0	0					
	0						1	1		1	
	1										
								0	1		0
	1		1			0	0			0	1
				1			0			0	0

Medium (423)

	0	0				1	0				
						1	0				1
0		1		1	1			0	0		
		0	0		1				1	1	
			0	1			1		1		
	1			1	1		1		1		1
1		1			0	1				1	
				1				0		0	1
0											1
			0				0	1		1	
1	1			1		1					0

Medium (424)

					1		1	1		1	1
		1				0					1
			1	1				0		0	
			0		0			1	1		1
1	0								0		
	1		1	0			1	0			0
				1	1		0				
	0	1								1	0
1	1		1	0					1		
		1				0		1	0		1
1			1	1			0	0		0	0
						0		1			

Medium (425)

0			0	0							
0		0	0		0				0	1	
					0		0		1		
	0		0	1		0	0				1
											1
		1	1			0			0		
0		1		0		1		0			1
			0				0	1			
		0	1	0			1		0		0
							0		0		
	1		1								
1	1			1		1		0			

Medium (426)

0		0	0		0			0	1	0	
		1									1
					1	0			1		
	1							1	1		1
		1	0	1			1	1			
										0	0
			1		0		0		1		0
			0			1					
	1		1	1							
	1							1	1		
		1	1			0		1		0	
						0					

Solution on Page (191)

Medium (427)

						1		1	1		
	0	1					1				
	0		1		0			0	0		
0			0		1			0		0	1
		0				0					
									0		0
		1		1		1	1		1		
	1		1							0	
		1	1				0	1		0	0
				1							
	1					0					0
1			1	1		0					

Medium (428)

1				1	0						
		1			1		1	1		1	1
		1				1	1		1	1	
				1	0						0
	0						0		0		
0						0		1			
0	1						1			1	0
							0			1	
0					1			1	0		
			0	1		1					
		1			1			1			
1		0			0				1		

Medium (429)

				0	1	0					
	0		0	0			0	1			1
1		0						0		1	
0				0	1			1	0		
	0	0		1		0				0	
	1		0	0		0					
	0				0			1	1		
			1		0		1		1	0	
	1									1	0
0	0				0	0					
1	1		1		0			0			
								0		0	0

Medium (430)

0		0			0					1	1
0							0				
									0		
					0		0				1
											1
					0			0	0		
0					1		0	0		0	
				1		0	0				0
	0									0	
0	0				1	1			0		
		0	1			0		0		0	
		0		1			0	0		0	0

Medium (431)

				0	0						1
1			1					0			0
0			0							0	
					0		1		0		
					0						
0						1		1		0	0
	1	0			0		0	1	0		
1	1										0
			0		0						
	1			0		0	1			0	0
1	1		1	0		1		0			0

Medium (432)

	0		0	1			1	1		1	1
					0					1	
		1	0						1		0
	0			1	1						
	1	0					1			0	1
	0			1			1				0
		1	1			1			0		
							0				1
			1						0		
		1	0		1			1	0		1
	1			1			1				0
1					1		0				1

Solution on Page (191)

Medium (433)

	1	0		1		0					
		1					1	1			
0		0	1								
			0	1					1	1	
				0			0				
					1		0	0		0	
		0		1	0			1			
	1			1			1				
1					1		0				
	1			1	1			0		1	
1	1			1						0	0
1		1	1		1		0		0		

Medium (434)

				1	0			1	0		1
0	0				0					1	
0	0			1			0				1
				1					0		
									1		1
		0	1		1	1		0		0	
	1	1				0					
0	0		1				1				
		0			1						
					1	1			0		
1		0						0			0
						0	0		1		0

Medium (435)

	1		0				0				1
					1	1				1	
1					0	1		0	1		
	1			1	1		1		1		
		1		1			0				
	0					1	1		1	0	
1						0	0				1
	0	1						0			
		0			0			0			0
0				1	0					1	
											0
1			1		0	0		0		0	

Medium (436)

	0	0						1	1		1
			0	0			1				
	0				0						1
1				0			0	0			1
		1		0			1			1	
		1				1				1	1
1				0	1		1	0			1
			0				0		0		
	1	0						0	1		0
		1			1				0		
1				1		0	1	0			
1					0				1		

Medium (437)

0					1	1				0	
					0					1	1
				0	1		1	1			
0	0		0					1	1		
0	1			0							
									1	0	
0		1				0	1				
				1	1			1	1		0
	0	0				1				1	
								1		0	1
		1	1			0	1			1	
	1	0	1			1					0

Medium (438)

0		0		1		0		1	0	1	
	1								0	0	
			0		1						
0			1						1		1
	1			1				1		1	
					1						0
	0				1	1			1		0
						1			1		
	0			0	1			0			0
						0	1			1	1
1		0	0			1					0
1	1				1						

Solution on Page (191)

Medium (439)

0		0	0		0	0					
				0	0				1	1	
0								1	1		1
0	1				1		0				1
			1	1		1				0	
0		1	1		1		1				
0						0	0				
			0							0	
1	0	1						1			
									1		
1				1					0	1	
							0		1		

Medium (440)

		0			0		1	1			0
	0						0				
0		1					1			0	
	1	0		1	1		0		0		
	0		0		1				1		
0				0						1	
										1	
0	0		1					1			
1		0	1		0				1		
	0				0	1				1	
		0	1								0
1	1		1	1			1		1		0

Medium (441)

0	1								0	1	
1			0		1	0				1	
	0						0	0			
1			0			0		0			
0					1					1	1
		1	1		1	1					1
			0	1							
				1				1		0	
		1	1			1					
0	0		0		0					1	
1				0		1					
			1	1			0		1		

Medium (442)

					1		0				
					0	1			1	1	
	0		0					1	1		
	0							1			
				1							1
						1				1	1
	0		0					0		1	
			1	1			0	1			
				1		1		0			
0							1	1			1
	1	0		1		1			1		
					0		1			1	

Medium (443)

1		1		0		0	0		1		1
	0		0	1							
		0		0		0			0		
					1		0			0	1
											1
	1	0			1			0			
			1	1			0				1
0				1						0	
	1		1				0	1			
	0			1					0		
1		0					0	0			
1						0	0			0	

Medium (444)

			0	0		1			0		
								1	1		
	1				1						0
	1			1	0	1		0		0	1
						1	0				
1		0	1	0			1				
		0		1				0	0		
			0	0			0	1			0
			1	1				0			0
		1	0		1					0	
	0			0				0	1		
					0					0	0

Solution on Pages (191-192)

Medium (445)

1		0		0						0	
		1	1		0	1					
0	1				0	1				1	
1			1				1				1
	0					1					
0					0		1				
			1		1		0	0		0	0
0			0	1		1			1	0	
1	1										
			0		1				1		0
1					1				0		1
1		0						0		0	

Medium (446)

		0					0			1	1
		1				1				1	
0			0	0			1		0		1
					1				1	0	
1											1
					1			0			
			1				0		1	0	1
1	0	1		1	1			1			1
	1	0	1			1					
0	0			0						0	1
			1	1		0	1			1	
			1				0				

Medium (447)

				0			1	1		1	
0		0	0				0				
				0	0					1	
				1				0	1		
1	0			0	0		0		1		
				1		0		1		1	
0			1				0				0
						1					
		0					1	0		0	0
0			1				0				
		0			1				0	0	
			1	1							0

Medium (448)

1	0		1		1		1				
	0	0						1	1		
					1	1			1		
0			0	0		0	1				
1		0			0				1		1
					1	0		1	0		
			0	0				1		0	
	1			1		0	1				
0											1
		1					0			0	
		0	0							0	0
	1			1		0			0		0

Medium (449)

				1					1		1
			1		1	1					0
0	0			1	1		0				
									1		
	0			0	1			1			
			0	0						1	
1		0					0	0			0
	0	0									
			0					0		0	
0			0	0			1				
	1					1				1	
1	1								1		

Medium (450)

					0						
0				0				1		0	1
		1					1				
0		0	0			0					
0	0			1	0					0	
					1					0	
		0		1							0
1		1					1	0		0	0
				0	1		0	1		0	
									1		
	1	0		1				0		1	1
1	1		1						1		

Solution on Page (192)

Medium (451)

	0			0					1		1
1				0				1		1	1
									1	1	
0			0		0	1			1		1
	0			0	0			1		1	
0	1							0			1
		1		1			1				0
	0			1	0				0		
1						0			0		0
	0		0		0		1				
1									1	0	
		0			0	0		0	0		

Medium (452)

0	0					1					0
		0							1		1
0			0			0	1				
0		1					1	0		1	
	1		1		0	1					1
					1				1		
		1	1			0					
1	1					1		1			
		0	1						1		
							0			1	1
	1	0			0	0					0
1	0		1			0	0			1	

Medium (453)

	0	1					1				1
						1		1	1		1
		1	1		1			0		1	
0	0		0		1			1			
			1						1		
		1					1				0
1	1		1	1					0		0
					1	0		0			0
				1	0				0	1	
1			1	1		1	0			0	0
1							1				0

Medium (454)

0	0			0	0			1	0		
						1				1	
	1			1			1			0	0
		0					1		0	1	
	0	0									
0	0			1		0					1
0									0		
		0			1	1					
	1					0	0		1		
0				1	0				0		
	1				1			1	1		
			0	1		0	1	0		0	

Medium (455)

			1		1	1		0			
				0	1		1				
0	0						1	0			
	0	0			0			1			1
			0						1	1	
	0			0		0		1		1	
							0		0		
							0				
	1	1									0
			1	0			0				1
1	1				1				1	0	
		0						0			0

Medium (456)

	0	0			0						
0			1				0	1			
0	0			1		0			1		
		0		1		0	1				
0										0	0
					1		1	1			
	0	0					1			0	0
	1	1		0		1					
					1				0		
			1		0			0	1		
					1					1	0
		0					1				0

Solution on Page (192)

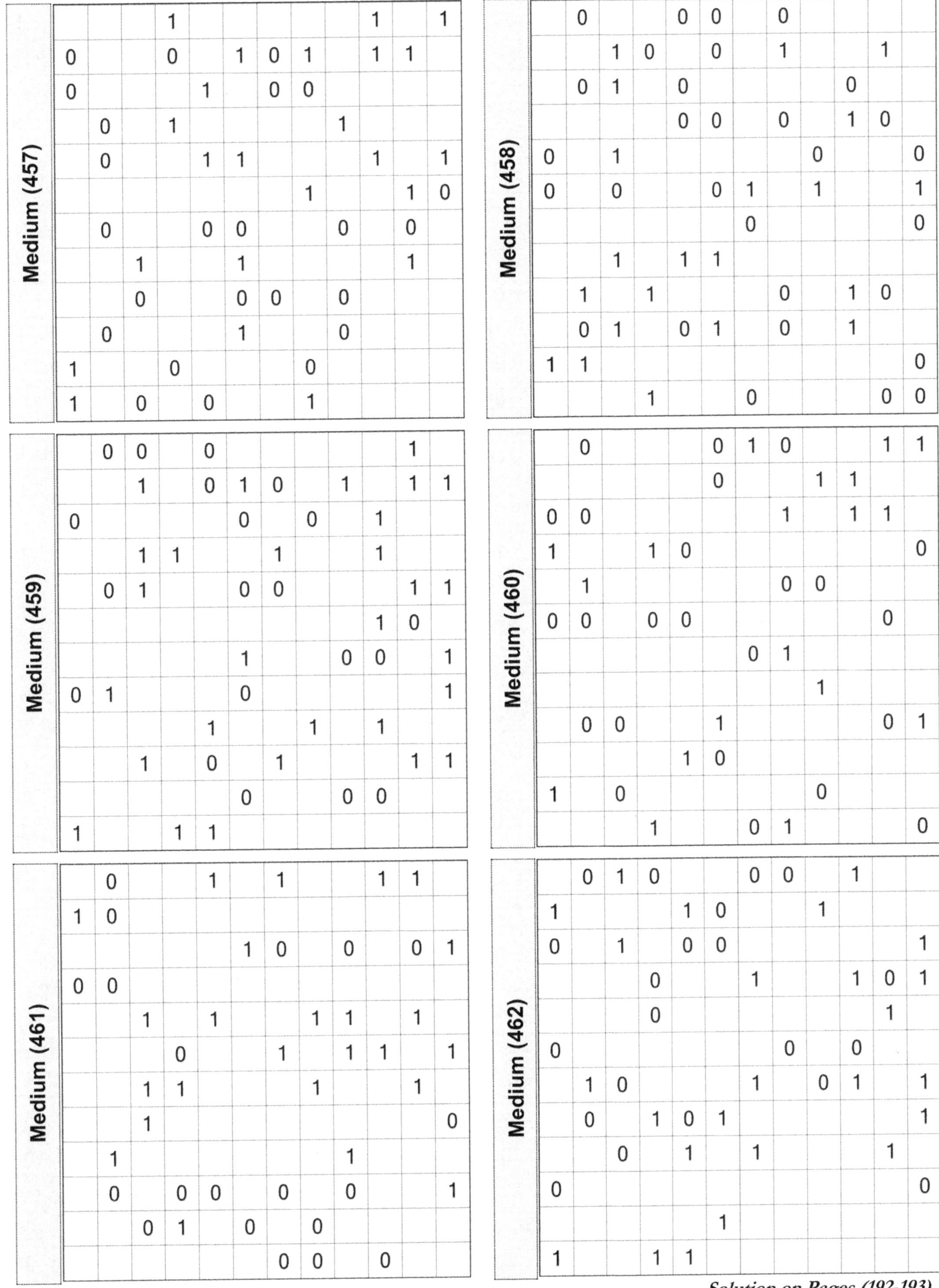

Medium (457)

			1						1		1
0			0		1	0	1		1	1	
0				1		0	0				
	0		1					1			
	0			1	1				1		1
							1			1	0
	0			0	0			0		0	
		1			1					1	
		0			0	0		0			
	0				1			0			
1			0				0				
1		0		0			1				

Medium (458)

	0			0	0		0				
		1	0		0		1			1	
	0	1		0					0		
				0	0		0		1	0	
0		1						0			0
0		0			0	1		1			1
						0					0
		1		1	1						
	1		1				0		1	0	
	0	1		0	1		0		1		
1	1										0
			1			0				0	0

Medium (459)

	0	0		0						1	
		1		0	1	0		1		1	1
0					0		0		1		
		1	1			1			1		
	0	1			0	0				1	1
									1	0	
					1			0	0		1
0	1				0						1
				1			1		1		
		1		0		1				1	1
					0			0	0		
1			1	1							

Medium (460)

	0				0	1	0			1	1
					0			1	1		
0	0						1		1	1	
1			1	0							0
	1						0	0			
0	0		0	0						0	
						0	1				
								1			
	0	0			1					0	1
				1	0						
1		0						0			
			1			0	1				0

Medium (461)

	0			1		1			1	1	
1	0										
					1	0		0		0	1
0	0										
		1		1			1	1		1	
			0			1		1	1		1
		1	1				1			1	
		1									0
	1							1			
	0		0	0		0		0			1
		0	1		0		0				
						0	0		0		

Medium (462)

	0	1	0			0	0		1		
1				1	0			1			
0		1		0	0						1
			0			1			1	0	1
			0							1	
0							0		0		
	1	0				1		0	1		1
	0		1	0	1						1
		0		1		1				1	
0											0
					1						
1			1	1							

Solution on Pages (192-193)

Medium (463)

		1						1		1	
			0				0		0	1	
1	0	1		0	1			0			
		1	0	1	0					1	
							1		0		0
0		1	1		1						
0	1								0	1	
				1				0			
	1		1		0		0	0			0
		1	1			1			0		
				1				0			0
	1	0									0

Medium (464)

	0	0		1	0	1					1
0	0						1	1		1	
0		0	0		0		1	0	1		
	0				0			1			1
	0			1					1		
					0			1	1		
1			1			0				1	0
0				0						1	
	1				0				1		
		1		0	0						1
	1		0			0	1			0	
			1								

Medium (465)

1								0			
	0			0	0			0	0		
	0			1		0				0	
			0			0					1
1			1	0			0		1	1	
				0					0		
0						1	1				
0			0	0					0		
	1						0				0
	0	1		1			1				
		1	0					1			0
	1		1	1				0			0

Medium (466)

0	0								0		1
		0				1			1	1	
				0							
	0	1		0	0		0			1	1
	0								1	1	
				1	0			0	1		
		1			1		0			0	
	0		0	0		1		1			0
			1	1				0		0	
0		1	0								
						0		1		0	0
							0	0		0	0

Medium (467)

		1									
0		1	0		0	1	0	1			
			0			0			0		
1	0	1				1					
			0			0					
		0								1	
	0			0	1		0		1		0
		0		0				0			
1					1				0	1	0
1	1			1			0	0		0	
1	1		0		1		1				

Medium (468)

	0			0	1						
	0	1			1		0			0	
									0		
	0	1	0			1	0		0		
		1	0								
1	1						1		0		
1				1				0			
	0	1		0	1	0		1			0
					0	0				0	0
								1	1		
							1	0			0
1			1		0						0

Solution on Page (193)

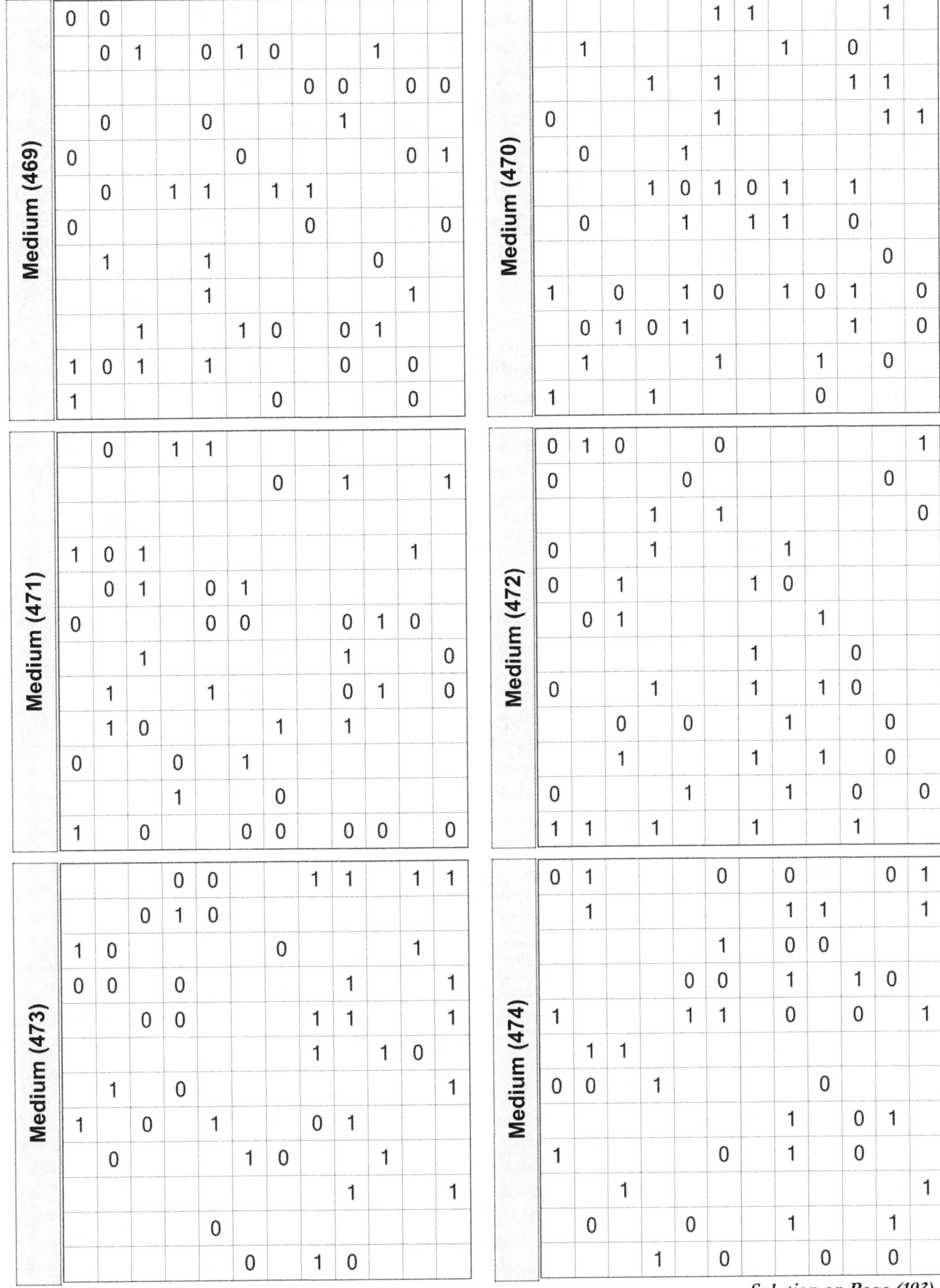

Medium (469)

0	0										
	0	1		0	1	0			1		
							0	0		0	0
	0			0				1			
0					0					0	1
	0		1	1		1	1				
0							0				0
	1			1					0		
				1						1	
		1			1	0		0	1		
1	0	1		1				0		0	
1						0				0	

Medium (470)

					1	1				1	
	1						1		0		
			1		1				1	1	
0					1					1	1
	0			1							
			1	0	1	0	1		1		
	0			1		1	1		0		
										0	
1		0		1	0		1	0	1		0
	0	1	0	1					1		0
	1				1			1		0	
1			1					0			

Medium (471)

	0		1	1							
						0		1			1
1	0	1								1	
	0	1		0	1						
0				0	0			0	1	0	
		1						1			0
	1			1				0	1		0
	1	0				1		1			
0			0		1						
			1			0					
1		0			0	0		0	0		0

Medium (472)

0	1	0			0						1
0				0						0	
			1		1						0
0			1				1				
0		1				1	0				
	0	1						1			
						1			0		
0			1			1		1	0		
		0		0			1			0	
		1				1		1		0	
0				1			1		0		0
1	1		1			1			1		

Medium (473)

			0	0			1	1		1	1
		0	1	0							
1	0					0				1	
0	0		0					1			1
		0	0				1	1			1
							1		1	0	
	1		0								1
1		0		1			0	1			
	0				1	0			1		
								1			1
				0							
					0		1	0			

Medium (474)

0	1				0		0			0	1
	1						1	1			1
					1		0	0			
				0	0		1		1	0	
1				1	1		0		0		1
	1	1									
0	0		1					0			
							1		0	1	
1					0		1		0		
		1									1
	0			0			1			1	
			1		0			0		0	

Solution on Page (193)

Medium (475)

						1		1	1		
0		1					1	1		1	1
1	1			1	0				1		
		1				1					
	0			1	0		1				
			1	0		1	1			0	0
1	1		1						0	1	0
									1		
				1							
0		1	1						0	0	
	1		0			0					0
						1				0	0

Medium (476)

				0		1		1			1
0							0		0		
					0	0			0	1	0
										0	
		1		0	1		1	1			
		1	1		1	0				1	0
									0	0	
			1	1		0		1		1	
					1						0
0							1	1			
	1		1	0		1	0				0
1			1						1	0	

Medium (477)

0	0		0		1		1				1
				1		1					1
		0						1	0		
0			0	1		0	0		0		
0		0	0			1				0	
					1		0				0
				0		1	0				1
1	1			1	0						
		0	1			1	0		1		0
			0								
				1				0	0		
1	1			1		0				0	

Medium (478)

	0	0							0		1
		1			1	0		1			1
			1				1			0	
0		1		0	0			1		1	
0		1						1	1		
						1	1			1	
		1	1		0		1			1	
	1					0			1		
	1		1	0	1						0
					0						
1	1		0				1			0	
	1			0				0		0	

Medium (479)

		0	0			0	1			1	
1			0		0	0		0			
		1								1	
0		1		0			0		1		1
1								0			0
						1	0		1		
		1							1	1	
			0		1						
											0
		0					1		1		1
	1		0			0	0				
1	1				1	1					0

Medium (480)

					0	1	0		1	0	
0		1			1				0		
						0		0	1		
	1		0	0					0		
0			0	0		1					
								0	0		0
					1				1		0
0	0		0				0	1	0		
			1	1							
		1					1				
1	1			0	1						0
1			1	1			0	0			0

Solution on Page (193)

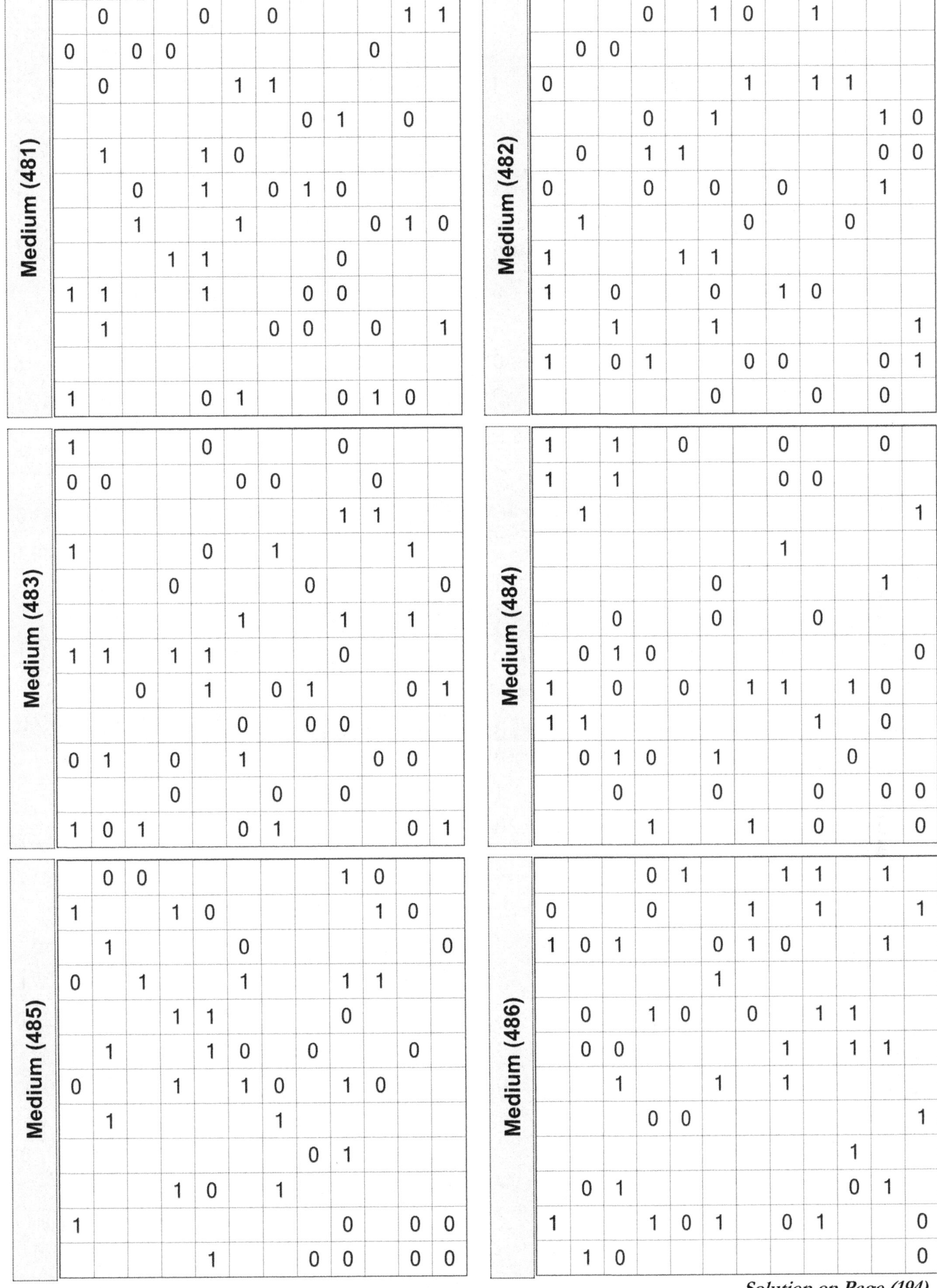

Medium (481)

	0			0		0				1	1
0		0	0						0		
	0				1	1					
							0	1		0	
	1			1	0						
		0		1		0	1	0			
		1			1				0	1	0
			1	1				0			
1	1			1			0	0			
	1					0	0		0		1
1				0	1			0	1	0	

Medium (482)

			0		1	0		1			
	0	0									
0						1		1	1		
			0		1					1	0
	0		1	1						0	0
0			0		0		0			1	
	1					0			0		
1				1	1						
1		0			0		1	0			
		1			1						1
1		0	1			0	0			0	1
					0			0		0	

Medium (483)

1				0				0			
0	0				0	0			0		
								1	1		
1				0		1				1	
			0				0				0
					1			1		1	
1	1		1	1				0			
		0		1		0	1			0	1
					0		0	0			
0	1		0		1				0	0	
			0			0		0			
1	0	1			0	1				0	1

Medium (484)

1		1		0			0			0	
1		1					0	0			
	1										1
							1				
					0					1	
		0			0			0			
	0	1	0								0
1		0		0		1	1		1	0	
1	1							1		0	
	0	1	0		1				0		
		0			0			0		0	0
			1			1		0			0

Medium (485)

	0	0						1	0		
1			1	0					1	0	
	1				0						0
0		1			1			1	1		
			1	1				0			
	1			1	0		0			0	
0			1		1	0		1	0		
	1					1					
							0	1			
			1	0		1					
1								0		0	0
				1			0	0		0	0

Medium (486)

			0	1			1	1		1	
0			0			1		1			1
1	0	1			0	1	0			1	
					1						
	0		1	0		0		1	1		
	0	0					1		1	1	
		1			1		1				
			0	0							1
									1		
	0	1							0	1	
1			1	0	1		0	1			0
	1	0									0

Solution on Page (194)

Medium (487)

				0		0		1			1
					0	0			1		
			1					1	1		1
	1	1			1	0	1				
									1		
	0			0			1			0	
						0	0				
1										0	
1			1				0				0
	0	1			1	1		1		1	
1	1										0
1				1		1	0				0

Medium (488)

				0							0
0	0		0		1				1		
0			0								1
				0		1				0	
1									0		1
	1					0			0		1
0			0			1					
				1	1						
0		0		1			1			0	
0			0			1					1
	1	0		1		0				1	
	1		1	1		1	0				

Medium (489)

			1						1	1	
				0			0			1	
								1			
1		1					1		0		
0					1		1				1
1			0	1							
0							1	1			
	1	1							0		
	1		1				0		1		
				1	1			1			0
1	1		1		1						1
			1								0

Medium (490)

	0		0	0				1	0		
0	1		0		0						
											0
							1	1			
0		0	1			1			1	1	
		0			1	0			1	0	
0	1										1
1	0					0		0		0	0
							0	0			
1	0			1	1					1	
		1			1						0

Medium (491)

		1			0	1					
	0			1				1			
1	1				1			0	1		
0		1		0					1		
	0	1		0						1	
1	1					0		1	1		0
							0			0	0
1				0		1		0			
1		0		1			0			0	
	0	1		0	1						
1					1			0			
1	1		1						1		

Medium (492)

	0	1	0					1	0		1
0	0				1		0		0		
1			1	1		0					
						1			1		1
0					0					1	1
	0				0			0			
0			0			0			0	1	
	1				0		0				
	0		1	0						0	0
0				1			0	1			
	0		1		1		1			0	
	1		1			1				0	

Solution on Page (194)

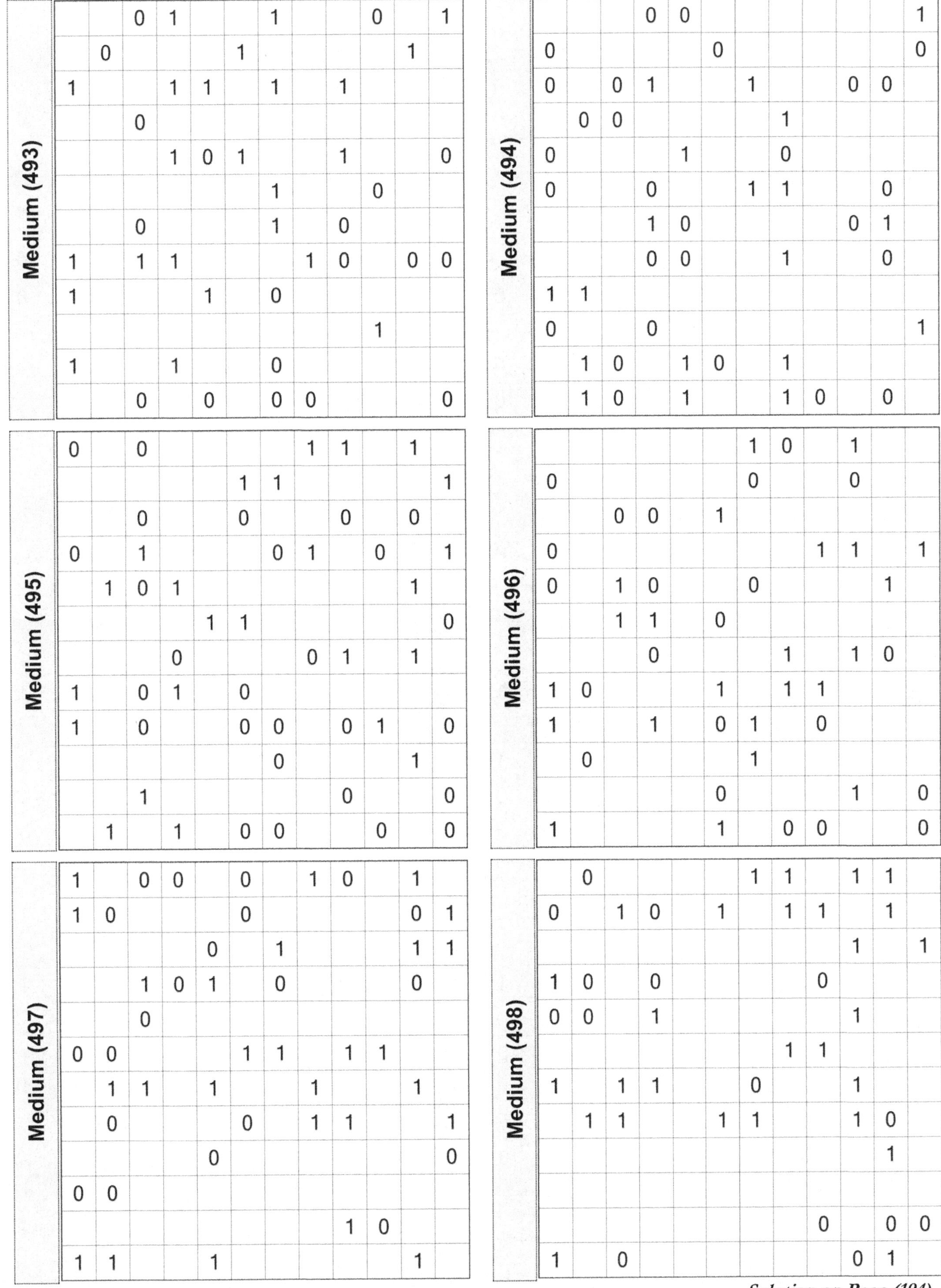

Medium (493)

		0	1			1			0		1
	0				1					1	
1			1	1		1		1			
		0									
			1	0	1			1			0
						1			0		
		0				1		0			
1		1	1				1	0		0	0
1				1		0					
									1		
1			1			0					
		0		0		0	0				0

Medium (494)

			0	0							1
0					0						0
0		0	1			1			0	0	
	0	0					1				
0				1			0				
0			0			1	1			0	
			1	0					0	1	
			0	0			1			0	
1	1										
0			0								1
	1	0		1	0		1				
	1	0		1			1	0		0	

Medium (495)

0		0					1	1		1	
					1	1					1
		0			0			0		0	
0		1				0	1		0		1
	1	0	1							1	
				1	1						0
			0				0	1		1	
1		0	1		0						
1		0			0	0		0	1		0
						0				1	
		1						0			0
	1		1		0	0			0		0

Medium (496)

						1	0		1		
0						0			0		
		0	0		1						
0								1	1		1
0		1	0			0				1	
		1	1		0						
			0				1		1	0	
1	0				1		1	1			
1			1		0	1		0			
	0					1					
					0				1		0
1					1		0	0			0

Medium (497)

1		0	0		0		1	0		1	
1	0				0					0	1
				0		1				1	1
		1	0	1		0				0	
		0									
0	0				1	1		1	1		
	1	1		1			1			1	
	0				0		1	1			1
				0							0
0	0										
								1	0		
1	1			1						1	

Medium (498)

	0					1	1		1	1	
0		1	0		1		1	1		1	
									1		1
1	0		0					0			
0	0		1						1		
							1	1			
1		1	1			0			1		
	1	1			1	1			1	0	
										1	
								0		0	0
1		0							0	1	

Solution on Page (194)

Medium (499)

				1		1	1		1		
				1			1			0	
		1			0			0			
		1		1	1		1				
	0			1					1		
	1				0			0			
1	0		0			1		1		1	
				0		0			0	0	
				0			1	0			
1						0	0		0	0	
			1	0		1			0	0	

Medium (500)

					1		1	1			
0					0				1	1	
	0			1							
1	0			0		1	1				
		0				0			0		
			1		1						
1		1		0					0		
	1		0		1					0	0
		0		1	1						0
						1				1	
					1		1				
1	0		0		1	0		1	0		1

Medium (501)

0	0			0					0		
		0	0					1		0	1
	0			0	0		1			1	
						0					0
0	1						1			0	
0		1		0	1	0			0		
	0			0		1				1	1
1							0	0		0	
0	1			1			0				1
		1				1				1	0
1			1		0	0				0	

Medium (502)

0											
	0			0	0						
	1			1					0		
			0			1			1	0	
1		1						0		1	
	1		0	1							
0		1				1	1		0		1
			0			0					1
1	1			1	0		1				
				0			0		0		1
1	1		1		0			0	1	0	
				1			0	0		0	0

Medium (503)

				1	0	1				1	1
0	0		0					1		1	
		1			0						
0		0	0		0			1			1
0	0			1					0		
								0		0	0
			0		0						
	0		1			0					
	1	0			1	0				1	0
		1							0		
1	1				1			0			
1		0			0				1	0	

Medium (504)

				1	0			0			
		0	0			1		1			
		1								0	
	0			1		1	1				1
0							1		1	0	
	0				0						
	0	1			0	0					1
								0	0		
1	1		1		1	1					
			0			1					1
1	1							0	1		
	1		0	1					0	0	

Solution on Pages (194-195)

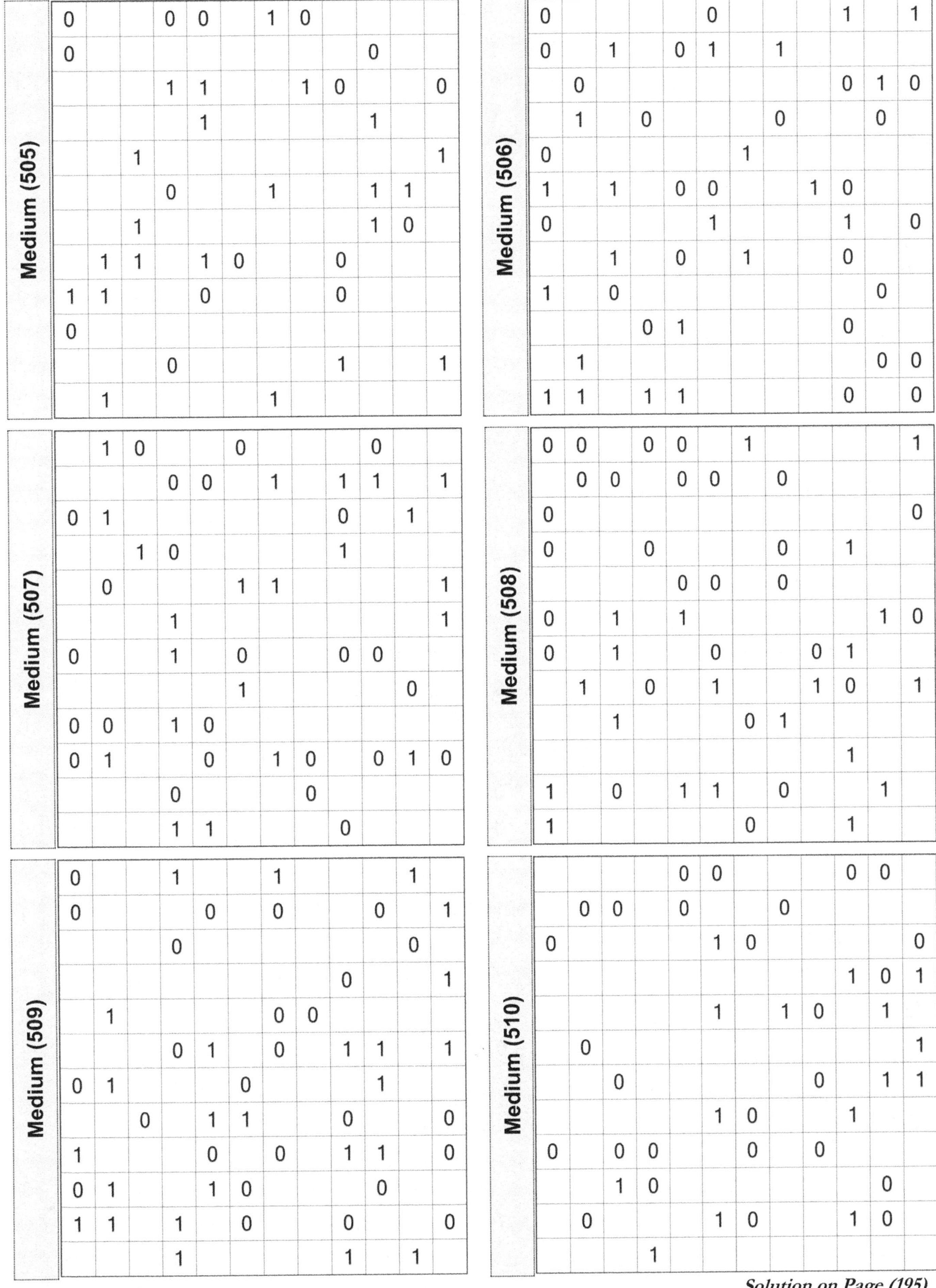

Medium (505)

0			0	0		1	0				
0									0		
			1	1			1	0			0
				1					1		
		1									1
			0			1			1	1	
		1							1	0	
	1	1		1	0			0			
1	1			0				0			
0											
			0					1			1
	1					1					

Medium (506)

0					0				1		1
0		1		0	1		1				
	0								0	1	0
	1		0				0			0	
0						1					
1		1		0	0			1	0		
0					1				1		0
		1		0		1			0		
1		0								0	
			0	1					0		
	1									0	0
1	1		1	1					0		0

Medium (507)

	1	0			0				0		
			0	0		1		1	1		1
0	1							0		1	
		1	0					1			
	0				1	1					1
			1								1
0			1		0			0	0		
					1					0	
0	0		1	0							
0	1			0		1	0		0	1	0
			0				0				
			1	1				0			

Medium (508)

0	0		0	0		1					1
	0	0		0	0		0				
0											0
0			0				0		1		
				0	0		0				
0		1		1						1	0
0		1			0			0	1		
	1		0		1			1	0		1
		1				0	1				
									1		
1		0		1	1		0			1	
1						0			1		

Medium (509)

0			1			1				1	
0				0		0			0		1
			0							0	
								0			1
	1					0	0				
			0	1		0		1	1		1
0	1				0				1		
		0		1	1			0			0
1				0		0		1	1		0
0	1			1	0				0		
1	1		1		0			0			0
			1					1		1	

Medium (510)

				0	0				0	0	
	0	0		0			0				
0					1	0					0
									1	0	1
					1		1	0		1	
	0										1
		0						0		1	1
					1	0			1		
0		0	0			0		0			
		1	0							0	
	0				1	0			1	0	
			1								

Solution on Page (195)

Medium (511)

0									0		
	1		0		1	0		1		1	1
						0	0				1
		0				1	1				
1			0		1		0			1	
						0			0		0
1	1		0		0		1			0	
		0	1		1		0	0			
			0			1		1		1	1
	1			1		0	1		1		
	1		1		0						

Medium (512)

	0						1	1			
0				0	1						1
0	1	0		1			1			1	1
						0				1	
	0		0	1	0	1					1
					0		1		0		
1		0						1	0		
		1			1			1			
		0	0								1
			0	1		0	0				1
								0		1	
			1	1		0	1	0			

Medium (513)

	0				1					1	
0	0					1		0			0
						1	0		1	0	1
0				1	1						
			0								
				0				1			
	0			1				1			
			1		0	0				0	0
	1						0			0	
				1	1		0				
		1	1			0			1		0
				1			0	0			0

Medium (514)

0											
	1	1		0				0			1
		0		0				0	1		
		1				0			0	1	
0			1		0				1		
1					0	0					
0	0						0		0	0	
					0		1		1		0
		1		0		1				1	0
		1		0						0	
	1		1								0
	1		1								0

Medium (515)

0	1	0		1	1			0	0		
0					1		0	1			1
	0									1	
0		1			0	0		0	0		
0		1	1		1			1			
	0							0			0
									0		
					0		0	0			
		1		1	0		1		1	1	
1						0					1
				0		0	0		0		

Medium (516)

	0	1		0							
	0								0		1
1			1					0		1	
		0	1		1			1		0	
0				1	0			0			0
						0					
		0			0				0		
	1	1		1			0		0	0	
1	1		1		1			0			
1							0				0
	1	1			1		1	0		1	
							0	0			0

Solution on Page (195)

Medium (517)

										0	1
0							1			0	
			1				1	1			
		1				0			1		1
			1	1							0
1	1		1		1					1	
					0			1			
1	1									1	
1				0	0				1		1
				0	1	0					
			1		0	0				0	0
1							1				0

Medium (518)

		0	0					0		1	1
1		1	1								
0				1	0		1				1
		0	0				1	0			1
				0				0		0	
0	1									1	
0	0			0		1			1		
		1			0					1	0
	1			0		0		1		0	
	0	1									
1		0	1					0			
	1					0				0	

Medium (519)

			1			1	0	1			1
0		1		0			1			1	
1	1		1	1						1	0
			0		1	1					
0							1	0			
	0		1	1				1	0		
0			0	0			0	0			
	1					1				1	1
1							1		0	1	
	1		0								1
		0	0							1	
							1				

Medium (520)

1				1			1				
			0								
						1	0		1		
1		0			0	0		0			1
						1		1	1		
			0		0	0			0		
	0			0			0				
0	0		1				0		0	1	
			1			0		0	1		
						1		1		0	
1					0				0		0
	1	0		1	0		0	0		0	0

Medium (521)

						0			0		
0											
		1	1		1	1					0
0		1			1		0				1
1								0	1		
	0							1	1		1
	0	0		1						1	
1											0
		1	0				0	0			
1	0							1			
					0		0	0		0	0
0			1	1			0		1		

Medium (522)

	1		0		0					1	1
	0				1				1	1	
				0					1		1
1		0				1					
1	0		1						1		1
				0				1		1	1
	1			1	1			1			
	0					1					
		1		0	1					0	0
	0					0				0	
	1		1								
				0		1		0			

Solution on Pages (195-196)

Medium (523)

1	0							1		0	1
			1		0	1					
0						0			0		0
0			0	1	0						1
		0		0		0			0		
	1					1			1		
	1		0	1				0		1	0
1		1	1		1						
									0	0	
1		1		0			0	1			
	1	1					0			1	
	1			1				0		0	

Medium (524)

0		0	0								
		0						1			
					1		0	1			
									0	1	
1	0	1									
	0										
1				1		1				0	1
0			1					1	1		
	1		1	1			1				
	1	1								1	1
1			1			1			1		1
1	1		1								

Medium (525)

			1		0		1				1
		0			0		0				1
0		1						0	0		
				0	1		1			1	1
	1			0							0
	1	1									
1			1		0						
				0	1		0				
		1			0	1			0		
1			1			0		0		0	0
0	1		1		1			0			
		1		1			0			1	

Medium (526)

0				1	0		1	1			
0				0		1		1		0	
										1	
	1	1		1			0	1	0		
0				0			0				0
									1		
	1			1	1		0	1			
	1		0	1	0					0	0
		1									
0			0								
1					1	0		0		0	0
				1					0		0

Medium (527)

		0		0	0		0		1		1
			0							1	1
0	0					1		0		1	
1	0			0				0	1		
				0					0		1
					1					0	
						0				1	1
				0	0		0	0			1
					1		1			1	
0	0								0		
		0			0		0	0			
1	1					0	1		0		0

Medium (528)

				0		1					
	1	0			0	1					
1	0									0	
				1	0		1		1		
0				1		0					0
1		1			0		0			0	
0		1		0		1		0		1	
				1							
		1	1				1		1		0
0									0		
			1		0	0		0		0	0
1		0		0				1		0	0

Solution on Page (196)

Medium (529)

			0	0		1				1	1
	0	1	0				1		1		
						1					1
0	0			1		0		1	0		
			0						1		1
1	0									1	0
1		0			0						
		0	1		0	1		0			
1										1	
	0	1	0		0	1		1			1
									0		
1											1

Medium (530)

1	1			1				1			
		0	0		0						
0	0			0			0	0			
1						0					1
				0			1				1
				0			0			1	
0			1					1	0		
				1	1						0
1			1	0		1		1			0
		0	0				0			1	
		1					1	0		0	0
1		0			1			0	1		

Medium (531)

	0	1				0		0		0	
						1					
	1		0						1	1	
				0		1		0	1	0	
0						0					0
0	0		0					0			
	0	1	0						0		
					0					1	
	1						0	0			0
	0		0		0		0				
		0	0			0				0	
	1	0			1	0				0	

Medium (532)

											1
			0						1		
0		0							1		1
0				0							
					0			0	0		
0		1	0			1			1		0
	1	1		0		1	0				1
1			1	1				0		1	0
0							0				1
	0						0				
					0					0	0
1	1		1	1		1			1		

Medium (533)

	1		1		0			0			
	0		0	0							
				1			1				
		1			1					1	0
	0			1			0		1		
	0		1				1	1		1	
				1			0	0			1
1	0										
				0			0				
					0	1			1		0
1				1			0		0	0	
1				1	0	1		0			0

Medium (534)

0	0		0		1				0		
0							0				1
					0		0	0		0	0
		0				0					1
0				0	1	0	1		1	0	
1				0			0		1		
	1	1			0			1		0	
	0			1							
							0	0			
					1				0		
	1					0		0		0	0
			1	1					0		0

Solution on Page (196)

Medium (535)

0			0						1		
	0			0	0		1	0		1	
		0	0		0			1	0		1
0								0		0	
		0		1					0	1	
	1	0								0	1
1					0		1				
			0	1						0	
			0				1	0			0
					0	1		1		1	0
	1			0		0			0	1	
	1					1					

Medium (536)

0	0						0				
1						0				0	
						0		1			
0	0										
	1	1		1			1				
					1	1					
0		1		1	1		1		1		
		1							0		0
	1		1	0		1	0		1		0
	0	1			1	1		1			
	1									0	0
1			1	1					1	0	

Medium (537)

0		0	0							1	
						0		0		1	1
				0		1					
0	1		0						0		
					1	1					1
1									1		
		0			1		1		1	1	
		1								1	1
					0	0			1		
				0			0	1			1
1	1				0	0			0	1	
	1		1	1							

Medium (538)

	0	0		0	0				0		
0			1	0			1				
	1				1						0
										0	1
0	0					1	1		0		
0	1				0					1	0
							0				
	1	1			1		0			1	
		0			0	0					
						1	0	1	0		1
1											
					0		0	0			

Medium (539)

	1							1		1	1
	0							1			1
			1				0			0	
			1				0				
0	1	0						1		1	
1		1				0					1
	0						1		1		
1					0						
1	0		1			0	0				1
			0								1
1	1				0		0	1		1	
		0			0	1	0				

Medium (540)

1	0			0		0					0
1				0		1		1	1		
	1	1							1		0
	0				1		0	1			
1								0		0	
							1		0		
					1				0		
		1		0	0		1				0
			1	0		0	0				0
		1								0	
		0	1		1		0				
1							0	1			1

Solution on Page (196)

Medium (541)

			0		1					1	
	1			1	0				1	0	1
0						0		0			
			1					0	0		1
			0	1		1					
0		1		0							1
					0			1	0		
		1	0				0		0		
			0		0	0				0	
		1				1			0		1
	1			1			1	0			
	1	0			0		0	0		0	0

Medium (542)

						0		1	0		
	1		0	0							
	1	0		1	0						
								1		0	
	0				0		1	1			
1					0	1	0		1		
0		0		0		0		0	0		1
1	0			1			0				0
						1			0		
		0	0				0				
1			1								
1	1				0	0		0	0		0

Medium (543)

		0			0	1					1
					0			0			0
0	0										1
		1	1			1					
0				1							0
					0						
				1							
			1		1					1	
0					0		0		0		
				1		0			1		0
1						0	0			0	
1	1		1	1					1	0	

Medium (544)

		1			1						
					1	1			0	1	
0			1					0			
1		0	1		1				0	0	
							1			1	
0			0	1		1	1			0	0
	1	0				1		1			
	0		0				1		1		
		0		1				0	0		0
0		0		0	0						
							1		1		0
1	1					1			1		0

Medium (545)

					0	1					1
0					1	1			1		
		1	1					0	0		
0							1	0			
0	0					1			1		1
	0	1			1				0		0
			1			1			1		
0		1				0		1	0		0
					0						
		1	1			1	0	1			1
	1		1		0		1		0	1	
1					1			1			0

Medium (546)

		1									1
	0									1	
											1
0		1			0		0	1		1	1
	1	0			0		1		1		
				1					1		1
	1	1		1			1			1	
		0				1					
1	0			1							
	0	1	0		1	0					
				1					1		
1	1				0	0				0	0

Solution on Page (197)

Medium (547)

1						0		1			1
		1						1		1	1
0		0	1		0		0				
					0				1		
0		0					1	1			
0		1					0				
	1	0			1		1			0	
				0	0				0		
1				0		1		1			
0	0						1			0	1
			1	1			1				
			1		1			0			

Medium (548)

0	1		0		0	0			0		
0	1		0		0	1					
				0				1		0	
0	1			1						0	1
0			0								
	1			0							0
	1		1			0		1	0	1	
1			0							0	
1							0	1		1	
						0	1		0		
				1	1		0	1			
		1			1						0

Medium (549)

1					0				1		
			0	1			1	1		1	
0		0	0		0						
	1	0			0	1		0			1
			0				1	1		1	
1									1	1	
		1	0			0		1			
		1					1	0	1		
						0		1		0	1
							1	0			
				0		1					
			1	0		0					

Medium (550)

					0			1		1	
	0		1		0						
			1						1		
0				1		1			0		1
	0			1				0			
1	0					1					1
0			0			0		0	1	0	1
	0		0					0		1	
1				0	0					0	
0		1	0	1				1			1
					1				0		0
1	1			1		1					

Medium (551)

				1		1			1		0
0						0				0	1
			1			1					
	1	1							1	1	
	0					1					
			1	1			0	1			
0		1								0	1
1					1					0	
		0			1						
0	1			0			1		0		
	0		0		1	0		0	1	0	
					1				0	0	

Medium (552)

		1						0	1	0	
0	0									1	
0					1	1			1		0
	0		1						1		1
	0					0		1		0	
0			0	1		1			1	1	
1		1			1	0					
				0		1					0
1					0	0			1		
	0		0			1		1			
1		0			0						0
						1		0			0

Solution on Page (197)

Medium (553)

1			0	0			1				
	0		0					1			
				1		1					0
		0				1	1			1	
	0										
0	1				1	0					
				0				1			
	1		0	0					1		0
1	1				0					1	0
0				0	1				0		
		0	1		0			0			0
1			1	1		1					0

Medium (554)

		1		0		1			0		1
	0	1			0	1		0			1
	1		1	0						1	
0	0			0				1			
	1		1				1	1			0
			1		1				1		0
1											
			0			1			1		1
								0		1	
1		1		0		0				1	
			0	1				0			1
	1							0		0	0

Medium (555)

	0	1		0		0	1			1	
	0				0		1				
		1		1				1			0
					0			0	1		1
1				0	1			1		1	0
0			0			1			1		
	0		1	0			0	0			
		0		1			1			1	
		0		0		0					0
0					1					0	
		0			0			0			0
	1		1				0			0	0

Medium (556)

	0			0	0		1	0			
1								0		1	
	0		0								
	0			0			1	0			0
1		0	0		0	1			0	0	
	0		0								
		0		1						0	
1			0	1				1	0	1	
1	1				0		0			0	
									1		
1				1							1
1			1	1		1			1		

Medium (557)

0	0										1
		0				1		1	1		1
		1	1					1			
0			0								
		1	1		1						1
	0				0			1			1
0				1		0			0		
	0					0	0				
			1		0						0
	0		0						0	1	0
1				0		0					
		0			0		0			0	

Medium (558)

0		1			0			1	0		1
1						1		1	1		
0					1	0	1			1	0
	1		1	0							
		1	0		1						1
	0	1								1	
	1		1								0
1		1		1			0				
1	1		0			1					
		1					0				
			0			0	0		0	0	
1						0				1	

Solution on Page (197)

Medium (559)

0			0				1				
			1	1		1		1			0
			0	1		1	1				1
0										0	
	0							0			
0	0				0			0			
		1					1			0	1
						1	0				
1			0	1			1				
	0		0		1			1	0		1
		0			0				1	0	
1	1				1						

Medium (560)

						0			1	0	1
0	0			0			1		0		
0		0		1					1	1	
				0			1	0		0	1
			0		1	0	1		0		
0	1	0				1					
			1		1	0					
		1									1
					1				0		
					1	1					1
1	1		1								
								0		0	0

Medium (561)

	0		0			1					
0	1		1		1			1	1		1
	0						1	1		1	
			0	1		1				0	1
	1	0						1			1
	0			1					1		
			0				0			0	
		0	0			0					0
1	0				1					0	
	0					1					
1				1	1			0		0	0
1	1		1		0		0				

Medium (562)

0	0							0	0		
							1			1	
	0	0			1	0					
							1	1			0
0	0						1	0			
				0	0				0		1
				0							0
					1			1			
1			1	0		1	0			0	0
0					1		1		0		
				0	1	0			0	0	
	1	0									

Medium (563)

			1	0							
							1				1
	1					1		0	1	0	
	0		1		0	1	0			0	1
0		0					1				1
1				1				0			
					1	1				0	1
		0		1	1			1	0		0
1	1			0			1	0	1		
				1						1	
1		0					1				
1	1				1	1					

Medium (564)

		0					0	1		1	1
	0	0			1				1		1
							1	0		1	
		0			1	0					
											1
	1					0	1				1
				0		0	1			0	
0											
0		0	1		0		1	0		0	
			0	0		1	0			0	1
	1			1		0		0	0		
	1					1		0			

Solution on Pages (197-198)

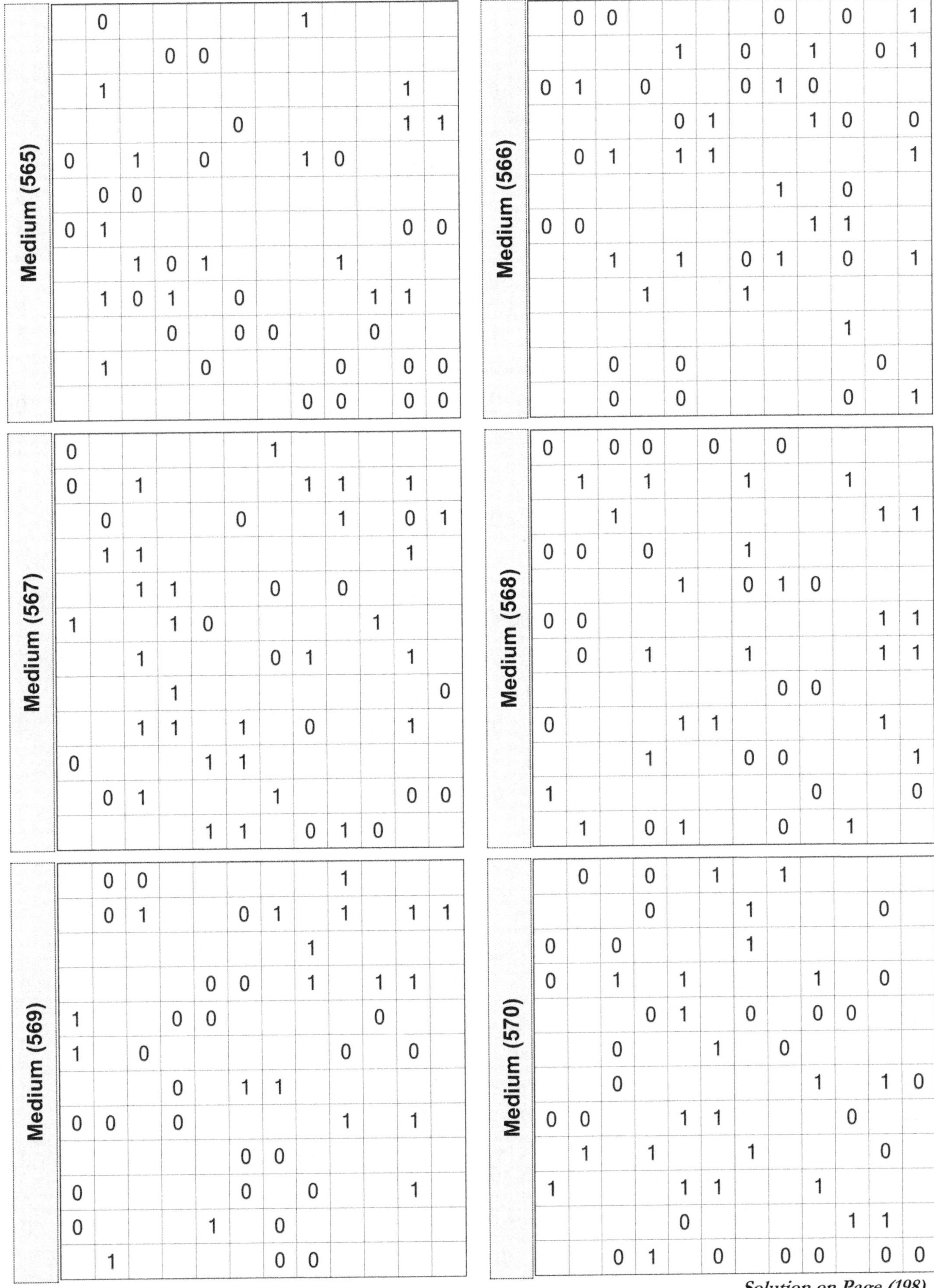

Medium (565)

	0						1				
			0	0							
	1									1	
					0					1	1
0		1		0			1	0			
	0	0									
0	1									0	0
		1	0	1				1			
	1	0	1		0				1	1	
			0		0	0			0		
	1			0				0		0	0
							0	0		0	0

Medium (566)

	0	0					0		0		1
				1		0		1		0	1
0	1		0			0	1	0			
				0	1			1	0		0
	0	1		1	1						1
							1		0		
0	0							1	1		
		1		1		0	1		0		1
			1			1					
									1		
		0		0						0	
		0		0					0		1

Medium (567)

0						1					
0		1					1	1		1	
	0				0			1		0	1
	1	1								1	
		1	1			0		0			
1			1	0					1		
		1				0	1			1	
			1								0
		1	1		1		0			1	
0				1	1						
	0	1				1				0	0
				1	1		0	1	0		

Medium (568)

0		0	0		0		0				
	1		1			1			1		
		1								1	1
0	0		0			1					
				1		0	1	0			
0	0									1	1
	0		1			1				1	1
							0	0			
0				1	1					1	
			1			0	0				1
1								0			0
	1		0	1			0		1		

Medium (569)

	0	0						1			
	0	1			0	1		1		1	1
							1				
				0	0		1		1	1	
1			0	0					0		
1		0						0		0	
			0		1	1					
0	0		0					1		1	
					0	0					
0					0		0			1	
0				1		0					
	1					0	0				

Medium (570)

	0		0		1		1				
			0			1				0	
0		0				1					
0		1		1				1		0	
			0	1		0		0	0		
		0			1		0				
		0						1		1	0
0	0			1	1				0		
	1		1			1				0	
1				1	1			1			
				0					1	1	
		0	1		0		0	0		0	0

Solution on Page (198)

Medium (571)

		1		0	0			1	1		
0	0			1	0	1					1
		0					1		1		0
				0				1			
0			0	0		0	0				
0	0				1			0			
									1		
			1		1				0		1
	1		0				1				
				1	0		1				1
		0	1	0		0				0	
					0	0					0

Medium (572)

1	0					1			1	0	1
				0	1				0	0	
		1	0			1	1		1		
		1			1				0		
			1	0			0	0		0	
		1	0								1
	0					1				0	1
			1				0	0			
		1		1	1			0			0
		1		0							1
			0				0			0	
1				1			1		0		0

Medium (573)

0	1		0		0						
		1		1		1		0		1	
	0			0			1	0			0
		1				1					
0					0						1
		1							1	0	1
	0		1		1		1			1	
1									1	0	
		1	1				1				0
	0								0	0	
		0			0	1					0
					1	0					

Medium (574)

0		1					1	1		1	1
0				1		1		1			1
	1						1			1	
0			0		0			1			
	1									1	
1				1		0			0		
	1	1			0		0				
	0	1						0	0		1
1			1		1						
			0						0	0	
1		1									
					1		0	0		0	

Medium (575)

1	0		1		1		0				
		0				1			1	1	
				1		0	1	0			
0	0		0	0						0	
	0	0				0		1			
			0	0		1				1	
				0						1	
	1		1				0				
0	1					1		1			1
0			1			0			0	1	
								1			
		0		1			1		0	1	0

Medium (576)

	0		1	1							
0	0						0	1		1	
0			0				1	0			
	0								0	1	0
0	0				1						
0				1	0			0			
			1	1		1					
								1			
1	1		0						0	1	0
0		1		0	1		0		0		
	0				1						0
1			1			0		0			

Solution on Page (198)

Medium (577)

					0		1		1	1	
				1							1
0	0						0			0	1
	0			0							
			0		0	0					
				1			1				1
						0	0			0	0
0					0			0		0	
		1		1						0	
1					0		0	0		0	0
						0		0	0		

Medium (578)

					0			0	0		0
1	0					1					
	1	1			1		1				
0					0						
						1	0	1			
	1	0			0						0
0	0					1				0	
					1	1					0
1		0								0	0
			1		1			0			
0	1			1	1				0		0
	1	1					1		0		

Medium (579)

				0			0				
				0			1		0	1	
	1		1				0			0	
	0	1		0				1			
0			1	0		0		0		0	
			1				1				
				1	0		0			0	
1	1		1		1		1			1	
						1		0			0
0			0							0	
	1	0				0		1			0
1					0	0			0	1	0

Medium (580)

0	0		0		1		1		0	1	
	0	0							1		
			0		0	0		0			0
	0		0		1		0	1			
	0				0		0				
		1		1	1				0		
0	0					0			1		1
					0						
0								0		0	0
		1	0	1		0					
1		0				0	0				0
				1	0		0			0	0

Medium (581)

1											1
0	0							1			
	0		1	0		0		1			
		0				0			1		1
				0				1		1	
0		1		0		1				1	
	1				0		1	0			0
		1	1				1				0
					0			1		1	
				1	0			1	1		
1		0								1	
					0		0				0

Medium (582)

0											
				1		0				0	1
							1			0	0
				0							1
0	1		1			1	0				
		1				1	0		0	1	
0			0							0	
1		0					1	0			
	1		1		1	1		0			
			1	0		0	0		0	1	
1						1		0			
	1		1	1						0	

Solution on Pages (198-199)

Medium (583)

								1	1		
				0			1				
	1	1							1		
1		0			0			0	1		1
		1	1					1			1
			0		1						
1				1		1			0		1
1		1	1		1					0	
		0									0
			0			1	0	1		0	
					1	1		0		0	0
	1	1									0

Medium (584)

	1	0		1					0		1
		0			0		0	0			0
	0					1			1	0	1
1		0	0		0			0		1	
				0		0					
1	1			1					0		
		1			1				0	1	0
	0							1			
	0			1		1	1			0	
0		0					1				
										0	
	0	1			1		0			0	

Medium (585)

0	0		0	0				1		0	
			0		1		1				1
1	1					0	1		1		0
				0						1	
					1			0	1		
0				0		1				0	
	1				0			0	0		
0		1					1				0
	1	0	1							0	
	0	1		0			1	1			
		0	0						1	0	
	1		1	1		1	0		1		

Medium (586)

1	0		1					1			
0	0		0				1				
							0				
	0	1		0					0		
			0	0		1	0	1	0		1
								1			
0	0								1	0	
				1	1						
					1		0			0	
0								0	1		
			1		0						
1				0		0	0			0	1

Medium (587)

		0	0			0					0
				1	1						1
		1	1					0	0		
0			0			1			1		
				1	1			1			
1								0	1		
	1	1							1	0	
		1						0		1	1
					0	1					0
	1			0				1		0	
1				0		0					
	1		1			1				0	0

Medium (588)

	0	1	0							1	
	0	1	0						0		
				1			1		1		0
0	0				0						
0		1	1			0		1			
				1			1			0	0
				0	1			0		0	
1	0					0	1				
	1					1		1			1
		0	1				1				
1							0	1		0	1
1				1	0					0	0

Solution on Page (199)

Medium (589)

0		1		0				1	1		
		0			0	0		1			1
1			1		0						
			0				0			1	1
				1	0		1				
		1	0					1		0	
	0						0			1	
		0	1	0	1						0
1	1				0						
									1		
	1		0				0			1	0
	1						0			0	0

Medium (590)

				0		1		1		0	
1			1			1	0				
		0	0								0
0		1	1		1		0				
0	1							1			
						0		0	0		
0		1				1					
				1	0			1			1
		1		0		0	1			0	
	1	1					0	1			
1	1							0			0
1					1		0			0	0

Medium (591)

		0	1		0	1		1			1
	0	1		1			1	1		1	
			0			1					
			1	0			0	0		1	
	0		0					1		1	
		1					1				
					0			0	1		0
0	0				1						
		0	0					1			
	1		0		0				0		1
1											
1	1			1		1		0		0	0

Medium (592)

	0			0			0	1	0		
		0		1						1	
	0		1		1				0		1
	0	1		0			0				
					0	0					
							0				
				1		1		1		0	
0		1			1		1		0		0
			1			0				0	0
				0		1			1		
1	1		1					0	0		
			1		0	1	0			0	0

Medium (593)

	0		0		1	1		1			
		0	0						1		
	0	0			0		1				
	0		0			0				0	1
				1			1				0
0				1			1				
	0	0				1		1		1	
1				1				0		0	
		1	0		0					1	
											0
1			1								
					1			0	0		0

Medium (594)

0								1	1		
0				0		0		1			
					0		0			0	0
1								1			
		1	0				1	0		0	
	0	1								1	0
1	1			0							
0	0									0	
						0	1		0		0
			1		1	1					1
1	0			1					0		0
1	1		1	1					1		

Solution on Page (199)

Medium (595)

			1							0	
0									0		1
	0			1	1			1			
						1		1		0	
	1						1		1		
0			0								1
0									1		
	0	0			1		0			1	0
0		0	0		1	0					
1							1				0
	0		1					0		0	0
				0		1		1		0	

Medium (596)

	0	0		0		1	1				0
									1	0	
			0		0	0		1		1	
		1					1	0			0
	0				0				0	1	
0								0			
				0		0			0	0	
						0					1
1		0	0		0			1			
	1		0		1			1	0		
				0							0
					0	1		0			0

Medium (597)

1		1	0				1				1
		0	0						0		
0					1		0	1			0
1		1									
			0			1		1			
0						1	0				1
			0		1		1	0			
		0			1	1					
1		0	1				1				0
	0			0			0	1			
1			1	1			1				0
		0			0	1	0				

Medium (598)

		1	1				0			1	
			1						0	0	
0											0
0					1		0	1	0		0
		0					0	1			
						1					
					1					0	1
				1	0		0	0			
1		0			1						
			0	0							
	1							0	0		0
	1						0	0		0	0

Medium (599)

0			1				0				
0											
		0	1			1	1				0
		1			1				1		1
0	0		0	0			0		1		
1								1		1	
0		1		1	0		0			0	
1			0	0				1	0		0
		0		1		0	1				
0							1	1		1	
	1			1							
	1			1		0					0

Medium (600)

	0	0				1	0				
		0	0			0					
	0							0	1		
			1						1	0	1
0	1					0	1	0			
			1		1	1					
		1									
			0						0		0
1	0							0		1	
0			0						0		1
		0	1					0	0		0
	1	0		1			0	0		0	

Solution on Page (199)

Medium (601)

		1		0				1			
			0					1			
1	0		1			0					0
1								0		1	
	1	1			1	0					
0	0					1	1				0
		0									
					1		0				
					0		0			0	0
		0	0					0		1	
	0	1			1	1		1			0
	1			0			0		0	0	

Medium (602)

	0	0		0	0				0		
1			1		0						1
	1			1						0	
0				0	1		1	1			
			1	1				1			
1			0		1					0	
0		1		0			1			1	
	1			0			0		1		1
						1	1				
			1				0	1		1	
			0	1		0	1		0		
1			1		0			0		0	0

Medium (603)

1	0							1	1		
			0	1					1	1	
0						0		1		1	
		0					1	0			1
0		0	0					1			0
						1			0		
	1		1	1			1			0	0
				1	0		1		1		
1			0							0	
											0
1		0			0			0	1		0
		1				0			0	0	

Medium (604)

0	0		0		1					1	1
				1		1	0			1	
	0					1	1				
	0		0					0	0		
			1	0							
	0	0							0		0
		1	0		0						
1							0				
1	1			1		0	0			0	0
				1		0					
1		0						0			
				1	0		0		1		0

Medium (605)

1	0		0	0							1
				0		1	0	1			1
0		0									
	0	1				0	0				
0					0			0	0		1
	0	1			1			1			
1	0		1								
			0			0		0			0
1	1			1						0	
0	0						0			0	1
	1		1	1			1				
1			1	1			0				0

Medium (606)

	1						1	1		1	1
0			0								
				0							0
0			0						0	0	
		0		1					0		1
	1						1			0	0
		1	0					0			
	0			0					1	0	
	1		1				1			1	
0					0		1	1			1
1		1	1								
	1			1	0	1		0			

Solution on Page (200)

Medium (607)

			0		0		1				
		0	0		0	1			0		
		1					1	0			0
						1		1	0		
0				1	0					1	
0	1		1			0	0		0		
		1				1		0			
		1		1	1		1	0			1
									1		0
		1				0				1	
1	0		0			0			0		
1								0			

Medium (608)

	0		1				0			1	1
0	0					0					
			0								
0						1		1			
0		1						1			
		0		0			1		1	1	
				1	1				1		
		0				0		1			1
		1	1				1	0		0	0
				1	1					1	
1	1			0	1		0				
	1		1	1				0			

Medium (609)

		0				0	0				1
	0									1	
0	0				1	0	1		0		1
0				1							1
		0	1		1	1			1		
		1	1		1	0					
							1		0	1	0
0	1					1					
			1		1					1	
		1			1	1					1
1		0									
			1	1			0		1	0	

Medium (610)

			1		0		1			1	
0	0		0							0	1
			1	1							1
	0			0			0				
		1	1					1			1
			1			0					1
					0	1			0	1	
			0	0		0	1				
			1				1				
0	0			0					0		1
1			0	1				0	0		
		0				1		0			

Medium (611)

	0	0		0				1		1	
0	1						1		1	1	
			0				1				
1		0									1
	0								0		0
0	0						1	1		1	1
		0			0					0	
		1		1			0				
	1	0				0				0	0
1		0	0				0		0	1	
1					0	0					

Medium (612)

		0		0	0		0	1			
	0			1					0		
								1	0		1
			0				1	0			0
0	0			0							
0		0		0			0			0	
					1						0
	0	1			1					1	1
1	1					0			1		
					1			1	1		
	1	0	1			0					0
			1						1	0	

Solution on Page (200)

Medium (613)

		1		0		1		1			
		1		0		1				1	1
								1	0	1	
						1	0				
		1	0	1		1			0		
0							0	1			1
		1	1		1				1	0	
	1					0				1	0
1		0					0				
					1	1		1	1		1
		0				0	1			1	
1							1			0	0

Medium (614)

		0	0		0	0		0			0
			0						0	1	
	0					1				0	
1			0				1	0			
0	1	0			1						
				0						0	1
1				0	1	0			0		
	1						0				
1					1	1		0		0	
	0	1	0	1							1
		0		0		0	1			0	0
1	1			1						0	

Medium (615)

	0			1	0			1	0		1
			0		0	0		1		1	1
0		1									
		1		0		0			1		
							1				
0	0				0			1		1	
	0	0		0		1			1	0	
						1	0	1		1	0
				1			1				0
		1	0						0		
1	1					1			1		
		0		1							

Medium (616)

	1						1		0	0	
					0						1
		0	0							1	
		0	1			1		1	1		
			0	1		0				1	0
	1										0
0				1	0			1			
		1						1			
	1		1			1			0		0
		1									
1	0		1				0			0	
1	1		1	1			0				

Medium (617)

	0	0								1	
0	0		0		0			0	0		1
		0			1					0	
	0		1		0			1			1
		1		0			1	1			
1			0								0
			1					1		0	
	1	1		0			0		0		
			1				1		0		0
			1			1					0
1		0				0		1			
1							1	0	1		

Medium (618)

	0			0	1			1		1	
									1		0
		1	1		1	0		0			
					1	0				1	
			0								0
0		1	1		1			1			0
0	0		0		1	1			0		
										0	
			1							0	
	0										0
1			1		0						0
1		0	1		0				1		

Solution on Page (200)

Medium (619)

1		0	0			0				1	
		0	0		1				0	1	
0	0			0	0		0				
			0	1						1	1
					1				1	1	
0			1	1			0	0			
						1					
		1	1		1						
		0									1
	0										
		1					0			0	0
					0		0			0	0

Medium (620)

		1						1		1	1
1			0		0	1				1	
	0		1				0		1		
0	0			1							
		1			1		1	0			
					1			1		1	1
		1							0		1
0					1			1			
1				0		1	1				
			0				0	1			
		0				0					
	1		1	1			0				

Medium (621)

	1			1				0			1
0	1				0						1
0		1	1		1		1	0			
	0	1	0				0				1
				1		1					1
	0		0		1						
	0			0	0					0	
			0	1		0		1		1	
		1	1		1						0
	0					1					
1				0	1						1
1						0	1	0			

Medium (622)

		0	1			1					0
			0	0		0	1				
		0			0			0		1	
	0		1					1		0	0
0						0	0				
				1		0			0		1
	0						1				0
	1								0		1
			1					0	0		0
			1			1	0				
1	1				0	0		0			
1		0		0	0						0

Medium (623)

1	1								1		
			0							1	
0			1		0		0				0
					1				1		
	1				0						0
		0	0			1	1			1	0
1	0					1					
				0				1	0		0
1	1			1	0	1					
0	0							0	0		
		1			1			1			
						1		0			0

Medium (624)

0				1			0	1			1
						0					
			0		1	1		1			1
					0	0		0			1
	0		0					1	0		
		1		0	1						1
		0			0			0	0		
1				1					0		
1		1				1					
					1		1		0		
1		1	1		1			0		1	
	1			1				0		0	0

Solution on Pages (200-201)

Medium (625)

0			0	0				1		1	
			1			1	1				1
1				1		1					
0	0		0		1		1				0
			1			1	0				1
		0	0				1			0	
0		0				1		0		0	
1						1					
		0			1						
					0					1	
	1							1		0	
0	1		0			0			0		

Medium (626)

	1				0	0					1
0										1	
			1		0		0	0			0
0	0					1	0				
0	1		0	1		0					
			0	0					0		
1	0					1	1			1	0
											1
	0							0			
0							0				
1		1	1			0	0			0	
					0	0		0		0	

Medium (627)

				0					0		1
0	1			0	0			1		1	
		1		1	1		0				1
				0		1	1		1	0	
0								1	1		
0		0			0			0			
			1				1		1	0	
0			1		1				0		0
0					0			1	1		
	1										0
1					0	0			0		

Medium (628)

0		1		0	1					1	
0				0							
			1				0	0			
	0	0		0	1			0	1		
		1	0				1			1	1
			0								1
1	1				1		0	1	0	1	
			1		1	0					1
	1							1			
	1		0	1		1					
1	1					0					0

Medium (629)

					0		1			0	
0		1	1			1				1	1
0	0										
	1					0			1		0
0	0			0		1				1	
1		1			0			1			
					1						0
0	1						1			1	
			1	0			0	0		0	
				1	1		1	1			
								0	0		0
		0								0	0

Medium (630)

	0							1			
	0			1				1		1	
		0					0			1	0
	0			1		0					
	1		0								
	0	1			0				0	0	
0				0	0				1		0
		0							0		
		0								1	0
0				1		0	0			0	
					1				1		0
1		0	1						0		

Solution on Page (201)

Medium (631)

		0		0			1	1		1	
0	0				1						1
	1	0	1				0		1		
1						0		1			
							0				1
	1		1	1		0					
	0		0	0							
		1			1	0		0	1		0
1			1		0	0				1	0
0			0	0			0				
	1					1	0				
			1			0				0	0

Medium (632)

1	0				0	1					0
	1						1	1		1	
0	0										
		1	1			1	1				0
	1			1	1		0				0
				0				1		1	
							0	0			
1	1		1		0				1		0
	1	1				0				1	
		1	1					0	0		
			1			1		0			0
		1		1							

Medium (633)

					0	1		0	0		1
0	1				1	0					
0		1		0				1	1		
	0	0		0							
0	1		0					0	1	0	
0	0		1								
		0		1	0		0	0			
	1				1					1	
	1										0
1			0	1							1
	1								0	1	0
	1	0				0	1				

Medium (634)

0			0				1				
1		0				1		1		1	0
	0						1				
							1	1			
					1	1		1	1		
0		1	1		0		1				
0	1		0				0			0	
									1		
1	1		1	1			1			1	
0					0	0					
	1	0							1		0
1				1	0			0		0	0

Medium (635)

			0					1			1
				0		1			1		
0	0			0				1		0	
0								1			
					0		0		1		
		1		0			1			1	1
0		0	1				0	0		1	0
		1			1				1		
0					0	1					
				1	1		0			0	
1			1	0		1	0		1		
		0				0				1	

Medium (636)

			0	0		1			0		1
0			0	1		1			0		
								0			
	0					0	0				
1	0								1		1
0			0		0						
						0	0		0	0	
	1			1		0					
	1	1								0	0
					0				0		
		0		1		0	1				
1	1		1	1							0

Solution on Page (201)

Medium (637)

1								0			
					0	1					
		1		1	1			1		1	0
	0			0		1	1				
							0		0	0	
	0				1	1					
1			1					0		1	
			0	1		1	0				
		0	1								0
		0					0				
1				1	1				0	1	
1			1	1		0		0		0	0

Medium (638)

0	0			1							1
		1	0						0		
		0								0	
						1					1
0		1		1	0		0			0	1
1			1		0					0	
				0		1		1			
	1		0	1					1		1
1					1	0				0	0
				1		0					
1	1			0	1				1		
									0		

Medium (639)

	1	0			0	1					
0	0								0		
		1	1				1		0		
		0				1				0	
0	0									0	
1	0		1		1		0				0
			1	1			1	0		1	0
0	1			0		1			1		
			1		0	0			0	1	0
0		1			0	1			1	1	
							0		0		
1			1	1				0			

Medium (640)

0	0		0			1					
					0						0
	1			1			1		0		1
0						1				1	
0			1			0	1				0
				1			1	1			1
	0		0		1	1			1	1	
0		1		0				0			
			1	1							
0						1					
		1					1				
		0			0		0	0			0

Medium (641)

1		0				1		1	1		1
						0		1			
			1				1		1		0
1						0				1	
	1	1			0		1				
			0	0					0		
			1								0
	1					0			0	1	
	1			1		0				1	
			1		1		0	1			1
1		0					0	0		0	
1		0		1		0					

Medium (642)

0				0	1						
				0		1	0				
							0	0		0	
	0	1		0		0			1		
	0										
1				1		1				1	0
1									1		0
			0	1	0			0			
1	1			0			1				
		1			0			1			1
			1			0		0		0	0
1	1		1								

Solution on Pages (201-202)

Medium (643)

		0		0	0		0		0	0	
				1					1		0
0		1							0		1
							0		1		
	1	1		1						1	
0		0			0		0	0			
					1					1	
		1			0		0				1
	1			1		0		0		0	
					0		1				1
1			1			1				0	0
					0	0				0	

Medium (644)

		1	0				1		0		1
0	1				0		1		1		1
	0	1		1					0		
0		1		1						1	1
						1	0	1			
	0								1	1	
	0		1		1	1					1
1				1	1				1	0	
1								0		1	
										0	
1		0	0		1	0		0			
1	1			1	0						

Medium (645)

1			0		1						
0	0		0	0							
					0			1	1		
	0		1		0		1			1	
	0						0		0		
					0	1				0	1
			1			1	1		0		
0					1		1				0
1			1								
0	0				0					1	
		0		0				0		0	0
1		0			0				0	1	

Medium (646)

					0					0	
								1		1	1
			1						1		
1					1	0					0
	0	1			1	0		1		1	
			1	0			1			0	
1			1								
	0				1		0				
1	1							0	1		0
	0	0			1				1		
0	1					0				0	
1					0	0			0		0

Medium (647)

	0							0			1
	0				1	1				0	
		0		1	1						
1						1	0	1	0		0
	0			1		1	0				
1			0								
			1					1			
				0		0			0	0	
1			1						0		
0			1					0		1	
		0		1							
1					0	0				0	

Medium (648)

			0		1	1		1		0	1
0	0		0							1	
				1		1				0	
0						1	1				
0	0				1						0
			0						1	0	
0				0		1				0	
			1	0				0	1		
0			0					1			1
						0					
1		0		1		0			0		

Solution on Page (202)

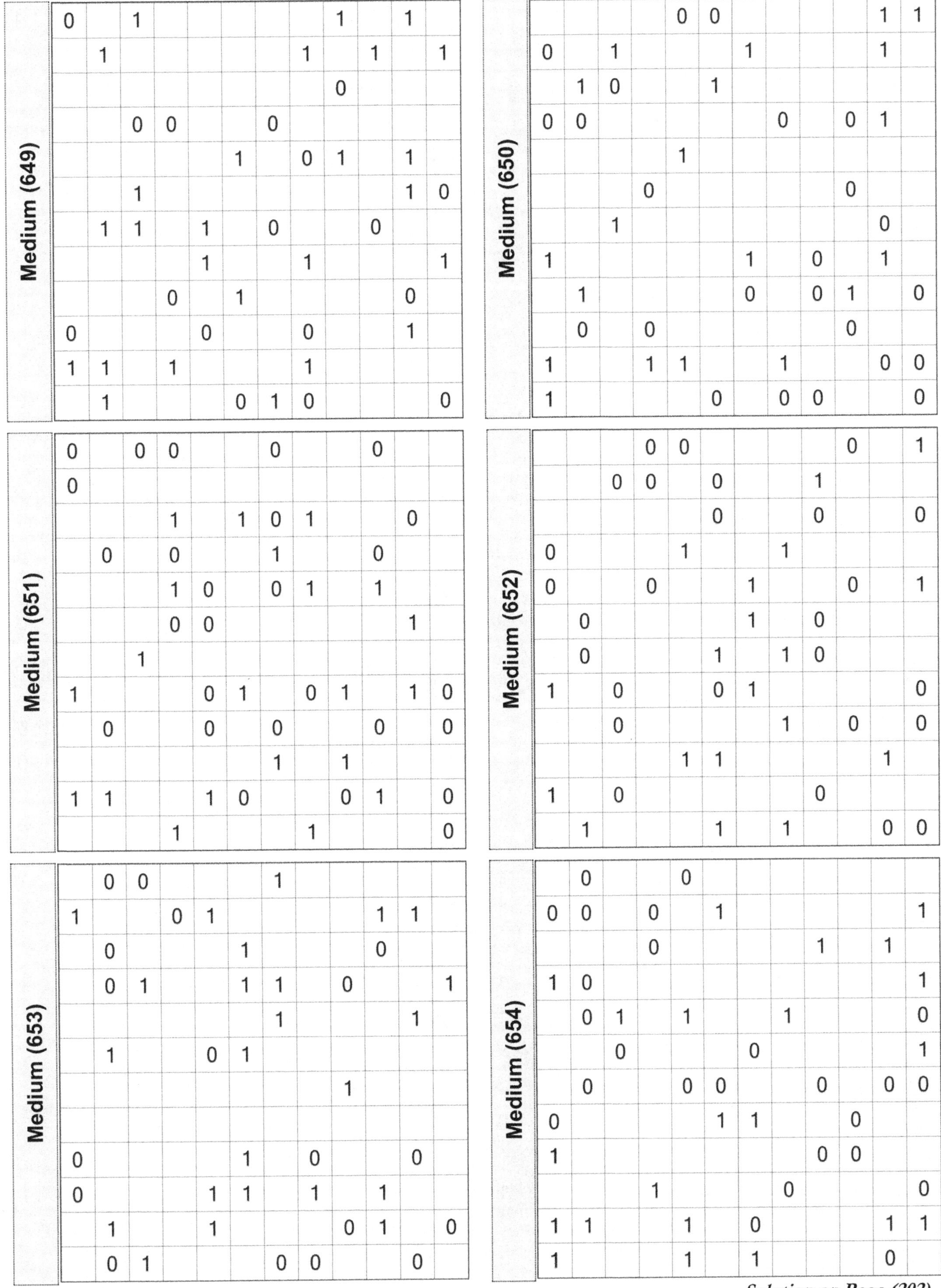

Medium (649)

0		1						1		1	
	1						1		1		1
								0			
		0	0			0					
					1		0	1		1	
		1								1	0
	1	1		1		0			0		
				1			1				1
			0		1					0	
0				0			0			1	
1	1		1				1				
	1				0	1	0				0

Medium (650)

				0	0					1	1
0		1				1				1	
	1	0			1						
0	0						0		0	1	
				1							
			0						0		
		1								0	
1						1		0		1	
	1					0		0	1		0
	0		0						0		
1			1	1			1			0	0
1					0		0	0			0

Medium (651)

0		0	0			0			0		
0											
			1		1	0	1			0	
	0		0			1			0		
			1	0		0	1		1		
			0	0						1	
		1									
1				0	1		0	1		1	0
	0			0		0			0		0
						1		1			
1	1			1	0			0	1		0
			1				1				0

Medium (652)

			0	0					0		1
		0	0		0			1			
					0			0			0
0				1			1				
0			0			1			0		1
	0					1		0			
	0				1		1	0			
1		0			0	1					0
		0					1		0		0
				1	1					1	
1		0						0			
	1				1		1			0	0

Medium (653)

	0	0				1					
1			0	1					1	1	
	0				1				0		
	0	1			1	1		0			1
						1				1	
	1			0	1						
								1			
0					1		0			0	
0				1	1		1		1		
	1			1				0	1		0
	0	1				0	0			0	

Medium (654)

	0			0							
0	0		0		1						1
			0					1		1	
1	0										1
	0	1		1			1				0
		0				0					1
	0			0	0			0		0	0
0					1	1			0		
1								0	0		
			1				0				0
1	1			1		0				1	1
1				1		1				0	

Solution on Page (202)

Medium (655)

0		1				0	1				
	0		0	1		1	1				1
1				1						0	
0						0	0				
			1	0			1	0			0
									1		
0		1	0		1					1	0
1					1			0		0	0
	1							0			
0			0	0			1				
	1				1		1				
	1		1		0	1		0			

Medium (656)

	1		0				1	1		1	1
					0		1				
0	0					1				1	
0				1						1	
		0			0		0		1		
0	0			1		0		0	0		
0	1										0
					0			0	0		
		1		0		1			1		
					1		0		0	0	
	1			1				1			
									1		0

Medium (657)

		0		1	0				1	0	
1			1	1						1	
	0	1				0					
			0		0		0		1	0	1
1		1	1		1	0			1		
	0	1					0	1			1
	1		1		0	0					
			0	0		1					
1				1							
	1						1				
1			1	0		1					1
1		0	1	0							

Medium (658)

		0		1	0		1				
	0						1		0	1	
1					0			1			
		0							1		0
	0				1		0		1	0	
	0			1							0
				1		1				1	
0		1				0	0		1		
					0			0		0	0
	0		0		1					1	0
1							0	1			
	1	0		1	0					0	0

Medium (659)

0	0			0				1		1	1
0				0			0	1		1	1
	1		1								
	0	1		1		0					1
		0	1				0				1
		1				1				1	
				1				0			
0				1			1		1		0
						0		1		1	
		0	0		0						1
					0	1		1			
							0			0	0

Medium (660)

0	1		0		0						1
				0			0				1
1		1					1			1	
	1	0			0	0					1
0	0		0			0				1	
		1							1	1	
				1	0				0		
0											
	1			0			1		0		
				1		1				1	1
1		1						0		0	
		0		1			0	0			

Solution on Page (202)

Medium (661)

	0		1		1			0			
							0				
						0					0
	0			0	1		0	1			1
			0			1	0		1		
	0			0				0	1		
	1	1			1	0					
					1						0
	1		1	0		1			1		0
			0	0			1		0	1	
1	1										
1	1		1			0				1	

Medium (662)

		1					1	1		1	1
0	0			1				0	0		
						1					
			0		1		1		0		1
			0		1			0		1	
1				0		1					
1	1				0		1	0		1	0
		1									
1		0		0					0	1	
0				1		0	1		0	1	
1	1										
		0			1			1			

Medium (663)

		0		0					0	0	
	1									1	0
			0	0		1		1	1		1
			1		1		0		0		
		0			0	0				1	
	0			0		1		1			
	0							0			0
		1		0				1		0	1
						0	1			1	0
0			1			1					
	1	1		1			0	1	0		0
1	1				0		0				

Medium (664)

				0			1			1	1
	0	1	0				0		1		
1			1		0	0			0		
1				0		0					
							1	0	1		
0		0						1		1	
1				0				0			
	1	1					1		0		1
1			0			1		1			
0	0								0	0	
			0			0			0	1	
		0		1				0		0	

Medium (665)

				0				1			
0	0		0	0			1		0		
1										1	
		1		1		0					
		1						1		1	1
						1				0	0
						0	0			1	
1		0		0							
1			1					0		1	0
		1	0			1		1	0	1	
1	1			1		0					0
1	1				1			0	1		

Medium (666)

	0	0			0	1	0		0		1
0				0			0			0	
1		0		1	0	1					
	0	1	0		1	0					1
		0	0								1
								1			
0		0					1			0	
0				1	1					1	
	0		1		1			0	1		0
0		1		1		0		1			
1		0							0		0

Solution on Page (203)

Medium (667)

1				0		1			1		1
	0		0								
0		0	0		0	0			0		
1											
0							1	0			0
1		1	1					0			0
							0				
1		0	0		1						
	0	1		0				0	1	0	
	0			1	1		1			1	1
									0		
1				0	0			0		0	

Hard (668)

	1		0		0	1					1
		0								0	
								0			1
							1			1	1
		0	0							1	
0			1					0			
0		1			1		0		0		
				1		1					
								1			1
					1						
		0	1	0					0		
		0		1				0	0		

Hard (669)

							0			1	
		1				1		0			
				1				0	1		
	0	1								0	
0				1		1					
	1	0					1				
	0									0	0
						0	1		0		
1			1	0		0			0	0	
				0							
		0				0	0				0
	1			0						0	0

Hard (670)

			0		0		1			1	
						1	1		1		1
		1									
						0	1			1	1
		0			0			0		1	1
		1	1					0			
				0	1						
			1								
		1			0		0		0		0
1									1		
					1						
1	1										

Hard (671)

0	0								0		
		1				1	0				
	1				0			0	0		0
0			1				1				
			1				0		0		
1						0		1		1	
	0	1	0							1	
						1			1		
										0	1
0			1						0		
						1	0	1			
			1	1		1			1		

Hard (672)

								1		1	
	0					1				0	
						1				1	0
		1			1		0	1			
1							0	0			0
0			0	1							0
	1	1			1						
	1					1	1		1		
1					1						
	0		0		1			0		0	
1											1
						0		0	0		

Solution on Page (203)

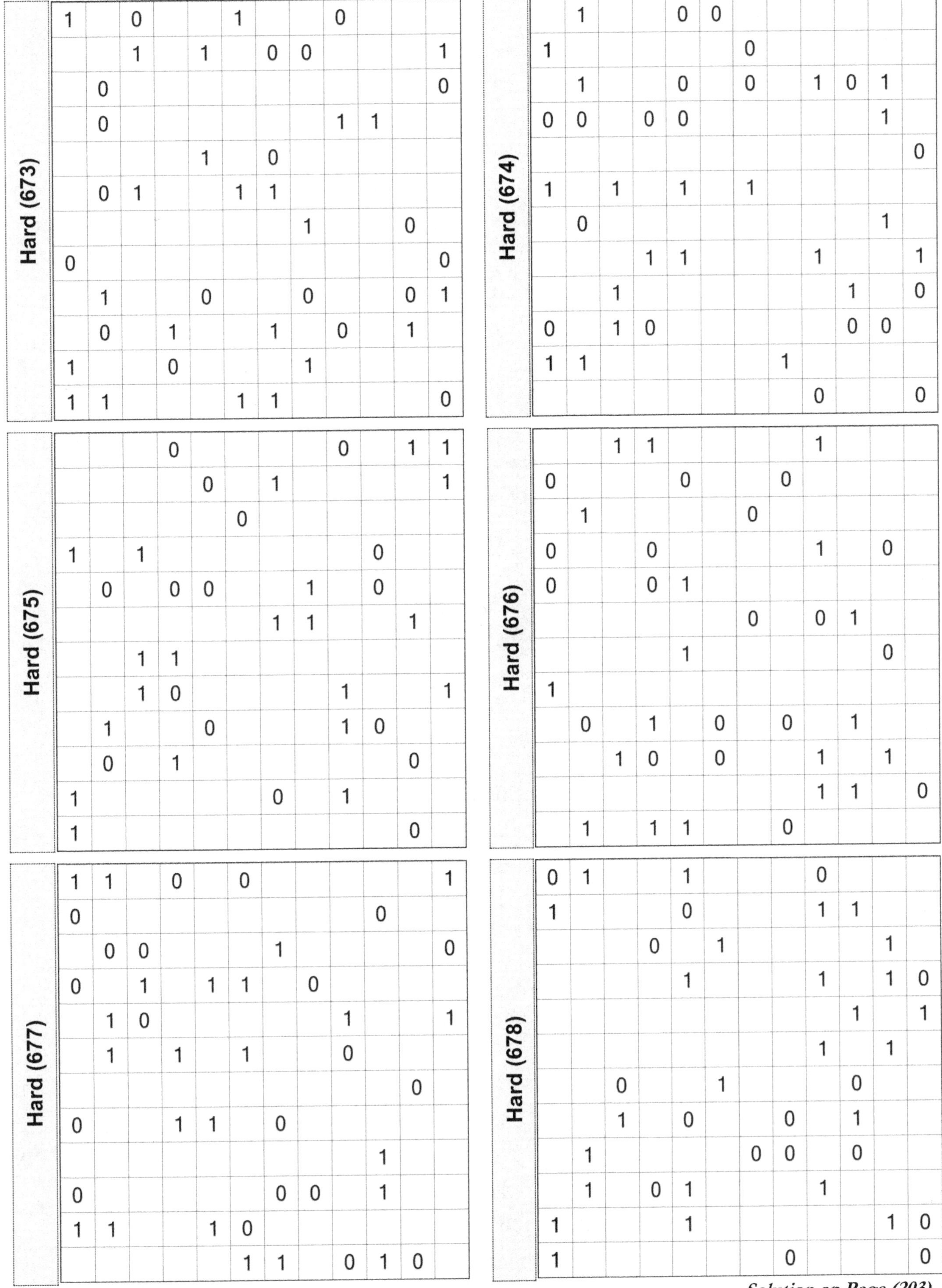

Hard (673)

1		0			1			0			
		1		1		0	0				1
	0										0
	0							1	1		
				1		0					
	0	1			1	1					
							1			0	
0											0
	1			0			0			0	1
	0		1			1		0		1	
1			0				1				
1	1				1	1					0

Hard (674)

	1			0	0						
1						0					
	1			0		0		1	0	1	
0	0		0	0						1	
											0
1		1		1		1					
	0									1	
			1	1				1			1
		1							1		0
0		1	0						0	0	
1	1						1				
								0			0

Hard (675)

			0					0		1	1
				0		1					1
					0						
1		1							0		
	0		0	0			1		0		
						1	1			1	
		1	1								
		1	0					1			1
	1			0				1	0		
	0		1							0	
1						0		1			
1										0	

Hard (676)

		1	1					1			
0				0			0				
	1					0					
0			0					1		0	
0			0	1							
						0		0	1		
				1						0	
1											
	0		1		0		0		1		
		1	0		0			1		1	
								1	1		0
	1		1	1			0				

Hard (677)

1	1		0		0						1
0									0		
	0	0				1					0
0		1		1	1		0				
	1	0						1			1
	1		1		1			0			
										0	
0			1	1		0					
									1		
0						0	0		1		
1	1			1	0						
					1	1		0	1	0	

Hard (678)

0	1			1				0			
1				0				1	1		
			0		1					1	
				1				1		1	0
									1		1
								1		1	
		0			1				0		
		1		0			0		1		
	1					0	0		0		
	1		0	1				1			
1				1						1	0
1							0				0

Solution on Page (203)

Hard (679)

0			0						0		
		0		1							
					0	1					1
	1	0	1				0			0	
	1			1			0		0		1
									0	0	
							0			0	
			1		0			0	0		0
						1					1
	1				0	0				0	
	1			0				0		0	

Hard (680)

0	0		0	0			0				1
		0	0		1						
			0	1			0				
0								0			0
					1	0					0
		1	1		0		0	0			
		1			1		0				
	1										0
				1						1	
			1							0	0
	1								1		1

Hard (681)

		1			0		1				1
		1				1		0	1		
0				1	0					0	
	0				0						1
		0				1			1	1	
	1			1							
				1			1		0		
		0					0			1	
1		0			1				1		
0				0							
	1	0				0		0		0	0
1	1		1							0	0

Hard (682)

	0	0			0						
	0						0				
		1						0			
0	0					1	0				
	0			0	0			0	1		0
0		1						1	1		
		1			1		1				
				0		1		0			
				1			1	0			
			0								
1				1			0				
1				1		0				0	0

Hard (683)

0					1	1		1		1	1
					1	0				1	1
						1		0			
0		0		1							
0					1		1				
			1	0				0		1	
			0		0		1	0		1	
1											1
		1					0				
		1		0		1					1
							1				0
1								1	0		

Hard (684)

	0		0								
	0	0		0		1				0	
								0			
				1	1					1	1
0			1		1						1
			1								
				0		1				1	1
0		1		1							
							0		0		0
			0				0			0	
1				1				0			
				1			0			0	

Solution on Page (203-204)

Hard (685)

								1		1	1
					1	1				1	1
				1			1				
						1		1			1
		0		0	1		0		1		
			1			1			1	1	
	1	1		0		1					
	0					1	0				
	1		1						1	0	
				1							

Hard (686)

		0								1	0
				0							
0			1								
	0						1		1		0
	0		0	0							1
				1	0						
	0	0				1		1			
									0		0
	0				1	1				0	0
	1		1		0	1			0	0	
				1	1			0	0		0
1	1										

Hard (687)

0				0		1		0	0		
		0								0	
	0	0		0			1				
0											
	1				0		1				
	1					0					
0					1				1		
1					1			1			
	1			0							0
			0		1						
1			1			1	0				0
1	1			0			0				

Hard (688)

		1	0		1				0	0	
	0			0							1
					0		0	0			
		0									1
0						0					1
	1					0	1				
0					1					1	
	1		0				0	0			
	1				0						0
				1							
		0						0	0		0
						0				0	

Hard (689)

		1					1				1
									0		1
			1	1					1		
0					0						1
		1	0	1			1	1			
1											1
0			0		1						
		0			1					0	1
		0	0			1	1			1	
			0	0				0			
1	0				1	1				1	
					0	1		0		0	

Hard (690)

	1						1		0	1	
1	0			0	0				1	1	
0				0				1			
		0			0						
1			1			1					
			1	0							
0							0			1	
	0	1			1					0	1
					0			1		1	
	0		1					1			
0									0		0
1	1		1								

Solution on Page (204)

Hard (691)

	0									1	0
0		1		0							
0							1				
		1		0	1				1		
0	0			1			0				
0	1		0		1			1	1		
		1		0	0						
		1		0	1				0	0	
			1			0				0	
		1						0			1
						0	0		0		
	1			0		1					

Hard (692)

	1	1						0			1
					1	1			0		1
					0	0				0	
							1		0	1	
0						1			0		0
			0				1	0			1
										1	
			1		0				0		
	1	0	1					0		0	
				0							
								0	0		
	1			1				0	1		0

Hard (693)

	1			1						1	1
					0					1	1
0		1		0							
		1		1		1					
			0				1			0	
0					0				0		
0			1					0		0	
						1	1				
				0					0		
					1			0		0	
		0	0		0	1					0
	1										

Hard (694)

		1		1					1	1	
	0					1					
0				1					0		
	0				1	1				1	1
		0				1					1
0				1					1		
0	0				1		1				
										1	
0					1	0		0	1	0	
				1							1
				0		0	0			0	0
		0			1		0	1			

Hard (695)

	0							1		1	
	0							0		1	
					0						
		1								1	
			1		0		0	0			0
			1		0			0		0	
							0		0		0
	1			1	0						0
1		1	1								
	0					0		1			1
			1		0				1		
					0	0		0	0		0

Hard (696)

1						1		1			1
		1	0						0		1
			0			1					
1										0	
		1				0					0
		1		1						1	1
				1		0					
					1	0	1				0
0			0								
0						0	0		0	0	
		1									
1					0	0			0		

Solution on Page (204)

Hard (697)

							1				
	0			0	1	0				1	
1		1									
	1					0		0		0	
					1		1		1		
		1		0		1				0	
			1				0			1	
			0		0	1				0	
	1					0	0				
		1			1		0	1		0	
1		0	1			0					
	1		1					0			0

Hard (698)

					1						1
1				0				1	0		1
0				1				0		1	
			0			0	0				
					0			1			
	0					1			0	1	
		0	1		1						
		1		1	1						
							0	0			
				1		0				1	
							0	0			
1	1			0		0					1

Hard (699)

	0			0		1		1			
							1				1
0	0		0	0						1	
	0		1		1						0
		1				0		0	1		
	0			0			0			1	1
1					1				0	0	
				1						1	
					1		0				
		1								0	
				1							
	0			1		0					

Hard (700)

		0		1							
			0		1	1					
					1		0				0
									0		
				1							
		1					1		0		0
	0					0		1	0		
0							1				0
		1	1			0				0	1
0	0						1				
				1						0	0
1			1	1		0					

Hard (701)

						1				1	1
	1		1		0			0			
	0		1	0				1	1		1
						0					
		0									0
		0	1		0						
1								0	0		
	0			1		0	1				
1		0									0
1											
	0		1			1					
1			1	1						1	

Hard (702)

						1			0		
0		0							0		1
					1	1		1			
		1			1	0			0		
0			0								1
0				0	1			0		0	
		0					1	0			
				0				0			0
		1	1		1						
					0			0	0		
			1			0			0		
1							0	0		0	0

Solution on Pages (204-205)

Hard (703)

		0	0		1		1				
1	0						0				
0	0		0	1					1	0	
			0								
				0		1			0		
	0	1			1	0				1	
0				0	1					1	
	1							0			
					1					0	
				1			1				
1		0	1			0					0
1	1			1			1			0	0

Hard (704)

	1										
					1		1	1		1	1
			1							1	
		0				1			0		1
	0	0									1
0			0			1		0	1		
				1	1						
1		1			1			1			
			1	1							
	1			1	1				0		
			1				1			0	0
1					1		1				

Hard (705)

		0				1					
0			0								0
0		1	1		1		1	0	1		0
				0							
			1		0						
	0			0			0	1			
				0	0			1		0	0
0		0									
							1			0	
		1								1	
1				0					1	0	
1		0				0					

Hard (706)

		1			0				1		
	0		0				1				
					0						
				0	0		0				
			1								
0		1	0		0			1			
								0		1	1
1	1		1				1				
1	1			1	0					0	
						0			1		1
1				0	1						
1	1									0	0

Hard (707)

0	1	0			0						
	0	0									
			1	0				0		1	
			0			1				0	
	0	0				1		0			
0			0						0		
			0	0				0		0	
			0		1	1				0	
0		1		1			0				
		0			0	0		0	0		
		1			1	1		0			

Hard (708)

0	0										
				1		0					
	1			0				1			1
		0				0					
	0						1	1			
		0			0	1					
0									0		0
	1				0		1			0	
		0	1		0	0			0	1	
	1								0		1
1	1			1	0						
				1			1		0		0

Solution on Page (205)

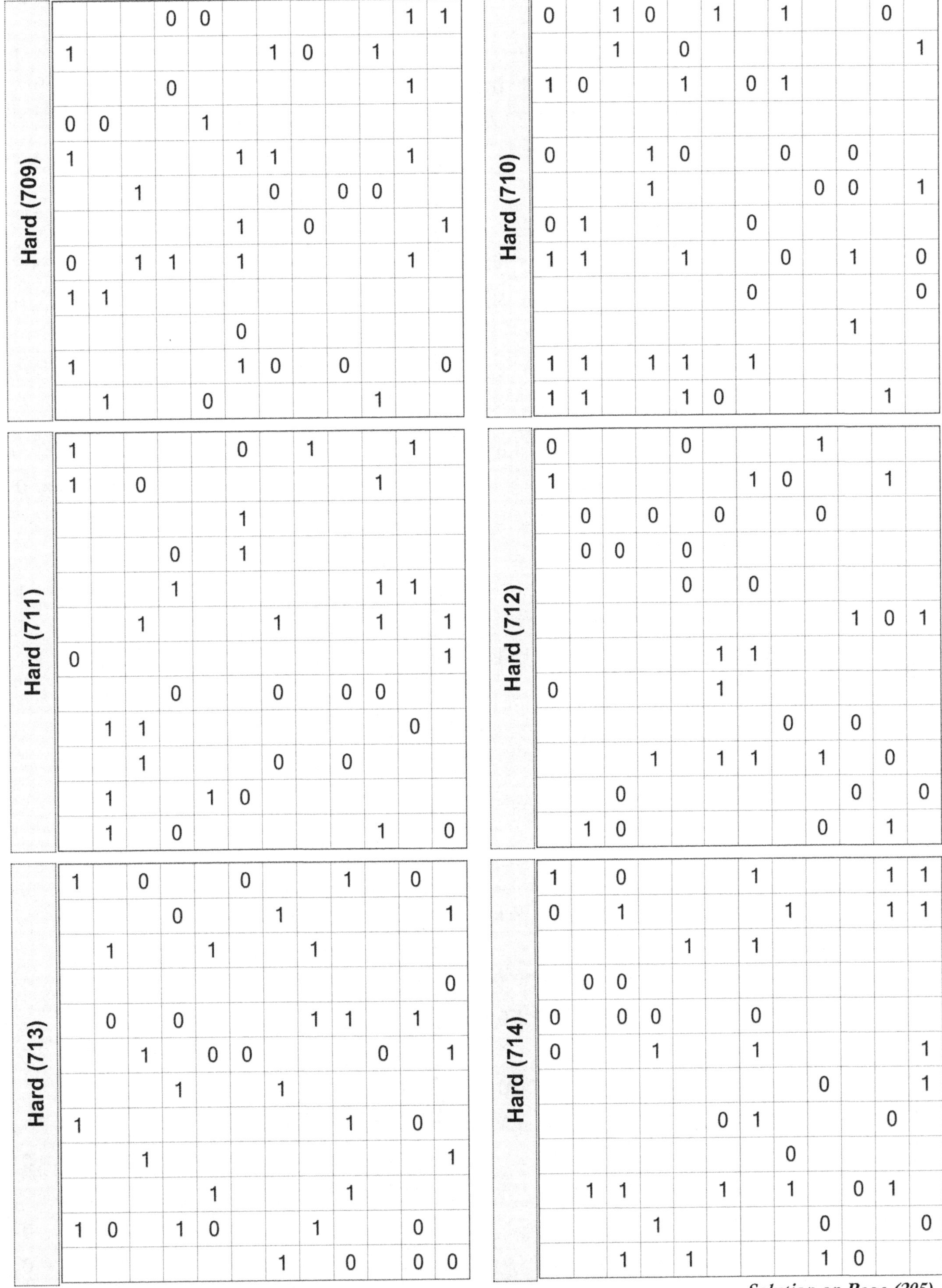

Hard (709)

			0	0						1	1
1						1	0		1		
			0							1	
0	0			1							
1					1	1				1	
		1				0		0	0		
					1		0				1
0		1	1		1					1	
1	1										
					0						
1					1	0		0			0
	1			0					1		

Hard (710)

0		1	0		1		1			0	
		1		0							1
1	0			1		0	1				
0			1	0			0		0		
			1					0	0		1
0	1					0					
1	1			1			0		1		0
						0					0
									1		
1	1		1	1		1					
1	1			1	0					1	

Hard (711)

1					0		1			1	
1		0							1		
					1						
			0		1						
			1						1	1	
		1				1			1		1
0											1
			0			0		0	0		
	1	1								0	
		1				0		0			
	1			1	0						
	1		0						1		0

Hard (712)

0				0				1			
1						1	0			1	
	0		0		0			0			
	0	0		0							
				0		0					
									1	0	1
					1	1					
0					1						
							0		0		
			1		1	1		1		0	
		0							0		0
	1	0						0	1		

Hard (713)

1		0			0			1		0	
			0			1					1
	1			1			1				
											0
	0		0				1	1		1	
		1		0	0				0		1
			1			1					
1								1		0	
		1									1
				1				1			
1	0		1	0			1			0	
						1		0		0	0

Hard (714)

1		0				1				1	1
0		1					1			1	1
				1		1					
	0	0									
0		0	0			0					
0			1			1					1
								0			1
					0	1				0	
							0				
	1	1			1		1		0	1	
			1					0			0
		1		1				1	0		

Solution on Page (205)

Hard (715)

	0					0					
	1	0						1	1		
1			0		0						0
				0		1	0				1
			1				0			0	
			1	1		0					
	0					1					
	0		1	1					1		0
			0	1							0
0	0								1		
			1		0						
	1						0	0		0	0

Hard (716)

									1		
			0								1
				1	1						
	0				1	1			0	0	
						1					
1		0		1			0				
	1		0				0			1	
1		1	1			1					
1				1	1				0		0
		1				1	0			1	
1			1	1		0	1				
		0		0			0		1		0

Hard (717)

	1			1						1	1
0			0		1			1	1		
									1		0
0			0	1	0		0				
0		1						0			
	0			0							
		1	0		1		0				1
				1			0				
1	0	1				1			1		
	1	1				1					
1				1				0			
		1		0				0			

Hard (718)

0				1	1		0	1		0	1
							1		0		0
1		1		0		0			1		
0	0										
						1					1
			1		1						1
	1	1					1	1		1	
		0									
				0					1		
	1		0			0	0			0	
		0								0	
					1	0					

Hard (719)

0	0					1		1		1	
						1		1			1
1			1	1							
	0	1		1			0				1
	0							1		1	0
									0		
0	0					1		1			0
1				1						1	1
	1		1		0		0				
									0		1
	1										
			1	1						0	

Hard (720)

1	1			1		1				0	
0			0	1							
										1	
0			0	0				0		0	
								0	0		
1	0					1					0
0	0										
					0		1				
1	0	1				1	0	1		0	0
	1			1					0	0	
1		1									0
		1		1		1	1				0

Solution on Page (205)

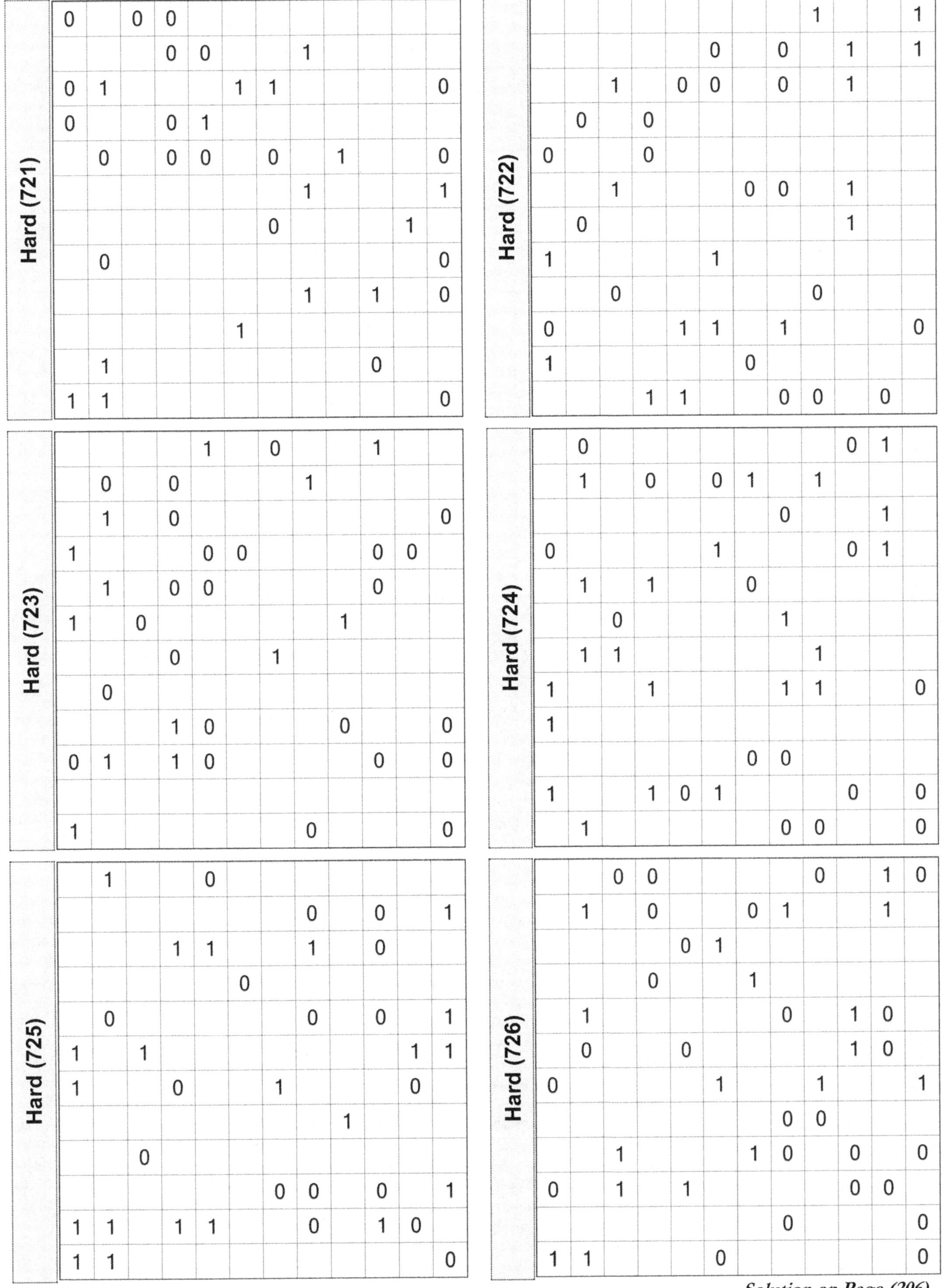

Solution on Page (206)

Hard (727)

	0	0			1		0	1			
			0	0			0	1			
		0		1		1					
1				0		0					
									1		
	1			1				0			0
		0							0		
				0		1		0			
		0		1		1			1		
	1	1					0				
1			1								
1	1		1			1				0	

Hard (728)

0			0	0					0		
0			0	0							
											0
				0			1		0		
		0				1					
	1				0	0				1	
	1	0	1		0			0			
			1				0				
0						0			1		1
						0			0		1
1							0	0		0	0

Hard (729)

1			0					1			
0	0		0							0	1
0		1			0			0	1		
										1	1
		0			0	0		0			
			0	1	0						
	0					1					
				0	0					0	0
									1		1
1	1			0			1				
1	1									0	0

Hard (730)

	0						1				1
0									0		
0		1		0	0						
	0	0		0				1			
					1						
0							1				
	1		1	1					1		0
					0	1			1		1
1	0						0	1			
	0				0			1			
1					0				1		
		0				1			1		

Hard (731)

				0		0				1	
	1	0					0		0		
						1		0	1		
		0		1	0						
				0	1		1		1		1
	0	0							1		0
						1					
			1					1			0
		0	0						1		0
					1			0		1	
		0		1	1						0
1	1		1					0	1		

Hard (732)

					1	1					
	0			0							1
	0			0	1		0		0		
			1					0		0	
1			1						1	1	
				0	1	0					
1	1		0	1				1		1	0
		0				1					
					1					0	1
1			1		1						
1	1		1							0	

Solution on Page (206)

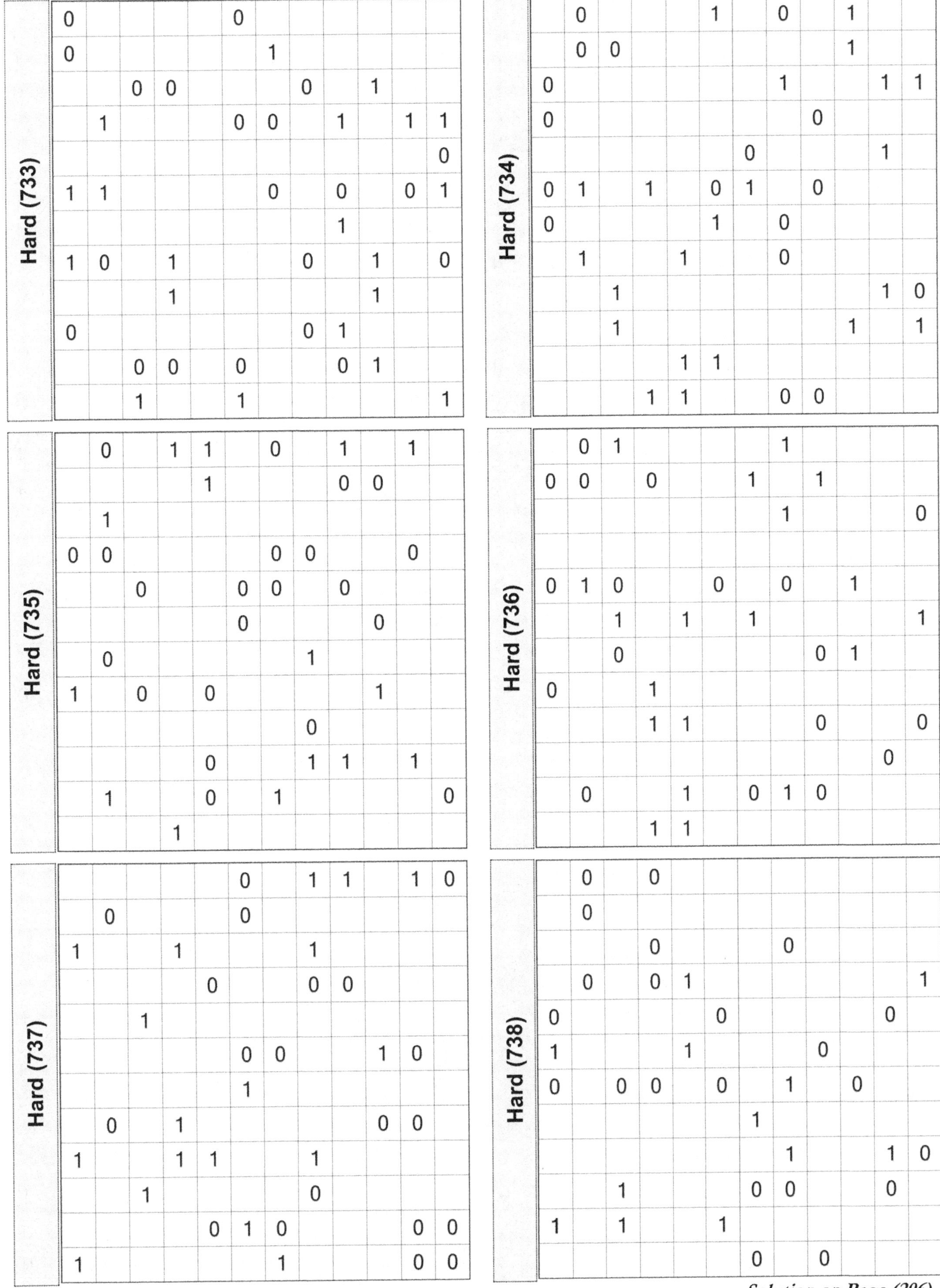

Solution on Page (206)

Hard (739)

0									0		
0								1			
				0			0	0		0	
0	0				1	1					
0			1							0	
	1						0		1	0	
			1					1			
		0	1		0						0
				1			1		0		
		0	1		1				1		0
	1		1	1				0			

Hard (740)

		1		1						1	
			0				0		1		1
	1			1							0
			0							1	
0			1		1						
	1										1
		0								1	
1	0	1		0					1	1	
1											0
				0			0	1			
			1			0				0	
						0	0				

Hard (741)

								1			1
0		1				1			0	1	
				1			1		0	1	
		1				0					
1				1			1			1	0
0	0		0			0					
	1					0	0			0	
	0	0									
			1								
				0			0				
					0	0				0	0
		0						0		0	

Hard (742)

				0							1
	1			1							1
0							1				
0			0		0	1					
		0	0		0	1			1		1
0											
					0		0			1	
			1					1			0
	1								0		
	1				1	0			0		
						1		0			
1	1		1		0		1			1	

Hard (743)

	0						1	1			
	0	0						1		0	
0		0		1		0			1		
	0		0						0		
1			1				1			0	
		1					1			1	1
					0	1				0	
	0			1	0						
								0			0
					1					0	0
	0		1						1		
1			1	1							

Hard (744)

	1		0		0			1		1	
0	1		0		0				0		
										0	
0	1					0	0				
			0					1	0		1
				0						0	
	1			0			1	0		1	
1	1					1					
1							1	0			
	0	1					1	1			1
1			1		0						
			1			1					0

Solution on Pages (206-207)

Hard (745)

0						0					
			0	1	0		0	1			
		1	1								0
		1				1		1			1
			1		0		0	1			
		1	1			0					
				0					0		
									0		0
	0		0	1		0		0			
0	0							0	0		
						1					
					1						

Hard (746)

	1		0		0		1				
	1		0		1	0			0	0	
0										1	
1							0		1		1
	1				1						
					1					1	1
									0		
		1								1	0
							1				1
1		0	1			0		1		0	
				0				1			
			1				0			0	

Hard (747)

				0						1	1
0		0	0			0					
		0				1		1	1		1
0	0			0		0					
			1							1	
	0		1								
				1	1		0	1			
1										0	
						0		0			
		1				0			0		
1								1			
					0	0		0			

Hard (748)

	0							0		1	
					1		1			1	1
				1	1						1
		1				1					
1				0				1	0	1	
1	1		0			1					
		1	0			0		1			1
							0		1	0	
		1	0		0				0	0	
								0			
1							0	0			
									1		

Hard (749)

	0			0	0						
	0				1			1			1
										0	
0	0					1				0	
		1		1					0		1
							1				
0			0		1		1		1	0	
			0					1			
1				1					1	0	
					1	1				0	1
	1							0	0		
1	1		1					0	1		0

Hard (750)

	0				1		0				0
		1		0		1	0		0	1	
0	1		0							1	
	0			0	0		0				
0											
	1	1					1				
	1					0	0				1
		1		1	1			0			1
			0				1	1		1	
	0	1								0	
	1					0				1	0

Solution on Page (207)

Hard (751)

0		1				1	1			0	
									1		1
		1			0	1			0		
								1			1
											1
			1			1					
		0	1		0						
1								1	0		
		0	1		1		1				
	0					1		1		1	
			0		1		1			1	
	1				0	0					

Hard (752)

		0		1			0				1
0	0		0	1							1
0					1			0			
		1			1				1		
0	0						1			1	
							0		1		
	0			1		1					
								1			1
	1				0	1				0	
		1		1					0	0	
		1	1					0	0		0
	1			1			0			0	0

Hard (753)

				0							1
0		0			0	1		1			
		0	1				1			0	0
0			0							1	
		1	1			1		1	0		
					0				1		
	1							0			
	0	0						0		0	
1					1	1					1
			1	1					1	1	
	0				1				1		0
1				0	1						

Hard (754)

					0		1	0		1	0
0		1					1				
0	0				0	1					
		0	0					0			0
						0	1				
0	0			0				1			1
1		0				0	1		0		
									0	0	
	0		0				1			0	0
				1		0		0			0
				0						0	
		0	1			1			1		0

Hard (755)

1		0					1		1	1	
	0	1									
										1	
						0					
					0	0				1	
	1							1			
	0			0			1		0		0
						1					1
		0			0	0				0	
			1						0		
1	1			1		0					0
1		0	1		0		0	0			0

Hard (756)

										1	1
		0				1		1			
			0		1				1		0
	0						1	1		1	
		0	1	0							
	1			0		0					
0							1				
		0		0		0	0		1		0
1	1		0						0		0
							1				
1	1					1					
		0			1			0			

Solution on Page (207)

Hard (757)

0				1							
0	0			0							
	0						0				
				0	1				1	1	
	0	1					0	1	0	1	
		0					0				0
		1			1					1	
1			0								
						1			1		0
0	0					1		1			
				0					1		0
				0	1					0	

Hard (758)

		0	0					0	0		1
0								1			
1		0		0		1					
						0	0				
					0				1		1
									1		
	1			1	1			1			0
1	0		0	0							
1						0					0
	0								0	0	
		0		1							
	1				0						

Hard (759)

	0	0		0	0			1	1		
			0	0			1				
0						1					
0	0			0				1	1		
				0							
			0				0	0			
										1	1
				0			1				
	1			1		0				0	
0			0				0				1
	1		1		0	1	0			0	
		0							1		

Hard (760)

				0			1	1		1	
0				0				1			
0			1								
			0					1	0		1
0	0				0			0			
			0					0		0	0
			0	0							
									1		
	0					1					1
1	1			0	1		0				
						0				0	0

Hard (761)

	0				0	1					
0	0		0		1					1	
				1	0		1			1	
		1	1						0		
	0			1					1		0
	1			1		1					
		1	1			0			0		
0		1					1			0	
						0					
		1	1		1	1			0	0	
					1			0			
	1		1			1		0			

Hard (762)

1			0								1
		1		0			1		0		1
0		0		1	0			0			
				0			1		0	0	
0	1				0				0		
	0	1					1				
					1		1				
0		0								0	0
	1		1								
									0		
1	1		1		0						
	1			0	0				1	1	

Solution on Pages (207-208)

Hard (763)

			0								
			0	1			0		1		
		1				1		1	1		
	0		0					1		0	
1	1					1					
			1			1			1		
	1						1	0			0
				0		1	1		1		
		0		0							0
	0				1	0	1				
				1				0			0
1			1	0				1	1		0

Hard (764)

											1
1				1			0		1		
		0	0				1	0		1	0
	0										0
1	1		1	1						1	
	1					0	0				1
		1	0		1					1	
1											
0			0		1	0					
						0				0	1
					0		0		1	0	

Hard (765)

0	0				1	1			0		
	0						1		1		
0						0	0		0	0	
	0					1					0
1	0										
							0		0	0	
0					1				0	1	
	1	0		1			0			0	
			1			0		1	0		
		1					1	1		1	1
1					0						
			1		0		1				0

Hard (766)

		0	1		0		0				1
0				0							1
			0			0	1			0	
	0	0		0						0	
	0	1		1	0		1				0
									0		
		1				0			0		1
				0							
1											
0								0	1	0	
		0					0	1			
1			1		0				0		

Hard (767)

	1					0					1
0		0							0		
0			0		0		0				1
0		0	0		0	1			1		
							0				0
							0	0		0	
1	1								0		
	0		1		1	0		1			
			1		0				0		
		0				0			1	0	
	1			0		0	0				

Hard (768)

										1	1
	0		0	0		1			0	0	
	0						1				
								1	1		1
	0		0	0		1			0		
						1					
	1			1							
1		1						1	0		1
				1				0			
0		1	0		0					1	0
	1									0	
1	1		1				1			1	

Solution on Page (208)

Hard (769)

	1			1		1	1		1		
		0							1		
0			1							0	
					1						1
			0				0				
				0		1					
		0	0				1	1		1	0
1	0		1								
										0	
0		1		0					0		
1		1								0	
					0		0			0	0

Hard (770)

0		1		0			1		0		
0	0			1		1	1			0	
			1								
	0				1	0			1		1
0	0			1	0						
				0			0				
						1			1		
		1	0								0
					0		1				
0		0			0						
			1	0		0		0	1		
	1							0			

Hard (771)

	0	0			0			1	1		
		0		1			1		1	1	
	0			0							
			1			1				0	
0		0			1			1			
0								0			
				1	0		0				
0	1					0	1			1	
1		1		0		1				0	
	0			1			0				
									0		0
1		0					0		1		

Hard (772)

0			0						1	0	1
0		1		1							1
				0		0					
				1			1				
			1		1		1				0
1		0			0					1	
0		0		0		0	1				
				0				1		1	1
	1						0	0		0	
				1	0				1		
			0								1
			1	1		0		0		1	

Hard (773)

0	0		0		1		1				
	0	0				0					
							0				1
0	0			0	1				0	1	
	0		1	1			1	1			
0		1								0	
		0						1			
1								1		0	
	0		0		1				0		
				1			0	0			
			1			0					

Hard (774)

0						0					
0	0			1	0					1	0
0		1								0	
	1				0				1		0
		0						1	1		
			1	1			0				1
1											0
									1		
			1			1	0		1		1
	1										0
	1		1								

Solution on Page (208)

Hard (775)

			0					1	1		
0	0				1						
	1		1		0				1		
	0	0									
		1								0	
0			0		0				0		
				1		1			1		
	0	1	0				0				0
	1							0	0		0
					1		1			0	
		0								1	0
1				1		1					0

Hard (776)

		1	0			0	0				
	0		1		1				1		
	1	1					1				0
0		1									
							0	1		0	
	1				0						
0		0	0		0					0	
	0	1					0	0			
0			0								0
0				1				1		0	1
									1		
	1						1				

Hard (777)

	0	1		0				1	0		1
0		1									
						0		0			0
0		1		0							
0			1								0
			0			0	0		0		
		1					0	0			
	0			0	0				0		0
	0								1		
				1		1		0		0	
1		0				1					1

Hard (778)

		1	0				1	1		1	1
		0								1	
								1	1		1
0	0				1		1			1	
					0		1	1			
	0							1			
			0						0		
1				0							
	1		1	0			1				
					1		1		0		1
			1						1		
							0				0

Hard (779)

		1	0		1	1					
						0	1		0	1	
	1					1					
							0		1		
0		0			0			0		1	
						1	1		0		
								1			
1	1								0		0
	0	0				0					
							1				
	1		1			0	0		0	0	
1					1	1					

Hard (780)

						1	1				0
		1				1		1	1		
								1		0	
		1				0					
0			0								
	1				0		0		0		
					0						0
											0
1			0		0		0				
1		1	1								1
								0	0		
	1			1					1		0

Solution on Page (208)

Hard (781)

0	0					0					
					1	0			1	1	
	1		0								1
0			0	0							
			1			0		1			0
	0						1				
		1		1		0					1
0			0			1					
		0			0						
0					0						
		0	1			1			1	0	
1			1	1		1	0				

Hard (782)

			0		0	1			0	1	
										1	1
		1			0	1		1			1
						0				1	
			0				0				
1	1			1				0			
0				1	1				1	1	
						0					
	0				0			0			
					0						
		1					0	1	0		
1							0	0			

Hard (783)

0	0		0			1				1	
0					0		0		1		
	1									1	0
							0		0		0
		1			1			0			
			0			1	1		0		1
		1								1	
		1				0					
					0				1		
1	1		1		0	1		1			1
		0			0						

Hard (784)

0								1		1	
0		0	0		0		1	0		1	
			1						1		
0	0				1				0		
			1							1	
1		0			1	1		1	1		
				1		1					
		0	0						0	1	
		1	1								1
				1			1		0		
	1			1				0	0		
								0			0

Hard (785)

0		0	0		0				1		0
0						1		1		1	1
	0								1		
0											
0	0					0					
						1	0		1	0	1
					0		0				
1				0						0	
1				1							0
	0		0		0		0				
1	1		1						1		0
					0	0				0	

Hard (786)

			0				0	1			1
					0		0	0			1
				1	1			1	0		
0	0		0								1
							0		1	0	
			1	0		0		0			
	1				1						
0				1			1			0	1
1		0				0					
	0		1		1						1
							1			0	
						0				0	

Solution on Page (209)

Hard (787)

	0								1		
		0				1	0		1		
1											
0	0				1	0					
			1				1	0			1
1					1						
0			1								0
	1	0					0		0		
	1			0		1					
0											
			1		0		0	0			0
					0	0		0			0

Hard (788)

0								1	1		1
0							1		1	1	
				0							
		0			0						
0		0	0		0						
0			0							1	
						0		1			
	1			1					1		
	1									1	
0			1							1	1
	1			1	1		1				
		0		1		0			1	0	

Hard (789)

1		0	0			1					0
0		0		0			1		0	1	
							1				
1	0			0					1		
					1			0			
	0			1							1
			0			1		0		0	
		1						0		1	0
		1					0				0
			0		0	0		0		1	
1	1			1	0				1		0

Hard (790)

	0	0		0	0					1	
0			0				1	1			
	1		1		0						
					0					0	
		1						1			
		0	0		0			0			0
1	0										0
				1						0	
		0	0			1	1				
		0			0	0		0	0		
1						0		1	0		1

Hard (791)

				0							
	0				0			1	1		
0			0				1			1	0
		1		0	1						
	1	0							1		
			0							0	
						0	0				0
					0				1		
				0						0	0
		1	1		1	0	1				
1	1						0				1
1	1		1		1		1				

Hard (792)

			0			0					
0				1							1
		1		0		0	1		0		1
	0		0							0	
									0	0	
1		1	1			1	1				
		1									1
											1
1		1					0	0		0	
		1	1					1			
1						0	1		1		1
	1	0				0					

Solution on Page (209)

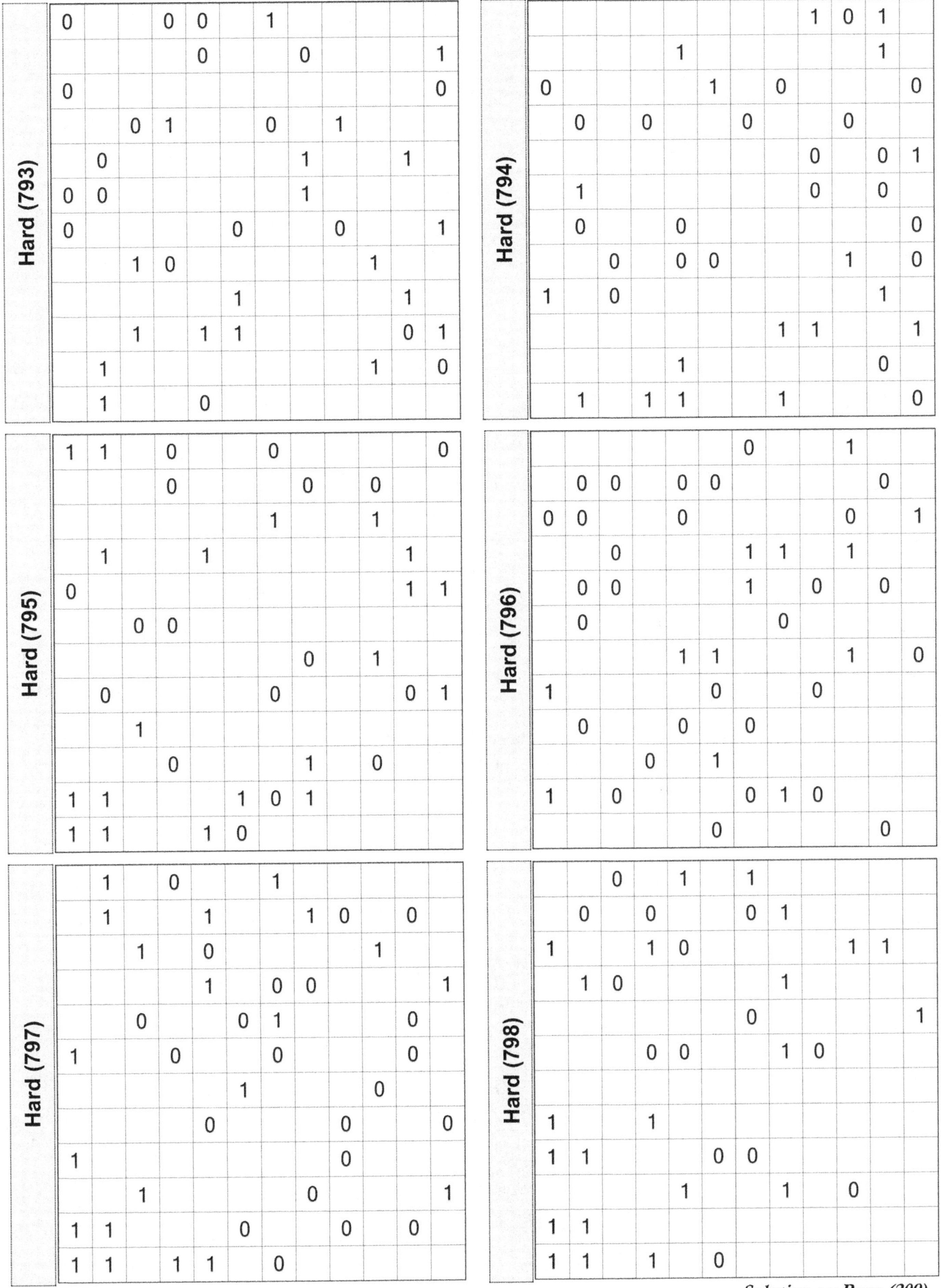

Hard (793)

0			0	0		1					
				0			0				1
0											0
		0	1			0		1			
	0						1			1	
0	0						1				
0					0			0			1
		1	0						1		
					1					1	
		1		1	1					0	1
	1								1		0
	1			0							

Hard (794)

								1	0	1	
				1						1	
0					1		0				0
	0		0			0			0		
								0		0	1
	1							0		0	
	0			0							0
		0		0	0				1		0
1		0								1	
							1	1			1
				1						0	
	1		1	1			1				0

Hard (795)

1	1		0			0					0
			0				0		0		
						1			1		
	1			1						1	
0										1	1
		0	0								
							0		1		
	0					0				0	1
		1									
			0				1		0		
1	1				1	0	1				
1	1			1	0						

Hard (796)

						0			1		
	0	0		0	0					0	
0	0			0					0		1
		0				1	1		1		
	0	0				1		0		0	
	0						0				
				1	1				1		0
1					0			0			
	0			0		0					
			0		1						
1		0				0	1	0			
					0					0	

Hard (797)

	1		0			1					
	1			1			1	0		0	
		1		0					1		
				1		0	0				1
		0			0	1				0	
1			0			0				0	
					1				0		
				0				0			0
1								0			
		1					0				1
1	1				0			0		0	
1	1		1	1		0					

Hard (798)

		0		1		1					
	0		0			0	1				
1			1	0					1	1	
	1	0					1				
						0					1
			0	0			1	0			
1			1								
1	1				0	0					
				1			1		0		
1	1										
1	1		1		0						

Solution on Page (209)

Hard (799)

		1				0					
	1			0	0					0	
1					0						
						0			0		
0			1	1				1	0		
			1				1				
						0			0	0	
1	1		0			0	0				
	1										
			1				0				
1	1										
1	1		1	1						1	

Hard (800)

0	0		0								
0	0			1				1	0		1
				1							
0			0			1					
0			0	1							
	1						0				
	1					1	0		1		
					0						
		0				0	0			1	
	0				0			1			
				1							0
	1				0				0		0

Hard (801)

	1			1			1		1		1
			0				1			1	1
	0								1		
0		1							0		
		1								1	
							1	0		1	
	1					1		0			
	0		0				0				
			1			0	0			1	
0					0						1
		0			1	0					
		0		1			0				

Hard (802)

	0				1						1
	0		0		1	1				0	
									1	0	
	0		1		1		0				
	0			0		1					
			1			1	1			0	
		1							0		0
		1			1			0			
				1					1		
					1	0	1				
	1			0		1		0			
					0	0		0			

Hard (803)

					1	1			0		
					1			0	1		
0	0			0		1					0
0	0				1						
				0						0	
0		1	1			1		0			0
0		1						1			
			0		0						
0								0			
			0		0					0	1
	1					0		0		1	

Hard (804)

	0	1	0					1	0		
1		0							1		
						0					0
			1					0		1	
		1	1			0		1			
					1				1		
	1	0	1		0						
						1	0				
0		1	1				0		1		1
	0				0			1	0	1	
	1					0	0			0	

Solution on Pages (209-210)

Hard (805)

	0					1		1	1		1
	0			1			1		1	1	
					0	0				1	
			1					0			
						0					
		1		0			1				
1									1		
		0						0	0		0
	1	0				1			1		
	0				1						
		1				0			0	1	
			0		0	0					

Hard (806)

0			0								
0			0		0		0				1
				0							
0	0						0				
	1				1						
1		1			0						1
		1		1				0		0	
	1									0	1
					1	0			1		
	1						1				
	1			0		0					
			1					0			1

Hard (807)

				0							1
						0					1
0								1		0	
				1				0		0	
					1	1					
0					1					0	
						0			0	0	
					0						
0	1						0		0		
	0					1				1	
				1	0		0	0			0
1		0			1		0				1

Hard (808)

	0	0			1						
0	0		0	0			1			1	
0			0					1			
		1				1	0			1	
										0	
0		0			1						
1			0								1
				0		1					
			1			0			1		
				0		1		1		1	1
					0						
1	1								0		

Hard (809)

1	0									0	
	1	0			0		0	0		1	0
	0							1	0		
1			1		0						1
					0				0		
	0			0			0			0	0
			0	0					0	0	
	1					1	1				
			0		1						
		0			1			0			0
			1				0	0			0

Hard (810)

	0								1		
		1			1			1		1	1
								1			1
		1							0		
0		1			1						
			0						1		
			0			0	0				0
				0	1					0	
	1	1					0			0	
		1				0			1		
				1	1		0			0	
				1			0				

Solution on Page (210)

Hard (811)

					1		1				
1											
				1				0			
			1	0		1				0	
1	1		0					1		0	
0			1	0	1						1
0		0			1			1			
	1			0							
			0			0			1		
1	1				1	0		0			
							0	0		0	0

Hard (812)

0		0	0					1			
	1		0		0				1		1
0								1	1		1
0		0				0			0		1
	0		1		1						
		0			1		1				
	0									0	
									1		
		1			1	1					
1		1		1	1						
						0			1	0	

Hard (813)

	1		0	1	0						
	0				1		0	1			0
		1				1		1	1		
1									1	1	
		1		0							
	0		0			0	1				
				1					1		
		1		0	0			0			0
		1						1			
	0						1		0		
			0							1	
			1	1		0			0		0

Hard (814)

		1		0			1	1		1	1
			1	0							
	1	1			0		1				
0								1			
		1		0						0	
			0		1		1	1			
		0							0	0	
1					0		1				
	0		1					0	0		0
	0					0					
		0		1	0			0	0		0
				1							

Hard (815)

			0			1		1	1		
		0	0								0
	0							1		0	0
			0	1		0		0			1
	0					1		0			
	0			1	1					1	
			1				0		1		
1		1				1					1
	0	1					1				
	1			1					0		
1						1	0			0	1

Hard (816)

	1					1				0	
		1			1			0		0	
		1									1
				1			1	0			1
		1	0		0	1	0				
								1			1
					0			1		0	
0	0						1		1		
		0			0						
							1				1
			1	1			0	0		0	0
1								0			

Solution on Page (210)

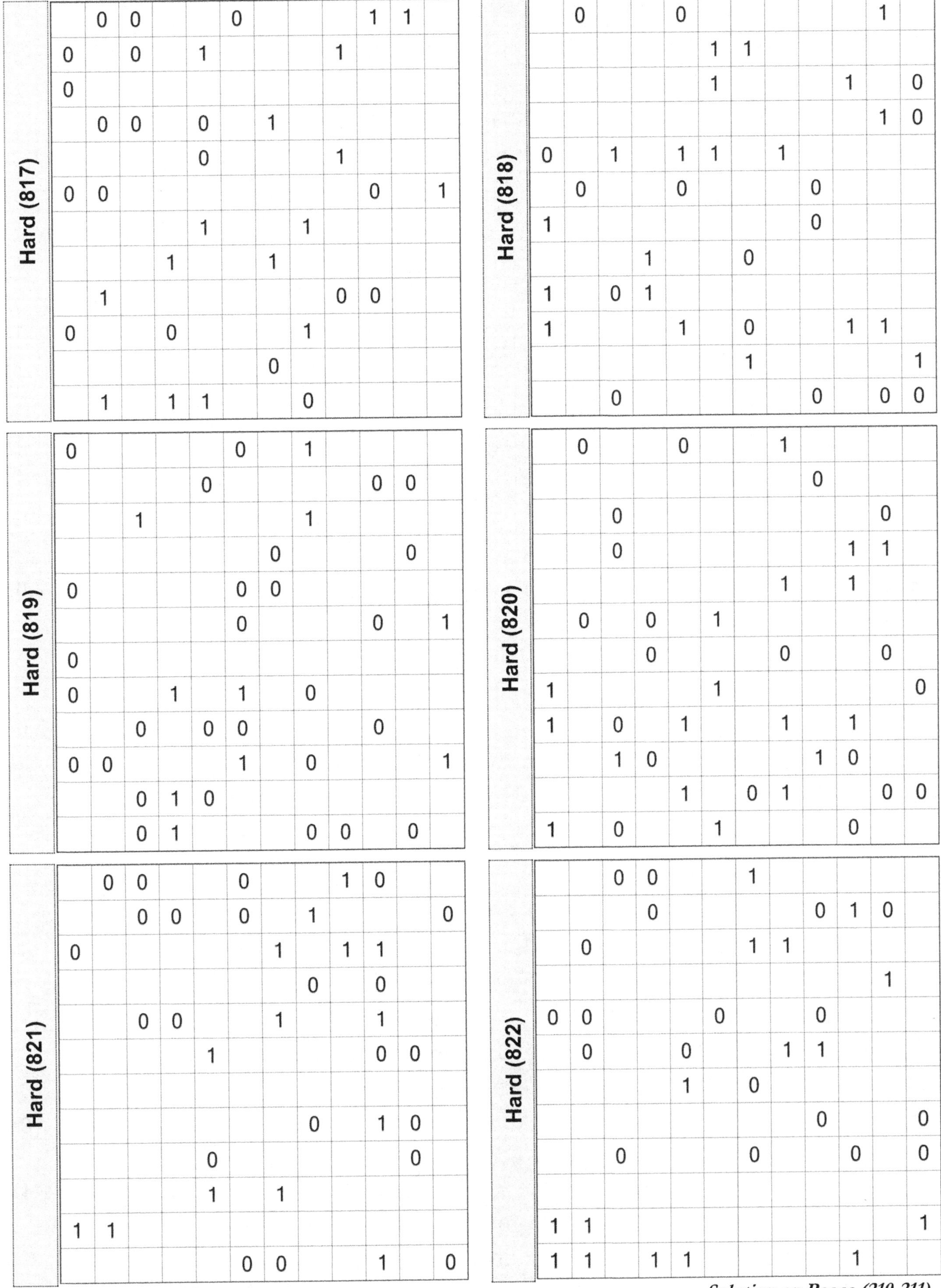

Solution on Pages (210-211)

Hard (823)

		0	0				0				1
0			0								
	0				0						
	1		0			1				0	1
0							1		0	0	
					1		0				
	1			0				1	0		
	1								0		
		0			1						
	0					1			0		
0					1		0		1		
	1			1			1		0		0

Hard (824)

0	0				0	1					1
0					1						
				0	0						
0							1			1	
1	0		1		0						
		1		1					0		
0										1	
	1	0			0						
1	1			0	0			0	0		
				0				1			1
							1			0	
	1		1	1							

Hard (825)

	0	1		0		1		1	1		1
		0		0				1	0		
						1	1				1
0	0							1			
			1	1					1	1	
		0			1	1					
	1		0				0	1			0
					1						0
								1			
		1							1		
	0		1	0							
					0					1	

Hard (826)

		1					1				1
	0				0	0				1	1
									1		
			1	1							
0							1				0
							0				
1	1			0	0			1	1		
0				0	1				1		
					0	0					0
0			1		1					0	
	1		1		0					0	
	0								0		

Hard (827)

	0	0									
0		1		1			1				
0	1		0						1		
		1		0							
			0	1				0		1	
			0		0						0
1		1			1		0			0	1
	1					1					
1	1				0					1	
							1			1	
1		0			1						0
	1			0	1					0	0

Hard (828)

0			0				1			1	
0			0			1			1		
										0	1
	1						0		0	0	
		1				0					
					1	1					
	1	1			0			0			0
			1	0		0					0
		1				0	1			1	
										1	1
	1	0			0	0					
	1			1						0	

Solution on Page (211)

Hard (829)

0			0				1				
	1			1				1			
1										1	0
	0					1					1
						1				0	
1			1					0			
	1	1				1	1				
1					1				0	0	
		0		1				0		0	0
0				1		1					
		1				0	0		0		
	1				0				0		0

Hard (830)

0					0	0					
		1			0		0	1			
								0	1		
0						1			0	0	
0			1	0							0
				1					1		
0											0
				1					0		
	1			1					1		
			1			1		1			
		0					0			0	0
1	1		0	1				1			1

Hard (831)

		0				1					1
0	0				1	1		1			
0			1					1			
				1					1		
	0	1					1				
	0		1				0			0	
1				0		1					
		1		1		0					
			1		1						0
	1		1	0						1	0
								0			
		0					0	0			0

Hard (832)

1	1						1		1		
			0								1
		0		1							1
		0	1	0		0			0		
	1										
	1				0				1	0	1
				0		0	1	0			
			0			0		1			
1										1	
			0	1		0				1	
1					1						0
	1		1			0	0			0	0

Hard (833)

	0			0					1		
					0				1		0
0			1							1	1
	0	0		0				0			
		0					1				
						1		1		1	1
1				1					1		
1			1					1		1	
	1									0	0
1				0	0				0		
1			1	1		0					
										0	

Hard (834)

			1				0		0		
	1						1				
				1		0					
							1	1			
		1								1	0
0		1		0			0				
					1					1	
					1				1		1
1			1					0		0	0
								0			
1				0		0	1				1
		0			0		0	0		0	

Solution on Page (211)

Hard (835)

	1				0						1
			0	0			0		1		
0				0	0						
	0				0	0		1			1
						1	0	1		0	
0			1						1		1
0					1						
	0		1			1		1	0		1
0									1	1	
	1	1					1			1	
							0				
	1			1	0						

Hard (836)

1										1	1
		1	1		0	1	0			1	0
			1			1		0			
						1	1				
					0			1			
	1		0					1		1	
1	1										
		1					0		1		
				1	1					1	0
				1			0	0			0
1		0			1						

Hard (837)

				0				1			1
	1	1				0					
				1		0					
0							0	1		0	
		0		1		0		1		1	
											0
		1		1			1	1			
1			0				1		0		0
	1				1			0			0
				0		1	0	1		1	
					0				0		0
	1		1							0	

Hard (838)

	0	0					0				
		1	1		0		0			0	
						0				0	
			0					0			1
0	0				1						
	0										
						0		0			1
						1			0		0
	1				0						
							0			0	
		0		0		0			1		
1			1	1							

Hard (839)

0			1			1				0	
									0	1	
					1		1	1			
					1			1			
		0					1		1		1
	0		0		1						
0	0							1			0
	1									1	
0				1	1			1		1	
1		0	1	0	1	0			0		
		0							1		0

Hard (840)

1		1	1			1			1	1	
			0				1			1	
	0										1
	0								0		
					0	1					1
		1					1		1		
1	0	1	0			0					
							1		1	1	
						0		1			0
			0								
1					1			0		0	0
			1			0	0				

Solution on Page (211)

Hard (841)

		1		0				1			1
0	0		0		1		0				
		0									
						1	0	1			1
	0				0						
1	1										0
1						0					1
			0					1	1		
		0			0					0	
					0			1		1	
							0			0	
1	1		1			1	0				

Hard (842)

1					0				0		1
		1									
	0			1				0			0
	1	0		0		0					1
	0						1				
1						1					
		0	1		0						
0	1							1		0	
0				1		1					
	1						1			0	0
					0		0	0		0	0

Hard (843)

			0	0				1			
		0	0		0					1	
1						1		1			
	0	0						0			
		1					1			0	1
	0							1			
					0		1			0	
	1	1						1		1	
1		0					0				0
	0	1				1					0
1	1			0						0	
1			0						1	0	

Hard (844)

		0					0				
0				1	0			0	0		
0	0										
	1					1			1		
		0	0					1		1	
								1			1
			0	0							
								0			
1				0	0			1	1		
						0					1
1	1						0	0		0	
1	1				1	1					

Hard (845)

	0				1			1			
0	0		0								
				1						0	
									1		1
1		0			1	1				1	0
1								0		0	
		1					0	0			
	1								0		
1						1		1			
			0								0
							0			0	0
						0	0			0	

Hard (846)

		1				1			1	1	
0	0								1		
				0				1			1
						1				1	
0			0	1				1			0
0		1					1				
						0				0	
	1		0		1			1			
							0			0	0
				0		1	0				
											0
			1		1		0				

Solution on Page (212)

Hard (847)

		0				0		0	0		1
0		0		0		1		0			0
0	0		0	0							
		0				0					
	1								1	1	
	1				1						
1							0			1	1
				1		1				0	
	0							0			1
		1	1			1				0	
1	1		1		0				1		
				1				0			

Hard (848)

	0				0	1	0		1		1
	0	1			0			1			
				1		0			1		
1					0	1					
							0				0
	1	1				0			1		
0			0		0		0			0	
					0				0		0
		1					0				
0				0	0				1	1	
	1						0		0		
1			1								

Hard (849)

							1	1			1
0				1							
1		0	1							0	
0	0						0		1		
			1		0						
			1		1		1				1
0					0		1			0	
						0		1	1		
			1		1						
	1	0						0		0	0
1	1				1	0				0	1

Hard (850)

0				1		1	1		1		
0	0		0			0					
	0				0		0	1		0	
		1									
0	0				1				0		
					1	0					0
							0		1	0	
			0			1					1
	0		0								
								1	1		0
					0		0			0	0

Hard (851)

	0		0				1				
1		1						0	0		
1	1				1	1					
			0							0	
						0					1
	0			0	0		0	0			
		1			1			1			
0				0						0	
			1	1			1				
	0								0		
1	1				0						
				1			0	0			

Hard (852)

0	0								0		
0	0			1					0		
				1							
0		1	0						0		1
0	1					1					1
			1		1	1				0	
	1				1					0	
1											0
					0						1
		0	1				0			1	
			1			1	0				0

Solution on Page (212)

Hard (853)

			0					1	1		
0		1	0		1					1	
	1							1	0		
0							1	1			0
0		0			1						
		0				1					0
	1										
	1			1		0	0				0
									0		
			0								1
1	1			0							
1	1			1				0			

Hard (854)

					0					1	
0	0					1	1				0
	1				1						1
1					0	1		0		1	
	0										
						0			1	1	
	0		1			0					
									0		0
			1						1		0
0				0			1		0	1	
		0			1	0	1				
			1						0		

Hard (855)

1					0	0				1	
			0		0				0	1	0
	0			0		1		1			
					0						
						0					1
	1	1					0				
0				0	0					0	
										0	0
0					1						
		1									
1				1					1	0	
	1	1			1	0		1		0	0

Hard (856)

				0				1	1		
		0			0					1	
		1			0	0					0
	0			0			1				1
					1		0		0		
0			0			0					
0		1		1				1		0	
	1										
1			0								
0											
			1	1		0					0
1						0	0		1	0	

Hard (857)

			0			0	0			0	
0	1					0	1		0		
0				0	1						
				1					1		0
			0		0			0			0
		1		0							
0			1				0		0	0	
				1						0	
0	0					1					
	1				0		1	0			0
				1			0	0			0

Hard (858)

				1		0	1		0		1
			0				1		0	0	
1											
					0						1
0					0	0		0	1		1
									1		
		1								0	
	0		0				1	1			
	1			0					1	0	
											1
	1				0	0				0	0
1	1					1					

Solution on Page (212)

Hard (859)

			0						1		1
				0			1	1			
											0
								0	1		
		1		1				1			
						0	0				
		0		1							
0		1				1	1		0	1	
	1	0							0	0	
			0								
1	1			1							0
1	1		1	1			0			0	

Hard (860)

			0		0	0					1
	1										
0			1				1	0			
1											1
	1	1									
		1							0		0
						0			1	1	
		1	0								
		1	1						0	0	
0	1			1			0	1		0	
1	1									0	

Hard (861)

	1				1						
	0		0	0			1	1		1	1
0				0					1		
					1			1			
0	0										0
			1							1	0
1					0	1			1		
					1		0	1			1
							1			0	
	0		1								0
				0					0		
					0		0				

Hard (862)

	0									1	
1	0				1	0		0			
		1			1	1					1
	0									1	
	0	0			1		1				0
0					1	1					
		0	0					0		0	
			1			0					
			0		1	1					
1									1	0	
1											0

Hard (863)

0	0										
		0	1	0						1	1
				1	1			0		1	
	0				1						
						0					
0		0	0					0		1	1
		1				1					1
			1			1	0				
		1	0						0		
					1			0	0		
1			1		0	0					

Hard (864)

		0									1
0				0				1	0		
0			1				1				
		1				0	1				0
					1						
1	1								1		0
0								1			
1	1		0							0	
		0					0		0	0	
					1		0				1
	1			1	1						
							0	0		0	

Solution on Pages (212-213)

Hard (865)

	0				0	0					
0				1				1		1	1
	1										
				1		1					
			0		0		0				1
		1								0	0
			1		1		1		1		
		0		1	0		0			0	
1		0			1	1					
						0	1		0		
				0			0				1
1									0	0	

Hard (866)

		0		1				0		1	
					1	1			1	0	1
								0			
	0	0		1		0					
								1			
			0	1	0			0		1	0
				1						1	0
0	1					1			0		
				1	0		0				0
	0			0							
1	1					0	0				
1			1	1						0	

Hard (867)

	0	0		0	0						
1				0	0			0			1
		1						1			0
									1		
			0			0					0
				1						0	1
1				0	0		0		0		
						0			1		
				0		1		0		0	
	0			1			0				
					1	1		0			
1	1				0						

Hard (868)

	0		1	0						1	
	0				0			0		0	
1								1			0
0		1		1					1	0	1
	0				0				0		
					1					1	
	1	1								0	
		1									1
				0	1				1	0	
			1						0		
1	1		0			1					
1		0	1		1	1		0			

Hard (869)

	1				1					1	
			0								1
1							1	1			0
	0				0		1				
		0		0		1		1	1		
					1				1		
0											0
				0			0	1			1
		0			0					1	
				1		0		1		1	
1	1		1			0					
		0		0				0			0

Hard (870)

0	0			0			0	1			
		1	0			1				1	
	1						0		0		
								1		1	
					0					1	
		0	0								
1											
		0					1				1
0	1		1								
1			1		1	1					
					1		0		0		
1			1						0		0

Solution on Page (213)

Hard (871)

1	1		0								
				0							1
	1		0	0				0			
0	0				0	1				1	
								1		0	0
							1	0			
		0					1				
						0				0	
	0			0			1				
	1		0			1					
1	0				1	1					0
1											1

Hard (872)

				1	0						1
				0	1		0	1			
			1			1				1	
0	1	0			0						
0								0		1	
		1			0				1		
	0							1			
			1		1	0				0	0
		0								0	1
	1					0		0			
1			0		1				1	0	
1	1				0						

Hard (873)

0		0	0			1	0			0	
0									0		
				1				0	0		
		1				1					1
0										0	
									0		
	1					0			0		
			0		0						1
	1			0	0			1			0
	0							1			1
		0		1							
1		0		1	0	1	0			0	0

Hard (874)

1							1			0	1
	0		0		1						
	0			0	0						
		1					1				1
1			1						0		
									0	1	
	1					0		0			
			1			0			1		
		1	0							0	
			1		1	0		0			
1											
1		0			1		0				1

Hard (875)

1					1						
				1							
			0	0		0		1		1	
		1			0						
							0		1		1
		1								0	1
		1	1			1	1		0		
				0		1			1	0	
		1			0		1			0	1
							1				1
1		0			0						
					0	0		0	0		0

Hard (876)

				0			0	1			1
		0						1	0		1
				0						0	
0					1	1		1		0	1
						0					1
					0			0	0		
			1				1				1
		0			1					0	
	0			0	1					1	
	1										
			0	0				1		0	
									0		

Solution on Page (213)

Hard (877)

		0			0	1			1		
					0						1
										1	
		1		0	0						
	0	1		0			1	0		1	
			0		1			1			1
						0					
	1								0		0
1	1										1
		1		1						0	
		0			0		1				0
	1					1		0		0	

Hard (878)

			0	0							
0					0		0			1	1
1	0				0				1		
				1							
	1		0		0			0			
1					0						
		1				0					1
1		0					1				
1	1							0			1
											1
	1	0				0	1		1	0	
1	1									0	

Hard (879)

			0	0		0					
					1			1	1		
0				1		0					0
											0
0			0	0							
		0						1			
1	1							0		0	0
1					1						0
				1	0	1		1	0	1	
	0								0		1
1	1						0	1			
					0		0				

Hard (880)

		0	0							1	
	0	1		0			1		0		
			1								
		1			0		1			1	
			0		1					1	
		0	0								
					1	1					
		0							1		0
1	0						1				1
					1						
				0	0		0		0	0	
	0						0	0		0	0

Hard (881)

0			0			1			0		
0			0			1		1			
	0	0					1				0
0		0	0				1		1		
	0				0			1	1		1
1		0	1				0	1			
				0							0
					0						
1					1				0	1	
		1							0		
1				0		1	0				0
	1				0						

Hard (882)

	0			0	0						
							1	1		1	
	1		0		0				1		0
0									1	0	1
		0		1				0			
0				1						1	
		1			1						
			0		1		1				
			0				1				
		1		0	1						
							1				0
1	1		1		0	0			0		

Solution on Pages (213-214)

Hard (883)

		1	0							1	1
	0		0				0				1
1	1				1						
0				0		1				0	
	0								1		
1		0						1			1
0			1	0		1				0	
				1			0		0		0
1			1			0		0	0		
0			1					0			
		0				1			0		
		0	1		0		1				0

Hard (884)

0						0	1	0			0
0		0	0		0	0					
			1						1		0
						0					
0						0	1			1	
0		1		1				0			
	1						0				
0					1					0	1
0		1		1							
					0			0		0	0
	1			0			1		0		

Hard (885)

					0		0		0		1
1				0					0		1
	1			1	1		0	1			
			0	0				1	1		1
1											
1							1				
					1			1			
	1	1				0			0		0
			0			0		0			0
										1	
		0								0	
	1					0					

Hard (886)

						1	0	1		1	1
0					1						
		0	0				0		0	1	0
	0		0				0				
	0			1							
1					0			1	0	1	
							0		1		
				1	0						0
0			0			0	1			1	
					0					1	
					0	1					

Hard (887)

			1	0							
					1						0
0							1			0	0
				1			1		0	1	
1		1				0		1	0		
										1	
0					1		0			0	
		0		1							0
		0		0	0						
0					1						0
1		0	0		0		1				
	1			0		0				0	

Hard (888)

1									0	1	
						1		1	1		1
0		1			1		1				
								1			1
			1			1	0	1		0	0
							0				
			1	0		0		0			
	1			1	1		0			1	
			0					0			
					1						1
1				1	1		1				
1		0				1	0		1		1

Solution on Page (214)

Hard (889)

	0	1						1			
	0		0	0		1					
1		0								1	
			0		1		1		0		1
		0				0	1	0			
				0		1				0	
		0			0						0
1				0				1	1		
1									1		
						1	0	1			
1	1			0					0	1	
1										0	0

Hard (890)

		1					1				
					1	1				1	1
	1				1						1
								1		1	
						1		1			
						1	1			1	
		1						1			
		1	0		1		0	0			1
	1			1							
0	0			0					0	1	
	1		1								0
					0				1		0

Hard (891)

		0	1				1		1		1
		0			0	1					0
0	1								0		
								1			
1	1			0							
			0								
		0				1					
	1		1	1							1
0											
1		0					0	1		0	
0	1			1	1		1		0		
1							0	0		0	0

Hard (892)

0			0					1			
		1					0		0		
	1	0								0	0
0					0						
0		0		0							
		0			1					0	1
0	1			1	1						
			1	1						0	0
			0						1		
							1				
	1			1	1				1		0
	1						1		1		0

Hard (893)

		0	1			0					
0			0				1				
	1			1						1	0
		1					1				
	1			0					0		
	1		0	0				0			1
					0						
0								0	0		
			0		1	1					
								1	0		
		0		0	0				0	0	
	1	0					0				

Hard (894)

						0					
						0		1			
	0	0		0				1		1	
0					1						
				0				1			1
	0	0		1			1	1			
		1		0		1					
			1			1		1		1	
			0		0			0			0
	1			0	1		0	1		0	
							0			0	0
		0							0		0

Solution on Page (214)

Hard (895)

	0		0		1	0				1	
					1		0	1			
									0		
					1		0				
			0								
					0	1	0		1		
		1			0	0		1			0
	1	1									1
	1							0			
								0			0
1		0	1								1
1	1		1			0	1		0		

Hard (896)

					0						1
				0		1					
		1	1								0
						1	0	1			0
					0	0					
	0			0						1	1
							0				
	0					0					
					0		0	0			1
				1			1				
1	1							0		1	
1					0			0		0	0

Hard (897)

			1			0			1		
0	0			0		0					
0				1				1	1		
		1									0
0	0				0	1	0				
1		0		0	1		1			0	
				0				1			0
	0				0		1		1		
	1					0			0	0	
				0							
		0			1			1		0	
			1							0	

Hard (898)

						0			0		1
								1			1
						0		1			
	0		0	0					1		
		1		0			0			1	1
			1		0		0		1	1	
				1		0					
	1	0				1				0	
		1					0				0
					1					1	
			1				0	0			
				1							

Hard (899)

0		1				1		1	0		
1	0		1								
	1				0			1		0	
		0				0			1	0	
									1		
0											
		0						1			
0		0	1		0				0	1	
				0	0			0	1		
							1				
			1	0							
	1		1	1			0				

Hard (900)

	0		0			1					1
1			0							1	
		0			0	0					0
0			0		0			1	1		1
1											
		0					1				
		1					1	0		1	
1		0		1	1						1
1								0		0	
	0		0	0			1				
1											
1										0	

Solution on Page (214)

Hard (901)

							1				
0	0					1	0				
0								1			0
	0				1		1			0	0
		1	0	1	0						
0	1				1	0				1	
				0			1		0		
	1	1				0	1				
			1			0					1
				0					1	1	
1			0								0
	1		1					0			

Hard (902)

					0						1
	0	1			0		1		1		
		1		0		0	1			0	
	0		1			0					
	1							0	1		
		1		1		0	1				0
					0	1	0			0	
	1	1		1		0	1		0		
	1				0						
					0				0		
1											
1			1			0			0	0	

Hard (903)

	1					1		0			
0	1				0	0					1
		1		0				0			1
		1			1	0					
			0					1		1	
0	0				0		1				
					1			0		1	1
			1				0			1	
				0			0				
			0						1	1	
	1	0	1				0				
							0	0		0	

Hard (904)

				0	0		1		1	1	
	1						1			1	1
									1		1
									1		
				0			0				
0								0			0
		0						0		1	
0	0			0							
	1		1	1		1					
0		1					1				
	0			0	1						
	1	0				0		1		0	

Hard (905)

	0		1				0				1
				0		1				0	
					1		1	0	1		
				0				1		0	
		0	1					0		0	
									1		0
	1			1	1		1				
		1	0			1				0	
	1									0	0
			0	0		1					
1					1						1
1											

Hard (906)

			0			1		1			
						0				1	
		1							1		0
			0			0					
0			0			1				1	
	0										1
			1	1			0				0
	0	1					1				
					0			0		0	0
				1		0	1				0
1	1		1			1	0		1		
			1		0			0	0		0

Solution on Page (215)

Hard (907)

0				1		1					1
				1		0		1	0		
	0		0		1						
		1						1	1		1
	1				0		1		1	1	
		0									
0		1				0		1			
					1		1		0		0
			1								
0	0							1			1
							1				
		0		1			0	0			

Hard (908)

1						0					1
	1										
0	0				0						
						1	0				
								0		0	
		1		1	0						
			1	0					1		
1		0				1	1				
	1		1				0		0		0
0							1	1		0	
		0		1						0	0
1			1				0	1			0

Hard (909)

			0								
0				1				1	1		1
	0										0
	0		0						0	0	
			0			0	1				
1		1			1	1				0	
		1			1		1	1		1	
			0				1		1		
		0						0		0	
			0				0		0		
1	1			1							
1				1				0			0

Hard (910)

				0							1
					0	0					0
0		1			0				1		1
0		1		1			0				
			0		1				0		
	0							0			
0		0	1			1				0	
	1						0			0	1
1											
			1	1							
			0				0	1			
1		1					0	0		0	

Hard (911)

	0		0							0	
1				0			1		1		
							1				
				0		1					
1		1	1				1				
1			1	1							
	1								0	0	
		1							0		
						0		1			
	0			0		0		1			
1	1		1								0
1						0		0		1	0

Hard (912)

				0	0		0				
0									1		
					1		1	0	1		
1						0				0	
	0						1				0
				0	0			0	1		1
	0						1			1	
0							1				0
				0		1		1			0
				1	1			1		0	
	1						1				
1	1				0						

Solution on Page (215)

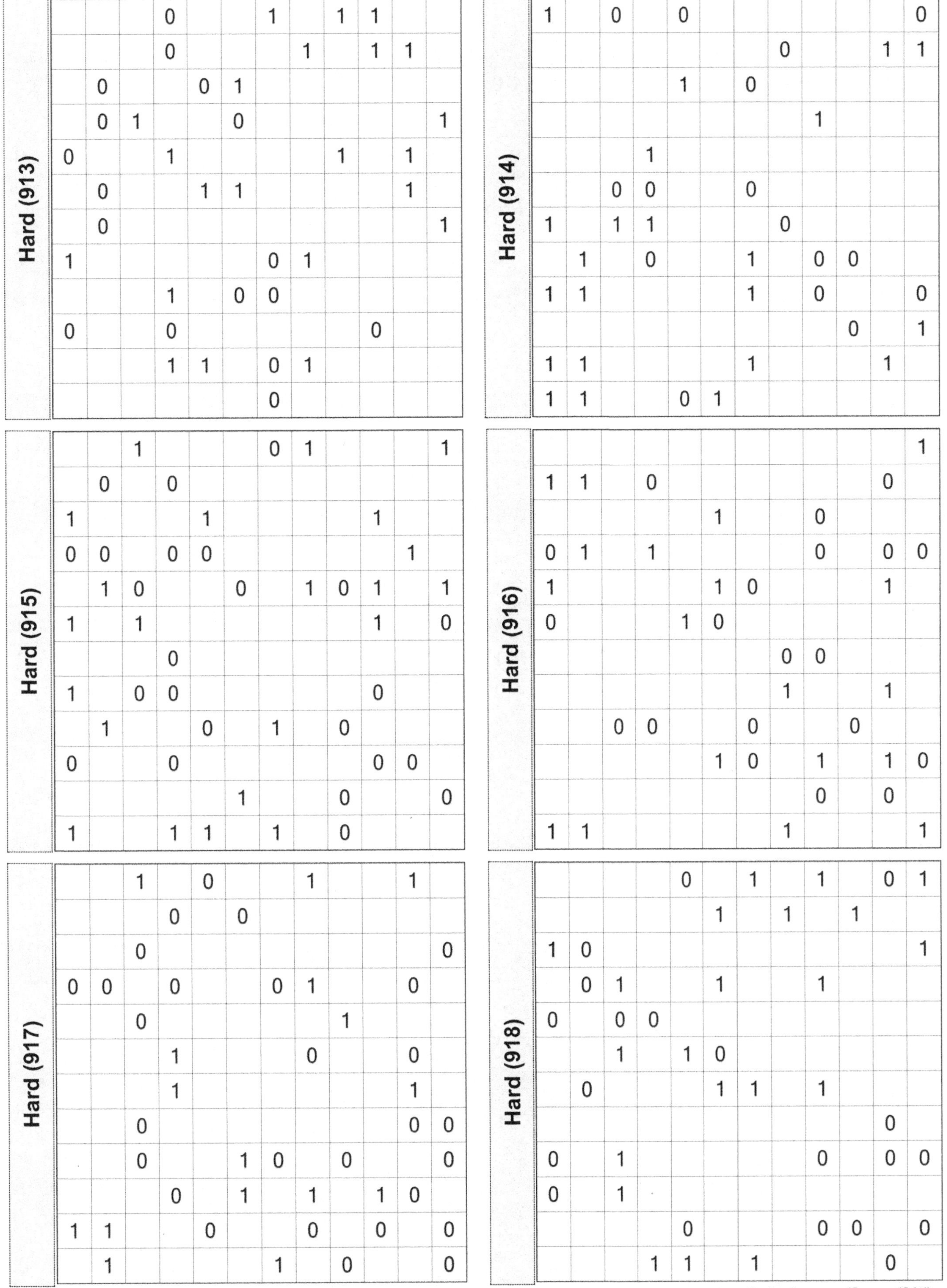

Hard (913)

			0			1		1	1		
			0				1		1	1	
	0			0	1						
	0	1			0						1
0			1					1		1	
	0			1	1					1	
	0										1
1						0	1				
			1		0	0					
0			0						0		
			1	1		0	1				
						0					

Hard (914)

1		0		0							0
							0			1	1
				1		0					
								1			
			1								
		0	0			0					
1		1	1				0				
	1		0			1		0	0		
1	1					1		0			0
									0		1
1	1					1				1	
1	1			0	1						

Hard (915)

		1				0	1				1
	0		0								
1				1					1		
0	0		0	0						1	
	1	0			0		1	0	1		1
1		1							1		0
			0								
1		0	0						0		
	1			0		1		0			
0			0						0	0	
					1			0			0
1			1	1		1		0			

Hard (916)

											1
1	1		0							0	
					1			0			
0	1		1					0		0	0
1					1	0				1	
0				1	0						
							0	0			
							1			1	
		0	0			0			0		
					1	0		1		1	0
								0		0	
1	1						1				1

Hard (917)

		1		0			1			1	
			0		0						
		0									0
0	0		0			0	1			0	
		0						1			
			1				0			0	
			1							1	
		0								0	0
		0			1	0		0			0
			0		1		1		1	0	
1	1			0			0		0		0
	1					1		0			0

Hard (918)

				0		1		1		0	1
					1		1		1		
1	0										1
	0	1			1			1			
0		0	0								
		1		1	0						
	0				1	1		1			
										0	
0		1						0		0	0
0		1									
				0				0	0		0
			1	1		1				0	

Solution on Page (215)

Hard (919)

		0			0	1	0			1	1
								1	0	1	
		1			1						0
							0				
						1				0	
	0			0	1			1			
				0			0				
		0									0
	0	0							1	1	
	1						0				
1			1				1				
					0		0			0	0

Hard (920)

			0	0			0				
		0			0	1	0				
0				1						1	
		1			1						
1					0						1
					1	0		1	0		
0		1									
		0	1					1			0
				1			0			0	0
			0	1		0					
1	1				1	1				0	
1	1		1		0						

Hard (921)

						1		1			1
					1			0			1
	1		1			1		1			
0					0						
0				1					0		
	0	1					0				
0		1					1	1			1
											0
						1			1	0	
0					1	1		1			
	1	0		1					0		
					0	1		0	1	0	

Hard (922)

1	1				0	0		1			1
							0		1		1
	0		0		1						
1	0		0			0				1	
				0							
				0		1	0			1	1
						0			1		1
		0				1					
								0	0		
			0		1			0			
		0		0							
1				1					1		

Hard (923)

			0	0			0			0	
0	0		0		1						
										1	1
	0		0	0					0		
		0		1							
	1			0	0						
1				1			0		0		
									0		1
			1	1		1					
	0			0				1		0	
1		0	1		0						0
1											

Hard (924)

0	1				0					1	1
	1			0	0					1	
								1			
								1		1	
0				0							
		1					0	1			1
				0	0						1
									1	0	
				0			0	0			0
		1			0	1				1	
1	1				1						
	1		1				0				0

Solution on Pages (215-216)

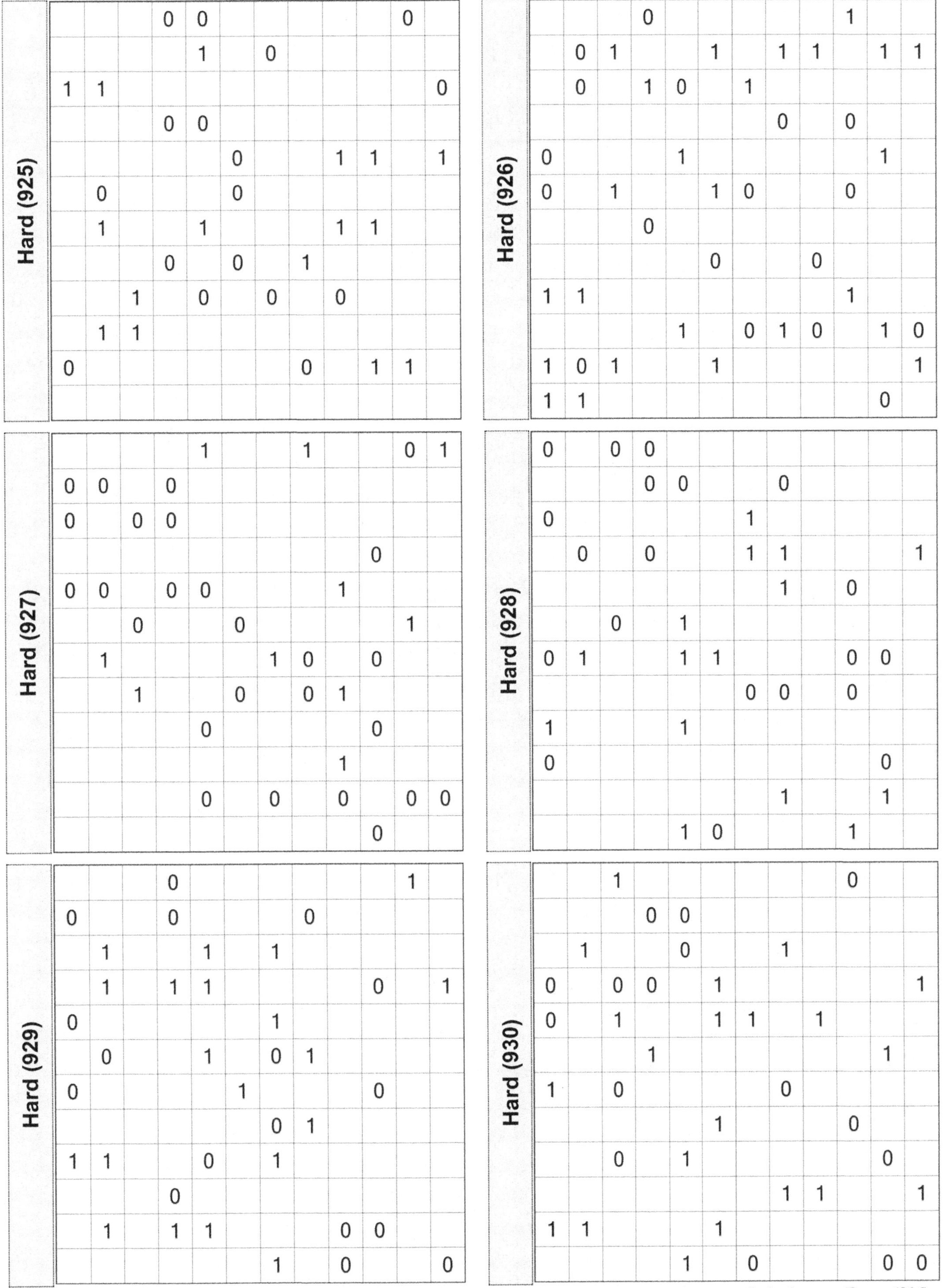

Hard (925)

			0	0						0	
				1		0					
1	1										0
			0	0							
					0			1	1		1
	0				0						
	1			1				1	1		
			0		0		1				
		1		0		0		0			
	1	1									
0							0		1	1	

Hard (926)

			0						1		
	0	1			1		1	1		1	1
	0		1	0		1					
							0		0		
0				1						1	
0		1			1	0			0		
			0								
					0			0			
1	1								1		
				1		0	1	0		1	0
1	0	1			1						1
1	1									0	

Hard (927)

				1			1			0	1
0	0		0								
0		0	0								
									0		
0	0		0	0				1			
		0			0					1	
	1					1	0		0		
		1			0		0	1			
				0					0		
								1			
				0		0		0		0	0
									0		

Hard (928)

0		0	0								
			0	0			0				
0						1					
	0		0			1	1				1
							1		0		
		0		1							
0	1			1	1				0	0	
						0	0		0		
1				1							
0										0	
							1			1	
				1	0				1		

Hard (929)

			0							1	
0			0				0				
	1			1		1					
	1		1	1					0		1
0						1					
	0			1		0	1				
0					1				0		
						0	1				
1	1			0		1					
			0								
	1		1	1				0	0		
						1		0			0

Hard (930)

		1							0		
			0	0							
	1			0			1				
0		0	0		1						1
0		1			1	1		1			
			1							1	
1		0					0				
					1				0		
		0		1						0	
							1	1			1
1	1				1						
				1		0				0	0

Solution on Page (216)

Hard (931)

	0	0		0	0		0		1		
					1						1
		0				0	1				
						1					0
					1	0					
			0								1
1		1						1	1		
		1		0			1				
1			1			0		0	1	0	
			1		1			1			1
		0			0	0					
		0						0		0	

Hard (932)

0					0	1		0			
0	0				1	1				0	
				1			1				
0											1
0		0									
			1	0				0			
									0	0	
		0				0	1				
					1			0	0		0
	1		1		1					0	
			1	1		1		0			
		1				0	1				

Hard (933)

	0	0		0							
					1				0	0	
								0			
	0	0				0	0		0		
			0		1			0			
0				1							
	0						0		1		
0								0			0
	1		1	1					1		
	0										
1		0		1		0				0	
		0				0	0			0	

Hard (934)

								1			
1		0					1			1	
0	0		0	0		0					
		1		1	0				0		
						1	1				
				0				0		0	
0				0		0		0			
	0		0							0	
1							1	1			
0			0			0					0
											0

Hard (935)

0							1				1
							1			1	
				1	0				1		1
			0			0			0		
						0					
										0	
0	0		1						0	0	
0				0	1		0				
										0	
					0			0	0		
1	1		1						0	0	
	1		1	1							

Hard (936)

				1							1
0	0				1					0	
	1			1	1				1		
	0							1		0	
0											
0					0		1				
		1	1				0				
					0	1			1		
1	1		1		0		1				
0		1	1						0	0	
									0		
	1				1			1			0

Solution on Page (216)

Hard (937)

0		0		1				0			
0	0										
	0		1				0		1		
0											
0	0				0		0				
		0		0			0		1	0	1
	1		0			1			0	1	
	0					0	1			0	1
				1							
					0			1			
				0		1					0
			1	1			1			0	

Hard (938)

			0					1	0		
0						0					
1		0					1		0		1
				1		1	1			1	
			0								
0						1					
		0	0					0			
1	0	1			1	1			1		
		0								1	
							1			0	
		0	1		1	0			0		
	1					0	0			1	

Hard (939)

							1		0		1
		1	0								
							0			0	0
0	1						0		0		0
0					0						
									1	1	
						0	0				
1	1		1					0	0		
				0	1	0					0
									1		
	1				0					0	
1	1		1		0			0			

Hard (940)

	0		1								
		1	0			1					0
				1			0			0	1
									1	0	
0	1			1		0	1	0			
		0		1			1	1			
0	0							0			
1							1		0		
						1		0		0	0
	0										
1					1			0			
				1				0		0	0

Hard (941)

	0	0		0						1	
0		1								1	
0	1					0	0				
		1	1		0						
			1						1		0
										1	
1		1		0	1						
	1				1		1	1		1	
	1					0	1			0	
0											
		0			1						
							0	0			0

Hard (942)

			0							1	1
1		0				0					
	0		1				1				
				0		0		1		1	1
								0	0		
		0				1	0				
1	1			1	1						0
1			1						1		1
									1		
1	1		1	1							
	0		1	1						1	

Solution on Pages (216-217)

Hard (943)

0											
					0						
0		1			0						
0	0			0		1					
				1						0	0
0	0				1			0	1		
0	0							1			
				0					0		
			0		1			1	1		
				0			1				
			1					0			0
1					0	0		0	0		0

Hard (944)

1											
	0	0			0						
	0			1					1		
0		0							0	0	
						1					
			0					1			
	1		0			1		1	0		
					0					1	0
0	1										
	0					1		1			
0		1	0				0		0		0
1	1		1	1					1		

Hard (945)

1	0				0		0				
			1	0						0	
								0	0		0
		1		0		1					
								0	0		
	1		0			0	0				
		1	0		1						
				0			0		0		0
							1			0	0
0		1		0	1				0		
			1					0	0		0
		0			1		1				0

Hard (946)

0	0		0	0		1		1			
0					1			1			1
						0					
0		1			1					1	
0						0			1		0
	0						0	0			
								1			
							0		1		0
					0		0		0	1	
	1				1						0
			0							0	
	0				0			0			

Hard (947)

	1		0				1				
			0		1			0		0	
0				0			1		1	1	
			1				1		0		0
		1									1
	0	1		0						1	0
	1				1		0		0		
0										1	
				0			1				
				0		0				1	
	1	1			1			0			
								0		0	0

Hard (948)

	1		0								
1			0		1	0					
0										0	
		0	0			1	1		1		
1			0					1			1
0	0						0	1			
	1				1					0	
					1	1				0	
	1										
	1			1			0		0	0	
		1					0		0		
0				1		1					

Solution on Page (217)

Hard (949)

	1		0			0				1	
0				0					0		
0	1		1					0			1
			0	1			1	1			
						1	1			1	
1						0		0			
		1	1		1				1		1
	0										
		1	0		1				0	0	
1						0		1	1		0
1			1	1							

Hard (950)

1	1						1		1		1
		0			0				0		
0	0		1					1	1		
1				0							
						0			0	0	
			0	0						1	1
1	0			1				0			
						1					
			1	0		1					
		0	1					1			
					1	1			0		
1				1							

Hard (951)

		0							0		
		0	0			0					
				0	1						
		1		0		0	0				1
	1										1
0				0					1		
									1		
			1	0			0				0
1				0				0			
							1				
	1			0	0				1	1	
1	1		1		0			0	1		

Hard (952)

						0		1			
			0					0			0
0	0								0		
							1	1		0	
		1	1								0
0										0	
	1	1		1							
					1			0			
				0	0		1		0		
0		0	1								1
						0		0	0		
				1		1		0		0	0

Hard (953)

	0		0	0							
0	0		0						0		
				1		1	1			0	
					0				0		
	0		0			0					
			0				1				1
1				1					0	0	
			0			1					
	1							1			
											1
1		0			0	0			1	0	
1	1			1	0						

Hard (954)

	0			1							
1		0						1			
					1	1					
					0	1				1	0
	1										
1		1		1			0				
0		0		1						0	
1									0	0	
0	0			1			1	1			
					0					0	0
							1			0	0

Solution on Page (217)

Hard (955)

	0				1				1		
		1					1				1
				0	0			0			
					1	0		0			
0							1				1
	0									0	
					1					0	
			1				1	0	1		0
		1	1			1	0				
	1									0	
1							0			0	0
1			1		0		1		0		

Hard (956)

1		0					1				
	0				1	1		1			
		0									
		0			1			1	1		1
				1	1		1	1			
0										1	
		1									
						1	0		0		
1	1		1		0	0			1		
1			1								1
	1			1							
				1			0			0	0

Hard (957)

					0			1			1
	1								1	1	
0					1						
		1	1							1	1
				0			1		1	0	1
		1		1	1			0		1	
		1		0				1			
1					0			0			
				0			0				0
			1					1			
1				1	1						
1								0	0		

Hard (958)

0		1			1			1	1		1
			0					0			1
							1				
	0			0						1	
1		1	1					0	1	0	
0							0				
									0		
1									0	0	
		0	0								
						1				0	
	1			1			0	0		0	
				1				0			

Hard (959)

		0	0					0	1	0	
0	1			1			1				
		1						0		1	
										0	
	1			1		0	0				
0				1			1				0
	1									1	0
			0						0		
	0	1			0						
			0		1				1		
1	1			1							
1						0			1		0

Hard (960)

0						1		1			
	1		0		1	0				1	
		1								1	
0				1		0			1		
										0	
	0		1	0			0		0		
			1						0	1	0
	1				1						0
	0		1			0	0		0	0	
		1	0							1	
	0							0		0	0

Solution on Page (217)

Hard (961)

	1				0	0		1			1
		0									1
0					1				1		
						1			0		
1		1		0			1				
	1		0			0				0	1
	0	1						0			1
									1		
	0						0		0		
	0			0							
				1	1						0
1		0				0	0		1		

Hard (962)

							0	1			1
0					0			1	0	1	
1	0										
	0				1		1				
0			1					0			0
					1		0			0	
0	1			1			0				1
				1				0	0		
	0		1					1			
	1		1	1							
1							1	1			
	0			0		0				0	0

Hard (963)

						0					
			0	0						1	1
							0	0			
0				0	0			1		1	
	0					0					
				0							
	0	0							0	0	
				1	1			0	0		0
	1					1				0	
0			0	0					0		
	1						0			0	0
1	1		1								

Hard (964)

0		0	0				0				
1							0				1
	0								1	1	
		1		0				1		1	
	1				1		0				0
		1	1				1	0			1
0					1			1	1		
				0	1						
								1		0	
	0								0		
		0					1				0
						1					

Hard (965)

	0	0			0				0		
	0		0	1		1					1
				1		0		0	1		
			1				0	1			0
		0									
	0		0			1	1				1
										1	
		0		0				0			1
1						0					
				1							1
1				1					1		
	0									0	0

Hard (966)

1					0			1			1
		0				1	1				
	1		0						1		0
	1									1	
								1			1
0		1						0		0	
					1						
			0		0	0		0			
	1		1				0	1			
					1				0	0	
1										0	
1	1				0				0		

Solution on Page (218)

Hard (967)

	0	1					1				
					0						
		0					0			0	0
		1		0	1			0			
				0		0			1	0	
	1	0			0		0	0			0
				1							
								1		0	
0			0		1			0	1	0	
						1					
					0					0	0
							0	0		0	0

Hard (968)

0	0						1				
0										1	1
							1				
			0	1							1
0			0				1	1			
		1			1						
	0				1	1					
	1	0									0
		0	1					0	1		
				0					0		
		0			1				1	0	
		0		0	1			0		0	

Hard (969)

		0									0
						1	0			1	
0					0						
			0					0	0		0
0	0				1	0				1	
0			1				0	0			
				1	0				0		
		1			1						
		0			0		0		1		0
		1		1							
	1		1	1							
1	1				1			1	1		

Hard (970)

0		0				0					1
	1	0		1	0					1	1
							0		1	0	
0	0		0		1	1					
0				1							
										1	
				1					1	1	
			1	0							
	0								0	0	
	0			1	0		0				
				1						0	0
		0					1			0	

Hard (971)

			0	1		0			1	1	
										1	
			1	1		1			1		
	0		1			1	0			1	1
1	0								1	0	
0						1				1	
		0		1		1		0	1		
								0			0
			1	1			1			1	
		0					0				1
	0			0							0

Hard (972)

1				0					1	1	
										1	1
		0			0		0	0			1
0	0					0			1		
			0		1		0				
1			0			0					
	1										
		1		0			0				
		0		1			0	1			
1	0								1		
											1
1						1	0				

Solution on Page (218)

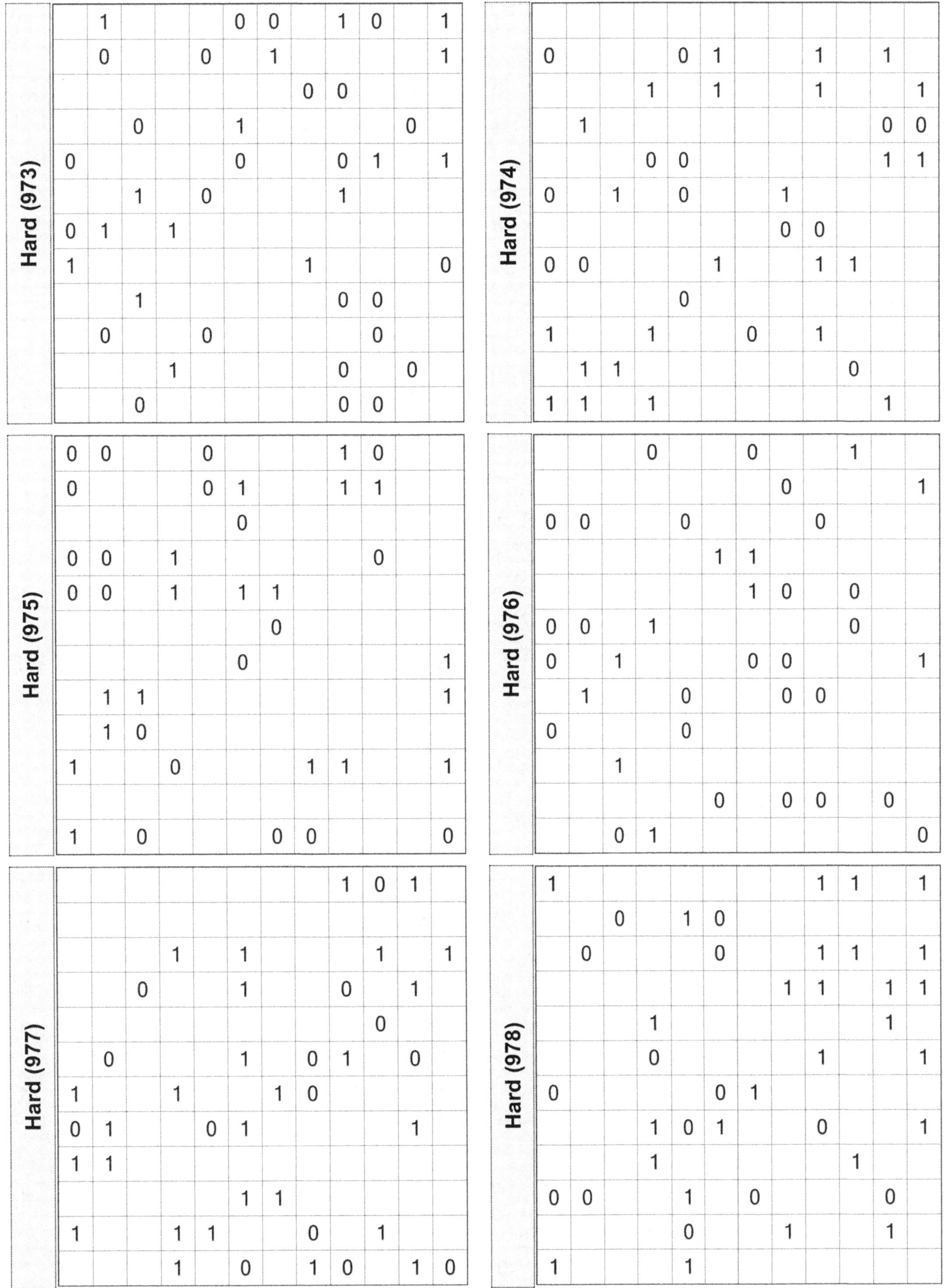

Hard (973)

	1				0	0		1	0		1
	0			0		1					1
							0	0			
		0			1					0	
0					0			0	1		1
		1		0				1			
0	1		1								
1							1				0
		1						0	0		
	0			0					0		
			1					0		0	
		0						0	0		

Hard (974)

0				0	1			1		1	
			1		1			1			1
	1									0	0
			0	0						1	1
0		1		0			1				
							0	0			
0	0				1			1	1		
				0							
1			1			0		1			
	1	1							0		
1	1		1							1	

Hard (975)

0	0			0				1	0		
0				0	1			1	1		
					0						
0	0		1						0		
0	0		1		1	1					
						0					
					0						1
	1	1									1
	1	0									
1			0				1	1			1
1		0				0	0				0

Hard (976)

			0			0			1		
							0				1
0	0			0				0			
					1	1					
						1	0		0		
0	0		1						0		
0		1				0	0				1
	1			0			0	0			
0				0							
		1									
					0		0	0		0	
		0	1								0

Hard (977)

								1	0	1	
			1		1				1		1
		0			1			0		1	
									0		
	0				1		0	1		0	
1			1			1	0				
0	1			0	1					1	
1	1										
					1	1					
1			1	1			0		1		
			1		0		1	0		1	0

Hard (978)

1								1	1		1
		0		1	0						
	0				0			1	1		1
							1	1		1	1
			1							1	
			0					1			1
0					0	1					
			1	0	1			0			1
			1						1		
0	0			1		0				0	
				0			1			1	
1				1							

Solution on Page (218)

Hard (979)

		1						1		1	1
	0	0		0	0			1		0	
0						1					0
0	0			0		0	0				1
							0	0			
											0
	0			1	0			1			0
0			0								
	0		1					0		0	
						1					1
		0	0								
					1	1					

Hard (980)

1					1			1			1
	0						0			1	
0		0							1	1	
		0	1			0					
	1			1							
0			0		0	0					
	1										
			1	1		1		0	1		
								0			
				1					0		
			1					0			0
1		1				0	1		0		0

Hard (981)

		0	0		0			1			
								0			
			0		1					1	1
		0					1				1
0				0			0				
			0								
			0	0		1			1	1	
0						1			0		
		0		1			1	0			
				1		0	0		0		1
1	1		1					0			
1	1		1								

Hard (982)

0								1		1	1
1					0			1	1		1
		0	0			1					
0				1							1
						1					0
0	0								1		
0				0	1			1	1		1
		0	0		0						
1							0		1		0
	1		0		1		0				
1					1	1					

Hard (983)

	1	0				0		0			
1		0					0		0		
						1		1			
	1					0			0		0
				0				1			
	0					0		1			
1			1	1							
1					0		1				
				1				1			
				1		1	1				
	1		0			1		1			
									0		0

Hard (984)

		1					0				1
										1	1
		0		0	0		1		1		
0		1							1		1
					1						1
	0		1				0	0			
	1						0				1
1		1								1	
		0			1	0					
	0	1	0								1
	1			0		0	1			0	
1				1		0	1			0	

Solution on Pages (218-219)

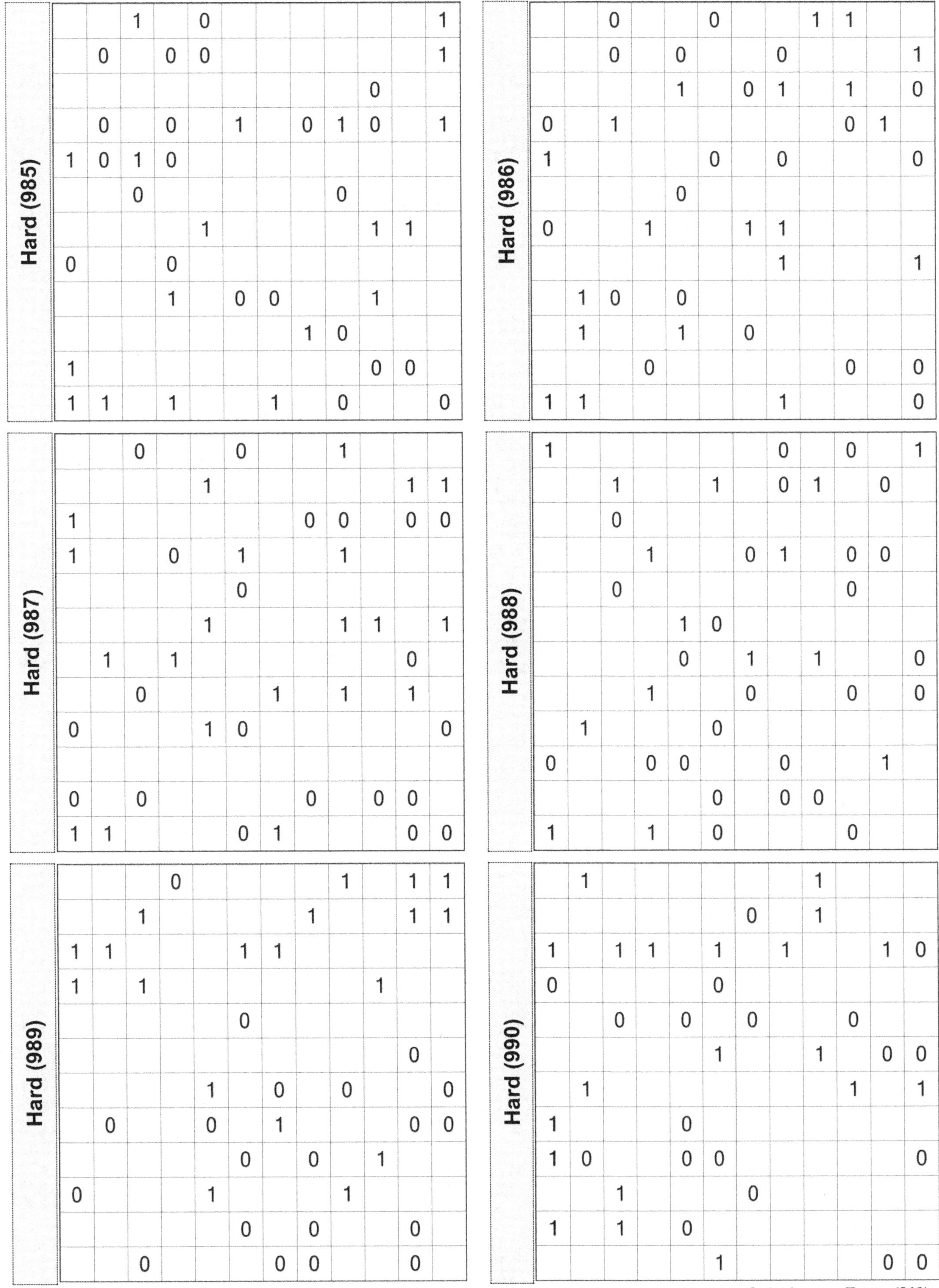

Hard (985)

		1		0							1
	0		0	0							1
									0		
	0		0		1		0	1	0		1
1	0	1	0								
		0						0			
				1					1	1	
0			0								
			1		0	0			1		
							1	0			
1									0	0	
1	1		1			1		0			0

Hard (986)

		0			0			1	1		
		0		0			0				1
				1		0	1		1		0
0		1							0	1	
1					0		0				0
				0							
0			1			1	1				
							1				1
	1	0		0							
	1			1		0					
			0						0		0
1	1						1				0

Hard (987)

		0			0			1			
				1						1	1
1							0	0		0	0
1			0		1			1			
					0						
				1				1	1		1
	1		1							0	
		0				1		1		1	
0				1	0						0
0		0					0		0	0	
1	1				0	1				0	0

Hard (988)

1							0		0		1
		1			1		0	1		0	
		0									
			1			0	1		0	0	
		0							0		
				1	0						
				0		1		1			0
			1			0			0		0
	1				0						
0			0	0			0			1	
					0		0	0			
1			1		0				0		

Hard (989)

			0					1		1	1
		1					1			1	1
1	1				1	1					
1		1							1		
					0						
										0	
				1		0		0			0
	0			0		1				0	0
					0		0		1		
0				1				1			
					0		0			0	
		0				0	0			0	

Hard (990)

	1							1			
						0		1			
1		1	1		1		1			1	0
0					0						
		0		0		0			0		
					1			1		0	0
	1								1		1
1				0							
1	0			0	0						0
		1				0					
1		1		0							
					1					0	0

Solution on Page (219)

Hard (991)

		1		0				1		1	
1											0
	1	0						1	1		
0				0							0
	0	0		0	0				1		1
							1	1		1	
	1			1	0						
1							0	0			1
	1	0			0					1	
		1					0				
	0		1				0	0		1	
											0

Hard (992)

0		0	0					1	0		
0		0		1	0			0			
			1								
1				0		1					0
				1		0	0				0
0											
		1		0	0				1		
							1				0
	1		1	0						0	
0				0		1				0	
							0				
	1	0		0		0			0		

Hard (993)

			0					1	1		1
					0		1	0	1		1
	0	0				0					
			1					1	1		1
							1			0	
			0			0					
1			0		0						
		0			0	0					
			0							1	
			1		0			0		0	
				1		0		0			

Hard (994)

0	0		0	0							
	1			1	1			1		1	
							0				
0	0			0			0				
0		0									0
				1							
	1	1				0	1				0
	0					1					
	1		0		0			0		0	0
			0							0	1
	0				1		1				
1								0	1	0	

Hard (995)

0		1			0		1		1		1
0	0			0		0	1			1	
				0							
	0	1							0		
1							1				
0									0		
				1	1		0				
0					1						
							0			0	0
	1	0						1	0		
0		1						0			
	1	0			1						1

Hard (996)

1				1	0		1	1		0	
		1					1		1		
0		1		0	1						1
			1							1	
1						1			0		1
	0			1							
	1						1	1			1
	0				1			1			
	1	1		0							
			0				1		0		
1	1				1		0				
						1				0	

Solution on Page (219)

Hard (997)

0						1	0			1	
					1						1
	0			0				0		0	0
0	0		0						1	1	
			1	1							
	0					1		0			
		1							1		1
1	1		1						1	0	
							1				1
							1		1		
				1					1		
								1		0	

Hard (998)

	0			0				1	1		
					1		1	1		1	
									0		
0		0	0								
		1				1		1		1	1
	0	0					1				
0				1							
				1	0						0
							1				0
				1		1		1			
		1							0		0
				1	0		1				0

Hard (999)

		1		1			0		1		1
		1	0			0	0		0		
0	1				0					1	
0	0						1				
		0					0				
				1	1						0
0				0	1				0		
	1		1				0	0			
	1			0			0				
				1	1			1			
	1		1								
	1	0			0	0		0			

Hard (1000)

		0					1	1			
			1							1	0
	1	0					0		0		
		1		0		1		0			
			0			0					
					1				0		0
1							1		0		0
	1		0				0	1			
1	1			1		0					
							0		0		
		0		1			0	0		0	
			1		0			0	0		

Solution on Page (219)

:::: *Puzzle (1)* ::::

0	0	1	0	0	1	0	1	1	0	1	1
0	1	0	1	0	0	1	0	1	1	0	1
1	0	0	1	1	0	0	1	0	1	1	0
1	0	1	0	0	1	1	0	1	0	0	1
0	1	0	1	0	0	1	1	0	1	0	1
1	0	1	0	1	1	0	0	1	0	1	0
0	1	1	0	0	1	0	1	0	1	1	0
0	1	0	1	1	0	1	0	1	0	0	1
1	0	1	0	1	0	1	1	0	0	1	0
0	0	1	1	0	1	0	1	0	1	1	0
1	1	0	0	1	1	0	0	1	0	0	1
1	1	0	1	1	0	1	0	0	1	0	0

:::: *Puzzle (2)* ::::

0	0	1	0	0	1	0	1	1	0	1	1
0	0	1	0	1	0	1	0	1	1	0	1
1	1	0	1	0	0	1	0	0	1	1	0
0	0	1	0	1	1	0	1	1	0	0	1
0	1	1	0	0	1	0	1	0	1	1	0
1	1	0	1	0	0	1	0	0	1	0	1
1	0	1	0	1	1	0	0	1	0	0	1
0	1	0	1	0	1	0	1	1	0	1	0
1	0	0	1	1	0	1	1	0	1	0	0
0	0	1	0	0	1	1	0	1	0	1	1
1	1	0	1	1	0	0	1	0	0	1	0
1	1	0	1	1	0	1	0	0	1	0	0

:::: *Puzzle (3)* ::::

1	0	0	1	0	0	1	1	0	0	1	1
0	0	1	0	0	1	1	0	1	1	0	1
1	1	0	0	1	0	0	1	0	1	1	0
0	0	1	1	0	0	1	0	1	0	1	1
1	0	0	1	0	1	1	0	0	1	0	1
0	1	1	0	1	0	0	1	1	0	1	0
0	0	1	0	1	1	0	1	1	0	0	1
1	1	0	1	0	1	1	0	0	1	0	0
0	1	1	0	1	0	0	1	0	1	1	0
0	0	1	1	0	1	1	0	1	0	0	1
1	1	0	0	1	1	0	0	1	0	1	0
1	1	0	1	1	0	0	1	0	1	0	0

:::: *Puzzle (4)* ::::

1	1	0	0	1	0	0	1	0	0	1	1
0	0	1	0	1	1	0	1	1	0	1	0
0	0	1	1	0	0	1	0	1	1	0	1
1	1	0	0	1	0	1	0	0	1	1	0
0	0	1	0	0	1	0	1	1	0	1	1
0	1	0	1	0	1	0	0	1	1	0	1
1	0	0	1	1	0	1	1	0	0	1	0
0	0	1	0	0	1	1	0	1	1	0	1
1	1	0	1	1	0	0	1	0	1	0	0
1	0	1	1	0	1	0	1	0	0	1	0
0	1	1	0	0	1	1	0	1	0	0	1
1	1	0	1	1	0	1	0	0	1	0	0

:::: *Puzzle (5)* ::::

0	0	1	0	0	1	1	0	1	1	0	1
0	0	1	1	0	0	1	1	0	1	0	1
1	1	0	0	1	0	0	1	1	0	1	0
0	0	1	0	0	1	1	0	1	0	1	1
0	0	1	1	0	1	0	1	0	1	0	1
1	1	0	0	1	0	0	1	0	1	1	0
0	1	1	0	1	0	1	0	1	0	1	0
1	0	0	1	0	1	1	0	1	0	0	1
1	1	0	1	1	0	0	1	0	1	0	0
0	0	1	0	1	1	0	0	1	0	1	1
1	1	0	1	0	1	1	0	0	1	0	0
1	1	0	1	1	0	0	1	0	0	1	0

:::: *Puzzle (6)* ::::

1	1	0	0	1	0	0	1	0	1	0	1
1	0	1	1	0	0	1	0	0	1	1	0
0	0	1	0	0	1	0	1	1	0	1	1
0	1	0	1	1	0	0	1	0	1	0	1
1	0	0	1	0	1	1	0	1	0	1	0
0	0	1	0	1	0	0	1	1	0	1	1
0	1	1	0	1	0	1	1	0	1	0	0
1	0	0	1	0	1	1	0	1	0	0	1
0	1	1	0	1	1	0	0	1	0	1	0
0	0	1	0	1	0	1	1	0	1	1	0
1	1	0	1	0	1	0	0	1	0	0	1
1	1	0	1	0	1	1	0	0	1	0	0

:::: *Puzzle (7)* ::::

1	0	0	1	1	0	0	1	0	1	1	0
1	1	0	0	1	0	0	1	0	0	1	1
0	0	1	0	0	1	1	0	1	1	0	1
1	0	0	1	0	1	1	0	1	1	0	0
0	1	1	0	1	0	0	1	0	0	1	1
0	0	1	0	0	1	1	0	1	0	1	1
1	0	0	1	1	0	1	1	0	1	0	0
0	1	1	0	0	1	0	1	1	0	0	1
0	1	0	1	1	0	1	0	1	0	1	0
1	0	1	1	0	0	1	0	0	1	0	1
0	1	1	0	1	1	0	1	0	1	0	0
1	1	0	1	0	1	0	0	1	0	1	0

:::: *Puzzle (8)* ::::

0	0	1	0	0	1	0	1	1	0	1	1
1	0	0	1	0	0	1	0	1	1	0	1
0	1	0	0	1	1	0	1	0	1	1	0
1	0	1	0	0	1	1	0	1	0	0	1
0	0	1	1	0	0	1	1	0	1	1	0
0	1	0	0	1	1	0	0	1	0	1	1
1	1	0	1	1	0	0	1	0	1	0	0
1	0	1	1	0	0	1	1	0	0	1	0
0	1	1	0	1	1	0	0	1	0	0	1
1	1	0	1	0	0	1	0	0	1	0	1
0	0	1	0	1	1	0	1	1	0	1	0
1	1	0	1	1	0	1	0	0	1	0	0

:::: *Puzzle (9)* ::::

0	0	1	0	1	0	0	1	1	0	1	1
0	1	0	0	1	0	1	1	0	1	1	0
1	0	1	1	0	1	0	0	1	0	0	1
1	0	1	0	0	1	1	0	0	1	1	0
0	1	0	1	1	0	1	1	0	1	0	0
0	0	1	0	0	1	0	1	1	0	1	1
1	0	0	1	0	1	0	0	1	1	0	1
0	1	1	0	1	0	1	1	0	0	1	0
1	1	0	1	0	0	1	0	0	1	0	1
0	0	1	0	1	1	0	1	1	0	1	0
1	1	0	1	0	1	0	0	1	0	0	1
1	1	0	1	1	0	1	0	0	1	0	0

:::: *Puzzle (10)* ::::

0	0	1	0	0	1	0	1	1	0	1	1
0	1	0	0	1	0	1	1	0	0	1	1
1	0	1	1	0	0	1	0	1	1	0	0
0	0	1	1	0	1	0	0	1	0	1	1
0	1	0	0	1	0	1	1	0	1	0	1
1	0	0	1	0	1	0	1	1	0	1	0
0	1	1	0	0	1	1	0	0	1	0	1
1	1	0	1	1	0	0	1	0	0	1	0
1	0	1	0	1	0	1	0	1	1	0	0
0	0	1	1	0	1	0	1	0	0	1	1
1	1	0	1	1	0	1	0	0	1	0	0
1	1	0	0	1	1	0	0	1	1	0	0

:::: *Puzzle (11)* ::::

0	0	1	0	0	1	1	0	1	0	1	1
0	0	1	1	0	0	1	0	1	1	0	1
1	1	0	0	1	1	0	1	0	1	0	0
0	1	0	0	1	0	0	1	1	0	1	1
0	0	1	1	0	1	1	0	0	1	1	0
1	0	0	1	0	0	1	1	0	1	0	1
0	1	0	0	1	1	0	1	1	0	0	1
1	0	1	1	0	0	1	0	1	0	1	0
1	1	0	1	1	0	0	1	0	1	0	0
0	1	1	0	0	1	1	0	0	1	0	1
1	0	1	0	1	1	0	0	1	0	1	0
1	1	0	1	1	0	0	1	0	0	1	0

:::: *Puzzle (12)* ::::

0	0	1	0	0	1	0	1	1	0	1	1
0	1	0	0	1	0	1	0	1	1	0	1
1	0	1	1	0	0	1	0	0	1	1	0
0	0	1	0	1	1	0	1	1	0	0	1
0	1	0	0	1	1	0	0	1	0	1	1
1	0	1	1	0	0	1	1	0	1	0	0
0	0	1	1	0	1	1	0	0	1	0	1
1	1	0	0	1	1	0	0	1	0	1	0
1	1	0	1	0	0	1	1	0	0	1	0
0	0	1	0	0	1	1	0	1	1	0	1
1	1	0	1	1	0	0	1	0	1	0	0
1	1	0	1	1	0	0	1	0	0	1	0

:::: *Puzzle (13)* ::::

1	0	0	1	0	0	1	0	1	1	0	1
0	0	1	0	0	1	0	1	1	0	1	1
0	1	1	0	1	0	0	1	0	1	1	0
1	0	0	1	0	1	1	0	1	1	0	0
0	0	1	0	0	1	1	0	1	0	1	1
0	1	0	1	1	0	0	1	0	0	1	1
1	0	0	1	1	0	1	0	1	1	0	0
0	1	1	0	0	1	0	1	0	0	1	1
1	1	0	0	1	0	1	1	0	1	0	0
1	0	1	1	0	1	0	0	1	0	0	1
0	1	1	0	1	1	0	1	0	0	1	0
1	1	0	1	1	0	1	0	0	1	0	0

:::: *Puzzle (14)* ::::

0	0	1	0	0	1	0	1	1	0	1	1
1	0	0	1	0	0	1	0	1	1	0	1
0	1	1	0	1	1	0	1	0	0	1	0
0	0	1	0	0	1	1	0	1	1	0	1
1	1	0	1	0	0	1	0	0	1	0	1
0	1	0	0	1	1	0	1	1	0	1	0
0	0	1	1	0	0	1	1	0	0	1	1
1	0	1	0	1	1	0	0	1	1	0	0
1	1	0	1	1	0	0	1	0	0	1	0
0	0	1	0	0	1	1	0	1	0	1	1
1	1	0	1	1	0	1	0	0	1	0	0
1	1	0	1	1	0	0	1	0	1	0	0

:::: *Puzzle (15)* ::::

0	0	1	0	0	1	0	1	1	0	1	1
0	0	1	0	0	1	1	0	1	0	1	1
1	1	0	1	1	0	0	1	0	1	0	0
0	0	1	0	0	1	1	0	1	1	0	1
1	1	0	1	0	0	1	1	0	0	1	0
0	1	1	0	1	1	0	0	1	0	1	0
0	0	1	1	0	0	1	1	0	1	0	1
1	1	0	1	1	0	1	0	0	1	0	0
1	1	0	0	1	1	0	0	1	0	1	0
0	0	1	1	0	1	0	1	0	0	1	1
1	0	0	1	1	0	1	0	1	1	0	0
1	1	0	0	1	0	0	1	0	1	0	1

:::: *Puzzle (16)* ::::

0	0	1	0	0	1	0	1	1	0	1	1
0	1	0	0	1	0	1	0	1	1	0	1
1	0	1	1	0	0	1	1	0	0	1	0
0	0	1	0	1	1	0	0	1	1	0	1
0	1	0	0	1	0	1	1	0	1	1	0
1	0	1	1	0	1	0	0	1	0	0	1
0	0	1	1	0	0	1	1	0	0	1	1
1	1	0	0	1	1	0	0	1	1	0	0
1	1	0	1	0	0	1	0	0	1	1	0
0	0	1	0	1	1	0	1	1	0	0	1
1	1	0	1	0	1	0	1	0	0	1	0
1	1	0	1	1	0	1	0	0	1	0	0

:::: *Puzzle (17)* ::::

1	0	1	0	1	1	0	1	0	0	1	0
0	0	1	0	0	1	1	0	1	1	0	1
0	1	0	1	0	0	1	0	1	0	1	1
1	0	1	0	1	0	0	1	0	1	1	0
0	0	1	0	1	1	0	0	1	1	0	1
0	1	0	1	0	0	1	1	0	0	1	1
1	1	0	0	1	0	1	0	1	1	0	0
1	0	1	1	0	1	0	0	1	0	0	1
0	1	0	1	0	0	1	1	0	1	1	0
0	0	1	0	1	1	0	1	1	0	0	1
1	1	0	1	0	1	1	0	0	1	0	0
1	1	0	1	1	0	0	1	0	0	1	0

:::: *Puzzle (18)* ::::

0	0	1	0	0	1	0	1	1	0	1	1
0	0	1	0	0	1	1	0	1	1	0	1
1	1	0	1	1	0	0	1	0	0	1	0
0	0	1	0	1	0	1	0	1	1	0	1
0	1	0	1	0	1	1	0	0	1	0	1
1	1	0	0	1	0	0	1	1	0	1	0
1	0	1	0	1	0	0	1	0	1	1	0
0	1	0	1	0	1	1	0	1	0	0	1
1	0	1	1	0	0	1	0	0	1	1	0
0	0	1	0	1	1	0	1	1	0	0	1
1	1	0	1	0	1	0	1	0	0	1	0
1	1	0	1	1	0	1	0	0	1	0	0

:::: *Puzzle (19)* ::::

1	0	0	1	0	1	0	0	1	0	1	1
1	1	0	0	1	0	1	0	0	1	1	0
0	0	1	0	1	0	1	1	0	1	0	1
0	0	1	1	0	1	0	0	1	0	1	1
1	1	0	0	1	0	1	1	0	0	1	0
1	0	0	1	0	0	1	0	1	1	0	1
0	0	1	1	0	1	0	1	1	0	1	0
0	1	1	0	1	0	1	1	0	1	0	0
1	1	0	1	0	1	0	0	1	0	0	1
1	0	0	1	0	0	1	1	0	0	1	1
0	1	1	0	1	1	0	0	1	1	0	0
0	1	1	0	1	1	0	1	0	1	0	0

:::: *Puzzle (20)* ::::

1	0	0	1	0	0	1	1	0	1	1	0
0	0	1	0	0	1	0	1	1	0	1	1
0	1	0	0	1	0	1	0	1	1	0	1
1	0	0	1	0	1	0	1	0	1	1	0
0	1	1	0	1	0	1	0	1	0	0	1
0	0	1	1	0	1	0	0	1	0	1	1
1	1	0	1	0	1	0	1	0	1	0	0
0	1	1	0	1	0	1	1	0	0	1	0
1	0	1	0	1	1	0	0	1	0	0	1
1	0	0	1	0	1	1	0	0	1	0	1
0	1	1	0	1	0	0	1	1	0	1	0
1	1	0	1	1	0	1	0	0	1	0	0

:::: Puzzle (21) ::::

0	1	0	0	1	0	0	1	1	0	1	1
0	0	1	0	1	0	1	0	1	1	0	1
1	0	0	1	0	1	0	1	0	1	1	0
0	1	1	0	1	1	0	0	1	0	0	1
0	0	1	1	0	0	1	1	0	0	1	1
1	1	0	0	1	0	1	0	0	1	1	0
0	0	1	1	0	1	0	1	1	0	0	1
1	0	1	1	0	1	1	0	0	1	0	0
1	1	0	0	1	0	1	0	1	0	1	0
0	0	1	1	0	1	0	1	0	0	1	1
1	1	0	1	0	1	0	0	1	1	0	0
1	1	0	0	1	0	1	1	0	1	0	0

:::: Puzzle (22) ::::

0	1	0	1	0	0	1	0	1	1	0	1
0	0	1	0	1	0	0	1	1	0	1	1
1	0	0	1	0	1	1	0	0	1	1	0
0	1	1	0	1	1	0	1	0	1	0	0
0	0	1	0	1	0	1	0	1	0	1	1
1	0	0	1	0	1	0	1	1	0	1	0
0	1	1	0	0	1	0	1	0	1	0	1
1	0	1	0	1	0	1	0	1	0	0	1
1	1	0	1	1	0	0	1	0	0	1	0
0	0	1	0	0	1	1	0	1	1	0	1
1	1	0	1	1	0	1	0	0	1	0	0
1	1	0	1	0	1	0	1	0	0	1	0

:::: Puzzle (23) ::::

1	0	0	1	0	0	1	0	1	1	0	1
0	0	1	0	1	0	1	1	0	1	1	0
0	1	0	0	1	1	0	0	1	0	1	1
1	0	1	1	0	0	1	0	1	1	0	0
0	0	1	0	1	1	0	1	0	1	0	1
0	1	0	0	1	1	0	1	1	0	1	0
1	0	1	1	0	0	1	0	0	1	0	1
0	1	1	0	1	1	0	1	0	0	1	0
1	1	0	1	0	0	1	0	1	0	1	0
0	0	1	1	0	1	0	1	0	1	0	1
1	1	0	0	1	1	0	1	0	0	1	0
1	1	0	1	0	0	1	0	1	0	0	1

:::: Puzzle (24) ::::

1	1	0	0	1	0	0	1	0	0	1	1
0	0	1	0	0	1	0	1	1	0	1	1
0	0	1	1	0	1	1	0	1	1	0	0
1	1	0	0	1	0	0	1	0	1	1	0
0	0	1	0	1	0	1	0	1	0	1	1
0	0	1	1	0	1	0	1	0	1	0	1
1	1	0	0	1	0	0	1	1	0	1	0
0	1	0	1	1	0	1	0	0	1	0	1
1	0	1	1	0	1	1	0	0	1	0	0
0	1	0	0	1	1	0	1	1	0	1	0
1	0	1	1	0	0	1	0	1	0	0	1
1	1	0	1	0	1	1	0	0	1	0	0

:::: Puzzle (25) ::::

0	0	1	0	0	1	0	1	1	0	1	1
0	0	1	0	1	0	1	1	0	1	1	0
1	1	0	1	0	1	0	0	1	1	0	0
0	0	1	0	0	1	1	0	1	0	1	1
0	1	0	0	1	0	1	1	0	1	0	1
1	0	1	1	0	1	0	1	0	1	0	0
0	1	0	1	1	0	1	0	1	0	1	0
1	1	0	0	1	0	0	1	0	0	1	1
1	0	1	1	0	1	0	0	1	1	0	0
0	0	1	0	1	0	1	1	0	0	1	1
1	1	0	1	1	0	1	0	0	1	0	0
1	1	0	1	0	1	0	0	1	0	0	1

:::: Puzzle (26) ::::

1	0	0	1	0	0	1	0	1	0	1	1
0	0	1	1	0	0	1	1	0	0	1	1
0	1	1	0	1	1	0	0	1	1	0	0
1	0	0	1	0	0	1	1	0	1	1	0
0	0	1	0	1	0	1	0	1	0	1	1
0	1	1	0	1	1	0	1	0	1	0	0
1	0	0	1	0	1	0	0	1	1	0	1
0	1	1	0	1	0	1	1	0	0	1	0
1	1	0	0	1	1	0	1	0	1	0	0
0	0	1	1	0	0	1	0	1	1	0	1
1	1	0	0	1	1	0	1	0	0	1	0
1	1	0	1	0	1	0	0	1	0	0	1

:::: Puzzle (27) ::::

0	1	0	1	0	1	0	1	0	0	1	1
0	0	1	0	0	1	0	1	1	0	1	1
1	0	0	1	1	0	1	0	1	1	0	0
0	1	1	0	1	0	0	1	0	0	1	1
0	0	1	0	0	1	1	0	1	1	0	1
1	0	0	1	1	0	0	1	1	0	1	0
0	1	1	0	0	1	1	0	0	1	0	1
1	0	1	0	0	1	1	0	1	1	0	0
1	1	0	1	1	0	0	1	0	0	1	0
0	0	1	0	0	1	1	0	1	0	1	1
1	1	0	1	1	0	0	1	0	1	0	0
1	1	0	1	1	0	1	0	0	1	0	0

:::: Puzzle (28) ::::

0	0	1	0	1	0	0	1	1	0	1	1
0	1	0	0	1	0	1	1	0	1	1	0
1	0	1	1	0	1	0	0	1	0	0	1
0	0	1	0	1	0	1	1	0	1	1	0
0	1	0	0	1	0	1	0	1	1	0	1
1	0	1	1	0	1	0	1	0	0	1	0
0	0	1	1	0	1	1	0	0	1	0	1
1	1	0	0	1	0	1	0	1	0	0	1
1	1	0	1	0	1	0	1	0	0	1	0
0	0	1	0	0	1	1	0	1	1	0	1
1	1	0	1	1	0	0	1	0	1	0	0
1	1	0	1	0	1	0	0	1	0	1	0

:::: Puzzle (29) ::::

1	0	0	1	0	0	1	0	1	0	1	1
0	0	1	0	1	1	0	1	0	1	1	0
0	1	0	0	1	0	1	0	1	1	0	1
1	0	1	1	0	0	1	1	0	0	1	0
0	0	1	0	1	1	0	0	1	0	1	1
0	1	0	0	1	0	1	1	0	1	0	1
1	0	1	1	0	0	1	0	1	1	0	0
0	1	1	0	1	1	0	1	0	0	1	0
1	1	0	1	0	1	0	0	1	0	0	1
0	0	1	1	0	0	1	1	0	1	1	0
1	1	0	0	1	1	0	0	1	0	0	1
1	1	0	1	0	1	0	1	0	1	0	0

:::: Puzzle (30) ::::

0	1	0	0	1	0	1	1	0	1	0	1
0	0	1	0	0	1	0	1	1	0	1	1
1	0	0	1	0	1	1	0	1	0	1	0
0	1	1	0	1	0	1	0	0	1	0	1
0	0	1	1	0	1	0	1	0	1	1	0
1	0	0	1	0	1	0	0	1	0	1	1
0	1	1	0	1	0	1	1	0	1	0	0
1	0	1	0	0	1	1	0	1	0	0	1
1	1	0	1	1	0	0	1	0	0	1	0
0	0	1	0	1	0	1	0	1	1	0	1
1	1	0	1	0	1	0	0	1	0	1	0
1	1	0	1	1	0	0	1	0	1	0	0

:::: Puzzle (31) ::::

0	1	0	0	1	1	0	0	1	1	0	1
0	0	1	0	0	1	0	1	1	0	1	1
1	0	1	1	0	0	1	0	0	1	1	0
0	1	0	0	1	1	0	1	0	1	0	1
0	1	0	1	1	0	1	0	1	0	0	1
1	0	1	0	0	1	0	1	1	0	1	0
0	0	1	0	1	0	1	1	0	1	0	1
1	1	0	1	0	0	1	0	1	0	1	0
1	0	1	1	0	1	0	1	0	1	0	0
0	0	1	0	1	0	1	0	1	0	1	1
1	1	0	1	0	1	0	1	0	0	1	0
1	1	0	1	1	0	1	0	0	1	0	0

:::: Puzzle (32) ::::

0	0	1	1	0	0	1	0	1	0	1	1
1	0	0	1	0	1	0	1	1	0	1	0
0	1	0	0	1	0	1	1	0	1	0	1
0	0	1	0	0	1	1	0	1	0	1	1
1	0	0	1	1	0	0	1	0	1	1	0
0	1	0	0	1	1	0	0	1	1	0	1
1	0	1	1	0	0	1	1	0	0	1	0
0	1	1	0	0	1	0	0	1	1	0	1
1	1	0	0	1	0	1	1	0	1	0	0
1	0	1	1	0	1	0	1	0	0	1	0
0	1	1	0	1	1	0	0	1	0	0	1
1	1	0	1	1	0	1	0	0	1	0	0

:::: Puzzle (33) ::::

1	0	1	0	0	1	0	0	1	0	1	1
0	0	1	0	1	1	0	1	0	1	1	0
0	1	0	1	0	0	1	0	1	1	0	1
1	0	1	0	0	1	0	1	1	0	1	0
0	1	0	1	1	0	1	0	0	1	0	1
0	0	1	0	1	0	1	1	0	0	1	1
1	0	1	1	0	1	0	0	1	1	0	0
0	1	0	1	0	0	1	1	0	1	0	1
1	1	0	0	1	0	0	1	1	0	1	0
0	0	1	1	0	1	1	0	1	0	0	1
1	1	0	1	1	0	1	0	0	1	0	0
1	1	0	0	1	1	0	1	0	0	1	0

:::: Puzzle (34) ::::

1	1	0	0	1	0	0	1	0	0	1	1
0	0	1	0	0	1	0	1	1	0	1	1
0	0	1	1	0	1	1	0	1	1	0	0
1	1	0	1	1	0	0	1	0	0	1	0
0	0	1	0	0	1	1	0	1	1	0	1
1	0	0	1	0	0	1	0	1	0	1	1
0	1	1	0	1	1	0	1	0	0	1	0
0	1	0	1	0	1	0	0	1	1	0	1
1	0	1	0	1	0	1	1	0	1	0	0
0	0	1	0	0	1	1	0	1	0	1	1
1	1	0	1	1	0	0	1	0	1	0	0
1	1	0	1	1	0	1	0	0	1	0	0

:::: Puzzle (35) ::::

0	0	1	0	0	1	0	1	1	0	1	1
0	1	0	0	1	1	0	0	1	1	0	1
1	0	1	1	0	0	1	1	0	1	0	0
1	0	1	0	0	1	0	0	1	0	1	1
0	1	0	0	1	0	1	1	0	1	0	1
0	0	1	1	0	1	0	1	0	1	1	0
1	0	0	1	1	0	1	0	1	0	0	1
0	1	1	0	0	1	1	0	1	0	1	0
1	1	0	1	1	0	0	1	0	1	0	0
0	0	1	0	0	1	1	0	1	0	1	1
1	1	0	1	1	0	0	1	0	0	1	0
1	1	0	1	1	0	1	0	0	1	0	0

:::: Puzzle (36) ::::

0	0	1	0	0	1	0	1	1	0	1	1
1	0	1	0	0	1	0	0	1	0	1	1
0	1	0	1	1	0	1	1	0	1	0	0
1	0	0	1	0	0	1	0	1	0	1	1
0	0	1	0	1	1	0	1	0	1	0	1
1	1	0	0	1	0	1	1	0	1	0	0
1	1	0	1	0	1	0	0	1	0	1	0
0	0	1	0	0	1	1	0	1	1	0	1
0	1	0	1	1	0	0	1	0	1	1	0
1	0	1	1	0	0	1	1	0	0	1	0
0	1	1	0	1	1	0	0	1	0	0	1
1	1	0	1	1	0	1	0	0	1	0	0

:::: Puzzle (37) ::::

0	0	1	0	0	1	0	1	1	0	1	1
0	0	1	0	0	1	1	0	1	1	0	1
1	1	0	1	1	0	0	1	0	1	0	0
1	0	0	1	0	1	1	0	1	0	1	0
0	0	1	0	0	1	1	0	1	0	1	1
0	1	0	1	1	0	0	1	0	1	0	1
1	1	0	0	1	0	1	1	0	1	0	0
0	0	1	1	0	1	0	0	1	0	1	1
1	1	0	1	1	0	0	1	0	0	1	0
0	1	1	0	0	1	1	0	0	1	0	1
1	0	1	0	1	0	0	1	1	0	1	0
1	1	0	1	1	0	1	0	0	1	0	0

:::: Puzzle (38) ::::

1	0	0	1	0	1	0	0	1	1	0	1
1	1	0	0	1	0	0	1	0	1	1	0
0	0	1	0	0	1	1	0	1	0	1	1
0	0	1	1	0	1	0	1	0	1	0	1
1	1	0	0	1	0	1	0	1	0	1	0
0	0	1	0	0	1	0	1	1	0	1	1
1	0	0	1	1	0	1	1	0	1	0	0
0	1	1	0	0	1	1	0	1	0	0	1
1	1	0	1	1	0	0	1	0	0	1	0
0	0	1	1	0	0	1	0	1	1	0	1
0	1	1	0	1	1	0	1	0	0	1	0
1	1	0	1	1	0	1	0	0	1	0	0

:::: Puzzle (39) ::::

0	1	0	0	1	0	0	1	1	0	1	1
0	0	1	0	0	1	1	0	1	1	0	1
1	0	0	1	0	0	1	1	0	1	1	0
0	1	1	0	1	0	0	1	1	0	0	1
0	0	1	0	0	1	1	0	1	0	1	1
1	1	0	1	1	0	0	1	0	1	0	0
0	0	1	1	0	1	1	0	0	1	0	1
1	1	0	0	1	1	0	0	1	0	1	0
1	0	0	1	1	0	0	1	0	1	1	0
0	1	1	0	0	1	1	0	1	0	0	1
1	1	0	1	1	0	0	1	0	0	1	0
1	0	1	1	0	1	1	0	0	1	0	0

:::: Puzzle (40) ::::

1	0	0	1	0	0	1	0	1	1	0	1
0	0	1	0	0	1	0	1	1	0	1	1
0	1	0	1	1	0	1	0	0	1	1	0
1	0	1	0	1	0	0	1	0	1	0	1
0	0	1	0	0	1	1	0	1	0	1	1
0	1	0	1	1	0	1	1	0	0	1	0
1	0	1	1	0	1	0	0	1	1	0	0
0	1	1	0	0	1	0	1	1	0	0	1
1	1	0	0	1	0	1	1	0	0	1	0
0	0	1	1	0	1	0	0	1	1	0	1
1	1	0	0	1	1	0	1	0	0	1	0
1	1	0	1	1	0	1	0	0	1	0	0

::::: Puzzle (41) :::::

0	1	0	0	1	0	1	0	1	1	0	1
0	1	1	0	0	1	0	1	0	0	1	1
1	0	0	1	1	0	0	1	0	1	1	0
0	0	1	1	0	1	1	0	1	0	0	1
0	1	0	0	1	0	0	1	1	0	1	1
1	0	1	1	0	1	0	1	0	1	0	0
0	0	1	0	0	1	1	0	1	0	1	1
1	1	0	1	1	0	0	1	0	0	1	0
1	0	0	1	0	1	1	0	1	1	0	0
0	1	1	0	1	0	0	1	0	0	1	1
1	0	1	0	0	1	1	0	1	1	0	0
1	1	0	1	1	0	1	0	0	1	0	0

::::: Puzzle (42) :::::

0	0	1	0	0	1	0	1	1	0	1	1
0	1	0	0	1	0	1	1	0	1	0	1
1	1	0	1	0	0	1	0	0	1	1	0
0	0	1	0	1	1	0	0	1	0	1	1
0	1	0	0	1	1	0	1	1	0	0	1
1	0	1	1	0	0	1	0	0	1	1	0
0	0	1	1	0	1	0	1	1	0	0	1
1	1	0	0	1	1	0	1	0	0	1	0
1	0	1	1	0	0	1	0	1	1	0	0
0	0	1	0	0	1	1	0	1	0	1	1
1	1	0	1	1	0	0	1	0	1	0	0
1	1	0	1	1	0	1	0	0	1	0	0

::::: Puzzle (43) :::::

1	0	0	1	0	0	1	0	1	1	0	1
0	1	0	0	1	1	0	1	1	0	0	1
0	0	1	1	0	1	0	1	0	1	1	0
1	0	0	1	0	0	1	0	1	0	1	1
0	1	1	0	1	1	0	1	0	1	0	0
0	0	1	0	0	1	1	0	1	0	1	1
1	1	0	1	0	0	1	0	1	0	1	0
0	0	1	0	1	1	0	1	0	1	0	1
1	1	0	1	1	0	0	1	0	0	1	0
0	1	1	0	0	1	1	0	1	0	0	1
1	0	1	0	1	0	0	1	0	1	1	0
1	1	0	1	1	0	1	0	0	1	0	0

::::: Puzzle (44) :::::

1	0	0	1	0	0	1	0	1	1	0	1
0	0	1	0	0	1	0	1	1	0	1	1
0	1	0	0	1	0	1	1	0	1	1	0
1	0	1	1	0	0	1	0	1	0	0	1
0	0	1	0	1	1	0	1	0	1	1	0
0	1	0	0	1	0	1	1	0	1	0	1
1	0	1	1	0	1	0	0	1	0	0	1
0	1	1	0	1	1	0	1	0	0	1	0
1	1	0	1	1	0	1	0	0	1	0	0
0	0	1	1	0	1	0	1	1	0	0	1
1	1	0	0	1	0	1	0	0	1	1	0
1	1	0	1	0	1	0	0	1	0	1	0

::::: Puzzle (45) :::::

1	0	0	1	0	0	1	1	0	1	1	0
0	0	1	0	0	1	1	0	1	1	0	1
0	1	0	0	1	0	0	1	1	0	1	1
1	0	0	1	0	1	1	0	0	1	1	0
1	0	1	0	0	1	1	0	1	0	0	1
0	1	1	0	1	0	0	1	1	0	0	1
1	1	0	1	0	0	1	0	0	1	1	0
0	0	1	0	1	1	0	1	1	0	0	1
1	1	0	1	1	0	0	1	0	0	1	0
0	0	1	1	0	1	1	0	0	1	0	1
0	1	1	0	1	1	0	0	1	0	1	0
1	1	0	1	1	0	0	1	0	1	0	0

::::: Puzzle (46) :::::

0	0	1	0	1	0	1	1	0	1	1	0
1	0	0	1	0	0	1	0	1	1	0	1
0	1	0	0	1	1	0	1	1	0	1	0
0	0	1	0	1	0	1	1	0	0	1	1
1	1	0	1	0	0	1	0	0	1	0	1
1	0	1	1	0	1	0	0	1	0	1	0
0	0	1	0	1	1	0	1	0	0	1	1
0	1	0	1	1	0	1	0	1	1	0	0
1	1	0	1	0	1	0	0	1	0	0	1
1	0	1	0	0	1	0	1	0	0	1	1
0	1	1	0	1	0	1	0	1	1	0	0
1	1	0	1	0	1	0	1	0	1	0	0

::::: Puzzle (47) :::::

0	0	1	0	0	1	0	1	1	0	1	1
0	1	0	0	1	0	1	0	1	0	1	1
1	0	1	1	0	0	1	1	0	1	0	0
0	0	1	0	1	1	0	0	1	0	1	1
0	1	0	1	0	0	1	1	0	1	0	1
1	0	1	0	1	0	0	1	1	0	1	0
0	1	0	0	1	1	0	0	1	1	0	1
1	1	0	1	0	1	1	0	0	1	0	0
1	0	1	1	0	0	1	1	0	0	1	0
0	1	0	0	1	1	0	0	1	0	1	1
1	1	0	1	1	0	0	1	0	1	0	0
1	0	1	1	0	1	1	0	0	1	0	0

::::: Puzzle (48) :::::

0	0	1	0	1	0	0	1	1	0	1	1
1	0	0	1	1	0	1	0	0	1	1	0
0	1	1	0	0	1	0	1	0	1	0	1
0	0	1	0	0	1	0	1	1	0	1	1
1	0	0	1	1	0	1	0	1	0	1	0
0	1	1	0	1	0	0	1	0	1	0	1
0	0	1	1	0	1	1	0	1	0	1	0
1	1	0	1	0	0	1	1	0	1	0	0
1	1	0	0	1	1	0	0	1	0	0	1
0	0	1	0	1	0	1	0	1	0	1	1
1	1	0	1	0	1	0	1	0	1	0	0
1	1	0	1	0	1	1	0	0	1	0	0

::::: Puzzle (49) :::::

0	1	0	0	1	0	1	1	0	1	1	0
0	0	1	0	0	1	0	1	1	0	1	1
1	0	1	1	0	0	1	0	0	1	0	1
0	1	0	1	1	0	0	1	0	1	1	0
0	0	1	0	0	1	1	0	1	0	1	1
1	0	0	1	0	0	1	0	1	1	0	1
0	1	1	0	1	1	0	1	0	0	1	0
1	0	1	1	0	1	0	0	1	0	0	1
1	1	0	0	1	0	1	1	0	1	0	0
0	0	1	0	1	1	0	1	1	0	1	0
1	1	0	1	0	1	0	0	1	0	0	1
1	1	0	1	1	0	1	0	0	1	0	0

::::: Puzzle (50) :::::

0	0	1	0	0	1	1	0	1	1	0	1
1	1	0	1	0	0	1	1	0	0	1	0
0	0	1	0	1	1	0	0	1	1	0	1
0	0	1	0	1	1	0	1	0	0	1	1
1	1	0	1	0	0	1	0	1	1	0	0
0	0	1	0	1	0	1	1	0	1	1	0
0	1	0	1	0	1	0	0	1	0	1	1
1	0	1	0	0	1	0	1	1	0	0	1
1	1	0	1	1	0	1	0	0	1	0	0
0	1	0	0	1	0	0	1	1	0	1	1
1	0	1	1	0	1	1	0	0	1	0	0
1	1	0	1	1	0	0	1	0	0	1	0

::::: Puzzle (51) :::::

0	1	0	0	1	0	1	1	0	1	1	0
0	0	1	0	1	0	0	1	1	0	1	1
1	0	1	1	0	1	1	0	0	1	0	0
0	1	0	0	1	0	0	1	1	0	1	1
0	0	1	1	0	1	0	0	1	1	0	1
1	0	0	1	0	1	1	0	0	1	1	0
0	1	1	0	1	0	1	1	0	0	1	0
1	0	1	0	1	1	0	0	1	0	0	1
1	1	0	1	0	1	0	0	1	1	0	0
0	0	1	0	1	0	1	1	0	0	1	1
1	1	0	1	0	0	1	0	1	0	0	1
1	1	0	1	0	1	0	1	0	1	0	0

::::: Puzzle (52) :::::

1	0	1	0	0	1	0	0	1	0	1	1
0	0	1	0	0	1	0	1	1	0	1	1
0	1	0	1	1	0	1	1	0	1	0	0
1	0	0	1	0	0	1	0	1	1	0	1
0	0	1	0	1	1	0	0	1	0	1	1
1	1	0	0	1	0	0	1	0	1	1	0
0	0	1	1	0	0	1	1	0	1	0	1
0	1	1	0	0	1	1	0	1	0	1	0
1	1	0	1	1	0	0	1	0	1	0	0
1	0	0	1	0	1	1	0	1	0	0	1
0	1	1	0	1	1	0	1	0	0	1	0
1	1	0	1	1	0	1	0	0	1	0	0

::::: Puzzle (53) :::::

0	0	1	0	0	1	1	0	1	1	0	1
1	0	0	1	0	1	0	1	1	0	0	1
0	1	0	0	1	0	1	1	0	1	1	0
0	0	1	0	0	1	1	0	1	0	1	1
1	0	1	1	0	1	0	1	0	1	0	0
0	1	0	1	1	0	0	1	1	0	1	0
0	1	1	0	1	0	1	0	0	1	0	1
1	0	1	1	0	1	0	0	1	0	1	0
1	1	0	1	1	0	0	1	0	1	0	0
0	1	1	0	0	1	1	0	1	0	0	1
1	0	0	1	1	0	0	1	0	0	1	1
1	1	0	0	1	0	1	0	0	1	1	0

::::: Puzzle (54) :::::

1	0	0	1	1	0	0	1	0	1	0	1
0	0	1	0	0	1	1	0	1	0	1	1
0	1	0	0	1	1	0	1	0	1	1	0
1	0	1	1	0	0	1	0	0	1	0	1
0	0	1	0	1	1	0	1	1	0	0	1
0	1	0	0	1	1	0	1	1	0	1	0
1	0	1	1	0	0	1	0	0	1	1	0
0	1	1	0	1	0	0	1	1	0	0	1
1	1	0	1	0	1	1	0	0	1	0	0
0	0	1	1	0	1	0	1	0	0	1	1
1	1	0	0	1	0	1	0	1	0	1	0
1	1	0	1	0	0	1	0	1	1	0	0

::::: Puzzle (55) :::::

1	1	0	0	1	0	0	1	0	1	1	0
1	0	1	0	0	1	1	0	1	0	0	1
0	0	1	1	0	0	1	1	0	1	1	0
0	1	0	0	1	0	0	1	1	0	1	1
1	0	1	0	0	1	1	0	0	1	0	1
0	1	0	1	1	0	0	1	1	0	1	0
0	0	1	1	0	1	1	0	0	1	0	1
1	0	1	0	1	1	0	0	1	0	0	1
0	1	0	1	1	0	1	1	0	0	1	0
0	0	1	1	0	1	1	0	1	1	0	0
1	1	0	0	1	0	0	1	0	1	0	1
1	1	0	1	0	1	0	0	1	0	1	0

::::: Puzzle (56) :::::

0	1	0	0	1	0	0	1	1	0	1	1
0	0	1	0	1	1	0	1	0	1	0	1
1	0	0	1	0	1	1	0	0	1	1	0
0	1	1	0	1	0	1	0	1	0	1	0
0	0	1	1	0	1	0	1	0	1	0	1
1	0	0	1	0	1	0	1	0	1	1	0
0	1	1	0	1	0	1	0	1	0	0	1
1	0	1	1	0	0	1	0	1	0	1	0
1	1	0	0	1	1	0	1	0	1	0	0
0	0	1	0	0	1	0	1	1	0	1	1
1	1	0	1	1	0	1	0	0	1	0	0
1	1	0	1	0	0	1	0	1	0	0	1

::::: Puzzle (57) :::::

1	0	0	1	0	0	1	1	0	0	1	1
0	1	1	0	0	1	0	0	1	1	0	1
0	0	1	0	1	0	1	1	0	1	1	0
1	0	0	1	1	0	0	1	1	0	1	0
0	1	1	0	0	1	1	0	0	1	0	1
0	0	1	0	1	1	0	1	1	0	1	0
1	1	0	1	1	0	1	0	0	1	0	0
0	0	1	1	0	0	1	0	1	0	1	1
1	1	0	0	1	1	0	1	0	1	0	0
0	0	1	0	0	1	1	0	1	0	1	1
1	1	0	1	1	0	0	1	0	1	0	0
1	1	0	1	0	1	0	0	1	0	0	1

::::: Puzzle (58) :::::

0	0	1	0	0	1	1	0	1	1	0	1
0	0	1	0	0	1	0	1	1	0	1	1
1	1	0	1	1	0	1	0	0	1	0	0
0	0	1	0	0	1	1	0	1	0	1	1
0	0	1	1	0	1	0	1	0	1	1	0
1	1	0	0	1	0	0	1	1	0	0	1
0	1	0	1	1	0	1	0	1	0	1	0
1	0	1	0	0	1	0	1	0	1	0	1
1	1	0	1	1	0	0	1	0	0	1	0
0	0	1	0	1	0	1	0	1	0	1	1
1	1	0	1	0	1	1	0	0	1	0	0
1	1	0	1	1	0	0	1	0	1	0	0

::::: Puzzle (59) :::::

1	0	0	1	0	0	1	1	0	0	1	1
1	0	1	0	1	1	0	0	1	1	0	0
0	1	0	0	1	0	1	0	1	1	0	1
0	0	1	1	0	0	1	1	0	0	1	1
1	0	1	0	0	1	0	1	0	1	1	0
0	1	0	0	1	1	0	0	1	1	0	1
0	1	0	1	1	0	1	0	1	0	1	0
1	0	1	0	0	1	0	1	0	0	1	1
0	1	0	1	1	0	1	1	0	1	0	0
0	1	1	0	1	0	1	0	1	0	0	1
1	0	1	1	0	1	0	1	0	0	1	0
1	1	0	1	0	1	0	0	1	1	0	0

::::: Puzzle (60) :::::

0	0	1	0	0	1	0	1	1	0	1	1
1	1	0	0	1	0	1	0	1	0	0	1
0	0	1	1	0	0	1	1	0	1	1	0
0	0	1	0	1	1	0	0	1	0	1	1
1	1	0	0	1	0	0	1	0	1	0	1
0	0	1	1	0	1	1	0	0	1	1	0
1	0	0	1	0	1	1	0	1	0	0	1
0	1	1	0	1	0	0	1	1	0	1	0
1	1	0	1	0	1	0	1	0	1	0	0
1	0	0	1	0	0	1	0	1	0	1	1
0	1	1	0	1	1	0	1	0	1	0	0
1	1	0	1	1	0	1	0	0	1	0	0

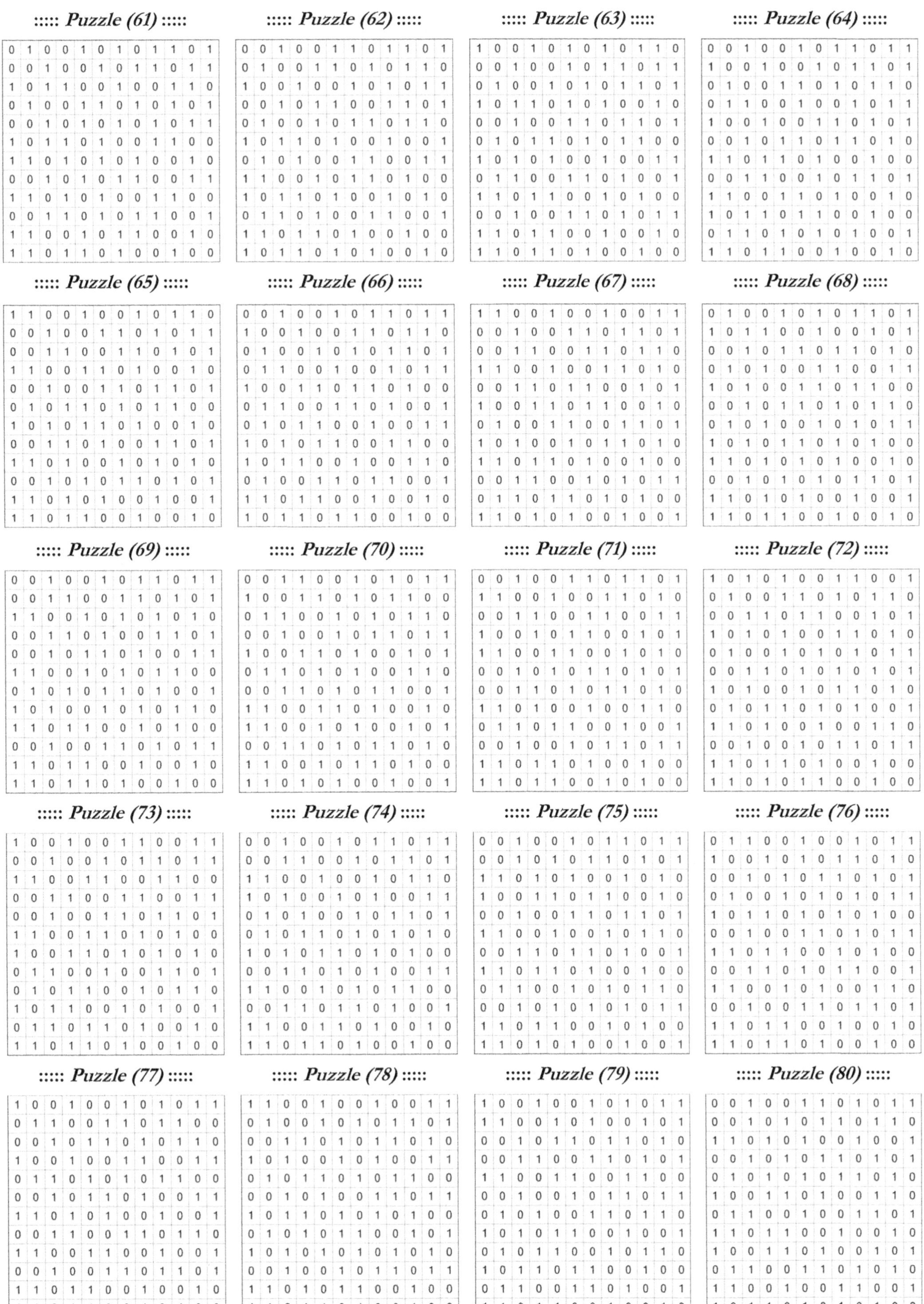

::::: *Puzzle (61)* :::::

0	1	0	0	1	0	1	0	1	1	0	1
0	0	1	0	0	1	0	1	1	0	1	1
1	0	1	1	0	0	1	0	0	1	1	0
0	1	0	0	1	1	0	1	0	1	0	1
0	0	1	0	1	0	1	0	1	0	1	1
1	0	1	1	0	1	0	0	1	1	0	0
1	1	0	1	0	1	0	1	0	0	1	0
0	0	1	0	1	0	1	1	0	0	1	1
1	1	0	1	0	1	0	0	1	1	0	0
0	0	1	1	0	1	0	1	1	0	0	1
1	1	0	0	1	0	1	1	0	0	1	0
1	1	0	1	1	0	1	0	0	1	0	0

::::: *Puzzle (62)* :::::

0	0	1	0	0	1	1	0	1	1	0	1
0	1	0	0	1	1	0	1	0	1	1	0
1	0	0	1	0	0	1	0	1	0	1	1
0	0	1	0	1	1	0	0	1	1	0	1
0	1	0	0	1	0	1	1	0	1	1	0
1	0	1	1	0	1	0	0	1	0	0	1
0	1	0	1	0	0	1	1	0	0	1	1
1	1	0	0	1	0	1	1	0	1	0	0
1	0	1	1	0	1	0	0	1	0	1	0
0	1	1	0	1	0	0	1	1	0	0	1
1	1	0	1	1	0	1	0	0	1	0	0
1	0	1	1	0	1	0	1	0	0	1	0

::::: *Puzzle (63)* :::::

1	0	0	1	0	1	0	1	0	1	1	0
0	0	1	0	0	1	0	1	1	0	1	1
0	1	0	0	1	0	1	0	1	1	0	1
1	0	1	1	0	1	0	1	0	0	1	0
0	0	1	0	0	1	1	0	1	1	0	1
0	1	0	1	1	0	1	0	1	1	0	0
1	0	1	0	1	0	0	1	0	0	1	1
0	1	1	0	0	1	1	0	1	0	0	1
1	1	0	1	1	0	0	1	0	1	0	0
0	0	1	0	0	1	1	0	1	0	1	1
1	1	0	1	1	0	0	1	0	0	1	0
1	1	0	1	1	0	1	0	0	1	0	0

::::: *Puzzle (64)* :::::

0	0	1	0	0	1	0	1	1	0	1	1
1	0	0	1	0	0	1	0	1	1	0	1
0	1	0	0	1	1	0	1	0	1	1	0
0	1	1	0	0	1	0	0	1	0	1	1
1	0	0	1	0	0	1	1	0	1	0	1
0	0	1	0	1	1	0	1	1	0	1	0
1	1	0	1	1	0	1	0	0	1	0	0
0	0	1	1	0	0	1	0	1	1	0	1
1	1	0	0	1	1	0	1	0	0	1	0
1	0	1	1	0	1	1	0	0	1	0	0
0	1	1	0	1	0	1	0	1	0	0	1
1	1	0	1	1	0	0	1	0	0	1	0

::::: *Puzzle (65)* :::::

1	1	0	0	1	0	0	1	0	1	1	0
0	0	1	0	0	1	1	0	1	0	1	1
0	0	1	1	0	0	1	1	0	1	0	1
1	1	0	0	1	1	0	1	0	0	1	0
0	0	1	0	0	1	1	0	1	1	0	1
0	1	0	1	1	0	1	0	1	1	0	0
1	0	1	0	1	1	0	1	0	0	1	0
0	0	1	1	0	1	0	0	1	1	0	1
1	1	0	1	0	0	1	0	1	0	1	0
0	0	1	0	1	0	1	1	0	1	0	1
1	1	0	1	0	1	0	0	1	0	0	1
1	1	0	1	1	0	0	1	0	0	1	0

::::: *Puzzle (66)* :::::

0	0	1	0	0	1	0	1	1	0	1	1
1	0	0	1	0	0	1	1	0	1	1	0
0	1	0	0	1	0	1	0	1	1	0	1
0	1	1	0	0	1	0	0	1	0	1	1
1	0	0	1	1	0	1	1	0	1	0	0
0	1	1	0	0	1	1	0	1	0	0	1
0	1	0	1	1	0	0	1	0	0	1	1
1	0	1	0	1	1	0	0	1	1	0	0
1	0	1	1	0	0	1	0	0	1	1	0
0	1	0	0	1	1	0	1	1	0	0	1
1	1	0	1	1	0	0	1	0	0	1	0
1	0	1	1	0	1	1	0	0	1	0	0

::::: *Puzzle (67)* :::::

1	1	0	0	1	0	0	1	0	0	1	1
0	0	1	0	0	1	1	0	1	1	0	1
0	0	1	1	0	0	1	1	0	1	1	0
1	1	0	0	1	0	0	1	1	0	1	0
0	0	1	1	0	1	1	0	0	1	0	1
1	0	0	1	1	0	1	1	0	0	1	0
0	1	0	0	1	1	0	0	1	1	0	1
1	0	1	0	0	1	0	1	1	0	1	0
1	1	0	1	1	0	1	0	0	1	0	0
0	0	1	1	0	0	1	0	1	0	1	1
0	1	1	0	1	1	0	1	0	1	0	0
1	1	0	1	0	1	0	0	1	0	0	1

::::: *Puzzle (68)* :::::

0	1	0	0	1	0	1	0	1	1	0	1
1	0	1	1	0	0	1	0	0	1	0	1
0	0	1	0	1	1	0	1	1	0	1	0
0	1	0	1	0	0	1	1	0	0	1	1
1	0	1	0	0	1	1	0	1	1	0	0
0	0	1	0	1	1	0	1	0	1	1	0
0	1	0	1	0	0	1	0	1	0	1	1
1	0	1	0	1	1	0	1	0	1	0	0
1	1	0	1	0	1	0	1	0	0	1	0
0	0	1	0	1	0	1	0	1	1	0	1
1	1	0	1	0	1	0	0	1	0	0	1
1	1	0	1	1	0	0	1	0	0	1	0

::::: *Puzzle (69)* :::::

0	0	1	0	0	1	0	1	1	0	1	1
0	0	1	1	0	0	1	1	0	1	0	1
1	1	0	0	1	0	1	0	1	0	1	0
0	0	1	1	0	1	0	0	1	1	0	1
0	0	1	0	1	1	0	1	0	0	1	1
1	1	0	0	1	0	1	0	1	1	0	0
0	1	0	1	0	1	1	0	1	0	0	1
1	0	1	0	0	1	0	1	0	1	1	0
1	1	0	1	1	0	0	1	0	1	0	0
0	0	1	0	0	1	1	0	1	0	1	1
1	1	0	1	1	0	0	1	0	0	1	0
1	1	0	1	1	0	1	0	0	1	0	0

::::: *Puzzle (70)* :::::

0	0	1	1	0	0	1	0	1	0	1	1
1	0	0	1	1	0	1	0	1	1	0	0
0	1	1	0	0	1	0	1	0	1	1	0
0	0	1	0	0	1	0	1	1	0	1	1
1	0	0	1	1	0	1	0	0	1	0	1
0	1	1	0	1	0	1	0	0	1	1	0
0	0	1	1	0	1	0	1	1	0	0	1
1	1	0	0	1	1	0	1	0	0	1	0
1	1	0	0	1	0	1	0	0	1	0	1
0	0	1	1	0	1	0	1	1	0	1	0
1	1	0	0	1	0	1	1	0	1	0	0
1	1	0	1	0	1	0	0	1	0	0	1

::::: *Puzzle (71)* :::::

0	0	1	0	0	1	1	0	1	1	0	1
1	1	0	0	1	0	0	1	1	0	1	0
0	0	1	1	0	0	1	1	0	0	1	1
1	0	0	1	0	1	1	0	0	1	0	1
1	1	0	0	1	1	0	0	1	0	1	0
0	0	1	0	1	0	1	1	0	1	0	1
0	0	1	1	0	1	0	1	1	0	1	0
1	1	0	1	0	0	1	0	0	1	1	0
0	1	1	0	1	1	0	0	1	0	0	1
0	0	1	0	0	1	0	1	1	0	1	1
1	1	0	1	1	0	1	0	0	1	0	0
1	1	0	1	1	0	0	1	0	1	0	0

::::: *Puzzle (72)* :::::

1	0	1	0	1	0	0	1	1	0	0	1
0	1	0	0	1	1	0	1	0	1	1	0
0	0	1	1	0	1	1	0	0	1	0	1
1	0	1	0	1	0	0	1	1	0	1	0
0	1	0	0	1	0	1	0	1	0	1	1
0	0	1	1	0	1	0	1	0	1	0	1
1	0	1	0	0	1	0	1	1	0	1	0
0	1	0	1	1	0	1	0	1	0	0	1
1	1	0	1	0	0	1	0	0	1	1	0
0	0	1	0	0	1	0	1	1	0	1	1
1	1	0	1	1	0	1	0	0	1	0	0
1	1	0	1	0	1	1	0	0	1	0	0

::::: *Puzzle (73)* :::::

1	0	0	1	0	0	1	1	0	0	1	1
0	0	1	0	0	1	0	1	1	0	1	1
1	1	0	0	1	1	0	0	1	1	0	0
0	0	1	1	0	0	1	1	0	0	1	1
0	0	1	0	0	1	1	0	1	1	0	1
1	1	0	0	1	1	0	1	0	1	0	0
1	0	0	1	1	0	1	0	1	0	1	0
0	1	1	0	0	1	0	0	1	1	0	1
0	1	0	1	1	0	0	1	0	1	1	0
1	0	1	1	0	0	1	0	1	0	0	1
0	1	1	0	1	1	0	1	0	0	1	0
1	1	0	1	1	0	1	0	0	1	0	0

::::: *Puzzle (74)* :::::

0	0	1	0	0	1	0	1	1	0	1	1
0	0	1	1	0	0	1	0	1	1	0	1
1	1	0	0	1	0	0	1	0	1	1	0
1	0	1	0	0	1	0	1	0	0	1	1
0	1	0	1	0	0	1	0	1	1	0	1
0	1	0	1	1	0	1	0	1	0	1	0
1	0	1	0	1	1	0	1	0	1	0	0
0	0	1	1	0	1	0	1	0	0	1	1
1	1	0	0	1	0	1	0	1	1	0	0
0	0	1	1	0	1	1	0	1	0	0	1
1	1	0	0	1	1	0	1	0	0	1	0
1	1	0	1	1	0	1	0	0	1	0	0

::::: *Puzzle (75)* :::::

0	0	1	0	0	1	0	1	1	0	1	1
0	0	1	0	1	0	1	1	0	1	0	1
1	1	0	1	0	1	0	0	1	0	1	0
1	0	0	1	1	0	1	1	0	0	1	0
0	0	1	0	0	1	1	0	1	1	0	1
1	1	0	0	1	0	0	1	0	1	1	0
0	0	1	1	0	1	1	0	1	0	0	1
1	1	0	1	1	0	1	0	0	1	0	0
0	1	1	0	0	1	0	1	0	1	1	0
0	0	1	0	1	0	1	0	1	0	1	1
1	1	0	1	1	0	0	1	0	1	0	0
1	1	0	1	0	1	0	0	1	0	0	1

::::: *Puzzle (76)* :::::

0	1	1	0	0	1	0	0	1	0	1	1
1	0	0	1	0	1	0	1	1	0	1	0
0	0	1	0	1	0	1	1	0	1	0	1
0	1	0	0	1	0	1	0	1	0	1	1
1	0	1	1	0	1	0	1	0	1	0	0
0	0	1	0	0	1	1	0	1	0	1	1
1	1	0	1	1	0	0	1	0	1	0	0
0	0	1	1	0	1	0	1	1	0	0	1
1	1	0	0	1	0	1	0	0	1	1	0
0	0	1	0	0	1	1	0	1	1	0	1
1	1	0	1	1	0	0	1	0	0	1	0
1	1	0	1	1	0	1	0	0	1	0	0

::::: *Puzzle (77)* :::::

1	0	0	1	0	0	1	0	1	0	1	1
0	1	1	0	0	1	1	0	1	1	0	0
0	0	1	0	1	1	0	1	0	1	1	0
1	0	0	1	0	0	1	1	0	0	1	1
0	1	1	0	1	0	1	0	1	1	0	0
0	0	1	0	1	1	0	1	0	0	1	1
1	1	0	1	0	1	0	0	1	0	0	1
0	0	1	1	0	0	1	1	0	1	1	0
1	1	0	0	1	1	0	0	1	0	0	1
0	0	1	0	0	1	1	0	1	1	0	1
1	1	0	1	1	0	0	1	0	0	1	0
1	1	0	1	1	0	0	1	0	1	0	0

::::: *Puzzle (78)* :::::

1	1	0	0	1	0	0	1	0	0	1	1
0	1	0	0	1	0	1	0	1	1	0	1
0	0	1	1	0	1	0	1	1	0	1	0
1	0	1	0	0	1	0	1	0	0	1	1
0	1	0	1	1	0	1	0	1	1	0	0
0	0	1	0	1	0	0	1	1	0	1	1
1	0	1	1	0	1	0	1	0	1	0	0
0	1	0	1	0	1	1	0	0	1	0	1
1	0	1	0	1	0	1	0	1	0	1	0
0	0	1	0	0	1	0	1	1	0	1	1
1	1	0	1	0	1	1	0	0	1	0	0
1	1	0	1	1	0	1	0	0	1	0	0

::::: *Puzzle (79)* :::::

1	0	0	1	0	0	1	0	1	0	1	1
1	1	0	0	1	0	1	0	0	1	0	1
0	0	1	0	1	1	0	1	1	0	1	0
0	0	1	1	0	0	1	1	0	1	0	1
1	1	0	0	1	1	0	0	1	1	0	0
0	0	1	0	0	1	0	1	1	0	1	1
0	1	0	1	0	0	1	1	0	1	1	0
1	0	1	0	1	1	0	0	1	0	0	1
0	1	0	1	1	0	0	1	0	1	1	0
1	0	1	1	0	1	1	0	0	1	0	0
0	1	1	0	0	1	1	0	1	0	0	1
1	1	0	1	1	0	0	1	0	0	1	0

::::: *Puzzle (80)* :::::

0	0	1	0	0	1	1	0	1	0	1	1
0	0	1	0	1	0	1	1	0	1	1	0
1	1	0	1	0	1	0	0	1	0	0	1
0	0	1	0	1	0	1	1	0	1	0	1
0	1	0	1	0	1	0	1	1	0	1	0
1	0	0	1	1	0	1	0	0	1	1	0
0	1	1	0	0	1	0	0	1	1	0	1
1	1	0	1	1	0	0	1	0	0	1	0
1	0	0	1	1	0	1	0	0	1	0	1
0	1	1	0	0	1	1	0	1	0	1	0
1	1	0	0	1	0	0	1	1	0	0	1
1	0	1	1	0	1	0	1	0	1	0	0

::::: Puzzle (81) :::::

1	0	0	1	0	0	1	0	1	0	1	1
0	1	1	0	0	1	0	1	0	1	0	1
1	0	1	0	1	0	0	1	1	0	1	0
0	1	0	1	0	0	1	0	1	0	1	1
1	0	1	0	1	1	0	1	0	1	0	0
0	0	1	1	0	0	1	1	0	0	1	1
0	1	0	1	0	1	1	0	1	1	0	0
1	0	1	0	1	1	0	0	1	0	0	1
0	1	0	0	1	0	1	1	0	1	1	0
0	0	1	1	0	1	0	0	1	1	0	1
1	1	0	0	1	1	0	1	0	0	1	0
1	1	0	1	1	0	1	0	0	1	0	0

::::: Puzzle (82) :::::

1	0	0	1	1	0	0	1	0	1	1	0
0	0	1	0	0	1	1	0	1	1	0	1
0	1	0	0	1	0	0	1	1	0	1	1
1	0	1	1	0	1	0	1	0	1	0	0
0	0	1	0	0	1	1	0	1	0	1	1
0	1	0	1	1	0	1	0	1	0	1	0
1	0	1	0	1	0	0	1	0	1	0	1
0	1	1	0	0	1	1	0	1	0	0	1
1	1	0	1	0	0	1	1	0	0	1	0
0	0	1	0	1	1	0	0	1	1	0	1
1	1	0	1	1	0	0	1	0	0	1	0
1	1	0	1	0	1	1	0	0	1	0	0

::::: Puzzle (83) :::::

1	1	0	0	1	0	0	1	0	1	0	1
0	1	0	0	1	0	0	1	1	0	1	1
0	0	1	1	0	1	1	0	0	1	1	0
1	0	1	1	0	0	1	0	0	1	0	1
0	1	0	0	1	1	0	1	1	0	1	0
0	0	1	0	0	1	1	0	1	0	1	1
1	0	1	1	0	0	1	1	0	1	0	0
0	1	0	0	1	1	0	0	1	0	1	1
1	0	0	1	1	0	1	1	0	1	0	0
0	1	1	0	0	1	0	1	1	0	1	0
1	0	1	1	0	1	0	0	1	0	0	1
1	1	0	1	1	0	1	0	0	1	0	0

::::: Puzzle (84) :::::

0	0	1	1	0	0	1	1	0	0	1	1
1	0	0	1	0	0	1	0	1	1	0	1
0	1	0	0	1	1	0	1	0	1	1	0
0	0	1	0	0	1	0	1	1	0	1	1
1	1	0	1	0	0	1	0	1	0	0	1
1	0	0	1	1	0	0	1	0	1	1	0
0	0	1	0	0	1	1	0	1	1	0	1
0	1	1	0	1	1	0	0	1	0	1	0
1	1	0	1	1	0	0	1	0	1	0	0
1	0	1	0	0	1	1	0	1	0	0	1
0	1	1	0	1	1	0	1	0	0	1	0
1	1	0	1	1	0	1	0	0	1	0	0

::::: Puzzle (85) :::::

0	0	1	0	0	1	1	0	1	0	1	1
1	0	0	1	0	0	1	1	0	1	0	1
0	1	0	0	1	1	0	1	1	0	1	0
1	0	1	0	0	1	1	0	0	1	1	0
0	1	0	1	0	0	1	0	1	1	0	1
0	0	1	0	1	0	0	1	1	0	1	1
1	1	0	0	1	1	0	1	0	1	0	0
0	0	1	1	0	1	1	0	1	0	0	1
1	1	0	1	1	0	0	1	0	0	1	0
0	1	1	0	1	0	1	0	0	1	0	1
1	0	1	1	0	1	0	0	1	0	1	0
1	1	0	1	1	0	0	1	0	1	0	0

::::: Puzzle (86) :::::

0	1	0	0	1	1	0	0	1	0	1	1
0	0	1	0	0	1	0	1	1	0	1	1
1	0	1	1	0	0	1	1	0	1	0	0
0	1	0	1	1	0	1	0	0	1	0	1
1	0	1	0	0	1	0	1	1	0	1	0
0	0	1	0	0	1	1	0	1	0	1	1
0	1	0	1	1	0	0	1	0	1	0	1
1	0	1	0	1	0	0	1	1	0	1	0
1	1	0	1	0	1	1	0	0	1	0	0
0	0	1	0	0	1	1	0	1	1	0	1
1	1	0	1	1	0	0	1	0	0	1	0
1	1	0	1	1	0	1	0	0	1	0	0

::::: Puzzle (87) :::::

1	1	0	1	0	1	1	0	0	1	0	0
0	0	1	0	0	1	0	1	1	0	1	1
0	1	0	0	1	0	1	1	0	1	0	1
1	0	1	1	0	1	0	0	1	0	1	0
0	0	1	0	0	1	1	0	1	1	0	1
0	1	0	0	1	0	1	1	0	0	1	1
1	0	1	1	0	1	0	0	1	1	0	0
0	0	1	0	1	0	0	1	1	0	1	1
1	1	0	1	1	0	1	0	0	1	0	0
0	0	1	1	0	1	0	1	0	1	0	1
1	1	0	0	1	0	1	0	1	0	1	0
1	1	0	1	1	0	0	1	0	0	1	0

::::: Puzzle (88) :::::

0	0	1	0	0	1	0	1	1	0	1	1
1	0	0	1	0	0	1	0	1	1	0	1
0	1	0	0	1	0	1	1	0	1	1	0
0	0	1	0	1	1	0	1	0	0	1	1
1	0	0	1	0	1	1	0	1	1	0	0
0	1	0	1	1	0	1	0	0	1	1	0
0	1	1	0	0	1	0	1	1	0	0	1
1	0	1	0	0	1	0	0	1	0	1	1
1	1	0	1	1	0	1	0	0	1	0	0
0	1	1	0	1	0	1	1	0	0	1	0
1	0	1	1	0	1	0	0	1	0	0	1
1	1	0	1	1	0	0	1	0	1	0	0

::::: Puzzle (89) :::::

1	1	0	0	1	1	0	0	1	0	0	1
0	0	1	0	0	1	0	1	1	0	1	1
0	0	1	1	0	0	1	1	0	1	1	0
1	1	0	0	1	0	1	0	0	1	0	1
0	1	1	0	0	1	0	1	1	0	0	1
0	0	1	1	0	1	1	0	0	1	1	0
1	0	0	1	1	0	0	1	1	0	0	1
0	1	1	0	0	1	1	0	1	0	1	0
1	1	0	1	1	0	0	1	0	1	0	0
0	0	1	0	1	1	0	0	1	0	1	1
1	0	0	1	0	0	1	1	0	1	1	0
1	1	0	1	1	0	1	0	0	1	0	0

::::: Puzzle (90) :::::

0	0	1	0	0	1	1	0	1	1	0	1
1	0	0	1	0	0	1	1	0	1	0	1
0	1	0	0	1	1	0	1	1	0	1	0
0	0	1	0	0	1	1	0	1	0	1	1
1	1	0	1	1	0	1	0	0	1	0	0
0	0	1	1	0	1	0	1	0	0	1	1
0	1	1	0	1	0	0	1	1	0	1	0
1	1	0	1	0	0	1	0	0	1	0	1
1	0	1	0	1	1	0	0	1	0	1	0
0	1	0	1	1	0	0	1	0	0	1	1
1	0	1	0	0	1	1	0	1	1	0	0
1	1	0	1	1	0	0	1	0	1	0	0

::::: Puzzle (91) :::::

1	0	0	1	0	0	1	0	1	1	0	1
0	1	1	0	0	1	1	0	0	1	1	0
0	0	1	0	1	0	0	1	1	0	1	1
1	0	0	1	0	1	0	1	0	1	0	1
0	1	1	0	0	1	1	0	1	0	1	0
0	0	1	0	1	0	1	0	1	1	0	1
1	0	0	1	0	1	0	1	0	0	1	1
0	1	1	0	1	0	0	1	1	0	1	0
1	1	0	1	1	0	1	0	0	1	0	0
0	0	1	1	0	1	1	0	1	0	0	1
1	1	0	0	1	1	0	1	0	0	1	0
1	1	0	1	1	0	0	1	0	1	0	0

::::: Puzzle (92) :::::

1	0	0	1	0	0	1	1	0	0	1	1
0	1	0	0	1	1	0	1	0	1	1	0
0	0	1	0	0	1	1	0	1	1	0	1
1	0	0	1	0	0	1	0	1	0	1	1
0	1	1	0	1	1	0	1	0	1	0	0
0	0	1	0	1	0	0	1	1	0	1	1
1	1	0	1	0	1	1	0	0	1	0	0
0	1	0	1	1	0	0	1	0	1	1	0
1	0	1	0	0	1	1	0	1	0	0	1
0	1	1	0	1	0	1	0	1	1	0	0
1	1	0	1	1	0	0	1	0	0	1	0
1	0	1	1	0	1	0	0	1	0	0	1

::::: Puzzle (93) :::::

0	0	1	0	1	0	1	1	0	1	1	0
0	0	1	1	0	1	0	0	1	0	1	1
1	1	0	0	1	0	0	1	1	0	0	1
0	1	0	1	0	1	1	0	0	1	1	0
0	0	1	1	0	0	1	1	0	0	1	1
1	1	0	0	1	1	0	0	1	1	0	0
0	0	1	0	0	1	0	1	1	0	1	1
1	0	1	1	0	0	1	1	0	1	0	0
1	1	0	0	1	1	0	0	1	0	0	1
0	0	1	0	0	1	1	0	1	0	1	1
1	1	0	1	1	0	0	1	0	1	0	0
1	1	0	1	1	0	1	0	0	1	0	0

::::: Puzzle (94) :::::

0	0	1	0	0	1	0	1	1	0	1	1
0	1	1	0	0	1	1	0	1	0	0	1
1	0	0	1	1	0	0	1	0	1	1	0
0	1	0	1	0	1	0	1	1	0	1	0
0	0	1	0	0	1	1	0	1	1	0	1
1	0	0	1	1	0	0	1	0	0	1	1
0	1	1	0	1	0	1	0	1	1	0	0
1	0	1	0	0	1	1	0	0	1	0	1
1	1	0	1	1	0	0	1	0	0	1	0
0	0	1	0	0	1	1	0	1	0	1	1
1	1	0	1	1	0	0	1	0	1	0	0
1	1	0	1	1	0	1	0	0	1	0	0

::::: Puzzle (95) :::::

0	1	0	0	1	0	0	1	1	0	1	1
0	0	1	0	1	0	1	0	1	1	0	1
1	0	0	1	0	1	0	1	0	1	1	0
0	1	1	0	0	1	1	0	1	0	0	1
1	0	1	0	1	0	0	1	0	0	1	1
0	1	0	1	0	1	1	0	1	1	0	0
0	0	1	0	1	0	1	1	0	1	0	1
1	0	1	1	0	1	0	0	1	0	1	0
1	1	0	1	0	1	0	1	0	1	0	0
0	0	1	0	1	0	1	0	1	0	1	1
1	1	0	1	0	1	0	1	0	0	1	0
1	1	0	1	1	0	1	0	0	1	0	0

::::: Puzzle (96) :::::

0	1	0	0	1	0	1	0	1	1	0	1
0	0	1	0	0	1	1	0	1	0	1	1
1	0	0	1	0	1	0	1	0	1	1	0
0	1	1	0	1	0	1	0	1	1	0	0
0	1	0	1	0	0	1	1	0	0	1	1
1	0	1	0	1	1	0	0	1	1	0	0
0	0	1	1	0	1	0	1	1	0	0	1
1	1	0	1	0	0	1	0	0	1	1	0
1	0	1	0	1	1	0	1	0	0	1	0
0	0	1	1	0	1	1	0	1	0	0	1
1	1	0	1	1	0	0	1	0	1	0	0
1	1	0	0	1	0	0	1	0	0	1	1

::::: Puzzle (97) :::::

0	0	1	0	0	1	1	0	1	0	1	1
1	0	0	1	0	0	1	1	0	1	1	0
0	1	0	0	1	1	0	1	0	1	0	1
0	0	1	1	0	1	1	0	1	0	1	0
1	0	1	0	1	0	0	1	0	0	1	1
0	1	0	1	1	0	1	0	1	1	0	0
1	0	1	1	0	1	0	1	0	0	1	0
1	1	0	0	1	0	0	1	0	1	0	1
0	1	1	0	1	0	1	0	1	0	0	1
0	0	1	1	0	1	0	1	0	1	1	0
1	1	0	0	1	0	1	0	1	1	0	0
1	1	0	1	0	1	0	0	1	0	0	1

::::: Puzzle (98) :::::

1	1	0	0	1	0	0	1	1	0	0	1
1	0	0	1	0	0	1	1	0	1	1	0
0	0	1	1	0	1	0	0	1	0	1	1
0	1	0	0	1	0	1	1	0	1	0	1
1	0	1	0	0	1	0	1	1	0	1	0
1	0	0	1	0	1	0	0	1	1	0	1
0	1	1	0	1	0	1	0	0	1	0	1
0	1	1	0	0	1	0	1	1	0	1	0
1	0	0	1	1	0	1	0	0	1	1	0
0	0	1	1	0	1	1	0	1	0	0	1
0	1	1	0	1	1	0	1	0	0	1	0
1	1	0	1	1	0	1	0	0	1	0	0

::::: Puzzle (99) :::::

0	1	0	0	1	0	1	0	1	1	0	1
0	0	1	0	0	1	0	1	1	0	1	1
1	0	0	1	0	0	1	1	0	1	1	0
0	1	1	0	1	0	1	0	0	1	0	1
0	0	1	1	0	1	0	0	1	0	1	1
1	0	0	1	0	1	0	1	0	1	1	0
0	1	1	0	1	0	1	0	1	0	0	1
1	0	1	0	1	1	0	1	0	0	1	0
1	1	0	1	0	0	1	0	1	1	0	0
0	0	1	0	1	1	0	1	1	0	0	1
1	1	0	1	0	1	0	1	0	0	1	0
1	1	0	1	1	0	1	0	0	1	0	0

::::: Puzzle (100) :::::

0	0	1	0	0	1	0	1	1	0	1	1
0	0	1	1	0	0	1	0	1	1	0	1
1	1	0	0	1	0	1	0	0	1	1	0
1	0	0	1	0	1	0	1	1	0	1	0
0	0	1	0	0	1	1	0	1	1	0	1
0	1	0	1	1	0	1	0	0	1	0	1
1	0	1	0	1	1	0	1	0	0	1	0
0	1	1	0	0	1	0	1	1	0	0	1
1	1	0	1	1	0	1	0	0	1	0	0
0	0	1	0	1	0	1	0	1	0	1	1
1	1	0	1	0	1	0	1	0	0	1	0
1	1	0	1	1	0	0	1	0	1	0	0

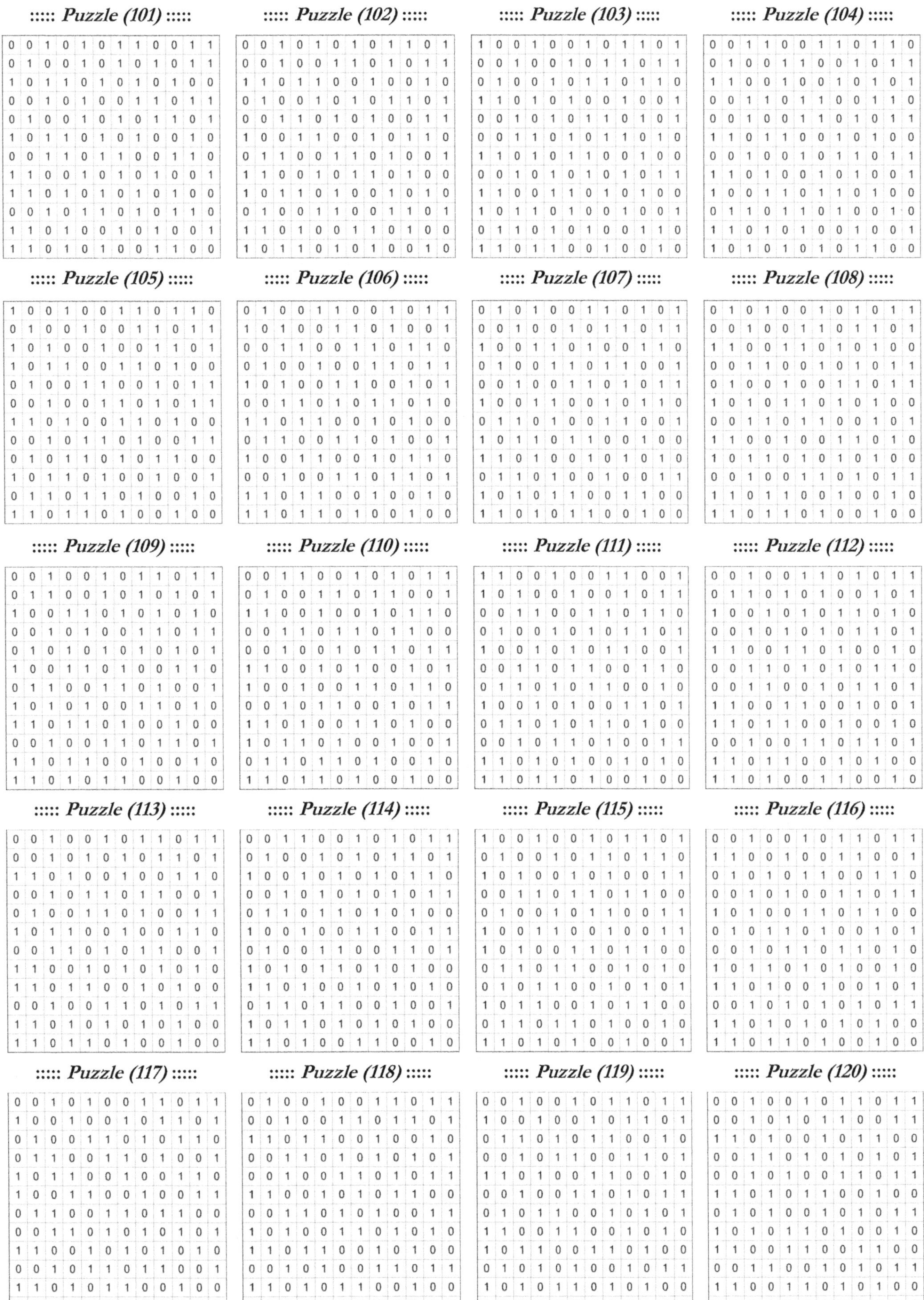

::::: Puzzle (101) :::::

0	0	1	0	1	0	1	1	0	0	1	1
0	1	0	0	1	0	1	0	1	0	1	1
1	0	1	1	0	1	0	1	0	1	0	0
0	0	1	0	1	0	0	1	1	0	1	1
0	1	0	0	1	0	1	0	1	1	0	1
1	0	1	1	0	1	0	1	0	0	1	0
0	0	1	1	0	1	1	0	0	1	1	0
1	1	0	0	1	0	1	0	1	0	0	1
1	1	0	1	0	1	0	1	0	1	0	0
0	0	1	0	1	1	0	1	0	1	1	0
1	1	0	1	0	0	1	0	1	0	0	1
1	1	0	1	0	1	0	0	1	1	0	0

::::: Puzzle (102) :::::

0	0	1	0	1	0	1	0	1	1	0	1
0	0	1	0	0	1	1	0	1	0	1	1
1	1	0	1	1	0	0	1	0	0	1	0
0	1	0	0	1	0	1	0	1	1	0	1
0	0	1	1	0	1	0	1	0	0	1	1
1	0	0	1	1	0	0	1	0	1	1	0
0	1	1	0	0	1	1	0	1	0	0	1
1	1	0	0	1	0	1	1	0	1	0	0
1	0	1	1	0	1	0	0	1	0	1	0
0	1	0	0	1	1	0	0	1	1	0	1
1	1	0	1	0	0	1	1	0	1	0	0
1	0	1	1	0	1	0	1	0	0	1	0

::::: Puzzle (103) :::::

1	0	0	1	0	0	1	0	1	1	0	1
0	0	1	0	0	1	0	1	1	0	1	1
0	1	0	0	1	0	1	1	0	1	1	0
1	1	0	1	0	1	0	0	1	0	0	1
0	0	1	0	1	0	1	1	0	1	0	1
0	0	1	1	0	1	0	1	1	0	1	0
1	1	0	1	0	1	1	0	0	1	0	0
0	0	1	0	1	0	1	0	1	0	1	1
1	1	0	0	1	1	0	1	0	1	0	0
1	0	1	1	0	1	0	0	1	0	0	1
0	1	1	0	1	0	1	0	0	1	1	0
1	1	0	1	1	0	0	1	0	0	1	0

::::: Puzzle (104) :::::

0	0	1	1	0	0	1	1	0	1	1	0
0	1	0	0	1	1	0	0	1	0	1	1
1	1	0	0	1	0	0	1	0	1	0	1
0	0	1	1	0	1	1	0	0	1	1	0
0	0	1	0	0	1	1	0	1	0	1	1
1	1	0	1	1	0	0	1	0	1	0	0
0	0	1	0	0	1	0	1	1	0	1	1
1	1	0	1	0	0	1	0	1	0	0	1
1	0	0	1	1	0	1	1	0	1	0	0
0	1	1	0	1	1	0	1	0	0	1	0
1	1	0	1	0	1	0	0	1	0	0	1
1	0	1	0	1	0	1	0	1	1	0	0

::::: Puzzle (105) :::::

1	0	0	1	0	0	1	1	0	1	1	0
0	1	0	0	1	0	0	1	1	0	1	1
1	0	1	0	0	1	0	0	1	1	0	1
1	0	1	1	0	0	1	1	0	1	0	0
0	1	0	0	1	1	0	0	1	0	1	1
0	0	1	0	0	1	1	0	1	0	1	1
1	1	0	1	0	0	1	1	0	1	0	0
0	0	1	0	1	1	0	1	0	0	1	1
0	1	0	1	1	0	1	0	1	1	0	0
1	0	1	1	0	1	0	0	1	0	0	1
0	1	1	0	1	1	0	1	0	0	1	0
1	1	0	1	1	0	1	0	0	1	0	0

::::: Puzzle (106) :::::

0	1	0	0	1	1	0	0	1	0	1	1
1	0	1	0	0	1	1	0	1	0	0	1
0	0	1	1	0	0	1	1	0	1	1	0
0	1	0	0	1	0	0	1	1	0	1	1
1	0	1	0	0	1	1	0	0	1	0	1
0	0	1	1	0	1	0	1	1	0	1	0
1	1	0	1	1	0	0	1	0	1	0	0
0	1	1	0	0	1	1	0	1	0	0	1
1	0	0	1	1	0	0	1	0	1	1	0
0	0	1	0	0	1	1	0	1	1	0	1
1	1	0	1	1	0	0	1	0	0	1	0
1	1	0	1	1	0	1	0	0	1	0	0

::::: Puzzle (107) :::::

0	1	0	1	0	0	1	1	0	1	0	1
0	0	1	0	0	1	0	1	1	0	1	1
1	0	0	1	1	0	1	0	0	1	1	0
0	1	0	0	1	1	0	1	1	0	0	1
0	0	1	0	0	1	1	0	1	0	1	1
1	0	0	1	1	0	0	1	0	1	1	0
0	1	1	0	1	0	0	1	1	0	0	1
1	0	1	1	0	1	1	0	0	1	0	0
1	1	0	1	0	0	1	0	1	0	1	0
0	1	1	0	1	0	0	1	0	0	1	1
1	0	1	0	1	1	0	0	1	1	0	0
1	1	0	1	0	1	1	0	0	1	0	0

::::: Puzzle (108) :::::

0	1	0	1	0	0	1	0	1	0	1	1
0	0	1	0	0	1	1	0	1	1	0	1
1	1	0	0	1	1	0	1	0	1	0	0
0	0	1	1	0	0	1	0	1	0	1	1
0	1	0	0	1	0	0	1	1	0	1	1
1	0	1	0	1	1	0	1	0	1	0	0
0	0	1	1	0	1	1	0	0	1	0	1
1	1	0	0	1	0	0	1	1	0	1	0
1	0	1	1	0	1	0	1	0	1	0	0
0	0	1	0	0	1	1	0	1	0	1	1
1	1	0	1	1	0	0	1	0	0	1	0
1	1	0	1	1	0	1	0	0	1	0	0

::::: Puzzle (109) :::::

0	0	1	0	0	1	0	1	1	0	1	1
0	1	1	0	0	1	0	1	0	1	0	1
1	0	0	1	1	0	1	0	1	0	1	0
0	0	1	0	1	0	0	1	1	0	1	1
0	1	0	1	0	1	0	1	0	1	0	1
1	0	0	1	1	0	1	0	0	1	1	0
0	1	1	0	0	1	1	0	1	0	0	1
1	0	1	0	1	0	0	1	1	0	1	0
1	1	0	1	1	0	1	0	0	1	0	0
0	0	1	0	0	1	1	0	1	1	0	1
1	1	0	1	1	0	0	1	0	0	1	0
1	1	0	1	0	1	1	0	0	1	0	0

::::: Puzzle (110) :::::

0	0	1	1	0	0	1	0	1	0	1	1
0	1	0	0	1	1	0	1	1	0	0	1
1	1	0	0	1	0	0	1	0	1	1	0
0	0	1	1	0	1	1	0	1	1	0	0
0	0	1	0	0	1	0	1	1	0	1	1
1	1	0	0	1	0	1	0	0	1	0	1
1	0	0	1	0	0	1	1	0	1	1	0
0	0	1	0	1	1	0	0	1	0	1	1
1	1	0	1	0	0	1	1	0	1	0	0
1	0	1	1	0	1	0	0	1	0	0	1
0	1	1	0	1	1	0	1	0	0	1	0
1	1	0	1	1	0	1	0	0	1	0	0

::::: Puzzle (111) :::::

1	1	0	0	1	0	0	1	1	0	0	1
1	0	1	0	0	1	0	0	1	0	1	1
0	0	1	1	0	0	1	1	0	1	1	0
0	1	0	0	1	0	1	0	1	1	0	1
1	0	0	1	0	1	0	1	1	0	0	1
0	0	1	1	0	1	1	0	0	1	1	0
0	1	1	0	1	0	1	1	0	0	1	0
1	0	0	1	0	1	0	0	1	1	0	1
0	1	1	0	1	0	1	1	0	1	0	0
0	0	1	0	1	1	0	1	0	0	1	1
1	1	0	1	0	1	0	0	1	0	1	0
1	1	0	1	1	0	1	0	0	1	0	0

::::: Puzzle (112) :::::

0	0	1	0	0	1	1	0	1	0	1	1
0	1	1	0	1	0	1	0	0	1	0	1
1	0	0	1	0	1	0	1	1	0	1	0
0	0	1	0	1	0	1	0	1	1	0	1
1	1	0	0	1	1	0	1	0	0	1	0
0	0	1	1	0	1	0	1	0	1	1	0
0	0	1	1	0	0	1	0	1	1	0	1
1	1	0	0	1	1	0	0	1	0	0	1
1	1	0	1	1	0	0	1	0	0	1	0
0	0	1	0	0	1	1	0	1	1	0	1
1	1	0	1	1	0	0	1	0	1	0	0
1	1	0	1	0	0	1	1	0	0	1	0

::::: Puzzle (113) :::::

0	0	1	0	0	1	0	1	1	0	1	1
0	0	1	0	1	0	1	0	1	1	0	1
1	1	0	1	0	0	1	0	0	1	1	0
0	0	1	0	1	1	0	1	1	0	0	1
0	1	0	0	1	1	0	1	0	0	1	1
1	0	1	1	0	0	1	0	0	1	1	0
0	0	1	1	0	1	0	1	1	0	0	1
1	1	0	0	1	0	1	0	1	0	1	0
1	1	0	1	1	0	0	1	0	1	0	0
0	0	1	0	0	1	1	0	1	0	1	1
1	1	0	1	0	1	0	1	0	1	0	0
1	1	0	1	1	0	1	0	0	1	0	0

::::: Puzzle (114) :::::

0	0	1	1	0	0	1	0	1	0	1	1
0	1	0	0	1	0	1	0	1	1	0	1
1	0	0	1	0	1	0	1	0	1	1	0
0	0	1	0	1	0	1	0	1	0	1	1
0	1	1	0	1	1	0	1	0	1	0	0
1	0	0	1	0	0	1	1	0	0	1	1
0	1	0	0	1	1	0	0	1	1	0	1
1	0	1	0	1	1	0	1	0	1	0	0
1	1	0	1	0	0	1	0	1	0	1	0
0	1	1	0	1	1	0	0	1	0	0	1
1	0	1	1	0	1	0	1	0	1	0	0
1	1	0	1	0	0	1	1	0	0	1	0

::::: Puzzle (115) :::::

1	0	0	1	0	0	1	0	1	1	0	1
0	1	0	0	1	0	1	1	0	1	1	0
1	0	1	0	0	1	0	1	0	0	1	1
0	0	1	1	0	1	1	0	1	1	0	0
0	1	0	0	1	0	1	1	0	0	1	1
1	0	0	1	1	0	0	1	0	0	1	1
1	0	1	0	0	1	1	0	1	1	0	0
0	1	1	0	1	1	0	0	1	0	1	0
0	1	0	1	1	0	0	1	0	1	0	1
1	0	1	1	0	0	1	0	1	1	0	0
0	1	1	0	1	1	0	1	0	0	1	0
1	1	0	1	0	1	0	0	1	0	0	1

::::: Puzzle (116) :::::

0	0	1	0	0	1	0	1	1	0	1	1
1	1	0	0	1	0	0	1	1	0	0	1
0	1	0	1	0	1	1	0	0	1	1	0
0	0	1	0	1	0	0	1	1	0	1	1
1	0	1	0	0	1	1	0	1	1	0	0
0	1	0	1	1	0	1	0	0	1	0	1
0	0	1	0	1	1	0	1	1	0	1	0
1	0	1	1	0	1	0	1	0	0	1	0
1	1	0	1	0	0	1	0	0	1	0	1
0	0	1	0	1	0	1	0	1	0	1	1
1	1	0	1	0	1	0	1	0	1	0	0
1	1	0	1	1	0	1	0	0	1	0	0

::::: Puzzle (117) :::::

0	0	1	0	1	0	0	1	1	0	1	1
1	0	0	1	0	0	1	0	1	1	0	1
0	1	0	0	1	1	0	1	0	1	1	0
0	1	1	0	0	1	1	0	1	0	0	1
1	0	1	1	0	0	1	0	0	1	1	0
1	0	0	1	1	0	0	1	0	0	1	1
0	1	1	0	0	1	1	0	1	1	0	0
0	0	1	1	0	1	0	1	0	1	0	1
1	1	0	0	1	0	1	0	1	0	1	0
0	0	1	0	1	1	0	1	1	0	0	1
1	1	0	1	0	1	1	0	0	1	0	0
1	1	0	1	1	0	0	1	0	0	1	0

::::: Puzzle (118) :::::

0	1	0	0	1	0	0	1	1	0	1	1
0	0	1	0	0	1	1	0	1	1	0	1
1	1	0	1	1	0	0	1	0	0	1	0
0	0	1	1	0	1	0	1	0	1	0	1
0	0	1	0	0	1	1	0	1	0	1	1
1	1	0	0	1	0	1	0	1	1	0	0
0	0	1	1	0	1	0	1	0	0	1	1
1	0	1	0	0	1	1	0	1	0	1	0
1	1	0	1	1	0	0	1	0	1	0	0
0	0	1	0	1	0	0	1	1	0	1	1
1	1	0	1	0	1	1	0	0	1	0	0
1	1	0	1	1	0	1	0	0	1	0	0

::::: Puzzle (119) :::::

0	0	1	0	0	1	0	1	1	0	1	1
1	0	0	1	0	0	1	0	1	1	0	1
0	1	1	0	1	0	1	1	0	0	1	0
0	0	1	0	1	1	0	0	1	1	0	1
1	1	0	1	0	0	1	1	0	0	1	0
0	0	1	0	0	1	1	0	1	0	1	1
0	1	0	1	1	0	0	1	0	1	0	1
1	1	0	0	1	1	0	0	1	0	1	0
1	0	1	1	0	0	1	1	0	1	0	0
0	1	0	1	0	1	0	0	1	0	1	1
1	0	1	0	1	1	0	1	0	1	0	0
1	1	0	1	1	0	1	0	0	1	0	0

::::: Puzzle (120) :::::

0	0	1	0	0	1	0	1	1	0	1	1
0	0	1	0	1	0	1	1	0	0	1	1
1	1	0	1	0	0	1	0	1	1	0	0
0	0	1	1	0	1	0	1	0	1	0	1
0	0	1	0	1	0	0	1	1	0	1	1
1	1	0	1	0	1	1	0	0	1	0	0
0	1	0	1	0	0	1	0	1	0	1	1
1	0	1	0	1	1	0	1	0	0	1	0
1	1	0	0	1	1	0	0	1	1	0	0
0	0	1	1	0	0	1	0	1	0	1	1
1	1	0	0	1	1	0	1	0	1	0	0
1	1	0	1	1	0	1	0	0	1	0	0

:::: *Puzzle (121)* ::::

0	0	1	0	0	1	1	0	1	1	0	1
0	0	1	1	0	0	1	1	0	0	1	1
1	1	0	0	1	1	0	0	1	1	0	0
0	0	1	0	0	1	0	1	1	0	1	1
1	0	0	1	0	0	1	1	0	0	1	1
0	1	0	1	1	0	1	0	1	1	0	0
0	1	1	0	0	1	0	0	1	0	1	1
1	0	1	0	1	1	0	1	0	1	0	0
1	1	0	1	1	0	1	0	0	1	0	0
0	0	1	0	0	1	1	0	1	0	1	1
1	1	0	1	1	0	0	1	0	0	1	0
1	1	0	1	1	0	0	1	0	1	0	0

:::: *Puzzle (122)* ::::

0	0	1	0	1	0	1	1	0	0	1	1
0	1	0	0	1	1	0	0	1	1	0	1
1	0	1	1	0	1	0	1	0	0	1	0
0	0	1	0	1	0	1	0	1	1	0	1
0	1	0	1	0	1	0	1	1	0	1	0
1	0	1	0	1	0	0	1	0	0	1	1
0	0	1	0	0	1	1	0	1	1	0	1
1	1	0	1	0	0	1	0	1	0	1	0
1	1	0	1	1	0	0	1	0	1	0	0
0	0	1	0	0	1	0	1	1	0	1	1
1	1	0	1	0	1	1	0	0	1	0	0
1	1	0	1	1	0	1	0	0	1	0	0

:::: *Puzzle (123)* ::::

0	0	1	0	0	1	0	1	1	0	1	1
1	0	1	0	0	1	1	0	0	1	0	1
0	1	0	1	1	0	0	1	0	1	1	0
0	0	1	0	0	1	1	0	1	0	1	1
1	0	1	0	1	0	0	1	1	0	0	1
0	1	0	1	1	0	1	0	0	1	1	0
0	0	1	1	0	1	0	1	0	1	1	0
1	1	0	0	1	0	0	1	1	0	0	1
1	1	0	1	1	0	1	0	0	1	0	0
0	0	1	1	0	1	0	1	1	0	1	0
1	1	0	0	1	0	1	0	1	0	0	1
1	1	0	1	0	1	1	0	0	1	0	0

:::: *Puzzle (124)* ::::

0	1	1	0	0	1	0	0	1	1	0	1
0	1	0	0	1	0	0	1	1	0	1	1
1	0	0	1	0	0	1	1	0	1	1	0
0	0	1	0	0	1	1	0	1	1	0	1
0	1	0	1	1	0	0	1	0	0	1	1
1	0	1	0	1	1	0	0	1	0	1	0
1	0	1	1	0	0	1	1	0	1	0	0
0	1	0	1	0	1	1	0	1	0	0	1
1	0	1	0	1	0	0	1	0	1	1	0
0	0	1	1	0	1	1	0	1	0	0	1
1	1	0	0	1	1	0	1	0	0	1	0
1	1	0	1	1	0	1	0	0	1	0	0

:::: *Puzzle (125)* ::::

0	0	1	0	0	1	1	0	1	0	1	1
0	0	1	0	1	0	0	1	1	0	1	1
1	1	0	1	0	1	1	0	0	1	0	0
0	0	1	0	0	1	0	1	1	0	1	1
1	1	0	0	1	0	1	0	0	1	0	1
0	0	1	1	0	1	1	0	0	1	1	0
0	1	0	1	1	0	0	1	1	0	0	1
1	1	0	0	1	0	0	1	1	0	1	0
1	0	1	1	0	1	1	0	0	1	0	0
0	0	1	1	0	0	1	0	1	0	1	1
1	1	0	0	1	1	0	1	0	1	0	0
1	1	0	1	1	0	0	1	0	1	0	0

:::: *Puzzle (126)* ::::

0	0	1	0	0	1	1	0	1	0	1	1
1	0	1	0	1	0	1	1	0	1	0	0
0	1	0	1	1	0	0	1	0	0	1	1
0	0	1	0	0	1	1	0	1	1	0	1
1	0	0	1	0	0	1	1	0	1	1	0
0	1	1	0	1	1	0	0	1	0	0	1
0	0	1	0	0	1	0	1	1	0	1	1
1	1	0	1	1	0	1	0	0	1	0	0
1	1	0	1	0	1	0	0	1	0	1	0
0	0	1	0	1	1	0	1	0	1	0	1
1	1	0	1	0	0	1	0	1	1	0	0
1	1	0	1	1	0	0	1	0	0	1	0

:::: *Puzzle (127)* ::::

0	0	1	0	0	1	1	0	1	1	0	1
1	0	0	1	0	0	1	0	1	0	1	1
0	1	1	0	1	1	0	1	0	1	0	0
0	0	1	0	0	1	0	1	1	0	1	1
1	0	0	1	1	0	1	0	0	1	0	1
0	1	1	0	1	0	0	1	0	1	1	0
0	0	1	1	0	1	1	0	1	0	0	1
1	1	0	0	1	0	1	1	0	0	1	0
1	1	0	1	0	1	0	0	1	1	0	0
0	0	1	0	0	1	1	0	1	0	1	1
1	1	0	1	1	0	0	1	0	0	1	0
1	1	0	1	1	0	0	1	0	1	0	0

:::: *Puzzle (128)* ::::

0	0	1	0	0	1	0	1	1	0	1	1
0	0	1	0	1	0	1	1	0	1	1	0
1	1	0	1	0	0	1	0	1	0	0	1
0	0	1	1	0	1	0	0	1	1	0	1
0	0	1	0	1	1	0	1	0	1	1	0
1	1	0	0	1	0	1	0	1	0	0	1
1	0	0	1	0	0	1	1	0	1	0	1
0	1	1	0	1	1	0	0	1	0	1	0
1	1	0	1	0	0	1	1	0	0	1	0
1	0	0	1	0	1	0	0	1	1	0	1
0	1	1	0	1	1	0	1	0	0	1	0
1	1	0	1	1	0	1	0	0	1	0	0

:::: *Puzzle (129)* ::::

1	0	0	1	0	0	1	1	0	1	1	0
1	0	0	1	0	1	0	0	1	0	1	1
0	1	1	0	1	0	0	1	1	0	0	1
0	0	1	0	1	0	1	1	0	1	1	0
1	0	0	1	0	1	0	0	1	1	0	1
0	1	1	0	1	0	1	0	1	0	1	0
0	1	1	0	1	1	0	1	0	0	1	0
1	0	0	1	0	1	1	0	0	1	0	1
0	1	1	0	1	0	1	0	1	0	0	1
0	0	1	1	0	1	0	1	0	1	1	0
1	1	0	0	1	0	1	1	0	1	0	0
1	1	0	1	0	1	0	0	1	0	0	1

:::: *Puzzle (130)* ::::

1	0	1	0	1	0	0	1	0	1	1	0
0	0	1	0	0	1	0	1	1	0	1	1
0	1	0	1	0	0	1	0	1	1	0	1
1	0	1	0	1	0	1	1	0	0	1	0
0	0	1	1	0	1	0	0	1	0	1	1
0	1	0	1	1	0	0	1	0	1	0	1
1	1	0	0	1	0	1	1	0	0	1	0
0	0	1	1	0	1	1	0	1	1	0	0
1	1	0	1	0	1	0	0	1	0	0	1
0	0	1	0	1	0	1	1	0	1	1	0
1	1	0	1	0	1	1	0	0	1	0	0
1	1	0	0	1	1	0	0	1	0	0	1

:::: *Puzzle (131)* ::::

0	0	1	0	0	1	0	1	1	0	1	1
0	0	1	0	1	0	0	1	1	0	1	1
1	1	0	1	0	1	1	0	0	1	0	0
0	0	1	0	1	0	1	1	0	1	0	1
0	0	1	0	1	1	0	1	1	0	1	0
1	1	0	1	0	0	1	0	1	1	0	0
1	0	0	1	0	0	1	1	0	0	1	1
0	1	1	0	1	1	0	0	1	1	0	0
1	1	0	1	1	0	1	0	0	1	0	0
0	0	1	1	0	1	0	1	0	0	1	1
1	1	0	0	1	1	0	0	1	0	1	0
1	1	0	1	0	0	1	0	0	1	0	1

:::: *Puzzle (132)* ::::

1	1	0	1	0	1	0	0	1	1	0	0
1	0	0	1	0	0	1	1	0	0	1	1
0	0	1	0	1	1	0	1	0	1	0	1
0	1	1	0	0	1	1	0	1	1	0	0
1	0	0	1	0	0	1	0	1	0	1	1
0	0	1	0	1	1	0	1	0	1	1	0
0	1	1	0	1	0	1	0	0	1	0	1
1	0	0	1	0	1	0	1	1	0	1	0
0	1	1	0	1	0	0	1	0	0	1	1
0	0	1	1	0	1	1	0	1	1	0	0
1	1	0	0	1	0	1	0	1	0	0	1
1	1	0	1	1	0	0	1	0	0	1	0

:::: *Puzzle (133)* ::::

1	0	0	1	0	1	0	0	1	0	1	1
1	0	1	0	1	0	1	1	0	1	0	0
0	1	0	0	1	0	0	1	1	0	1	1
0	0	1	1	0	1	1	0	0	1	0	1
1	0	1	0	0	1	0	1	1	0	1	0
0	1	0	1	1	0	0	1	1	0	0	1
0	1	1	0	0	1	1	0	0	1	1	0
1	0	1	0	0	1	0	0	1	0	1	1
0	1	0	1	1	0	1	1	0	1	0	0
0	0	1	0	0	1	1	0	1	0	1	1
1	1	0	1	1	0	0	1	0	1	0	0
1	1	0	1	1	0	1	0	0	1	0	0

:::: *Puzzle (134)* ::::

1	1	0	0	1	0	0	1	0	1	1	0
1	0	0	1	0	0	1	0	1	1	0	1
0	0	1	0	0	1	0	1	1	0	1	1
0	1	1	0	1	0	0	1	0	1	1	0
1	0	0	1	0	1	1	0	1	0	0	1
0	0	1	1	0	0	1	0	1	0	1	1
0	1	1	0	1	1	0	1	0	1	0	0
1	0	0	1	0	1	1	0	1	0	1	0
0	1	1	0	1	0	1	0	0	1	0	1
0	0	1	0	1	1	0	1	1	0	0	1
1	1	0	1	0	1	0	1	0	0	1	0
1	1	0	1	1	0	1	0	0	1	0	0

:::: *Puzzle (135)* ::::

1	0	0	1	0	0	1	0	1	0	1	1
0	1	0	1	0	1	0	1	1	0	0	1
0	0	1	0	1	0	1	1	0	1	1	0
1	0	0	1	0	0	1	0	1	1	0	1
0	1	1	0	1	1	0	0	1	0	0	1
0	0	1	1	0	0	1	1	0	1	1	0
1	1	0	0	1	1	0	1	0	1	0	0
0	0	1	0	0	1	1	0	1	0	1	1
1	1	0	1	1	0	0	1	0	1	0	0
0	1	1	0	0	1	1	0	0	1	0	1
1	0	1	0	1	1	0	0	1	0	1	0
1	1	0	1	1	0	0	1	0	0	1	0

:::: *Puzzle (136)* ::::

1	0	0	1	0	0	1	0	1	0	1	1
1	1	0	0	1	1	0	0	1	0	0	1
0	0	1	1	0	0	1	1	0	1	1	0
0	1	1	0	0	1	0	0	1	0	1	1
1	1	0	0	1	0	1	1	0	1	0	0
0	0	1	1	0	1	1	0	0	1	0	1
1	0	0	1	1	0	0	1	1	0	1	0
0	1	1	0	1	1	0	1	0	0	1	0
0	0	1	0	0	1	1	0	1	1	0	1
1	0	0	1	1	0	0	1	0	1	1	0
0	1	1	0	0	1	1	0	1	0	0	1
1	1	0	1	1	0	0	1	0	1	0	0

:::: *Puzzle (137)* ::::

1	0	0	1	0	1	0	0	1	1	0	1
0	1	0	0	1	0	1	1	0	1	1	0
1	0	1	0	0	1	1	0	1	0	0	1
1	0	0	1	0	1	0	1	0	0	1	1
0	1	1	0	1	0	0	1	0	1	1	0
0	0	1	1	0	1	1	0	1	0	0	1
1	0	0	1	1	0	0	1	1	0	1	0
0	1	1	0	1	0	0	1	0	1	0	1
0	1	1	0	0	1	1	0	1	0	1	0
1	0	0	1	0	0	1	0	1	0	1	1
0	1	1	0	1	1	0	1	0	1	0	0
1	1	0	1	1	0	1	0	0	1	0	0

:::: *Puzzle (138)* ::::

1	1	0	0	1	0	0	1	0	0	1	1
1	0	0	1	0	0	1	1	0	1	1	0
0	0	1	0	0	1	1	0	1	1	0	1
0	1	0	0	1	0	0	1	1	0	1	1
1	0	1	1	0	1	1	0	0	1	0	0
0	0	1	0	1	0	0	1	1	0	1	1
0	1	0	1	0	1	1	0	0	1	1	0
1	0	1	0	1	1	0	0	1	0	0	1
0	1	0	1	1	0	1	1	0	1	0	0
1	0	1	1	0	0	1	0	1	0	1	0
0	1	1	0	1	1	0	0	1	0	0	1
1	1	0	1	0	1	0	1	0	1	0	0

:::: *Puzzle (139)* ::::

0	0	1	0	0	1	0	1	1	0	1	1
0	0	1	0	0	1	1	0	1	0	1	1
1	1	0	1	1	0	0	1	0	1	0	0
0	0	1	1	0	0	1	0	1	0	1	1
0	0	1	0	1	1	0	1	0	1	0	1
1	1	0	1	0	0	1	0	0	1	1	0
1	0	0	1	1	0	1	0	1	0	0	1
0	1	1	0	1	1	0	1	0	0	1	0
1	1	0	1	0	0	1	0	1	1	0	0
1	0	0	1	0	0	1	1	0	0	1	1
0	1	1	0	1	1	0	0	1	1	0	0
1	1	0	0	1	1	0	1	0	1	0	0

:::: *Puzzle (140)* ::::

1	0	0	1	0	0	1	1	0	0	1	1
0	0	1	0	1	0	1	1	0	1	1	0
0	1	0	1	0	1	0	0	1	1	0	1
1	0	1	0	1	0	0	1	0	0	1	1
0	0	1	1	0	1	1	0	1	1	0	0
0	1	0	1	1	0	0	1	1	0	0	1
1	0	1	0	0	1	1	0	0	1	1	0
0	1	1	0	1	0	1	1	0	0	1	0
1	1	0	1	0	1	0	0	1	0	0	1
0	0	1	0	0	1	1	0	1	1	0	1
1	1	0	1	1	0	0	1	0	0	1	0
1	1	0	0	1	1	0	0	1	1	0	0

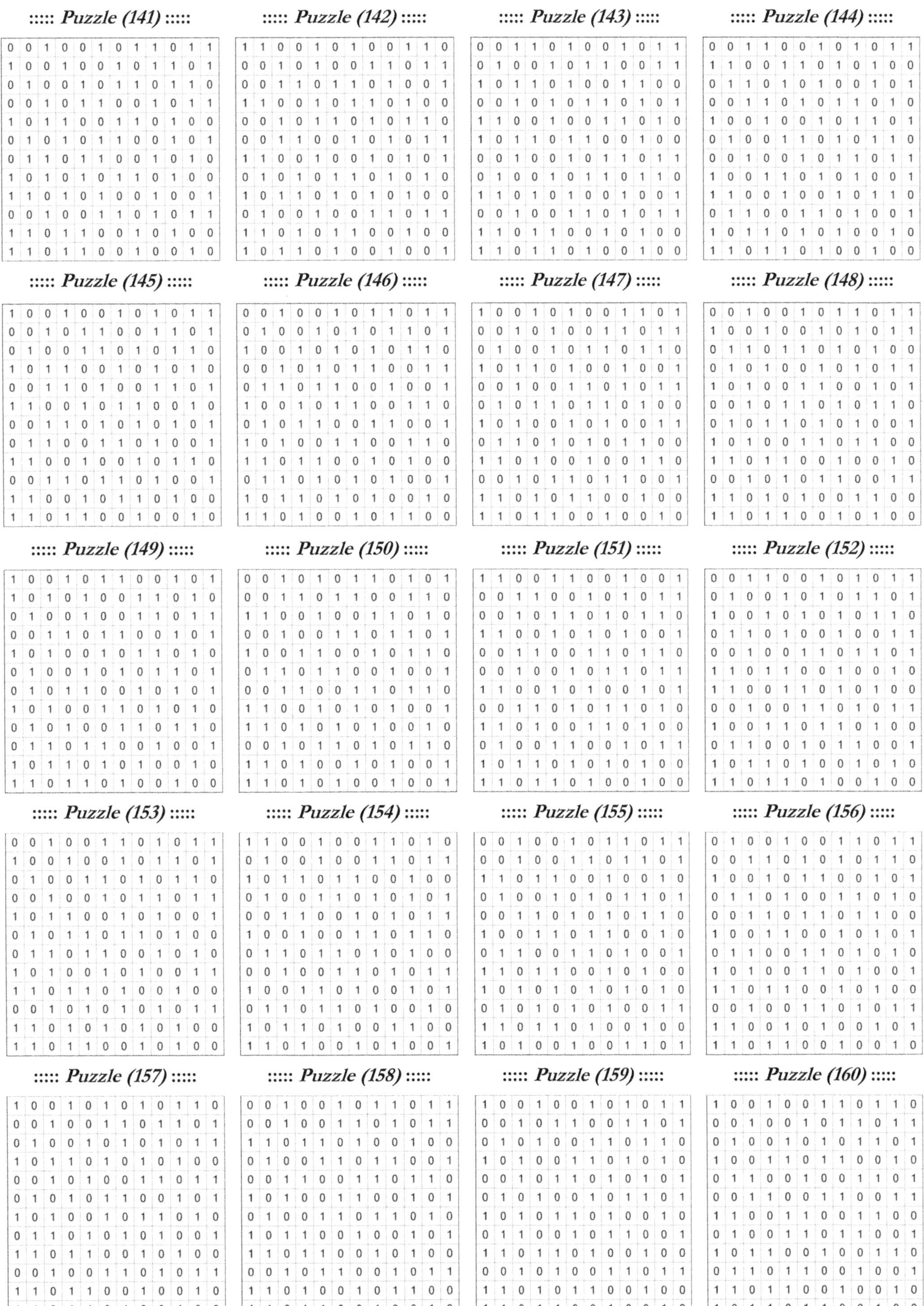

::::: *Puzzle (141)* :::::

0	0	1	0	0	1	0	1	1	0	1	1
1	0	0	1	0	0	1	0	1	1	0	1
0	1	0	0	1	0	1	1	0	1	1	0
0	0	1	0	1	1	0	0	1	0	1	1
1	0	1	1	0	0	1	1	0	1	0	0
0	1	0	1	0	1	1	0	0	1	0	1
0	1	1	0	1	1	0	0	1	0	1	0
1	0	1	0	1	0	1	1	0	1	0	0
1	1	0	1	0	1	0	0	1	0	0	1
0	0	1	0	0	1	1	0	1	0	1	1
1	1	0	1	1	0	0	1	0	1	0	0
1	1	0	1	1	0	0	1	0	0	1	0

::::: *Puzzle (142)* :::::

1	1	0	0	1	0	1	0	0	1	1	0
0	0	1	0	1	0	0	1	1	0	1	1
0	0	1	1	0	1	1	0	1	0	0	1
1	1	0	0	1	0	1	1	0	1	0	0
0	0	1	0	1	1	0	1	0	1	1	0
0	0	1	1	0	0	1	0	1	0	1	1
1	1	0	0	1	0	0	1	0	1	0	1
0	1	0	1	0	1	1	0	1	0	1	0
1	0	1	1	0	1	0	1	0	1	0	0
0	1	0	0	1	0	0	1	1	0	1	1
1	1	0	1	0	1	1	0	0	1	0	0
1	0	1	1	0	1	0	0	1	0	0	1

::::: *Puzzle (143)* :::::

0	0	1	1	0	1	0	0	1	0	1	1
0	1	0	0	1	0	1	1	0	0	1	1
1	0	1	1	0	1	0	0	1	1	0	0
0	0	1	0	1	0	1	1	0	1	0	1
1	1	0	0	1	0	0	1	1	0	1	0
1	0	1	1	0	1	1	0	0	1	0	0
0	0	1	0	0	1	0	1	1	0	1	1
0	1	0	0	1	0	1	1	0	1	1	0
1	1	0	1	0	1	0	0	1	0	0	1
0	0	1	0	0	1	1	0	1	0	1	1
1	1	0	1	1	0	0	1	0	1	0	0
1	1	0	1	1	0	1	0	0	1	0	0

::::: *Puzzle (144)* :::::

0	0	1	1	0	0	1	0	1	0	1	1
1	1	0	0	1	1	0	1	0	1	0	0
0	1	1	0	1	0	1	0	0	1	0	1
0	0	1	1	0	1	0	1	1	0	1	0
1	0	0	1	0	0	1	0	1	1	0	1
0	1	0	0	1	1	0	1	0	1	1	0
0	0	1	0	0	1	0	1	1	0	1	1
1	0	0	1	1	0	1	0	1	0	0	1
1	1	0	0	1	0	0	1	0	1	1	0
0	1	1	0	0	1	1	0	1	0	0	1
1	0	1	1	0	1	0	1	0	0	1	0
1	1	0	1	1	0	1	0	0	1	0	0

::::: *Puzzle (145)* :::::

1	0	0	1	0	0	1	0	1	0	1	1
0	0	1	0	1	1	0	0	1	1	0	1
0	1	0	0	1	1	0	1	0	1	1	0
1	0	1	1	0	0	1	0	1	0	1	0
0	0	1	1	0	1	0	0	1	1	0	1
1	1	0	0	1	0	1	1	0	0	1	0
0	0	1	1	0	1	0	1	0	1	0	1
0	1	1	0	0	1	1	0	1	0	0	1
1	1	0	0	1	0	0	1	0	1	1	0
0	0	1	1	0	1	1	0	1	0	0	1
1	1	0	0	1	0	1	1	0	1	0	0
1	1	0	1	1	0	0	1	0	0	1	0

::::: *Puzzle (146)* :::::

0	0	1	0	0	1	0	1	1	0	1	1
0	1	0	0	1	0	1	0	1	1	0	1
1	0	0	1	0	1	0	1	0	1	1	0
0	0	1	0	1	0	1	1	0	0	1	1
0	1	1	0	1	1	0	0	1	0	0	1
1	0	0	1	0	1	1	0	0	1	1	0
0	1	0	1	1	0	0	1	1	0	0	1
1	0	1	0	0	1	1	0	0	1	1	0
1	1	0	1	1	0	0	1	0	1	0	0
0	1	1	0	1	0	1	0	1	0	0	1
1	0	1	1	0	1	0	1	0	0	1	0
1	1	0	1	0	0	1	0	1	1	0	0

::::: *Puzzle (147)* :::::

1	0	0	1	0	1	0	0	1	1	0	1
0	0	1	0	1	0	0	1	1	0	1	1
0	1	0	0	1	0	1	1	0	1	1	0
1	0	1	1	0	1	0	0	1	0	0	1
0	0	1	0	0	1	1	0	1	0	1	1
0	1	0	1	1	0	1	1	0	1	0	0
1	0	1	0	0	1	0	1	0	0	1	1
0	1	1	0	1	0	1	0	1	1	0	0
1	1	0	1	0	0	1	0	0	1	1	0
0	0	1	0	1	1	0	1	1	0	0	1
1	1	0	1	0	1	1	0	0	1	0	0
1	1	0	1	1	0	0	1	0	0	1	0

::::: *Puzzle (148)* :::::

0	0	1	0	0	1	0	1	1	0	1	1
1	0	0	1	0	0	1	0	1	0	1	1
0	1	1	0	1	1	0	1	0	1	0	0
0	1	0	1	0	0	1	0	1	0	1	1
1	0	1	0	0	1	1	0	0	1	0	1
0	0	1	0	1	1	0	1	0	1	1	0
0	1	0	1	1	0	1	0	1	0	0	1
1	0	1	0	0	1	1	0	1	1	0	0
1	1	0	1	1	0	0	1	0	0	1	0
0	0	1	0	1	0	1	1	0	0	1	1
1	1	0	1	0	1	0	0	1	1	0	0
1	1	0	1	1	0	0	1	0	1	0	0

::::: *Puzzle (149)* :::::

1	0	0	1	0	1	1	0	0	1	0	1
1	0	1	0	1	0	0	1	1	0	1	0
0	1	0	0	1	0	0	1	1	0	1	1
0	0	1	1	0	1	1	0	0	1	0	1
1	0	1	0	0	1	0	1	1	0	1	0
0	1	0	0	1	0	1	0	1	1	0	1
0	1	0	1	1	0	0	1	0	1	0	1
1	0	1	0	0	1	1	0	1	0	1	0
0	1	0	1	0	0	1	1	0	1	1	0
0	1	1	0	1	1	0	0	1	0	0	1
1	0	1	1	0	1	0	1	0	0	1	0
1	1	0	1	1	0	1	0	0	1	0	0

::::: *Puzzle (150)* :::::

0	0	1	0	1	0	1	1	0	1	0	1
0	0	1	1	0	1	1	0	0	1	1	0
1	1	0	0	1	0	0	1	1	0	1	0
0	0	1	0	0	1	1	0	1	1	0	1
1	0	0	1	1	0	0	1	0	1	1	0
0	1	1	0	1	1	0	0	1	0	0	1
0	0	1	1	0	0	1	1	0	1	1	0
1	1	0	0	1	0	1	0	1	0	0	1
1	1	0	1	0	1	0	1	0	0	1	0
0	0	1	0	1	1	0	1	0	1	1	0
1	1	0	1	0	0	1	0	1	0	0	1
1	1	0	1	0	1	0	0	1	0	0	1

::::: *Puzzle (151)* :::::

1	1	0	0	1	1	0	0	1	0	0	1
0	0	1	1	0	0	1	0	1	0	1	1
0	0	1	0	1	1	0	1	0	1	1	0
1	1	0	0	1	0	1	0	1	0	0	1
0	0	1	1	0	0	1	1	0	1	1	0
0	0	1	0	0	1	0	1	1	0	1	1
1	1	0	0	1	0	1	0	0	1	0	1
0	0	1	1	0	1	0	1	1	0	1	0
1	1	0	1	0	0	1	1	0	1	0	0
0	1	0	0	1	1	0	0	1	0	1	1
1	0	1	1	0	1	0	1	0	1	0	0
1	1	0	1	1	0	1	0	0	1	0	0

::::: *Puzzle (152)* :::::

0	0	1	1	0	0	1	0	1	0	1	1
0	1	0	0	1	0	1	0	1	1	0	1
1	0	0	1	0	1	0	1	0	1	1	0
0	1	1	0	1	0	0	1	0	0	1	1
0	0	1	0	0	1	1	0	1	1	0	1
1	1	0	1	1	0	0	1	0	0	1	0
1	1	0	0	1	1	0	1	0	1	0	0
0	0	1	0	0	1	1	0	1	0	1	1
1	0	0	1	1	0	1	1	0	1	0	0
0	1	1	0	0	1	0	1	1	0	0	1
1	0	1	1	0	1	0	0	1	0	1	0
1	1	0	1	1	0	1	0	0	1	0	0

::::: *Puzzle (153)* :::::

0	0	1	0	0	1	1	0	1	0	1	1
1	0	0	1	0	0	1	0	1	1	0	1
0	1	0	0	1	1	0	1	0	1	1	0
0	0	1	0	0	1	0	1	1	0	1	1
1	0	1	1	0	0	1	0	1	0	0	1
0	1	0	1	1	0	1	1	0	1	0	0
0	1	1	0	1	1	0	0	1	0	1	0
1	0	1	0	0	1	0	1	0	0	1	1
1	1	0	1	1	0	1	0	0	1	0	0
0	0	1	0	1	0	1	0	1	0	1	1
1	1	0	1	0	1	0	1	0	1	0	0
1	1	0	1	1	0	0	1	0	1	0	0

::::: *Puzzle (154)* :::::

1	1	0	0	1	0	0	1	1	0	1	0
0	1	0	0	1	0	0	1	1	0	1	1
1	0	1	1	0	1	1	0	0	1	0	0
0	1	0	0	1	1	0	1	0	1	0	1
0	0	1	1	0	0	1	0	1	0	1	1
1	0	0	1	0	0	1	1	0	1	1	0
0	1	1	0	1	1	0	1	0	1	0	0
0	0	1	0	0	1	1	0	1	0	1	1
1	0	0	1	1	0	1	0	0	1	0	1
0	1	1	0	1	1	0	1	0	0	1	0
1	0	1	1	0	1	0	0	1	1	0	0
1	1	0	1	0	0	1	0	1	0	0	1

::::: *Puzzle (155)* :::::

0	0	1	0	0	1	0	1	1	0	1	1
0	0	1	0	0	1	1	0	1	1	0	1
1	1	0	1	1	0	0	1	0	0	1	0
0	1	0	0	1	0	1	0	1	1	0	1
0	0	1	1	0	1	0	1	0	1	1	0
1	0	0	1	1	0	1	1	0	0	1	0
0	1	1	0	0	1	1	0	1	0	0	1
1	1	0	1	1	0	0	1	0	1	0	0
1	0	1	0	1	0	1	0	1	0	1	0
0	1	0	1	0	1	0	1	0	0	1	1
1	1	0	1	1	0	1	0	0	1	0	0
1	0	1	0	0	1	0	0	1	1	0	1

::::: *Puzzle (156)* :::::

0	1	0	0	1	0	0	1	1	0	1	1
0	0	1	1	0	1	0	1	0	1	1	0
1	0	0	1	0	1	1	0	0	1	0	1
0	1	1	0	1	0	0	1	1	0	1	0
0	0	1	1	0	1	1	0	1	1	0	0
1	0	0	1	1	0	0	1	0	1	0	1
0	1	1	0	0	1	1	0	1	0	1	0
1	0	1	0	0	1	1	0	1	0	0	1
1	1	0	1	1	0	0	1	0	1	0	0
0	0	1	0	0	1	1	0	1	0	1	1
1	1	0	0	1	0	1	0	0	1	0	1
1	1	0	1	1	0	0	1	0	0	1	0

::::: *Puzzle (157)* :::::

1	0	0	1	0	1	0	1	0	1	1	0
0	0	1	0	0	1	1	0	1	1	0	1
0	1	0	0	1	0	1	0	1	0	1	1
1	0	1	1	0	1	0	1	0	1	0	0
0	0	1	0	1	0	0	1	1	0	1	1
0	1	0	1	0	1	1	0	0	1	0	1
1	0	1	0	0	1	0	1	1	0	1	0
0	1	1	0	1	0	1	0	1	0	0	1
1	1	0	1	1	0	0	1	0	1	0	0
0	0	1	0	0	1	1	0	1	0	1	1
1	1	0	1	1	0	0	1	0	0	1	0
1	1	0	1	1	0	1	0	0	1	0	0

::::: *Puzzle (158)* :::::

0	0	1	0	0	1	0	1	1	0	1	1
0	0	1	0	0	1	1	0	1	0	1	1
1	1	0	1	1	0	1	0	0	1	0	0
0	1	0	0	1	1	0	1	1	0	0	1
0	0	1	1	0	0	1	1	0	1	1	0
1	0	1	0	0	1	1	0	0	1	0	1
0	1	0	0	1	1	0	1	1	0	1	0
1	0	1	1	0	0	1	0	0	1	0	1
1	1	0	1	1	0	0	1	0	1	0	0
0	0	1	0	1	1	0	0	1	0	1	1
1	1	0	1	0	0	1	0	1	1	0	0
1	1	0	1	1	0	0	1	0	0	1	0

::::: *Puzzle (159)* :::::

1	0	0	1	0	0	1	0	1	0	1	1
0	0	1	0	1	1	0	0	1	1	0	1
0	1	0	1	0	0	1	1	0	1	1	0
1	0	1	0	0	1	1	0	1	0	1	0
0	0	1	0	1	1	0	1	0	1	0	1
0	1	0	1	0	0	1	0	1	1	0	1
1	0	1	0	1	1	0	1	0	0	1	0
0	1	1	0	0	1	0	1	1	0	0	1
1	1	0	1	1	0	1	0	0	1	0	0
0	0	1	0	1	0	0	1	1	0	1	1
1	1	0	1	0	1	1	0	0	1	0	0
1	1	0	1	1	0	0	1	0	0	1	0

::::: *Puzzle (160)* :::::

1	0	0	1	0	0	1	1	0	1	1	0
0	0	1	0	0	1	0	1	1	0	1	1
0	1	0	0	1	0	1	0	1	1	0	1
1	0	0	1	1	0	1	1	0	0	1	0
0	1	1	0	0	1	0	0	1	1	0	1
0	0	1	1	0	0	1	1	0	0	1	1
1	1	0	0	1	1	0	0	1	1	0	0
0	1	0	0	1	1	0	1	1	0	0	1
1	0	1	1	0	0	1	0	0	1	1	0
0	1	1	0	1	1	0	0	1	0	0	1
1	1	0	1	1	0	0	1	0	0	1	0
1	0	1	1	0	1	1	0	0	1	0	0

:::: Puzzle (161) ::::

1	0	0	1	0	1	0	1	0	1	1	0
0	0	1	0	0	1	0	1	1	0	1	1
0	1	0	0	1	0	1	0	1	1	0	1
1	0	1	1	0	1	0	1	0	0	1	0
0	0	1	0	0	1	1	0	1	1	0	1
0	1	0	1	1	0	0	1	0	1	0	1
1	0	1	0	1	0	1	0	1	0	1	0
1	1	0	1	0	1	0	0	1	0	0	1
0	1	1	0	1	0	1	1	0	1	0	0
0	0	1	0	0	1	1	0	1	0	1	1
1	1	0	1	1	0	0	1	0	0	1	0
1	1	0	1	1	0	1	0	0	1	0	0

:::: Puzzle (162) ::::

0	1	0	0	1	0	0	1	1	0	1	1
0	1	0	0	1	0	1	1	0	0	1	1
1	0	1	1	0	1	0	0	1	1	0	0
0	0	1	1	0	0	1	1	0	1	0	1
0	1	0	0	1	1	0	1	1	0	1	0
1	0	1	0	1	0	1	0	0	1	0	1
0	0	1	1	0	0	1	0	1	0	1	1
1	1	0	0	1	1	0	1	0	1	0	0
1	0	0	1	0	1	1	0	0	1	1	0
0	1	1	0	1	0	0	1	1	0	0	1
1	0	1	1	0	1	1	0	0	1	0	0
1	1	0	1	0	1	0	0	1	0	1	0

:::: Puzzle (163) ::::

1	0	1	0	0	1	0	0	1	1	0	1
0	0	1	1	0	0	1	1	0	1	1	0
0	1	0	0	1	0	0	1	1	0	1	1
1	0	0	1	0	1	1	0	1	1	0	0
0	0	1	1	0	0	1	1	0	0	1	1
0	1	0	0	1	1	0	0	1	1	0	1
1	1	0	0	1	0	1	0	1	0	1	0
0	0	1	1	0	1	0	1	0	0	1	1
1	1	0	1	1	0	0	1	0	1	0	0
0	1	1	0	0	1	1	0	1	0	0	1
1	0	1	0	1	1	0	1	0	0	1	0
1	1	0	1	1	0	1	0	0	1	0	0

:::: Puzzle (164) ::::

1	0	0	1	0	0	1	0	1	0	1	1
0	0	1	1	0	0	1	1	0	1	0	1
0	1	0	0	1	1	0	1	1	0	1	0
1	0	1	0	1	1	0	0	1	0	0	1
0	0	1	1	0	0	1	1	0	1	1	0
0	1	0	0	1	0	0	1	1	0	1	1
1	0	1	1	0	1	1	0	0	1	0	0
0	1	1	0	0	1	0	0	1	0	1	1
1	1	0	0	1	0	1	1	0	1	0	0
0	0	1	1	0	1	1	0	0	1	0	1
1	1	0	0	1	1	0	0	1	0	1	0
1	1	0	1	1	0	0	1	0	1	0	0

:::: Puzzle (165) ::::

0	0	1	0	0	1	0	1	1	0	1	1
1	0	0	1	0	0	1	1	0	1	0	1
0	1	1	0	1	0	1	0	0	1	1	0
0	0	1	0	1	1	0	1	1	0	1	0
1	0	0	1	0	1	0	0	1	1	0	1
0	1	0	0	1	0	1	1	0	1	1	0
1	0	1	1	0	0	1	0	1	0	0	1
0	1	0	1	0	1	0	1	1	0	0	1
1	1	0	0	1	0	1	0	0	1	1	0
1	0	1	1	0	1	0	1	0	0	1	0
0	1	1	0	1	1	0	0	1	0	0	1
1	1	0	1	1	0	1	0	0	1	0	0

:::: Puzzle (166) ::::

1	0	0	1	0	0	1	1	0	1	1	0
0	0	1	0	0	1	0	1	1	0	1	1
0	1	1	0	1	0	1	0	1	0	0	1
1	0	0	1	1	0	0	1	0	1	1	0
1	0	1	0	0	1	1	0	1	0	0	1
0	1	1	0	1	1	0	0	1	0	1	0
0	1	0	1	1	0	0	1	0	1	0	1
1	0	0	1	0	1	1	0	1	0	0	1
0	1	1	0	0	1	0	1	0	1	1	0
0	0	1	0	1	0	0	1	1	0	1	1
1	1	0	1	0	1	1	0	0	1	0	0
1	1	0	1	1	0	1	0	0	1	0	0

:::: Puzzle (167) ::::

0	0	1	0	0	1	0	1	1	0	1	1
0	1	0	0	1	0	1	1	0	1	0	1
1	0	0	1	1	0	1	0	0	1	1	0
0	0	1	1	0	1	0	1	1	0	1	0
0	1	1	0	0	1	1	0	0	1	0	1
1	0	0	1	1	0	0	1	0	1	1	0
0	1	1	0	1	0	1	0	1	0	1	0
1	0	1	0	0	1	0	1	1	0	0	1
1	1	0	1	1	0	1	0	0	1	0	0
0	0	1	0	1	0	1	1	0	0	1	1
1	1	0	1	0	1	0	0	1	1	0	0
1	1	0	1	0	1	0	0	1	0	0	1

:::: Puzzle (168) ::::

0	0	1	0	0	1	0	1	1	0	1	1
1	0	0	1	0	0	1	0	1	1	0	1
1	1	0	0	1	0	1	0	0	1	1	0
0	0	1	1	0	1	0	1	1	0	0	1
0	0	1	0	1	0	1	1	0	1	0	1
1	1	0	1	0	0	1	0	1	0	1	0
0	0	1	1	0	1	0	0	1	1	0	1
0	1	1	0	1	0	1	1	0	0	1	0
1	1	0	0	1	1	0	1	0	1	0	0
0	0	1	1	0	1	0	0	1	0	1	1
1	1	0	1	1	0	1	0	0	1	0	0
1	1	0	0	1	1	0	1	0	0	1	0

:::: Puzzle (169) ::::

0	0	1	0	0	1	0	1	1	0	1	1
0	1	0	0	1	1	0	0	1	1	0	1
1	0	0	1	0	0	1	1	0	1	1	0
0	0	1	1	0	1	0	0	1	0	1	1
0	1	1	0	1	0	1	0	0	1	0	1
1	1	0	1	0	0	1	1	0	0	1	0
0	0	1	0	1	1	0	1	1	0	0	1
1	1	0	0	1	0	1	0	1	1	0	0
1	0	1	1	0	1	0	1	0	0	1	0
0	0	1	1	0	1	0	1	1	0	0	1
1	1	0	0	1	0	1	0	0	1	1	0
1	1	0	1	1	0	1	0	0	1	0	0

:::: Puzzle (170) ::::

1	0	0	1	0	0	1	1	0	0	1	1
0	0	1	0	1	0	0	1	1	0	1	1
0	1	0	1	0	1	1	0	1	1	0	0
1	0	1	1	0	0	1	0	0	1	0	1
0	0	1	0	1	1	0	1	1	0	1	0
0	1	0	0	1	0	0	1	1	0	1	1
1	0	1	1	0	1	1	0	0	1	0	0
0	1	1	0	0	1	0	0	1	0	1	1
1	1	0	0	1	0	1	1	0	1	0	0
0	0	1	1	0	1	0	0	1	0	1	1
1	1	0	0	1	1	0	1	0	1	0	0
1	1	0	1	1	0	1	0	0	1	0	0

:::: Puzzle (171) ::::

1	1	0	0	1	0	0	1	0	0	1	1
0	0	1	0	0	1	1	0	1	1	0	1
0	1	0	1	0	1	0	1	1	0	1	0
1	0	0	1	1	0	0	1	0	1	0	1
0	0	1	0	0	1	1	0	1	0	1	1
0	1	0	0	1	0	1	1	0	1	1	0
1	0	1	1	0	1	0	0	1	1	0	0
0	0	1	0	1	1	0	0	1	0	1	1
1	1	0	1	0	0	1	1	0	1	0	0
1	0	1	1	0	0	1	0	1	0	0	1
0	1	1	0	1	1	0	1	0	0	1	0
1	1	0	1	1	0	1	0	0	1	0	0

:::: Puzzle (172) ::::

1	0	0	1	0	0	1	0	1	0	1	1
0	1	0	0	1	1	0	1	0	1	1	0
0	0	1	0	0	1	1	0	1	1	0	1
1	0	0	1	1	0	0	1	1	0	0	1
1	1	0	0	1	0	0	1	0	1	1	0
0	0	1	1	0	1	1	0	1	0	1	0
0	1	1	0	0	1	0	0	1	1	0	1
1	1	0	0	1	0	1	1	0	1	0	0
0	0	1	1	0	0	1	1	0	0	1	1
0	1	1	0	1	1	0	0	1	0	0	1
1	1	0	1	1	0	1	0	0	1	0	0
1	0	1	1	0	1	0	1	0	0	1	0

:::: Puzzle (173) ::::

1	0	1	0	0	1	0	1	0	0	1	1
0	1	0	0	1	1	0	1	1	0	1	0
0	0	1	1	0	0	1	0	1	1	0	1
1	1	0	0	1	0	0	1	0	1	1	0
0	0	1	0	0	1	1	0	1	0	1	1
0	0	1	1	0	1	1	0	1	1	0	0
1	1	0	0	1	0	0	1	0	0	1	1
0	0	1	1	0	1	1	0	1	0	0	1
1	1	0	1	1	0	0	1	0	1	0	0
0	0	1	0	1	1	0	1	1	0	1	0
1	1	0	1	0	0	1	0	0	1	0	1
1	1	0	1	1	0	1	0	0	1	0	0

:::: Puzzle (174) ::::

0	0	1	0	0	1	0	1	1	0	1	1
0	1	0	0	1	0	1	0	1	1	0	1
1	1	0	1	0	0	1	1	0	0	1	0
0	0	1	0	1	1	0	0	1	1	0	1
0	0	1	0	1	0	0	1	1	0	1	1
1	1	0	1	0	1	1	0	0	1	0	0
0	0	1	1	0	0	1	1	0	0	1	1
1	0	1	0	1	1	0	0	1	0	1	0
1	1	0	1	0	1	0	1	0	1	0	0
0	0	1	0	1	0	1	0	1	1	0	1
1	1	0	1	0	1	0	1	0	0	1	0
1	1	0	1	1	0	1	0	0	1	0	0

:::: Puzzle (175) ::::

0	0	1	0	1	0	0	1	1	0	1	1
0	0	1	1	0	1	0	0	1	0	1	1
1	1	0	0	1	0	1	1	0	1	0	0
0	0	1	1	0	1	1	0	1	0	1	0
0	0	1	1	0	1	0	0	1	1	0	1
1	1	0	0	1	0	1	1	0	0	1	0
0	1	0	1	0	0	1	1	0	1	0	1
1	0	1	0	1	1	0	0	1	0	1	0
1	1	0	0	1	1	0	1	0	1	0	0
0	0	1	1	0	0	1	1	0	0	1	1
1	1	0	0	1	1	0	0	1	1	0	0
1	1	0	1	0	0	1	0	0	1	0	1

:::: Puzzle (176) ::::

0	0	1	0	0	1	0	1	1	0	1	1
0	1	0	0	1	0	1	0	1	1	0	1
1	0	1	1	0	0	1	0	0	1	1	0
0	0	1	0	1	1	0	1	1	0	0	1
0	1	0	1	0	1	0	1	0	0	1	1
1	0	1	0	1	0	1	0	1	1	0	0
0	0	1	0	0	1	1	0	1	0	1	1
1	1	0	1	0	1	0	1	0	0	1	0
1	1	0	1	1	0	0	1	0	1	0	0
0	0	1	0	0	1	1	0	1	1	0	1
1	1	0	1	1	0	0	1	0	0	1	0
1	1	0	1	1	0	1	0	0	1	0	0

:::: Puzzle (177) ::::

1	0	1	0	1	1	0	0	1	0	1	0
1	0	0	1	0	0	1	0	1	1	0	1
0	1	1	0	1	0	0	1	0	1	1	0
0	0	1	1	0	1	0	0	1	0	1	1
1	0	0	1	0	0	1	1	0	1	0	1
0	1	0	0	1	1	0	1	0	1	1	0
0	1	1	0	1	0	1	0	1	0	0	1
1	0	0	1	0	1	0	1	0	0	1	1
0	1	1	0	0	1	1	0	1	1	0	0
0	1	1	0	1	0	1	1	0	0	1	0
1	0	0	1	0	1	0	1	1	0	0	1
1	1	0	1	1	0	1	0	0	1	0	0

:::: Puzzle (178) ::::

0	0	1	0	0	1	1	0	1	0	1	1
0	1	0	1	1	0	0	1	0	1	0	1
1	0	1	0	0	1	0	1	1	0	1	0
0	0	1	0	0	1	1	0	1	1	0	1
0	1	0	1	1	0	0	1	0	0	1	1
1	0	1	0	1	0	1	0	1	1	0	0
0	0	1	1	0	1	0	1	0	1	1	0
1	1	0	0	1	0	1	0	1	0	0	1
1	1	0	1	0	0	1	1	0	0	1	0
0	0	1	1	0	1	0	1	0	1	0	1
1	1	0	0	1	1	0	0	1	0	1	0
1	1	0	1	1	0	1	0	0	1	0	0

:::: Puzzle (179) ::::

1	1	0	0	1	0	0	1	0	1	1	0
0	1	0	1	0	0	1	0	1	0	1	1
0	0	1	0	1	1	0	1	1	0	0	1
1	0	0	1	0	0	1	1	0	1	1	0
0	1	1	0	0	1	0	0	1	0	1	1
0	0	1	0	1	1	0	1	0	1	0	1
1	0	0	1	1	0	1	0	1	0	1	0
0	1	1	0	0	1	0	1	1	0	0	1
1	1	0	1	0	1	1	0	0	1	0	0
0	0	1	0	1	0	1	0	1	0	1	1
1	0	1	1	0	1	0	1	0	1	0	0
1	1	0	1	1	0	1	0	0	1	0	0

:::: Puzzle (180) ::::

0	1	1	0	0	1	0	0	1	1	0	1
1	0	0	1	0	0	1	1	0	1	1	0
0	0	1	0	1	0	0	1	1	0	1	1
0	1	1	0	0	1	1	0	1	0	0	1
1	0	0	1	0	1	0	1	0	1	1	0
0	0	1	0	1	0	1	1	0	0	1	1
1	1	0	0	1	1	0	0	1	0	0	1
0	0	1	1	0	1	1	0	1	1	0	0
1	1	0	1	1	0	0	1	0	0	1	0
1	1	0	0	1	0	0	1	0	1	0	1
0	0	1	1	0	1	1	0	1	0	1	0
1	1	0	1	1	0	1	0	0	1	0	0

:::: Puzzle (181) ::::

0	0	1	0	0	1	1	0	1	1	0	1
0	0	1	1	0	0	1	1	0	0	1	1
1	1	0	0	1	1	0	0	1	0	1	0
1	0	1	0	1	1	0	1	0	1	0	0
0	0	1	1	0	0	1	0	1	0	1	1
1	1	0	0	1	0	1	1	0	1	0	0
0	0	1	0	0	1	0	1	1	0	1	1
0	1	0	1	0	0	1	0	1	1	0	1
1	1	0	1	1	0	0	1	0	0	1	0
0	0	1	0	1	1	0	0	1	0	1	1
1	1	0	1	0	1	1	0	0	1	0	0
1	1	0	1	1	0	0	1	0	1	0	0

:::: Puzzle (182) ::::

0	1	0	0	1	0	1	1	0	0	1	1
0	0	1	0	0	1	0	1	1	0	1	1
1	0	0	1	1	0	1	0	1	1	0	0
0	1	0	0	1	0	1	1	0	1	1	0
0	0	1	1	0	1	0	0	1	0	1	1
1	0	1	0	0	1	0	1	0	1	0	1
1	1	0	1	1	0	1	0	0	1	0	0
0	0	1	0	1	1	0	1	1	0	1	0
1	1	0	1	0	0	1	0	0	1	0	1
1	0	1	1	0	0	1	0	1	0	1	0
0	1	1	0	1	1	0	1	0	1	0	0
1	1	0	1	0	1	0	0	1	0	0	1

:::: Puzzle (183) ::::

1	0	0	1	0	0	1	0	1	1	0	1
0	0	1	0	1	0	0	1	1	0	1	1
0	1	0	0	1	1	0	1	0	1	1	0
1	0	1	1	0	0	1	0	1	1	0	0
0	0	1	0	1	1	0	0	1	0	1	1
0	1	0	0	1	0	1	1	0	0	1	1
1	0	1	1	0	1	0	1	0	1	0	0
0	1	1	0	0	1	0	0	1	0	1	1
1	1	0	1	1	0	1	0	0	1	0	0
0	0	1	1	0	1	0	1	1	0	0	1
1	1	0	0	1	0	1	1	0	0	1	0
1	1	0	1	0	1	1	0	0	1	0	0

:::: Puzzle (184) ::::

0	0	1	0	0	1	0	1	1	0	1	1
0	0	1	0	1	0	1	0	1	0	1	1
1	1	0	1	0	1	0	1	0	1	0	0
0	0	1	0	1	0	1	0	1	1	0	1
0	0	1	1	0	0	1	1	0	0	1	1
1	1	0	0	1	1	0	0	1	1	0	0
0	1	0	0	1	0	0	1	1	0	1	1
1	0	1	1	0	1	1	0	0	1	0	0
1	1	0	1	1	0	0	1	0	0	1	0
0	1	0	0	1	1	0	0	1	0	1	1
1	0	1	1	0	0	1	1	0	1	0	0
1	1	0	1	0	1	1	0	0	1	0	0

:::: Puzzle (185) ::::

1	0	0	1	0	0	1	0	1	0	1	1
0	0	1	0	1	0	1	0	1	1	0	1
0	1	0	0	1	1	0	1	0	1	1	0
1	0	0	1	0	0	1	1	0	0	1	1
0	1	1	0	1	1	0	0	1	1	0	0
0	0	1	0	0	1	0	1	1	0	1	1
1	1	0	1	1	0	1	0	0	1	0	0
0	1	0	1	0	1	0	1	0	0	1	1
1	0	1	0	1	0	1	0	1	1	0	0
0	1	1	0	1	0	0	1	1	0	0	1
1	1	0	1	0	1	0	1	0	0	1	0
1	0	1	1	0	1	1	0	0	1	0	0

:::: Puzzle (186) ::::

1	1	0	0	1	0	1	0	0	1	1	0
0	0	1	1	0	1	0	1	0	1	0	1
0	0	1	0	1	0	1	0	1	0	1	1
1	1	0	0	1	0	0	1	1	0	1	0
0	0	1	1	0	1	1	0	0	1	0	1
0	0	1	0	0	1	0	1	1	0	1	1
1	1	0	0	1	0	1	0	1	1	0	0
0	1	0	1	0	0	1	1	0	1	0	1
1	0	1	1	0	1	0	0	1	0	1	0
1	1	0	0	1	1	0	0	1	0	0	1
0	1	0	1	1	0	1	1	0	1	0	0
1	0	1	1	0	1	0	1	0	0	1	0

:::: Puzzle (187) ::::

1	0	1	0	0	1	0	1	0	0	1	1
0	0	1	1	0	0	1	0	1	1	0	1
0	1	0	0	1	1	0	1	1	0	1	0
1	0	1	1	0	0	1	0	0	1	0	1
0	0	1	0	1	1	0	1	1	0	1	0
0	1	0	0	1	0	0	1	1	0	1	1
1	0	1	1	0	1	1	0	0	1	0	0
0	1	0	1	0	1	0	0	1	0	1	1
1	1	0	0	1	0	1	1	0	1	0	0
0	0	1	0	0	1	1	0	1	0	1	1
1	1	0	1	1	0	0	1	0	1	0	0
1	1	0	1	1	0	1	0	0	1	0	0

:::: Puzzle (188) ::::

1	0	0	1	0	1	0	0	1	1	0	1
0	1	0	0	1	0	1	1	0	1	1	0
0	0	1	0	0	1	0	1	1	0	1	1
1	0	1	1	0	1	0	0	1	0	0	1
0	1	0	1	1	0	1	1	0	1	0	0
0	1	1	0	0	1	0	1	0	0	1	1
1	0	1	0	1	0	1	0	1	0	0	1
0	1	0	1	0	1	0	1	0	1	1	0
1	0	1	0	1	0	1	0	1	0	1	0
0	0	1	0	0	1	1	0	1	1	0	1
1	1	0	1	1	0	0	1	0	0	1	0
1	1	0	1	1	0	1	0	0	1	0	0

:::: Puzzle (189) ::::

0	1	0	0	1	0	1	1	0	1	0	1
0	0	1	0	0	1	0	1	1	0	1	1
1	0	0	1	0	1	1	0	0	1	1	0
0	1	0	1	1	0	1	0	1	1	0	0
0	1	1	0	1	0	0	1	0	0	1	1
1	0	0	1	0	1	0	1	1	0	1	0
0	0	1	0	1	0	1	0	1	1	0	1
1	1	0	1	1	0	0	1	0	0	1	0
1	0	1	1	0	1	1	0	0	1	0	0
0	1	1	0	1	1	0	0	1	0	0	1
1	1	0	1	0	0	1	1	0	0	1	0
1	0	1	0	0	1	0	0	1	1	0	1

:::: Puzzle (190) ::::

1	1	0	1	0	0	1	0	0	1	0	1
1	0	1	0	0	1	0	0	1	0	1	1
0	1	0	0	1	1	0	1	1	0	1	0
0	0	1	1	0	0	1	1	0	1	0	1
1	0	1	0	0	1	1	0	1	0	1	0
0	1	0	0	1	0	0	1	1	0	1	1
0	0	1	1	0	1	0	1	0	1	0	1
1	0	0	1	1	0	1	0	1	0	1	0
0	1	1	0	1	1	0	1	0	1	0	0
0	0	1	0	0	1	1	0	1	1	0	1
1	1	0	1	1	0	0	1	0	0	1	0
1	1	0	1	1	0	1	0	0	1	0	0

:::: Puzzle (191) ::::

0	1	0	0	1	0	1	0	1	1	0	1
1	0	1	1	0	0	1	0	0	1	1	0
0	0	1	0	0	1	0	1	1	0	1	1
0	1	0	0	1	0	1	1	0	1	0	1
1	0	1	1	0	1	0	0	1	1	0	0
0	0	1	0	0	1	1	0	1	0	1	1
0	1	0	1	1	0	1	1	0	1	0	0
1	0	1	0	1	1	0	0	1	0	0	1
1	1	0	1	0	1	0	1	0	0	1	0
0	0	1	0	1	0	1	1	0	1	1	0
1	1	0	1	0	1	0	0	1	0	0	1
1	1	0	1	1	0	0	1	0	0	1	0

:::: Puzzle (192) ::::

1	0	0	1	1	0	1	0	1	0	0	1
0	1	0	0	1	0	1	1	0	1	1	0
0	0	1	0	0	1	0	1	1	0	1	1
1	0	1	1	0	0	1	0	1	0	0	1
1	1	0	0	1	1	0	1	0	1	0	0
0	0	1	0	1	0	0	1	1	0	1	1
0	0	1	1	0	1	1	0	0	1	0	1
1	1	0	1	0	1	0	0	1	0	1	0
0	1	1	0	1	0	0	1	0	1	1	0
0	0	1	0	0	1	1	0	1	1	0	1
1	1	0	1	1	0	0	1	0	0	1	0
1	1	0	1	0	1	1	0	0	1	0	0

:::: Puzzle (193) ::::

1	0	0	1	1	0	0	1	0	1	1	0
0	1	0	0	1	0	1	0	1	1	0	1
0	0	1	0	0	1	0	1	1	0	1	1
1	0	1	1	0	1	0	1	0	0	1	0
1	1	0	0	1	0	1	0	1	1	0	0
0	0	1	1	0	1	0	0	1	0	1	1
0	1	1	0	0	1	0	1	0	1	0	1
1	1	0	0	1	0	1	1	0	0	1	0
0	0	1	1	0	1	1	0	1	1	0	0
0	1	0	0	1	1	0	1	0	0	1	1
1	0	1	1	0	0	1	0	1	0	0	1
1	1	0	1	1	0	1	0	0	1	0	0

:::: Puzzle (194) ::::

1	0	0	1	0	0	1	0	1	0	1	1
1	0	0	1	0	0	1	0	1	1	0	1
0	1	1	0	1	1	0	1	0	1	0	0
0	0	1	0	0	1	0	1	1	0	1	1
1	1	0	1	1	0	1	0	0	1	0	0
1	0	1	0	1	0	0	1	0	0	1	1
0	1	1	0	0	1	0	0	1	1	0	1
0	1	0	1	1	0	1	1	0	0	1	0
1	0	0	1	0	1	0	1	0	1	1	0
0	1	1	0	1	0	1	0	1	0	0	1
0	1	0	0	1	1	0	1	1	0	1	0
1	0	1	1	0	1	1	0	0	1	0	0

:::: Puzzle (195) ::::

1	0	1	0	1	0	1	0	0	1	1	0
1	1	0	0	1	0	1	0	0	1	0	1
0	0	1	1	0	1	0	1	1	0	1	0
0	0	1	0	1	0	1	1	0	0	1	1
1	1	0	0	1	1	0	0	1	1	0	0
0	0	1	1	0	0	1	1	0	0	1	1
0	1	0	0	1	1	0	1	0	0	1	1
1	0	1	1	0	0	1	0	1	1	0	0
0	1	0	1	0	1	0	1	1	0	0	1
0	0	1	0	1	0	1	1	0	1	1	0
1	1	0	1	0	1	0	0	1	0	0	1
1	1	0	1	0	1	0	0	1	1	0	0

:::: Puzzle (196) ::::

1	0	1	0	0	1	0	0	1	0	1	1
0	1	0	1	1	0	0	1	1	0	1	0
0	0	1	0	1	0	1	1	0	1	0	1
1	0	0	1	0	1	1	0	1	0	1	0
0	1	1	0	1	0	0	1	0	1	1	0
0	0	1	0	0	1	1	0	1	1	0	1
1	0	0	1	1	0	1	1	0	0	1	0
0	1	1	0	1	1	0	0	1	0	0	1
1	1	0	1	0	0	1	0	0	1	0	1
0	0	1	0	1	1	0	1	0	1	1	0
1	1	0	1	0	1	0	0	1	0	0	1
1	1	0	1	0	0	1	1	0	1	0	0

:::: Puzzle (197) ::::

0	1	0	0	1	1	0	0	1	0	1	1
1	0	1	0	0	1	0	1	0	1	1	0
0	1	0	1	0	0	1	1	0	1	0	1
0	0	1	0	1	0	1	0	1	0	1	1
1	0	1	0	0	1	0	1	1	0	1	0
0	1	0	1	1	0	1	0	0	1	0	1
1	0	1	1	0	0	1	1	0	1	0	0
0	0	1	0	1	1	0	1	1	0	1	0
1	1	0	1	0	0	1	0	1	0	0	1
0	0	1	0	1	1	0	1	0	1	1	0
1	1	0	1	1	0	1	0	0	1	0	0
1	1	0	1	0	1	0	0	1	0	0	1

:::: Puzzle (198) ::::

0	0	1	0	1	0	0	1	1	0	1	1
1	0	0	1	0	1	1	0	0	1	0	1
0	1	1	0	1	0	1	1	0	0	1	0
0	0	1	0	1	1	0	0	1	1	0	1
1	0	0	1	0	1	0	1	1	0	1	0
0	1	0	1	1	0	1	1	0	1	0	0
0	1	1	0	0	1	1	0	0	1	0	1
1	0	1	0	1	0	0	1	1	0	1	0
1	1	0	1	0	1	0	0	1	0	0	1
0	0	1	0	1	0	1	1	0	1	0	1
1	1	0	1	0	0	1	0	0	1	1	0
1	1	0	1	0	1	0	0	1	0	1	0

:::: Puzzle (199) ::::

1	0	1	0	0	1	0	0	1	0	1	1
0	1	0	1	0	0	1	0	1	0	1	1
1	0	1	0	1	0	1	1	0	1	0	0
0	0	1	1	0	1	0	0	1	1	0	1
1	1	0	0	1	0	0	1	0	0	1	1
1	0	0	1	0	0	1	1	0	1	1	0
0	0	1	1	0	1	1	0	1	1	0	0
0	1	1	0	1	0	0	1	0	0	1	1
1	1	0	0	1	1	0	0	1	1	0	0
0	0	1	1	0	1	1	0	1	0	0	1
0	1	0	1	1	0	1	1	0	0	1	0
1	1	0	0	1	1	0	1	0	1	0	0

:::: Puzzle (200) ::::

1	0	0	1	0	0	1	1	0	1	1	0
0	1	0	0	1	0	0	1	1	0	1	1
0	1	1	0	0	1	0	0	1	1	0	1
1	0	0	1	1	0	1	1	0	0	1	0
0	1	1	0	0	1	0	0	1	0	1	1
0	0	1	0	1	0	1	1	0	1	0	1
1	1	0	1	1	0	0	1	0	0	1	0
0	1	0	1	0	1	1	0	1	1	0	0
1	0	1	0	1	1	0	0	1	0	0	1
0	1	0	0	1	0	1	1	0	0	1	1
1	0	1	1	0	1	1	0	0	1	0	0
1	0	1	1	0	1	0	0	1	1	0	0

::::: ***Puzzle (201)*** :::::

1	0	1	0	0	1	0	1	0	1	1	0
0	0	1	0	0	1	1	0	1	0	1	1
1	1	0	1	1	0	0	1	0	1	0	0
0	1	0	1	0	0	1	0	1	0	1	1
0	0	1	0	1	1	0	1	0	0	1	1
1	0	0	1	1	0	1	0	1	1	0	0
0	1	1	0	0	1	0	1	1	0	1	0
0	0	1	0	1	0	1	1	0	1	0	1
1	1	0	1	1	0	1	0	0	1	0	0
0	0	1	1	0	1	0	1	1	0	1	0
1	1	0	0	1	0	1	0	0	1	0	1
1	1	0	1	0	1	0	0	1	0	0	1

::::: ***Puzzle (202)*** :::::

1	0	0	1	1	0	0	1	0	1	1	0
0	0	1	0	1	0	1	1	0	0	1	1
0	1	0	1	0	1	0	0	1	1	0	1
1	0	1	1	0	0	1	1	0	1	0	0
0	0	1	0	1	0	0	1	1	0	1	1
0	1	0	1	0	1	1	0	0	1	1	0
1	0	1	0	0	1	1	0	1	0	0	1
0	1	1	0	1	0	0	1	1	0	1	0
1	1	0	1	0	1	1	0	0	1	0	0
0	0	1	0	0	1	1	0	1	1	0	1
1	1	0	1	1	0	0	1	0	0	1	0
1	1	0	0	1	1	0	0	1	0	0	1

::::: ***Puzzle (203)*** :::::

0	0	1	0	0	1	0	1	1	0	1	1
0	0	1	0	0	1	1	0	1	0	1	1
1	1	0	1	1	0	0	1	0	1	0	0
0	0	1	0	1	0	1	0	1	0	1	1
0	0	1	1	0	1	0	1	0	1	1	0
1	1	0	0	1	0	1	0	1	0	0	1
0	1	0	1	0	0	1	1	0	1	1	0
1	0	1	0	1	1	0	1	0	1	0	0
1	1	0	1	0	0	1	0	1	0	0	1
0	1	0	1	0	1	0	1	0	0	1	1
1	0	1	0	1	1	0	0	1	1	0	0
1	1	0	1	1	0	1	0	0	1	0	0

::::: ***Puzzle (204)*** :::::

1	0	0	1	0	0	1	1	0	0	1	1
0	0	1	0	0	1	0	1	1	0	1	1
0	1	1	0	1	0	1	0	1	1	0	0
1	0	0	1	0	0	1	1	0	1	1	0
0	0	1	0	1	1	0	0	1	0	1	1
0	1	1	0	1	0	0	1	0	1	0	1
1	1	0	1	0	0	1	0	1	0	1	0
0	0	1	0	1	1	0	0	1	1	0	1
1	1	0	1	0	1	0	1	0	1	0	0
0	1	0	1	1	0	1	1	0	0	1	0
1	0	1	0	1	1	0	0	1	0	0	1
1	1	0	1	0	1	1	0	0	1	0	0

::::: ***Puzzle (205)*** :::::

0	0	1	0	0	1	1	0	1	1	0	1
0	0	1	0	0	1	0	1	1	0	1	1
1	1	0	1	1	0	1	0	0	1	0	0
0	0	1	1	0	0	1	1	0	1	1	0
0	0	1	0	1	1	0	0	1	0	1	1
1	1	0	0	1	0	0	1	0	1	0	1
0	1	0	1	0	1	1	0	1	0	1	0
1	0	1	0	1	0	1	0	1	0	0	1
1	1	0	1	0	1	0	1	0	1	0	0
0	0	1	0	0	1	1	0	1	0	1	1
1	1	0	1	1	0	0	1	0	0	1	0
1	1	0	1	1	0	0	1	0	1	0	0

::::: ***Puzzle (206)*** :::::

0	0	1	0	0	1	1	0	1	1	0	1
0	0	1	0	0	1	0	1	1	0	1	1
1	1	0	1	1	0	1	0	0	1	0	0
0	0	1	0	0	1	1	0	1	0	1	1
0	1	0	1	1	0	0	1	0	1	0	1
1	0	1	1	0	0	1	0	0	1	1	0
0	0	1	0	1	1	0	1	1	0	1	0
1	1	0	0	1	0	0	1	1	0	0	1
1	1	0	1	0	1	1	0	0	1	0	0
0	0	1	0	1	0	1	1	0	0	1	1
1	1	0	1	0	1	0	0	1	0	1	0
1	1	0	1	1	0	0	1	0	1	0	0

::::: ***Puzzle (207)*** :::::

0	1	1	0	0	1	0	1	0	0	1	1
1	0	0	1	1	0	0	1	1	0	1	0
0	0	1	0	0	1	1	0	1	1	0	1
0	1	1	0	0	1	0	1	0	1	1	0
1	0	0	1	1	0	0	1	1	0	0	1
0	0	1	0	1	0	1	0	1	1	0	1
0	1	0	1	0	1	1	0	0	1	1	0
1	1	0	0	1	0	0	1	1	0	0	1
1	0	1	1	0	0	1	0	0	1	1	0
0	0	1	1	0	1	1	0	1	0	0	1
1	1	0	0	1	1	0	1	0	0	1	0
1	1	0	1	1	0	1	0	0	1	0	0

::::: ***Puzzle (208)*** :::::

1	0	0	1	1	0	0	1	0	1	1	0
0	0	1	0	0	1	1	0	1	0	1	1
0	1	0	1	1	0	1	0	0	1	0	1
1	0	0	1	0	1	0	1	1	0	1	0
0	0	1	0	0	1	1	0	1	1	0	1
0	1	1	0	1	0	0	1	0	1	1	0
1	1	0	1	0	0	1	0	1	0	0	1
1	0	1	0	0	1	1	0	1	1	0	0
0	1	0	1	1	0	0	1	0	0	1	1
0	1	1	0	0	1	1	0	1	0	0	1
1	0	1	0	1	1	0	1	0	1	0	0
1	1	0	1	1	0	0	1	0	0	1	0

::::: ***Puzzle (209)*** :::::

0	0	1	0	0	1	1	0	1	0	1	1
1	1	0	0	1	0	0	1	1	0	0	1
0	0	1	1	0	1	1	0	0	1	1	0
0	0	1	0	0	1	0	1	1	0	1	1
1	1	0	1	1	0	1	0	0	1	0	0
0	0	1	0	0	1	1	0	1	1	0	1
1	1	0	1	1	0	0	1	0	0	1	0
0	0	1	0	1	1	0	0	1	1	0	1
1	1	0	1	0	0	1	1	0	0	1	0
0	1	0	0	1	1	0	1	0	0	1	1
1	0	1	1	0	0	1	0	1	1	0	0
1	1	0	1	1	0	0	1	0	1	0	0

::::: ***Puzzle (210)*** :::::

0	0	1	0	0	1	0	1	1	0	1	1
1	1	0	1	0	0	1	0	0	1	0	1
1	0	1	0	1	0	0	1	1	0	1	0
0	0	1	0	0	1	1	0	1	0	1	1
0	1	0	1	0	1	0	1	0	1	0	1
1	0	0	1	1	0	1	0	1	0	1	0
0	0	1	0	0	1	1	0	1	1	0	1
0	1	1	0	1	1	0	1	0	1	0	0
1	1	0	1	1	0	0	1	0	0	1	0
0	0	1	1	0	0	1	0	1	0	1	1
1	1	0	0	1	1	0	1	0	1	0	0
1	1	0	1	1	0	1	0	0	1	0	0

::::: ***Puzzle (211)*** :::::

1	0	0	1	0	0	1	0	1	1	0	1
0	0	1	0	0	1	0	1	1	0	1	1
0	1	0	0	1	0	1	1	0	1	1	0
1	0	1	1	0	0	1	0	0	1	0	1
0	1	0	0	1	1	0	1	1	0	0	1
0	1	0	1	0	1	1	0	1	0	1	0
1	0	1	0	1	0	0	1	0	1	0	1
1	1	0	0	1	1	0	1	0	0	1	0
0	0	1	1	0	1	1	0	1	0	1	0
0	1	1	0	1	0	0	1	0	1	0	1
1	1	0	1	1	0	1	0	0	1	0	0
1	0	1	1	0	1	0	0	1	0	1	0

::::: ***Puzzle (212)*** :::::

1	0	0	1	0	0	1	1	0	0	1	1
0	0	1	0	0	1	0	1	1	0	1	1
1	1	0	0	1	0	1	0	1	1	0	0
0	1	0	1	0	1	1	0	0	1	0	1
0	0	1	0	1	1	0	1	1	0	1	0
1	0	1	0	1	0	0	1	0	1	0	1
0	1	0	1	0	1	1	0	1	0	1	0
0	0	1	0	0	1	1	0	1	1	0	1
1	1	0	1	1	0	0	1	0	1	0	0
0	1	1	0	1	1	0	0	1	0	1	0
1	0	1	1	0	0	1	0	0	1	0	1
1	1	0	1	1	0	0	1	0	0	1	0

::::: ***Puzzle (213)*** :::::

0	1	0	0	1	1	0	1	1	0	1	0
1	0	1	0	0	1	0	1	0	1	0	1
0	0	1	1	0	0	1	0	1	0	1	1
0	1	0	1	1	0	0	1	0	1	1	0
1	0	1	0	0	1	1	0	1	0	0	1
0	0	1	0	0	1	0	1	1	0	1	1
1	1	0	1	1	0	1	0	0	1	0	0
1	0	0	1	0	0	1	0	1	1	0	1
0	1	1	0	1	1	0	1	0	0	1	0
0	0	1	0	1	0	1	0	1	0	1	1
1	1	0	1	0	1	1	0	0	1	0	0
1	1	0	1	1	0	0	1	0	1	0	0

::::: ***Puzzle (214)*** :::::

0	0	1	0	0	1	1	0	1	0	1	1
0	0	1	0	0	1	0	1	1	0	1	1
1	1	0	1	1	0	1	0	0	1	0	0
1	0	0	1	1	0	0	1	0	1	0	1
0	1	1	0	0	1	0	0	1	0	1	1
0	1	0	0	1	0	1	1	0	1	1	0
1	0	0	1	0	0	1	0	1	1	0	1
0	1	1	0	1	1	0	1	0	0	1	0
1	0	1	1	0	0	1	0	1	1	0	0
0	1	0	1	1	0	0	1	1	0	0	1
1	1	0	0	1	1	0	1	0	0	1	0
1	0	1	1	0	1	1	0	0	1	0	0

::::: ***Puzzle (215)*** :::::

1	0	0	1	0	0	1	0	1	0	1	1
1	0	1	0	0	1	0	1	0	1	0	1
0	1	0	1	1	0	1	1	0	1	0	0
0	1	1	0	0	1	0	0	1	0	1	1
1	0	1	0	1	0	1	1	0	1	0	0
0	1	0	1	0	0	1	0	1	0	1	1
0	0	1	0	1	1	0	1	1	0	0	1
1	1	0	0	1	0	0	1	0	1	1	0
0	0	1	1	0	1	1	0	1	0	1	0
0	1	0	0	1	1	0	0	1	1	0	1
1	1	0	1	1	0	0	1	0	0	1	0
1	0	1	1	0	1	1	0	0	1	0	0

::::: ***Puzzle (216)*** :::::

1	0	1	0	0	1	0	0	1	0	1	1
1	0	0	1	0	0	1	0	1	0	1	1
0	1	1	0	1	1	0	1	0	1	0	0
0	0	1	0	0	1	1	0	1	0	1	1
1	0	0	1	1	0	0	1	0	1	1	0
0	1	1	0	0	1	1	0	1	1	0	0
0	0	1	1	0	0	1	1	0	0	1	1
1	1	0	0	1	1	0	1	0	1	0	0
0	1	0	1	1	0	1	0	1	0	0	1
0	0	1	0	0	1	0	1	1	0	1	1
1	1	0	1	1	0	0	1	0	1	0	0
1	1	0	1	1	0	1	0	0	1	0	0

::::: ***Puzzle (217)*** :::::

0	0	1	0	1	0	1	0	1	0	1	1
1	0	1	0	1	0	1	1	0	1	0	0
0	1	0	1	0	1	0	1	1	0	1	0
0	0	1	0	0	1	1	0	1	1	0	1
1	0	0	1	1	0	0	1	0	0	1	1
0	1	1	0	0	1	1	0	1	1	0	0
0	0	1	0	0	1	0	1	1	0	1	1
1	1	0	1	1	0	0	1	0	0	1	0
1	1	0	1	0	0	1	0	0	1	0	1
0	0	1	0	1	1	0	0	1	0	1	1
1	1	0	1	0	1	0	1	0	1	0	0
1	1	0	1	1	0	1	0	0	1	0	0

::::: ***Puzzle (218)*** :::::

1	0	0	1	0	1	0	1	0	1	1	0
0	0	1	0	0	1	0	1	1	0	1	1
0	1	0	0	1	0	1	0	1	1	0	1
1	0	1	1	0	1	0	1	0	1	0	0
0	0	1	0	1	0	1	0	1	0	1	1
0	1	0	0	1	1	0	1	1	0	1	0
1	0	1	1	0	1	1	0	0	1	0	0
0	1	1	0	1	0	0	1	0	0	1	1
1	1	0	1	0	0	1	0	1	1	0	0
0	0	1	1	0	1	1	0	1	0	0	1
1	1	0	0	1	0	0	1	0	0	1	1
1	1	0	1	1	0	1	0	0	1	0	0

::::: ***Puzzle (219)*** :::::

1	0	1	0	0	1	0	0	1	0	1	1
1	1	0	0	1	0	0	1	1	0	0	1
0	0	1	1	0	0	1	1	0	1	1	0
0	0	1	0	1	1	0	0	1	0	1	1
1	1	0	1	0	1	0	1	0	1	0	0
0	0	1	0	1	0	1	1	0	1	0	1
0	0	1	0	0	1	1	0	1	0	1	1
1	1	0	1	1	0	0	1	0	0	1	0
0	1	0	1	0	1	1	0	1	1	0	0
0	0	1	0	1	0	1	0	1	0	1	1
1	1	0	1	1	0	0	1	0	1	0	0
1	1	0	1	0	1	1	0	0	1	0	0

::::: ***Puzzle (220)*** :::::

0	1	0	0	1	0	1	0	1	1	0	1
0	0	1	0	0	1	0	1	1	0	1	1
1	0	0	1	1	0	1	0	0	1	1	0
0	1	1	0	1	0	1	0	0	1	0	1
0	0	1	1	0	1	0	1	1	0	1	0
1	1	0	0	1	0	1	0	1	1	0	0
0	0	1	1	0	0	1	1	0	0	1	1
1	0	1	1	0	1	0	0	1	0	0	1
1	1	0	0	1	1	0	1	0	1	0	0
0	0	1	1	0	0	1	1	0	1	1	0
1	1	0	1	0	1	0	0	1	0	0	1
1	1	0	0	1	1	0	1	0	0	1	0

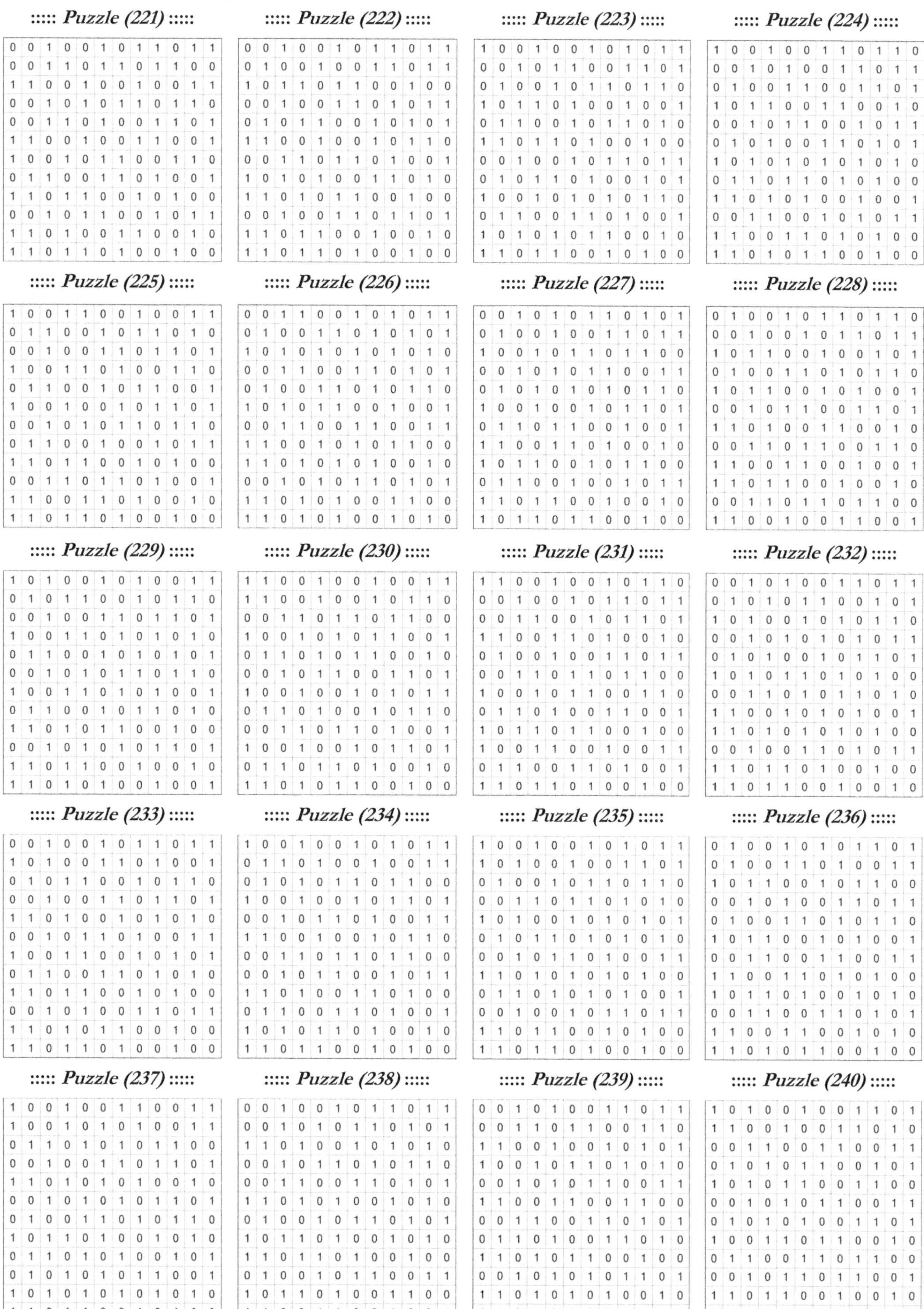

:::: Puzzle (221) ::::

0	0	1	0	0	1	0	1	1	0	1	1
0	0	1	1	0	1	1	0	1	1	0	0
1	1	0	0	1	0	0	1	0	0	1	1
0	0	1	0	1	0	1	1	0	1	1	0
0	0	1	1	0	1	0	0	1	1	0	1
1	1	0	0	1	0	0	1	1	0	0	1
1	0	0	1	0	1	1	0	0	1	1	0
0	1	1	0	0	1	1	0	1	0	0	1
1	1	0	1	1	0	0	1	0	1	0	0
0	0	1	0	1	1	0	0	1	0	1	1
1	1	0	1	0	0	1	1	0	0	1	0
1	1	0	1	1	0	1	0	0	1	0	0

:::: Puzzle (222) ::::

0	0	1	0	0	1	0	1	1	0	1	1
0	1	0	0	1	0	0	1	1	0	1	1
1	0	1	1	0	1	1	0	0	1	0	0
0	0	1	0	0	1	1	0	1	0	1	1
0	1	0	1	1	0	0	1	0	1	0	1
1	1	0	0	1	0	0	1	0	1	1	0
0	0	1	1	0	1	1	0	1	0	0	1
1	0	1	0	1	0	0	1	1	0	1	0
1	1	0	1	0	1	1	0	0	1	0	0
0	0	1	0	0	1	1	0	1	1	0	1
1	1	0	1	1	0	0	1	0	0	1	0
1	1	0	1	1	0	1	0	0	1	0	0

:::: Puzzle (223) ::::

1	0	0	1	0	0	1	0	1	0	1	1
0	0	1	0	1	1	0	0	1	1	0	1
0	1	0	0	1	0	1	1	0	1	1	0
1	0	1	1	0	1	0	0	1	0	0	1
0	1	1	0	0	1	0	1	1	0	1	0
1	1	0	1	1	0	1	0	0	1	0	0
0	0	1	0	0	1	0	1	1	0	1	1
0	1	0	1	1	0	1	0	0	1	0	1
1	0	0	1	0	1	0	1	0	1	1	0
0	1	1	0	0	1	1	0	1	0	0	1
1	0	1	0	1	0	1	1	0	0	1	0
1	1	0	1	1	0	0	1	0	1	0	0

:::: Puzzle (224) ::::

1	0	0	1	0	0	1	1	0	1	1	0
0	0	1	0	1	0	0	1	1	0	1	1
0	1	0	0	1	1	0	0	1	1	0	1
1	0	1	1	0	0	1	1	0	0	1	0
0	0	1	0	1	1	0	0	1	0	1	1
0	1	0	1	0	0	1	1	0	1	0	1
1	0	1	0	1	0	1	0	1	0	1	0
0	1	1	0	1	1	0	1	0	1	0	0
1	1	0	1	0	1	0	0	1	0	0	1
0	0	1	1	0	0	1	0	1	0	1	1
1	1	0	0	1	1	0	1	0	1	0	0
1	1	0	1	0	1	1	0	0	1	0	0

:::: Puzzle (225) ::::

1	0	0	1	1	0	0	1	0	0	1	1
0	1	1	0	0	1	0	1	1	0	1	0
0	0	1	0	0	1	1	0	1	1	0	1
1	0	0	1	1	0	1	0	0	1	1	0
0	1	1	0	0	1	0	1	1	0	0	1
1	0	0	1	0	0	1	0	1	1	0	1
0	0	1	0	1	0	1	1	0	1	1	0
0	1	1	0	0	1	0	0	1	0	1	1
1	1	0	1	1	0	0	1	0	1	0	0
0	0	1	1	0	1	1	0	1	0	0	1
1	1	0	0	1	1	0	1	0	0	1	0
1	1	0	1	1	0	1	0	0	1	0	0

:::: Puzzle (226) ::::

0	0	1	1	0	0	1	0	1	0	1	1
0	1	0	0	1	1	0	1	0	1	0	1
1	0	1	0	1	0	1	0	1	0	1	0
0	0	1	1	0	0	1	1	0	1	0	1
0	1	0	0	1	1	0	1	0	1	1	0
1	0	1	0	1	1	0	0	1	0	0	1
0	0	1	1	0	0	1	1	0	0	1	1
1	1	0	0	1	0	1	0	1	1	0	0
1	1	0	1	0	1	0	1	0	0	1	0
0	0	1	0	1	0	1	1	0	1	0	1
1	1	0	1	0	1	0	0	1	1	0	0
1	1	0	1	0	1	0	0	1	0	1	0

:::: Puzzle (227) ::::

0	0	1	0	1	0	1	1	0	1	0	1
0	1	0	0	1	0	0	1	1	0	1	1
1	0	0	1	0	1	1	0	1	1	0	0
0	0	1	0	1	0	1	1	0	0	1	1
0	1	0	1	0	1	0	1	0	1	1	0
1	0	0	1	0	0	1	0	1	1	0	1
0	1	1	0	1	1	0	0	1	0	0	1
1	1	0	0	1	1	0	1	0	0	1	0
1	0	1	1	0	0	1	0	1	1	0	0
0	1	1	0	0	1	0	0	1	0	1	1
1	1	0	1	1	0	0	1	0	0	1	0
1	0	1	1	0	1	1	0	0	1	0	0

:::: Puzzle (228) ::::

0	1	0	0	1	0	1	1	0	1	1	0
0	0	1	0	0	1	0	1	1	0	1	1
1	0	1	1	0	0	1	0	0	1	0	1
0	1	0	0	1	1	0	1	0	1	1	0
1	0	1	1	0	0	1	0	1	0	0	1
0	0	1	0	1	1	0	0	1	1	0	1
1	1	0	1	0	0	1	1	0	0	1	0
0	0	1	1	0	1	1	0	0	1	1	0
1	1	0	0	1	1	0	0	1	0	0	1
1	1	0	1	1	0	0	1	0	0	1	0
0	0	1	1	0	1	1	0	1	1	0	0
1	1	0	0	1	0	0	1	1	0	0	1

:::: Puzzle (229) ::::

1	0	1	0	0	1	0	1	0	0	1	1
0	1	0	1	1	0	0	1	0	1	1	0
0	0	1	0	0	1	1	0	1	1	0	1
1	0	0	1	1	0	1	0	1	0	1	0
0	1	1	0	0	1	0	1	0	1	0	1
0	0	1	0	1	0	1	1	0	1	1	0
1	0	0	1	1	0	1	0	1	0	0	1
0	1	1	0	0	1	0	1	1	0	1	0
1	1	0	1	0	1	1	0	0	1	0	0
0	0	1	0	1	0	1	0	1	1	0	1
1	1	0	1	1	0	0	1	0	0	1	0
1	1	0	1	0	1	0	0	1	0	0	1

:::: Puzzle (230) ::::

1	1	0	0	1	0	0	1	0	0	1	1
1	1	0	0	1	0	0	1	0	1	1	0
0	0	1	1	0	1	1	0	1	1	0	0
1	0	0	1	0	1	0	1	1	0	0	1
0	1	1	0	1	0	1	1	0	0	1	0
0	0	1	0	1	1	0	0	1	1	0	1
1	0	0	1	0	0	1	0	1	0	1	1
0	1	1	0	1	0	0	1	0	1	1	0
0	0	1	1	0	1	1	0	1	0	0	1
1	0	0	1	0	0	1	0	1	1	0	1
0	1	1	0	1	1	0	1	0	0	1	0
1	1	0	1	0	1	1	0	0	1	0	0

:::: Puzzle (231) ::::

1	1	0	0	1	0	0	1	0	1	1	0
0	0	1	0	0	1	0	1	1	0	1	1
0	0	1	1	0	0	1	0	1	1	0	1
1	1	0	0	1	1	0	1	0	0	1	0
0	1	0	0	1	0	0	1	1	0	1	1
0	0	1	1	0	1	1	0	1	1	0	0
1	0	0	1	0	1	1	0	0	1	1	0
0	1	1	0	1	0	0	1	1	0	0	1
1	0	1	1	0	1	1	0	0	1	0	0
1	0	0	1	1	0	0	1	0	0	1	1
0	1	1	0	0	1	1	0	1	0	0	1
1	1	0	1	1	0	1	0	0	1	0	0

:::: Puzzle (232) ::::

0	0	1	0	1	0	0	1	1	0	1	1
0	1	0	1	0	1	1	0	0	1	0	1
1	0	1	0	0	1	0	1	0	1	1	0
0	0	1	0	1	0	1	0	1	0	1	1
0	1	0	1	0	0	1	0	1	1	0	1
1	0	1	0	1	1	0	1	0	1	0	0
0	0	1	1	0	1	0	1	1	0	1	0
1	1	0	0	1	0	1	0	1	0	0	1
1	1	0	1	0	1	0	1	0	1	0	0
0	0	1	0	0	1	1	0	1	0	1	1
1	1	0	1	1	0	1	0	0	1	0	0
1	1	0	1	1	0	0	1	0	0	1	0

:::: Puzzle (233) ::::

0	0	1	0	0	1	0	1	1	0	1	1
1	0	1	0	0	1	1	0	1	0	0	1
0	1	0	1	1	0	0	1	0	1	1	0
0	0	1	0	0	1	1	0	1	1	0	1
1	1	0	1	0	0	1	0	1	0	1	0
0	0	1	0	1	1	0	1	0	0	1	1
1	0	0	1	1	0	0	1	0	1	0	1
0	1	1	0	0	1	1	0	1	0	1	0
1	1	0	1	1	0	0	1	0	1	0	0
0	0	1	0	1	0	0	1	1	0	1	1
1	1	0	1	0	1	1	0	0	1	0	0
1	1	0	1	1	0	1	0	0	1	0	0

:::: Puzzle (234) ::::

1	0	0	1	0	0	1	0	1	0	1	1
0	1	1	0	1	0	0	1	0	0	1	1
0	1	0	1	0	1	1	0	1	1	0	0
1	0	0	1	0	0	1	0	1	1	0	1
0	0	1	0	1	1	0	1	0	0	1	1
1	1	0	0	1	0	0	1	0	1	1	0
0	0	1	1	0	1	1	0	1	1	0	0
0	0	1	0	1	1	0	0	1	0	1	1
1	1	0	1	0	0	1	1	0	1	0	0
0	1	1	0	0	1	1	0	1	0	0	1
1	0	1	0	1	1	0	1	0	0	1	0
1	1	0	1	1	0	0	1	0	1	0	0

:::: Puzzle (235) ::::

1	0	0	1	0	0	1	0	1	0	1	1
1	0	1	0	0	1	0	0	1	1	0	1
0	1	0	0	1	0	1	1	0	1	1	0
0	0	1	1	0	1	1	0	1	0	1	0
1	0	1	0	0	1	0	1	0	1	0	1
0	1	0	1	1	0	1	0	1	0	1	0
0	0	1	0	1	1	0	1	0	0	1	1
1	1	0	1	0	1	0	1	0	1	0	0
0	1	1	0	1	0	1	0	1	0	0	1
0	0	1	0	0	1	0	1	1	0	1	1
1	1	0	1	1	0	0	1	0	1	0	0
1	1	0	1	1	0	1	0	0	1	0	0

:::: Puzzle (236) ::::

0	1	0	0	1	0	1	0	1	1	0	1
0	1	0	0	1	1	0	1	0	0	1	1
1	0	1	1	0	0	1	0	1	1	0	0
0	0	1	0	1	0	0	1	1	0	1	1
0	1	0	0	1	1	0	1	0	1	1	0
1	0	1	1	0	0	1	0	1	0	0	1
0	0	1	1	0	0	1	1	0	0	1	1
1	1	0	0	1	1	0	1	0	1	0	0
1	0	1	1	0	1	0	0	1	0	1	0
0	0	1	1	0	0	1	1	0	1	0	1
1	1	0	0	1	1	0	0	1	0	1	0
1	1	0	1	0	1	1	0	0	1	0	0

:::: Puzzle (237) ::::

1	0	0	1	0	0	1	1	0	0	1	1
1	0	0	1	0	1	0	1	0	0	1	1
0	1	1	0	1	0	1	0	1	1	0	0
0	0	1	0	0	1	1	0	1	1	0	1
1	1	0	1	0	1	0	1	0	0	1	0
0	0	1	0	1	0	1	0	1	1	0	1
0	1	0	0	1	1	0	1	0	1	1	0
1	0	1	1	0	1	0	0	1	0	1	0
0	1	1	0	1	0	1	0	0	1	0	1
0	1	0	1	0	1	0	1	1	0	0	1
1	0	1	0	1	0	1	0	1	0	1	0
1	1	0	1	1	0	0	1	0	1	0	0

:::: Puzzle (238) ::::

0	0	1	0	0	1	0	1	1	0	1	1
0	0	1	0	1	0	1	1	0	1	0	1
1	1	0	1	0	0	1	0	1	0	1	0
0	0	1	0	1	1	0	1	0	1	1	0
0	0	1	1	0	0	1	1	0	1	0	1
1	1	0	1	0	1	0	0	1	0	1	0
0	1	0	0	1	0	1	1	0	1	0	1
1	0	1	1	0	1	0	0	1	0	1	0
1	1	0	1	1	0	1	0	0	1	0	0
0	1	0	0	1	0	1	1	0	0	1	1
1	0	1	1	0	1	0	0	1	1	0	0
1	1	0	0	1	1	0	0	1	0	0	1

:::: Puzzle (239) ::::

0	0	1	0	1	0	0	1	1	0	1	1
0	0	1	1	0	1	1	0	0	1	1	0
1	1	0	0	1	0	0	1	0	1	0	1
1	0	0	1	0	1	1	0	1	0	1	0
0	0	1	0	1	0	1	1	0	0	1	1
1	1	0	0	1	1	0	0	1	1	0	0
0	0	1	1	0	0	1	1	0	1	0	1
0	1	1	0	1	0	0	1	1	0	1	0
1	1	0	1	0	1	1	0	0	1	0	0
0	0	1	0	1	0	1	0	1	1	0	1
1	1	0	1	0	1	0	1	0	0	1	0
1	1	0	1	0	1	0	0	1	0	0	1

:::: Puzzle (240) ::::

1	0	1	0	0	1	0	0	1	1	0	1
1	1	0	0	1	0	0	1	1	0	1	0
0	0	1	1	0	0	1	1	0	0	1	1
0	1	0	1	0	1	1	0	0	1	0	1
1	0	1	0	1	1	0	0	1	1	0	0
0	0	1	0	1	0	1	1	0	0	1	1
0	1	0	1	0	1	0	0	1	1	0	1
1	0	0	1	1	0	1	1	0	0	1	0
0	1	1	0	0	1	1	0	1	1	0	0
0	0	1	0	1	1	0	1	1	0	0	1
1	1	0	1	1	0	0	1	0	0	1	0
1	1	0	1	0	0	1	0	0	1	1	0

::::: ***Puzzle (241)*** :::::

1	0	0	1	1	0	0	1	1	0	1	0
1	0	0	1	0	0	1	1	0	0	1	1
0	1	1	0	1	1	0	0	1	1	0	0
0	0	1	0	0	1	1	0	1	0	1	1
1	0	0	1	1	0	0	1	0	0	1	1
0	1	1	0	1	0	1	1	0	1	0	0
0	0	1	0	0	1	1	0	1	1	0	1
1	1	0	1	0	1	0	0	1	0	1	0
0	1	1	0	1	0	0	1	0	1	0	1
0	0	1	1	0	0	1	0	1	0	1	1
1	1	0	1	0	1	1	0	0	1	0	0
1	1	0	0	1	1	0	1	0	1	0	0

::::: ***Puzzle (242)*** :::::

1	1	0	0	1	1	0	0	1	0	0	1
0	1	0	0	1	0	1	1	0	1	1	0
0	0	1	1	0	0	1	0	1	1	0	1
1	0	1	0	0	1	0	1	1	0	0	1
1	1	0	0	1	0	0	1	0	1	1	0
0	0	1	1	0	0	1	0	1	0	1	1
1	0	0	1	0	1	1	0	0	1	0	1
0	1	1	0	1	1	0	1	0	1	0	0
1	0	0	1	1	0	0	1	1	0	1	0
0	0	1	1	0	1	1	0	0	1	0	1
0	1	1	0	0	1	1	0	1	0	1	0
1	1	0	1	1	0	0	1	0	0	1	0

::::: ***Puzzle (243)*** :::::

1	1	0	0	1	0	0	1	0	0	1	1
1	0	0	1	0	0	1	1	0	1	1	0
0	0	1	0	0	1	1	0	1	1	0	1
0	1	0	0	1	1	0	1	0	0	1	1
1	0	0	1	1	0	0	1	1	0	1	0
0	0	1	1	0	0	1	0	1	1	0	1
0	1	1	0	1	1	0	1	0	1	0	0
1	1	0	1	0	0	1	0	1	0	1	0
0	0	1	1	0	1	1	0	1	0	0	1
0	1	1	0	1	0	0	1	0	1	1	0
1	1	0	1	0	1	1	0	0	1	0	0
1	0	1	0	1	1	0	0	1	0	0	1

::::: ***Puzzle (244)*** :::::

0	0	1	0	1	0	1	1	0	0	1	1
1	0	0	1	0	0	1	1	0	1	1	0
0	1	0	0	1	1	0	0	1	1	0	1
0	0	1	0	0	1	0	1	1	0	1	1
1	1	0	1	1	0	1	0	0	1	0	0
0	0	1	1	0	0	1	0	1	0	1	1
0	1	0	0	1	1	0	1	0	1	0	1
1	1	0	1	0	0	1	1	0	0	1	0
1	0	1	1	0	1	0	0	1	1	0	0
0	1	1	0	1	0	1	0	1	0	0	1
1	1	0	1	0	1	0	1	0	0	1	0
1	0	1	0	1	1	0	0	1	1	0	0

::::: ***Puzzle (245)*** :::::

0	0	1	0	0	1	0	1	1	0	1	1
0	1	0	0	1	0	1	0	1	0	1	1
1	0	1	1	0	0	1	1	0	1	0	0
0	0	1	1	0	1	0	0	1	0	1	1
0	1	0	0	1	0	1	0	1	1	0	1
1	0	1	0	1	1	0	1	0	1	0	0
0	0	1	1	0	0	1	1	0	0	1	1
1	1	0	0	1	1	0	0	1	1	0	0
1	1	0	1	1	0	0	1	0	0	1	0
0	0	1	0	0	1	1	0	1	0	1	1
1	1	0	1	0	1	0	1	0	1	0	0
1	1	0	1	1	0	1	0	0	1	0	0

::::: ***Puzzle (246)*** :::::

1	1	0	0	1	0	0	1	0	1	0	1
0	0	1	0	1	0	0	1	1	0	1	1
0	0	1	1	0	1	1	0	1	1	0	0
1	1	0	0	1	1	0	1	0	1	0	0
0	0	1	1	0	0	1	0	1	0	1	1
0	1	0	0	1	0	1	0	1	0	1	1
1	1	0	1	0	1	0	1	0	1	0	0
0	0	1	1	0	1	1	0	1	0	1	0
1	1	0	0	1	0	0	1	0	0	1	1
0	1	0	0	1	0	1	0	1	1	0	1
1	0	1	1	0	1	1	0	0	1	0	0
1	0	1	1	0	1	0	1	0	0	1	0

::::: ***Puzzle (247)*** :::::

0	1	0	0	1	0	0	1	1	0	1	1
1	1	0	1	0	0	1	0	0	1	1	0
0	0	1	0	1	1	0	0	1	1	0	1
1	0	0	1	0	0	1	1	0	0	1	1
0	1	1	0	1	1	0	0	1	1	0	0
0	0	1	1	0	0	1	1	0	0	1	1
1	0	0	1	0	1	1	0	1	0	0	1
0	1	1	0	1	1	0	1	0	1	0	0
1	0	0	1	0	0	1	1	0	1	1	0
0	1	1	0	0	1	1	0	1	0	0	1
1	0	1	0	1	1	0	0	1	0	1	0
1	1	0	1	1	0	0	1	0	1	0	0

::::: ***Puzzle (248)*** :::::

0	0	1	0	0	1	0	1	1	0	1	1
1	0	0	1	0	0	1	0	1	1	0	1
0	1	0	0	1	0	1	1	0	1	1	0
0	0	1	0	1	1	0	1	0	0	1	1
1	0	1	1	0	0	1	0	1	1	0	0
1	1	0	0	1	0	1	0	1	0	0	1
0	1	1	0	1	1	0	1	0	0	1	0
0	0	1	1	0	1	0	1	0	1	0	1
1	1	0	1	0	0	1	0	1	0	1	0
0	0	1	0	1	1	0	0	1	0	1	1
1	1	0	1	0	1	0	1	0	1	0	0
1	1	0	1	1	0	1	0	0	1	0	0

::::: ***Puzzle (249)*** :::::

0	0	1	0	1	0	1	1	0	1	1	0
0	0	1	0	1	1	0	0	1	1	0	1
1	1	0	1	0	0	1	0	1	0	0	1
0	0	1	0	1	1	0	1	0	1	1	0
0	1	0	0	1	0	0	1	1	0	1	1
1	0	1	1	0	1	1	0	0	1	0	0
0	0	1	1	0	1	0	1	1	0	0	1
1	1	0	0	1	0	1	0	1	0	1	0
1	1	0	1	0	0	1	0	0	1	0	1
0	0	1	0	0	1	0	1	1	0	1	1
1	1	0	1	1	0	0	1	0	0	1	0
1	1	0	1	0	1	1	0	0	1	0	0

::::: ***Puzzle (250)*** :::::

1	0	1	0	0	1	0	1	0	1	1	0
0	1	0	0	1	0	1	0	1	0	1	1
0	0	1	1	0	0	1	1	0	1	0	1
1	0	0	1	0	1	0	1	1	0	1	0
0	1	1	0	1	0	1	0	0	1	1	0
0	0	1	1	0	1	0	1	1	0	0	1
1	0	0	1	1	0	0	1	0	0	1	1
0	1	1	0	0	1	1	0	1	1	0	0
1	1	0	0	1	1	0	0	1	0	0	1
0	0	1	1	0	0	1	1	0	0	1	1
1	1	0	0	1	1	0	0	1	1	0	0
1	1	0	1	1	0	1	0	0	1	0	0

::::: ***Puzzle (251)*** :::::

0	1	1	0	0	1	1	0	1	1	0	0
0	0	1	1	0	0	1	1	0	0	1	1
1	1	0	0	1	1	0	0	1	0	0	1
1	0	0	1	1	0	0	1	0	1	1	0
0	0	1	1	0	0	1	0	1	0	1	1
0	1	0	0	1	1	0	1	0	1	0	1
1	0	1	0	0	1	0	1	1	0	1	0
0	0	1	1	0	0	1	0	1	1	0	1
1	1	0	0	1	0	1	0	0	1	1	0
0	0	1	0	1	1	0	1	1	0	0	1
1	1	0	1	0	1	0	1	0	0	1	0
1	1	0	1	1	0	1	0	0	1	0	0

::::: ***Puzzle (252)*** :::::

0	0	1	0	0	1	0	1	1	0	1	1
1	1	0	0	1	0	0	1	0	1	1	0
0	0	1	1	0	0	1	0	1	1	0	1
0	1	0	0	1	1	0	1	1	0	1	0
1	0	1	1	0	1	1	0	0	1	0	0
1	0	0	1	0	0	1	1	0	0	1	1
0	1	1	0	1	1	0	0	1	0	0	1
0	0	1	0	1	0	1	1	0	1	1	0
1	1	0	1	0	1	0	0	1	0	0	1
0	0	1	0	0	1	1	0	1	0	1	1
1	1	0	1	1	0	0	1	0	1	0	0
1	1	0	1	1	0	1	0	0	1	0	0

::::: ***Puzzle (253)*** :::::

0	0	1	0	0	1	1	0	1	1	0	1
0	0	1	0	1	0	0	1	1	0	1	1
1	1	0	1	0	1	1	0	0	1	0	0
0	0	1	0	0	1	0	1	1	0	1	1
0	1	0	0	1	0	1	1	0	1	0	1
1	0	1	1	0	0	1	0	0	1	1	0
0	0	1	1	0	1	0	1	1	0	1	0
1	1	0	0	1	0	1	0	1	0	0	1
1	1	0	1	1	0	0	1	0	1	0	0
0	0	1	1	0	1	1	0	0	1	1	0
1	1	0	0	1	1	0	0	1	0	0	1
1	1	0	1	1	0	0	1	0	0	1	0

::::: ***Puzzle (254)*** :::::

1	0	1	0	0	1	0	0	1	1	0	1
1	0	0	1	0	1	0	1	1	0	1	0
0	1	0	0	1	0	1	1	0	0	1	1
0	0	1	0	0	1	1	0	1	1	0	1
1	0	0	1	1	0	0	1	0	1	1	0
0	1	1	0	1	0	0	1	1	0	0	1
0	0	1	1	0	1	1	0	0	1	1	0
1	1	0	1	0	0	1	0	1	0	0	1
0	1	1	0	1	1	0	1	0	1	0	0
0	0	1	0	0	1	1	0	1	0	1	1
1	1	0	1	1	0	0	1	0	0	1	0
1	1	0	1	1	0	1	0	0	1	0	0

::::: ***Puzzle (255)*** :::::

0	0	1	0	0	1	1	0	1	1	0	1
0	0	1	0	1	0	0	1	1	0	1	1
1	1	0	1	0	0	1	1	0	1	0	0
0	0	1	0	0	1	1	0	1	0	1	1
1	0	1	0	1	1	0	1	0	1	0	0
0	1	0	1	0	0	1	0	1	0	1	1
0	1	0	0	1	1	0	1	0	0	1	1
1	0	1	1	0	1	0	0	1	1	0	0
1	1	0	1	1	0	1	0	0	1	0	0
0	1	0	0	1	0	1	1	0	0	1	1
1	0	1	1	0	1	0	0	1	0	1	0
1	1	0	1	1	0	0	1	0	1	0	0

::::: ***Puzzle (256)*** :::::

0	0	1	0	0	1	1	0	1	0	1	1
1	0	0	1	1	0	1	0	0	1	0	1
0	1	1	0	0	1	0	1	0	1	1	0
0	0	1	0	1	0	0	1	1	0	1	1
1	1	0	1	1	0	1	0	0	1	0	0
0	0	1	0	0	1	0	1	1	0	1	1
0	1	0	1	1	0	1	0	1	0	0	1
1	1	0	0	1	0	1	1	0	1	0	0
1	0	1	1	0	1	0	0	1	0	1	0
0	1	0	0	1	0	1	1	0	0	1	1
1	1	0	1	0	1	0	0	1	1	0	0
1	0	1	1	0	1	0	1	0	1	0	0

::::: ***Puzzle (257)*** :::::

0	0	1	0	0	1	0	1	1	0	1	1
0	1	0	0	1	0	1	1	0	1	0	1
1	0	0	1	1	0	1	0	1	0	1	0
0	1	1	0	0	1	0	0	1	1	0	1
1	0	0	1	0	0	1	1	0	1	1	0
0	0	1	0	1	0	0	1	1	0	1	1
1	1	0	0	1	1	0	0	1	0	0	1
1	1	0	1	0	0	1	1	0	1	0	0
0	0	1	1	0	1	1	0	0	1	1	0
0	1	1	0	1	1	0	0	1	0	0	1
1	1	0	1	1	0	0	1	0	0	1	0
1	0	1	1	0	1	1	0	0	1	0	0

::::: ***Puzzle (258)*** :::::

1	1	0	0	1	0	0	1	0	0	1	1
0	0	1	1	0	1	1	0	0	1	0	1
0	0	1	0	1	1	0	1	1	0	1	0
1	1	0	1	0	0	1	0	1	0	0	1
0	1	0	0	1	1	0	1	0	1	1	0
0	0	1	0	0	1	0	1	1	0	1	1
1	0	1	1	0	0	1	0	1	1	0	0
0	1	0	0	1	1	0	1	0	1	0	1
1	0	1	1	0	0	1	0	1	0	1	0
0	0	1	0	0	1	1	0	1	0	1	1
1	1	0	1	1	0	0	1	0	1	0	0
1	1	0	1	1	0	1	0	0	1	0	0

::::: ***Puzzle (259)*** :::::

1	0	1	0	0	1	0	1	1	0	1	0
0	0	1	0	0	1	1	0	1	1	0	1
0	1	0	1	1	0	0	1	0	0	1	1
1	0	1	0	0	1	1	0	1	1	0	0
0	1	0	0	1	0	1	1	0	1	1	0
0	0	1	1	0	1	0	0	1	0	1	1
1	0	1	0	1	0	1	0	0	1	0	1
0	1	0	1	1	0	1	1	0	0	1	0
1	1	0	1	0	1	0	0	1	0	0	1
0	0	1	0	1	0	1	0	1	1	0	1
1	1	0	1	1	0	0	1	0	0	1	0
1	1	0	1	0	1	0	1	0	1	0	0

::::: ***Puzzle (260)*** :::::

0	0	1	0	0	1	1	0	1	1	0	1
0	0	1	0	1	0	1	1	0	0	1	1
1	1	0	1	0	1	0	0	1	1	0	0
0	0	1	0	1	0	1	1	0	1	1	0
0	1	0	0	1	0	0	1	1	0	1	1
1	0	1	1	0	1	0	0	1	1	0	0
0	0	1	1	0	0	1	1	0	0	1	1
1	1	0	0	1	1	0	0	1	0	0	1
1	1	0	1	1	0	0	1	0	1	0	0
0	0	1	0	0	1	1	0	1	0	1	1
1	1	0	1	0	1	0	1	0	0	1	0
1	1	0	1	1	0	1	0	0	1	0	0

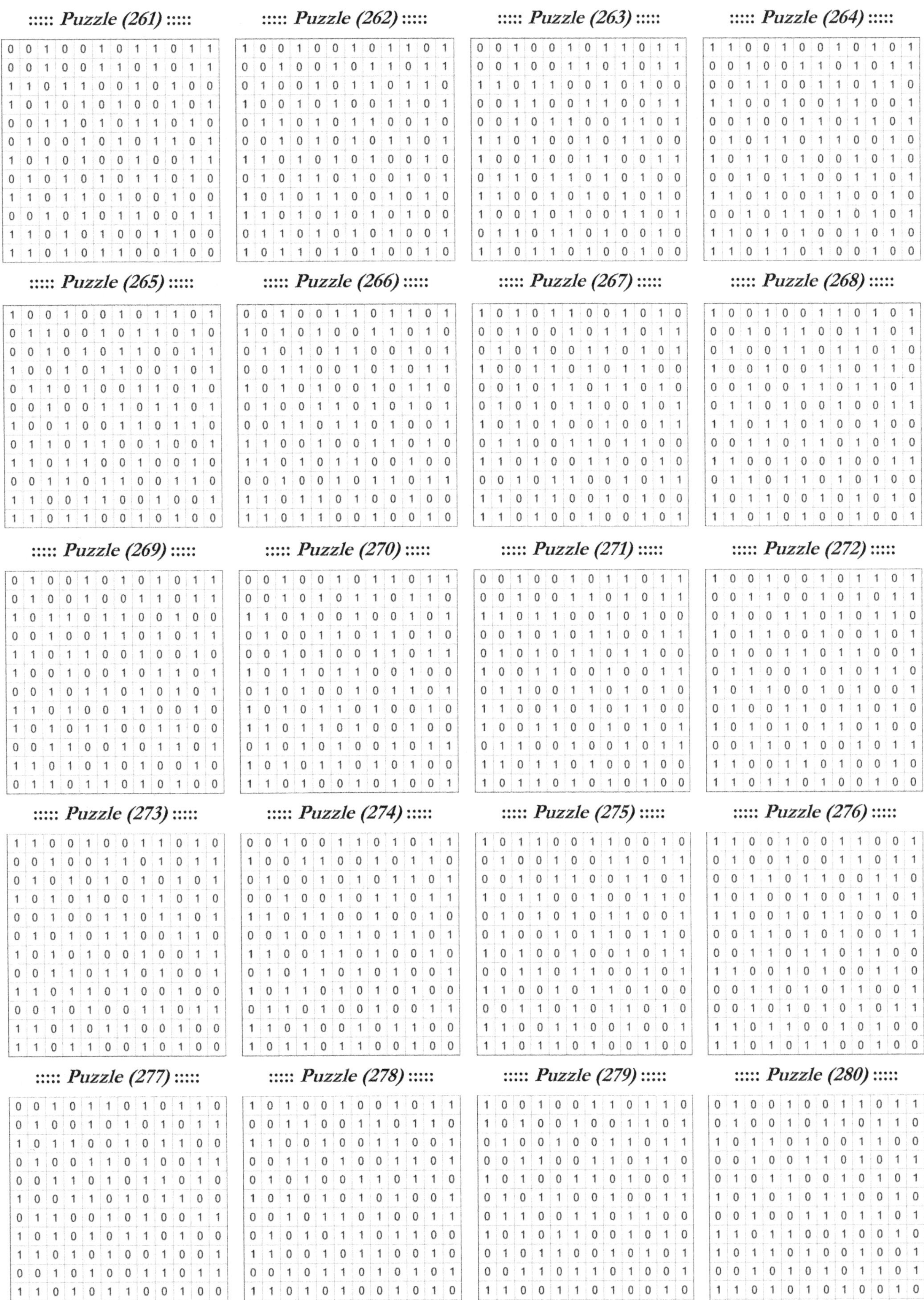

::::: Puzzle (261) :::::

0	0	1	0	0	1	0	1	1	0	1	1
0	0	1	0	0	1	1	0	1	0	1	1
1	1	0	1	1	0	0	1	0	1	0	0
1	0	1	0	1	0	1	0	0	1	0	1
0	0	1	1	0	1	0	1	1	0	1	0
0	1	0	0	1	0	1	0	1	1	0	1
1	0	1	0	1	0	0	1	0	0	1	1
0	1	0	1	0	1	0	1	1	0	1	0
1	1	0	1	1	0	1	0	0	1	0	0
0	0	1	0	1	0	1	1	0	0	1	1
1	1	0	1	0	1	0	0	1	1	0	0
1	1	0	1	0	1	1	0	0	1	0	0

::::: Puzzle (262) :::::

1	0	0	1	0	0	1	0	1	1	0	1
0	0	1	0	0	1	0	1	1	0	1	1
0	1	0	0	1	0	1	1	0	1	1	0
1	0	0	1	0	1	0	0	1	1	0	1
0	1	1	0	1	0	1	1	0	0	1	0
0	0	1	0	1	0	1	0	1	1	0	1
1	1	0	1	0	1	0	1	0	0	1	0
0	1	0	1	1	0	1	0	0	1	0	1
1	0	1	0	1	1	0	0	1	0	1	0
1	1	0	1	0	1	0	1	0	1	0	0
0	1	1	0	1	0	1	0	1	0	0	1
1	0	1	1	0	1	0	1	0	0	1	0

::::: Puzzle (263) :::::

0	0	1	0	0	1	0	1	1	0	1	1
0	0	1	0	0	1	1	0	1	0	1	1
1	1	0	1	1	0	0	1	0	1	0	0
0	0	1	1	0	0	1	1	0	0	1	1
0	0	1	0	1	1	0	0	1	1	0	1
1	1	0	1	0	0	1	0	1	1	0	0
1	0	0	1	0	0	1	1	0	0	1	1
0	1	1	0	1	1	0	1	0	1	0	0
1	1	0	0	1	0	1	0	1	0	1	0
1	0	0	1	0	1	0	0	1	1	0	1
0	1	1	0	1	1	0	1	0	0	1	0
1	1	0	1	1	0	1	0	0	1	0	0

::::: Puzzle (264) :::::

1	1	0	0	1	0	0	1	0	1	0	1
0	0	1	0	0	1	1	0	1	0	1	1
0	0	1	1	0	0	1	1	0	1	1	0
1	1	0	0	1	0	0	1	1	0	0	1
0	0	1	0	0	1	1	0	1	1	0	1
0	1	0	1	1	0	1	1	0	0	1	0
1	0	1	1	0	1	0	0	1	0	1	0
0	0	1	0	1	1	0	0	1	1	0	1
1	1	0	1	0	0	1	1	0	0	1	0
0	0	1	0	1	1	0	1	0	1	0	1
1	1	0	1	0	1	0	0	1	0	1	0
1	1	0	1	1	0	1	0	0	1	0	0

::::: Puzzle (265) :::::

1	0	0	1	0	0	1	0	1	1	0	1
0	1	1	0	0	1	0	1	1	0	1	0
0	0	1	0	1	0	1	1	0	0	1	1
1	0	0	1	0	1	1	0	0	1	0	1
0	1	1	0	1	0	0	1	1	0	1	0
0	0	1	0	0	1	1	0	1	1	0	1
1	0	0	1	0	0	1	1	0	1	1	0
0	1	1	0	1	1	0	0	1	0	0	1
1	1	0	1	1	0	0	1	0	0	1	0
0	0	1	1	0	1	1	0	0	1	1	0
1	1	0	0	1	1	0	0	1	0	0	1
1	1	0	1	1	0	0	1	0	1	0	0

::::: Puzzle (266) :::::

0	0	1	0	0	1	1	0	1	1	0	1
1	0	1	0	1	0	0	1	1	0	1	0
0	1	0	1	0	1	1	0	0	1	0	1
0	0	1	1	0	0	1	0	1	0	1	1
1	0	1	0	1	0	0	1	0	1	1	0
0	1	0	0	1	1	0	1	0	1	0	1
0	0	1	1	0	1	1	0	1	0	0	1
1	1	0	0	1	0	0	1	1	0	1	0
1	1	0	1	0	1	1	0	0	1	0	0
0	0	1	0	0	1	0	1	1	0	1	1
1	1	0	1	1	0	1	0	0	1	0	0
1	1	0	1	1	0	0	1	0	0	1	0

::::: Puzzle (267) :::::

1	0	1	0	1	1	0	0	1	0	1	0
0	0	1	0	0	1	0	1	1	0	1	1
0	1	0	1	0	0	1	1	0	1	0	1
1	0	0	1	1	0	1	0	1	1	0	0
0	0	1	0	1	1	0	1	1	0	1	0
0	1	0	1	0	1	1	0	0	1	0	1
1	0	1	0	1	0	0	1	0	0	1	1
0	1	1	0	0	1	1	0	1	1	0	0
1	1	0	1	0	0	1	1	0	0	1	0
0	0	1	0	1	1	0	0	1	0	1	1
1	1	0	1	1	0	0	1	0	1	0	0
1	1	0	1	0	0	1	0	0	1	0	1

::::: Puzzle (268) :::::

1	0	0	1	0	0	1	1	0	1	0	1
0	0	1	0	1	1	0	0	1	1	0	1
0	1	0	0	1	1	0	1	1	0	1	0
1	0	0	1	0	0	1	1	0	1	1	0
0	0	1	0	0	1	1	0	1	1	0	1
0	1	1	0	1	0	0	1	0	0	1	1
1	1	0	1	1	0	1	0	0	1	0	0
0	0	1	1	0	1	1	0	1	0	1	0
1	1	0	0	1	0	0	1	0	0	1	1
0	1	1	0	1	1	0	1	0	1	0	0
1	0	1	1	0	0	1	0	1	0	1	0
1	1	0	1	0	1	0	0	1	0	0	1

::::: Puzzle (269) :::::

0	1	0	0	1	0	1	0	1	0	1	1
0	1	0	0	1	0	0	1	1	0	1	1
1	0	1	1	0	1	1	0	0	1	0	0
0	0	1	0	0	1	1	0	1	0	1	1
1	1	0	1	1	0	0	1	0	0	1	0
1	0	0	1	0	0	1	0	1	1	0	1
0	0	1	0	1	1	0	1	0	1	0	1
1	1	0	1	0	0	1	1	0	0	1	0
1	0	1	0	1	1	0	0	1	1	0	0
0	0	1	1	0	0	1	0	1	1	0	1
1	1	0	1	0	1	0	1	0	0	1	0
0	1	1	0	1	1	0	1	0	1	0	0

::::: Puzzle (270) :::::

0	0	1	0	0	1	0	1	1	0	1	1
0	0	1	0	1	0	1	1	0	1	1	0
1	1	0	1	0	0	1	0	0	1	0	1
0	1	0	0	1	1	0	1	1	0	1	0
0	0	1	0	1	0	0	1	1	0	1	1
1	0	1	1	0	1	1	0	0	1	0	0
0	1	0	1	0	0	1	0	1	1	0	1
1	0	1	0	1	1	0	1	0	0	1	0
1	1	0	1	1	0	1	0	0	1	0	0
0	1	0	1	0	1	0	0	1	0	1	1
1	0	1	0	1	1	0	1	0	1	0	0
1	1	0	1	0	0	1	0	1	0	0	1

::::: Puzzle (271) :::::

0	0	1	0	0	1	0	1	1	0	1	1
0	0	1	0	0	1	1	0	1	0	1	1
1	1	0	1	1	0	0	1	0	1	0	0
0	0	1	0	1	0	1	1	0	0	1	1
0	1	0	1	0	1	1	0	1	1	0	0
1	0	0	1	1	0	0	1	0	0	1	1
0	1	1	0	0	1	1	0	1	0	1	0
1	1	0	0	1	0	1	0	1	1	0	0
1	0	0	1	1	0	0	1	0	1	0	1
0	1	1	0	0	1	0	0	1	0	1	1
1	1	0	1	1	0	1	0	0	1	0	0
1	0	1	1	0	1	0	1	0	1	0	0

::::: Puzzle (272) :::::

1	0	0	1	0	0	1	0	1	1	0	1
0	0	1	1	0	0	1	0	1	0	1	1
0	1	0	0	1	1	0	1	0	1	1	0
1	0	1	1	0	0	1	0	0	1	0	1
0	1	0	0	1	1	0	1	1	0	0	1
0	1	1	0	0	1	0	1	0	1	1	0
1	0	1	1	0	0	1	0	1	0	0	1
0	1	0	0	1	1	0	1	1	0	1	0
1	0	1	0	1	0	1	1	0	1	0	0
0	0	1	1	0	1	0	0	1	0	1	1
1	1	0	0	1	1	0	1	0	0	1	0
1	1	0	1	1	0	1	0	0	1	0	0

::::: Puzzle (273) :::::

1	1	0	0	1	0	0	1	1	0	1	0
0	0	1	0	0	1	1	0	1	0	1	1
0	1	0	1	0	1	0	1	0	1	0	1
1	0	1	0	1	0	0	1	1	0	1	0
0	0	1	0	0	1	1	0	1	1	0	1
0	1	0	1	0	1	1	0	0	1	1	0
1	0	1	0	1	0	0	1	0	0	1	1
0	0	1	1	0	1	1	0	1	0	0	1
1	1	0	1	1	0	1	0	0	1	0	0
0	0	1	0	1	0	0	1	1	0	1	1
1	1	0	1	0	1	1	0	0	1	0	0
1	1	0	1	1	0	0	1	0	1	0	0

::::: Puzzle (274) :::::

0	0	1	0	0	1	1	0	1	0	1	1
1	0	0	1	1	0	0	1	0	1	1	0
0	1	0	0	1	0	1	0	1	1	0	1
0	0	1	0	0	1	0	1	1	0	1	1
1	1	0	1	1	0	0	1	0	0	1	0
0	0	1	0	0	1	1	0	1	1	0	1
1	1	0	0	1	1	0	1	0	0	1	0
0	1	0	1	1	0	1	0	1	0	0	1
1	0	1	1	0	1	0	1	0	1	0	0
0	1	1	0	1	0	0	1	0	0	1	1
1	1	0	1	0	0	1	0	1	1	0	0
1	0	1	1	0	1	1	0	0	1	0	0

::::: Puzzle (275) :::::

1	0	1	1	0	0	1	1	0	0	1	0
0	1	0	0	1	0	0	1	1	0	1	1
0	0	1	0	1	1	0	0	1	1	0	1
1	0	1	1	0	0	1	0	0	1	1	0
0	1	0	1	0	1	0	1	1	0	0	1
0	1	0	0	1	0	1	1	0	1	1	0
1	0	1	0	0	1	0	0	1	0	1	1
0	0	1	1	0	1	1	0	0	1	0	1
1	1	0	0	1	0	1	1	0	1	0	0
0	0	1	1	0	1	0	1	1	0	1	0
1	1	0	0	1	1	0	0	1	0	0	1
1	1	0	1	1	0	1	0	0	1	0	0

::::: Puzzle (276) :::::

1	1	0	0	1	0	0	1	1	0	0	1
0	1	0	0	1	0	0	1	1	0	1	1
0	0	1	1	0	1	1	0	0	1	1	0
1	0	1	0	0	1	0	0	1	1	0	1
1	1	0	0	1	0	1	1	0	0	1	0
0	0	1	1	0	1	0	1	0	0	1	1
0	0	1	1	0	1	1	0	1	1	0	0
1	1	0	0	1	0	1	0	0	1	1	0
0	0	1	1	0	1	0	1	1	0	0	1
0	0	1	0	1	0	1	0	1	0	1	1
1	1	0	1	1	0	0	1	0	1	0	0
1	1	0	1	0	1	1	0	0	1	0	0

::::: Puzzle (277) :::::

0	0	1	0	1	1	0	1	0	1	1	0
0	1	0	0	1	0	1	0	1	0	1	1
1	0	1	1	0	0	1	0	1	1	0	0
0	1	0	0	1	1	0	1	0	0	1	1
0	0	1	1	0	1	0	1	1	0	1	0
1	0	0	1	1	0	1	0	1	1	0	0
0	1	1	0	0	1	0	1	0	0	1	1
1	0	1	0	1	0	1	1	0	1	0	0
1	1	0	1	0	1	0	0	1	0	0	1
0	0	1	0	1	0	0	1	1	0	1	1
1	1	0	1	0	1	1	0	0	1	0	0
1	1	0	1	0	0	1	0	0	1	0	1

::::: Puzzle (278) :::::

1	0	1	0	0	1	0	0	1	0	1	1
0	0	1	1	0	0	1	1	0	1	1	0
1	1	0	0	1	0	0	1	1	0	0	1
0	0	1	1	0	1	0	0	1	1	0	1
0	1	0	1	0	0	1	1	0	1	1	0
1	0	1	0	1	0	1	0	1	0	0	1
0	0	1	0	1	1	0	1	0	0	1	1
0	1	0	1	0	1	1	0	1	1	0	0
1	1	0	0	1	0	1	1	0	0	1	0
0	0	1	0	1	1	0	1	0	1	0	1
1	1	0	1	0	1	0	0	1	0	1	0
1	1	0	1	1	0	1	0	0	1	0	0

::::: Puzzle (279) :::::

1	0	0	1	0	0	1	1	0	1	1	0
1	0	1	0	0	1	0	0	1	1	0	1
0	1	0	0	1	0	0	1	1	0	1	1
0	0	1	1	0	0	1	1	0	1	1	0
1	0	1	0	0	1	1	0	1	0	0	1
0	1	0	1	1	0	0	1	0	0	1	1
0	1	1	0	0	1	1	0	1	1	0	0
1	0	1	0	1	1	0	0	1	0	1	0
0	1	0	1	1	0	0	1	0	1	0	1
0	0	1	1	0	1	1	0	1	0	0	1
1	1	0	0	1	1	0	1	0	0	1	0
1	1	0	1	1	0	1	0	0	1	0	0

::::: Puzzle (280) :::::

0	1	0	0	1	0	0	1	1	0	1	1
0	1	0	0	1	0	1	1	0	1	1	0
1	0	1	1	0	1	0	0	1	1	0	0
0	0	1	0	0	1	1	0	1	0	1	1
0	1	0	1	1	0	0	1	0	1	0	1
1	0	1	0	1	0	1	1	0	0	1	0
0	0	1	0	0	1	1	0	1	1	0	1
1	1	0	1	1	0	0	1	0	0	1	0
1	0	1	1	0	1	0	0	1	0	0	1
0	0	1	0	1	0	1	0	1	1	0	1
1	1	0	1	0	1	0	1	0	0	1	0
1	1	0	1	0	1	1	0	0	1	0	0

::::: *Puzzle (281)* :::::

1	1	0	1	0	0	1	0	0	1	0	1
0	1	0	0	1	0	0	1	1	0	1	1
1	0	1	0	1	1	0	0	1	0	1	0
0	0	1	1	0	0	1	1	0	1	0	1
0	1	0	0	1	1	0	1	1	0	1	0
1	0	1	0	0	1	1	0	1	0	0	1
0	0	1	1	0	0	1	1	0	1	1	0
0	1	0	0	1	1	0	0	1	0	1	1
1	0	1	1	0	1	0	1	0	1	0	0
0	0	1	0	1	0	1	0	1	1	0	1
1	1	0	1	1	0	0	1	0	0	1	0
1	1	0	1	0	1	1	0	0	1	0	0

::::: *Puzzle (282)* :::::

0	0	1	1	0	0	1	0	1	1	0	1
0	1	0	0	1	0	0	1	1	0	1	1
1	0	1	0	0	1	1	0	0	1	1	0
0	0	1	1	0	1	0	1	1	0	0	1
0	1	0	0	1	0	1	0	1	0	1	1
1	0	1	0	1	1	0	1	0	1	0	0
0	0	1	1	0	1	0	1	0	1	0	1
1	1	0	0	1	0	1	0	1	0	1	0
1	1	0	1	0	1	0	1	0	0	1	0
0	0	1	0	0	1	1	0	1	1	0	1
1	1	0	1	1	0	1	0	0	1	0	0
1	1	0	1	1	0	0	1	0	0	1	0

::::: *Puzzle (283)* :::::

1	1	0	0	1	0	1	0	0	1	0	1
0	0	1	0	0	1	0	1	1	0	1	1
0	0	1	1	0	0	1	1	0	1	1	0
1	1	0	0	1	0	1	0	1	0	0	1
0	0	1	0	1	1	0	1	0	0	1	1
0	1	0	1	0	0	1	1	0	1	1	0
1	0	1	0	1	1	0	0	1	1	0	0
0	0	1	1	0	1	0	1	1	0	0	1
1	1	0	1	0	0	1	0	0	1	1	0
0	0	1	0	1	1	0	1	1	0	1	0
1	1	0	1	0	1	0	0	1	0	0	1
1	1	0	1	1	0	1	0	0	1	0	0

::::: *Puzzle (284)* :::::

0	1	0	1	1	0	1	0	0	1	0	1
1	0	1	1	0	0	1	0	1	0	1	0
0	0	1	0	1	1	0	1	0	1	1	0
0	1	0	1	0	0	1	0	1	1	0	1
1	0	1	0	0	1	0	1	1	0	0	1
1	0	0	1	1	0	0	1	0	1	1	0
0	1	1	0	0	1	1	0	1	0	0	1
0	0	1	0	0	1	1	0	1	0	1	1
1	1	0	1	1	0	0	1	0	1	0	0
0	0	1	0	0	1	1	0	1	1	0	1
1	1	0	0	1	1	0	1	0	0	1	0
1	1	0	1	1	0	0	1	0	0	1	0

::::: *Puzzle (285)* :::::

0	0	1	0	0	1	0	1	1	0	1	1
0	0	1	0	1	0	1	0	1	1	0	1
1	1	0	1	0	0	1	0	0	1	1	0
0	1	0	0	1	1	0	1	1	0	0	1
1	0	1	0	1	0	0	1	0	0	1	1
0	0	1	1	0	1	1	0	1	1	0	0
1	1	0	1	0	1	0	1	0	0	1	0
0	0	1	0	1	0	0	1	1	0	1	1
1	1	0	1	0	1	1	0	0	1	0	0
0	0	1	0	0	1	1	0	1	0	1	1
1	1	0	1	1	0	0	1	0	1	0	0
1	1	0	1	1	0	1	0	0	1	0	0

::::: *Puzzle (286)* :::::

0	1	0	0	1	0	1	0	1	1	0	1
0	0	1	0	0	1	0	1	1	0	1	1
1	0	0	1	0	1	1	0	0	1	1	0
0	1	0	0	1	0	1	1	0	1	0	1
1	0	1	0	1	0	0	1	1	0	1	0
0	0	1	1	0	1	1	0	0	1	0	1
1	1	0	1	0	0	1	0	1	0	1	0
1	0	1	0	1	1	0	1	0	0	1	0
0	1	0	1	0	1	0	0	1	1	0	1
1	0	1	1	0	0	1	1	0	0	1	0
0	1	1	0	1	1	0	0	1	0	0	1
1	1	0	1	1	0	0	1	0	1	0	0

::::: *Puzzle (287)* :::::

0	0	1	0	0	1	1	0	1	0	1	1
1	1	0	0	1	0	1	1	0	0	1	0
0	0	1	1	0	1	0	0	1	1	0	1
1	0	0	1	0	0	1	0	1	0	1	1
0	1	1	0	1	1	0	1	0	1	0	0
0	0	1	0	0	1	1	0	1	1	0	1
1	1	0	1	1	0	0	1	0	0	1	0
0	0	1	0	0	1	0	1	1	0	1	1
1	1	0	1	1	0	1	0	0	1	0	0
0	1	0	1	0	1	1	0	0	1	0	1
1	0	1	0	1	0	0	1	1	0	1	0
1	1	0	1	1	0	0	1	0	1	0	0

::::: *Puzzle (288)* :::::

1	0	1	0	0	1	0	1	1	0	0	1
0	0	1	0	1	0	1	0	1	0	1	1
0	1	0	1	0	1	0	1	0	1	1	0
1	0	0	1	1	0	1	0	1	1	0	0
0	0	1	0	1	0	0	1	1	0	1	1
0	1	0	1	0	1	0	1	0	1	0	1
1	0	1	0	1	0	1	0	0	1	1	0
0	1	1	0	0	1	0	1	1	0	0	1
1	1	0	1	1	0	1	0	0	1	0	0
0	0	1	0	1	0	1	1	0	0	1	1
1	1	0	1	0	1	0	0	1	0	1	0
1	1	0	1	0	1	1	0	0	1	0	0

::::: *Puzzle (289)* :::::

0	1	0	0	1	0	0	1	1	0	1	1
1	0	0	1	0	0	1	1	0	1	1	0
0	0	1	0	0	1	1	0	1	1	0	1
0	1	1	0	1	0	0	1	1	0	1	0
1	0	0	1	0	1	0	1	0	0	1	1
1	0	0	1	0	1	1	0	1	1	0	0
0	1	1	0	1	0	0	1	0	1	0	1
1	0	1	0	1	1	0	0	1	0	1	0
1	1	0	1	0	1	1	0	0	1	0	0
0	0	1	1	0	0	1	1	0	0	1	1
0	1	1	0	1	1	0	0	1	0	0	1
1	1	0	1	1	0	1	0	0	1	0	0

::::: *Puzzle (290)* :::::

1	0	0	1	0	0	1	1	0	1	1	0
0	0	1	0	0	1	0	1	1	0	1	1
0	1	0	0	1	0	1	0	1	1	0	1
1	0	1	1	0	1	0	1	0	0	1	0
0	0	1	0	1	0	1	1	0	1	0	1
0	1	0	1	0	1	0	0	1	0	1	1
1	0	1	0	1	1	0	0	1	1	0	0
0	1	1	0	1	0	1	1	0	0	1	0
1	1	0	1	0	1	0	0	1	0	0	1
0	0	1	0	0	1	1	0	1	1	0	1
1	1	0	1	1	0	0	1	0	0	1	0
1	1	0	1	1	0	1	0	0	1	0	0

::::: *Puzzle (291)* :::::

0	0	1	0	0	1	1	0	1	1	0	1
0	0	1	0	0	1	0	1	1	0	1	1
1	1	0	1	1	0	1	0	0	1	0	0
0	0	1	1	0	0	1	0	1	0	1	1
0	1	0	0	1	1	0	1	0	1	0	1
1	0	1	0	0	1	1	0	0	1	1	0
1	1	0	1	0	0	1	0	1	0	1	0
0	1	0	1	1	0	0	1	0	1	0	1
1	0	1	0	1	1	0	1	0	0	1	0
0	1	0	1	0	1	1	0	1	0	0	1
1	1	0	1	1	0	0	1	0	1	0	0
1	0	1	0	1	0	0	1	1	0	1	0

::::: *Puzzle (292)* :::::

0	0	1	0	0	1	0	1	1	0	1	1
1	0	0	1	0	0	1	0	1	1	0	1
0	1	1	0	1	0	1	1	0	1	0	0
0	1	0	1	0	1	0	1	1	0	1	0
1	0	1	0	0	1	1	0	0	1	0	1
0	0	1	0	1	0	0	1	1	0	1	1
0	1	0	1	1	0	1	0	0	1	1	0
1	0	1	0	0	1	1	0	1	0	0	1
1	1	0	1	1	0	0	1	0	1	0	0
0	0	1	0	1	1	0	0	1	0	1	1
1	1	0	1	0	1	1	0	0	1	0	0
1	1	0	1	1	0	0	1	0	0	1	0

::::: *Puzzle (293)* :::::

1	0	0	1	0	0	1	0	1	1	0	1
0	0	1	0	1	0	0	1	1	0	1	1
0	1	0	0	1	1	0	1	0	1	1	0
1	0	0	1	0	1	1	0	1	0	0	1
0	1	1	0	1	0	0	1	0	1	1	0
0	0	1	1	0	1	0	1	1	0	0	1
1	1	0	1	0	1	1	0	0	1	0	0
0	1	1	0	1	0	1	0	0	1	1	0
1	0	1	0	1	0	0	1	1	0	0	1
0	1	0	1	0	1	1	0	1	0	1	0
1	0	1	0	0	1	1	0	0	1	0	1
1	1	0	1	1	0	0	1	0	0	1	0

::::: *Puzzle (294)* :::::

0	0	1	0	0	1	0	1	1	0	1	1
0	1	0	1	1	0	0	1	0	0	1	1
1	0	1	0	1	0	1	0	1	1	0	0
0	0	1	1	0	1	1	0	1	0	0	1
0	1	0	1	0	1	0	1	0	1	1	0
1	0	1	0	1	0	1	0	1	0	1	0
0	1	0	0	1	0	1	1	0	1	0	1
1	1	0	1	0	1	0	0	1	1	0	0
1	0	1	0	1	0	0	1	0	0	1	1
0	1	0	0	1	0	1	1	0	1	1	0
1	1	0	1	0	1	0	0	1	0	0	1
1	0	1	1	0	1	1	0	0	1	0	0

::::: *Puzzle (295)* :::::

1	0	0	1	0	1	1	0	0	1	0	1
0	0	1	0	0	1	0	1	1	0	1	1
0	1	0	0	1	0	1	1	0	1	1	0
1	0	1	1	0	0	1	0	0	1	0	1
0	0	1	0	1	1	0	1	1	0	1	0
0	1	0	1	0	0	1	1	0	1	1	0
1	0	1	0	1	1	0	0	1	0	0	1
0	1	1	0	1	0	1	0	1	0	1	0
1	1	0	1	0	1	0	1	0	1	0	0
0	0	1	0	1	0	0	1	1	0	1	1
1	1	0	1	1	0	1	0	0	1	0	0
1	1	0	1	0	1	0	0	1	0	0	1

::::: *Puzzle (296)* :::::

0	1	0	1	0	0	1	0	1	0	1	1
0	0	1	0	0	1	0	1	1	0	1	1
1	0	1	0	1	1	0	1	0	1	0	0
0	1	0	1	1	0	1	0	1	0	1	0
0	0	1	0	0	1	1	0	1	0	1	1
1	0	0	1	0	1	0	1	0	1	0	1
0	1	1	0	1	0	0	1	0	1	1	0
1	0	1	0	0	1	1	0	1	0	0	1
1	1	0	1	1	0	0	1	0	1	0	0
0	0	1	1	0	0	1	1	0	0	1	1
1	1	0	0	1	1	0	0	1	1	0	0
1	1	0	1	1	0	1	0	0	1	0	0

::::: *Puzzle (297)* :::::

0	0	1	0	0	1	0	1	1	0	1	1
0	0	1	0	1	1	0	1	0	1	1	0
1	1	0	1	0	0	1	0	0	1	0	1
0	0	1	0	0	1	1	0	1	0	1	1
0	1	0	1	1	0	0	1	1	0	1	0
1	0	0	1	0	0	1	1	0	1	0	1
0	1	1	0	1	1	0	0	1	1	0	0
1	1	0	0	1	0	1	0	1	0	1	0
1	0	0	1	0	1	0	1	0	1	0	1
0	1	1	0	1	0	1	0	1	0	0	1
1	1	0	1	1	0	0	1	0	0	1	0
1	0	1	1	0	1	1	0	0	1	0	0

::::: *Puzzle (298)* :::::

0	0	1	1	0	0	1	0	1	0	1	1
0	0	1	0	0	1	0	1	1	0	1	1
1	1	0	0	1	0	1	1	0	1	0	0
0	0	1	1	0	0	1	0	1	1	0	1
0	0	1	0	1	1	0	1	1	0	1	0
1	1	0	0	1	0	1	0	0	1	1	0
1	0	0	1	0	1	0	1	0	1	0	1
0	1	1	0	1	1	0	0	1	0	0	1
1	1	0	1	0	0	1	1	0	0	1	0
0	0	1	0	1	1	0	1	0	1	1	0
1	1	0	1	0	1	0	0	1	0	0	1
1	1	0	1	1	0	1	0	0	1	0	0

::::: *Puzzle (299)* :::::

0	1	0	0	1	0	1	0	1	1	0	1
0	0	1	0	0	1	0	1	1	0	1	1
1	0	0	1	1	0	1	1	0	1	0	0
0	1	1	0	0	1	0	0	1	0	1	1
0	0	1	1	0	1	1	0	0	1	1	0
1	0	0	1	1	0	0	1	0	1	0	1
0	1	1	0	0	1	1	0	1	0	0	1
1	0	1	0	1	0	1	1	0	0	1	0
1	1	0	1	0	1	0	0	1	1	0	0
0	0	1	0	1	0	1	1	0	0	1	1
1	1	0	1	1	0	0	1	0	1	0	0
1	1	0	1	0	1	0	0	1	0	1	0

::::: *Puzzle (300)* :::::

1	1	0	0	1	0	0	1	0	1	1	0
0	0	1	0	0	1	1	0	1	0	1	1
0	0	1	1	0	0	1	1	0	1	0	1
1	1	0	0	1	0	0	1	1	0	1	0
0	0	1	0	0	1	1	0	1	1	0	1
1	0	0	1	1	0	0	1	0	0	1	1
0	1	0	1	0	1	1	0	1	1	0	0
0	1	1	0	1	0	1	0	0	1	0	1
1	0	0	1	0	1	0	1	1	0	1	0
0	1	1	0	1	1	0	0	1	0	0	1
1	1	0	1	1	0	1	0	0	1	0	0
1	0	1	1	0	1	0	1	0	0	1	0

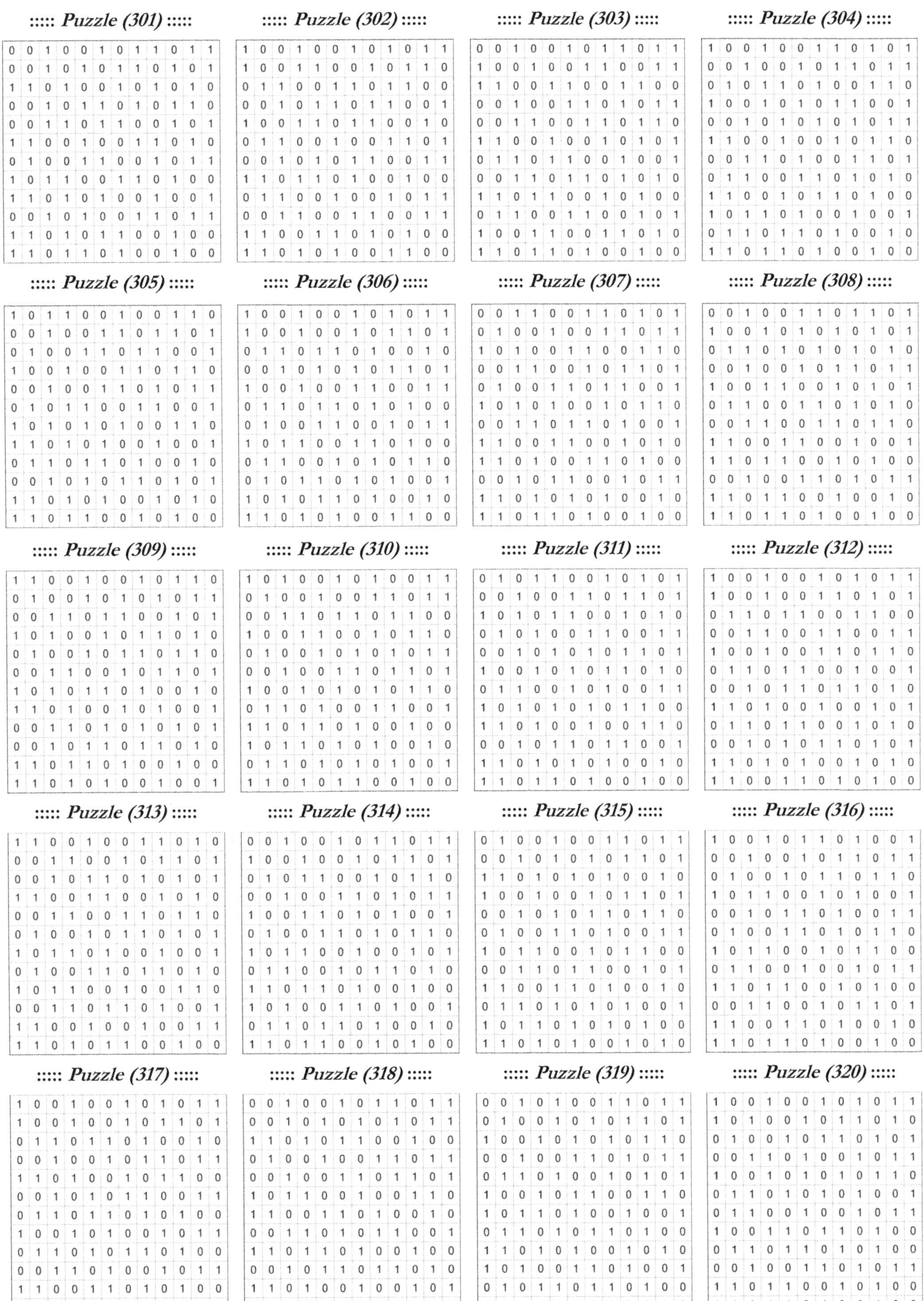

::::: Puzzle (301) :::::

0	0	1	0	0	1	0	1	1	0	1	1
0	0	1	0	1	0	1	1	0	1	0	1
1	1	0	1	0	0	1	0	1	0	1	0
0	0	1	0	1	1	0	1	0	1	1	0
0	0	1	1	0	1	1	0	0	1	0	1
1	1	0	0	1	0	0	1	1	0	1	0
0	1	0	0	1	1	0	0	1	0	1	1
1	0	1	1	0	0	1	1	0	1	0	0
1	1	0	1	0	1	0	0	1	0	0	1
0	0	1	0	1	0	0	1	1	0	1	1
1	1	0	1	0	1	1	0	0	1	0	0
1	1	0	1	1	0	1	0	0	1	0	0

::::: Puzzle (302) :::::

1	0	0	1	0	0	1	0	1	0	1	1
1	0	0	1	1	0	0	1	0	1	1	0
0	1	1	0	0	1	1	0	1	1	0	0
0	0	1	0	1	1	0	1	1	0	0	1
1	0	0	1	1	0	1	1	0	0	1	0
0	1	1	0	0	1	0	0	1	1	0	1
0	0	1	0	1	0	1	1	0	0	1	1
1	1	0	1	1	0	1	0	0	1	0	0
0	1	1	0	0	1	0	0	1	0	1	1
0	0	1	1	0	0	1	1	0	0	1	1
1	1	0	0	1	1	0	1	0	1	0	0
1	1	0	1	0	1	0	0	1	1	0	0

::::: Puzzle (303) :::::

0	0	1	0	0	1	0	1	1	0	1	1
1	0	0	1	0	0	1	1	0	0	1	1
1	1	0	0	1	1	0	0	1	1	0	0
0	0	1	0	0	1	1	0	1	0	1	1
0	0	1	1	0	0	1	1	0	1	1	0
1	1	0	0	1	0	0	1	0	1	0	1
0	1	1	0	1	1	0	0	1	0	0	1
0	0	1	1	0	1	1	0	1	0	1	0
1	1	0	1	1	0	0	1	0	1	0	0
0	1	1	0	0	1	1	0	0	1	0	1
1	0	0	1	1	0	0	1	1	0	1	0
1	1	0	1	1	0	1	0	0	1	0	0

::::: Puzzle (304) :::::

1	0	0	1	0	0	1	1	0	1	0	1
0	0	1	0	0	1	0	1	1	0	1	1
0	1	0	1	1	0	1	0	0	1	1	0
1	0	0	1	0	1	0	1	1	0	0	1
0	0	1	0	1	0	1	0	1	0	1	1
1	1	0	0	1	0	0	1	0	1	1	0
0	0	1	1	0	1	0	0	1	1	0	1
0	1	1	0	0	1	1	0	1	0	1	0
1	1	0	0	1	0	1	1	0	1	0	0
1	0	1	1	0	1	0	0	1	0	0	1
0	1	1	0	1	1	0	1	0	0	1	0
1	1	0	1	1	0	1	0	0	1	0	0

::::: Puzzle (305) :::::

1	0	1	1	0	0	1	0	0	1	1	0
0	0	1	0	0	1	1	0	1	1	0	1
0	1	0	0	1	1	0	1	1	0	0	1
1	0	0	1	0	0	1	1	0	1	1	0
0	0	1	0	0	1	1	0	1	0	1	1
0	1	0	1	1	0	0	1	1	0	0	1
1	0	1	0	1	0	1	0	0	1	1	0
1	1	0	1	0	1	0	0	1	0	0	1
0	1	1	0	1	1	0	1	0	0	1	0
0	0	1	0	1	0	1	1	0	1	0	1
1	1	0	1	0	1	0	0	1	0	1	0
1	1	0	1	1	0	0	1	0	1	0	0

::::: Puzzle (306) :::::

1	0	0	1	0	0	1	0	1	0	1	1
1	0	0	1	0	0	1	0	1	1	0	1
0	1	1	0	1	1	0	1	0	0	1	0
0	0	1	0	1	0	1	0	1	1	0	1
1	0	0	1	0	0	1	1	0	0	1	1
0	1	1	0	1	1	0	1	0	1	0	0
0	1	0	0	1	1	0	0	1	0	1	1
1	0	1	1	0	0	1	1	0	1	0	0
0	1	1	0	0	1	0	1	0	1	1	0
0	1	0	1	1	0	1	0	1	0	0	1
1	0	1	0	1	1	0	1	0	0	1	0
1	1	0	1	0	1	0	0	1	1	0	0

::::: Puzzle (307) :::::

0	0	1	1	0	0	1	1	0	1	0	1
0	1	0	0	1	0	0	1	1	0	1	1
1	0	1	0	0	1	1	0	0	1	1	0
0	0	1	1	0	0	1	0	1	1	0	1
0	1	0	0	1	1	0	1	1	0	0	1
1	0	1	0	1	0	0	1	0	1	1	0
0	0	1	1	0	1	1	0	1	0	0	1
1	1	0	0	1	1	0	0	1	0	1	0
1	1	0	1	0	0	1	1	0	1	0	0
0	0	1	0	1	1	0	0	1	0	1	1
1	1	0	1	0	1	0	1	0	0	1	0
1	1	0	1	1	0	1	0	0	1	0	0

::::: Puzzle (308) :::::

0	0	1	0	0	1	1	0	1	1	0	1
1	0	0	1	0	1	0	1	0	1	0	1
0	1	1	0	1	0	1	0	1	0	1	0
0	0	1	0	0	1	0	1	1	0	1	1
1	0	0	1	1	0	0	1	0	1	0	1
0	1	1	0	0	1	1	0	1	0	1	0
0	0	1	1	0	0	1	1	0	1	1	0
1	1	0	0	1	1	0	0	1	0	0	1
1	1	0	1	1	0	0	1	0	1	0	0
0	0	1	0	0	1	1	0	1	0	1	1
1	1	0	1	1	0	0	1	0	0	1	0
1	1	0	1	1	0	1	0	0	1	0	0

::::: Puzzle (309) :::::

1	1	0	0	1	0	0	1	0	1	1	0
0	1	0	0	1	0	1	0	1	0	1	1
0	0	1	1	0	1	1	0	0	1	0	1
1	0	1	0	0	1	0	1	1	0	1	0
0	1	0	0	1	0	1	1	0	1	1	0
0	0	1	1	0	0	1	0	1	1	0	1
1	0	1	0	1	1	0	1	0	0	1	0
1	1	0	1	0	0	1	0	1	0	0	1
0	0	1	1	0	1	0	1	0	1	0	1
0	0	1	0	1	1	0	1	1	0	1	0
1	1	0	1	1	0	1	0	0	1	0	0
1	1	0	1	0	1	0	0	1	0	0	1

::::: Puzzle (310) :::::

1	0	1	0	0	1	0	1	0	0	1	1
0	1	0	0	1	0	0	1	1	0	1	1
0	0	1	1	0	1	1	0	1	1	0	0
1	0	0	1	1	0	0	1	0	1	1	0
0	1	0	0	1	0	1	0	1	0	1	1
0	0	1	0	0	1	1	0	1	1	0	1
1	0	0	1	0	1	0	1	0	1	1	0
0	1	1	0	1	0	0	1	1	0	0	1
1	1	0	1	1	0	1	0	0	1	0	0
1	0	1	1	0	1	0	1	0	0	1	0
0	1	1	0	1	0	1	0	1	0	0	1
1	1	0	1	0	1	1	0	0	1	0	0

::::: Puzzle (311) :::::

0	1	0	1	1	0	0	1	0	1	0	1
0	0	1	0	0	1	1	0	1	1	0	1
1	0	1	0	1	1	0	0	1	0	1	0
0	1	0	1	0	0	1	1	0	0	1	1
0	0	1	0	1	0	1	0	1	1	0	1
1	0	0	1	0	1	0	1	1	0	1	0
0	1	1	0	0	1	0	1	0	0	1	1
1	0	1	0	1	0	1	0	1	1	0	0
1	1	0	1	0	0	1	0	0	1	1	0
0	0	1	0	1	1	0	1	1	0	0	1
1	1	0	1	0	1	0	1	0	0	1	0
1	1	0	1	1	0	1	0	0	1	0	0

::::: Puzzle (312) :::::

1	0	0	1	0	0	1	0	1	0	1	1
1	0	0	1	0	0	1	1	0	1	0	1
0	1	1	0	1	1	0	0	1	1	0	0
0	0	1	1	0	0	1	1	0	0	1	1
1	0	0	1	0	0	1	1	0	1	1	0
0	1	1	0	1	1	0	0	1	0	0	1
0	0	1	0	1	1	0	1	1	0	1	0
1	1	0	1	0	0	1	0	0	1	0	1
0	1	1	0	1	1	0	0	1	0	1	0
0	0	1	0	1	0	1	1	0	1	0	1
1	1	0	1	0	1	0	0	1	0	1	0
1	1	0	0	1	1	0	1	0	1	0	0

::::: Puzzle (313) :::::

1	1	0	0	1	0	0	1	1	0	1	0
0	0	1	1	0	0	1	0	1	1	0	1
0	0	1	0	1	1	0	1	0	1	0	1
1	1	0	0	1	1	0	0	1	0	1	0
0	0	1	1	0	0	1	1	0	1	1	0
0	1	0	0	1	0	1	1	0	1	0	1
1	0	1	1	0	1	0	0	1	0	0	1
0	1	0	0	1	1	0	1	1	0	1	0
1	0	1	1	0	0	1	0	0	1	1	0
0	0	1	1	0	1	1	0	1	0	0	1
1	1	0	0	1	0	0	1	0	0	1	1
1	1	0	1	0	1	1	0	0	1	0	0

::::: Puzzle (314) :::::

0	0	1	0	0	1	0	1	1	0	1	1
1	0	0	1	0	0	1	0	1	1	0	1
0	1	0	1	1	0	0	1	0	1	1	0
0	0	1	0	0	1	1	0	1	0	1	1
1	0	0	1	1	0	1	0	1	0	0	1
0	1	0	0	1	1	0	1	0	1	1	0
1	0	1	1	0	0	1	0	0	1	0	1
0	1	1	0	0	1	0	1	1	0	1	0
1	1	0	1	1	0	1	0	0	1	0	0
1	0	1	0	0	1	1	0	1	0	0	1
0	1	1	0	1	1	0	1	0	0	1	0
1	1	0	1	1	0	0	1	0	1	0	0

::::: Puzzle (315) :::::

0	1	0	0	1	0	0	1	1	0	1	1
0	0	1	0	1	0	1	0	1	1	0	1
1	1	0	1	0	1	0	1	0	0	1	0
1	0	0	1	0	0	1	0	1	1	0	1
0	0	1	0	1	0	1	1	0	1	1	0
0	1	0	0	1	1	0	1	0	0	1	1
1	0	1	1	0	0	1	0	1	1	0	0
0	0	1	1	0	1	1	0	0	1	0	1
1	1	0	0	1	1	0	1	0	0	1	0
0	1	1	0	1	0	1	0	1	0	0	1
1	0	1	1	0	1	0	1	0	1	0	0
1	1	0	1	0	1	0	0	1	0	1	0

::::: Puzzle (316) :::::

1	0	0	1	0	1	1	0	1	0	0	1
0	0	1	0	0	1	0	1	1	0	1	1
0	1	0	0	1	0	1	1	0	1	1	0
1	0	1	1	0	0	1	0	1	0	0	1
0	0	1	0	1	1	0	1	0	0	1	1
0	1	0	0	1	1	0	1	0	1	1	0
1	0	1	1	0	0	1	0	1	1	0	0
0	1	1	0	0	1	0	0	1	0	1	1
1	1	0	1	1	0	0	1	0	1	0	0
0	0	1	1	0	0	1	0	1	1	0	1
1	1	0	0	1	1	0	1	0	0	1	0
1	1	0	1	1	0	1	0	0	1	0	0

::::: Puzzle (317) :::::

1	0	0	1	0	0	1	0	1	0	1	1
1	0	0	1	0	0	1	0	1	1	0	1
0	1	1	0	1	1	0	1	0	0	1	0
0	0	1	0	0	1	0	1	1	0	1	1
1	1	0	1	0	0	1	0	1	1	0	0
0	0	1	0	1	0	1	1	0	0	1	1
0	1	1	0	1	1	0	1	0	1	0	0
1	0	0	1	0	1	0	0	1	0	1	1
0	1	1	0	1	0	1	1	0	1	0	0
0	0	1	1	0	1	0	0	1	0	1	1
1	1	0	0	1	1	0	1	0	1	0	0
1	1	0	1	1	0	1	0	0	1	0	0

::::: Puzzle (318) :::::

0	0	1	0	0	1	0	1	1	0	1	1
0	0	1	0	1	0	1	0	1	0	1	1
1	1	0	1	0	1	1	0	0	1	0	0
0	1	0	0	1	0	0	1	1	0	1	1
0	0	1	0	0	1	1	0	1	1	0	1
1	0	1	1	0	0	1	0	0	1	1	0
1	1	0	0	1	1	0	1	0	0	1	0
0	0	1	1	0	1	0	1	1	0	0	1
1	1	0	1	1	0	1	0	0	1	0	0
0	0	1	0	1	1	0	1	1	0	1	0
1	1	0	1	0	0	1	0	0	1	0	1
1	1	0	1	1	0	0	1	0	1	0	0

::::: Puzzle (319) :::::

0	0	1	0	1	0	0	1	1	0	1	1
0	1	0	0	1	0	1	0	1	1	0	1
1	0	0	1	0	1	0	1	0	1	1	0
0	0	1	0	0	1	1	0	1	0	1	1
0	1	1	0	1	0	0	1	0	1	0	1
1	0	0	1	0	1	1	0	0	1	1	0
1	0	1	1	0	1	0	0	1	0	0	1
0	1	1	0	1	0	1	1	0	1	0	0
1	1	0	1	0	1	0	0	1	0	1	0
1	0	1	0	0	1	1	0	1	0	0	1
0	1	0	1	1	0	1	1	0	1	0	0
1	1	0	1	1	0	0	1	0	0	1	0

::::: Puzzle (320) :::::

1	0	0	1	0	0	1	0	1	0	1	1
1	0	1	0	0	1	0	1	1	0	1	0
0	1	0	0	1	0	1	1	0	1	0	1
0	0	1	1	0	1	0	0	1	0	1	1
1	0	0	1	0	1	0	1	0	1	1	0
0	1	1	0	1	0	1	0	1	0	0	1
0	1	1	0	0	1	0	0	1	0	1	1
1	0	0	1	1	0	1	1	0	1	0	0
0	1	1	0	1	1	0	1	0	1	0	0
0	0	1	0	0	1	1	0	1	0	1	1
1	1	0	1	1	0	0	1	0	1	0	0
1	1	0	1	1	0	1	0	0	1	0	0

::::: Puzzle (321) :::::

0	1	0	1	0	1	0	1	0	1	1	0
0	0	1	0	0	1	1	0	1	1	0	1
1	0	0	1	1	0	0	1	1	0	0	1
0	1	1	0	0	1	1	0	0	1	1	0
0	0	1	0	0	1	0	1	1	0	1	1
1	0	0	1	1	0	1	0	1	1	0	0
0	1	1	0	1	0	0	1	0	0	1	1
1	0	1	0	0	1	1	0	1	0	0	1
1	1	0	1	1	0	0	1	0	1	0	0
0	0	1	0	0	1	1	0	1	0	1	1
1	1	0	1	1	0	0	1	0	0	1	0
1	1	0	1	1	0	1	0	0	1	0	0

::::: Puzzle (322) :::::

0	0	1	0	0	1	1	0	1	1	0	1
0	0	1	0	0	1	0	1	1	0	1	1
1	1	0	1	1	0	1	0	0	1	0	0
0	0	1	0	1	1	0	0	1	0	1	1
0	1	0	1	0	1	0	1	1	0	1	0
1	0	1	0	1	0	1	1	0	1	0	0
0	0	1	1	0	0	1	0	1	0	1	1
1	1	0	0	1	1	0	1	0	1	0	0
1	1	0	1	1	0	0	1	0	0	1	0
0	0	1	0	0	1	1	0	1	0	1	1
1	1	0	1	0	0	1	0	0	1	0	1
1	1	0	1	1	0	0	1	0	1	0	0

::::: Puzzle (323) :::::

0	0	1	0	0	1	1	0	1	0	1	1
0	1	0	1	0	0	1	0	1	1	0	1
1	0	1	0	1	0	0	1	0	1	1	0
0	0	1	0	0	1	0	1	1	0	1	1
0	1	0	1	0	1	1	0	0	1	0	1
1	0	0	1	1	0	1	0	1	1	0	0
0	1	1	0	1	1	0	1	0	0	1	0
1	0	1	0	0	1	1	0	1	0	0	1
1	1	0	1	1	0	0	1	0	1	0	0
0	0	1	0	1	0	1	1	0	1	1	0
1	1	0	1	0	1	0	0	1	0	0	1
1	1	0	1	1	0	0	1	0	0	1	0

::::: Puzzle (324) :::::

0	0	1	0	0	1	0	1	1	0	1	1
0	1	0	0	1	0	0	1	1	0	1	1
1	0	1	1	0	1	1	0	0	1	0	0
1	0	0	1	1	0	0	1	1	0	0	1
0	1	1	0	0	1	1	0	0	1	1	0
0	0	1	0	1	0	1	0	1	1	0	1
1	0	0	1	1	0	0	1	1	0	1	0
0	1	1	0	0	1	1	0	0	1	0	1
1	1	0	1	1	0	0	1	0	1	0	0
0	0	1	1	0	1	1	0	1	0	1	0
1	1	0	0	1	0	1	0	0	1	0	1
1	1	0	1	0	1	0	1	0	0	1	0

::::: Puzzle (325) :::::

1	0	0	1	0	0	1	0	1	0	1	1
1	0	1	0	0	1	0	1	0	1	1	0
0	1	0	0	1	1	0	0	1	1	0	1
0	0	1	1	0	0	1	1	0	0	1	1
1	0	1	0	0	1	1	0	1	0	1	0
0	1	0	1	1	0	0	1	0	1	0	1
0	1	1	0	0	1	1	0	1	1	0	0
1	0	1	0	1	1	0	1	0	0	1	0
0	1	0	1	1	0	0	1	1	0	0	1
0	0	1	0	0	1	1	0	1	1	0	1
1	1	0	1	1	0	0	1	0	0	1	0
1	1	0	1	1	0	1	0	0	1	0	0

::::: Puzzle (326) :::::

0	0	1	0	0	1	1	0	1	0	1	1
0	0	1	0	1	0	1	1	0	1	0	1
1	1	0	1	0	1	0	0	1	1	0	0
0	0	1	0	1	0	1	1	0	0	1	1
0	1	0	0	1	0	0	1	1	0	1	1
1	0	1	1	0	1	1	0	0	1	0	0
0	0	1	1	0	1	0	0	1	0	1	1
1	1	0	0	1	0	1	1	0	0	1	0
1	1	0	1	0	1	0	1	0	1	0	0
0	0	1	0	1	0	1	0	1	1	0	1
1	1	0	1	0	1	0	0	1	0	1	0
1	1	0	1	1	0	0	1	0	1	0	0

::::: Puzzle (327) :::::

1	0	0	1	0	0	1	1	0	0	1	1
0	0	1	0	0	1	1	0	1	1	0	1
0	1	1	0	1	0	0	1	0	1	1	0
1	0	0	1	1	0	0	1	0	0	1	1
0	0	1	1	0	1	1	0	1	1	0	0
0	1	1	0	0	1	0	1	1	0	0	1
1	1	0	0	1	0	0	1	0	1	1	0
0	0	1	1	0	1	1	0	1	0	1	0
1	1	0	0	1	0	1	0	1	0	0	1
1	1	0	0	1	1	0	1	0	1	0	0
0	0	1	1	0	1	0	0	1	0	1	1
1	1	0	1	1	0	1	0	0	1	0	0

::::: Puzzle (328) :::::

0	0	1	0	0	1	0	1	1	0	1	1
0	1	0	1	0	0	1	0	1	1	0	1
1	0	1	0	1	0	0	1	0	1	1	0
0	1	0	0	1	1	0	1	1	0	0	1
0	0	1	1	0	0	1	0	1	0	1	1
1	1	0	0	1	1	0	1	0	1	0	0
0	1	0	1	0	0	1	1	0	0	1	1
1	0	1	0	1	1	0	0	1	0	1	0
1	0	1	1	0	1	1	0	0	1	0	0
0	1	0	0	1	0	1	1	0	0	1	1
1	0	1	1	0	1	0	0	1	1	0	0
1	1	0	1	1	0	1	0	0	1	0	0

::::: Puzzle (329) :::::

0	0	1	0	1	0	1	0	1	0	1	1
1	0	0	1	0	0	1	1	0	1	0	1
0	1	1	0	1	1	0	0	1	0	1	0
1	1	0	0	1	1	0	1	0	1	0	0
1	0	0	1	0	0	1	1	0	0	1	1
0	0	1	1	0	1	0	0	1	1	0	1
0	1	1	0	1	0	0	1	0	1	1	0
1	0	0	1	0	0	1	0	1	0	1	1
0	1	1	0	1	1	0	1	0	1	0	0
0	0	1	1	0	1	1	0	1	0	0	1
1	1	0	0	1	0	1	1	0	0	1	0
1	1	0	1	0	1	0	0	1	1	0	0

::::: Puzzle (330) :::::

0	1	0	0	1	1	0	0	1	0	1	1
0	1	0	0	1	0	0	1	1	0	1	1
1	0	1	1	0	0	1	1	0	1	0	0
0	1	0	0	1	1	0	0	1	1	0	1
0	0	1	0	1	0	1	1	0	0	1	1
1	0	1	1	0	0	1	0	0	1	1	0
1	1	0	0	1	1	0	0	1	1	0	0
0	0	1	1	0	1	0	1	1	0	0	1
1	0	1	1	0	0	1	1	0	0	1	0
0	1	0	0	1	0	1	0	1	1	0	1
1	0	1	1	0	1	0	1	0	0	1	0
1	1	0	1	0	1	1	0	0	1	0	0

::::: Puzzle (331) :::::

0	0	1	0	0	1	1	0	1	0	1	1
0	0	1	0	1	0	1	1	0	1	1	0
1	1	0	1	0	1	0	0	1	0	0	1
1	0	0	1	0	0	1	1	0	1	1	0
0	0	1	0	1	0	0	1	1	0	1	1
0	1	0	1	0	1	1	0	1	1	0	0
1	0	1	1	0	0	1	0	0	1	0	1
0	1	1	0	1	1	0	1	0	0	1	0
1	1	0	0	1	1	0	0	1	1	0	0
0	0	1	1	0	0	1	1	0	0	1	1
1	1	0	1	1	0	0	1	0	1	0	0
1	1	0	0	1	1	0	0	1	0	0	1

::::: Puzzle (332) :::::

1	0	0	1	0	0	1	0	1	0	1	1
0	1	1	0	0	1	0	1	1	0	0	1
1	0	0	1	1	0	0	1	0	1	1	0
0	0	1	0	0	1	1	0	1	0	1	1
0	1	1	0	0	1	0	0	1	1	0	1
1	0	0	1	1	0	1	1	0	0	1	0
0	0	1	1	0	0	1	1	0	1	0	1
0	1	1	0	1	1	0	0	1	0	1	0
1	1	0	0	1	0	1	1	0	1	0	0
0	0	1	1	0	1	0	0	1	0	1	1
1	1	0	0	1	1	0	1	0	1	0	0
1	1	0	1	1	0	1	0	0	1	0	0

::::: Puzzle (333) :::::

1	0	0	1	0	0	1	0	1	0	1	1
0	1	0	0	1	1	0	1	0	1	1	0
0	0	1	0	1	0	1	0	1	1	0	1
1	0	1	1	0	1	0	0	1	0	1	0
1	1	0	0	1	0	1	1	0	1	0	0
0	0	1	1	0	0	1	0	1	0	1	1
0	1	1	0	0	1	0	1	0	1	0	1
1	1	0	0	1	1	0	1	0	0	1	0
0	0	1	1	0	0	1	0	1	1	0	1
0	1	0	0	1	1	0	1	1	0	0	1
1	0	1	1	0	1	0	1	0	0	1	0
1	1	0	1	1	0	1	0	0	1	0	0

::::: Puzzle (334) :::::

0	1	0	0	1	0	0	1	1	0	1	1
1	0	1	0	0	1	0	1	0	0	1	1
0	1	0	1	1	0	1	0	1	1	0	0
0	0	1	0	0	1	1	0	1	0	1	1
1	1	0	0	1	1	0	1	0	1	0	0
0	0	1	1	0	0	1	0	1	1	0	1
0	0	1	0	0	1	0	1	1	0	1	1
1	1	0	1	1	0	0	1	0	1	0	0
1	0	0	1	1	0	1	0	0	1	1	0
0	1	1	0	0	1	1	0	1	0	0	1
1	1	0	1	1	0	0	1	0	0	1	0
1	0	1	1	0	1	1	0	0	1	0	0

::::: Puzzle (335) :::::

0	1	0	0	1	0	0	1	1	0	1	1
0	0	1	1	0	0	1	1	0	0	1	1
1	0	0	1	0	1	1	0	1	1	0	0
0	1	1	0	1	0	0	1	0	1	0	1
0	0	1	0	0	1	0	1	1	0	1	1
1	0	0	1	0	1	1	0	1	0	1	0
0	1	1	0	1	0	1	0	0	1	0	1
1	0	1	1	0	1	0	1	0	0	1	0
1	1	0	0	1	0	1	0	1	1	0	0
0	0	1	0	1	1	0	0	1	0	1	1
1	1	0	1	0	1	0	1	0	1	0	0
1	1	0	1	1	0	1	0	0	1	0	0

::::: Puzzle (336) :::::

0	0	1	1	0	0	1	0	1	0	1	1
1	1	0	0	1	0	0	1	0	1	0	1
0	0	1	0	1	1	0	1	1	0	1	0
0	0	1	1	0	0	1	0	1	1	0	1
1	1	0	0	1	1	0	1	0	0	1	0
0	0	1	0	0	1	1	0	1	1	0	1
0	1	0	1	1	0	0	1	1	0	1	0
1	0	1	0	0	1	0	1	0	0	1	1
1	1	0	1	1	0	1	0	0	1	0	0
0	1	0	0	1	1	0	0	1	0	1	1
1	0	1	1	0	0	1	1	0	1	0	0
1	1	0	1	0	1	1	0	0	1	0	0

::::: Puzzle (337) :::::

1	0	0	1	0	0	1	0	1	1	0	1
0	0	1	0	0	1	1	0	1	1	0	1
0	1	1	0	1	1	0	1	0	0	1	0
1	1	0	1	0	0	1	0	0	1	0	1
0	0	1	0	1	1	0	1	1	0	1	0
0	0	1	1	0	0	1	1	0	1	1	0
1	1	0	0	1	1	0	0	1	0	0	1
0	0	1	0	0	1	1	0	1	0	1	1
1	1	0	1	1	0	0	1	0	1	0	0
0	0	1	0	0	1	0	1	1	0	1	1
1	1	0	1	1	0	1	0	0	1	0	0
1	1	0	1	1	0	0	1	0	0	1	0

::::: Puzzle (338) :::::

0	0	1	0	0	1	0	1	1	0	1	1
0	1	0	0	1	0	1	0	1	1	0	1
1	0	0	1	0	0	1	1	0	1	1	0
0	0	1	0	1	1	0	1	0	0	1	1
0	1	0	1	0	0	1	0	1	1	0	1
1	0	1	0	1	1	0	1	0	0	1	0
0	1	1	0	0	1	1	0	0	1	1	0
1	0	0	1	1	0	0	1	1	0	0	1
1	1	0	1	0	1	0	0	1	1	0	0
0	1	1	0	1	0	1	1	0	0	1	0
1	0	1	1	0	1	0	0	1	0	0	1
1	1	0	1	1	0	1	0	0	1	0	0

::::: Puzzle (339) :::::

1	0	0	1	0	1	0	0	1	1	0	1
0	0	1	0	0	1	0	1	1	0	1	1
0	1	0	1	1	0	1	0	0	1	1	0
1	0	1	0	0	1	0	1	0	1	0	1
0	1	1	0	1	0	1	0	1	0	0	1
1	0	0	1	0	1	0	1	1	0	1	0
0	0	1	0	1	0	1	1	0	1	0	1
0	1	1	0	0	1	1	0	1	0	1	0
1	1	0	1	1	0	0	1	0	1	0	0
0	0	1	0	0	1	1	0	1	0	1	1
1	1	0	1	1	0	0	1	0	0	1	0
1	1	0	1	1	0	1	0	0	1	0	0

::::: Puzzle (340) :::::

1	1	0	0	1	0	1	0	1	0	0	1
0	0	1	0	0	1	0	1	1	0	1	1
0	1	0	1	0	1	0	1	0	1	1	0
1	0	1	0	1	0	1	0	1	0	0	1
0	0	1	1	0	1	0	0	1	0	1	1
0	1	0	1	0	0	1	1	0	1	1	0
1	0	1	0	1	1	0	1	0	1	0	0
0	0	1	0	0	1	1	0	1	0	1	1
1	1	0	1	1	0	0	1	0	1	0	0
0	1	0	1	1	0	0	1	0	0	1	1
1	0	1	0	0	1	1	0	1	1	0	0
1	1	0	1	1	0	1	0	0	1	0	0

::::: *Puzzle (341)* :::::

0	0	1	0	1	0	0	1	1	0	1	1
1	0	1	0	0	1	1	0	1	1	0	0
0	1	0	1	0	0	1	1	0	0	1	1
0	0	1	0	1	1	0	0	1	1	0	1
1	0	1	0	0	1	0	1	0	1	1	0
0	1	0	1	1	0	1	0	1	0	0	1
0	0	1	1	0	1	0	0	1	0	1	1
1	1	0	0	1	0	1	1	0	1	0	0
1	1	0	1	0	1	1	0	0	1	0	0
0	0	1	0	0	1	0	1	1	0	1	1
1	1	0	1	1	0	0	1	0	0	1	0
1	1	0	1	1	0	1	0	0	1	0	0

::::: *Puzzle (342)* :::::

1	0	0	1	0	0	1	0	1	0	1	1
0	1	1	0	0	1	0	0	1	1	0	1
0	0	1	0	1	0	1	1	0	1	1	0
1	0	0	1	0	0	1	1	0	0	1	1
0	1	1	0	1	1	0	0	1	0	0	1
0	0	1	1	0	1	0	1	0	1	1	0
1	0	0	1	1	0	1	0	1	0	0	1
0	1	1	0	1	0	1	1	0	0	1	0
1	1	0	1	0	1	0	1	0	1	0	0
0	0	1	0	1	1	0	0	1	0	1	1
1	1	0	1	0	0	1	0	1	1	0	0
1	1	0	0	1	1	0	1	0	1	0	0

::::: *Puzzle (343)* :::::

0	1	0	0	1	1	0	0	1	1	0	1
0	0	1	0	0	1	0	1	1	0	1	1
1	0	0	1	1	0	1	0	0	1	1	0
0	1	0	0	1	0	1	1	0	1	0	1
0	0	1	1	0	1	0	1	1	0	1	0
1	0	0	1	0	1	0	0	1	0	1	1
0	1	1	0	1	0	1	1	0	1	0	0
1	0	1	1	0	0	1	1	0	0	1	0
1	1	0	0	1	1	0	0	1	0	0	1
0	1	1	0	0	1	0	1	0	1	0	1
1	0	1	1	0	0	1	0	1	0	1	0
1	1	0	1	1	0	1	0	0	1	0	0

::::: *Puzzle (344)* :::::

0	0	1	0	1	0	1	1	0	0	1	1
0	0	1	0	0	1	0	1	1	0	1	1
1	1	0	1	0	0	1	0	1	1	0	0
0	1	0	0	1	0	1	1	0	1	0	1
0	0	1	1	0	1	0	0	1	0	1	1
1	0	0	1	0	0	1	1	0	1	1	0
0	1	1	0	1	0	1	0	1	1	0	0
1	1	0	0	1	1	0	0	1	0	0	1
1	0	1	1	0	1	0	1	0	0	1	0
0	1	0	1	1	0	1	0	0	1	0	1
1	1	0	0	1	1	0	0	1	0	1	0
1	0	1	1	0	1	0	1	0	1	0	0

::::: *Puzzle (345)* :::::

0	0	1	0	1	1	0	1	1	0	1	0
0	0	1	0	0	1	0	1	1	0	1	1
1	1	0	1	0	0	1	0	0	1	0	1
0	0	1	0	1	0	1	1	0	1	1	0
1	0	0	1	0	1	0	0	1	0	1	1
0	1	0	0	1	0	1	0	1	1	0	1
1	0	1	1	0	0	1	1	0	1	0	0
0	1	1	0	0	1	0	0	1	0	1	1
1	1	0	1	1	0	0	1	0	1	0	0
0	0	1	1	0	1	1	0	1	0	0	1
1	1	0	0	1	1	0	1	0	0	1	0
1	1	0	1	1	0	1	0	0	1	0	0

::::: *Puzzle (346)* :::::

1	0	0	1	0	0	1	0	1	1	0	1
0	0	1	0	0	1	0	1	1	0	1	1
0	1	0	0	1	0	1	1	0	1	1	0
1	0	1	1	0	0	1	0	0	1	0	1
1	0	1	0	1	1	0	0	1	0	1	0
0	1	0	1	1	0	0	1	0	1	0	1
0	1	1	0	0	1	1	0	1	0	1	0
1	0	1	0	0	1	0	1	0	0	1	1
0	1	0	1	1	0	1	0	1	1	0	0
0	0	1	0	1	1	0	1	1	0	0	1
1	1	0	1	0	1	0	1	0	0	1	0
1	1	0	1	1	0	1	0	0	1	0	0

::::: *Puzzle (347)* :::::

1	0	1	0	0	1	0	1	0	1	1	0
0	1	0	0	1	0	0	1	1	0	1	1
0	0	1	1	0	0	1	0	1	1	0	1
1	0	1	0	1	1	0	1	0	0	1	0
0	1	0	1	0	0	1	0	1	1	0	1
0	1	0	0	1	1	0	0	1	0	1	1
1	0	1	0	1	0	1	1	0	1	0	0
0	0	1	1	0	1	1	0	1	0	0	1
1	1	0	1	0	1	0	1	0	0	1	0
0	0	1	0	1	0	1	1	0	1	0	1
1	1	0	1	0	1	0	0	1	0	1	0
1	1	0	1	1	0	1	0	0	1	0	0

::::: *Puzzle (348)* :::::

1	1	0	0	1	0	0	1	0	0	1	1
1	0	1	0	0	1	0	1	0	0	1	1
0	1	0	1	0	1	1	0	1	1	0	0
0	0	1	0	1	0	1	0	1	0	1	1
1	0	1	1	0	1	0	1	0	0	1	0
0	1	0	1	1	0	1	0	1	1	0	0
0	0	1	0	0	1	1	0	1	0	1	1
1	0	0	1	1	0	0	1	0	1	0	1
0	1	1	0	0	1	1	0	1	1	0	0
0	0	1	0	0	1	0	1	1	0	1	1
1	1	0	1	1	0	1	0	0	1	0	0
1	1	0	1	1	0	0	1	0	1	0	0

::::: *Puzzle (349)* :::::

0	1	0	0	1	0	0	1	1	0	1	1
0	1	0	1	0	0	1	0	1	1	0	1
1	0	1	0	1	1	0	1	0	0	1	0
1	0	1	0	1	0	1	0	1	0	1	0
0	1	0	1	0	0	1	1	0	1	0	1
0	0	1	0	1	1	0	1	0	1	1	0
1	0	1	1	0	0	1	0	1	0	0	1
0	1	0	0	1	1	0	1	0	0	1	1
1	0	1	1	0	1	1	0	0	1	0	0
0	0	1	1	0	0	1	0	1	0	1	1
1	1	0	0	1	1	0	1	0	1	0	0
1	1	0	1	0	1	0	0	1	1	0	0

::::: *Puzzle (350)* :::::

0	0	1	0	1	0	1	1	0	1	1	0
1	0	0	1	0	0	1	0	1	0	1	1
0	1	1	0	1	1	0	0	1	0	0	1
0	0	1	1	0	0	1	1	0	1	1	0
1	1	0	0	1	0	0	1	0	1	0	1
0	0	1	1	0	1	1	0	1	0	1	0
0	1	0	1	0	0	1	0	1	1	0	1
1	0	1	0	1	1	0	1	0	0	1	0
1	1	0	0	1	1	0	0	1	0	0	1
0	0	1	1	0	0	1	0	1	1	0	1
1	1	0	1	0	1	0	1	0	0	1	0
1	1	0	0	1	1	0	1	0	1	0	0

::::: *Puzzle (351)* :::::

0	0	1	0	0	1	0	1	1	0	1	1
1	0	0	1	0	0	1	1	0	1	1	0
0	1	0	0	1	1	0	0	1	1	0	1
0	0	1	0	1	0	0	1	1	0	1	1
1	1	0	1	0	0	1	1	0	0	1	0
0	0	1	1	0	1	1	0	0	1	0	1
1	1	0	0	1	1	0	0	1	1	0	0
0	1	1	0	1	0	1	1	0	0	1	0
1	0	0	1	0	1	1	0	1	0	0	1
1	1	0	1	1	0	0	1	0	1	0	0
0	1	1	0	1	0	1	0	0	1	1	0
1	0	1	1	0	1	0	0	1	0	0	1

::::: *Puzzle (352)* :::::

0	0	1	0	0	1	0	1	1	0	1	1
0	0	1	0	1	0	1	0	1	0	1	1
1	1	0	1	0	0	1	1	0	1	0	0
0	0	1	0	1	1	0	0	1	0	1	1
0	1	0	0	1	0	1	1	0	1	0	1
1	0	1	1	0	1	0	0	1	0	1	0
1	1	0	0	1	0	1	0	1	1	0	0
0	1	0	1	1	0	0	1	0	0	1	1
1	0	1	1	0	1	1	0	0	1	0	0
1	1	0	0	1	1	0	0	1	1	0	0
0	1	0	1	0	0	1	1	0	0	1	1
1	0	1	1	0	1	0	1	0	1	0	0

::::: *Puzzle (353)* :::::

0	0	1	0	0	1	0	1	1	0	1	1
0	1	0	0	1	1	0	1	0	1	1	0
1	0	0	1	1	0	1	0	1	0	0	1
0	0	1	0	0	1	1	0	1	1	0	1
0	1	0	1	1	0	0	1	0	1	1	0
1	0	0	1	1	0	0	1	1	0	1	0
1	0	1	0	0	1	1	0	0	1	0	1
0	1	1	0	0	1	1	0	1	0	0	1
1	1	0	1	1	0	0	1	0	0	1	0
1	0	1	1	0	0	1	0	0	1	1	0
0	1	1	0	0	1	0	1	1	0	0	1
1	1	0	1	1	0	1	0	0	1	0	0

::::: *Puzzle (354)* :::::

1	0	0	1	0	0	1	1	0	0	1	1
0	0	1	0	0	1	0	1	1	0	1	1
0	1	1	0	1	0	1	0	1	1	0	0
1	0	0	1	0	1	0	1	0	0	1	1
0	0	1	0	0	1	1	0	1	1	0	1
0	1	1	0	1	0	0	1	1	0	1	0
1	1	0	1	1	0	1	0	0	1	0	0
1	0	1	0	0	1	1	0	0	1	0	1
0	1	0	1	1	0	0	1	1	0	1	0
0	0	1	0	1	1	0	0	1	0	1	1
1	1	0	1	0	1	1	0	0	1	0	0
1	1	0	1	1	0	0	1	0	1	0	0

::::: *Puzzle (355)* :::::

0	0	1	0	0	1	1	0	1	0	1	1
1	1	0	0	1	0	0	1	0	1	1	0
0	0	1	1	0	0	1	0	1	1	0	1
0	0	1	0	0	1	0	1	1	0	1	1
1	1	0	0	1	0	1	1	0	1	0	0
0	0	1	1	0	0	1	0	1	0	1	1
1	0	1	0	1	1	0	1	0	0	1	0
0	1	0	1	1	0	1	1	0	1	0	0
1	1	0	1	0	1	0	0	1	0	0	1
0	0	1	0	1	1	0	1	0	0	1	1
1	1	0	1	1	0	1	0	0	1	0	0
1	1	0	1	0	1	0	0	1	1	0	0

::::: *Puzzle (356)* :::::

1	0	0	1	0	1	1	0	1	1	0	0
0	1	1	0	0	1	0	0	1	0	1	1
0	1	0	0	1	0	1	1	0	1	0	1
1	0	1	1	0	0	1	0	0	1	1	0
0	0	1	0	0	1	0	1	1	0	1	1
1	1	0	0	1	0	0	1	1	0	0	1
0	0	1	1	0	1	1	0	0	1	1	0
0	0	1	0	1	1	0	1	1	0	0	1
1	1	0	1	1	0	0	1	0	1	0	0
0	0	1	0	0	1	1	0	1	0	1	1
1	1	0	1	1	0	0	1	0	0	1	0
1	1	0	1	1	0	1	0	0	1	0	0

::::: *Puzzle (357)* :::::

0	1	0	0	1	0	0	1	1	0	1	1
0	0	1	0	0	1	1	0	1	1	0	1
1	0	1	1	0	0	1	0	0	1	1	0
0	1	0	0	1	1	0	1	1	0	0	1
1	0	1	0	1	0	1	0	0	1	1	0
0	0	1	1	0	1	0	1	1	0	1	0
0	1	0	0	1	1	0	1	0	1	0	1
1	0	1	1	0	0	1	0	1	0	0	1
1	1	0	1	0	1	0	1	0	0	1	0
0	1	1	0	1	1	0	0	1	1	0	0
1	0	0	1	0	0	1	1	0	0	1	1
1	1	0	1	1	0	1	0	0	1	0	0

::::: *Puzzle (358)* :::::

0	0	1	0	1	0	1	1	0	0	1	1
0	1	0	0	1	0	0	1	1	0	1	1
1	0	0	1	0	1	1	0	1	1	0	0
0	0	1	0	1	0	1	1	0	1	1	0
0	1	0	1	0	1	0	0	1	0	1	1
1	0	0	1	0	0	1	0	1	1	0	1
1	0	1	0	1	1	0	1	0	0	1	0
0	1	1	0	0	1	0	0	1	1	0	1
1	1	0	1	1	0	1	0	0	1	0	0
1	0	1	1	0	1	0	1	0	0	1	0
0	1	1	0	0	1	1	0	1	0	0	1
1	1	0	1	1	0	0	1	0	1	0	0

::::: *Puzzle (359)* :::::

1	0	0	1	0	0	1	1	0	1	1	0
0	0	1	1	0	1	0	0	1	0	1	1
0	1	0	0	1	1	0	0	1	1	0	1
1	0	1	0	1	0	1	1	0	0	1	0
0	0	1	1	0	1	1	0	0	1	0	1
0	1	0	0	1	1	0	0	1	0	1	1
1	0	1	1	0	0	1	1	0	1	0	0
0	1	1	0	0	1	0	1	0	1	1	0
1	1	0	0	1	0	1	0	1	0	0	1
0	0	1	1	0	1	1	0	1	1	0	0
1	1	0	1	1	0	0	1	0	0	1	0
1	1	0	0	1	0	0	1	1	0	0	1

::::: *Puzzle (360)* :::::

1	1	0	0	1	0	0	1	1	0	0	1
0	0	1	0	0	1	0	1	1	0	1	1
1	0	0	1	0	1	1	0	0	1	1	0
0	1	1	0	1	0	0	1	1	0	0	1
0	0	1	0	0	1	1	0	1	1	0	1
1	1	0	1	0	0	1	0	0	1	1	0
0	0	1	0	1	1	0	1	0	0	1	1
0	0	1	1	0	1	1	0	1	1	0	0
1	1	0	1	1	0	0	1	0	1	0	0
0	0	1	0	0	1	1	0	1	0	1	1
1	1	0	1	1	0	0	1	0	0	1	0
1	1	0	1	1	0	1	0	0	1	0	0

:::: Puzzle (361) ::::

0	0	1	0	0	1	0	1	1	0	1	1
0	1	0	0	1	0	1	1	0	1	1	0
1	0	0	1	0	0	1	0	1	1	0	1
0	0	1	0	1	1	0	1	1	0	1	0
0	1	1	0	1	0	0	1	0	1	0	1
1	1	0	1	0	0	1	0	1	0	1	0
0	0	1	1	0	1	1	0	0	1	0	1
1	1	0	0	1	1	0	1	0	0	1	0
1	0	1	1	0	0	1	0	1	0	0	1
0	1	0	0	1	1	0	1	0	1	1	0
1	0	1	1	0	1	0	0	1	0	0	1
1	1	0	1	1	0	1	0	0	1	0	0

:::: Puzzle (362) ::::

0	0	1	0	0	1	0	1	1	0	1	1
1	0	0	1	1	0	1	0	0	1	0	1
0	1	1	0	1	0	1	0	0	1	1	0
0	0	1	1	0	1	0	1	1	0	0	1
1	0	0	1	0	0	1	1	0	1	0	1
0	1	1	0	1	0	1	0	1	0	1	0
0	0	1	0	1	1	0	0	1	0	1	1
1	1	0	1	0	0	1	1	0	1	0	0
1	1	0	0	1	1	0	0	1	0	1	0
0	0	1	0	1	0	1	1	0	0	1	1
1	1	0	1	0	1	0	1	0	1	0	0
1	1	0	1	0	1	0	0	1	1	0	0

:::: Puzzle (363) ::::

1	1	0	0	1	0	0	1	0	1	0	1
0	1	1	0	0	1	0	1	1	0	0	1
0	0	1	1	0	1	1	0	1	0	1	0
1	0	0	1	1	0	1	0	0	1	1	0
0	1	0	0	1	1	0	1	1	0	0	1
0	0	1	0	0	1	0	1	1	0	1	1
1	0	1	1	0	0	1	0	0	1	1	0
0	1	0	0	1	0	1	0	1	1	0	1
1	0	1	1	0	1	0	1	0	0	1	0
0	0	1	0	0	1	1	0	1	1	0	1
1	1	0	1	1	0	0	1	0	0	1	0
1	1	0	1	1	0	1	0	0	1	0	0

:::: Puzzle (364) ::::

0	1	1	0	0	1	0	1	0	0	1	1
1	0	0	1	0	1	0	0	1	0	1	1
0	1	1	0	1	0	1	1	0	1	0	0
0	0	1	0	0	1	0	1	1	0	1	1
1	0	0	1	1	0	1	0	0	1	1	0
0	1	1	0	1	0	0	1	1	0	0	1
0	0	1	1	0	1	1	0	1	1	0	0
1	0	0	1	0	1	0	1	0	1	1	0
1	1	0	0	1	0	1	0	1	0	0	1
0	0	1	0	0	1	1	0	1	0	1	1
1	1	0	1	1	0	0	1	0	1	0	0
1	1	0	1	1	0	1	0	0	1	0	0

:::: Puzzle (365) ::::

0	1	0	0	1	0	0	1	1	0	1	1
0	0	1	0	1	0	1	1	0	1	1	0
1	0	0	1	0	1	1	0	1	0	0	1
0	1	0	1	0	1	0	0	1	1	0	1
0	1	1	0	1	0	0	1	0	1	1	0
1	0	0	1	0	1	1	0	1	0	1	0
1	0	1	0	0	1	0	0	1	1	0	1
0	1	0	0	1	0	1	1	0	0	1	1
1	0	1	1	0	1	0	1	0	1	0	0
0	1	1	0	1	0	1	0	1	0	0	1
1	1	0	1	1	0	0	1	0	0	1	0
1	0	1	1	0	1	1	0	0	1	0	0

:::: Puzzle (366) ::::

1	0	0	1	0	0	1	0	1	0	1	1
0	0	1	0	1	0	1	0	1	1	0	1
0	1	0	0	1	1	0	1	0	1	1	0
1	0	0	1	0	0	1	1	0	0	1	1
0	1	1	0	1	0	1	0	1	1	0	0
0	1	1	0	1	1	0	1	0	0	1	0
1	0	0	1	0	1	0	0	1	1	0	1
0	1	0	1	0	0	1	0	1	0	1	1
1	0	1	0	1	1	0	1	0	1	0	0
0	1	1	0	1	0	1	0	1	0	0	1
1	1	0	1	0	1	0	1	0	0	1	0
1	0	1	1	0	1	0	1	0	1	0	0

:::: Puzzle (367) ::::

1	1	0	0	1	0	0	1	0	1	1	0
0	1	0	0	1	0	0	1	1	0	1	1
0	0	1	1	0	1	1	0	0	1	0	1
1	0	1	1	0	0	1	1	0	0	1	0
0	1	0	0	1	1	0	0	1	1	0	1
0	0	1	0	0	1	1	0	1	0	1	1
1	0	1	1	0	0	1	1	0	1	0	0
0	1	0	1	1	0	0	1	1	0	0	1
1	0	1	0	1	1	0	0	1	0	1	0
0	0	1	1	0	0	1	1	0	1	0	1
1	1	0	1	0	1	1	0	0	1	0	0
1	1	0	0	1	1	0	0	1	0	1	0

:::: Puzzle (368) ::::

1	1	0	0	1	1	0	1	0	0	1	0
1	0	0	1	0	0	1	0	1	1	0	1
0	0	1	0	0	1	0	1	1	0	1	1
0	1	0	1	1	0	1	0	0	1	1	0
1	0	1	1	0	0	1	1	0	1	0	0
0	0	1	0	1	1	0	0	1	0	1	1
1	1	0	0	1	0	0	1	0	1	0	1
0	0	1	1	0	1	1	0	1	0	1	0
0	1	0	1	0	0	1	0	1	1	0	1
1	0	1	0	1	1	0	1	0	0	1	0
0	1	1	0	0	1	1	0	1	0	0	1
1	1	0	1	1	0	0	1	0	1	0	0

:::: Puzzle (369) ::::

1	1	0	0	1	0	1	0	1	0	0	1
1	0	1	0	0	1	0	0	1	1	0	1
0	1	0	1	0	1	0	1	0	1	1	0
0	0	1	0	1	0	1	0	1	0	1	1
1	0	1	1	0	1	0	1	0	1	0	0
0	1	0	1	1	0	0	1	0	0	1	1
0	0	1	0	1	0	1	0	1	1	0	1
1	0	0	1	0	1	0	1	1	0	1	0
0	1	1	0	1	0	1	1	0	0	1	0
0	0	1	0	0	1	1	0	1	1	0	1
1	1	0	1	1	0	0	1	0	0	1	0
1	1	0	1	0	1	1	0	0	1	0	0

:::: Puzzle (370) ::::

1	0	0	1	0	1	0	0	1	1	0	1
0	0	1	1	0	0	1	1	0	1	1	0
0	1	0	0	1	1	0	0	1	0	1	1
1	0	0	1	0	0	1	1	0	1	0	1
1	0	1	0	1	1	0	1	0	0	1	0
0	1	1	0	0	1	0	0	1	1	0	1
0	1	0	1	1	0	1	1	0	0	1	0
1	0	1	0	0	1	0	0	1	0	1	1
0	1	1	0	1	0	1	1	0	1	0	0
0	1	0	1	1	0	0	1	1	0	0	1
1	0	1	0	0	1	1	0	1	0	1	0
1	1	0	1	1	0	1	0	0	1	0	0

:::: Puzzle (371) ::::

0	0	1	0	0	1	0	1	1	0	1	1
0	1	0	0	1	0	0	1	1	0	1	1
1	0	1	1	0	1	1	0	0	1	0	0
1	0	0	1	0	0	1	0	1	0	1	1
0	1	1	0	1	1	0	1	0	1	0	0
0	0	1	0	0	1	1	0	1	0	1	1
1	0	0	1	1	0	0	1	0	1	0	1
0	1	1	0	1	0	1	0	1	1	0	0
1	1	0	1	0	1	0	1	0	0	1	0
0	0	1	1	0	0	1	0	1	0	1	1
1	1	0	0	1	1	0	1	0	1	0	0
1	1	0	1	1	0	1	0	0	1	0	0

:::: Puzzle (372) ::::

0	0	1	0	0	1	0	1	1	0	1	1
0	1	0	0	1	0	1	0	1	1	0	1
1	0	1	1	0	0	1	0	0	1	1	0
0	0	1	0	1	1	0	1	1	0	0	1
1	1	0	1	0	0	1	0	0	1	1	0
0	1	0	0	1	1	0	1	1	0	0	1
1	0	1	0	1	0	1	1	0	1	0	0
1	0	1	1	0	1	0	0	1	0	1	0
0	1	0	1	0	1	0	1	0	1	0	1
0	0	1	0	1	0	1	0	1	0	1	1
1	1	0	1	0	1	0	1	0	0	1	0
1	1	0	1	1	0	1	0	0	1	0	0

:::: Puzzle (373) ::::

1	0	0	1	0	1	0	0	1	1	0	1
1	0	0	1	1	0	0	1	1	0	1	0
0	1	1	0	0	1	1	0	0	1	0	1
0	0	1	0	1	0	1	1	0	1	1	0
1	0	0	1	0	1	0	1	1	0	1	0
0	1	1	0	0	1	1	0	1	0	0	1
0	0	1	0	1	0	1	1	0	1	0	1
1	1	0	1	0	1	0	0	1	0	1	0
0	1	1	0	1	0	1	0	0	1	0	1
0	0	1	1	0	1	0	1	1	0	1	0
1	1	0	0	1	0	0	1	0	0	1	1
1	1	0	1	1	0	1	0	0	1	0	0

:::: Puzzle (374) ::::

1	0	0	1	0	1	0	0	1	0	1	1
1	1	0	0	1	0	1	1	0	0	1	0
0	0	1	0	0	1	1	0	1	1	0	1
0	0	1	1	0	1	0	1	1	0	0	1
1	1	0	0	1	0	0	1	0	1	1	0
0	0	1	1	0	0	1	0	1	1	0	1
0	0	1	0	1	1	0	1	1	0	1	0
1	1	0	1	0	1	1	0	0	1	0	0
0	1	1	0	1	0	1	0	0	1	0	1
0	0	1	0	0	1	0	1	1	0	1	1
1	1	0	1	1	0	0	1	0	0	1	0
1	1	0	1	1	0	1	0	0	1	0	0

:::: Puzzle (375) ::::

1	0	0	1	1	0	0	1	0	1	1	0
0	0	1	0	0	1	1	0	1	0	1	1
0	1	0	0	1	1	0	0	1	1	0	1
1	0	0	1	0	0	1	1	0	1	1	0
0	1	1	0	1	0	0	1	0	0	1	1
0	0	1	1	0	1	1	0	1	0	0	1
1	1	0	1	0	0	1	1	0	1	0	0
0	1	0	0	1	0	0	1	1	0	1	1
1	0	1	1	0	1	1	0	0	1	0	0
1	1	0	1	1	0	0	1	0	0	1	0
0	1	1	0	0	1	1	0	1	0	0	1
1	0	1	0	1	1	0	0	1	1	0	0

:::: Puzzle (376) ::::

0	0	1	0	1	0	0	1	1	0	1	1
1	0	0	1	0	1	1	0	0	1	0	1
0	1	0	0	1	0	1	1	0	1	1	0
0	0	1	0	0	1	0	1	1	0	1	1
1	1	0	1	1	0	1	0	0	1	0	0
0	0	1	1	0	1	0	0	1	0	1	1
0	1	1	0	1	0	1	1	0	1	0	0
1	1	0	1	0	0	1	0	1	0	0	1
1	0	1	0	1	1	0	0	1	0	1	0
0	0	1	0	1	0	1	1	0	1	0	1
1	1	0	1	0	1	0	1	0	1	0	0
1	1	0	1	0	1	0	0	1	0	1	0

:::: Puzzle (377) ::::

0	0	1	0	0	1	1	0	1	0	1	1
0	1	0	0	1	1	0	1	0	1	0	1
1	0	0	1	1	0	0	1	1	0	1	0
0	0	1	0	0	1	1	0	1	1	0	1
0	1	0	1	0	0	1	1	0	1	1	0
1	0	1	0	1	1	0	0	1	0	0	1
0	1	1	0	1	0	0	1	0	1	1	0
1	1	0	1	0	0	1	1	0	0	1	0
1	0	1	1	0	1	0	0	1	0	0	1
0	0	1	0	1	1	0	1	0	1	1	0
1	1	0	1	1	0	1	0	0	1	0	0
1	1	0	1	0	0	1	0	1	0	0	1

:::: Puzzle (378) ::::

0	0	1	0	0	1	1	0	1	0	1	1
1	0	0	1	0	0	1	1	0	1	0	1
0	1	0	0	1	1	0	1	1	0	1	0
0	1	1	0	0	1	1	0	1	0	0	1
1	0	0	1	1	0	0	1	0	1	1	0
0	1	0	1	0	0	1	1	0	1	1	0
0	1	1	0	1	1	0	0	1	0	0	1
1	0	0	1	1	0	0	1	1	0	1	0
1	0	1	0	0	1	1	0	0	1	0	1
0	1	1	0	1	1	0	0	1	0	1	0
1	1	0	1	1	0	0	1	0	1	0	0
1	0	1	1	0	0	1	0	0	1	0	1

:::: Puzzle (379) ::::

1	0	0	1	0	0	1	0	1	0	1	1
1	0	1	0	0	1	0	0	1	1	0	1
0	1	0	1	1	0	0	1	0	1	1	0
0	0	1	0	1	0	1	1	0	0	1	1
1	0	0	1	0	1	1	0	1	1	0	0
0	1	1	0	1	1	0	0	1	0	0	1
0	0	1	0	1	0	1	1	0	1	1	0
1	1	0	1	0	1	0	1	0	0	1	0
0	1	1	0	0	1	1	0	1	0	0	1
0	0	1	0	1	0	1	1	0	1	0	1
1	1	0	1	1	0	0	1	0	0	1	0
1	1	0	1	0	1	0	0	1	1	0	0

:::: Puzzle (380) ::::

1	0	0	1	0	1	1	0	1	1	0	0
0	0	1	0	0	1	0	1	1	0	1	1
0	1	0	1	1	0	0	1	0	0	1	1
1	0	1	0	0	1	1	0	1	1	0	0
0	0	1	0	1	0	1	1	0	1	1	0
0	1	0	1	0	1	0	0	1	0	1	1
1	0	1	0	1	0	1	0	0	1	0	1
0	1	1	0	1	1	0	1	0	0	1	0
1	1	0	1	0	0	1	0	1	0	0	1
0	0	1	0	0	1	1	0	1	1	0	1
1	1	0	1	1	0	0	1	0	0	1	0
1	1	0	1	1	0	0	1	0	1	0	0

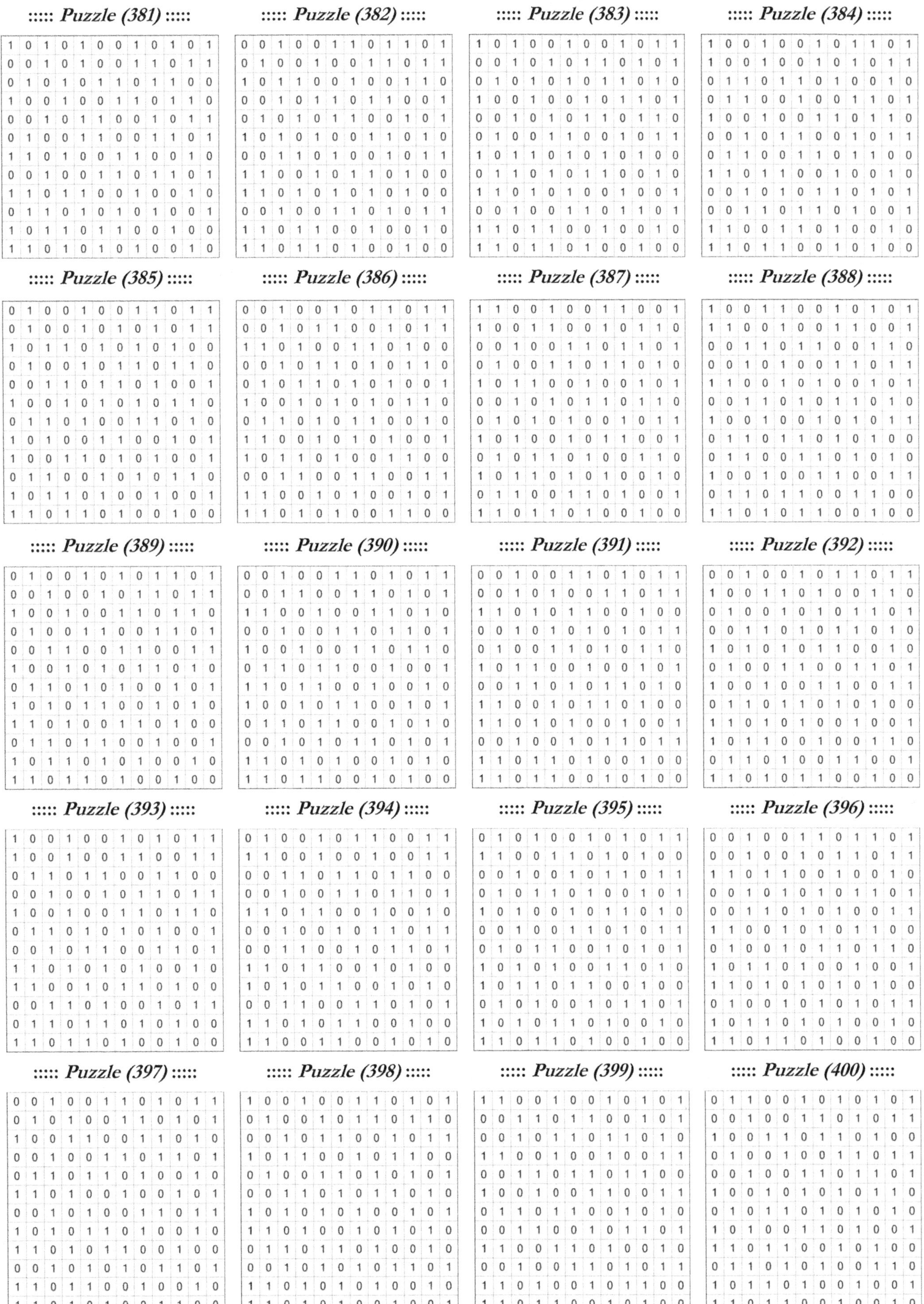

::::: *Puzzle (381)* :::::

1	0	1	0	1	0	0	1	0	1	0	1
0	0	1	0	1	0	0	1	1	0	1	1
0	1	0	1	0	1	1	0	1	1	0	0
1	0	0	1	0	0	1	1	0	1	1	0
0	0	1	0	1	1	0	0	1	0	1	1
0	1	0	0	1	1	0	0	1	1	0	1
1	1	0	1	0	0	1	1	0	0	1	0
0	0	1	0	0	1	1	0	1	1	0	1
1	1	0	1	1	0	0	1	0	0	1	0
0	1	1	0	1	0	1	0	1	0	0	1
1	0	1	1	0	1	1	0	0	1	0	0
1	1	0	1	0	1	0	1	0	0	1	0

::::: *Puzzle (382)* :::::

0	0	1	0	0	1	1	0	1	1	0	1
0	1	0	0	1	0	0	1	1	0	1	1
1	0	1	1	0	0	1	0	0	1	1	0
0	0	1	0	1	1	0	1	1	0	0	1
0	1	0	1	0	1	1	0	0	1	0	1
1	0	1	0	1	0	0	1	1	0	1	0
0	0	1	1	0	1	0	0	1	0	1	1
1	1	0	0	1	0	1	1	0	1	0	0
1	1	0	1	0	1	0	1	0	1	0	0
0	0	1	0	0	1	1	0	1	0	1	1
1	1	0	1	1	0	0	1	0	0	1	0
1	1	0	1	1	0	1	0	0	1	0	0

::::: *Puzzle (383)* :::::

1	0	1	0	0	1	0	0	1	0	1	1
0	0	1	0	1	0	1	1	0	1	0	1
0	1	0	1	0	1	0	1	1	0	1	0
1	0	0	1	0	0	1	0	1	1	0	1
0	0	1	0	1	0	1	1	0	1	1	0
0	1	0	0	1	1	0	0	1	0	1	1
1	0	1	1	0	1	0	1	0	1	0	0
0	1	1	0	1	0	1	1	0	0	1	0
1	1	0	1	0	1	0	0	1	0	0	1
0	0	1	0	0	1	1	0	1	1	0	1
1	1	0	1	1	0	0	1	0	0	1	0
1	1	0	1	1	0	1	0	0	1	0	0

::::: *Puzzle (384)* :::::

1	0	0	1	0	0	1	0	1	1	0	1
1	0	0	1	0	0	1	0	1	0	1	1
0	1	1	0	1	1	0	1	0	0	1	0
0	1	1	0	0	1	0	0	1	1	0	1
1	0	0	1	0	0	1	1	0	1	1	0
0	0	1	0	1	1	0	0	1	0	1	1
0	1	1	0	0	1	1	0	1	1	0	0
1	1	0	1	1	0	0	1	0	0	1	0
0	0	1	0	1	0	1	1	0	1	0	1
0	0	1	1	0	1	1	0	1	0	0	1
1	1	0	0	1	1	0	1	0	0	1	0
1	1	0	1	1	0	0	1	0	1	0	0

::::: *Puzzle (385)* :::::

0	1	0	0	1	0	0	1	1	0	1	1
0	1	0	0	1	0	1	0	1	0	1	1
1	0	1	1	0	1	0	1	0	1	0	0
0	1	0	0	1	0	1	1	0	1	1	0
0	0	1	1	0	1	1	0	1	0	0	1
1	0	0	1	0	1	0	1	0	1	1	0
0	1	1	0	1	0	0	1	1	0	1	0
1	0	1	0	0	1	1	0	0	1	0	1
1	0	0	1	1	0	1	0	1	0	0	1
0	1	1	0	0	1	0	1	0	1	1	0
1	0	1	1	0	1	0	0	1	0	0	1
1	1	0	1	1	0	1	0	0	1	0	0

::::: *Puzzle (386)* :::::

0	0	1	0	0	1	0	1	1	0	1	1
0	0	1	0	1	1	0	0	1	0	1	1
1	1	0	1	0	0	1	1	0	1	0	0
0	0	1	0	1	1	0	1	0	1	1	0
0	1	0	1	1	0	1	0	1	0	0	1
1	0	0	1	0	1	0	1	0	1	1	0
0	1	1	0	1	0	1	1	0	0	1	0
1	1	0	0	1	0	1	0	1	0	0	1
1	0	1	1	0	1	0	0	1	1	0	0
0	0	1	1	0	0	1	1	0	0	1	1
1	1	0	0	1	0	1	0	0	1	0	1
1	1	0	1	0	1	0	0	1	1	0	0

::::: *Puzzle (387)* :::::

1	1	0	0	1	0	0	1	1	0	0	1
1	0	0	1	1	0	0	1	0	1	1	0
0	0	1	0	0	1	1	0	1	1	0	1
0	1	0	0	1	1	0	1	1	0	1	0
1	0	1	1	0	0	1	0	0	1	0	1
0	0	1	0	1	0	1	1	0	1	1	0
0	1	0	1	0	1	0	0	1	0	1	1
1	0	1	0	0	1	0	1	1	0	0	1
0	1	0	1	1	0	1	0	0	1	1	0
1	0	1	1	0	1	0	1	0	0	1	0
0	1	1	0	0	1	1	0	1	0	0	1
1	1	0	1	1	0	1	0	0	1	0	0

::::: *Puzzle (388)* :::::

1	0	0	1	1	0	0	1	0	1	0	1
1	1	0	0	1	0	0	1	1	0	0	1
0	0	1	1	0	1	1	0	0	1	1	0
0	0	1	0	1	0	0	1	1	0	1	1
1	1	0	0	1	0	1	0	0	1	0	1
0	0	1	1	0	1	0	1	1	0	1	0
1	0	0	1	0	0	1	0	1	0	1	1
0	1	1	0	1	1	0	1	0	1	0	0
0	1	1	0	0	1	1	0	1	0	1	0
1	0	0	1	0	0	1	1	0	0	1	1
0	1	1	0	1	1	0	0	1	1	0	0
1	1	0	1	0	1	1	0	0	1	0	0

::::: *Puzzle (389)* :::::

0	1	0	0	1	0	1	0	1	1	0	1
0	0	1	0	0	1	0	1	1	0	1	1
1	0	0	1	0	0	1	1	0	1	1	0
0	1	0	0	1	1	0	0	1	1	0	1
0	0	1	1	0	0	1	1	0	0	1	1
1	0	0	1	0	1	0	1	1	0	1	0
0	1	1	0	1	0	1	0	0	1	0	1
1	0	1	0	1	1	0	0	1	0	1	0
1	1	0	1	0	0	1	1	0	1	0	0
0	1	1	0	1	1	0	0	1	0	0	1
1	0	1	1	0	1	0	1	0	0	1	0
1	1	0	1	1	0	1	0	0	1	0	0

::::: *Puzzle (390)* :::::

0	0	1	0	0	1	1	0	1	0	1	1
0	0	1	1	0	0	1	1	0	1	0	1
1	1	0	0	1	0	0	1	1	0	1	0
0	0	1	0	0	1	1	0	1	1	0	1
1	0	0	1	0	0	1	1	0	1	1	0
0	1	1	0	1	1	0	0	1	0	0	1
1	1	0	1	1	0	0	1	0	0	1	0
1	0	0	1	0	1	1	0	0	1	0	1
0	1	1	0	1	1	0	0	1	0	1	0
0	0	1	0	1	0	1	1	0	1	0	1
1	1	0	1	0	1	0	0	1	0	1	0
1	1	0	1	1	0	0	1	0	1	0	0

::::: *Puzzle (391)* :::::

0	0	1	0	0	1	1	0	1	0	1	1
0	0	1	0	1	0	0	1	1	0	1	1
1	1	0	1	0	1	1	0	0	1	0	0
0	0	1	0	1	0	1	0	1	0	1	1
0	1	0	0	1	1	0	1	0	1	1	0
1	0	1	1	0	0	1	0	0	1	0	1
0	0	1	1	0	1	0	1	1	0	1	0
1	1	0	0	1	0	1	1	0	1	0	0
1	1	0	1	0	1	0	0	1	0	0	1
0	0	1	0	0	1	0	1	1	0	1	1
1	1	0	1	1	0	1	0	0	1	0	0
1	1	0	1	1	0	0	1	0	1	0	0

::::: *Puzzle (392)* :::::

0	0	1	0	0	1	0	1	1	0	1	1
1	0	0	1	1	0	1	0	0	1	1	0
0	1	0	0	1	0	1	0	1	1	0	1
0	0	1	1	0	1	0	1	1	0	1	0
1	0	1	0	1	0	1	1	0	0	1	0
0	1	0	0	1	1	0	0	1	1	0	1
1	0	0	1	0	0	1	1	0	0	1	1
0	1	1	0	1	1	0	1	0	1	0	0
1	1	0	1	0	1	0	0	1	0	0	1
1	0	1	1	0	0	1	0	0	1	1	0
0	1	1	0	1	0	0	1	1	0	0	1
1	1	0	1	0	1	1	0	0	1	0	0

::::: *Puzzle (393)* :::::

1	0	0	1	0	0	1	0	1	0	1	1
1	0	0	1	0	0	1	1	0	0	1	1
0	1	1	0	1	1	0	0	1	1	0	0
0	0	1	0	0	1	0	1	1	0	1	1
1	0	0	1	0	0	1	1	0	1	1	0
0	1	1	0	1	0	1	0	1	0	0	1
0	0	1	0	1	1	0	0	1	1	0	1
1	1	0	1	0	1	0	1	0	0	1	0
1	1	0	0	1	0	1	1	0	1	0	0
0	0	1	1	0	1	0	0	1	0	1	1
0	1	1	0	1	1	0	1	0	1	0	0
1	1	0	1	1	0	1	0	0	1	0	0

::::: *Puzzle (394)* :::::

0	1	0	0	1	0	1	1	0	0	1	1
1	1	0	0	1	0	0	1	0	0	1	1
0	0	1	1	0	1	1	0	1	1	0	0
0	0	1	0	0	1	1	0	1	1	0	1
1	1	0	1	1	0	0	1	0	0	1	0
0	0	1	0	0	1	0	1	1	0	1	1
0	0	1	1	0	0	1	0	1	1	0	1
1	1	0	1	1	0	0	1	0	1	0	0
1	0	1	0	1	1	0	0	1	0	1	0
0	0	1	1	0	0	1	1	0	1	0	1
1	1	0	1	0	1	1	0	0	1	0	0
1	1	0	0	1	1	0	0	1	0	1	0

::::: *Puzzle (395)* :::::

0	1	0	1	0	0	1	0	1	0	1	1
1	1	0	0	1	1	0	1	0	1	0	0
0	0	1	0	0	1	0	1	1	0	1	1
0	1	0	1	1	0	1	0	0	1	0	1
1	0	1	0	0	1	0	1	1	0	1	0
0	0	1	0	0	1	1	0	1	0	1	1
0	1	0	1	1	0	0	1	0	1	0	1
1	0	1	0	1	0	0	1	1	0	1	0
1	0	1	1	0	1	1	0	0	1	0	0
0	1	0	1	0	0	1	0	1	1	0	1
1	0	1	0	1	1	0	1	0	0	1	0
1	1	0	1	1	0	1	0	0	1	0	0

::::: *Puzzle (396)* :::::

0	0	1	0	0	1	1	0	1	1	0	1
0	0	1	0	0	1	0	1	1	0	1	1
1	1	0	1	1	0	0	1	0	0	1	0
0	0	1	0	1	0	1	0	1	1	0	1
0	0	1	1	0	1	0	1	0	0	1	1
1	1	0	0	1	0	1	0	1	1	0	0
0	1	0	0	1	0	1	1	0	1	1	0
1	0	1	1	0	1	0	0	1	0	0	1
1	1	0	1	0	1	0	1	0	1	0	0
0	1	0	0	1	0	1	0	1	0	1	1
1	0	1	1	0	1	0	1	0	0	1	0
1	1	0	1	1	0	1	0	0	1	0	0

::::: *Puzzle (397)* :::::

0	0	1	0	0	1	1	0	1	0	1	1
0	1	0	1	0	0	1	1	0	1	0	1
1	0	0	1	1	0	0	1	1	0	1	0
0	0	1	0	0	1	1	0	1	1	0	1
0	1	1	0	1	1	0	1	0	0	1	0
1	1	0	1	0	0	1	0	0	1	0	1
0	0	1	0	1	0	0	1	1	0	1	1
1	0	1	0	1	1	0	1	0	0	1	0
1	1	0	1	0	1	1	0	0	1	0	0
0	0	1	0	1	0	1	0	1	1	0	1
1	1	0	1	1	0	0	1	0	0	1	0
1	1	0	1	0	1	0	0	1	1	0	0

::::: *Puzzle (398)* :::::

1	0	0	1	0	0	1	1	0	1	0	1
0	1	0	0	1	0	1	1	0	1	1	0
0	0	1	0	1	1	0	0	1	0	1	1
1	0	1	1	0	0	1	0	1	1	0	0
0	1	0	0	1	1	0	1	0	1	0	1
0	0	1	1	0	1	0	1	1	0	1	0
1	0	1	0	1	0	1	0	0	1	0	1
1	1	0	1	0	0	1	0	1	0	1	0
0	1	1	0	1	1	0	1	0	0	1	0
0	0	1	0	1	0	1	0	1	1	0	1
1	1	0	1	0	1	0	1	0	0	1	0
1	1	0	1	0	1	0	0	1	0	0	1

::::: *Puzzle (399)* :::::

1	1	0	0	1	0	0	1	0	1	0	1
0	0	1	1	0	1	1	0	0	1	0	1
0	0	1	0	1	1	0	1	1	0	1	0
1	1	0	0	1	0	0	1	0	0	1	1
0	0	1	1	0	1	1	0	1	1	0	0
1	0	0	1	0	0	1	1	0	0	1	1
0	1	1	0	1	1	0	0	1	0	1	0
0	0	1	1	0	0	1	0	1	1	0	1
1	1	0	0	1	1	0	1	0	0	1	0
0	0	1	0	0	1	1	0	1	0	1	1
1	1	0	1	0	0	1	0	1	1	0	0
1	1	0	1	1	0	0	1	0	1	0	0

::::: *Puzzle (400)* :::::

0	1	1	0	0	1	0	1	0	1	0	1
0	0	1	0	0	1	1	0	1	0	1	1
1	0	0	1	1	0	1	1	0	1	0	0
0	1	0	0	1	0	0	1	1	0	1	1
0	0	1	0	0	1	1	0	1	1	0	1
1	0	0	1	0	1	0	1	0	1	1	0
0	1	0	1	1	0	1	0	1	0	1	0
1	0	1	0	0	1	1	0	1	0	0	1
1	1	0	1	1	0	0	1	0	1	0	0
0	1	1	0	1	0	1	0	0	1	1	0
1	0	1	1	0	1	0	0	1	0	0	1
1	1	0	1	1	0	0	1	0	0	1	0

:::: Puzzle (401) ::::

0	1	0	1	0	0	1	0	1	0	1	1
0	0	1	0	1	1	0	1	0	1	0	1
1	0	1	0	1	0	1	0	1	1	0	0
0	1	0	1	0	0	1	1	0	0	1	1
0	0	1	0	0	1	0	1	1	0	1	1
1	1	0	0	1	1	0	0	1	1	0	0
0	1	0	1	0	0	1	1	0	1	1	0
1	0	1	0	1	1	0	0	1	0	0	1
1	0	1	1	0	1	1	0	0	1	0	0
0	1	0	0	1	0	1	1	0	1	1	0
1	0	1	1	0	1	0	0	1	0	0	1
1	1	0	1	1	0	0	1	0	0	1	0

:::: Puzzle (402) ::::

1	0	1	1	0	1	0	0	1	0	0	1
0	1	0	0	1	0	1	1	0	1	1	0
0	0	1	0	0	1	0	1	1	0	1	1
1	0	1	1	0	1	1	0	0	1	0	0
0	1	0	0	1	0	0	1	1	0	1	1
0	0	1	0	1	0	1	0	1	0	1	1
1	0	1	1	0	1	0	1	0	1	0	0
0	1	0	1	0	1	1	0	0	1	0	1
1	1	0	0	1	0	0	1	1	0	1	0
0	0	1	0	0	1	1	0	1	0	1	1
1	1	0	1	1	0	1	0	0	1	0	0
1	1	0	1	1	0	0	1	0	1	0	0

:::: Puzzle (403) ::::

1	0	0	1	0	0	1	0	1	0	1	1
0	1	1	0	0	1	1	0	0	1	0	1
0	1	0	1	1	0	0	1	1	0	1	0
1	0	0	1	0	0	1	0	1	1	0	1
0	0	1	0	1	1	0	1	0	0	1	1
0	1	0	1	0	0	1	1	0	1	1	0
1	0	1	0	1	1	0	0	1	1	0	0
0	1	0	0	1	1	0	1	0	0	1	1
1	0	1	1	0	0	1	1	0	1	0	0
0	1	1	0	1	1	0	0	1	0	0	1
1	1	0	1	1	0	0	1	0	0	1	0
1	0	1	0	0	1	1	0	1	1	0	0

:::: Puzzle (404) ::::

0	0	1	0	0	1	1	0	1	0	1	1
0	1	0	0	1	1	0	1	1	0	1	0
1	0	0	1	0	0	1	1	0	1	0	1
0	0	1	0	0	1	1	0	1	1	0	1
0	1	1	0	1	0	0	1	1	0	1	0
1	1	0	1	1	0	1	0	0	1	0	0
0	0	1	1	0	1	0	0	1	1	0	1
1	0	1	0	1	0	1	1	0	0	1	0
1	1	0	1	0	1	0	1	0	0	1	0
0	0	1	0	1	1	0	0	1	1	0	1
1	1	0	1	0	0	1	0	0	1	0	1
1	1	0	1	1	0	0	1	0	0	1	0

:::: Puzzle (405) ::::

1	0	1	0	0	1	0	1	1	0	1	0
0	0	1	0	0	1	0	1	1	0	1	1
0	1	0	1	1	0	1	0	0	1	0	1
1	0	1	0	1	0	1	0	1	1	0	0
0	0	1	1	0	1	0	1	0	0	1	1
0	1	0	0	1	0	0	1	1	0	1	1
1	0	1	0	0	1	1	0	1	1	0	0
0	1	0	1	0	1	1	0	0	1	0	1
1	1	0	1	1	0	0	1	0	0	1	0
0	0	1	0	0	1	1	0	1	0	1	1
1	1	0	1	1	0	1	0	0	1	0	0
1	1	0	1	1	0	0	1	0	1	0	0

:::: Puzzle (406) ::::

0	1	0	0	1	1	0	0	1	0	1	1
0	1	0	0	1	0	1	0	1	1	0	1
1	0	1	1	0	0	1	1	0	0	1	0
0	0	1	0	0	1	0	1	1	0	1	1
0	1	0	1	1	0	1	0	0	1	0	1
1	0	1	0	1	0	1	0	1	0	1	0
0	0	1	1	0	1	0	1	0	0	1	1
1	1	0	1	0	1	0	0	1	1	0	0
1	0	1	0	1	0	1	1	0	1	0	0
0	0	1	1	0	0	1	0	1	0	1	1
1	1	0	1	0	1	0	1	0	1	0	0
1	1	0	0	1	1	0	1	0	1	0	0

:::: Puzzle (407) ::::

1	0	1	0	1	0	0	1	0	0	1	1
0	0	1	0	0	1	1	0	1	1	0	1
0	1	0	1	0	1	0	1	1	0	1	0
1	0	0	1	1	0	0	1	0	1	0	1
0	0	1	0	0	1	1	0	1	0	1	1
0	1	0	1	1	0	0	1	0	1	1	0
1	0	1	0	1	0	1	0	1	0	0	1
0	1	1	0	0	1	1	0	1	0	1	0
1	1	0	1	0	1	0	1	0	1	0	0
0	0	1	0	1	0	1	0	1	1	0	1
1	1	0	1	0	1	0	1	0	0	1	0
1	1	0	1	1	0	1	0	0	1	0	0

:::: Puzzle (408) ::::

1	0	0	1	0	0	1	0	1	0	1	1
1	0	1	0	0	1	0	0	1	1	0	1
0	1	1	0	1	1	0	1	0	1	0	0
0	1	0	1	0	0	1	0	1	0	1	1
1	0	0	1	0	0	1	1	0	1	0	1
0	0	1	0	1	1	0	1	0	1	1	0
0	1	1	0	1	0	1	0	1	0	0	1
1	0	0	1	0	1	1	0	1	1	0	0
0	1	1	0	1	1	0	1	0	0	1	0
0	0	1	0	1	0	1	1	0	1	0	1
1	1	0	1	0	1	0	0	1	0	1	0
1	1	0	1	1	0	0	1	0	0	1	0

:::: Puzzle (409) ::::

0	0	1	1	0	0	1	0	1	1	0	1
0	1	0	0	1	0	1	1	0	1	1	0
1	0	1	0	0	1	0	1	1	0	0	1
0	0	1	1	0	0	1	0	1	0	1	1
1	1	0	0	1	0	0	1	0	1	1	0
0	0	1	0	1	1	0	1	0	1	0	1
0	0	1	1	0	1	1	0	1	0	1	0
1	1	0	0	1	0	1	1	0	1	0	0
1	1	0	1	0	1	0	0	1	0	0	1
0	0	1	0	1	1	0	1	0	0	1	1
1	1	0	1	1	0	1	0	0	1	0	0
1	1	0	1	0	1	0	0	1	0	1	0

:::: Puzzle (410) ::::

1	0	0	1	0	1	1	0	1	1	0	0
0	0	1	0	0	1	0	1	1	0	1	1
0	1	0	0	1	0	1	1	0	1	1	0
1	0	0	1	0	0	1	0	1	1	0	1
0	0	1	0	1	1	0	0	1	0	1	1
0	1	0	1	0	1	0	1	0	1	1	0
1	1	0	0	1	0	1	1	0	1	0	0
1	0	1	1	0	0	1	0	1	0	0	1
0	1	1	0	1	1	0	1	0	0	1	0
1	1	0	1	1	0	1	0	0	1	0	0
1	0	1	1	0	1	0	0	1	0	0	1
0	1	1	0	1	0	0	1	0	0	1	1

:::: Puzzle (411) ::::

0	0	1	0	0	1	0	1	1	0	1	1
1	0	1	0	0	1	1	0	0	1	0	1
0	1	0	1	1	0	0	1	0	1	1	0
0	0	1	0	1	1	0	0	1	0	1	1
1	0	1	1	0	0	1	0	1	1	0	0
0	1	0	1	0	0	1	1	0	0	1	1
0	0	1	0	1	1	0	0	1	1	0	1
1	1	0	1	0	1	1	0	0	1	0	0
1	1	0	0	1	0	1	1	0	0	1	0
0	0	1	1	0	1	0	1	1	0	0	1
1	1	0	1	1	0	1	0	0	1	0	0
1	1	0	0	1	0	0	1	1	0	1	0

:::: Puzzle (412) ::::

0	0	1	0	0	1	0	1	1	0	1	1
1	0	1	0	0	1	0	0	1	1	0	1
0	1	0	1	1	0	1	1	0	0	1	0
0	0	1	0	1	0	1	0	1	1	0	1
1	0	1	1	0	1	0	1	0	1	0	0
0	1	0	1	0	0	1	0	1	0	1	1
0	0	1	0	1	1	0	1	0	0	1	1
1	1	0	0	1	0	1	0	1	1	0	0
1	1	0	1	0	1	0	1	0	0	1	0
0	0	1	0	0	1	1	0	1	1	0	1
1	1	0	1	1	0	0	1	0	0	1	0
1	1	0	1	1	0	1	0	0	1	0	0

:::: Puzzle (413) ::::

1	0	0	1	0	0	1	0	1	0	1	1
1	1	0	0	1	0	0	1	0	1	1	0
0	0	1	1	0	1	1	0	1	1	0	0
0	1	1	0	1	0	0	1	0	0	1	1
1	0	0	1	0	1	0	0	1	1	0	1
0	0	1	0	1	0	1	1	0	1	1	0
0	1	0	0	1	1	0	1	1	0	0	1
1	0	1	1	0	1	0	0	1	0	0	1
0	1	0	0	1	0	1	1	0	1	1	0
0	1	1	0	0	1	1	0	1	0	0	1
1	0	1	1	0	1	0	1	0	0	1	0
1	1	0	1	1	0	1	0	0	1	0	0

:::: Puzzle (414) ::::

0	0	1	1	0	0	1	0	1	1	0	1
0	0	1	0	0	1	0	1	1	0	1	1
1	1	0	0	1	0	1	0	0	1	1	0
0	0	1	1	0	1	0	1	0	1	0	1
0	0	1	0	0	1	1	0	1	0	1	1
1	1	0	1	1	0	0	1	0	1	0	0
0	1	1	0	1	0	0	1	1	0	1	0
1	0	0	1	0	1	1	0	1	0	0	1
1	1	0	0	1	0	1	1	0	1	0	0
0	0	1	0	1	1	0	0	1	0	1	1
1	1	0	1	0	1	0	1	0	0	1	0
1	1	0	1	1	0	1	0	0	1	0	0

:::: Puzzle (415) ::::

0	1	0	0	1	1	0	1	0	1	1	0
0	0	1	0	0	1	1	0	1	0	1	1
1	0	0	1	0	0	1	1	0	1	0	1
0	1	1	0	1	0	0	1	1	0	1	0
0	0	1	1	0	1	1	0	0	1	0	1
1	0	0	1	1	0	1	0	1	0	0	1
0	1	1	0	0	1	0	1	1	0	1	0
1	0	1	1	0	0	1	0	0	1	0	1
1	1	0	0	1	1	0	0	1	0	1	0
0	0	1	1	0	1	0	1	1	0	0	1
1	1	0	1	1	0	1	0	0	1	0	0
1	1	0	0	1	0	0	1	0	1	1	0

:::: Puzzle (416) ::::

0	0	1	0	0	1	0	1	1	0	1	1
1	0	1	0	0	1	0	0	1	1	0	1
0	1	0	1	1	0	1	0	0	1	1	0
0	0	1	0	1	1	0	1	1	0	0	1
1	0	0	1	0	0	1	1	0	0	1	1
0	1	1	0	1	0	1	0	0	1	1	0
0	0	1	1	0	1	0	1	1	0	0	1
1	1	0	0	1	0	1	1	0	0	1	0
1	1	0	1	0	0	1	0	1	1	0	0
0	0	1	0	1	1	0	0	1	1	0	1
1	1	0	1	0	1	0	1	0	0	1	0
1	1	0	1	1	0	1	0	0	1	0	0

:::: Puzzle (417) ::::

0	0	1	1	0	0	1	0	1	0	1	1
0	0	1	0	0	1	0	1	1	0	1	1
1	1	0	1	1	0	1	0	0	1	0	0
0	0	1	0	0	1	1	0	1	1	0	1
0	0	1	0	1	0	0	1	1	0	1	1
1	1	0	1	0	0	1	0	0	1	1	0
1	0	0	1	0	1	0	1	0	1	0	1
0	1	1	0	1	1	0	0	1	0	1	0
1	1	0	0	1	0	1	1	0	1	0	0
1	0	0	1	0	1	1	0	1	0	0	1
0	1	1	0	1	1	0	1	0	0	1	0
1	1	0	1	1	0	0	1	0	1	0	0

:::: Puzzle (418) ::::

0	1	0	0	1	0	0	1	1	0	1	1
1	0	1	0	0	1	0	1	1	0	1	0
0	0	1	1	0	1	1	0	0	1	0	1
0	1	0	0	1	0	1	0	1	0	1	1
1	0	1	1	0	1	0	1	0	1	0	0
1	0	0	1	0	1	0	0	1	0	1	1
0	1	1	0	1	0	1	1	0	1	0	0
0	0	1	0	0	1	1	0	1	1	0	1
1	1	0	1	1	0	0	1	0	0	1	0
0	0	1	0	1	0	1	0	1	0	1	1
1	1	0	1	0	1	0	1	0	1	0	0
1	1	0	1	1	0	1	0	0	1	0	0

:::: Puzzle (419) ::::

1	0	0	1	0	0	1	1	0	1	1	0
0	0	1	0	0	1	0	1	1	0	1	1
0	1	0	0	1	0	1	0	1	1	0	1
1	0	0	1	0	1	0	1	0	1	1	0
0	1	1	0	1	0	1	0	1	0	0	1
1	0	1	0	1	0	0	1	0	0	1	1
0	1	0	1	0	1	1	0	1	1	0	0
0	1	1	0	1	1	0	1	0	0	1	0
1	0	1	1	0	0	1	0	0	1	0	1
0	1	0	0	1	1	0	1	1	0	0	1
1	0	1	1	0	1	0	0	1	0	1	0
1	1	0	1	1	0	1	0	0	1	0	0

:::: Puzzle (420) ::::

0	0	1	0	0	1	1	0	1	0	1	1
0	0	1	0	0	1	0	1	1	0	1	1
1	1	0	1	1	0	0	1	0	1	0	0
0	0	1	0	1	0	1	0	1	1	0	1
0	1	0	1	0	1	0	1	0	0	1	1
1	1	0	0	1	0	1	0	1	1	0	0
1	0	1	0	0	1	0	0	1	0	1	1
0	1	0	1	1	0	0	1	0	1	1	0
1	0	1	1	0	0	1	1	0	1	0	0
1	1	0	0	1	1	0	0	1	0	0	1
0	1	0	1	1	0	1	1	0	0	1	0
1	0	1	1	0	1	1	0	0	1	0	0

::::: *Puzzle (421)* :::::

0	0	1	0	0	1	1	0	1	0	1	1
0	0	1	0	0	1	1	0	1	1	0	1
1	1	0	1	1	0	0	1	0	0	1	0
1	0	0	1	0	0	1	0	1	0	1	1
0	0	1	0	1	1	0	1	0	1	0	1
0	1	0	1	0	1	0	1	0	1	1	0
1	0	1	0	1	0	1	0	1	0	0	1
0	1	1	0	1	1	0	0	1	0	1	0
1	1	0	1	0	0	1	1	0	1	0	0
0	0	1	0	0	1	0	1	1	0	1	1
1	1	0	1	1	0	1	0	0	1	0	0
1	1	0	1	1	0	0	1	0	1	0	0

::::: *Puzzle (422)* :::::

0	1	0	0	1	0	0	1	1	0	1	1
0	0	1	0	0	1	1	0	1	0	1	1
1	0	1	1	0	1	1	0	0	1	0	0
1	1	0	0	1	0	0	1	0	1	0	1
0	0	1	0	0	1	0	1	1	0	1	1
0	0	1	1	0	1	1	0	1	0	1	0
1	1	0	1	1	0	0	1	0	1	0	0
0	0	1	0	1	0	0	1	1	0	1	1
1	1	0	1	0	1	1	0	0	1	0	0
0	0	1	0	1	0	1	1	0	1	1	0
1	1	0	1	0	1	0	0	1	0	0	1
1	1	0	1	1	0	1	0	0	1	0	0

::::: *Puzzle (423)* :::::

1	0	0	1	0	0	1	0	1	0	1	1
1	0	0	1	0	0	1	0	1	1	0	1
0	1	1	0	1	1	0	1	0	0	1	0
0	1	0	0	1	1	0	1	0	1	1	0
1	0	1	1	0	0	1	0	1	0	0	1
0	0	1	0	1	1	0	1	0	1	1	0
0	1	0	0	1	1	0	1	0	1	0	1
1	0	1	1	0	0	1	0	1	0	1	0
1	1	0	0	1	0	0	1	0	1	0	1
0	0	1	1	0	1	0	1	1	0	0	1
0	1	1	0	0	1	1	0	1	0	1	0
1	1	0	1	1	0	1	0	0	1	0	0

::::: *Puzzle (424)* :::::

0	0	1	0	0	1	0	1	1	0	1	1
1	0	1	0	0	1	0	0	1	0	1	1
0	1	0	1	1	0	1	1	0	1	0	0
0	0	1	0	1	0	1	0	1	1	0	1
1	0	0	1	0	1	0	1	0	0	1	1
0	1	0	1	0	0	1	1	0	1	1	0
0	1	1	0	1	1	0	0	1	0	0	1
1	0	1	0	1	0	1	1	0	0	1	0
1	1	0	1	0	1	1	0	0	1	0	0
0	0	1	0	1	0	0	1	1	0	1	1
1	1	0	1	1	0	1	0	0	1	0	0
1	1	0	1	0	1	0	0	1	1	0	0

::::: *Puzzle (425)* :::::

0	0	1	0	0	1	0	1	1	0	1	1
0	1	0	0	1	0	1	1	0	0	1	1
1	0	1	1	0	0	1	0	1	1	0	0
0	0	1	0	1	1	0	0	1	0	1	1
0	1	0	0	1	0	1	1	0	1	0	1
1	0	1	1	0	1	0	0	1	0	1	0
0	0	1	1	0	0	1	1	0	1	0	1
1	1	0	0	1	1	0	0	1	1	0	0
1	1	0	1	0	1	0	1	0	0	1	0
0	0	1	0	1	0	1	0	1	0	1	1
1	1	0	1	0	1	0	1	0	1	0	0
1	1	0	1	1	0	1	0	0	1	0	0

::::: *Puzzle (426)* :::::

0	1	0	0	1	0	1	1	0	1	0	1
0	0	1	0	0	1	1	0	1	0	1	1
1	0	0	1	0	1	0	1	0	1	1	0
0	1	0	0	1	0	1	0	1	1	0	1
0	0	1	0	1	0	0	1	1	0	1	1
1	0	1	1	0	1	0	1	0	1	0	0
0	1	0	1	1	0	1	0	0	1	1	0
1	0	1	0	0	1	1	0	1	0	0	1
1	1	0	1	1	0	0	1	0	0	1	0
0	1	1	0	1	0	1	0	1	1	0	0
1	0	1	1	0	1	0	0	1	0	0	1
1	1	0	1	0	1	0	1	0	0	1	0

::::: *Puzzle (427)* :::::

0	1	0	0	1	0	1	0	1	1	0	1
0	0	1	0	0	1	0	1	1	0	1	1
1	0	0	1	1	0	1	1	0	0	1	0
0	1	1	0	0	1	1	0	0	1	0	1
0	1	0	1	0	1	0	0	1	1	0	1
1	0	1	0	1	0	1	1	0	0	1	0
0	0	1	0	1	0	1	1	0	1	1	0
1	1	0	1	0	1	0	0	1	0	0	1
1	0	1	1	0	1	0	0	1	1	0	0
0	0	1	0	1	0	1	1	0	0	1	1
1	1	0	1	0	1	0	0	1	0	1	0
1	1	0	1	1	0	0	1	0	1	0	0

::::: *Puzzle (428)* :::::

1	1	0	0	1	0	1	0	1	0	0	1
0	0	1	0	0	1	0	1	1	0	1	1
0	0	1	1	0	0	1	1	0	1	1	0
1	1	0	1	1	0	1	0	0	1	0	0
1	0	1	0	0	1	0	0	1	0	1	1
0	0	1	0	1	1	0	1	1	0	0	1
0	1	0	1	0	0	1	1	0	1	1	0
1	0	0	1	0	1	1	0	0	1	1	0
0	1	1	0	1	1	0	0	1	0	0	1
0	1	0	0	1	0	1	1	0	1	0	1
1	0	1	1	0	1	0	0	1	0	1	0
1	1	0	1	1	0	0	1	0	1	0	0

::::: *Puzzle (429)* :::::

1	0	1	0	0	1	0	1	0	0	1	1
0	0	1	0	0	1	1	0	1	1	0	1
1	1	0	1	1	0	0	1	0	0	1	0
0	0	1	0	0	1	1	0	1	0	1	1
1	0	0	1	1	0	0	1	0	1	0	1
0	1	1	0	0	1	0	1	1	0	1	0
0	0	1	0	1	0	1	0	1	1	0	1
1	1	0	1	1	0	0	1	0	1	0	0
0	1	0	1	0	1	1	0	1	0	1	0
0	0	1	0	1	0	0	1	1	0	1	1
1	1	0	1	1	0	1	0	0	1	0	0
1	1	0	1	0	1	1	0	0	1	0	0

::::: *Puzzle (430)* :::::

0	1	0	0	1	0	0	1	1	0	1	1
0	0	1	0	0	1	1	0	1	1	0	1
1	1	0	1	0	1	0	1	0	0	1	0
0	0	1	0	1	0	1	0	1	1	0	1
0	0	1	0	0	1	0	1	1	0	1	1
1	1	0	1	1	0	0	1	0	0	1	0
0	0	1	0	1	1	0	0	1	1	0	1
1	1	0	0	1	1	0	0	1	0	1	0
1	0	1	1	0	0	1	1	0	1	0	0
0	0	1	0	0	1	1	0	1	0	1	1
1	1	0	1	1	0	0	1	0	1	0	0
1	1	0	1	1	0	1	0	0	1	0	0

::::: *Puzzle (431)* :::::

0	0	1	1	0	0	1	0	1	0	1	1
1	0	0	1	1	0	0	1	0	1	1	0
0	1	1	0	0	1	0	0	1	1	0	1
0	0	1	0	1	0	1	1	0	0	1	1
1	0	0	1	1	0	0	1	1	0	1	0
0	1	1	0	0	1	1	0	1	1	0	0
0	0	1	0	1	1	0	1	0	0	1	1
1	1	0	1	0	0	1	0	1	0	0	1
1	1	0	0	1	1	0	1	0	1	0	0
0	0	1	0	1	0	1	0	1	0	1	1
1	1	0	1	0	1	0	1	0	1	0	0
1	1	0	1	0	1	1	0	0	1	0	0

::::: *Puzzle (432)* :::::

0	0	1	0	1	0	0	1	1	0	1	1
0	1	0	1	0	0	1	1	0	1	1	0
1	0	1	0	0	1	1	0	1	1	0	0
0	0	1	0	1	1	0	0	1	0	1	1
0	1	0	1	0	0	1	1	0	1	0	1
1	0	1	0	1	1	0	1	0	1	0	0
0	0	1	1	0	1	1	0	1	0	1	0
1	1	0	0	1	0	1	0	0	1	0	1
1	1	0	1	1	0	0	1	0	0	1	0
0	0	1	0	0	1	1	0	1	0	1	1
1	1	0	1	1	0	0	1	0	1	0	0
1	1	0	1	0	1	0	0	1	0	0	1

::::: *Puzzle (433)* :::::

1	1	0	0	1	0	0	1	0	1	1	0
0	0	1	0	0	1	0	1	1	0	1	1
0	1	0	1	0	0	1	0	1	1	0	1
1	0	1	0	1	0	0	1	0	1	1	0
0	0	1	0	0	1	1	0	1	0	1	1
0	1	0	1	0	1	1	0	0	1	0	1
1	0	0	1	1	0	0	1	1	0	1	0
0	1	1	0	1	0	1	1	0	1	0	0
1	0	0	1	0	1	1	0	1	0	0	1
0	1	1	0	1	1	0	1	0	0	1	0
1	1	0	1	1	0	1	0	0	1	0	0
1	0	1	1	0	1	0	0	1	0	0	1

::::: *Puzzle (434)* :::::

1	1	0	0	1	0	1	0	1	0	0	1
0	0	1	1	0	0	1	1	0	1	1	0
0	0	1	0	1	1	0	0	1	1	0	1
1	1	0	0	1	0	0	1	1	0	1	0
0	0	1	1	0	0	1	1	0	1	0	1
1	0	0	1	0	1	1	0	0	1	0	1
0	1	1	0	1	1	0	0	1	0	1	0
0	0	1	1	0	0	1	1	0	0	1	1
1	1	0	0	1	1	0	1	0	1	0	0
0	0	1	0	0	1	1	0	1	0	1	1
1	1	0	1	1	0	0	1	0	0	1	0
1	1	0	1	0	1	0	0	1	1	0	0

::::: *Puzzle (435)* :::::

0	1	0	0	1	1	0	0	1	1	0	1
0	0	1	0	0	1	1	0	1	0	1	1
1	0	0	1	0	0	1	1	0	1	1	0
0	1	0	0	1	1	0	1	0	1	0	1
0	1	1	0	1	0	1	0	1	0	1	0
1	0	1	1	0	0	1	1	0	1	0	0
1	1	0	0	1	1	0	0	1	0	0	1
0	0	1	1	0	1	0	1	0	0	1	1
1	1	0	1	0	0	1	1	0	1	0	0
0	0	1	0	1	0	1	0	1	0	1	1
1	0	1	1	0	1	0	0	1	0	1	0
1	1	0	1	1	0	0	1	0	1	0	0

::::: *Puzzle (436)* :::::

1	0	0	1	0	0	1	0	1	1	0	1
0	1	1	0	0	1	0	1	0	1	1	0
0	0	1	0	1	0	0	1	1	0	1	1
1	0	0	1	0	1	1	0	0	1	0	1
0	1	1	0	0	1	0	1	1	0	1	0
0	0	1	0	1	0	1	0	1	0	1	1
1	0	0	1	0	1	0	1	0	1	0	1
0	1	1	0	1	0	1	0	1	0	1	0
1	1	0	1	1	0	0	1	0	1	0	0
0	0	1	1	0	1	1	0	1	0	0	1
1	1	0	0	1	1	0	1	0	0	1	0
1	1	0	1	1	0	1	0	0	1	0	0

::::: *Puzzle (437)* :::::

0	0	1	0	0	1	1	0	1	1	0	1
0	1	0	0	1	0	1	1	0	0	1	1
1	0	0	1	0	1	0	1	1	0	1	0
0	0	1	0	1	0	1	0	1	1	0	1
0	1	0	1	0	1	0	1	0	0	1	1
1	0	1	1	0	0	1	0	1	1	0	0
0	1	1	0	1	0	0	1	0	0	1	1
1	1	0	0	1	1	0	0	1	1	0	0
1	0	0	1	0	1	1	0	0	1	1	0
0	1	1	0	1	0	0	1	1	0	0	1
1	0	1	1	0	1	0	1	0	0	1	0
1	1	0	1	1	0	1	0	0	1	0	0

::::: *Puzzle (438)* :::::

0	1	0	0	1	0	0	1	1	0	1	1
0	1	0	1	1	0	1	0	1	0	0	1
1	0	1	0	0	1	0	1	0	1	1	0
0	0	1	1	0	0	1	0	1	1	0	1
0	1	0	0	1	0	1	0	1	0	1	1
1	0	1	0	1	1	0	1	0	0	1	0
1	0	1	1	0	1	1	0	0	1	0	0
0	1	0	0	1	0	1	0	1	1	0	1
1	0	1	1	0	1	0	1	0	0	1	0
0	0	1	1	0	1	0	1	0	0	1	1
1	1	0	0	1	0	1	0	1	1	0	0
1	1	0	1	0	1	0	1	0	1	0	0

::::: *Puzzle (439)* :::::

0	1	0	0	1	0	0	1	1	0	1	1
1	0	0	1	0	0	1	1	0	1	1	0
0	0	1	0	0	1	1	0	1	1	0	1
0	1	0	0	1	1	0	0	1	0	1	1
1	0	0	1	1	0	1	1	0	1	0	0
0	0	1	1	0	1	0	1	0	0	1	1
0	1	1	0	1	1	0	0	1	0	0	1
1	1	0	0	1	0	1	1	0	1	0	0
1	0	1	1	0	0	1	0	1	0	1	0
0	1	1	0	0	1	0	0	1	1	0	1
1	1	0	1	1	0	0	1	0	0	1	0
1	0	1	1	0	1	1	0	0	1	0	0

::::: *Puzzle (440)* :::::

1	1	0	0	1	0	0	1	1	0	1	0
0	0	1	0	0	1	1	0	1	0	1	1
0	0	1	1	0	0	1	1	0	1	0	1
1	1	0	0	1	1	0	0	1	0	1	0
0	0	1	0	0	1	1	0	1	1	0	1
0	1	0	1	0	0	1	1	0	0	1	1
1	0	1	0	1	1	0	1	0	0	1	0
0	0	1	1	0	1	0	0	1	1	0	1
1	1	0	1	1	0	1	0	0	1	0	0
0	0	1	0	1	0	1	1	0	0	1	1
1	1	0	1	0	1	0	0	1	1	0	0
1	1	0	1	1	0	0	1	0	1	0	0

::::: *Puzzle (441)* :::::

0	1	0	0	1	0	0	1	1	0	1	1
1	0	1	0	0	1	0	1	1	0	1	0
0	0	1	1	0	1	1	0	0	1	0	1
1	1	0	0	1	0	0	1	0	1	1	0
0	0	1	0	0	1	0	1	1	0	1	1
0	0	1	1	0	1	1	0	1	0	0	1
1	1	0	0	1	0	1	0	0	1	1	0
0	1	0	1	1	0	0	1	1	0	0	1
1	0	1	1	0	1	1	0	0	1	0	0
0	0	1	0	1	0	0	1	1	0	1	1
1	1	0	1	0	1	1	0	0	1	0	0
1	1	0	1	1	0	1	0	0	1	0	0

::::: *Puzzle (442)* :::::

1	1	0	1	0	1	0	0	1	0	0	1
0	1	0	0	1	0	1	1	0	1	1	0
0	0	1	0	0	1	1	0	1	1	0	1
1	0	1	1	0	1	0	0	1	0	1	0
0	1	0	1	1	0	0	1	0	1	0	1
0	0	1	0	0	1	1	0	1	0	1	1
1	0	1	0	0	1	0	1	0	1	1	0
0	1	0	1	1	0	1	0	1	0	0	1
1	0	1	0	1	0	1	1	0	1	0	0
0	0	1	0	0	1	0	1	1	0	1	1
1	1	0	1	1	0	1	0	0	1	0	0
1	1	0	1	1	0	0	1	0	0	1	0

::::: *Puzzle (443)* :::::

1	0	1	0	0	1	0	0	1	1	0	1
0	0	1	0	1	0	1	1	0	1	1	0
0	1	0	1	0	1	0	1	1	0	1	0
1	0	1	0	0	1	1	0	0	1	0	1
0	0	1	0	1	0	0	1	1	0	1	1
0	1	0	1	0	1	0	1	0	1	1	0
1	0	0	1	1	0	1	0	1	0	0	1
0	1	1	0	1	0	1	1	0	1	0	0
1	1	0	1	0	1	0	0	1	0	1	0
0	0	1	0	1	0	1	1	0	0	1	1
1	1	0	1	1	0	1	0	0	1	0	0
1	1	0	1	0	1	0	0	1	0	0	1

::::: *Puzzle (444)* :::::

0	0	1	0	0	1	1	0	1	0	1	1
0	0	1	0	1	0	1	0	1	1	0	1
1	1	0	1	0	1	0	1	0	0	1	0
0	1	0	0	1	0	1	1	0	1	0	1
0	0	1	0	0	1	1	0	1	1	0	1
1	0	0	1	0	1	0	1	1	0	1	0
0	1	0	1	1	0	0	1	0	0	1	1
1	0	1	0	0	1	1	0	1	1	0	0
1	1	0	1	1	0	0	1	0	0	1	0
0	1	1	0	1	1	0	0	1	0	0	1
1	0	1	1	0	0	1	0	0	1	1	0
1	1	0	1	1	0	0	1	0	1	0	0

::::: *Puzzle (445)* :::::

1	0	0	1	0	1	0	1	1	0	0	1
0	0	1	1	0	0	1	0	1	0	1	1
0	1	0	0	1	0	1	1	0	1	1	0
1	0	0	1	0	1	0	1	0	1	0	1
0	0	1	0	0	1	1	0	1	0	1	1
0	1	1	0	1	0	0	1	1	0	1	0
1	1	0	1	0	1	1	0	0	1	0	0
0	0	1	0	1	0	1	0	1	1	0	1
1	1	0	1	1	0	0	1	0	0	1	0
0	1	1	0	0	1	1	0	0	1	1	0
1	0	1	0	1	1	0	0	1	0	0	1
1	1	0	1	1	0	0	1	0	1	0	0

::::: *Puzzle (446)* :::::

1	0	0	1	0	1	0	0	1	0	1	1
0	0	1	0	1	0	1	1	0	1	1	0
0	1	1	0	0	1	0	1	1	0	0	1
1	0	0	1	0	1	1	0	1	1	0	0
1	0	1	0	1	0	0	1	0	0	1	1
0	1	1	0	0	1	0	1	0	1	1	0
0	1	0	1	0	0	1	0	1	1	0	1
1	0	1	0	1	1	0	0	1	0	0	1
0	1	0	1	1	0	1	1	0	0	1	0
0	0	1	0	0	1	1	0	1	1	0	1
1	1	0	1	1	0	0	1	0	0	1	0
1	1	0	1	1	0	1	0	0	1	0	0

::::: *Puzzle (447)* :::::

0	0	1	0	0	1	0	1	1	0	1	1
0	1	0	0	1	0	1	0	1	1	0	1
1	0	1	1	0	0	1	1	0	0	1	0
0	1	0	0	1	1	0	1	0	1	0	1
1	0	1	1	0	0	1	0	1	1	0	0
0	0	1	0	1	0	0	1	1	0	1	1
0	1	0	1	0	1	1	0	0	1	1	0
1	0	1	0	0	1	1	0	1	0	0	1
1	1	0	1	1	0	0	1	0	1	0	0
0	0	1	1	0	1	1	0	0	1	1	0
1	1	0	0	1	1	0	0	1	0	0	1
1	1	0	1	1	0	0	1	0	0	1	0

::::: *Puzzle (448)* :::::

1	0	0	1	0	1	0	1	0	0	1	1
1	0	0	1	1	0	1	0	1	1	0	0
0	1	1	0	0	1	1	0	0	1	1	0
0	0	1	0	0	1	0	1	1	0	1	1
1	0	0	1	1	0	1	0	0	1	0	1
0	1	1	0	0	1	0	1	1	0	1	0
0	0	1	0	0	1	1	0	1	1	0	1
1	1	0	1	1	0	0	1	0	1	0	0
0	1	1	0	1	0	0	1	0	0	1	1
0	0	1	1	0	1	1	0	1	0	0	1
1	1	0	0	1	0	1	0	1	1	0	0
1	1	0	1	1	0	0	1	0	0	1	0

::::: *Puzzle (449)* :::::

1	1	0	0	1	0	0	1	0	1	0	1
0	0	1	1	0	1	1	0	0	1	1	0
0	0	1	0	1	1	0	0	1	0	1	1
1	1	0	0	1	0	1	1	0	1	0	0
0	0	1	1	0	1	0	1	1	0	0	1
0	0	1	0	0	1	1	0	1	0	1	1
1	1	0	1	1	0	1	0	0	1	0	0
1	0	0	1	0	1	0	1	1	0	1	0
0	1	1	0	1	0	1	0	0	1	0	1
0	0	1	0	0	1	0	1	1	0	1	1
1	1	0	1	0	0	1	0	1	0	1	0
1	1	0	1	1	0	0	1	0	1	0	0

::::: *Puzzle (450)* :::::

0	1	0	0	1	0	0	1	1	0	1	1
0	0	1	0	0	1	1	0	1	1	0	1
1	0	1	1	0	0	1	1	0	0	1	0
0	1	0	0	1	1	0	1	0	1	1	0
0	0	1	0	1	0	1	0	1	1	0	1
1	0	1	1	0	1	0	0	1	0	0	1
0	1	0	1	1	0	1	1	0	0	1	0
1	0	1	0	1	0	1	1	0	1	0	0
1	1	0	1	0	1	0	0	1	0	0	1
0	0	1	1	0	1	1	0	0	1	1	0
1	1	0	0	1	0	0	1	0	0	1	1
1	1	0	1	0	1	0	0	1	1	0	0

::::: *Puzzle (451)* :::::

0	0	1	0	0	1	1	0	1	1	0	1
1	0	0	1	0	0	1	0	1	0	1	1
0	1	0	0	1	1	0	1	0	1	1	0
0	0	1	0	1	0	1	0	1	1	0	1
1	0	1	1	0	0	1	0	1	0	1	0
0	1	0	1	0	1	0	1	0	0	1	1
0	1	1	0	1	1	0	1	0	1	0	0
1	0	1	0	1	0	1	0	1	0	0	1
1	1	0	1	0	1	0	1	0	0	1	0
0	0	1	0	1	0	1	1	0	1	0	1
1	1	0	1	0	1	0	0	1	1	0	0
1	1	0	1	1	0	0	1	0	0	1	0

::::: *Puzzle (452)* :::::

0	0	1	0	1	0	1	1	0	1	1	0
1	0	0	1	0	0	1	0	1	1	0	1
0	1	0	0	1	1	0	1	1	0	1	0
0	0	1	0	1	0	1	1	0	0	1	1
1	1	0	1	0	0	1	0	0	1	0	1
0	1	1	0	1	1	0	0	1	1	0	0
0	0	1	1	0	1	0	1	0	0	1	1
1	1	0	0	1	0	1	0	1	0	0	1
1	1	0	1	0	1	0	1	0	1	0	0
0	0	1	0	0	1	1	0	1	0	1	1
1	1	0	1	1	0	0	1	0	1	0	0
1	0	1	1	0	1	0	0	1	0	1	0

::::: *Puzzle (453)* :::::

0	0	1	0	0	1	0	1	1	0	1	1
0	1	0	0	1	0	1	0	1	1	0	1
1	0	1	1	0	1	0	1	0	0	1	0
0	0	1	0	0	1	1	0	1	1	0	1
0	1	0	1	1	0	1	0	0	1	0	1
1	0	1	0	0	1	0	1	1	0	1	0
0	0	1	0	1	0	1	0	1	1	0	1
1	1	0	1	1	0	0	1	0	0	1	0
1	1	0	1	0	1	0	1	0	1	0	0
0	0	1	0	1	0	1	0	1	0	1	1
1	1	0	1	1	0	1	0	0	1	0	0
1	1	0	1	0	1	0	1	0	0	1	0

::::: *Puzzle (454)* :::::

0	0	1	1	0	0	1	0	1	0	1	1
1	0	0	1	0	0	1	0	1	0	1	1
0	1	1	0	1	1	0	1	0	1	0	0
1	1	0	1	0	0	1	1	0	0	1	0
1	0	0	1	0	0	1	0	1	1	0	1
0	0	1	0	1	1	0	1	0	0	1	1
0	1	1	0	1	0	0	1	1	0	1	0
1	0	0	1	0	1	1	0	0	1	0	1
0	1	1	0	1	1	0	0	1	1	0	0
0	0	1	0	1	0	1	1	0	0	1	1
1	1	0	1	0	1	0	0	1	1	0	0
1	1	0	0	1	1	0	1	0	1	0	0

::::: *Puzzle (455)* :::::

1	0	0	1	0	1	1	0	0	1	0	1
0	1	1	0	0	1	0	1	1	0	1	0
0	0	1	0	1	0	1	1	0	0	1	1
1	0	0	1	0	0	1	0	1	1	0	1
0	1	0	0	1	1	0	1	0	1	1	0
0	0	1	0	0	1	0	1	1	0	1	1
1	0	1	1	0	0	1	0	1	0	0	1
1	1	0	1	1	0	1	0	0	1	0	0
0	1	1	0	1	1	0	1	0	0	1	0
0	0	1	1	0	0	1	0	1	0	1	1
1	1	0	0	1	1	0	0	1	1	0	0
1	1	0	1	1	0	0	1	0	1	0	0

::::: *Puzzle (456)* :::::

1	0	0	1	0	0	1	0	1	0	1	1
0	1	0	1	0	0	1	0	1	1	0	1
0	0	1	0	1	1	0	1	0	1	1	0
1	0	0	1	1	0	0	1	0	0	1	1
0	1	1	0	0	1	1	0	1	1	0	0
0	0	1	0	0	1	0	1	1	0	1	1
1	0	0	1	1	0	1	1	0	1	0	0
0	1	1	0	0	1	1	0	1	0	0	1
1	1	0	0	1	1	0	1	0	0	1	0
1	0	1	1	0	0	1	0	0	1	0	1
0	1	1	0	1	1	0	0	1	0	1	0
1	1	0	1	1	0	0	1	0	1	0	0

::::: *Puzzle (457)* :::::

1	0	0	1	0	0	1	0	1	1	0	1
0	0	1	0	1	1	0	1	0	1	1	0
0	1	0	0	1	1	0	0	1	0	1	1
1	0	1	1	0	0	1	0	1	1	0	0
0	0	1	0	1	1	0	1	0	1	0	1
0	1	0	0	1	1	0	1	1	0	1	0
1	0	1	1	0	0	1	0	0	1	0	1
0	1	1	0	0	1	1	0	1	0	1	0
1	1	0	1	1	0	0	1	0	0	1	0
0	0	1	1	0	1	0	1	0	1	0	1
1	1	0	0	1	0	1	0	1	0	0	1
1	1	0	1	0	0	1	1	0	0	1	0

::::: *Puzzle (458)* :::::

1	0	0	1	0	0	1	0	1	0	1	1
0	1	1	0	1	0	0	1	0	1	1	0
0	0	1	1	0	1	1	0	1	0	0	1
1	0	0	1	0	0	1	0	1	1	0	1
0	1	1	0	1	1	0	1	0	0	1	0
0	1	0	1	0	0	1	0	1	1	0	1
1	0	1	0	0	1	0	1	1	0	1	0
0	0	1	0	1	1	0	1	0	0	1	1
1	1	0	1	1	0	1	0	0	1	0	0
0	0	1	0	0	1	1	0	1	1	0	1
1	1	0	0	1	1	0	1	0	0	1	0
1	1	0	1	1	0	0	1	0	1	0	0

::::: *Puzzle (459)* :::::

1	0	0	1	0	1	0	1	0	1	1	0
0	0	1	0	0	1	0	1	1	0	1	1
0	1	0	0	1	0	1	0	1	1	0	1
1	0	1	1	0	1	1	0	0	1	0	0
0	0	1	0	1	0	0	1	1	0	1	1
0	1	0	1	0	1	1	0	1	1	0	0
1	0	1	0	0	1	0	1	0	0	1	1
0	1	1	0	1	0	1	0	1	0	0	1
1	1	0	1	1	0	0	1	0	1	0	0
0	0	1	0	0	1	1	0	1	0	1	1
1	1	0	1	1	0	0	1	0	0	1	0
1	1	0	1	1	0	1	0	0	1	0	0

::::: *Puzzle (460)* :::::

1	0	0	1	0	0	1	0	1	0	1	1
0	1	0	1	0	0	1	0	1	1	0	1
0	0	1	0	1	1	0	1	0	1	1	0
1	0	0	1	0	1	0	1	1	0	1	0
0	1	1	0	1	0	1	0	0	1	0	1
0	0	1	0	0	1	1	0	1	1	0	1
1	1	0	1	1	0	0	1	0	0	1	0
0	1	1	0	1	0	1	0	1	0	1	0
1	0	0	1	0	1	0	1	0	1	0	1
0	1	1	0	1	0	1	0	1	0	0	1
1	1	0	0	1	1	0	1	0	0	1	0
1	0	1	1	0	1	0	1	0	1	0	0

:::: Puzzle (461) ::::

0	0	1	0	1	0	1	1	0	1	1	0
1	0	0	1	0	0	1	0	1	0	1	1
0	1	0	0	1	1	0	1	0	1	0	1
0	0	1	1	0	1	1	0	0	1	1	0
1	0	1	0	1	0	0	1	1	0	1	0
0	1	0	0	1	0	1	0	1	1	0	1
1	0	1	1	0	1	0	1	0	0	1	0
0	1	1	0	1	1	0	1	0	1	0	0
1	1	0	1	0	0	1	0	1	0	0	1
1	0	1	0	0	1	0	1	0	0	1	1
0	1	0	1	1	0	1	0	1	1	0	0
1	1	0	1	0	1	0	0	1	0	0	1

:::: Puzzle (462) ::::

1	0	1	0	0	1	0	0	1	1	0	1
1	1	0	0	1	0	0	1	1	0	1	0
0	0	1	1	0	0	1	1	0	0	1	1
0	0	1	0	0	1	1	0	1	1	0	1
1	1	0	0	1	0	0	1	0	1	1	0
0	0	1	1	0	1	1	0	1	0	1	0
0	1	0	0	1	0	1	1	0	1	0	1
1	0	1	1	0	1	0	0	1	0	0	1
0	1	0	1	1	0	1	1	0	0	1	0
0	0	1	0	1	1	0	1	0	1	1	0
1	1	0	1	0	1	0	0	1	0	0	1
1	1	0	1	1	0	1	0	0	1	0	0

:::: Puzzle (463) ::::

0	0	1	0	0	1	0	1	1	0	1	1
0	1	0	0	1	0	1	0	1	0	1	1
1	0	1	1	0	1	0	1	0	1	0	0
0	0	1	0	1	0	1	0	1	0	1	1
1	1	0	0	1	0	1	1	0	0	1	0
0	0	1	1	0	1	0	1	0	1	0	1
0	1	0	1	0	0	1	0	1	0	1	1
1	0	1	0	1	1	0	1	0	1	0	0
1	1	0	1	1	0	1	0	0	1	0	0
0	0	1	1	0	0	1	0	1	0	1	1
1	1	0	0	1	1	0	1	0	1	0	0
1	1	0	1	0	1	0	0	1	1	0	0

:::: Puzzle (464) ::::

1	0	0	1	1	0	1	0	1	0	0	1
0	0	1	0	0	1	0	1	1	0	1	1
0	1	0	0	1	0	1	1	0	1	1	0
1	0	1	1	0	0	1	0	1	0	0	1
0	0	1	0	1	1	0	1	0	1	1	0
0	1	0	0	1	0	1	0	1	1	0	1
1	0	1	1	0	1	0	0	1	0	1	0
0	1	1	0	0	1	0	1	0	0	1	1
1	1	0	1	1	0	1	0	0	1	0	0
0	0	1	1	0	0	1	0	1	0	1	1
1	1	0	0	1	1	0	1	0	1	0	0
1	1	0	1	0	1	0	1	0	1	0	0

:::: Puzzle (465) ::::

1	1	0	1	0	0	1	0	0	1	0	1
0	0	1	1	0	0	1	1	0	0	1	1
1	0	1	0	1	1	0	0	1	1	0	0
0	1	0	0	1	0	0	1	1	0	1	1
1	0	0	1	0	1	1	0	0	1	1	0
1	0	1	1	0	1	0	0	1	0	0	1
0	1	0	0	1	0	1	1	0	1	1	0
0	0	1	0	0	1	0	1	1	0	1	1
1	1	0	1	1	0	1	0	0	1	0	0
0	0	1	0	1	1	0	1	1	0	0	1
0	1	1	0	0	1	1	0	1	0	1	0
1	1	0	1	1	0	0	1	0	1	0	0

:::: Puzzle (466) ::::

0	0	1	0	0	1	0	1	1	0	1	1
0	1	0	0	1	0	1	1	0	1	1	0
1	1	0	1	0	1	0	0	1	0	0	1
0	0	1	1	0	0	1	0	1	0	1	1
0	0	1	0	1	1	0	1	0	1	1	0
1	1	0	0	1	0	0	1	0	1	0	1
0	0	1	1	0	1	1	0	1	0	0	1
1	0	1	0	0	1	1	0	1	0	1	0
1	1	0	1	1	0	0	1	0	1	0	0
0	0	1	0	1	0	1	1	0	0	1	1
1	1	0	1	0	1	0	0	1	1	0	0
1	1	0	1	1	0	1	0	0	1	0	0

:::: Puzzle (467) ::::

1	0	1	1	0	0	1	0	0	1	1	0
0	0	1	0	1	0	1	0	1	1	0	1
0	1	0	0	1	1	0	1	0	0	1	1
1	0	1	1	0	0	1	0	1	1	0	0
0	0	1	0	0	1	0	1	1	0	1	1
0	1	0	0	1	0	1	1	0	0	1	1
1	0	1	1	0	1	0	0	1	1	0	0
0	1	0	1	0	0	1	1	0	1	0	1
1	1	0	0	1	1	0	0	1	0	1	0
0	0	1	1	0	1	0	1	1	0	0	1
1	1	0	1	1	0	1	0	0	1	0	0
1	1	0	0	1	1	0	1	0	0	1	0

:::: Puzzle (468) ::::

0	0	1	0	0	1	0	1	1	0	1	1
0	0	1	0	0	1	1	0	1	1	0	1
1	1	0	1	1	0	0	1	0	0	1	0
0	0	1	0	0	1	1	0	1	0	1	1
0	0	1	0	1	0	1	0	1	1	0	1
1	1	0	1	0	1	0	1	0	0	1	0
1	1	0	0	1	0	1	0	0	1	0	1
0	0	1	1	0	1	0	1	1	0	1	0
1	1	0	1	1	0	0	1	0	1	0	0
0	1	0	0	1	0	1	0	1	1	0	1
1	0	1	1	0	1	0	1	0	0	1	0
1	1	0	1	1	0	1	0	0	1	0	0

:::: Puzzle (469) ::::

0	0	1	0	0	1	0	1	1	0	1	1
0	0	1	1	0	1	0	1	0	1	1	0
1	1	0	1	1	0	1	0	0	1	0	0
0	0	1	0	0	1	1	0	1	0	1	1
0	1	0	1	1	0	0	1	1	0	0	1
1	0	0	1	1	0	1	1	0	1	0	0
0	1	1	0	0	1	1	0	0	1	1	0
1	1	0	0	1	0	0	1	1	0	0	1
1	0	0	1	1	0	1	0	1	0	1	0
0	1	1	0	0	1	0	1	0	1	1	0
1	0	1	0	1	0	1	0	0	1	0	1
1	1	0	1	0	1	0	0	1	0	0	1

:::: Puzzle (470) ::::

0	0	1	0	0	1	1	0	1	0	1	1
1	1	0	0	1	0	0	1	1	0	0	1
0	1	0	1	0	1	1	0	0	1	1	0
0	0	1	0	0	1	0	1	1	0	1	1
1	0	1	0	1	0	1	0	1	1	0	0
0	1	0	1	0	1	0	1	0	1	1	0
0	0	1	0	1	0	1	1	0	0	1	1
1	0	1	1	0	1	0	0	1	0	0	1
1	1	0	1	1	0	0	1	0	1	0	0
0	0	1	0	1	0	1	1	0	1	1	0
1	1	0	1	0	1	0	0	1	0	0	1
1	1	0	1	1	0	1	0	0	1	0	0

:::: Puzzle (471) ::::

1	0	0	1	1	0	1	0	0	1	1	0
0	0	1	0	0	1	0	1	1	0	1	1
0	1	0	1	0	1	1	0	0	1	0	1
1	0	1	0	1	0	0	1	1	0	1	0
0	0	1	0	0	1	1	0	1	1	0	1
0	1	0	1	0	0	1	1	0	1	0	1
1	0	1	0	1	1	0	0	1	0	1	0
0	1	1	0	1	1	0	1	0	1	0	0
1	1	0	1	0	0	1	0	1	0	0	1
0	0	1	0	0	1	1	0	1	0	1	1
1	1	0	1	1	0	0	1	0	1	0	0
1	1	0	1	1	0	0	1	0	0	1	0

:::: Puzzle (472) ::::

0	1	0	0	1	0	0	1	1	0	1	1
0	0	1	0	0	1	1	0	1	1	0	1
1	0	0	1	0	1	0	1	0	1	1	0
0	1	0	1	1	0	0	1	0	0	1	1
0	0	1	0	1	0	1	0	1	1	0	1
1	0	1	1	0	1	0	0	1	1	0	0
1	1	0	0	1	0	1	1	0	0	1	0
0	0	1	1	0	0	1	0	1	0	1	1
1	1	0	1	0	1	0	1	0	1	0	0
1	0	1	0	1	0	1	0	1	0	0	1
0	1	1	0	1	1	0	1	0	0	1	0
1	1	0	1	0	1	1	0	0	1	0	0

:::: Puzzle (473) ::::

0	0	1	0	0	1	0	1	1	0	1	1
0	1	0	1	0	1	1	0	1	0	0	1
1	0	0	1	1	0	0	1	0	1	1	0
0	0	1	0	0	1	1	0	1	1	0	1
0	1	0	0	1	0	0	1	1	0	1	1
1	0	1	1	0	1	0	1	0	1	0	0
0	1	1	0	1	0	1	0	0	1	0	1
1	1	0	0	1	0	1	0	1	0	1	0
1	0	0	1	0	1	0	1	0	1	1	0
0	1	1	0	1	0	1	0	1	0	0	1
1	0	1	1	0	1	1	0	0	1	0	0
1	1	0	1	1	0	0	1	0	0	1	0

:::: Puzzle (474) ::::

0	1	0	1	0	0	1	0	1	1	0	1
0	1	0	0	1	0	0	1	1	0	1	1
1	0	1	0	0	1	1	0	0	1	1	0
0	0	1	1	0	0	1	1	0	1	0	1
1	1	0	0	1	1	0	0	1	0	0	1
0	1	1	0	1	0	0	1	1	0	1	0
0	0	1	1	0	1	1	0	0	1	0	1
1	0	0	1	0	1	0	1	1	0	1	0
1	1	0	0	1	0	1	1	0	0	1	0
0	0	1	0	1	1	0	0	1	1	0	1
1	0	1	1	0	1	0	1	0	0	1	0
1	1	0	1	1	0	1	0	0	1	0	0

:::: Puzzle (475) ::::

1	0	0	1	0	0	1	0	1	1	0	1
0	0	1	0	0	1	0	1	1	0	1	1
1	1	0	1	1	0	0	1	0	1	0	0
0	0	1	0	0	1	1	0	1	0	1	1
0	0	1	0	1	0	0	1	1	0	1	1
1	1	0	1	0	0	1	1	0	1	0	0
1	1	0	1	0	1	0	0	1	0	1	0
0	0	1	0	1	1	0	1	0	1	0	1
1	1	0	0	1	0	1	0	0	1	1	0
0	0	1	1	0	1	1	0	1	0	0	1
0	1	1	0	1	1	0	1	0	0	1	0
1	1	0	1	1	0	1	0	0	1	0	0

:::: Puzzle (476) ::::

0	0	1	0	0	1	1	0	1	1	0	1
0	0	1	0	0	1	1	0	1	0	1	1
1	1	0	1	1	0	0	1	0	0	1	0
1	1	0	0	1	0	1	0	0	1	0	1
0	0	1	0	0	1	0	1	1	0	1	1
0	0	1	1	0	1	0	1	0	1	1	0
1	1	0	0	1	0	1	0	1	0	0	1
0	1	0	1	1	0	0	1	1	0	1	0
1	0	1	1	0	1	1	0	0	1	0	0
0	0	1	0	1	0	0	1	1	0	1	1
1	1	0	1	0	1	1	0	0	1	0	0
1	1	0	1	1	0	0	1	0	1	0	0

:::: Puzzle (477) ::::

0	0	1	0	0	1	0	1	1	0	1	1
0	0	1	0	1	0	1	1	0	1	0	1
1	1	0	1	0	0	1	0	1	0	1	0
0	0	1	0	1	1	0	0	1	0	1	1
0	1	0	0	1	0	1	1	0	1	0	1
1	0	1	1	0	1	0	0	1	0	1	0
0	0	1	1	0	1	1	0	0	1	0	1
1	1	0	0	1	0	0	1	1	0	1	0
1	1	0	1	0	1	1	0	0	1	0	0
0	0	1	0	0	1	1	0	1	1	0	1
1	1	0	1	1	0	0	1	0	0	1	0
1	1	0	1	1	0	0	1	0	1	0	0

:::: Puzzle (478) ::::

1	0	0	1	0	0	1	0	1	0	1	1
0	0	1	0	0	1	0	1	1	0	1	1
1	1	0	1	1	0	0	1	0	1	0	0
0	0	1	1	0	0	1	0	1	0	1	1
0	0	1	0	1	1	0	0	1	1	0	1
1	1	0	0	1	0	1	1	0	0	1	0
0	0	1	1	0	0	1	1	0	0	1	1
0	1	1	0	1	1	0	0	1	1	0	0
1	1	0	1	0	1	0	1	0	1	0	0
0	0	1	0	1	0	1	0	1	0	1	1
1	1	0	0	1	1	0	1	0	1	0	0
1	1	0	1	0	1	1	0	0	1	0	0

:::: Puzzle (479) ::::

1	1	0	0	1	0	0	1	0	0	1	1
1	1	0	0	1	0	0	1	0	1	0	1
0	0	1	1	0	1	1	0	1	0	1	0
0	0	1	1	0	0	1	0	1	1	0	1
1	1	0	0	1	1	0	1	0	0	1	0
0	0	1	0	1	0	1	0	1	1	0	1
0	0	1	1	0	0	1	1	0	1	1	0
1	1	0	0	1	1	0	0	1	0	0	1
0	0	1	1	0	1	0	1	1	0	1	0
1	0	0	1	0	0	1	1	0	1	0	1
0	1	1	0	1	1	0	0	1	0	1	0
1	1	0	1	0	1	1	0	0	1	0	0

:::: Puzzle (480) ::::

0	1	0	1	0	0	1	0	1	1	0	1
0	0	1	0	0	1	0	1	1	0	1	1
1	0	0	1	1	0	0	1	0	1	1	0
0	1	1	0	0	1	1	0	1	0	0	1
0	0	1	0	0	1	1	0	1	1	0	1
1	1	0	1	1	0	0	1	0	0	1	0
1	0	1	0	1	1	0	1	0	1	0	0
0	0	1	0	0	1	1	0	1	0	1	1
1	1	0	1	1	0	0	1	0	1	0	0
0	0	1	0	1	0	1	1	0	0	1	1
1	1	0	1	0	1	0	0	1	0	1	0
1	1	0	1	1	0	1	0	0	1	0	0

::::: *Puzzle (481)* :::::

0	0	1	0	0	1	0	1	1	0	1	1
0	1	0	0	1	0	0	1	1	0	1	1
1	0	1	1	0	1	1	0	0	1	0	0
0	0	1	0	0	1	1	0	1	1	0	1
0	1	0	1	1	0	0	1	1	0	1	0
1	0	0	1	1	0	0	1	0	1	0	1
0	1	1	0	0	1	1	0	1	0	1	0
1	0	0	1	1	0	0	1	0	0	1	1
1	1	0	1	1	0	1	0	0	1	0	0
0	1	1	0	0	1	0	0	1	0	1	1
1	0	1	0	1	0	1	1	0	1	0	0
1	1	0	1	0	1	1	0	0	1	0	0

::::: *Puzzle (482)* :::::

0	1	1	0	0	1	0	0	1	0	1	1
1	0	0	1	0	0	1	1	0	1	1	0
0	0	1	0	1	0	1	0	1	1	0	1
0	1	1	0	0	1	0	1	1	0	1	0
1	0	0	1	1	0	1	1	0	1	0	0
0	0	1	0	1	0	1	0	1	0	1	1
0	1	0	1	0	1	0	1	0	0	1	1
1	0	1	0	1	1	0	0	1	1	0	0
1	1	0	1	0	0	1	1	0	1	0	0
0	0	1	0	1	1	0	1	0	0	1	1
1	1	0	1	0	1	0	0	1	0	0	1
1	1	0	1	1	0	1	0	0	1	0	0

::::: *Puzzle (483)* :::::

1	0	0	1	0	0	1	1	0	1	1	0
0	0	1	0	1	0	0	1	1	0	1	1
0	1	0	1	0	1	1	0	1	1	0	0
1	0	0	1	0	0	1	1	0	0	1	1
0	1	1	0	1	1	0	0	1	1	0	0
0	0	1	0	0	1	1	0	1	0	1	1
1	1	0	1	1	0	0	1	0	1	0	0
0	1	0	0	1	1	0	1	1	0	0	1
1	0	1	1	0	0	1	0	0	1	1	0
0	1	1	0	1	1	0	0	1	0	0	1
1	1	0	0	1	1	0	1	0	0	1	0
1	0	1	1	0	0	1	0	0	1	0	1

::::: *Puzzle (484)* :::::

1	0	1	0	0	1	0	0	1	1	0	1
1	0	1	0	0	1	1	0	0	1	1	0
0	1	0	1	1	0	0	1	1	0	0	1
0	0	1	0	0	1	0	1	1	0	1	1
1	0	1	1	0	0	1	0	0	1	1	0
0	1	0	1	1	0	1	0	0	1	0	1
0	0	1	0	1	1	0	1	1	0	1	0
1	1	0	1	0	0	1	1	0	1	0	0
1	1	0	0	1	1	0	0	1	0	0	1
0	0	1	0	0	1	1	0	1	0	1	1
1	1	0	1	1	0	0	1	0	1	0	0
0	1	0	1	1	0	1	1	0	0	1	0

::::: *Puzzle (485)* :::::

1	0	0	1	0	1	0	0	1	0	1	1
1	0	0	1	0	1	0	1	0	1	0	1
0	1	1	0	1	0	1	1	0	0	1	0
0	0	1	0	0	1	1	0	1	1	0	1
1	0	0	1	1	0	0	1	0	1	1	0
0	1	1	0	1	0	1	0	1	0	0	1
0	0	1	1	0	1	0	1	1	0	1	0
1	1	0	0	1	0	1	1	0	1	0	0
0	1	1	0	0	1	0	0	1	0	1	1
0	0	1	1	0	0	1	0	1	0	1	1
1	1	0	0	1	1	0	1	0	1	0	0
1	1	0	1	1	0	1	0	0	1	0	0

::::: *Puzzle (486)* :::::

0	1	0	0	1	0	0	1	1	0	1	1
0	0	1	0	0	1	1	0	1	1	0	1
1	0	1	1	0	0	1	0	0	1	1	0
0	1	0	0	1	1	0	1	1	0	0	1
0	0	1	1	0	1	0	0	1	1	0	1
1	0	0	1	0	0	1	1	0	1	1	0
0	1	1	0	1	1	0	1	0	0	1	0
1	0	1	0	0	1	1	0	1	0	0	1
1	1	0	1	1	0	0	1	0	1	0	0
0	0	1	0	1	0	1	1	0	0	1	1
1	1	0	1	0	1	0	0	1	0	1	0
1	1	0	1	1	0	1	0	0	1	0	0

::::: *Puzzle (487)* :::::

0	0	1	0	0	1	0	1	1	0	1	1
0	1	0	1	1	0	0	1	0	1	1	0
1	0	0	1	0	0	1	0	1	1	0	1
0	1	1	0	1	1	0	1	0	0	1	0
0	0	1	0	0	1	1	0	1	1	0	1
1	0	0	1	0	0	1	1	0	1	0	1
0	1	1	0	1	1	0	0	1	0	1	0
1	0	1	0	1	0	0	1	1	0	0	1
1	1	0	1	0	1	1	0	0	1	0	0
0	0	1	0	0	1	1	0	1	0	1	1
1	1	0	1	1	0	0	1	0	0	1	0
1	1	0	1	1	0	1	0	0	1	0	0

::::: *Puzzle (488)* :::::

1	0	0	1	0	1	0	1	0	1	1	0
0	0	1	0	0	1	1	0	1	1	0	1
0	1	0	0	1	0	0	1	1	0	1	1
1	0	1	1	0	0	1	1	0	1	0	0
1	0	1	0	0	1	1	0	1	0	0	1
0	1	0	1	1	0	0	1	0	0	1	1
0	1	1	0	0	1	1	0	1	1	0	0
1	0	1	0	1	1	0	0	1	0	1	0
0	1	0	1	1	0	0	1	0	1	0	1
0	0	1	0	0	1	1	0	1	0	1	1
1	1	0	1	1	0	0	1	0	0	1	0
1	1	0	1	1	0	1	0	0	1	0	0

::::: *Puzzle (489)* :::::

1	0	0	1	0	0	1	1	0	1	1	0
0	0	1	0	0	1	1	0	1	0	1	1
0	1	0	0	1	1	0	0	1	1	0	1
1	0	1	1	0	0	1	1	0	0	1	0
0	0	1	0	1	1	0	1	0	1	0	1
1	1	0	0	1	0	1	0	1	1	0	0
0	0	1	1	0	1	0	1	1	0	1	0
0	1	1	0	1	0	0	1	0	0	1	1
1	1	0	1	0	0	1	0	0	1	0	1
0	0	1	0	1	1	0	1	1	0	1	0
1	1	0	1	0	1	0	0	1	0	0	1
1	1	0	1	1	0	1	0	0	1	0	0

::::: *Puzzle (490)* :::::

0	0	1	0	0	1	0	1	1	0	1	1
0	1	0	0	1	0	1	0	1	1	0	1
1	0	0	1	0	0	1	1	0	1	1	0
0	1	1	0	0	1	0	1	1	0	0	1
0	1	0	1	1	0	1	0	0	1	1	0
1	0	0	1	0	1	0	1	0	1	0	1
0	1	1	0	1	0	1	0	1	0	0	1
1	1	0	0	1	0	1	0	1	0	1	0
1	0	1	1	0	1	0	1	0	1	0	0
0	1	0	1	1	0	1	0	0	1	0	1
1	0	1	0	1	1	0	0	1	0	1	0
1	0	1	1	0	1	0	1	0	0	1	0

::::: *Puzzle (491)* :::::

0	0	1	1	0	0	1	0	1	0	1	1
0	0	1	0	1	0	0	1	1	0	1	1
1	1	0	0	1	1	0	1	0	1	0	0
0	0	1	1	0	1	1	0	1	1	0	0
0	0	1	1	0	0	1	1	0	0	1	1
1	1	0	0	1	1	0	0	1	1	0	0
0	1	1	0	1	1	0	0	1	1	0	0
1	0	0	1	0	0	1	1	0	0	1	1
1	1	0	0	1	0	1	0	0	1	0	1
0	0	1	1	0	1	0	1	1	0	1	0
1	1	0	0	1	1	0	1	0	0	1	0
1	1	0	1	0	0	1	0	0	1	0	1

::::: *Puzzle (492)* :::::

0	0	1	0	0	1	0	1	1	0	1	1
0	0	1	0	0	1	1	0	1	0	1	1
1	1	0	1	1	0	0	1	0	1	0	0
0	0	1	0	0	1	1	0	1	1	0	1
0	1	0	1	1	0	0	1	0	0	1	1
1	0	0	1	1	0	1	1	0	1	0	0
0	1	1	0	0	1	0	0	1	0	1	1
1	1	0	0	1	0	1	0	1	0	1	0
1	0	1	1	0	0	1	1	0	1	0	0
0	1	0	0	1	1	0	0	1	0	1	1
1	0	1	1	0	1	0	1	0	1	0	0
1	1	0	1	1	0	1	0	0	1	0	0

::::: *Puzzle (493)* :::::

0	1	0	1	0	0	1	1	0	0	1	1
0	0	1	0	0	1	0	1	1	0	1	1
1	0	0	1	1	0	1	0	1	1	0	0
0	1	0	0	1	0	1	1	0	0	1	1
1	0	1	1	0	1	0	0	1	1	0	0
0	0	1	0	1	0	1	0	1	0	1	1
0	1	0	0	1	0	1	1	0	1	0	1
1	0	1	1	0	1	0	1	0	1	0	0
1	1	0	0	1	1	0	0	1	0	1	0
0	1	1	0	1	0	1	0	0	1	0	1
1	0	1	1	0	1	0	1	0	0	1	0
1	1	0	1	0	1	0	0	1	1	0	0

::::: *Puzzle (494)* :::::

1	0	1	0	0	1	0	0	1	1	0	1
0	0	1	0	1	0	1	1	0	1	1	0
0	1	0	1	0	1	1	0	1	0	0	1
1	0	0	1	0	1	0	1	0	1	1	0
0	0	1	0	1	0	1	0	1	0	1	1
0	1	0	0	1	0	1	1	0	1	0	1
1	0	1	1	0	1	0	0	1	0	1	0
0	1	1	0	0	1	0	1	1	0	0	1
1	1	0	1	1	0	1	0	0	1	0	0
0	0	1	0	0	1	1	0	1	0	1	1
1	1	0	1	1	0	0	1	0	0	1	0
1	1	0	1	1	0	0	1	0	1	0	0

::::: *Puzzle (495)* :::::

0	1	0	0	1	1	0	1	1	0	1	0
0	0	1	0	0	1	1	0	1	1	0	1
1	1	0	1	1	0	1	0	0	1	0	0
0	0	1	0	0	1	0	1	1	0	1	1
0	1	0	1	0	0	1	0	1	0	1	1
1	0	1	0	1	1	0	1	0	1	0	0
0	0	1	0	0	1	1	0	1	0	1	1
1	1	0	1	0	0	1	0	0	1	0	1
1	1	0	1	1	0	0	1	0	1	0	0
0	0	1	0	1	1	0	0	1	0	1	1
1	0	1	1	0	0	1	1	0	1	0	0
1	1	0	1	1	0	0	1	0	0	1	0

::::: *Puzzle (496)* :::::

0	0	1	1	0	0	1	0	1	1	0	1
0	0	1	0	1	0	0	1	1	0	1	1
1	1	0	0	1	1	0	1	0	0	1	0
0	1	0	1	0	0	1	0	1	1	0	1
0	0	1	0	1	1	0	1	0	0	1	1
1	0	1	1	0	0	1	0	1	0	1	0
0	1	0	0	1	1	0	1	0	1	0	1
1	0	1	0	0	1	0	1	1	0	1	0
1	1	0	1	1	0	1	0	0	1	0	0
0	0	1	0	0	1	1	0	1	0	1	1
1	1	0	1	1	0	0	1	0	1	0	0
1	1	0	1	0	1	1	0	0	1	0	0

::::: *Puzzle (497)* :::::

1	1	0	0	1	0	0	1	0	1	1	0
1	0	0	1	0	0	1	0	1	1	0	1
0	0	1	0	0	1	1	0	1	0	1	1
0	1	1	0	1	1	0	1	0	1	0	0
1	0	0	1	0	0	1	0	1	0	1	1
0	0	1	1	0	1	1	0	1	1	0	0
0	1	1	0	1	1	0	1	0	0	1	0
1	0	0	1	1	0	0	1	1	0	0	1
0	1	1	0	0	1	1	0	0	1	1	0
0	0	1	1	0	0	1	1	0	1	0	1
1	1	0	0	1	1	0	0	1	0	0	1
1	1	0	1	1	0	0	1	0	0	1	0

::::: *Puzzle (498)* :::::

1	0	0	1	0	0	1	1	0	1	1	0
0	0	1	0	0	1	0	1	1	0	1	1
0	1	0	1	1	0	1	0	0	1	0	1
1	0	1	0	1	1	0	1	0	0	1	0
0	0	1	1	0	0	1	0	1	1	0	1
0	1	0	0	1	0	0	1	1	0	1	1
1	0	1	1	0	1	0	1	0	1	0	0
0	1	1	0	0	1	1	0	0	1	0	1
1	1	0	0	1	0	1	0	1	0	1	0
0	0	1	1	0	1	0	1	1	0	0	1
1	1	0	1	1	0	1	0	0	1	0	0
1	1	0	0	1	1	0	0	1	0	1	0

::::: *Puzzle (499)* :::::

0	1	0	1	1	0	0	1	0	0	1	1
0	0	1	0	0	1	0	1	1	0	1	1
1	0	0	1	0	1	1	0	1	1	0	0
0	1	1	0	1	0	0	1	0	0	1	1
0	0	1	0	0	1	1	0	1	1	0	1
1	0	0	1	0	1	1	0	0	1	1	0
0	1	1	0	1	0	0	1	1	0	0	1
1	0	1	0	0	1	1	0	1	0	1	0
1	1	0	1	1	0	1	0	0	1	0	0
0	0	1	0	1	0	0	1	1	0	1	1
1	1	0	1	0	1	1	0	0	1	0	0
1	1	0	1	1	0	0	1	0	1	0	0

::::: *Puzzle (500)* :::::

1	0	0	1	0	0	1	0	1	1	0	1
0	1	0	0	1	0	1	1	0	1	1	0
0	0	1	0	1	1	0	0	1	0	1	1
1	0	1	1	0	0	1	1	0	1	0	0
0	1	0	0	1	0	0	1	1	0	1	1
0	1	0	1	0	1	1	0	0	1	1	0
1	0	1	1	0	0	1	0	1	0	0	1
0	1	1	0	1	1	0	1	0	1	0	0
1	1	0	0	1	1	0	0	1	0	1	0
0	0	1	1	0	0	1	1	0	0	1	1
1	1	0	1	0	1	0	1	0	1	0	0
1	0	1	0	1	1	0	0	1	0	0	1

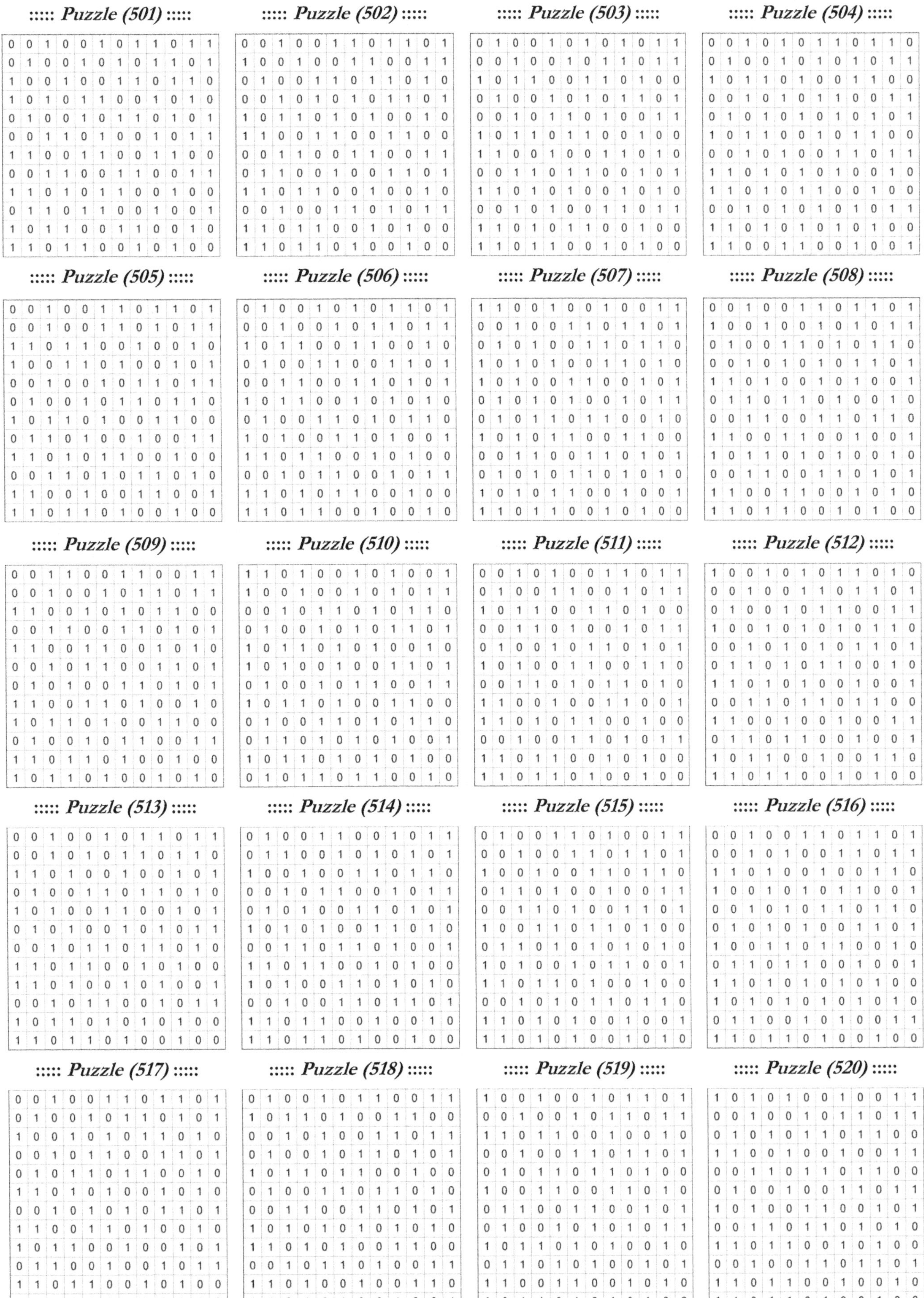

::::: *Puzzle (501)* :::::

0	0	1	0	0	1	0	1	1	0	1	1
0	1	0	0	1	0	1	0	1	1	0	1
1	0	0	1	0	0	1	1	0	1	1	0
1	0	1	0	1	1	0	0	1	0	1	0
0	1	0	0	1	0	1	1	0	1	0	1
0	0	1	1	0	1	0	0	1	0	1	1
1	1	0	0	1	1	0	0	1	1	0	0
0	0	1	1	0	0	1	1	0	0	1	1
1	1	0	1	0	1	1	0	0	1	0	0
0	1	1	0	1	1	0	0	1	0	0	1
1	0	1	1	0	0	1	1	0	0	1	0
1	1	0	1	1	0	0	1	0	1	0	0

::::: *Puzzle (502)* :::::

0	0	1	0	0	1	1	0	1	1	0	1
1	0	0	1	0	0	1	1	0	0	1	1
0	1	0	0	1	1	0	1	1	0	1	0
0	0	1	0	1	0	1	0	1	1	0	1
1	0	1	1	0	1	0	1	0	0	1	0
1	1	0	0	1	1	0	0	1	1	0	0
0	0	1	1	0	0	1	1	0	0	1	1
0	1	1	0	0	1	0	0	1	1	0	1
1	1	0	1	1	0	0	1	0	0	1	0
0	0	1	0	0	1	1	0	1	0	1	1
1	1	0	1	1	0	0	1	0	1	0	0
1	1	0	1	1	0	1	0	0	1	0	0

::::: *Puzzle (503)* :::::

0	1	0	0	1	0	1	0	1	0	1	1
0	0	1	0	0	1	0	1	1	0	1	1
1	0	1	1	0	0	1	1	0	1	0	0
0	1	0	0	1	0	1	0	1	1	0	1
0	0	1	0	1	1	0	1	0	0	1	1
1	0	1	1	0	1	1	0	0	1	0	0
1	1	0	0	1	0	0	1	1	0	1	0
0	0	1	1	0	1	1	0	0	1	0	1
1	1	0	1	0	1	0	0	1	0	1	0
0	0	1	0	1	0	0	1	1	0	1	1
1	1	0	1	0	1	1	0	0	1	0	0
1	1	0	1	1	0	0	1	0	1	0	0

::::: *Puzzle (504)* :::::

0	0	1	0	1	0	1	1	0	1	1	0
0	1	0	0	1	0	1	0	1	0	1	1
1	0	1	1	0	1	0	0	1	1	0	0
0	0	1	0	1	0	1	1	0	0	1	1
0	1	0	1	0	1	0	1	0	1	0	1
1	0	1	1	0	0	1	0	1	1	0	0
0	0	1	0	1	0	0	1	1	0	1	1
1	1	0	1	0	1	0	1	0	0	1	0
1	1	0	1	0	1	1	0	0	1	0	0
0	0	1	0	1	0	1	0	1	0	1	1
1	1	0	1	0	1	0	1	0	1	0	0
1	1	0	0	1	1	0	0	1	0	0	1

::::: *Puzzle (505)* :::::

0	0	1	0	0	1	1	0	1	1	0	1
0	0	1	0	0	1	1	0	1	0	1	1
1	1	0	1	1	0	0	1	0	0	1	0
1	0	0	1	1	0	1	0	0	1	0	1
0	0	1	0	0	1	0	1	1	0	1	1
0	1	0	0	1	0	1	1	0	1	1	0
1	0	1	1	0	1	0	0	1	1	0	0
0	1	1	0	1	0	0	1	0	0	1	1
1	1	0	1	0	1	1	0	0	1	0	0
0	0	1	1	0	1	0	1	1	0	1	0
1	1	0	0	1	0	0	1	1	0	0	1
1	1	0	1	1	0	1	0	0	1	0	0

::::: *Puzzle (506)* :::::

0	1	0	0	1	0	1	0	1	1	0	1
0	0	1	0	0	1	0	1	1	0	1	1
1	0	1	1	0	0	1	1	0	0	1	0
0	1	0	0	1	1	0	0	1	1	0	1
0	0	1	1	0	0	1	1	0	1	0	1
1	0	1	1	0	0	1	0	1	0	1	0
0	1	0	0	1	1	0	1	0	1	1	0
1	0	1	0	0	1	1	0	1	0	0	1
1	1	0	1	1	0	0	1	0	1	0	0
0	0	1	0	1	1	0	0	1	0	1	1
1	1	0	1	0	1	1	0	0	1	0	0
1	1	0	1	1	0	0	1	0	0	1	0

::::: *Puzzle (507)* :::::

1	1	0	0	1	0	0	1	0	0	1	1
0	0	1	0	0	1	1	0	1	1	0	1
0	1	0	1	0	0	1	1	0	1	1	0
1	0	1	0	1	0	0	1	1	0	1	0
1	0	1	0	0	1	1	0	0	1	0	1
0	1	0	1	0	1	0	0	1	0	1	1
0	1	0	1	1	0	1	1	0	0	1	0
1	0	1	0	1	1	0	0	1	1	0	0
0	0	1	1	0	0	1	1	0	1	0	1
0	1	0	1	0	1	1	0	1	0	1	0
1	0	1	0	1	1	0	0	1	0	0	1
1	1	0	1	1	0	0	1	0	1	0	0

::::: *Puzzle (508)* :::::

0	0	1	0	0	1	1	0	1	1	0	1
1	0	0	1	0	0	1	0	1	0	1	1
0	1	0	0	1	1	0	1	0	1	1	0
0	0	1	0	1	0	1	0	1	1	0	1
1	1	0	1	0	0	1	0	1	0	0	1
0	1	1	0	1	1	0	1	0	0	1	0
0	0	1	1	0	0	1	1	0	1	1	0
1	1	0	0	1	1	0	0	1	0	0	1
1	0	1	1	0	1	0	1	0	0	1	0
0	0	1	1	0	0	1	1	0	1	0	1
1	1	0	0	1	1	0	0	1	0	1	0
1	1	0	1	1	0	0	1	0	1	0	0

::::: *Puzzle (509)* :::::

0	0	1	1	0	0	1	1	0	0	1	1
0	0	1	0	0	1	0	1	1	0	1	1
1	1	0	0	1	0	1	0	1	1	0	0
0	0	1	1	0	0	1	1	0	1	0	1
1	1	0	0	1	1	0	0	1	0	1	0
0	0	1	0	1	1	0	0	1	1	0	1
0	1	0	1	0	0	1	1	0	1	0	1
1	1	0	0	1	1	0	1	0	0	1	0
1	0	1	1	0	1	0	0	1	1	0	0
0	1	0	0	1	0	1	1	0	0	1	1
1	1	0	1	1	0	1	0	0	1	0	0
1	0	1	1	0	1	0	0	1	0	1	0

::::: *Puzzle (510)* :::::

1	1	0	1	0	0	1	0	1	0	0	1
1	0	0	1	0	0	1	0	1	0	1	1
0	0	1	0	1	1	0	1	0	1	1	0
0	1	0	0	1	0	1	0	1	1	0	1
1	0	1	1	0	1	0	1	0	0	1	0
1	0	1	0	0	1	0	0	1	1	0	1
0	1	0	0	1	0	1	1	0	0	1	1
1	0	1	1	0	1	0	0	1	1	0	0
0	1	0	0	1	1	0	1	0	1	1	0
0	1	1	0	1	0	1	0	1	0	0	1
1	0	1	1	0	1	0	1	0	1	0	0
0	1	0	1	1	0	1	1	0	0	1	0

::::: *Puzzle (511)* :::::

0	0	1	0	1	0	0	1	1	0	1	1
0	1	0	0	1	1	0	0	1	0	1	1
1	0	1	1	0	0	1	1	0	1	0	0
0	0	1	1	0	1	0	0	1	0	1	1
0	1	0	0	1	0	1	1	0	1	0	1
1	0	1	0	0	1	1	0	0	1	1	0
0	0	1	1	0	1	0	1	1	0	1	0
1	1	0	0	1	0	0	1	1	0	0	1
1	1	0	1	0	1	1	0	0	1	0	0
0	0	1	0	0	1	1	0	1	0	1	1
1	1	0	1	1	0	0	1	0	1	0	0
1	1	0	1	1	0	1	0	0	1	0	0

::::: *Puzzle (512)* :::::

1	0	0	1	0	1	0	1	1	0	1	0
0	0	1	0	0	1	1	0	1	1	0	1
0	1	0	0	1	0	1	1	0	0	1	1
1	0	0	1	0	1	0	1	0	1	1	0
0	0	1	0	1	0	1	0	1	1	0	1
0	1	1	0	1	0	1	1	0	0	1	0
1	1	0	1	0	1	0	0	1	0	0	1
0	0	1	1	0	1	1	0	1	1	0	0
1	1	0	0	1	0	0	1	0	0	1	1
0	1	1	0	1	1	0	0	1	0	0	1
1	0	1	1	0	0	1	0	0	1	1	0
1	1	0	1	1	0	0	1	0	1	0	0

::::: *Puzzle (513)* :::::

0	0	1	0	0	1	0	1	1	0	1	1
0	0	1	0	1	0	1	1	0	1	1	0
1	1	0	1	0	0	1	0	0	1	0	1
0	1	0	0	1	1	0	1	1	0	1	0
1	0	1	0	0	1	1	0	0	1	0	1
0	1	0	1	0	0	1	0	1	0	1	1
0	0	1	0	1	1	0	1	1	0	1	0
1	1	0	1	1	0	0	1	0	1	0	0
1	1	0	1	0	0	1	0	1	0	0	1
0	0	1	0	1	1	0	0	1	0	1	1
1	0	1	1	0	1	0	1	0	1	0	0
1	1	0	1	1	0	1	0	0	1	0	0

::::: *Puzzle (514)* :::::

0	1	0	0	1	1	0	0	1	0	1	1
0	1	1	0	0	1	0	1	0	1	0	1
1	0	0	1	0	0	1	1	0	1	1	0
0	0	1	0	1	1	0	0	1	0	1	1
0	1	0	1	0	0	1	1	0	1	0	1
1	0	1	0	1	0	0	1	1	0	1	0
0	0	1	1	0	1	1	0	1	0	0	1
1	1	0	1	1	0	0	1	0	1	0	0
1	0	1	0	0	1	1	0	1	0	1	0
0	0	1	0	0	1	1	0	1	1	0	1
1	1	0	1	1	0	0	1	0	0	1	0
1	1	0	1	1	0	1	0	0	1	0	0

::::: *Puzzle (515)* :::::

0	1	0	0	1	1	0	1	0	0	1	1
0	0	1	0	0	1	1	0	1	1	0	1
1	0	0	1	0	0	1	1	0	1	1	0
0	1	1	0	1	0	0	1	0	0	1	1
0	0	1	1	0	1	0	0	1	1	0	1
1	0	0	1	1	0	1	1	0	1	0	0
0	1	1	0	1	0	1	0	1	0	1	0
1	0	1	0	0	1	0	1	1	0	0	1
1	1	0	1	1	0	1	0	0	1	0	0
0	0	1	0	1	0	1	1	0	1	1	0
1	1	0	1	0	1	0	0	1	0	0	1
1	1	0	1	0	1	0	0	1	0	1	0

::::: *Puzzle (516)* :::::

0	0	1	0	0	1	1	0	1	1	0	1
0	0	1	0	1	0	0	1	1	0	1	1
1	1	0	1	0	0	1	0	0	1	1	0
1	0	0	1	0	1	0	1	1	0	0	1
0	0	1	0	1	0	1	1	0	1	1	0
0	1	0	1	0	1	0	0	1	1	0	1
1	0	0	1	1	0	1	1	0	0	1	0
0	1	1	0	1	1	0	0	1	0	0	1
1	1	0	1	0	1	0	1	0	1	0	0
1	0	1	0	1	0	1	0	1	0	1	0
0	1	1	0	0	1	0	1	0	0	1	1
1	1	0	1	1	0	1	0	0	1	0	0

::::: *Puzzle (517)* :::::

0	0	1	0	0	1	1	0	1	1	0	1
0	1	0	0	1	0	1	1	0	1	0	1
1	0	0	1	0	1	0	1	1	0	1	0
0	0	1	0	1	1	0	0	1	1	0	1
0	1	0	1	1	0	1	1	0	0	1	0
1	1	0	1	0	1	0	0	1	0	1	0
0	0	1	0	1	0	1	0	1	1	0	1
1	1	0	0	1	1	0	1	0	0	1	0
1	0	1	1	0	0	1	0	0	1	0	1
0	1	1	0	0	1	0	0	1	0	1	1
1	1	0	1	1	0	0	1	0	1	0	0
1	0	1	1	0	0	1	1	0	0	1	0

::::: *Puzzle (518)* :::::

0	1	0	0	1	0	1	1	0	0	1	1
1	0	1	1	0	1	0	0	1	1	0	0
0	0	1	0	1	0	0	1	1	0	1	1
0	1	0	0	1	0	1	1	0	1	0	1
1	0	1	1	0	1	1	0	0	1	0	0
0	1	0	0	1	1	0	1	1	0	1	0
0	0	1	1	0	0	1	1	0	1	0	1
1	0	1	0	1	0	1	0	1	0	1	0
1	1	0	1	0	1	0	0	1	1	0	0
0	0	1	0	1	1	0	1	0	0	1	1
1	1	0	1	0	0	1	0	0	1	1	0
1	1	0	1	0	1	0	0	1	0	0	1

::::: *Puzzle (519)* :::::

1	0	0	1	0	0	1	0	1	1	0	1
0	0	1	0	0	1	0	1	1	0	1	1
1	1	0	1	1	0	0	1	0	0	1	0
0	0	1	0	0	1	1	0	1	1	0	1
0	1	0	1	1	0	1	1	0	1	0	0
1	0	0	1	1	0	0	1	1	0	1	0
0	1	1	0	0	1	1	0	0	1	0	1
0	1	0	0	1	0	1	0	1	0	1	1
1	0	1	1	0	1	0	1	0	0	1	0
0	1	1	0	1	0	1	0	0	1	0	1
1	1	0	0	1	1	0	0	1	0	1	0
1	0	1	1	0	1	0	1	0	1	0	0

::::: *Puzzle (520)* :::::

1	0	1	0	1	0	0	1	0	0	1	1
0	0	1	0	0	1	0	1	1	0	1	1
0	1	0	1	0	1	1	0	1	1	0	0
1	1	0	0	1	0	0	1	0	0	1	1
0	0	1	1	0	1	1	0	1	1	0	0
0	1	0	0	1	0	0	1	1	0	1	1
1	0	1	0	0	1	1	0	0	1	0	1
0	0	1	1	0	1	1	0	1	0	1	0
1	1	0	1	1	0	0	1	0	1	0	0
0	0	1	0	0	1	1	0	1	1	0	1
1	1	0	1	1	0	0	1	0	0	1	0
1	1	0	1	1	0	1	0	0	1	0	0

::::: *Puzzle (521)* :::::

0	0	1	0	0	1	0	1	1	0	1	1
0	1	0	0	1	0	0	1	1	0	1	1
1	0	1	1	0	1	1	0	0	1	0	0
0	0	1	0	0	1	1	0	1	0	1	1
1	1	0	1	1	0	0	1	0	1	0	0
0	0	1	0	0	1	1	0	1	1	0	1
1	0	0	1	1	0	0	1	1	0	1	0
1	1	0	1	0	1	0	1	0	0	1	0
0	1	1	0	1	0	1	0	0	1	0	1
1	0	1	0	0	1	0	1	1	0	1	0
1	1	0	1	1	0	1	0	0	1	0	0
0	1	0	1	1	0	1	0	0	1	0	1

::::: *Puzzle (522)* :::::

1	1	0	0	1	0	0	1	0	0	1	1
0	0	1	0	1	1	0	1	0	1	1	0
0	0	1	1	0	0	1	0	1	1	0	1
1	1	0	0	1	0	1	0	1	0	1	0
1	0	0	1	0	1	0	1	0	1	0	1
0	0	1	1	0	0	1	0	1	0	1	1
0	1	1	0	1	1	0	0	1	1	0	0
1	0	0	1	0	0	1	1	0	0	1	1
0	1	1	0	0	1	1	0	1	1	0	0
0	0	1	0	1	1	0	1	1	0	0	1
1	1	0	1	1	0	0	1	0	0	1	0
1	1	0	1	0	1	1	0	0	1	0	0

::::: *Puzzle (523)* :::::

1	0	0	1	0	0	1	0	1	1	0	1
1	0	0	1	0	0	1	1	0	0	1	1
0	1	1	0	1	1	0	0	1	0	1	0
0	0	1	0	1	0	1	1	0	1	0	1
1	0	0	1	0	1	0	1	1	0	1	0
0	1	0	0	1	0	1	0	1	1	0	1
0	1	1	0	1	1	0	1	0	0	1	0
1	0	1	1	0	1	1	0	0	1	0	0
0	1	0	1	1	0	0	1	1	0	0	1
1	0	1	0	0	1	0	0	1	0	1	1
0	1	1	0	0	1	1	0	0	1	1	0
1	1	0	1	1	0	0	1	0	1	0	0

::::: *Puzzle (524)* :::::

0	1	0	0	1	0	1	1	0	1	1	0
1	0	0	1	0	1	0	1	1	0	1	0
0	0	1	0	0	1	1	0	1	1	0	1
0	1	0	0	1	0	1	1	0	0	1	1
1	0	1	1	0	1	0	0	1	1	0	0
0	0	1	0	1	1	0	1	0	0	1	1
1	1	0	0	1	0	1	0	1	0	0	1
0	0	1	1	0	1	1	0	1	1	0	0
1	1	0	1	1	0	0	1	0	0	1	0
0	1	1	0	0	1	0	0	1	0	1	1
1	0	1	1	0	0	1	0	0	1	0	1
1	1	0	1	1	0	0	1	0	1	0	0

::::: *Puzzle (525)* :::::

1	0	0	1	0	0	1	1	0	0	1	1
1	0	0	1	0	0	1	0	1	1	0	1
0	1	1	0	1	1	0	1	0	0	1	0
0	0	1	0	0	1	0	1	1	0	1	1
1	1	0	1	0	0	1	0	1	1	0	0
0	1	1	0	1	1	0	1	0	1	0	0
1	0	0	1	1	0	0	1	0	0	1	1
0	1	1	0	0	1	1	0	1	1	0	0
0	0	1	0	1	0	1	0	1	0	1	1
1	1	0	1	1	0	0	1	0	1	0	0
0	1	0	1	0	1	1	0	0	1	0	1
1	0	1	0	1	1	0	0	1	0	1	0

::::: *Puzzle (526)* :::::

0	1	0	0	1	0	0	1	1	0	1	1
0	0	1	0	0	1	1	0	1	1	0	1
1	0	0	1	0	0	1	1	0	1	1	0
0	1	1	0	1	1	0	0	1	0	0	1
0	0	1	1	0	1	1	0	0	1	1	0
1	0	0	1	0	0	1	1	0	1	0	1
0	1	1	0	1	1	0	0	1	0	1	0
1	1	0	0	1	0	1	1	0	1	0	0
1	0	1	1	0	1	0	0	1	0	0	1
0	0	1	0	1	0	1	0	1	0	1	1
1	1	0	1	0	1	0	1	0	1	0	0
1	1	0	1	1	0	0	1	0	0	1	0

::::: *Puzzle (527)* :::::

1	0	0	1	0	0	1	0	1	1	0	1
0	1	0	0	1	1	0	0	1	0	1	1
0	0	1	0	1	0	1	1	0	1	1	0
1	0	1	1	0	1	0	1	0	1	0	0
0	1	0	1	0	0	1	0	1	0	1	1
1	0	1	0	1	1	0	1	0	1	0	0
0	0	1	0	0	1	0	1	1	0	1	1
1	1	0	1	0	0	1	0	0	1	0	1
0	1	1	0	1	1	0	1	0	0	1	0
0	0	1	1	0	1	1	0	1	0	0	1
1	1	0	1	1	0	1	0	0	1	0	0
1	1	0	0	1	0	0	1	1	0	1	0

::::: *Puzzle (528)* :::::

0	0	1	0	0	1	1	0	1	0	1	1
0	1	0	0	1	0	1	1	0	1	1	0
1	0	1	1	0	1	0	0	1	0	0	1
0	1	0	0	1	0	1	1	0	1	0	1
0	1	0	0	1	1	0	1	1	0	1	0
1	0	1	1	0	0	1	0	0	1	0	1
0	0	1	1	0	0	1	1	0	0	1	1
1	1	0	0	1	1	0	0	1	0	1	0
1	0	1	1	0	1	0	1	0	1	0	0
0	0	1	0	1	0	1	0	1	0	1	1
1	1	0	1	1	0	0	1	0	1	0	0
1	1	0	1	0	1	0	0	1	1	0	0

::::: *Puzzle (529)* :::::

0	0	1	0	0	1	1	0	1	0	1	1
0	0	1	0	1	1	0	1	0	1	1	0
1	1	0	1	0	0	1	0	0	1	0	1
0	0	1	0	1	1	0	1	1	0	1	0
0	1	0	0	1	0	1	1	0	1	0	1
1	0	1	1	0	1	0	0	1	0	1	0
1	1	0	0	1	0	1	0	1	1	0	0
0	1	0	1	0	0	1	1	0	1	0	1
1	0	1	1	0	1	0	1	0	0	1	0
0	0	1	0	1	0	1	0	1	1	0	1
1	1	0	1	1	0	0	1	0	0	1	0
1	1	0	1	0	1	0	0	1	0	0	1

::::: *Puzzle (530)* :::::

1	1	0	0	1	1	0	0	1	0	0	1
0	1	0	0	1	0	0	1	1	0	1	1
0	0	1	1	0	1	1	0	0	1	1	0
1	1	0	0	1	0	0	1	0	1	0	1
0	0	1	0	0	1	0	1	1	0	1	1
1	0	1	1	0	0	1	0	0	1	1	0
0	1	0	1	1	0	1	0	1	0	0	1
0	0	1	0	1	1	0	1	1	0	1	0
1	0	1	1	0	0	1	1	0	1	0	0
0	1	0	0	1	0	1	0	1	0	1	1
1	0	1	1	0	1	0	1	0	1	0	0
1	1	0	1	0	1	1	0	0	1	0	0

::::: *Puzzle (531)* :::::

1	0	1	0	1	0	0	1	0	1	0	1
0	0	1	1	0	0	1	0	1	0	1	1
0	1	0	0	1	1	0	1	0	1	1	0
1	0	1	1	0	0	1	0	0	1	0	1
0	1	0	1	0	1	0	1	1	0	1	0
0	0	1	0	1	0	1	1	0	1	1	0
1	0	1	0	0	1	1	0	1	0	0	1
0	1	0	1	1	0	0	1	1	0	1	0
1	1	0	1	0	1	1	0	0	1	0	0
0	0	1	0	1	0	1	0	1	0	1	1
1	1	0	0	1	1	0	1	0	1	0	0
1	1	0	1	0	1	0	0	1	0	0	1

::::: *Puzzle (532)* :::::

1	0	0	1	0	1	0	1	0	0	1	1
1	0	1	0	0	1	0	1	0	1	1	0
0	1	0	0	1	0	1	0	1	1	0	1
0	0	1	1	0	1	0	1	1	0	1	0
1	0	0	1	1	0	0	1	0	0	1	1
0	1	1	0	0	1	1	0	1	1	0	0
0	1	1	0	0	1	1	0	1	0	0	1
1	0	0	1	1	0	0	1	0	1	1	0
0	1	1	0	1	0	1	0	1	0	0	1
0	0	1	0	0	1	1	0	1	0	1	1
1	1	0	1	1	0	0	1	0	1	0	0
1	1	0	1	1	0	1	0	0	1	0	0

::::: *Puzzle (533)* :::::

0	1	0	1	0	0	1	1	0	1	1	0
0	0	1	0	0	1	1	0	1	0	1	1
1	0	0	1	1	0	0	1	1	0	0	1
0	1	1	0	0	1	0	1	0	1	1	0
0	0	1	0	1	0	1	0	1	1	0	1
1	0	0	1	0	1	0	1	1	0	1	0
0	1	1	0	1	0	1	0	0	1	0	1
1	0	1	0	1	1	0	1	0	0	1	0
1	1	0	1	0	1	0	0	1	0	0	1
0	0	1	1	0	0	1	1	0	1	1	0
1	1	0	0	1	1	0	0	1	0	0	1
1	1	0	1	1	0	1	0	0	1	0	0

::::: *Puzzle (534)* :::::

0	0	1	0	0	1	0	1	1	0	1	1
0	0	1	0	0	1	1	0	1	1	0	1
1	1	0	1	1	0	1	0	0	1	0	0
0	1	0	0	1	0	0	1	1	0	1	1
0	0	1	1	0	1	0	1	0	1	0	1
1	0	0	1	0	1	1	0	0	1	1	0
0	1	1	0	1	0	1	0	1	0	0	1
1	0	1	0	1	0	0	1	1	0	1	0
1	1	0	1	0	1	1	0	0	1	0	0
0	0	1	0	0	1	1	0	1	0	1	1
1	1	0	1	1	0	0	1	0	1	0	0
1	1	0	1	1	0	0	1	0	0	1	0

::::: *Puzzle (535)* :::::

0	0	1	0	0	1	1	0	1	1	0	1
1	0	0	1	0	0	1	1	0	1	1	0
0	1	0	0	1	0	0	1	1	0	1	1
0	0	1	1	0	1	1	0	0	1	0	1
1	0	0	1	1	0	0	1	1	0	1	0
0	1	0	0	1	1	0	0	1	1	0	1
1	0	1	1	0	0	1	1	0	0	1	0
0	1	1	0	1	1	0	0	1	0	0	1
1	1	0	0	1	1	0	1	0	1	0	0
1	0	1	1	0	0	1	0	1	0	1	0
0	1	1	0	0	1	0	1	0	0	1	1
1	1	0	1	1	0	1	0	0	1	0	0

::::: *Puzzle (536)* :::::

0	0	1	1	0	0	1	0	1	0	1	1
1	1	0	0	1	0	0	1	0	1	0	1
1	0	0	1	0	1	0	1	1	0	1	0
0	0	1	0	0	1	1	0	1	1	0	1
0	1	1	0	1	0	0	1	0	0	1	1
1	0	0	1	0	1	1	0	1	0	1	0
0	0	1	0	1	1	0	1	0	1	0	1
0	1	1	0	1	0	0	1	1	0	1	0
1	1	0	1	0	1	1	0	0	1	0	0
0	0	1	0	0	1	1	0	1	0	1	1
1	1	0	1	1	0	0	1	0	1	0	0
1	1	0	1	1	0	1	0	0	1	0	0

::::: *Puzzle (537)* :::::

0	1	0	0	1	0	0	1	1	0	1	1
1	0	1	0	0	1	0	1	0	0	1	1
1	0	1	1	0	0	1	0	1	1	0	0
0	1	0	0	1	1	0	1	0	0	1	1
0	0	1	1	0	1	1	0	1	0	0	1
1	0	1	0	1	0	1	0	1	1	0	0
0	1	0	1	0	1	0	1	0	1	1	0
0	0	1	0	0	1	1	0	1	0	1	1
1	1	0	1	1	0	0	1	0	1	0	0
0	0	1	0	0	1	1	0	1	1	0	1
1	1	0	1	1	0	0	1	0	0	1	0
1	1	0	1	1	0	1	0	0	1	0	0

::::: *Puzzle (538)* :::::

1	0	0	1	0	0	1	0	1	0	1	1
0	0	1	1	0	0	1	1	0	1	0	1
0	1	0	0	1	1	0	1	1	0	1	0
1	0	1	0	0	1	0	0	1	1	0	1
0	0	1	1	0	0	1	1	0	0	1	1
0	1	0	1	1	0	0	1	0	1	1	0
1	0	1	0	1	1	0	0	1	0	0	1
0	1	1	0	0	1	1	0	1	0	1	0
1	1	0	1	1	0	0	1	0	1	0	0
0	0	1	0	0	1	1	0	1	0	1	1
1	1	0	0	1	1	0	1	0	1	0	0
1	1	0	1	1	0	1	0	0	1	0	0

::::: *Puzzle (539)* :::::

0	1	0	0	1	0	0	1	1	0	1	1
0	0	1	0	0	1	0	1	1	0	1	1
1	0	1	1	0	1	1	0	0	1	0	0
0	1	0	1	1	0	1	0	0	1	0	1
0	1	0	0	1	1	0	1	1	0	1	0
1	0	1	0	0	1	0	0	1	1	0	1
0	0	1	1	0	0	1	1	0	1	1	0
1	1	0	0	1	0	1	1	0	0	1	0
1	0	1	1	0	1	0	0	1	0	0	1
0	0	1	0	1	1	0	1	0	1	0	1
1	1	0	1	0	0	1	0	1	0	1	0
1	1	0	1	1	0	1	0	0	1	0	0

::::: *Puzzle (540)* :::::

1	0	1	0	0	1	0	1	1	0	1	0
1	0	0	1	0	0	1	0	1	1	0	1
0	1	1	0	1	0	0	1	0	1	1	0
0	0	1	0	1	1	0	0	1	0	1	1
1	0	0	1	0	0	1	1	0	1	0	1
0	1	0	1	1	0	1	1	0	0	1	0
0	1	1	0	1	1	0	0	1	0	0	1
1	0	1	1	0	0	1	1	0	1	0	0
1	1	0	1	0	1	0	0	1	0	1	0
0	0	1	0	1	0	1	1	0	1	0	1
0	1	0	1	0	1	1	0	0	1	1	0
1	1	0	0	1	1	0	0	1	0	0	1

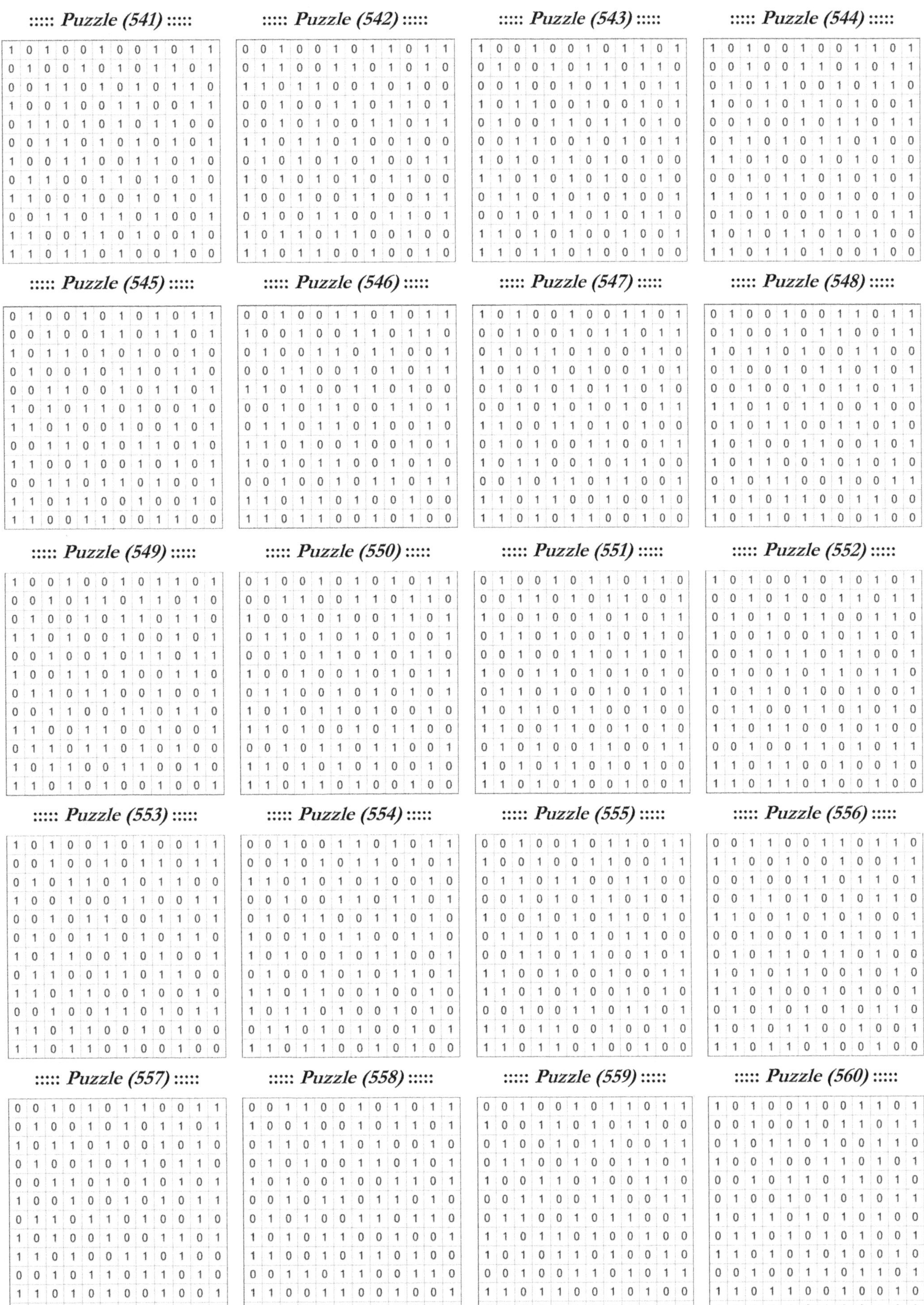

::::: Puzzle (541) :::::

1	0	1	0	0	1	0	0	1	0	1	1
0	1	0	0	1	0	1	0	1	1	0	1
0	0	1	1	0	1	0	1	0	1	1	0
1	0	0	1	0	0	1	1	0	0	1	1
0	1	1	0	1	0	1	0	1	1	0	0
0	0	1	1	0	1	0	1	0	1	0	1
1	0	0	1	1	0	0	1	1	0	1	0
0	1	1	0	0	1	1	0	1	0	1	0
1	1	0	0	1	0	0	1	0	1	0	1
0	0	1	1	0	1	1	0	1	0	0	1
1	1	0	0	1	1	0	1	0	0	1	0
1	1	0	1	1	0	1	0	0	1	0	0

::::: Puzzle (542) :::::

0	0	1	0	0	1	0	1	1	0	1	1
0	1	1	0	0	1	1	0	1	0	1	0
1	1	0	1	1	0	0	1	0	1	0	0
0	0	1	0	0	1	1	0	1	1	0	1
0	0	1	0	1	0	0	1	1	0	1	1
1	1	0	1	1	0	1	0	0	1	0	0
0	1	0	1	0	1	0	1	0	0	1	1
1	0	1	0	1	0	1	0	1	1	0	0
1	0	0	1	0	0	1	1	0	0	1	1
0	1	0	0	1	1	0	0	1	1	0	1
1	0	1	1	0	1	1	0	0	1	0	0
1	1	0	1	1	0	0	1	0	0	1	0

::::: Puzzle (543) :::::

1	0	0	1	0	0	1	0	1	1	0	1
0	1	0	0	1	0	1	1	0	1	1	0
0	0	1	0	0	1	0	1	1	0	1	1
1	0	1	1	0	0	1	0	0	1	0	1
0	1	0	0	1	1	0	1	1	0	1	0
0	0	1	1	0	0	1	0	1	0	1	1
1	0	1	0	1	1	0	1	0	1	0	0
1	1	0	1	0	1	0	1	0	0	1	0
0	1	1	0	1	0	1	0	1	0	0	1
0	0	1	0	1	1	0	1	0	1	1	0
1	1	0	1	0	1	0	0	1	0	0	1
1	1	0	1	1	0	1	0	0	1	0	0

::::: Puzzle (544) :::::

1	0	1	0	0	1	0	0	1	1	0	1
0	0	1	0	0	1	1	0	1	0	1	1
0	1	0	1	1	0	0	1	0	1	1	0
1	0	0	1	0	1	1	0	1	0	0	1
0	0	1	0	0	1	0	1	1	0	1	1
0	1	1	0	1	0	1	1	0	1	0	0
1	1	0	1	0	0	1	0	1	0	1	0
0	0	1	0	1	1	0	1	0	1	0	1
1	1	0	1	1	0	0	1	0	0	1	0
0	1	0	1	0	0	1	0	1	0	1	1
1	0	1	0	1	1	0	1	0	1	0	0
1	1	0	1	1	0	1	0	0	1	0	0

::::: Puzzle (545) :::::

0	1	0	0	1	0	1	0	1	0	1	1
0	0	1	0	0	1	1	0	1	1	0	1
1	0	1	1	0	1	0	1	0	0	1	0
0	1	0	0	1	0	1	1	0	1	1	0
0	0	1	1	0	0	1	0	1	1	0	1
1	0	1	0	1	1	0	1	0	0	1	0
1	1	0	1	0	0	1	0	0	1	0	1
0	0	1	1	0	1	0	1	1	0	1	0
1	1	0	0	1	0	0	1	0	1	0	1
0	0	1	1	0	1	1	0	1	0	0	1
1	1	0	1	1	0	0	1	0	0	1	0
1	1	0	0	1	1	0	0	1	1	0	0

::::: Puzzle (546) :::::

0	0	1	0	0	1	1	0	1	0	1	1
1	0	0	1	0	0	1	1	0	1	1	0
0	1	0	0	1	1	0	1	1	0	0	1
0	0	1	1	0	0	1	0	1	0	1	1
1	1	0	1	0	0	1	1	0	1	0	0
0	0	1	0	1	1	0	0	1	1	0	1
0	1	1	0	1	1	0	1	0	0	1	0
1	1	0	1	0	0	1	0	0	1	0	1
1	0	1	0	1	1	0	0	1	0	1	0
0	0	1	0	0	1	0	1	1	0	1	1
1	1	0	1	1	0	1	0	0	1	0	0
1	1	0	1	1	0	0	1	0	1	0	0

::::: Puzzle (547) :::::

1	0	1	0	0	1	0	0	1	1	0	1
0	0	1	0	0	1	0	1	1	0	1	1
0	1	0	1	1	0	1	0	0	1	1	0
1	0	1	0	1	0	1	0	0	1	0	1
0	1	0	1	0	1	0	1	1	0	1	0
0	0	1	0	1	0	1	0	1	0	1	1
1	1	0	0	1	1	0	1	0	1	0	0
0	1	0	1	0	0	1	1	0	0	1	1
1	0	1	1	0	0	1	0	1	1	0	0
0	0	1	0	1	1	0	1	1	0	0	1
1	1	0	1	1	0	0	1	0	0	1	0
1	1	0	1	0	1	1	0	0	1	0	0

::::: Puzzle (548) :::::

0	1	0	0	1	0	0	1	1	0	1	1
0	1	0	0	1	0	1	1	0	0	1	1
1	0	1	1	0	1	0	0	1	1	0	0
0	1	0	0	1	0	1	1	0	1	0	1
0	0	1	0	0	1	0	1	1	0	1	1
1	1	0	1	0	1	1	0	0	1	0	0
0	1	0	1	1	0	0	1	1	0	1	0
1	0	1	0	0	1	1	0	0	1	0	1
1	0	1	1	0	0	1	0	1	0	1	0
0	1	0	1	1	0	0	1	0	0	1	1
1	0	1	0	1	1	0	0	1	1	0	0
1	0	1	1	0	1	1	0	0	1	0	0

::::: Puzzle (549) :::::

1	0	0	1	0	0	1	0	1	1	0	1
0	0	1	0	1	1	0	1	1	0	1	0
0	1	0	0	1	0	1	1	0	1	1	0
1	1	0	1	0	0	1	0	0	1	0	1
0	0	1	0	0	1	0	1	1	0	1	1
1	0	0	1	1	0	1	0	0	1	1	0
0	1	1	0	1	1	0	0	1	0	0	1
0	0	1	1	0	0	1	1	0	1	1	0
1	1	0	0	1	1	0	0	1	0	0	1
0	1	1	0	1	1	0	1	0	1	0	0
1	0	1	1	0	0	1	1	0	0	1	0
1	1	0	1	0	1	0	0	1	0	0	1

::::: Puzzle (550) :::::

0	1	0	0	1	0	1	0	1	0	1	1
0	0	1	1	0	0	1	1	0	1	1	0
1	0	0	1	0	1	0	0	1	1	0	1
0	1	1	0	1	0	1	0	1	0	0	1
0	0	1	0	1	1	0	1	0	1	1	0
1	0	0	1	0	0	1	0	1	0	1	1
0	1	1	0	0	1	0	1	0	1	0	1
1	0	1	0	1	1	0	1	0	0	1	0
1	1	0	1	0	0	1	0	1	1	0	0
0	0	1	0	1	1	0	1	1	0	0	1
1	1	0	1	0	1	0	1	0	0	1	0
1	1	0	1	1	0	1	0	0	1	0	0

::::: Puzzle (551) :::::

0	1	0	0	1	0	1	1	0	1	1	0
0	0	1	1	0	1	0	1	1	0	0	1
1	0	0	1	0	0	1	0	1	0	1	1
0	1	1	0	1	0	0	1	0	1	1	0
0	0	1	0	0	1	1	0	1	1	0	1
1	0	0	1	1	0	1	0	1	0	1	0
0	1	1	0	1	0	0	1	0	1	0	1
1	0	1	1	0	1	1	0	0	1	0	0
1	1	0	0	1	1	0	0	1	0	1	0
0	1	0	1	0	0	1	1	0	0	1	1
1	0	1	0	1	1	0	1	0	1	0	0
1	1	0	1	0	1	0	0	1	0	0	1

::::: Puzzle (552) :::::

1	0	1	0	0	1	0	1	0	1	0	1
0	0	1	0	1	0	0	1	1	0	1	1
0	1	0	1	0	1	1	0	0	1	1	0
1	0	0	1	0	0	1	0	1	1	0	1
0	0	1	0	1	1	0	1	1	0	0	1
0	1	0	0	1	0	1	1	0	1	1	0
1	0	1	1	0	1	0	0	1	0	0	1
0	1	1	0	0	1	1	0	1	0	1	0
1	1	0	1	1	0	0	1	0	1	0	0
0	0	1	0	0	1	1	0	1	0	1	1
1	1	0	1	1	0	0	1	0	0	1	0
1	1	0	1	1	0	1	0	0	1	0	0

::::: Puzzle (553) :::::

1	0	1	0	0	1	0	1	0	0	1	1
0	0	1	0	0	1	0	1	1	0	1	1
0	1	0	1	1	0	1	0	1	1	0	0
1	0	0	1	0	0	1	1	0	0	1	1
0	0	1	0	1	1	0	0	1	1	0	1
0	1	0	0	1	1	0	1	0	1	1	0
1	0	1	1	0	0	1	0	1	0	0	1
0	1	1	0	0	1	1	0	1	1	0	0
1	1	0	1	1	0	0	1	0	0	1	0
0	0	1	0	0	1	1	0	1	0	1	1
1	1	0	1	1	0	0	1	0	1	0	0
1	1	0	1	1	0	1	0	0	1	0	0

::::: Puzzle (554) :::::

0	0	1	0	0	1	1	0	1	0	1	1
0	0	1	0	1	0	1	1	0	1	0	1
1	1	0	1	0	1	0	1	0	0	1	0
0	0	1	0	0	1	1	0	1	1	0	1
0	1	0	1	1	0	0	1	1	0	1	0
1	0	0	1	0	1	1	0	0	1	1	0
1	0	1	0	0	1	0	1	1	0	0	1
0	1	0	0	1	0	1	0	1	1	0	1
1	1	0	1	1	0	0	1	0	0	1	0
1	0	1	1	0	1	0	0	1	0	1	0
0	1	1	0	1	0	1	0	0	1	0	1
1	1	0	1	1	0	0	1	0	1	0	0

::::: Puzzle (555) :::::

0	0	1	0	0	1	0	1	1	0	1	1
1	0	0	1	0	0	1	1	0	0	1	1
0	1	1	0	1	1	0	0	1	1	0	0
0	0	1	0	1	0	1	1	0	1	0	1
1	0	0	1	0	1	0	1	1	0	1	0
0	1	1	0	1	0	1	0	1	1	0	0
0	0	1	1	0	1	1	0	0	1	0	1
1	1	0	0	1	0	0	1	0	0	1	1
1	1	0	1	0	1	0	0	1	0	1	0
0	0	1	0	0	1	1	0	1	1	0	1
1	1	0	1	1	0	0	1	0	0	1	0
1	1	0	1	1	0	1	0	0	1	0	0

::::: Puzzle (556) :::::

0	0	1	1	0	0	1	1	0	1	1	0
1	1	0	0	1	0	0	1	0	0	1	1
0	0	1	0	0	1	1	0	1	1	0	1
0	0	1	1	0	1	0	1	0	1	1	0
1	1	0	0	1	0	1	0	1	0	0	1
0	0	1	0	0	1	0	1	1	0	1	1
0	1	0	1	1	0	1	1	0	1	0	0
1	0	1	0	1	1	0	0	1	0	1	0
1	1	0	1	0	0	1	0	1	0	0	1
0	1	0	1	0	1	0	1	0	1	1	0
1	0	1	0	1	1	0	0	1	0	0	1
1	1	0	1	1	0	1	0	0	1	0	0

::::: Puzzle (557) :::::

0	0	1	0	1	0	1	1	0	0	1	1
0	1	0	0	1	0	1	0	1	1	0	1
1	0	1	1	0	1	0	0	1	0	1	0
0	1	0	0	1	0	1	1	0	1	1	0
0	0	1	1	0	1	0	1	0	1	0	1
1	0	0	1	0	0	1	0	1	0	1	1
0	1	1	0	1	1	0	1	0	0	1	0
1	0	1	0	0	1	0	0	1	1	0	1
1	1	0	1	0	0	1	1	0	1	0	0
0	0	1	0	1	1	0	1	1	0	1	0
1	1	0	1	0	1	0	0	1	0	0	1
1	1	0	1	1	0	1	0	0	1	0	0

::::: Puzzle (558) :::::

0	0	1	1	0	0	1	0	1	0	1	1
1	0	0	1	0	0	1	0	1	1	0	1
0	1	1	0	1	1	0	1	0	0	1	0
0	1	0	1	0	0	1	1	0	1	0	1
1	0	1	0	0	1	0	0	1	1	0	1
0	0	1	0	1	1	0	1	1	0	1	0
0	1	0	1	0	0	1	1	0	1	1	0
1	0	1	0	1	1	0	0	1	0	0	1
1	1	0	0	1	0	1	1	0	1	0	0
0	0	1	1	0	1	1	0	0	1	1	0
1	1	0	0	1	1	0	0	1	0	0	1
1	1	0	1	1	0	0	1	0	0	1	0

::::: Puzzle (559) :::::

0	0	1	0	0	1	0	1	1	0	1	1
1	0	0	1	1	0	1	0	1	1	0	0
0	1	0	0	1	0	1	1	0	0	1	1
0	1	1	0	0	1	0	0	1	1	0	1
1	0	0	1	1	0	1	0	0	1	1	0
0	0	1	1	0	0	1	1	0	0	1	1
0	1	1	0	0	1	0	1	1	0	0	1
1	1	0	1	1	0	1	0	0	1	0	0
1	0	1	0	1	1	0	1	0	0	1	0
0	0	1	0	0	1	1	0	1	0	1	1
1	1	0	1	1	0	0	1	0	1	0	0
1	1	0	1	0	1	0	0	1	1	0	0

::::: Puzzle (560) :::::

1	0	1	0	0	1	0	0	1	1	0	1
0	0	1	0	0	1	0	1	1	0	1	1
0	1	0	1	1	0	1	0	0	1	1	0
1	0	0	1	0	0	1	1	0	1	0	1
0	0	1	0	1	1	0	1	1	0	1	0
0	1	0	0	1	0	1	0	1	0	1	1
1	0	1	1	0	1	0	1	0	1	0	0
0	1	1	0	1	0	1	0	1	0	0	1
1	1	0	1	0	1	0	1	0	0	1	0
0	0	1	0	0	1	1	0	1	1	0	1
1	1	0	1	1	0	0	1	0	0	1	0
1	1	0	1	1	0	1	0	0	1	0	0

:::: Puzzle (561) ::::

0	0	1	0	1	0	1	1	0	0	1	1
0	1	0	1	0	1	0	0	1	1	0	1
1	0	1	0	0	1	0	1	1	0	1	0
0	0	1	0	1	0	1	1	0	1	0	1
0	1	0	1	0	1	0	0	1	0	1	1
1	0	0	1	1	0	0	1	0	1	1	0
0	1	1	0	0	1	1	0	1	0	0	1
1	1	0	0	1	0	0	1	1	0	1	0
1	0	1	1	0	1	1	0	0	1	0	0
0	0	1	1	0	0	1	0	1	0	1	1
1	1	0	0	1	1	0	1	0	1	0	0
1	1	0	1	1	0	1	0	0	1	0	0

:::: Puzzle (562) ::::

0	0	1	0	1	0	1	1	0	0	1	1
0	1	0	0	1	0	1	1	0	1	1	0
1	0	0	1	0	1	0	0	1	1	0	1
0	1	1	0	0	1	0	1	1	0	1	0
0	0	1	0	1	0	1	1	0	1	0	1
1	0	0	1	0	0	1	0	1	0	1	1
0	1	0	1	0	1	0	1	0	1	1	0
1	0	1	0	1	1	0	0	1	0	0	1
1	1	0	1	0	0	1	0	1	1	0	0
0	1	1	0	1	1	0	1	0	0	1	0
1	0	1	1	0	1	0	0	1	0	0	1
1	1	0	1	1	0	1	0	0	1	0	0

:::: Puzzle (563) ::::

0	0	1	1	0	0	1	0	1	0	1	1
0	0	1	0	0	1	0	1	1	0	1	1
1	1	0	0	1	0	1	1	0	1	0	0
0	0	1	1	0	0	1	0	1	1	0	1
0	1	0	0	1	1	0	1	0	0	1	1
1	0	1	0	1	0	0	1	0	1	1	0
0	0	1	1	0	1	1	0	1	0	0	1
1	1	0	0	1	1	0	0	1	0	1	0
1	1	0	1	0	0	1	1	0	1	0	0
0	0	1	0	1	1	0	0	1	0	1	1
1	1	0	1	1	0	0	1	0	1	0	0
1	1	0	1	0	1	1	0	0	1	0	0

:::: Puzzle (564) ::::

1	0	0	1	0	0	1	0	1	0	1	1
1	0	0	1	0	1	0	0	1	1	0	1
0	1	1	0	1	0	1	1	0	0	1	0
1	0	0	1	0	1	0	1	0	1	1	0
0	0	1	0	1	0	1	0	1	1	0	1
0	1	0	0	1	0	0	1	1	0	1	1
1	0	1	1	0	1	0	1	0	1	0	0
0	1	1	0	0	1	1	0	1	0	1	0
0	1	0	1	1	0	0	1	0	1	0	1
1	0	1	0	0	1	1	0	1	0	0	1
0	1	1	0	1	1	0	1	0	0	1	0
1	1	0	1	1	0	1	0	0	1	0	0

:::: Puzzle (565) ::::

0	0	1	0	0	1	0	1	1	0	1	1
0	0	1	0	0	1	1	0	1	1	0	1
1	1	0	1	1	0	0	1	0	0	1	0
0	1	0	0	1	0	1	0	1	0	1	1
0	0	1	1	0	1	0	1	0	1	0	1
1	0	0	1	0	1	1	0	1	0	1	0
0	1	1	0	1	0	1	1	0	1	0	0
1	0	1	0	1	1	0	0	1	0	0	1
1	1	0	1	0	0	1	0	0	1	1	0
0	0	1	0	1	0	0	1	1	0	1	1
1	1	0	1	0	1	0	1	0	1	0	0
1	1	0	1	1	0	1	0	0	1	0	0

:::: Puzzle (566) ::::

1	0	0	1	0	0	1	0	1	0	1	1
0	0	1	0	1	1	0	0	1	1	0	1
0	1	1	0	1	0	0	1	0	1	1	0
1	0	0	1	0	1	1	0	1	0	1	0
0	0	1	0	1	1	0	1	0	1	0	1
1	1	0	0	1	0	1	1	0	0	1	0
0	0	1	1	0	1	1	0	1	1	0	0
0	1	1	0	1	0	0	1	0	0	1	1
1	1	0	1	0	0	1	0	1	0	0	1
0	0	1	0	1	1	0	1	0	1	1	0
1	1	0	1	0	0	1	1	0	1	0	0
1	1	0	1	0	1	0	0	1	0	0	1

:::: Puzzle (567) ::::

0	1	0	0	1	0	1	1	0	1	1	0
0	0	1	0	0	1	0	1	1	0	1	1
1	0	0	1	0	0	1	0	1	1	0	1
0	1	1	0	1	0	1	1	0	0	1	0
0	0	1	1	0	1	0	1	0	1	0	1
1	1	0	1	0	0	1	0	1	1	0	0
0	0	1	0	1	1	0	1	0	0	1	1
1	1	0	1	1	0	1	0	0	1	0	0
1	0	1	1	0	1	0	0	1	0	1	0
0	1	0	0	1	1	0	1	0	0	1	1
1	0	1	1	0	0	1	0	1	1	0	0
1	1	0	0	1	1	0	0	1	0	0	1

:::: Puzzle (568) ::::

0	1	0	0	1	0	1	0	1	0	1	1
0	1	0	1	1	0	1	1	0	1	0	0
1	0	1	0	0	1	0	1	0	0	1	1
0	0	1	0	0	1	1	0	1	1	0	1
1	1	0	1	1	0	0	1	0	1	0	0
0	0	1	0	0	1	0	1	1	0	1	1
1	0	0	1	0	0	1	0	1	0	1	1
1	1	0	1	1	0	1	0	0	1	0	0
0	0	1	0	1	1	0	1	0	1	1	0
1	1	0	1	0	1	0	0	1	0	0	1
1	0	1	1	0	0	1	1	0	0	1	0
0	1	1	0	1	1	0	0	1	1	0	0

:::: Puzzle (569) ::::

1	0	0	1	0	0	1	0	1	0	1	1
0	0	1	0	1	0	1	0	1	0	1	1
1	1	0	0	1	1	0	1	0	1	0	0
0	1	0	1	0	0	1	1	0	1	1	0
1	0	1	0	0	1	0	0	1	0	1	1
1	0	0	1	1	0	1	1	0	1	0	0
0	1	1	0	0	1	1	0	0	1	0	1
0	0	1	0	1	1	0	1	1	0	1	0
1	1	0	1	1	0	0	1	0	1	0	0
0	0	1	1	0	0	1	0	1	0	1	1
0	1	1	0	1	1	0	1	0	1	0	0
1	1	0	1	0	1	0	0	1	0	0	1

:::: Puzzle (570) ::::

0	0	1	0	0	1	0	1	1	0	1	1
1	0	1	0	1	0	1	0	1	0	0	1
0	1	0	1	0	0	1	1	0	1	1	0
0	0	1	0	1	1	0	0	1	1	0	1
1	0	1	0	1	0	0	1	0	0	1	1
0	1	0	1	0	1	1	0	1	1	0	0
1	1	0	1	0	0	1	0	1	0	1	0
0	0	1	0	1	1	0	1	0	0	1	1
1	1	0	1	0	0	1	1	0	1	0	0
1	1	0	0	1	1	0	0	1	0	0	1
0	0	1	1	0	1	0	1	0	1	1	0
1	1	0	1	1	0	1	0	0	1	0	0

:::: Puzzle (571) ::::

1	0	1	1	0	0	1	0	1	1	0	0
0	0	1	0	1	0	1	0	1	0	1	1
0	1	0	0	1	1	0	1	0	1	1	0
1	0	0	1	0	0	1	0	1	1	0	1
0	1	1	0	0	1	0	0	1	0	1	1
0	0	1	0	1	1	0	1	0	1	1	0
1	1	0	1	0	0	1	1	0	1	0	0
0	0	1	1	0	1	1	0	1	0	0	1
1	1	0	0	1	1	0	1	0	0	1	0
0	0	1	0	1	0	1	1	0	1	0	1
1	1	0	1	0	1	0	0	1	0	0	1
1	1	0	1	1	0	0	1	0	0	1	0

:::: Puzzle (572) ::::

1	0	0	1	0	0	1	1	0	1	0	1
1	1	0	1	0	1	0	0	1	0	0	1
0	0	1	0	1	0	1	1	0	1	1	0
0	0	1	0	0	1	0	1	1	0	1	1
1	1	0	1	0	1	1	0	0	1	0	0
0	0	1	0	1	0	0	1	1	0	1	1
0	0	1	0	0	1	1	0	1	1	0	1
1	1	0	1	1	0	1	0	0	1	0	0
0	1	1	0	1	1	0	1	0	0	1	0
0	0	1	1	0	0	1	0	1	0	1	1
1	1	0	0	1	1	0	0	1	1	0	0
1	1	0	1	1	0	0	1	0	0	1	0

:::: Puzzle (573) ::::

0	1	0	0	1	0	1	0	1	1	0	1
0	0	1	0	1	0	1	1	0	0	1	1
1	0	0	1	0	1	0	1	0	1	1	0
0	1	1	0	0	1	1	0	1	1	0	0
0	1	0	0	1	0	0	1	1	0	1	1
1	0	1	1	0	0	1	0	0	1	0	1
0	0	1	1	0	1	0	1	1	0	1	0
1	1	0	0	1	0	1	0	0	1	0	1
1	0	1	1	0	1	0	1	0	0	1	0
0	0	1	0	1	1	0	1	1	0	0	1
1	1	0	1	1	0	1	0	0	1	0	0
1	1	0	1	0	1	0	0	1	0	1	0

:::: Puzzle (574) ::::

0	0	1	0	1	0	0	1	1	0	1	1
0	1	0	0	1	0	1	0	1	1	0	1
1	1	0	1	0	1	0	1	0	0	1	0
0	0	1	0	1	0	1	0	1	1	0	1
0	1	0	1	0	1	0	1	0	1	1	0
1	0	0	1	1	0	0	1	1	0	0	1
0	1	1	0	1	0	1	0	0	1	1	0
1	0	1	0	0	1	0	1	0	0	1	1
1	0	0	1	0	1	1	0	1	1	0	0
0	1	1	0	1	0	1	0	1	0	0	1
1	0	1	1	0	1	0	1	0	0	1	0
1	1	0	1	0	1	1	0	0	1	0	0

:::: Puzzle (575) ::::

1	0	0	1	0	1	0	0	1	1	0	1
1	0	0	1	0	0	1	1	0	1	1	0
0	1	1	0	1	1	0	1	0	0	1	0
0	0	1	0	0	1	1	0	1	1	0	1
1	0	0	1	1	0	0	1	1	0	0	1
0	1	1	0	0	1	1	0	0	1	1	0
0	0	1	0	0	1	0	1	1	0	1	1
1	1	0	1	1	0	1	0	0	1	0	0
0	1	1	0	1	0	1	0	1	0	0	1
0	0	1	1	0	1	0	1	0	0	1	1
1	1	0	0	1	0	1	0	1	1	0	0
1	1	0	1	1	0	0	1	0	0	1	0

:::: Puzzle (576) ::::

1	0	0	1	1	0	0	1	1	0	1	0
0	0	1	0	0	1	1	0	1	0	1	1
0	1	0	0	1	0	1	1	0	1	0	1
1	0	0	1	0	1	0	1	1	0	1	0
0	0	1	0	0	1	1	0	1	1	0	1
0	1	1	0	1	0	0	1	0	0	1	1
1	1	0	1	1	0	1	0	0	1	0	0
0	0	1	1	0	1	0	0	1	1	0	1
1	1	0	0	1	0	1	1	0	0	1	0
0	1	1	0	0	1	0	0	1	0	1	1
1	0	1	1	0	1	1	0	0	1	0	0
1	1	0	1	1	0	0	1	0	1	0	0

:::: Puzzle (577) ::::

1	0	0	1	0	0	1	1	0	1	1	0
0	1	0	0	1	0	0	1	1	0	1	1
0	0	1	0	0	1	1	0	1	1	0	1
1	0	0	1	0	1	1	0	0	1	1	0
0	1	1	0	1	0	0	1	1	0	0	1
0	0	1	0	1	0	1	1	0	0	1	1
1	1	0	1	0	1	0	0	1	1	0	0
0	1	0	1	1	0	1	0	0	1	0	1
1	0	1	0	0	1	0	1	1	0	1	0
0	1	1	0	1	1	0	0	1	0	0	1
1	1	0	1	1	0	1	0	0	1	0	0
1	0	1	1	0	1	0	1	0	0	1	0

:::: Puzzle (578) ::::

1	0	0	1	1	0	1	1	0	0	1	0
1	0	0	1	0	0	1	0	1	1	0	1
0	1	1	0	0	1	0	1	0	1	1	0
0	0	1	0	1	0	0	1	1	0	1	1
1	0	0	1	0	1	1	0	1	0	0	1
1	1	0	0	1	0	0	1	0	1	1	0
0	0	1	1	0	1	1	0	0	1	0	1
0	1	1	0	0	1	1	0	1	0	1	0
1	1	0	1	1	0	0	1	0	1	0	0
1	0	0	1	0	1	1	0	0	1	0	1
0	1	1	0	1	1	0	0	1	0	1	0
0	1	1	0	1	0	0	1	1	0	0	1

:::: Puzzle (579) ::::

0	0	1	0	0	1	1	0	1	1	0	1
0	0	1	0	0	1	0	1	1	0	1	1
1	1	0	1	1	0	1	0	0	1	0	0
0	0	1	0	0	1	1	0	1	0	1	1
0	1	0	1	0	1	0	1	0	1	0	1
1	0	0	1	1	0	0	1	0	1	1	0
0	1	1	0	1	0	1	0	1	0	0	1
1	1	0	1	0	1	0	1	0	0	1	0
1	0	1	0	1	0	1	1	0	1	0	0
0	0	1	0	1	0	1	0	1	1	0	1
1	1	0	1	0	1	0	0	1	0	1	0
1	1	0	1	1	0	0	1	0	0	1	0

:::: Puzzle (580) ::::

0	0	1	0	0	1	0	1	1	0	1	1
1	0	0	1	1	0	1	0	0	1	0	1
1	1	0	0	1	0	0	1	0	1	1	0
0	0	1	0	0	1	1	0	1	0	1	1
1	0	0	1	0	0	1	0	1	1	0	1
0	1	1	0	1	1	0	1	0	0	1	0
0	0	1	1	0	1	0	1	0	1	0	1
1	1	0	1	0	0	1	0	1	0	1	0
0	1	1	0	1	0	1	1	0	1	0	0
0	0	1	0	1	1	0	1	1	0	0	1
1	1	0	1	0	1	0	0	1	0	1	0
1	1	0	1	1	0	1	0	0	1	0	0

:::: Puzzle (581) ::::

1	1	0	0	1	0	0	1	0	0	1	1
0	0	1	0	0	1	1	0	1	1	0	1
0	0	1	1	0	1	0	1	1	0	1	0
1	1	0	0	1	0	0	1	0	1	0	1
0	0	1	1	0	1	1	0	1	0	1	0
0	0	1	0	0	1	1	0	1	0	1	1
1	1	0	1	1	0	0	1	0	1	0	0
1	0	1	1	0	1	0	1	0	1	0	0
0	1	0	0	1	0	1	0	1	0	1	1
0	0	1	0	1	0	1	0	1	1	0	1
1	1	0	1	0	1	0	1	0	0	1	0
1	1	0	1	1	0	1	0	0	1	0	0

:::: Puzzle (582) ::::

0	0	1	0	0	1	1	0	1	0	1	1
0	1	0	0	1	1	0	0	1	1	0	1
1	0	1	1	0	0	1	1	0	1	0	0
0	0	1	0	0	1	0	1	1	0	1	1
0	1	0	1	1	0	1	0	0	1	0	1
1	0	1	1	0	0	1	0	1	0	1	0
0	0	1	0	1	1	0	1	1	0	0	1
1	1	0	0	1	0	0	1	0	1	1	0
1	1	0	1	0	1	1	0	0	1	0	0
0	0	1	1	0	1	0	0	1	0	1	1
1	1	0	0	1	0	1	1	0	0	1	0
1	1	0	1	1	0	0	1	0	1	0	0

:::: Puzzle (583) ::::

1	0	0	1	0	0	1	0	1	1	0	1
0	0	1	0	0	1	0	1	1	0	1	1
0	1	1	0	1	0	1	0	0	1	1	0
1	0	0	1	0	0	1	1	0	1	0	1
0	0	1	1	0	1	0	0	1	0	1	1
0	1	0	0	1	1	0	1	0	1	1	0
1	1	0	0	1	0	1	0	1	0	0	1
1	0	1	1	0	1	0	1	0	1	0	0
0	1	0	1	1	0	0	1	1	0	1	0
1	0	1	0	1	0	1	0	1	0	0	1
1	1	0	1	0	1	1	0	0	1	0	0
0	1	1	0	1	1	0	1	0	0	1	0

:::: Puzzle (584) ::::

0	1	0	0	1	0	0	1	1	0	1	1
1	1	0	1	0	0	1	0	0	1	1	0
0	0	1	0	0	1	1	0	1	1	0	1
1	1	0	0	1	0	0	1	0	0	1	1
0	0	1	1	0	1	0	1	0	1	1	0
1	1	0	0	1	0	1	0	1	0	0	1
0	1	1	0	1	1	0	1	0	0	1	0
0	0	1	1	0	1	0	0	1	1	0	1
1	0	0	1	1	0	1	1	0	1	0	0
0	1	0	0	1	1	0	1	1	0	1	0
1	0	1	1	0	0	1	0	1	0	0	1
1	0	1	1	0	1	1	0	0	1	0	0

:::: Puzzle (585) ::::

0	0	1	0	0	1	1	0	1	1	0	1
0	0	1	0	0	1	0	1	1	0	1	1
1	1	0	1	1	0	0	1	0	1	0	0
1	0	0	1	0	0	1	0	1	0	1	1
0	0	1	0	1	1	0	1	0	1	1	0
0	1	1	0	0	1	1	0	1	0	0	1
1	1	0	1	1	0	0	1	0	0	1	0
0	0	1	0	1	0	1	1	0	1	1	0
1	1	0	1	0	1	0	0	1	0	0	1
0	0	1	1	0	1	0	1	1	0	1	0
1	1	0	0	1	0	1	0	0	1	0	1
1	1	0	1	1	0	1	0	0	1	0	0

:::: Puzzle (586) ::::

1	0	0	1	0	0	1	0	1	0	1	1
0	0	1	0	1	0	1	1	0	1	1	0
0	1	0	0	1	1	0	0	1	1	0	1
1	0	1	1	0	0	1	1	0	0	1	0
0	0	1	0	0	1	1	0	1	0	1	1
1	1	0	0	1	1	0	0	1	1	0	0
0	0	1	1	0	0	1	1	0	1	0	1
0	1	1	0	1	1	0	1	0	0	1	0
1	1	0	1	0	1	0	0	1	1	0	0
0	0	1	0	1	0	1	1	0	1	0	1
1	1	0	1	1	0	0	1	0	0	1	0
1	1	0	1	0	1	0	0	1	0	0	1

:::: Puzzle (587) ::::

1	1	0	0	1	0	0	1	1	0	1	0
0	1	0	0	1	1	0	0	1	1	0	1
1	0	1	1	0	0	1	1	0	0	1	0
0	0	1	0	0	1	1	0	1	1	0	1
0	1	0	0	1	1	0	0	1	0	1	1
1	0	0	1	1	0	1	1	0	1	0	0
0	1	1	0	0	1	0	0	1	1	0	1
0	0	1	1	0	0	1	1	0	0	1	1
1	0	0	1	1	0	1	0	0	1	1	0
0	1	1	0	0	1	0	1	1	0	0	1
1	0	1	1	0	1	0	1	0	0	1	0
1	1	0	1	1	0	1	0	0	1	0	0

:::: Puzzle (588) ::::

0	0	1	0	0	1	0	1	1	0	1	1
0	0	1	0	0	1	1	0	1	0	1	1
1	1	0	1	1	0	0	1	0	1	0	0
0	0	1	0	1	0	1	1	0	1	1	0
0	0	1	1	0	1	0	0	1	0	1	1
1	1	0	0	1	0	1	1	0	1	0	0
0	1	0	1	0	1	1	0	0	1	0	1
1	0	1	0	1	0	0	1	1	0	1	0
1	1	0	1	0	0	1	0	1	0	0	1
0	1	0	1	0	1	0	1	0	1	1	0
1	0	1	0	1	1	0	0	1	0	0	1
1	1	0	1	1	0	1	0	0	1	0	0

:::: Puzzle (589) ::::

0	0	1	0	0	1	1	0	1	1	0	1
0	1	0	0	1	0	0	1	1	0	1	1
1	0	1	1	0	0	1	1	0	1	0	0
0	0	1	0	0	1	1	0	1	0	1	1
0	1	0	1	1	0	0	1	0	1	1	0
1	0	1	0	1	0	0	1	1	0	0	1
0	0	1	1	0	1	1	0	0	1	1	0
1	1	0	1	0	1	0	1	0	0	1	0
1	1	0	0	1	0	1	0	1	0	0	1
0	0	1	1	0	1	0	1	0	1	0	1
1	1	0	0	1	1	0	0	1	0	1	0
1	1	0	1	1	0	1	0	0	1	0	0

:::: Puzzle (590) ::::

0	0	1	0	0	1	1	0	1	1	0	1
1	0	0	1	0	0	1	0	1	0	1	1
1	1	0	0	1	0	0	1	0	1	1	0
0	0	1	1	0	1	1	0	0	1	0	1
0	1	0	0	1	1	0	1	1	0	1	0
1	0	0	1	1	0	0	1	0	0	1	1
0	1	1	0	0	1	1	0	1	1	0	0
0	1	0	0	1	0	0	1	1	0	1	1
1	0	1	1	0	1	0	1	0	1	0	0
0	1	1	0	1	0	1	0	1	0	0	1
1	1	0	1	1	0	0	1	0	0	1	0
1	0	1	1	0	1	1	0	0	1	0	0

:::: Puzzle (591) ::::

1	0	0	1	0	0	1	0	1	1	0	1
0	0	1	0	1	1	0	1	1	0	1	0
0	1	0	0	1	0	1	1	0	1	0	1
1	0	0	1	0	1	1	0	0	1	1	0
0	0	1	0	0	1	0	1	1	0	1	1
0	1	1	0	1	0	0	1	1	0	0	1
1	1	0	1	0	0	1	0	0	1	1	0
0	0	1	1	0	1	0	1	0	0	1	1
1	1	0	0	1	1	0	0	1	1	0	0
0	1	1	0	1	0	1	0	1	0	0	1
1	0	1	1	0	1	0	1	0	0	1	0
1	1	0	1	1	0	1	0	0	1	0	0

:::: Puzzle (592) ::::

0	0	1	1	0	1	0	0	1	0	1	1
0	1	0	0	1	0	1	1	0	1	1	0
1	0	0	1	0	1	0	1	1	0	0	1
0	0	1	0	0	1	1	0	1	0	1	1
0	1	1	0	1	0	0	1	0	1	1	0
1	0	0	1	0	1	1	0	0	1	0	1
1	0	1	0	1	0	1	0	1	0	0	1
0	1	1	0	0	1	0	1	1	0	1	0
1	1	0	1	1	0	0	1	0	1	0	0
0	0	1	0	0	1	1	0	1	1	0	1
1	1	0	1	1	0	0	1	0	0	1	0
1	1	0	1	1	0	1	0	0	1	0	0

:::: Puzzle (593) ::::

0	0	1	0	0	1	1	0	1	1	0	1
0	1	0	0	1	1	0	1	0	1	1	0
1	0	0	1	0	0	1	1	0	0	1	1
1	0	1	0	0	1	0	0	1	1	0	1
0	1	0	1	1	0	1	1	0	1	0	0
0	0	1	0	1	0	0	1	1	0	1	1
1	0	0	1	0	1	1	0	1	0	1	0
1	1	0	1	1	0	1	0	0	1	0	0
0	1	1	0	1	0	0	1	0	0	1	1
1	0	1	1	0	1	0	0	1	1	0	0
1	1	0	1	0	0	1	0	1	0	0	1
0	1	1	0	1	1	0	1	0	0	1	0

:::: Puzzle (594) ::::

0	0	1	0	0	1	1	0	1	1	0	1
0	0	1	0	0	1	0	1	1	0	1	1
1	1	0	1	1	0	1	0	0	1	0	0
1	0	0	1	0	0	1	0	1	0	1	1
0	1	1	0	0	1	0	1	0	1	0	1
0	0	1	0	1	1	0	1	1	0	1	0
1	1	0	1	0	0	1	0	0	1	1	0
0	0	1	0	1	1	0	1	1	0	0	1
1	1	0	1	1	0	0	1	0	0	1	0
0	1	0	1	0	1	1	0	0	1	0	1
1	0	1	0	1	0	1	0	1	0	1	0
1	1	0	1	1	0	0	1	0	1	0	0

:::: Puzzle (595) ::::

1	1	0	1	0	0	1	0	0	1	0	1
0	1	1	0	1	0	0	1	0	0	1	1
0	0	1	0	1	1	0	1	1	0	1	0
1	0	0	1	0	0	1	0	1	1	0	1
1	1	0	0	1	0	0	1	0	1	1	0
0	1	1	0	1	1	0	0	1	0	0	1
0	0	1	1	0	0	1	1	0	1	1	0
1	0	0	1	0	1	1	0	1	0	1	0
0	1	0	0	1	1	0	0	1	1	0	1
1	0	1	0	1	0	1	1	0	0	1	0
1	0	1	1	0	1	0	1	0	1	0	0
0	1	0	1	0	1	1	0	1	0	0	1

:::: Puzzle (596) ::::

1	0	0	1	0	0	1	1	0	1	1	0
0	0	1	0	0	1	1	0	1	1	0	1
0	1	0	0	1	0	0	1	1	0	1	1
1	0	1	1	0	1	0	1	0	1	0	0
0	0	1	0	1	0	1	0	1	0	1	1
0	1	0	0	1	0	1	1	0	1	1	0
1	1	0	1	0	1	0	0	1	0	0	1
0	0	1	1	0	1	0	1	0	0	1	1
1	1	0	0	1	0	1	0	1	1	0	0
0	1	1	0	1	1	0	0	1	0	0	1
1	0	1	1	0	1	0	1	0	0	1	0
1	1	0	1	1	0	1	0	0	1	0	0

:::: Puzzle (597) ::::

1	0	1	0	0	1	0	1	0	1	0	1
0	1	0	0	1	0	0	1	1	0	1	1
0	0	1	1	0	1	1	0	1	1	0	0
1	0	1	0	0	1	0	1	0	1	1	0
0	1	0	0	1	0	1	0	1	0	1	1
0	0	1	1	0	0	1	0	1	1	0	1
1	0	1	0	1	1	0	1	0	0	1	0
0	1	0	1	0	1	1	0	1	0	0	1
1	1	0	1	1	0	0	1	0	1	0	0
0	0	1	0	0	1	1	0	1	0	1	1
1	1	0	1	1	0	0	1	0	0	1	0
1	1	0	1	1	0	1	0	0	1	0	0

:::: Puzzle (598) ::::

0	0	1	1	0	0	1	0	1	0	1	1
1	0	0	1	0	1	0	1	1	0	0	1
0	1	1	0	1	0	0	1	0	1	1	0
0	1	1	0	0	1	1	0	1	0	1	0
1	0	0	1	0	1	0	0	1	1	0	1
0	0	1	0	1	0	1	1	0	1	1	0
0	1	1	0	0	1	0	1	1	0	0	1
1	0	0	1	1	0	1	0	0	1	0	1
1	1	0	0	1	1	0	1	0	0	1	0
0	0	1	0	0	1	1	0	1	1	0	1
1	1	0	1	1	0	0	1	0	0	1	0
1	1	0	1	1	0	1	0	0	1	0	0

:::: Puzzle (599) ::::

0	1	0	1	0	1	0	0	1	1	0	1
0	0	1	0	0	1	1	0	1	0	1	1
1	0	0	1	1	0	1	1	0	0	1	0
0	1	1	0	0	1	0	1	0	1	0	1
0	0	1	0	0	1	1	0	1	1	0	1
1	0	0	1	1	0	0	1	1	0	1	0
0	1	1	0	1	0	1	0	0	1	0	1
1	0	1	0	0	1	1	0	1	0	1	0
1	1	0	1	1	0	0	1	0	1	0	0
0	0	1	0	0	1	0	1	1	0	1	1
1	1	0	1	1	0	1	0	0	1	0	0
1	1	0	1	1	0	0	1	0	0	1	0

:::: Puzzle (600) ::::

1	0	0	1	0	0	1	0	1	1	0	1
0	1	0	0	1	0	0	1	1	0	1	1
1	0	1	0	0	1	0	1	0	1	1	0
0	0	1	1	0	0	1	0	1	1	0	1
0	1	0	0	1	1	0	1	0	0	1	1
1	0	1	1	0	1	1	0	0	1	0	0
0	1	1	0	1	0	1	0	1	0	0	1
0	1	0	0	1	1	0	1	1	0	1	0
1	0	1	1	0	0	1	0	0	1	1	0
0	0	1	0	1	1	0	1	1	0	0	1
1	1	0	1	0	1	0	1	0	0	1	0
1	1	0	1	1	0	1	0	0	1	0	0

::::: Puzzle (601) :::::

0	0	1	0	0	1	0	1	1	0	1	1
0	1	0	0	1	0	1	0	1	0	1	1
1	0	1	1	0	1	0	1	0	1	0	0
1	0	0	1	1	0	1	1	0	0	1	0
0	1	1	0	0	1	0	0	1	1	0	1
0	0	1	0	1	0	1	1	0	1	1	0
1	1	0	1	1	0	0	1	0	0	1	0
0	0	1	0	0	1	1	0	1	1	0	1
1	1	0	1	1	0	1	0	0	1	0	0
1	1	0	0	1	0	0	1	0	0	1	1
0	0	1	1	0	1	1	0	1	1	0	0
1	1	0	1	0	1	0	0	1	0	0	1

::::: Puzzle (602) :::::

1	0	0	1	0	0	1	0	1	0	1	1
1	0	0	1	0	0	1	0	1	1	0	1
0	1	1	0	1	1	0	1	0	1	0	0
0	0	1	0	0	1	0	1	1	0	1	1
1	0	0	1	1	0	1	0	1	0	1	0
1	1	0	0	1	1	0	1	0	1	0	0
0	0	1	1	0	0	1	1	0	0	1	1
0	1	1	0	0	1	0	0	1	1	0	1
1	1	0	0	1	0	1	1	0	1	0	0
0	0	1	1	0	1	0	0	1	0	1	1
0	1	1	0	1	1	0	1	0	0	1	0
1	1	0	1	1	0	1	0	0	1	0	0

::::: Puzzle (603) :::::

1	0	0	1	0	0	1	0	1	1	0	1
0	0	1	0	1	0	1	1	0	1	1	0
0	1	1	0	0	1	0	0	1	0	1	1
1	0	0	1	0	0	1	1	0	1	0	1
0	1	0	0	1	1	0	1	1	0	1	0
0	0	1	0	0	1	1	0	1	0	1	1
1	1	0	1	1	0	0	1	0	1	0	0
0	1	0	1	1	0	0	1	0	1	1	0
1	0	1	0	0	1	1	0	1	0	0	1
0	1	1	0	1	1	0	1	0	0	1	0
1	1	0	1	1	0	1	0	0	1	0	0
1	0	1	1	0	1	0	0	1	0	0	1

::::: Puzzle (604) :::::

0	0	1	0	0	1	0	1	1	0	1	1
0	1	0	0	1	0	1	0	1	0	1	1
1	0	1	1	0	0	1	1	0	1	0	0
0	0	1	0	1	1	0	1	0	0	1	1
0	1	0	1	0	0	1	0	1	1	0	1
1	0	0	1	0	1	0	1	1	0	1	0
0	1	1	0	1	0	0	1	0	0	1	1
1	0	1	1	0	1	1	0	0	1	0	0
1	1	0	0	1	1	0	0	1	1	0	0
0	0	1	0	1	0	0	1	1	0	1	1
1	1	0	1	0	1	1	0	0	1	0	0
1	1	0	1	1	0	1	0	0	1	0	0

::::: Puzzle (605) :::::

1	0	1	0	0	1	1	0	1	0	0	1
0	0	1	1	0	0	1	0	1	0	1	1
0	1	0	0	1	1	0	1	0	1	1	0
1	0	1	0	0	1	0	0	1	1	0	1
0	1	0	1	0	0	1	1	0	0	1	1
0	0	1	0	1	1	0	1	1	0	1	0
1	0	0	1	0	0	1	0	1	1	0	1
0	1	1	0	1	1	0	1	0	0	1	0
1	1	0	1	1	0	0	1	0	1	0	0
0	0	1	0	0	1	1	0	1	1	0	1
1	1	0	1	1	0	0	1	0	0	1	0
1	1	0	1	1	0	1	0	0	1	0	0

::::: Puzzle (606) :::::

0	1	0	0	1	0	0	1	1	0	1	1
0	0	1	0	0	1	1	0	1	1	0	1
1	1	0	1	0	0	1	0	0	1	1	0
0	0	1	0	1	1	0	1	1	0	0	1
0	1	0	0	1	0	1	0	1	0	1	1
1	1	0	1	0	1	0	1	0	1	0	0
1	0	1	0	1	0	0	1	0	0	1	1
0	0	1	1	0	1	1	0	1	1	0	0
1	1	0	1	0	1	0	1	0	0	1	0
0	0	1	0	1	0	0	1	1	0	1	1
1	0	1	1	0	1	1	0	0	1	0	0
1	1	0	1	1	0	1	0	0	1	0	0

::::: Puzzle (607) :::::

0	1	0	0	1	0	0	1	1	0	1	1
0	1	0	0	1	0	1	0	1	0	1	1
1	0	1	1	0	1	0	1	0	1	0	0
1	0	1	0	0	1	1	0	1	0	0	1
0	1	0	0	1	0	1	1	0	1	1	0
0	1	0	1	0	1	0	0	1	0	1	1
1	0	1	1	0	0	1	1	0	1	0	0
0	0	1	0	1	1	0	1	0	0	1	1
1	1	0	1	0	0	1	0	1	1	0	0
0	0	1	1	0	1	0	1	0	1	1	0
1	0	1	0	1	1	0	0	1	0	0	1
1	1	0	1	1	0	1	0	0	1	0	0

::::: Puzzle (608) :::::

1	0	0	1	0	0	1	0	1	0	1	1
0	0	1	0	0	1	0	1	1	0	1	1
1	1	0	0	1	0	1	1	0	1	0	0
0	0	1	1	0	0	1	0	1	0	1	1
0	1	1	0	1	1	0	0	1	0	0	1
1	0	0	1	0	0	1	1	0	1	1	0
0	1	1	0	1	1	0	1	0	1	0	0
0	1	0	0	1	1	0	0	1	0	1	1
1	0	1	1	0	0	1	1	0	1	0	0
0	0	1	0	1	1	0	1	0	0	1	1
1	1	0	1	0	1	0	0	1	1	0	0
1	1	0	1	1	0	1	0	0	1	0	0

::::: Puzzle (609) :::::

0	1	0	0	1	1	0	0	1	1	0	1
1	0	0	1	0	0	1	1	0	1	1	0
0	0	1	0	0	1	0	1	1	0	1	1
0	1	1	0	1	0	1	0	1	0	0	1
1	1	0	1	0	1	1	0	0	1	0	0
0	0	1	1	0	1	0	1	0	0	1	1
1	0	1	0	1	0	0	1	1	0	1	0
0	1	0	0	1	0	1	0	1	1	0	1
1	0	1	1	0	1	0	1	0	0	1	0
0	0	1	0	0	1	1	0	1	0	1	1
1	1	0	1	1	0	0	1	0	1	0	0
1	1	0	1	1	0	1	0	0	1	0	0

::::: Puzzle (610) :::::

1	0	0	1	0	0	1	1	0	1	1	0
0	0	1	0	0	1	1	0	1	1	0	1
0	1	0	1	1	0	0	1	1	0	0	1
1	0	1	0	0	1	1	0	0	1	1	0
0	0	1	1	0	1	0	0	1	0	1	1
0	1	0	1	1	0	0	1	0	1	0	1
1	0	1	0	1	0	1	0	1	0	1	0
0	1	1	0	0	1	0	1	1	0	0	1
1	1	0	1	1	0	0	1	0	1	0	0
0	0	1	0	0	1	1	0	1	0	1	1
1	1	0	0	1	1	0	1	0	0	1	0
1	1	0	1	1	0	1	0	0	1	0	0

::::: Puzzle (611) :::::

1	0	0	1	0	0	1	0	1	0	1	1
0	1	1	0	0	1	0	1	0	1	1	0
0	0	1	0	1	1	0	1	1	0	0	1
1	1	0	1	0	0	1	0	0	1	0	1
0	0	1	0	1	1	0	1	1	0	1	0
0	0	1	0	0	1	0	1	1	0	1	1
1	1	0	1	1	0	1	0	0	1	0	0
0	0	1	0	1	0	1	0	1	0	1	1
1	1	0	1	0	1	0	1	0	1	0	0
0	0	1	1	0	1	1	0	0	1	0	1
1	1	0	0	1	0	1	0	1	0	1	0
1	1	0	1	1	0	0	1	0	1	0	0

::::: Puzzle (612) :::::

1	1	0	1	0	0	1	0	1	1	0	0
0	0	1	0	1	1	0	1	0	0	1	1
0	0	1	1	0	0	1	0	1	0	1	1
1	1	0	0	1	1	0	1	0	1	0	0
0	0	1	0	0	1	0	1	1	0	1	1
0	1	0	1	0	0	1	0	1	1	0	1
1	0	1	0	1	1	0	1	0	0	1	0
0	0	1	0	0	1	1	0	1	0	1	1
1	1	0	1	1	0	0	1	0	1	0	0
0	0	1	0	0	1	1	0	1	1	0	1
1	1	0	1	1	0	0	1	0	0	1	0
1	1	0	1	1	0	1	0	0	1	0	0

::::: Puzzle (613) :::::

1	0	1	0	0	1	1	0	1	1	0	0
0	0	1	1	0	0	1	1	0	0	1	1
0	1	0	0	1	0	0	1	1	0	1	1
1	0	0	1	0	1	1	0	1	1	0	0
0	0	1	0	1	0	1	1	0	0	1	1
0	1	0	0	1	1	0	0	1	0	1	1
1	0	1	1	0	1	1	0	0	1	0	0
0	1	1	0	1	0	0	1	0	1	1	0
1	1	0	1	0	1	0	0	1	0	0	1
0	0	1	0	0	1	1	0	1	1	0	1
1	1	0	1	1	0	0	1	0	0	1	0
1	1	0	1	1	0	0	1	0	1	0	0

::::: Puzzle (614) :::::

1	1	0	0	1	0	0	1	0	1	1	0
0	0	1	0	0	1	1	0	1	0	1	1
0	0	1	1	0	0	1	0	1	1	0	1
1	1	0	0	1	1	0	1	0	0	1	0
0	1	0	0	1	1	0	0	1	0	1	1
0	0	1	1	0	0	1	1	0	1	0	1
1	0	1	0	0	1	0	1	1	0	1	0
0	1	0	1	1	0	1	0	1	0	0	1
1	0	1	1	0	1	1	0	0	1	0	0
0	0	1	0	1	0	0	1	1	0	1	1
1	1	0	1	0	1	0	1	0	1	0	0
1	1	0	1	1	0	1	0	0	1	0	0

::::: Puzzle (615) :::::

1	0	1	0	1	0	0	1	1	0	0	1
0	1	0	0	1	0	0	1	1	0	1	1
0	0	1	1	0	1	1	0	0	1	1	0
1	0	1	0	0	1	0	0	1	1	0	1
0	1	0	1	1	0	1	1	0	0	1	0
0	0	1	0	1	0	0	1	1	0	1	1
1	0	0	1	0	1	1	0	0	1	0	1
0	1	1	0	0	1	1	0	1	0	1	0
1	1	0	1	1	0	0	1	0	1	0	0
0	0	1	0	0	1	0	1	1	0	1	1
1	1	0	1	0	1	1	0	0	1	0	0
1	1	0	1	1	0	1	0	0	1	0	0

::::: Puzzle (616) :::::

1	1	0	0	1	0	0	1	1	0	0	1
0	0	1	1	0	0	1	0	1	0	1	1
0	1	0	0	1	1	0	1	0	1	1	0
1	0	0	1	0	0	1	0	1	1	0	1
0	1	1	0	1	1	0	1	0	0	1	0
1	1	0	1	0	1	1	0	0	1	0	0
0	0	1	0	1	0	0	1	1	0	1	1
0	0	1	0	0	1	1	0	1	1	0	1
1	1	0	1	0	0	1	1	0	0	1	0
0	0	1	0	1	1	0	1	0	0	1	1
1	0	1	1	0	1	0	0	1	1	0	0
1	1	0	1	1	0	1	0	0	1	0	0

::::: Puzzle (617) :::::

1	0	0	1	0	0	1	0	1	0	1	1
0	0	1	0	1	0	1	1	0	0	1	1
1	1	0	0	1	1	0	1	0	1	0	0
0	0	1	1	0	0	1	0	1	1	0	1
0	0	1	0	0	1	0	1	1	0	1	1
1	1	0	0	1	0	0	1	0	1	1	0
0	0	1	1	0	1	1	0	1	1	0	0
0	1	1	0	0	1	1	0	1	0	0	1
1	1	0	1	1	0	0	1	0	0	1	0
0	0	1	1	0	1	1	0	0	1	1	0
1	1	0	0	1	1	0	0	1	0	0	1
1	1	0	1	1	0	0	1	0	1	0	0

::::: Puzzle (618) :::::

0	0	1	0	0	1	0	1	1	0	1	1
1	1	0	0	1	0	1	0	0	1	1	0
0	0	1	1	0	1	0	1	0	1	0	1
0	1	0	0	1	1	0	0	1	0	1	1
1	1	0	0	1	0	1	1	0	1	0	0
0	0	1	1	0	1	0	1	1	0	1	0
0	0	1	0	0	1	1	0	1	0	1	1
1	1	0	1	1	0	0	1	0	1	0	0
1	0	1	1	0	0	1	0	1	0	0	1
0	0	1	0	1	1	0	1	1	0	1	0
1	1	0	1	1	0	1	0	0	1	0	0
1	1	0	1	0	0	1	0	0	1	0	1

::::: Puzzle (619) :::::

1	1	0	0	1	0	0	1	1	0	1	0
1	1	0	0	1	1	0	1	0	0	1	0
0	0	1	1	0	0	1	0	1	1	0	1
0	1	0	0	1	0	0	1	1	0	1	1
1	0	1	0	0	1	0	1	0	1	1	0
0	1	0	1	1	0	1	0	0	1	0	1
0	0	1	0	0	1	1	0	1	0	1	1
1	0	1	1	0	1	0	1	0	1	0	0
0	1	0	1	1	0	1	0	1	0	0	1
0	0	1	0	1	1	0	1	0	0	1	1
1	0	1	1	0	1	1	0	0	1	0	0
1	1	0	1	0	0	1	0	1	1	0	0

::::: Puzzle (620) :::::

0	0	1	0	0	1	0	1	1	0	1	1
1	1	0	0	1	0	1	1	0	0	1	0
1	0	0	1	0	1	0	0	1	1	0	1
0	0	1	0	1	0	1	0	1	0	1	1
0	1	1	0	1	1	0	1	0	1	0	0
1	0	0	1	0	1	0	0	1	0	1	1
0	0	1	1	0	0	1	1	0	0	1	1
0	1	1	0	1	1	0	0	1	1	0	0
1	1	0	1	0	0	1	1	0	1	0	0
0	0	1	0	0	1	1	0	1	0	1	1
1	1	0	1	1	0	0	1	0	1	0	0
1	1	0	1	1	0	1	0	0	1	0	0

:::: Puzzle (621) ::::

1	1	0	0	1	0	0	1	0	1	0	1
0	1	0	0	1	0	1	0	1	0	1	1
0	0	1	1	0	1	0	1	0	1	1	0
1	0	1	0	0	1	1	0	1	0	0	1
0	1	0	1	1	0	1	0	1	0	0	1
0	0	1	0	1	1	0	1	0	1	1	0
1	0	1	1	0	0	1	0	1	1	0	0
0	1	0	0	1	0	0	1	1	0	1	1
1	0	1	1	0	1	1	0	0	1	0	0
0	0	1	0	1	0	1	1	0	1	1	0
1	1	0	1	0	1	0	0	1	0	0	1
1	1	0	1	0	1	0	1	0	0	1	0

:::: Puzzle (622) ::::

1	0	0	1	0	1	1	0	1	1	0	0
0	0	1	0	0	1	0	1	1	0	1	1
0	1	0	0	1	0	1	1	0	0	1	1
1	0	1	1	0	0	1	0	1	1	0	0
0	0	1	0	1	1	0	0	1	1	0	1
0	1	0	0	1	1	0	1	0	0	1	1
1	0	1	1	0	0	1	1	0	1	0	0
0	1	1	0	1	1	0	0	1	0	0	1
1	1	0	1	1	0	0	1	0	0	1	0
0	0	1	1	0	1	1	0	1	1	0	0
1	1	0	0	1	0	0	1	0	0	1	1
1	1	0	1	0	0	1	0	0	1	1	0

:::: Puzzle (623) ::::

1	1	0	0	1	0	0	1	0	1	0	1
0	0	1	0	0	1	0	1	1	0	1	1
0	1	0	1	1	0	1	0	0	1	1	0
1	0	1	0	0	1	0	0	1	1	0	1
0	1	0	1	1	0	0	1	1	0	1	0
0	1	0	0	1	0	1	1	0	1	1	0
1	0	1	0	0	1	1	0	1	0	0	1
0	0	1	1	0	1	0	1	1	0	1	0
1	1	0	1	1	0	1	0	0	1	0	0
0	0	1	0	1	0	1	1	0	0	1	1
1	0	1	1	0	1	0	0	1	0	0	1
1	1	0	1	0	1	1	0	0	1	0	0

:::: Puzzle (624) ::::

0	1	0	0	1	0	1	0	1	1	0	1
1	0	0	1	0	1	0	1	0	1	1	0
0	0	1	0	0	1	1	0	1	0	1	1
0	1	0	1	1	0	0	1	0	1	0	1
1	0	1	0	1	0	1	0	1	0	1	0
0	1	1	0	0	1	0	0	1	1	0	1
0	1	0	1	0	0	1	1	0	0	1	1
1	0	1	0	1	1	0	1	0	0	1	0
1	0	1	1	0	0	1	0	1	1	0	0
0	1	0	0	1	1	0	1	1	0	0	1
1	0	1	1	0	1	0	1	0	0	1	0
1	1	0	1	1	0	1	0	0	1	0	0

:::: Puzzle (625) ::::

0	0	1	0	0	1	0	1	1	0	1	1
1	0	0	1	0	0	1	1	0	0	1	1
1	1	0	0	1	0	1	0	1	1	0	0
0	0	1	0	1	1	0	1	0	1	1	0
0	0	1	1	0	0	1	0	1	0	1	1
1	1	0	0	1	1	0	1	0	1	0	0
0	1	0	1	1	0	1	0	0	1	0	1
1	0	1	1	0	0	1	0	1	0	1	0
0	1	0	0	1	1	0	1	0	1	0	1
1	0	1	1	0	0	1	1	0	0	1	0
1	1	0	1	0	1	0	0	1	1	0	0
0	1	1	0	1	1	0	0	1	0	0	1

:::: Puzzle (626) ::::

0	1	0	0	1	0	0	1	1	0	1	1
0	0	1	0	0	1	0	1	1	0	1	1
1	1	0	1	1	0	1	0	0	1	0	0
0	0	1	1	0	0	1	0	1	0	1	1
0	1	0	0	1	1	0	1	0	1	0	1
1	0	1	0	0	1	1	0	1	0	1	0
1	0	0	1	0	0	1	1	0	1	1	0
0	1	1	0	1	1	0	0	1	0	0	1
1	0	0	1	1	0	1	1	0	1	0	0
0	1	1	0	0	1	1	0	0	1	1	0
1	0	1	1	0	1	0	0	1	0	0	1
1	1	0	1	1	0	0	1	0	1	0	0

:::: Puzzle (627) ::::

1	0	1	0	0	1	0	0	1	0	1	1
0	1	0	1	0	0	1	0	1	0	1	1
1	0	1	0	1	0	1	1	0	1	0	0
0	0	1	0	1	1	0	0	1	0	1	1
1	1	0	1	0	0	1	1	0	1	0	0
0	0	1	0	1	1	0	0	1	1	0	1
0	1	0	0	1	0	1	1	0	0	1	1
1	0	1	1	0	1	0	1	0	1	0	0
0	1	0	1	0	1	1	0	1	0	1	0
0	0	1	0	1	0	1	0	1	1	0	1
1	1	0	1	0	1	0	1	0	1	0	0
1	1	0	1	1	0	0	1	0	0	1	0

:::: Puzzle (628) ::::

0	0	1	0	0	1	1	0	1	0	1	1
0	0	1	0	0	1	0	1	1	0	1	1
1	1	0	1	1	0	1	0	0	1	0	0
1	0	0	1	0	1	1	0	0	1	1	0
0	0	1	0	1	0	0	1	1	0	1	1
0	1	0	0	1	0	1	1	0	1	0	1
1	1	0	1	0	1	0	0	1	0	1	0
0	0	1	1	0	1	0	1	0	1	0	1
1	1	0	0	1	0	1	0	1	1	0	0
0	1	1	0	1	0	1	1	0	0	1	0
1	0	1	1	0	1	0	0	1	0	0	1
1	1	0	1	1	0	0	1	0	1	0	0

:::: Puzzle (629) ::::

1	1	0	0	1	0	0	1	0	1	0	1
0	0	1	1	0	0	1	0	1	0	1	1
0	0	1	1	0	1	1	0	1	1	0	0
1	1	0	0	1	0	0	1	0	1	1	0
0	0	1	0	0	1	1	0	1	0	1	1
1	0	1	1	0	0	1	0	1	0	0	1
0	1	0	0	1	1	0	1	0	1	1	0
0	1	0	0	1	1	0	1	1	0	1	0
1	0	1	1	0	0	1	0	0	1	0	1
0	0	1	0	1	1	0	1	1	0	0	1
1	1	0	1	0	1	0	1	0	0	1	0
1	1	0	1	1	0	1	0	0	1	0	0

:::: Puzzle (630) ::::

0	0	1	0	0	1	1	0	1	1	0	1
0	0	1	0	1	0	0	1	1	0	1	1
1	1	0	1	0	0	1	0	0	1	1	0
0	0	1	0	1	1	0	1	0	1	0	1
0	1	0	0	1	1	0	1	1	0	1	0
1	0	1	1	0	0	1	0	1	0	0	1
0	0	1	1	0	0	1	1	0	1	1	0
1	1	0	0	1	1	0	0	1	0	0	1
1	1	0	1	0	0	1	1	0	0	1	0
0	0	1	0	1	1	0	0	1	1	0	1
1	1	0	1	0	1	1	0	0	1	0	0
1	1	0	1	1	0	0	1	0	0	1	0

:::: Puzzle (631) ::::

1	0	0	1	0	1	0	1	1	0	1	0
0	0	1	0	0	1	1	0	1	1	0	1
0	1	0	1	1	0	1	0	0	1	1	0
1	0	1	0	0	1	0	1	1	0	0	1
0	0	1	0	1	0	1	0	1	0	1	1
0	1	0	1	1	0	0	1	0	1	1	0
1	0	1	0	0	1	1	0	1	0	0	1
0	1	1	0	1	1	0	1	0	1	0	0
1	1	0	1	1	0	0	1	0	0	1	0
0	0	1	0	0	1	1	0	1	0	1	1
1	1	0	1	0	0	1	0	0	1	0	1
1	1	0	1	1	0	0	1	0	1	0	0

:::: Puzzle (632) ::::

1	0	0	1	0	0	1	1	0	1	1	0
0	1	0	0	1	0	0	1	1	0	1	1
0	0	1	0	0	1	1	0	1	1	0	1
1	0	1	1	0	0	1	1	0	0	1	0
1	1	0	0	1	1	0	0	1	1	0	0
0	0	1	0	0	1	0	1	1	0	1	1
1	0	0	1	1	0	1	0	0	1	0	1
1	1	0	1	0	0	1	1	0	1	0	0
0	1	1	0	1	1	0	0	1	0	1	0
0	0	1	1	0	1	0	1	0	0	1	1
1	1	0	1	1	0	1	0	0	1	0	0
0	1	1	0	1	1	0	0	1	0	0	1

:::: Puzzle (633) ::::

1	0	0	1	0	0	1	1	0	0	1	1
0	1	0	0	1	1	0	1	0	1	1	0
0	0	1	0	0	1	1	0	1	1	0	1
1	0	0	1	0	0	1	0	1	0	1	1
0	1	1	0	1	1	0	1	0	1	0	0
0	0	1	1	0	1	0	0	1	0	1	1
1	0	0	1	1	0	1	0	0	1	0	1
0	1	1	0	0	1	0	1	1	0	1	0
1	1	0	1	1	0	1	0	0	1	0	0
1	0	1	0	1	0	0	1	1	0	0	1
0	1	1	0	0	1	1	0	1	0	1	0
1	1	0	1	1	0	0	1	0	1	0	0

:::: Puzzle (634) ::::

0	0	1	0	0	1	0	1	1	0	1	1
1	1	0	0	1	0	1	0	1	0	1	0
0	0	1	1	0	1	0	1	0	1	0	1
0	1	0	0	1	0	0	1	1	0	1	1
1	0	1	0	0	1	1	0	1	1	0	0
0	0	1	1	0	0	1	1	0	0	1	1
0	1	0	0	1	1	0	0	1	1	0	1
1	0	1	1	0	1	1	0	0	1	0	0
1	1	0	1	1	0	0	1	0	0	1	0
0	0	1	0	1	0	0	1	1	0	1	1
1	1	0	1	0	1	1	0	0	1	0	0
1	1	0	1	1	0	1	0	0	1	0	0

:::: Puzzle (635) ::::

1	1	0	0	1	0	0	1	1	0	0	1
1	0	0	1	0	0	1	1	0	1	1	0
0	0	1	0	0	1	1	0	1	1	0	1
0	1	0	0	1	1	0	1	1	0	1	0
1	0	1	1	0	0	1	0	0	1	0	1
0	0	1	0	0	1	0	1	1	0	1	1
0	1	0	1	1	0	1	0	0	1	1	0
1	0	1	0	1	1	0	0	1	1	0	0
0	1	0	1	0	0	1	1	0	0	1	1
0	1	1	0	1	1	0	0	1	0	0	1
1	0	1	1	0	1	1	0	0	1	0	0
1	1	0	1	1	0	0	1	0	0	1	0

:::: Puzzle (636) ::::

0	0	1	0	0	1	1	0	1	0	1	1
0	0	1	0	1	0	1	1	0	0	1	1
1	1	0	1	0	1	0	1	0	1	0	0
0	0	1	0	1	1	0	0	1	0	1	1
1	0	0	1	0	0	1	0	1	1	0	1
0	1	0	0	1	0	1	1	0	1	1	0
1	0	1	1	0	1	0	0	1	0	0	1
1	1	0	1	1	0	0	1	0	0	1	0
0	1	1	0	0	1	1	0	1	1	0	0
0	0	1	1	0	0	1	0	1	0	1	1
1	1	0	0	1	1	0	1	0	1	0	0
1	1	0	1	1	0	0	1	0	1	0	0

:::: Puzzle (637) ::::

1	0	1	0	0	1	1	0	0	1	0	1
0	1	0	1	0	0	1	0	1	1	0	1
0	0	1	0	1	1	0	1	1	0	1	0
1	0	0	1	0	0	1	1	0	1	1	0
0	1	1	0	1	1	0	0	1	0	0	1
0	0	1	0	0	1	1	0	1	1	0	1
1	1	0	1	1	0	0	1	0	0	1	0
0	0	1	0	1	0	1	0	1	0	1	1
1	1	0	1	0	1	0	1	0	1	0	0
0	1	0	1	0	0	1	0	1	0	1	1
1	0	1	0	1	1	0	1	0	0	1	0
1	1	0	1	1	0	0	1	0	1	0	0

:::: Puzzle (638) ::::

0	0	1	0	1	0	1	0	1	0	1	1
1	0	1	0	1	0	0	1	0	0	1	1
1	1	0	1	0	1	0	1	0	1	0	0
0	0	1	0	0	1	1	0	1	0	1	1
0	0	1	0	1	0	1	0	1	1	0	1
1	1	0	1	1	0	0	1	0	1	0	0
0	0	1	1	0	1	1	0	1	0	1	0
0	1	0	0	1	0	1	1	0	1	0	1
1	1	0	1	0	1	0	0	1	1	0	0
0	0	1	0	1	0	0	1	1	0	1	1
1	1	0	1	0	1	1	0	0	1	0	0
1	1	0	1	0	1	0	1	0	0	1	0

:::: Puzzle (639) ::::

0	1	0	0	1	0	1	0	1	1	0	1
0	0	1	0	0	1	1	0	1	0	1	1
1	0	1	1	0	1	0	1	0	0	1	0
0	1	0	0	1	0	1	1	0	1	0	1
0	0	1	0	0	1	1	0	1	1	0	1
1	0	1	1	0	1	0	0	1	0	1	0
1	1	0	1	1	0	0	1	0	0	1	0
0	1	1	0	0	1	1	0	0	1	0	1
1	0	0	1	1	0	0	1	1	0	1	0
0	0	1	1	0	0	1	1	0	1	1	0
1	1	0	0	1	1	0	0	1	0	0	1
1	1	0	1	1	0	0	1	0	1	0	0

:::: Puzzle (640) ::::

0	0	1	0	0	1	1	0	1	1	0	1
0	1	0	1	1	0	0	1	0	1	1	0
1	1	0	0	1	0	0	1	1	0	0	1
0	0	1	0	0	1	1	0	1	0	1	1
0	1	0	1	0	1	0	1	0	1	1	0
1	0	0	1	1	0	0	1	1	0	0	1
1	0	1	0	0	1	1	0	0	1	1	0
0	1	1	0	0	1	0	1	0	0	1	1
1	0	0	1	1	0	1	0	1	1	0	0
0	1	1	0	1	0	1	0	1	0	0	1
1	0	1	1	0	1	0	1	0	0	1	0
1	1	0	1	1	0	1	0	0	1	0	0

::::: *Puzzle (641)* :::::

1	0	0	1	0	0	1	0	1	1	0	1
0	1	1	0	1	1	0	0	1	0	0	1
0	0	1	1	0	0	1	1	0	1	1	0
1	0	0	1	0	1	0	0	1	0	1	1
0	1	1	0	1	0	1	1	0	1	0	0
0	0	1	0	0	1	0	1	1	0	1	1
1	0	0	1	1	0	1	0	1	1	0	0
0	1	1	0	0	1	0	1	0	0	1	1
1	1	0	0	1	0	0	1	0	1	1	0
0	0	1	1	0	1	1	0	1	0	0	1
1	1	0	1	1	0	1	0	0	1	0	0
1	1	0	0	1	1	0	1	0	0	1	0

::::: *Puzzle (642)* :::::

0	0	1	0	0	1	0	1	1	0	1	1
0	0	1	0	0	1	1	0	1	0	1	1
1	1	0	1	1	0	1	0	0	1	0	0
0	0	1	1	0	1	0	1	0	1	0	1
0	0	1	0	1	0	1	0	1	0	1	1
1	1	0	0	1	0	1	1	0	0	1	0
1	0	1	1	0	1	0	0	1	1	0	0
0	1	0	0	1	0	1	1	0	1	0	1
1	1	0	1	0	1	0	1	0	0	1	0
0	0	1	0	1	0	1	0	1	1	0	1
1	1	0	1	1	0	0	1	0	1	0	0
1	1	0	1	0	1	0	0	1	0	1	0

::::: *Puzzle (643)* :::::

1	1	0	1	0	0	1	0	1	0	0	1
0	1	0	0	1	1	0	1	0	1	1	0
0	0	1	0	0	1	1	0	1	0	1	1
1	0	0	1	0	0	1	0	1	1	0	1
0	1	1	0	1	1	0	1	0	0	1	0
0	1	0	1	1	0	1	0	0	1	0	1
1	0	1	0	0	1	0	1	1	0	1	0
0	0	1	1	0	0	1	0	1	0	1	1
1	1	0	0	1	1	0	1	0	1	0	0
0	0	1	0	1	0	0	1	1	0	1	1
1	0	1	1	0	1	1	0	0	1	0	0
1	1	0	1	1	0	0	1	0	1	0	0

::::: *Puzzle (644)* :::::

0	0	1	0	0	1	0	1	1	0	1	1
0	1	0	1	0	0	1	1	0	1	0	1
1	0	1	0	1	0	1	0	1	0	1	0
0	0	1	0	1	1	0	1	0	0	1	1
0	1	0	1	0	0	1	0	1	1	0	1
1	0	1	0	1	0	0	1	0	1	1	0
0	0	1	1	0	1	1	0	1	0	0	1
1	1	0	0	1	1	0	0	1	1	0	0
1	1	0	1	0	0	1	1	0	0	1	0
0	0	1	1	0	1	0	0	1	1	0	1
1	1	0	0	1	1	0	1	0	0	1	0
1	1	0	1	1	0	1	0	0	1	0	0

::::: *Puzzle (645)* :::::

1	0	1	0	0	1	1	0	0	1	0	1
0	0	1	0	0	1	0	1	1	0	1	1
0	1	0	1	1	0	1	0	1	1	0	0
1	0	0	1	0	0	1	1	0	1	1	0
0	0	1	0	1	1	0	0	1	0	1	1
0	1	0	0	1	0	1	0	1	1	0	1
1	0	1	1	0	0	1	1	0	0	1	0
0	1	1	0	1	1	0	1	0	1	0	0
1	1	0	1	0	1	0	0	1	0	0	1
0	0	1	0	1	0	1	0	1	0	1	1
1	1	0	1	0	1	0	1	0	1	0	0
1	1	0	1	1	0	0	1	0	0	1	0

::::: *Puzzle (646)* :::::

1	1	0	0	1	0	0	1	1	0	0	1
0	0	1	0	0	1	1	0	1	0	1	1
0	0	1	1	0	0	1	1	0	1	1	0
1	1	0	0	1	1	0	0	1	1	0	0
0	0	1	0	0	1	0	1	1	0	1	1
0	0	1	1	0	0	1	1	0	1	0	1
1	1	0	1	1	0	1	0	0	1	0	0
0	0	1	0	1	1	0	0	1	0	1	1
1	1	0	1	0	0	1	1	0	1	0	0
1	0	0	1	0	1	1	0	0	1	1	0
0	1	1	0	1	1	0	0	1	0	0	1
1	1	0	1	1	0	0	1	0	0	1	0

::::: *Puzzle (647)* :::::

1	0	0	1	0	0	1	1	0	0	1	1
0	0	1	0	0	1	1	0	1	1	0	1
0	1	0	0	1	1	0	1	0	1	1	0
1	0	1	1	0	0	1	0	1	0	1	0
0	0	1	0	1	0	1	0	1	1	0	1
1	1	0	0	1	1	0	1	0	0	1	0
0	0	1	1	0	0	1	0	1	1	0	1
0	1	1	0	0	1	0	1	1	0	0	1
1	1	0	1	1	0	0	1	0	0	1	0
0	0	1	1	0	1	1	0	0	1	1	0
1	1	0	0	1	1	0	0	1	0	0	1
1	1	0	1	1	0	0	1	0	1	0	0

::::: *Puzzle (648)* :::::

0	0	1	0	0	1	1	0	1	1	0	1
0	0	1	0	0	1	0	1	1	0	1	1
1	1	0	1	1	0	1	0	0	1	0	0
0	0	1	0	1	0	1	1	0	0	1	1
0	0	1	1	0	1	0	1	1	0	1	0
1	1	0	0	1	0	1	0	0	1	0	1
0	1	1	0	0	1	1	0	1	0	0	1
1	0	0	1	0	1	0	1	0	1	1	0
1	1	0	1	1	0	0	1	0	1	0	0
0	0	1	0	1	0	1	0	1	0	1	1
1	1	0	1	0	1	0	0	1	1	0	0
1	1	0	1	1	0	0	1	0	0	1	0

::::: *Puzzle (649)* :::::

0	0	1	0	0	1	0	1	1	0	1	1
1	1	0	0	1	0	0	1	0	1	0	1
0	0	1	1	0	1	1	0	0	1	1	0
1	1	0	0	1	0	0	1	1	0	0	1
1	0	0	1	0	1	1	0	1	0	1	0
0	0	1	1	0	0	1	1	0	1	1	0
0	1	1	0	1	1	0	0	1	0	0	1
1	0	0	1	1	0	0	1	0	0	1	1
0	1	1	0	0	1	1	0	1	1	0	0
0	0	1	0	0	1	1	0	1	0	1	1
1	1	0	1	1	0	0	1	0	1	0	0
1	1	0	1	1	0	1	0	0	1	0	0

::::: *Puzzle (650)* :::::

0	0	1	1	0	0	1	0	1	0	1	1
0	0	1	0	1	0	1	1	0	0	1	1
1	1	0	0	1	1	0	0	1	1	0	0
0	0	1	1	0	1	0	0	1	0	1	1
0	1	0	0	1	0	1	1	0	1	0	1
1	0	1	0	0	1	0	1	1	0	1	0
0	0	1	1	0	1	0	0	1	1	0	1
1	1	0	0	1	0	1	1	0	0	1	0
1	1	0	1	0	1	0	1	0	1	0	0
0	0	1	0	0	1	1	0	1	0	1	1
1	1	0	1	1	0	0	1	0	1	0	0
1	1	0	1	1	0	1	0	0	1	0	0

::::: *Puzzle (651)* :::::

0	1	0	0	1	0	0	1	1	0	1	1
0	1	0	0	1	0	1	0	1	1	0	1
1	0	1	1	0	1	0	1	0	1	0	0
0	0	1	0	1	0	1	0	1	0	1	1
0	1	0	1	0	1	0	1	0	1	0	1
1	0	1	0	0	1	1	0	1	0	1	0
0	0	1	0	1	0	1	1	0	1	0	1
1	1	0	1	0	1	0	0	1	0	1	0
1	0	1	1	0	1	0	1	0	0	1	0
0	0	1	0	1	0	1	0	1	1	0	1
1	1	0	1	1	0	1	0	0	1	0	0
1	1	0	1	0	1	0	1	0	0	1	0

::::: *Puzzle (652)* :::::

0	0	1	0	0	1	0	1	1	0	1	1
0	1	0	0	1	0	1	0	1	1	0	1
1	0	1	1	0	0	1	0	0	1	1	0
0	0	1	0	1	1	0	1	1	0	0	1
0	1	0	0	1	0	1	0	1	0	1	1
1	0	1	1	0	0	1	1	0	1	0	0
0	0	1	1	0	1	0	1	0	0	1	1
1	1	0	0	1	0	1	0	1	1	0	0
1	1	0	1	0	1	0	1	0	0	1	0
0	0	1	0	1	1	0	0	1	0	1	1
1	1	0	1	1	0	1	0	0	1	0	0
1	1	0	1	0	1	0	1	0	1	0	0

::::: *Puzzle (653)* :::::

1	0	0	1	0	0	1	0	1	1	0	1
1	1	0	0	1	0	0	1	0	1	1	0
0	0	1	0	0	1	0	1	1	0	1	1
0	0	1	1	0	1	1	0	0	1	0	1
1	1	0	0	1	0	1	1	0	0	1	0
0	1	0	1	0	1	0	1	1	0	1	0
0	0	1	0	1	0	1	0	1	1	0	1
1	1	0	1	1	0	0	1	0	0	1	0
0	0	1	1	0	1	1	0	1	0	0	1
0	1	1	0	1	1	0	1	0	1	0	0
1	1	0	0	1	0	1	0	0	1	1	0
1	0	1	1	0	1	0	0	1	0	0	1

::::: *Puzzle (654)* :::::

1	0	0	1	0	0	1	0	1	0	1	1
0	0	1	0	1	1	0	1	0	1	0	1
0	1	1	0	0	1	0	1	1	0	1	0
1	0	0	1	0	0	1	0	1	1	0	1
0	0	1	0	1	1	0	1	0	1	1	0
0	1	0	0	1	1	0	0	1	0	1	1
1	0	1	1	0	0	1	1	0	1	0	0
0	1	1	0	0	1	1	0	1	0	0	1
1	1	0	1	1	0	0	1	0	0	1	0
0	0	1	1	0	1	1	0	1	1	0	0
1	1	0	0	1	0	0	1	0	0	1	1
1	1	0	1	1	0	1	0	0	1	0	0

::::: *Puzzle (655)* :::::

0	0	1	1	0	1	0	1	1	0	0	1
0	0	1	0	1	0	1	1	0	0	1	1
1	1	0	0	1	0	1	0	1	1	0	0
0	0	1	1	0	1	0	0	1	0	1	1
1	0	0	1	0	0	1	1	0	1	1	0
0	1	0	0	1	0	1	0	1	1	0	1
0	1	1	0	1	1	0	0	1	0	1	0
1	0	1	1	0	1	0	1	0	1	0	0
1	1	0	0	1	0	1	0	0	1	0	1
0	0	1	0	0	1	0	1	1	0	1	1
1	1	0	1	0	1	0	1	0	0	1	0
1	1	0	1	1	0	1	0	0	1	0	0

::::: *Puzzle (656)* :::::

0	1	0	0	1	0	0	1	1	0	1	1
1	0	0	1	0	0	1	1	0	1	0	1
0	0	1	1	0	1	1	0	1	0	1	0
0	1	0	0	1	1	0	1	0	1	1	0
1	0	0	1	0	0	1	0	1	1	0	1
0	0	1	0	1	1	0	1	0	0	1	1
0	1	1	0	0	1	1	0	1	1	0	0
1	1	0	1	1	0	0	1	0	0	1	0
1	0	1	1	0	0	1	0	0	1	0	1
0	1	1	0	1	1	0	0	1	0	0	1
1	1	0	0	1	0	0	1	1	0	1	0
1	0	1	1	0	1	1	0	0	1	0	0

::::: *Puzzle (657)* :::::

0	1	0	0	1	0	1	1	0	1	0	1
1	0	0	1	1	0	1	0	0	1	1	0
0	0	1	0	0	1	0	1	1	0	1	1
0	1	0	0	1	0	1	0	1	1	0	1
1	0	1	1	0	1	0	1	0	1	0	0
0	0	1	0	0	1	1	0	1	0	1	1
0	1	0	1	1	0	0	1	0	1	1	0
1	0	1	0	0	1	1	0	1	0	0	1
1	1	0	1	1	0	0	1	0	0	1	0
0	1	1	0	1	1	0	1	0	1	0	0
1	0	1	1	0	0	1	0	1	0	0	1
1	1	0	1	0	1	0	0	1	0	1	0

::::: *Puzzle (658)* :::::

0	1	0	0	1	0	1	1	0	1	1	0
0	0	1	0	0	1	0	1	1	0	1	1
1	0	1	1	0	0	1	0	1	0	0	1
1	1	0	0	1	0	0	1	0	1	1	0
0	0	1	1	0	1	1	0	0	1	0	1
1	0	1	0	1	1	0	0	1	0	1	0
0	1	0	0	1	0	1	1	0	0	1	1
0	0	1	1	0	1	0	0	1	1	0	1
1	1	0	1	0	0	1	1	0	1	0	0
0	0	1	0	1	1	0	1	1	0	1	0
1	1	0	1	0	1	0	0	1	0	0	1
1	1	0	1	1	0	1	0	0	1	0	0

::::: *Puzzle (659)* :::::

0	0	1	0	0	1	0	1	1	0	1	1
0	0	1	0	0	1	1	0	1	0	1	1
1	1	0	1	1	0	0	1	0	1	0	0
0	0	1	0	1	0	0	1	1	0	1	1
0	1	0	1	0	1	1	0	0	1	0	1
1	0	1	0	0	1	1	0	1	0	1	0
1	1	0	0	1	0	0	1	0	1	0	1
0	1	0	1	1	0	1	1	0	1	0	0
1	0	1	1	0	1	0	0	1	0	1	0
1	1	0	0	1	0	0	1	0	0	1	1
0	1	0	1	1	0	1	0	1	1	0	0
1	0	1	1	0	1	1	0	0	1	0	0

::::: *Puzzle (660)* :::::

0	1	0	0	1	0	0	1	1	0	1	1
0	0	1	0	0	1	1	0	1	1	0	1
1	0	1	1	0	0	1	1	0	0	1	0
1	1	0	0	1	0	0	1	0	1	0	1
0	0	1	0	1	1	0	0	1	0	1	1
0	0	1	1	0	1	1	0	0	1	1	0
1	1	0	0	1	0	0	1	1	0	0	1
0	0	1	1	0	1	1	0	1	1	0	0
1	1	0	1	0	1	0	1	0	0	1	0
0	1	0	0	1	0	1	0	1	0	1	1
1	0	1	1	0	1	0	1	0	1	0	0
1	1	0	1	1	0	1	0	0	1	0	0

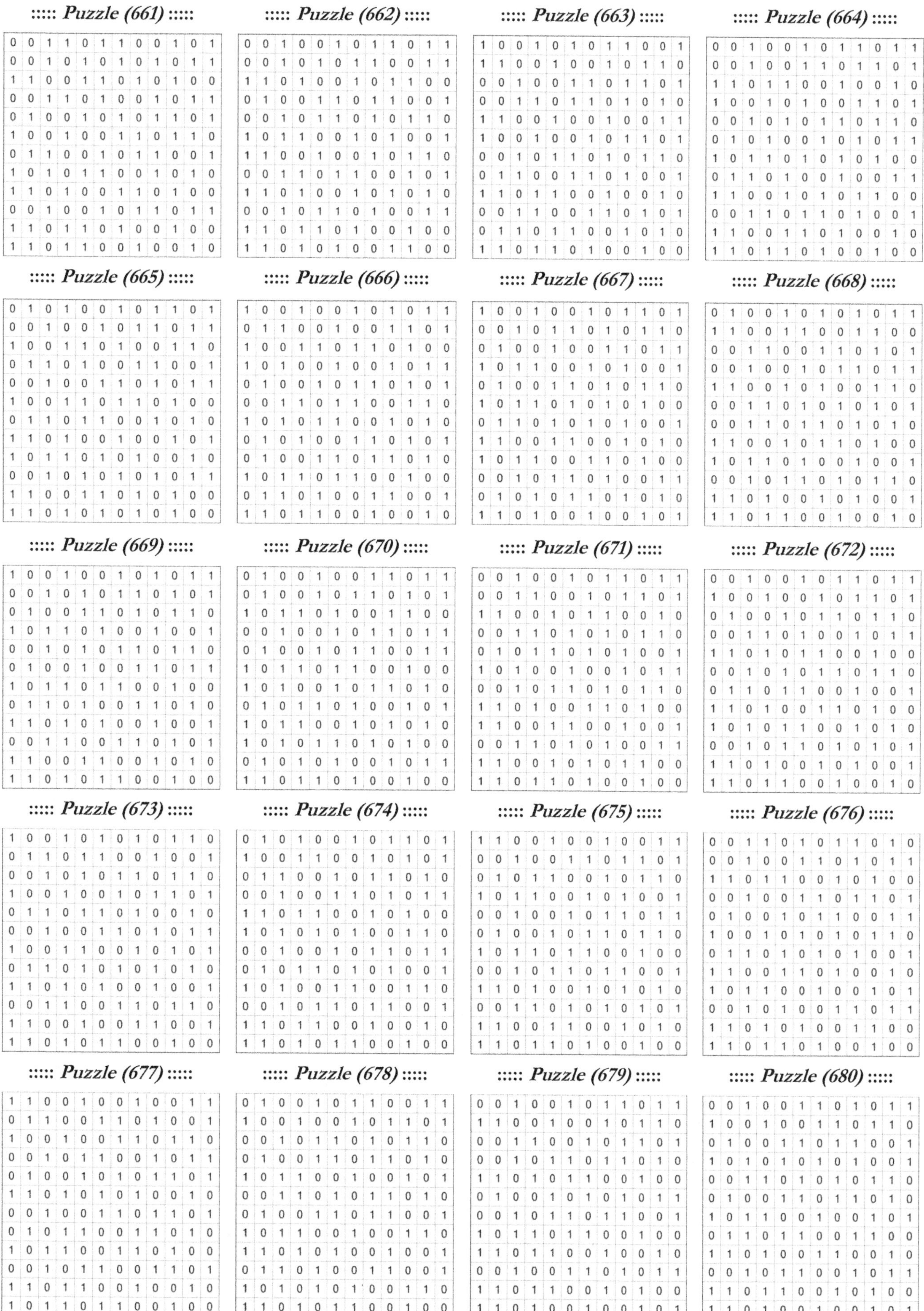

::::: *Puzzle (661)* :::::

0	0	1	1	0	1	1	0	0	1	0	1
0	0	1	0	1	0	1	0	1	0	1	1
1	1	0	0	1	1	0	1	0	1	0	0
0	0	1	1	0	1	0	0	1	0	1	1
0	1	0	0	1	0	1	0	1	1	0	1
1	0	0	1	0	0	1	1	0	1	1	0
0	1	1	0	0	1	0	1	1	0	0	1
1	0	1	0	1	1	0	0	1	0	1	0
1	1	0	1	0	0	1	1	0	1	0	0
0	0	1	0	0	1	0	1	1	0	1	1
1	1	0	1	1	0	1	0	0	1	0	0
1	1	0	1	1	0	0	1	0	0	1	0

::::: *Puzzle (662)* :::::

0	0	1	0	0	1	0	1	1	0	1	1
0	0	1	0	1	0	1	1	0	0	1	1
1	1	0	1	0	0	1	0	1	1	0	0
0	1	0	0	1	1	0	1	1	0	0	1
0	0	1	0	1	1	0	1	0	1	1	0
1	0	1	1	0	0	1	0	1	0	0	1
1	1	0	0	1	0	0	1	0	1	1	0
0	0	1	1	0	1	1	0	0	1	0	1
1	1	0	1	0	0	1	0	1	0	1	0
0	0	1	0	1	1	0	1	0	0	1	1
1	1	0	1	1	0	1	0	0	1	0	0
1	1	0	1	0	1	0	0	1	1	0	0

::::: *Puzzle (663)* :::::

1	0	0	1	0	1	0	1	1	0	0	1
1	1	0	0	1	0	0	1	0	1	1	0
0	0	1	0	0	1	1	0	1	1	0	1
0	0	1	1	0	1	1	0	1	0	1	0
1	1	0	0	1	0	0	1	0	0	1	1
1	0	0	1	0	0	1	0	1	1	0	1
0	0	1	0	1	1	0	1	0	1	1	0
0	1	1	0	0	1	1	0	1	0	0	1
1	1	0	1	1	0	0	1	0	0	1	0
0	0	1	1	0	0	1	1	0	1	0	1
0	1	1	0	1	1	0	0	1	0	1	0
1	1	0	1	1	0	1	0	0	1	0	0

::::: *Puzzle (664)* :::::

0	0	1	0	0	1	0	1	1	0	1	1
0	0	1	0	0	1	1	0	1	1	0	1
1	1	0	1	1	0	0	1	0	0	1	0
1	0	0	1	0	1	0	0	1	1	0	1
0	0	1	0	1	0	1	1	0	1	1	0
0	1	0	1	0	0	1	0	1	0	1	1
1	0	1	1	0	1	0	1	0	1	0	0
0	1	1	0	1	0	0	1	0	0	1	1
1	1	0	0	1	0	1	0	1	1	0	0
0	0	1	1	0	1	1	0	1	0	0	1
1	1	0	0	1	1	0	1	0	0	1	0
1	1	0	1	1	0	1	0	0	1	0	0

::::: *Puzzle (665)* :::::

0	1	0	1	0	0	1	0	1	1	0	1
0	0	1	0	0	1	0	1	1	0	1	1
1	0	0	1	1	0	1	0	0	1	1	0
0	1	1	0	1	0	0	1	1	0	0	1
0	0	1	0	0	1	1	0	1	0	1	1
1	0	0	1	1	0	1	1	0	1	0	0
0	1	1	0	1	1	0	0	1	0	1	0
1	1	0	1	0	0	1	0	0	1	0	1
1	0	1	1	0	1	0	1	0	0	1	0
0	0	1	0	1	0	1	0	1	0	1	1
1	1	0	0	1	1	0	1	0	1	0	0
1	1	0	1	0	1	0	1	0	1	0	0

::::: *Puzzle (666)* :::::

1	0	0	1	0	0	1	0	1	0	1	1
0	1	1	0	0	1	0	0	1	1	0	1
1	0	0	1	1	0	1	1	0	1	0	0
1	0	1	0	0	1	0	0	1	0	1	1
0	1	0	0	1	0	1	1	0	1	0	1
0	0	1	1	0	1	1	0	0	1	1	0
1	0	1	0	1	1	0	0	1	0	1	0
0	1	0	1	0	0	1	1	0	1	0	1
0	1	0	0	1	1	0	1	1	0	1	0
1	0	1	1	0	1	1	0	0	1	0	0
0	1	1	0	1	0	0	1	1	0	0	1
1	1	0	1	1	0	0	1	0	0	1	0

::::: *Puzzle (667)* :::::

1	0	0	1	0	0	1	0	1	1	0	1
0	0	1	0	1	1	0	1	0	1	1	0
0	1	0	0	1	0	0	1	1	0	1	1
1	0	1	1	0	0	1	0	1	0	0	1
0	1	0	0	1	1	0	1	0	1	1	0
1	0	1	1	0	1	0	1	0	1	0	0
0	1	1	0	1	0	1	0	1	0	0	1
1	1	0	0	1	1	0	0	1	0	1	0
1	0	1	1	0	0	1	1	0	1	0	0
0	0	1	0	1	1	0	1	0	0	1	1
0	1	0	1	0	1	1	0	1	0	1	0
1	1	0	1	0	0	1	0	0	1	0	1

::::: *Puzzle (668)* :::::

0	1	0	0	1	0	1	0	1	0	1	1
1	1	0	0	1	1	0	0	1	1	0	0
0	0	1	1	0	0	1	1	0	1	0	1
0	0	1	0	0	1	0	1	1	0	1	1
1	1	0	0	1	0	1	0	0	1	1	0
0	0	1	1	0	1	0	1	0	1	0	1
0	0	1	1	0	1	1	0	1	0	1	0
1	1	0	0	1	0	1	1	0	1	0	0
1	0	1	1	0	1	0	0	1	0	0	1
0	0	1	0	1	1	0	1	0	1	1	0
1	1	0	1	0	0	1	0	1	0	0	1
1	1	0	1	1	0	0	1	0	0	1	0

::::: *Puzzle (669)* :::::

1	0	0	1	0	0	1	0	1	0	1	1
0	0	1	0	1	0	1	1	0	1	0	1
0	1	0	0	1	1	0	1	0	1	1	0
1	0	1	1	0	1	0	0	1	0	0	1
0	0	1	0	1	0	1	1	0	1	1	0
0	1	0	0	1	0	0	1	1	0	1	1
1	0	1	1	0	1	1	0	0	1	0	0
0	1	1	0	1	0	0	1	1	0	1	0
1	1	0	1	0	1	0	0	1	0	0	1
0	0	1	1	0	0	1	1	0	1	0	1
1	1	0	0	1	1	0	0	1	0	1	0
1	1	0	1	0	1	1	0	0	1	0	0

::::: *Puzzle (670)* :::::

0	1	0	0	1	0	0	1	1	0	1	1
0	1	0	0	1	0	1	1	0	1	0	1
1	0	1	1	0	1	0	0	1	1	0	0
0	0	1	0	0	1	0	1	1	0	1	1
0	1	0	0	1	0	1	1	0	0	1	1
1	0	1	1	0	1	1	0	0	1	0	0
1	0	1	0	0	1	0	1	1	0	1	0
0	1	0	1	1	0	1	0	0	1	0	1
1	0	1	1	0	0	1	0	1	0	1	0
1	0	1	0	1	1	0	1	0	1	0	0
0	1	0	1	0	1	0	0	1	0	1	1
1	1	0	1	1	0	1	0	0	1	0	0

::::: *Puzzle (671)* :::::

0	0	1	0	0	1	0	1	1	0	1	1
0	0	1	1	0	0	1	0	1	1	0	1
1	1	0	0	1	0	1	1	0	0	1	0
0	0	1	1	0	1	0	1	0	1	1	0
0	1	0	1	1	0	1	0	1	0	0	1
1	0	1	0	0	1	0	0	1	0	1	1
0	0	1	0	1	1	0	1	0	1	1	0
1	1	0	1	0	0	1	1	0	1	0	0
1	1	0	0	1	1	0	0	1	0	0	1
0	0	1	1	0	1	0	1	0	0	1	1
1	1	0	0	1	0	1	0	1	1	0	0
1	1	0	1	1	0	1	0	0	1	0	0

::::: *Puzzle (672)* :::::

0	0	1	0	0	1	0	1	1	0	1	1
1	0	0	1	0	0	1	0	1	1	0	1
0	1	0	0	1	0	1	1	0	1	1	0
0	0	1	1	0	1	0	0	1	0	1	1
1	1	0	1	0	1	1	0	0	1	0	0
0	0	1	0	1	0	1	1	0	1	1	0
0	1	1	0	1	1	0	0	1	0	0	1
1	1	0	1	0	0	1	1	0	1	0	0
1	0	1	0	1	1	0	0	1	0	1	0
0	0	1	0	1	1	0	1	0	1	0	1
1	1	0	1	0	0	1	0	1	0	0	1
1	1	0	1	1	0	0	1	0	0	1	0

::::: *Puzzle (673)* :::::

1	0	0	1	0	1	0	1	0	1	1	0
0	1	1	0	1	1	0	0	1	0	0	1
0	0	1	0	1	0	1	1	0	1	1	0
1	0	0	1	0	0	1	0	1	1	0	1
0	1	1	0	1	1	0	1	0	0	1	0
0	0	1	0	0	1	1	0	1	0	1	1
1	0	0	1	1	0	0	1	0	1	0	1
0	1	1	0	1	0	1	0	1	0	1	0
1	1	0	1	0	1	0	0	1	0	0	1
0	0	1	1	0	0	1	1	0	1	1	0
1	1	0	0	1	0	0	1	1	0	0	1
1	1	0	1	0	1	1	0	0	1	0	0

::::: *Puzzle (674)* :::::

0	1	0	1	0	0	1	0	1	1	0	1
1	0	0	1	1	0	0	1	0	1	0	1
0	1	1	0	0	1	0	1	1	0	1	0
0	0	1	0	0	1	1	0	1	0	1	1
1	1	0	1	1	0	0	1	0	1	0	0
1	0	1	0	1	0	1	0	0	1	1	0
0	0	1	0	0	1	0	1	1	0	1	1
0	1	0	1	1	0	1	0	1	0	0	1
1	0	1	0	0	1	1	0	0	1	1	0
0	0	1	0	1	1	0	1	1	0	0	1
1	1	0	1	1	0	0	1	0	0	1	0
1	1	0	1	0	1	1	0	0	1	0	0

::::: *Puzzle (675)* :::::

1	1	0	0	1	0	0	1	0	0	1	1
0	0	1	0	0	1	1	0	1	1	0	1
0	1	0	1	1	0	0	1	0	1	1	0
1	0	1	1	0	0	1	0	1	0	0	1
0	0	1	0	0	1	0	1	1	0	1	1
0	1	0	0	1	0	1	1	0	1	1	0
1	0	1	1	0	1	1	0	0	1	0	0
0	0	1	0	1	1	0	1	1	0	0	1
1	1	0	1	0	0	1	0	1	0	1	0
0	0	1	1	0	1	0	1	0	1	0	1
1	1	0	0	1	1	0	0	1	0	1	0
1	1	0	1	1	0	1	0	0	1	0	0

::::: *Puzzle (676)* :::::

0	0	1	1	0	1	0	1	1	0	1	0
0	0	1	0	0	1	1	0	1	0	1	1
1	1	0	1	1	0	0	1	0	1	0	0
0	0	1	0	0	1	1	0	1	1	0	1
0	1	0	0	1	0	1	1	0	0	1	1
1	0	0	1	0	1	0	1	0	1	1	0
0	1	1	0	1	0	1	0	1	0	0	1
1	1	0	0	1	1	0	1	0	0	1	0
1	0	1	1	0	0	1	0	0	1	0	1
0	0	1	0	1	0	0	1	1	0	1	1
1	1	0	1	0	1	0	0	1	1	0	0
1	1	0	1	1	0	1	0	0	1	0	0

::::: *Puzzle (677)* :::::

1	1	0	0	1	0	0	1	0	0	1	1
0	1	1	0	0	1	1	0	1	0	0	1
1	0	0	1	0	0	1	1	0	1	1	0
0	0	1	0	1	1	0	0	1	0	1	1
0	1	0	0	1	0	1	0	1	1	0	1
1	1	0	1	0	1	0	1	0	0	1	0
0	0	1	0	0	1	1	0	1	1	0	1
0	1	0	1	1	0	0	1	1	0	1	0
1	0	1	1	0	0	1	1	0	1	0	0
0	0	1	0	1	1	0	0	1	1	0	1
1	1	0	1	1	0	0	1	0	0	1	0
1	0	1	1	0	1	1	0	0	1	0	0

::::: *Puzzle (678)* :::::

0	1	0	0	1	0	1	1	0	0	1	1
1	0	0	1	0	0	1	0	1	1	0	1
0	0	1	0	1	1	0	1	0	1	1	0
0	1	0	0	1	1	0	1	1	0	1	0
1	0	1	1	0	0	1	0	0	1	0	1
0	0	1	1	0	1	0	1	1	0	1	0
0	1	0	0	1	1	0	1	1	0	0	1
1	0	1	1	0	0	1	0	0	1	1	0
1	1	0	1	0	1	0	0	1	0	0	1
0	1	1	0	1	0	0	1	1	0	0	1
1	0	1	0	1	0	1	0	0	1	1	0
1	1	0	1	0	1	1	0	0	1	0	0

::::: *Puzzle (679)* :::::

0	0	1	0	0	1	0	1	1	0	1	1
1	1	0	0	1	0	0	1	0	1	1	0
0	0	1	1	0	0	1	0	1	1	0	1
0	0	1	0	1	1	0	1	1	0	1	0
1	1	0	1	0	1	1	0	0	1	0	0
0	1	0	0	1	0	1	0	1	0	1	1
0	0	1	0	1	1	0	1	1	0	0	1
1	0	1	1	0	1	1	0	0	1	0	0
1	1	0	1	1	0	0	1	0	0	1	0
0	0	1	0	0	1	1	0	1	0	1	1
1	1	0	1	1	0	0	1	0	1	0	0
1	1	0	1	0	0	1	0	0	1	0	1

::::: *Puzzle (680)* :::::

0	0	1	0	0	1	1	0	1	0	1	1
1	0	0	1	0	0	1	1	0	1	1	0
0	1	0	0	1	1	0	1	1	0	0	1
1	0	1	0	1	0	1	0	1	0	0	1
0	0	1	1	0	1	0	1	0	1	1	0
0	1	0	0	1	1	0	1	1	0	1	0
1	0	1	1	0	0	1	0	0	1	0	1
0	1	1	0	1	1	0	0	1	1	0	0
1	1	0	1	0	0	1	1	0	0	1	0
0	0	1	0	1	1	0	0	1	0	1	1
1	1	0	1	1	0	0	1	0	1	0	0
1	1	0	1	0	0	1	0	0	1	0	1

:::: Puzzle (681) ::::

0	0	1	1	0	0	1	1	0	0	1	1
1	0	1	0	0	1	1	0	0	1	1	0
0	1	0	1	1	0	0	1	1	0	0	1
0	0	1	0	1	0	0	1	1	0	1	1
1	0	0	1	0	1	1	0	0	1	1	0
0	1	1	0	1	0	1	0	0	1	0	1
0	0	1	0	1	1	0	1	1	0	0	1
1	1	0	1	0	0	1	0	1	0	1	0
1	1	0	0	1	1	0	1	0	1	0	0
0	0	1	0	0	1	1	0	1	0	1	1
1	1	0	1	1	0	0	1	0	1	0	0
1	1	0	1	0	1	0	0	1	1	0	0

:::: Puzzle (682) ::::

1	0	0	1	1	0	0	1	1	0	0	1
1	0	0	1	0	0	1	0	1	0	1	1
0	1	1	0	1	1	0	1	0	1	0	0
0	0	1	1	0	0	1	0	1	0	1	1
1	0	0	1	0	0	1	1	0	1	1	0
0	1	1	0	1	1	0	0	1	1	0	0
0	0	1	0	0	1	0	1	1	0	1	1
1	1	0	1	0	0	1	0	0	1	0	1
0	1	1	0	1	1	0	1	0	0	1	0
0	0	1	0	0	1	1	0	1	0	1	1
1	1	0	1	1	0	1	0	0	1	0	0
1	1	0	0	1	1	0	1	0	1	0	0

:::: Puzzle (683) ::::

0	0	1	0	0	1	1	0	1	0	1	1
0	0	1	0	0	1	0	1	1	0	1	1
1	1	0	1	1	0	1	0	0	1	0	0
0	1	0	0	1	0	1	1	0	1	1	0
0	0	1	1	0	1	0	1	1	0	0	1
1	0	0	1	0	1	1	0	0	1	1	0
0	1	1	0	1	0	0	1	0	1	1	0
1	1	0	1	0	0	1	0	1	0	0	1
1	0	1	0	1	1	0	0	1	1	0	0
0	0	1	1	0	0	1	1	0	0	1	1
1	1	0	1	1	0	0	1	0	1	0	0
1	1	0	0	1	1	0	0	1	0	0	1

:::: Puzzle (684) ::::

0	0	1	0	0	1	0	1	1	0	1	1
1	0	0	1	0	0	1	0	1	1	0	1
1	1	0	0	1	0	0	1	0	1	1	0
0	0	1	0	1	1	0	1	0	0	1	1
0	0	1	1	0	1	1	0	1	0	0	1
1	1	0	1	1	0	0	1	0	1	0	0
0	0	1	0	0	1	1	0	1	0	1	1
0	1	1	0	1	0	1	1	0	1	0	0
1	1	0	1	0	1	0	0	1	0	1	0
0	0	1	0	0	1	1	0	1	1	0	1
1	1	0	1	1	0	0	1	0	0	1	0
1	1	0	1	1	0	1	0	0	1	0	0

:::: Puzzle (685) ::::

0	0	1	0	0	1	0	1	1	0	1	1
0	0	1	0	0	1	1	0	1	0	1	1
1	1	0	1	1	0	0	1	0	1	0	0
0	0	1	0	1	0	1	0	1	0	1	1
1	1	0	1	0	1	0	0	1	1	0	0
0	0	1	1	0	0	1	1	0	1	1	0
1	1	0	0	1	0	0	1	1	0	0	1
0	1	1	0	0	1	1	0	0	1	0	1
1	0	0	1	1	0	1	0	0	1	1	0
0	0	1	0	1	1	0	1	1	0	0	1
1	1	0	1	0	1	1	0	0	1	0	0
1	1	0	1	1	0	0	1	0	0	1	0

:::: Puzzle (686) ::::

1	1	0	0	1	0	0	1	0	1	1	0
0	0	1	0	0	1	0	1	1	0	1	1
0	1	0	1	0	0	1	0	1	1	0	1
1	0	1	0	1	1	0	1	0	1	0	0
0	0	1	0	0	1	1	0	1	0	1	1
0	1	0	1	1	0	0	1	0	1	1	0
1	0	0	1	0	1	1	0	1	0	0	1
0	1	1	0	1	0	0	1	1	0	1	0
1	0	1	1	0	1	1	0	0	1	0	0
0	1	0	1	1	0	1	0	1	0	0	1
1	0	1	0	1	1	0	1	0	0	1	0
1	1	0	1	0	0	1	0	0	1	0	1

:::: Puzzle (687) ::::

0	0	1	1	0	0	1	1	0	0	1	1
0	1	0	0	1	0	1	0	1	1	0	1
1	0	0	1	0	1	0	1	0	1	1	0
0	0	1	0	0	1	1	0	1	0	1	1
0	1	1	0	1	0	0	1	0	1	0	1
1	1	0	1	1	0	0	1	0	0	1	0
0	0	1	0	0	1	1	0	1	1	0	1
1	0	1	0	1	1	0	0	1	1	0	0
1	1	0	1	0	0	1	1	0	0	1	0
0	0	1	0	1	1	0	1	1	0	0	1
1	1	0	1	1	0	1	0	0	1	0	0
1	1	0	1	0	1	0	0	1	0	1	0

:::: Puzzle (688) ::::

1	0	1	0	0	1	1	0	1	0	0	1
0	0	1	0	0	1	0	1	1	0	1	1
0	1	0	1	1	0	1	0	0	1	1	0
1	0	0	1	0	0	1	0	1	1	0	1
0	0	1	0	1	1	0	1	1	0	0	1
1	1	0	0	1	0	0	1	0	1	1	0
0	0	1	1	0	1	1	0	1	0	1	0
0	1	1	0	0	1	1	0	0	1	0	1
1	1	0	1	1	0	0	1	0	0	1	0
0	0	1	0	1	0	1	0	1	1	0	1
1	1	0	1	0	1	0	1	0	0	1	0
1	1	0	1	1	0	0	1	0	1	0	0

:::: Puzzle (689) ::::

0	0	1	0	1	0	0	1	1	0	1	1
0	0	1	0	0	1	1	0	1	0	1	1
1	1	0	1	1	0	0	1	0	1	0	0
0	0	1	1	0	0	1	0	1	1	0	1
0	0	1	0	1	1	0	1	1	0	1	0
1	1	0	1	0	0	1	0	0	1	0	1
0	1	1	0	1	1	0	1	0	0	1	0
1	0	0	1	0	1	0	0	1	1	0	1
1	1	0	0	1	0	1	1	0	0	1	0
0	1	1	0	0	1	0	1	0	1	0	1
1	0	0	1	0	1	1	0	1	0	1	0
1	1	0	1	1	0	1	0	0	1	0	0

:::: Puzzle (690) ::::

1	1	0	0	1	0	0	1	0	0	1	1
1	0	0	1	0	0	1	1	0	1	1	0
0	0	1	0	0	1	1	0	1	1	0	1
0	1	0	0	1	0	0	1	1	0	1	1
1	0	1	1	0	1	1	0	0	1	0	0
1	0	0	1	0	1	0	1	1	0	0	1
0	1	1	0	1	0	1	0	1	0	1	0
0	0	1	0	1	1	0	1	0	1	0	1
1	1	0	1	0	0	1	0	1	0	1	0
0	0	1	1	0	1	0	0	1	1	0	1
0	1	1	0	1	1	0	1	0	0	1	0
1	1	0	1	1	0	1	0	0	1	0	0

:::: Puzzle (691) ::::

1	0	0	1	1	0	0	1	0	1	1	0
0	0	1	0	0	1	1	0	1	1	0	1
0	1	0	0	1	0	0	1	1	0	1	1
1	0	1	1	0	1	0	1	0	1	0	0
0	0	1	0	1	0	1	0	1	0	1	1
0	1	0	0	1	1	0	0	1	1	0	1
1	0	1	1	0	0	1	1	0	0	1	0
0	1	1	0	0	1	1	0	1	0	0	1
1	1	0	1	1	0	0	1	0	1	0	0
0	0	1	1	0	0	1	1	0	0	1	1
1	1	0	0	1	1	0	0	1	0	1	0
1	1	0	1	0	1	1	0	0	1	0	0

:::: Puzzle (692) ::::

0	1	1	0	0	1	1	0	0	1	0	1
0	0	1	0	0	1	1	0	1	0	1	1
1	1	0	1	1	0	0	1	0	1	0	0
0	0	1	0	1	0	0	1	1	0	1	1
0	0	1	1	0	1	1	0	1	0	1	0
1	1	0	0	1	0	0	1	0	1	0	1
0	0	1	0	0	1	0	1	1	0	1	1
1	0	0	1	1	0	1	0	1	0	1	0
1	1	0	1	0	1	0	1	0	1	0	0
0	0	1	0	0	1	1	0	1	1	0	1
1	1	0	1	1	0	0	1	0	0	1	0
1	1	0	1	1	0	1	0	0	1	0	0

:::: Puzzle (693) ::::

0	1	0	0	1	0	0	1	1	0	1	1
1	1	0	0	1	0	0	1	0	0	1	1
0	0	1	1	0	1	1	0	1	1	0	0
0	0	1	0	1	0	1	0	1	0	1	1
1	1	0	0	1	1	0	1	0	1	0	0
0	0	1	1	0	0	1	0	1	0	1	1
0	0	1	1	0	1	0	1	0	1	0	1
1	1	0	0	1	0	1	1	0	1	0	0
1	0	1	1	0	1	0	0	1	0	1	0
0	0	1	1	0	1	1	0	0	1	0	1
1	1	0	0	1	0	1	1	0	0	1	0
1	1	0	1	0	1	0	0	1	1	0	0

:::: Puzzle (694) ::::

1	0	1	0	1	0	1	0	0	1	1	0
1	0	0	1	0	0	1	1	0	1	0	1
0	1	0	0	1	1	0	1	1	0	1	0
0	0	1	0	0	1	1	0	1	0	1	1
1	0	0	1	1	0	1	0	0	1	0	1
0	1	1	0	1	0	0	1	0	1	1	0
0	0	1	1	0	1	0	1	1	0	0	1
1	1	0	1	0	0	1	0	1	0	1	0
0	1	1	0	1	1	0	1	0	1	0	0
0	0	1	0	1	0	1	1	0	0	1	1
1	1	0	1	0	1	0	0	1	1	0	0
1	1	0	1	0	1	0	0	1	0	0	1

:::: Puzzle (695) ::::

0	0	1	0	0	1	1	0	1	0	1	1
1	0	0	1	0	1	0	1	0	1	1	0
0	1	0	0	1	0	1	0	1	1	0	1
0	0	1	0	0	1	0	1	1	0	1	1
1	1	0	1	1	0	1	0	0	1	0	0
0	0	1	1	0	0	1	1	0	1	0	1
0	1	1	0	1	1	0	0	1	0	1	0
1	1	0	0	1	0	1	1	0	1	0	0
1	0	1	1	0	1	0	0	1	0	0	1
0	0	1	0	1	1	0	0	1	0	1	1
1	1	0	1	0	0	1	1	0	1	0	0
1	1	0	1	1	0	0	1	0	0	1	0

:::: Puzzle (696) ::::

1	0	0	1	0	0	1	0	1	1	0	1
0	0	1	0	0	1	0	1	1	0	1	1
0	1	0	0	1	0	1	1	0	1	1	0
1	1	0	1	0	0	1	0	1	0	0	1
0	0	1	1	0	1	0	1	0	1	1	0
0	0	1	0	1	0	1	0	1	0	1	1
1	1	0	0	1	1	0	0	1	1	0	0
1	0	1	1	0	1	0	1	0	1	0	0
0	1	0	0	1	0	1	1	0	0	1	1
0	1	1	0	1	1	0	0	1	0	0	1
1	0	1	1	0	1	1	0	0	1	0	0
1	1	0	1	1	0	0	1	0	0	1	0

:::: Puzzle (697) ::::

0	1	0	0	1	0	1	1	0	1	0	1
0	0	1	0	0	1	0	1	1	0	1	1
1	0	1	1	0	0	1	0	1	0	1	0
0	1	0	0	1	1	0	1	0	1	0	1
0	0	1	0	1	1	0	1	0	1	1	0
1	0	1	1	0	0	1	0	1	0	0	1
0	1	0	1	0	1	0	0	1	0	1	1
1	0	1	0	1	0	1	1	0	1	0	0
1	1	0	1	0	1	0	0	1	0	1	0
0	0	1	0	0	1	1	0	1	1	0	1
1	1	0	1	1	0	0	1	0	0	1	0
1	1	0	1	1	0	1	0	0	1	0	0

:::: Puzzle (698) ::::

0	1	1	0	0	1	0	1	0	1	0	1
1	0	0	1	0	0	1	0	1	0	1	1
0	0	1	0	1	0	1	1	0	1	1	0
0	1	1	0	0	1	0	0	1	1	0	1
1	0	0	1	1	0	0	1	1	0	1	0
0	0	1	0	1	0	1	1	0	0	1	1
0	1	0	1	0	1	1	0	1	1	0	0
1	0	1	0	1	1	0	1	0	0	1	0
1	1	0	1	0	0	1	0	0	1	0	1
0	0	1	0	1	1	0	1	1	0	1	0
1	1	0	1	1	0	1	0	0	1	0	0
1	1	0	1	0	1	0	0	1	0	0	1

:::: Puzzle (699) ::::

1	0	0	1	0	1	1	0	1	0	1	0
0	1	0	0	1	0	1	1	0	1	0	1
0	0	1	0	0	1	0	1	1	0	1	1
1	0	0	1	0	1	1	0	1	1	0	0
0	1	1	0	1	0	0	1	0	1	1	0
0	0	1	1	0	0	1	0	1	0	1	1
1	1	0	0	1	1	0	0	1	0	0	1
0	1	0	1	1	0	0	1	0	1	1	0
1	0	1	1	0	1	1	0	0	1	0	0
0	1	1	0	0	1	1	0	1	0	0	1
1	1	0	1	1	0	0	1	0	0	1	0
1	0	1	0	1	0	0	1	0	1	0	1

:::: Puzzle (700) ::::

0	1	0	0	1	0	1	1	0	1	1	0
0	0	1	0	0	1	1	0	1	1	0	1
1	1	0	1	0	1	0	0	1	0	1	0
0	0	1	0	1	0	1	1	0	0	1	1
0	1	0	0	1	0	1	0	1	1	0	1
1	0	1	1	0	1	0	1	0	0	1	0
1	0	1	0	0	1	0	0	1	0	1	1
0	1	0	1	1	0	1	1	0	1	0	0
1	0	1	1	0	1	0	0	1	0	0	1
0	0	1	0	0	1	0	1	1	0	1	1
1	1	0	1	1	0	1	0	0	1	0	0
1	1	0	1	1	0	0	1	0	1	0	0

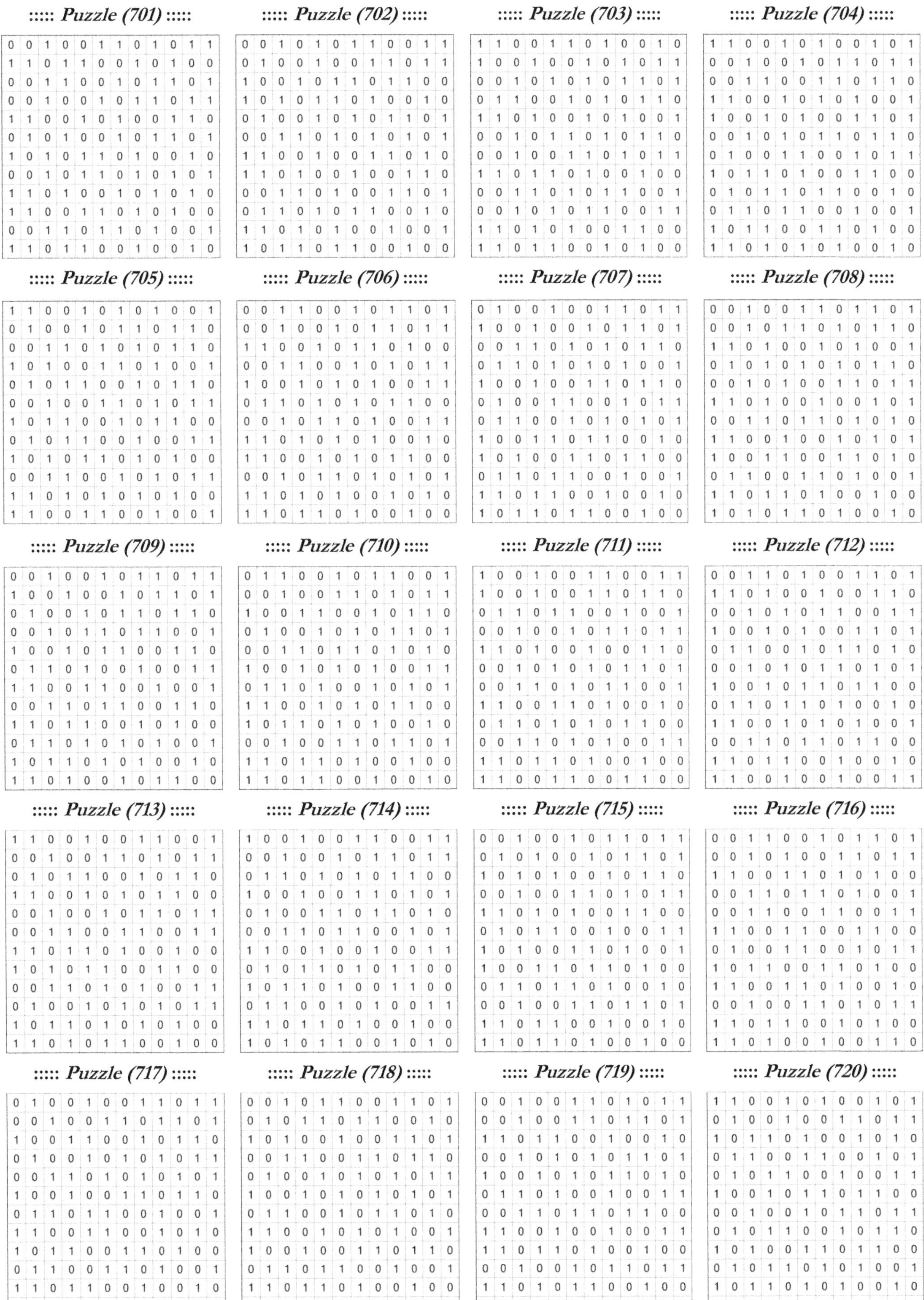

::::: *Puzzle (701)* :::::

0	0	1	0	0	1	1	0	1	0	1	1
1	1	0	1	1	0	0	1	0	1	0	0
0	0	1	1	0	0	1	0	1	1	0	1
0	0	1	0	0	1	0	1	1	0	1	1
1	1	0	0	1	0	1	0	0	1	1	0
0	1	0	1	0	0	1	0	1	1	0	1
1	0	1	0	1	1	0	1	0	0	1	0
0	0	1	0	1	1	0	1	0	1	0	1
1	1	0	1	0	0	1	0	1	0	1	0
1	1	0	0	1	1	0	1	0	1	0	0
0	0	1	1	0	1	1	0	1	0	0	1
1	1	0	1	1	0	0	1	0	0	1	0

::::: *Puzzle (702)* :::::

0	0	1	0	1	0	1	1	0	0	1	1
0	1	0	0	1	0	0	1	1	0	1	1
1	0	0	1	0	1	1	0	1	1	0	0
1	0	1	0	1	1	0	1	0	0	1	0
0	1	0	0	1	0	1	0	1	1	0	1
0	0	1	1	0	1	0	1	0	1	0	1
1	1	0	0	1	0	0	1	1	0	1	0
1	1	0	1	0	0	1	0	0	1	1	0
0	0	1	1	0	1	0	0	1	1	0	1
0	1	1	0	1	0	1	1	0	0	1	0
1	1	0	1	0	1	0	0	1	0	0	1
1	0	1	1	0	1	1	0	0	1	0	0

::::: *Puzzle (703)* :::::

1	1	0	0	1	1	0	1	0	0	1	0
1	0	0	1	0	0	1	0	1	0	1	1
0	0	1	0	1	0	1	0	1	1	0	1
0	1	1	0	0	1	0	1	0	1	1	0
1	1	0	1	0	0	1	0	1	0	0	1
0	0	1	0	1	1	0	1	0	1	1	0
0	0	1	0	0	1	1	0	1	0	1	1
1	1	0	1	1	0	1	0	0	1	0	0
0	0	1	1	0	1	0	1	1	0	0	1
0	0	1	0	1	0	1	1	0	0	1	1
1	1	0	1	0	1	0	0	1	1	0	0
1	1	0	1	1	0	0	1	0	1	0	0

::::: *Puzzle (704)* :::::

1	1	0	0	1	0	1	0	0	1	0	1
0	0	1	0	0	1	0	1	1	0	1	1
0	0	1	1	0	0	1	1	0	1	1	0
1	1	0	0	1	0	1	0	1	0	0	1
1	0	0	1	0	1	0	0	1	1	0	1
0	0	1	0	1	0	1	1	0	1	1	0
0	1	0	0	1	1	0	0	1	0	1	1
1	0	1	1	0	1	0	0	1	1	0	0
0	1	0	1	1	0	1	1	0	0	1	0
0	1	1	0	1	1	0	0	1	0	0	1
1	0	1	1	0	0	1	1	0	1	0	0
1	1	0	1	0	1	0	1	0	0	1	0

::::: *Puzzle (705)* :::::

1	1	0	0	1	0	1	0	1	0	0	1
0	1	0	0	1	0	1	1	0	1	1	0
0	0	1	1	0	1	0	1	0	1	1	0
1	0	1	0	0	1	1	0	1	0	0	1
0	1	0	1	1	0	0	1	0	1	1	0
0	0	1	0	0	1	1	0	1	0	1	1
1	0	1	1	0	0	1	0	1	1	0	0
0	1	0	1	1	0	0	1	0	0	1	1
1	0	1	0	1	1	0	1	0	1	0	0
0	0	1	1	0	0	1	0	1	0	1	1
1	1	0	1	0	1	0	1	0	1	0	0
1	1	0	0	1	1	0	0	1	0	0	1

::::: *Puzzle (706)* :::::

0	0	1	1	0	0	1	0	1	1	0	1
0	0	1	0	0	1	0	1	1	0	1	1
1	1	0	0	1	0	1	1	0	1	0	0
0	0	1	1	0	0	1	0	1	0	1	1
1	0	0	1	0	1	0	1	0	0	1	1
0	1	1	0	1	0	1	0	1	1	0	0
0	0	1	0	1	1	0	1	0	0	1	1
1	1	0	1	0	1	0	1	0	0	1	0
1	1	0	0	1	0	1	0	1	1	0	0
0	0	1	0	1	1	0	1	0	1	0	1
1	1	0	1	0	1	0	0	1	0	1	0
1	1	0	1	1	0	1	0	0	1	0	0

::::: *Puzzle (707)* :::::

0	1	0	0	1	0	0	1	1	0	1	1
1	0	0	1	0	0	1	0	1	1	0	1
0	0	1	1	0	1	0	1	0	1	1	0
0	1	1	0	1	0	1	0	1	0	0	1
1	0	0	1	0	0	1	1	0	1	1	0
0	1	0	0	1	1	0	0	1	0	1	1
0	1	1	0	0	1	0	1	0	1	0	1
1	0	0	1	1	0	1	1	0	0	1	0
1	0	1	0	0	1	1	0	1	1	0	0
0	1	1	0	1	1	0	0	1	0	0	1
1	1	0	1	1	0	0	1	0	0	1	0
1	0	1	1	0	1	1	0	0	1	0	0

::::: *Puzzle (708)* :::::

0	0	1	0	0	1	1	0	1	1	0	1
0	0	1	0	1	1	0	1	0	1	1	0
1	1	0	1	0	0	1	0	1	0	0	1
0	1	0	1	0	1	0	1	0	1	1	0
0	0	1	0	1	0	0	1	1	0	1	1
1	1	0	1	0	0	1	0	0	1	0	1
0	0	1	1	0	1	1	0	1	0	1	0
1	1	0	0	1	0	0	1	0	1	0	1
1	0	0	1	1	0	0	1	1	0	1	0
0	1	1	0	0	1	1	0	1	0	0	1
1	1	0	1	1	0	1	0	0	1	0	0
1	0	1	0	1	1	0	1	0	0	1	0

::::: *Puzzle (709)* :::::

0	0	1	0	0	1	0	1	1	0	1	1
1	0	0	1	0	0	1	0	1	1	0	1
0	1	0	0	1	0	1	1	0	1	1	0
0	0	1	0	1	1	0	1	1	0	0	1
1	0	0	1	0	1	1	0	0	1	1	0
0	1	1	0	1	0	0	1	0	0	1	1
1	1	0	0	1	1	0	0	1	0	0	1
0	0	1	1	0	1	1	0	0	1	1	0
1	1	0	1	1	0	0	1	0	1	0	0
0	1	1	0	1	0	1	0	1	0	0	1
1	0	1	1	0	1	0	1	0	0	1	0
1	1	0	1	0	0	1	0	1	1	0	0

::::: *Puzzle (710)* :::::

0	1	1	0	0	1	0	1	1	0	0	1
0	0	1	0	0	1	1	0	1	0	1	1
1	0	0	1	1	0	0	1	0	1	1	0
0	1	0	0	1	0	1	0	1	1	0	1
0	0	1	1	0	1	1	0	1	0	1	0
1	0	0	1	0	1	0	1	0	0	1	1
0	1	1	0	1	0	0	1	0	1	0	1
1	1	0	0	1	0	1	0	1	1	0	0
1	0	1	1	0	1	0	1	0	0	1	0
0	0	1	0	0	1	1	0	1	1	0	1
1	1	0	1	1	0	1	0	0	1	0	0
1	1	0	1	1	0	0	1	0	0	1	0

::::: *Puzzle (711)* :::::

1	0	0	1	0	0	1	1	0	0	1	1
1	0	0	1	0	0	1	1	0	1	1	0
0	1	1	0	1	1	0	0	1	0	0	1
0	0	1	0	0	1	0	1	1	0	1	1
1	1	0	1	0	0	1	0	0	1	1	0
0	0	1	0	1	0	1	0	1	1	0	1
0	0	1	1	0	1	0	1	1	0	0	1
1	1	0	0	1	1	0	1	0	0	1	0
0	1	1	0	1	0	1	0	1	1	0	0
0	0	1	1	0	1	0	1	0	0	1	1
1	1	0	1	1	0	1	0	0	1	0	0
1	1	0	0	1	1	0	0	1	1	0	0

::::: *Puzzle (712)* :::::

0	0	1	1	0	1	0	0	1	1	0	1
1	1	0	1	0	0	1	0	0	1	1	0
0	0	1	0	1	0	1	1	0	0	1	1
1	0	0	1	0	1	0	0	1	1	0	1
0	1	1	0	0	1	0	1	1	0	1	0
0	0	1	0	1	0	1	1	0	1	0	1
1	0	0	1	0	1	1	0	1	1	0	0
0	1	1	0	1	1	0	1	0	0	1	0
1	1	0	0	1	0	1	0	1	0	0	1
0	0	1	1	0	1	1	0	1	1	0	0
1	1	0	1	1	0	0	1	0	0	1	0
1	1	0	0	1	0	0	1	0	0	1	1

::::: *Puzzle (713)* :::::

1	1	0	0	1	0	0	1	1	0	0	1
0	0	1	0	0	1	1	0	1	0	1	1
0	1	0	1	1	0	0	1	0	1	1	0
1	1	0	0	1	0	1	0	1	1	0	0
0	0	1	0	0	1	0	1	1	0	1	1
0	0	1	1	0	0	1	1	0	0	1	1
1	1	0	1	1	0	1	0	0	1	0	0
1	0	1	0	1	1	0	0	1	1	0	0
0	0	1	1	0	1	0	1	0	0	1	1
0	1	0	0	1	0	1	0	1	0	1	1
1	0	1	1	0	1	0	1	0	1	0	0
1	1	0	1	0	1	1	0	0	1	0	0

::::: *Puzzle (714)* :::::

1	0	0	1	0	0	1	1	0	0	1	1
0	0	1	0	0	1	0	1	1	0	1	1
0	1	1	0	1	0	1	0	1	1	0	0
1	0	0	1	0	0	1	1	0	1	0	1
0	1	0	0	1	1	0	1	1	0	1	0
0	0	1	1	0	1	1	0	0	1	0	1
1	1	0	0	1	0	0	1	0	0	1	1
0	1	0	1	1	0	1	0	1	1	0	0
1	0	1	1	0	1	0	0	1	1	0	0
0	1	1	0	0	1	0	1	0	0	1	1
1	1	0	1	1	0	1	0	0	1	0	0
1	0	1	0	1	1	0	0	1	0	1	0

::::: *Puzzle (715)* :::::

0	0	1	0	0	1	0	1	1	0	1	1
0	1	0	1	0	0	1	0	1	1	0	1
1	0	1	0	1	0	0	1	0	1	1	0
0	0	1	0	0	1	1	0	1	0	1	1
1	1	0	1	0	1	0	0	1	1	0	0
0	1	0	1	1	0	0	1	0	0	1	1
1	0	1	0	0	1	1	0	1	0	0	1
1	0	0	1	1	0	1	1	0	1	0	0
0	1	1	0	1	1	0	1	0	0	1	0
0	0	1	0	0	1	1	0	1	1	0	1
1	1	0	1	1	0	0	1	0	0	1	0
1	1	0	1	1	0	1	0	0	1	0	0

::::: *Puzzle (716)* :::::

0	0	1	1	0	0	1	0	1	1	0	1
0	0	1	0	1	0	0	1	1	0	1	1
1	1	0	0	1	1	0	1	0	1	0	0
0	0	1	1	0	1	1	0	1	0	0	1
0	0	1	1	0	0	1	1	0	0	1	1
1	1	0	0	1	1	0	0	1	1	0	0
0	1	0	0	1	1	0	0	1	0	1	1
1	0	1	1	0	0	1	1	0	1	0	0
1	1	0	0	1	1	0	1	0	0	1	0
0	0	1	0	0	1	1	0	1	0	1	1
1	1	0	1	1	0	0	1	0	1	0	0
1	1	0	1	0	0	1	0	0	1	1	0

::::: *Puzzle (717)* :::::

0	1	0	0	1	0	0	1	1	0	1	1
0	0	1	0	0	1	1	0	1	1	0	1
1	0	0	1	1	0	0	1	0	1	1	0
0	1	0	0	1	0	1	0	1	0	1	1
0	0	1	1	0	1	0	1	0	1	0	1
1	0	0	1	0	0	1	1	0	1	1	0
0	1	1	0	1	1	0	0	1	0	0	1
1	1	0	0	1	1	0	0	1	0	1	0
1	0	1	1	0	0	1	1	0	1	0	0
0	1	1	0	0	1	1	0	1	0	0	1
1	1	0	1	1	0	0	1	0	0	1	0
1	0	1	1	0	1	1	0	0	1	0	0

::::: *Puzzle (718)* :::::

0	0	1	0	1	1	0	0	1	1	0	1
0	1	0	1	1	0	1	1	0	0	1	0
1	0	1	0	0	1	0	0	1	1	0	1
0	0	1	1	0	0	1	1	0	1	1	0
0	1	0	0	1	0	1	0	1	0	1	1
1	0	0	1	0	1	0	1	0	1	0	1
0	1	1	0	0	1	0	1	1	0	1	0
1	1	0	0	1	0	1	0	1	0	0	1
1	0	0	1	0	0	1	1	0	1	1	0
0	1	1	0	1	1	0	0	1	0	0	1
1	1	0	1	1	0	1	0	0	1	0	0
1	0	1	1	0	1	0	1	0	0	1	0

::::: *Puzzle (719)* :::::

0	0	1	0	0	1	1	0	1	0	1	1
0	0	1	0	0	1	1	0	1	1	0	1
1	1	0	1	1	0	0	1	0	0	1	0
0	0	1	0	1	0	1	0	1	1	0	1
1	0	0	1	0	1	0	1	1	0	1	0
0	1	1	0	1	0	0	1	0	0	1	1
0	0	1	1	0	1	1	0	1	1	0	0
1	1	0	0	1	0	0	1	0	0	1	1
1	1	0	1	1	0	1	0	0	1	0	0
0	0	1	0	0	1	0	1	1	0	1	1
1	1	0	1	0	1	1	0	0	1	0	0
1	1	0	1	1	0	0	1	0	1	0	0

::::: *Puzzle (720)* :::::

1	1	0	0	1	0	1	0	0	1	0	1
0	1	0	0	1	0	0	1	1	0	1	1
1	0	1	1	0	1	0	0	1	0	1	0
0	1	1	0	0	1	1	0	0	1	0	1
0	1	0	1	1	0	0	1	0	0	1	1
1	0	0	1	0	1	1	0	1	1	0	0
0	0	1	0	0	1	0	1	1	0	1	1
0	1	0	1	1	0	0	1	0	1	1	0
1	0	1	0	0	1	1	0	1	1	0	0
0	1	0	1	1	0	1	0	1	0	0	1
1	0	1	1	0	1	0	1	0	0	1	0
1	0	1	0	1	0	1	1	0	1	0	0

:::: Puzzle (721) ::::

0	1	0	0	1	0	0	1	1	0	1	1
1	0	1	0	0	1	0	1	1	0	0	1
0	1	0	1	0	1	1	0	0	1	1	0
0	0	1	0	1	0	1	0	1	1	0	1
1	0	1	0	0	1	0	1	1	0	1	0
0	1	0	1	0	0	1	1	0	1	0	1
0	0	1	0	1	1	0	0	1	0	1	1
1	0	1	1	0	1	1	0	0	1	0	0
1	1	0	1	1	0	0	1	0	1	0	0
0	0	1	0	0	1	1	0	1	0	1	1
1	1	0	1	1	0	0	1	0	0	1	0
1	1	0	1	1	0	1	0	0	1	0	0

:::: Puzzle (722) ::::

0	0	1	0	0	1	0	1	1	0	1	1
0	1	0	0	1	0	1	0	1	1	0	1
1	0	1	1	0	0	1	0	0	1	1	0
0	0	1	0	1	1	0	1	1	0	0	1
0	1	0	0	1	0	1	1	0	0	1	1
1	0	1	1	0	1	0	0	1	1	0	0
0	0	1	1	0	0	1	1	0	1	1	0
1	1	0	0	1	1	0	0	1	0	0	1
1	1	0	1	0	0	1	1	0	0	1	0
0	0	1	0	1	1	0	1	0	1	1	0
1	1	0	1	0	1	0	0	1	0	0	1
1	1	0	1	1	0	1	0	0	1	0	0

:::: Puzzle (723) ::::

1	0	0	1	1	0	0	1	0	1	0	1
0	0	1	0	0	1	0	1	1	0	1	1
1	1	0	0	1	0	1	0	0	1	1	0
1	0	1	1	0	0	1	0	1	0	0	1
0	1	1	0	0	1	0	1	0	0	1	1
1	0	0	1	1	0	1	0	1	1	0	0
0	1	1	0	0	1	1	0	1	0	1	0
0	0	1	0	1	1	0	1	0	1	0	1
1	1	0	1	0	0	1	0	0	1	1	0
0	1	0	1	0	1	0	1	1	0	1	0
0	0	1	0	1	1	0	1	1	0	0	1
1	1	0	1	1	0	1	0	0	1	0	0

:::: Puzzle (724) ::::

0	0	1	0	0	1	0	1	1	0	1	1
0	1	0	0	1	0	1	0	1	1	0	1
1	0	1	1	0	0	1	0	0	1	1	0
0	0	1	0	1	1	0	1	0	0	1	1
0	1	0	1	0	1	0	0	1	1	0	1
1	0	0	1	0	0	1	1	0	1	1	0
0	1	1	0	1	0	1	0	1	0	0	1
1	0	0	1	0	1	0	1	1	0	1	0
1	1	0	0	1	0	1	1	0	1	0	0
0	1	1	0	1	1	0	0	1	0	0	1
1	0	1	1	0	1	0	1	0	0	1	0
1	1	0	1	1	0	1	0	0	1	0	0

:::: Puzzle (725) ::::

0	1	1	0	0	1	0	1	0	1	1	0
0	0	1	0	0	1	1	0	1	0	1	1
1	0	0	1	1	0	0	1	1	0	0	1
0	1	0	0	1	0	1	1	0	1	1	0
0	0	1	1	0	1	1	0	1	0	0	1
1	0	1	0	1	0	0	1	0	0	1	1
1	1	0	0	1	0	1	0	1	1	0	0
0	0	1	1	0	1	0	0	1	1	0	1
1	1	0	1	0	0	1	1	0	0	1	0
0	0	1	0	1	1	0	0	1	0	1	1
1	1	0	1	1	0	1	0	0	1	0	0
1	1	0	1	0	1	0	1	0	1	0	0

:::: Puzzle (726) ::::

1	1	0	0	1	0	1	0	0	1	1	0
0	1	0	0	1	0	0	1	1	0	1	1
0	0	1	1	0	1	0	1	0	1	0	1
1	0	1	0	0	1	1	0	1	0	1	0
0	1	0	0	1	0	1	0	1	1	0	1
1	0	1	1	0	1	0	1	0	1	0	0
0	0	1	0	0	1	0	1	1	0	1	1
0	1	0	1	1	0	1	0	0	1	0	1
1	0	1	1	0	0	1	0	1	0	1	0
0	0	1	0	1	1	0	1	1	0	0	1
1	1	0	1	0	1	1	0	0	1	0	0
1	1	0	1	1	0	0	1	0	0	1	0

:::: Puzzle (727) ::::

1	0	0	1	0	1	0	0	1	0	1	1
0	0	1	0	0	1	1	0	1	1	0	1
0	1	0	0	1	0	1	1	0	1	1	0
1	0	0	1	0	1	0	1	1	0	1	0
0	0	1	0	1	0	1	0	1	1	0	1
0	1	1	0	1	0	0	1	0	1	1	0
1	1	0	1	0	1	0	0	1	0	0	1
0	0	1	1	0	0	1	1	0	0	1	1
1	1	0	0	1	0	1	1	0	1	0	0
0	1	1	0	1	1	0	0	1	0	0	1
1	0	1	1	0	1	0	1	0	0	1	0
1	1	0	1	1	0	1	0	0	1	0	0

:::: Puzzle (728) ::::

0	0	1	0	0	1	1	0	1	0	1	1
0	0	1	0	0	1	1	0	1	1	0	1
1	1	0	1	1	0	0	1	0	0	1	0
0	0	1	0	0	1	0	1	1	0	1	1
1	0	0	1	0	1	1	0	1	1	0	0
0	1	1	0	1	0	0	1	0	0	1	1
1	1	0	1	1	0	0	1	0	1	0	0
1	0	0	1	0	1	1	0	1	0	1	0
0	1	1	0	1	0	0	1	0	1	0	1
1	0	1	0	1	0	1	0	1	1	0	0
0	1	0	1	0	1	0	1	0	0	1	1
1	1	0	1	1	0	1	0	0	1	0	0

:::: Puzzle (729) ::::

1	0	1	0	0	1	0	0	1	0	1	1
0	0	1	0	0	1	1	0	1	1	0	1
1	1	0	1	1	0	0	1	0	0	1	0
0	0	1	0	1	0	1	1	0	1	0	1
0	0	1	0	0	1	1	0	1	0	1	1
1	1	0	1	1	0	0	1	0	1	0	0
0	1	0	0	1	0	0	1	1	0	1	1
0	0	1	1	0	1	1	0	1	0	1	0
1	1	0	1	0	0	1	1	0	1	0	0
0	0	1	0	1	1	0	0	1	1	0	1
1	1	0	1	0	1	0	1	0	0	1	0
1	1	0	1	1	0	1	0	0	1	0	0

:::: Puzzle (730) ::::

1	0	1	0	0	1	0	1	1	0	0	1
0	1	0	0	1	1	0	0	1	0	1	1
0	0	1	1	0	0	1	1	0	1	1	0
1	0	0	1	0	0	1	0	1	1	0	1
0	1	1	0	1	1	0	1	0	0	1	0
0	0	1	0	0	1	0	1	1	0	1	1
1	1	0	1	1	0	1	0	0	1	0	0
0	1	0	0	1	0	1	1	0	1	0	1
1	0	1	1	0	1	0	0	1	0	1	0
0	0	1	0	1	0	1	0	1	0	1	1
1	1	0	1	1	0	0	1	0	1	0	0
1	1	0	1	0	1	1	0	0	1	0	0

:::: Puzzle (731) ::::

0	0	1	0	0	1	0	1	1	0	1	1
0	1	0	1	0	1	0	0	1	0	1	1
1	0	1	0	1	0	1	1	0	1	0	0
0	1	0	0	1	0	1	0	1	0	1	1
0	0	1	1	0	1	0	1	0	1	0	1
1	0	0	1	0	0	1	1	0	1	1	0
0	1	1	0	1	0	1	0	1	0	0	1
1	0	1	1	0	1	0	0	1	0	1	0
1	1	0	0	1	0	1	1	0	1	0	0
0	0	1	1	0	1	0	1	0	0	1	1
1	1	0	0	1	1	0	0	1	1	0	0
1	1	0	1	1	0	1	0	0	1	0	0

:::: Puzzle (732) ::::

0	0	1	0	0	1	1	0	1	1	0	1
0	0	1	1	0	0	1	1	0	1	0	1
1	1	0	0	1	0	0	1	1	0	1	0
0	0	1	0	0	1	1	0	1	0	1	1
0	1	0	1	1	0	0	1	0	1	0	1
1	0	0	1	1	0	1	0	0	1	1	0
0	1	1	0	0	1	0	1	1	0	0	1
1	1	0	0	1	1	0	0	1	0	1	0
1	0	0	1	0	0	1	1	0	1	1	0
0	1	1	0	1	1	0	0	1	0	0	1
1	0	1	1	0	1	0	1	0	0	1	0
1	1	0	1	1	0	1	0	0	1	0	0

:::: Puzzle (733) ::::

0	0	1	1	0	0	1	0	1	0	1	1
0	0	1	1	0	0	1	1	0	0	1	1
1	1	0	0	1	1	0	0	1	1	0	0
0	1	0	0	1	0	0	1	1	0	1	1
0	0	1	1	0	1	1	0	0	1	1	0
1	1	0	0	1	0	0	1	0	1	0	1
0	1	0	0	1	1	0	1	1	0	1	0
1	0	1	1	0	1	1	0	0	1	0	0
1	0	0	1	1	0	0	1	0	1	0	1
0	1	1	0	0	1	1	0	1	0	1	0
1	1	0	0	1	0	1	1	0	1	0	0
1	0	1	1	0	1	0	0	1	0	0	1

:::: Puzzle (734) ::::

1	0	1	0	0	1	0	0	1	1	0	1
1	0	0	1	0	0	1	1	0	1	1	0
0	1	0	0	1	0	0	1	1	0	1	1
0	0	1	1	0	1	1	0	0	1	0	1
1	0	1	0	1	0	0	1	1	0	1	0
0	1	0	1	0	0	1	1	0	0	1	1
0	0	1	1	0	1	1	0	1	1	0	0
1	1	0	0	1	1	0	0	1	0	0	1
0	1	1	0	1	0	1	1	0	0	1	0
0	0	1	1	0	1	0	1	0	1	0	1
1	1	0	0	1	1	0	0	1	0	1	0
1	1	0	1	1	0	1	0	0	1	0	0

:::: Puzzle (735) ::::

1	0	0	1	1	0	0	1	1	0	1	0
1	1	0	0	1	0	0	1	0	0	1	1
0	1	1	0	0	1	1	0	1	1	0	0
0	0	1	1	0	1	0	0	1	1	0	1
1	0	0	1	1	0	0	1	0	0	1	1
0	1	1	0	1	0	1	0	1	0	1	0
1	0	1	0	0	1	0	1	0	1	0	1
1	0	0	1	0	1	1	0	0	1	1	0
0	1	1	0	1	0	1	0	1	0	0	1
0	0	1	0	0	1	0	1	1	0	1	1
1	1	0	1	0	1	1	0	0	1	0	0
0	1	0	1	1	0	1	1	0	1	0	0

:::: Puzzle (736) ::::

1	0	1	0	0	1	0	1	0	0	1	1
0	0	1	0	0	1	1	0	1	1	0	1
0	1	0	1	1	0	0	1	1	0	1	0
1	0	1	0	0	1	0	1	0	1	1	0
0	1	0	1	0	0	1	0	1	1	0	1
0	0	1	0	1	0	1	0	1	0	1	1
1	1	0	0	1	1	0	1	0	1	0	0
0	0	1	1	0	1	1	0	1	0	0	1
1	1	0	1	1	0	0	1	0	0	1	0
0	1	1	0	0	1	1	0	1	1	0	0
1	0	0	1	1	0	0	1	0	0	1	1
1	1	0	1	1	0	1	0	0	1	0	0

:::: Puzzle (737) ::::

1	1	0	0	1	0	0	1	1	0	1	0
0	0	1	0	1	0	1	0	1	0	1	1
1	0	0	1	0	1	0	1	0	1	0	1
0	1	1	0	0	1	1	0	0	1	1	0
0	0	1	0	1	0	0	1	1	0	1	1
1	0	0	1	1	0	0	1	0	1	0	1
0	1	1	0	0	1	1	0	1	0	1	0
0	0	1	1	0	1	1	0	1	0	0	1
1	1	0	1	1	0	0	1	0	1	0	0
0	0	1	0	0	1	1	0	1	0	1	1
1	1	0	1	0	1	0	1	0	1	0	0
1	1	0	1	1	0	1	0	0	1	0	0

:::: Puzzle (738) ::::

0	0	1	0	0	1	0	1	1	0	1	1
1	0	0	1	0	0	1	0	1	1	0	1
1	1	0	0	1	0	1	0	0	1	1	0
0	0	1	0	1	1	0	1	0	0	1	1
0	0	1	1	0	0	1	0	1	1	0	1
1	1	0	0	1	1	0	1	0	1	0	0
0	1	0	0	1	0	0	1	1	0	1	1
0	0	1	1	0	1	1	0	1	1	0	0
1	1	0	1	0	0	1	1	0	0	1	0
0	1	1	0	1	1	0	0	1	0	0	1
1	0	1	1	0	1	1	0	0	1	0	0
1	1	0	1	1	0	0	1	0	0	1	0

:::: Puzzle (739) ::::

0	0	1	0	0	1	0	1	1	0	1	1
0	1	0	0	1	0	0	1	1	0	1	1
1	0	1	1	0	1	1	0	0	1	0	0
0	0	1	0	0	1	1	0	1	0	1	1
0	1	0	1	1	0	0	1	0	1	0	1
1	1	0	0	1	0	1	0	1	1	0	0
0	0	1	1	0	1	0	0	1	0	1	1
1	1	0	1	0	0	1	1	0	1	0	0
1	0	1	0	1	0	1	0	0	1	1	0
0	0	1	0	1	1	0	1	1	0	0	1
1	1	0	1	0	1	1	0	0	1	0	0
1	1	0	1	1	0	0	1	0	0	1	0

:::: Puzzle (740) ::::

0	0	1	0	1	1	0	1	1	0	1	0
0	0	1	0	0	1	1	0	1	1	0	1
1	1	0	1	1	0	0	1	0	0	1	0
0	0	1	0	1	0	1	1	0	0	1	1
0	0	1	1	0	1	1	0	1	1	0	0
1	1	0	0	1	0	0	1	0	1	0	1
0	1	0	1	0	0	1	0	1	0	1	1
1	0	1	0	0	1	0	1	0	1	1	0
1	1	0	1	1	0	1	0	0	1	0	0
0	0	1	0	0	1	1	0	1	0	1	1
1	1	0	1	1	0	0	1	0	1	0	0
1	1	0	1	0	1	0	0	1	0	0	1

::::: Puzzle (741) :::::

0	0	1	0	0	1	1	0	1	1	0	1
0	0	1	1	0	0	1	1	0	0	1	1
1	1	0	0	1	0	0	1	1	0	1	0
0	1	1	0	0	1	0	0	1	1	0	1
1	0	0	1	1	0	1	1	0	0	1	0
0	0	1	0	0	1	0	1	1	0	1	1
0	1	1	0	1	1	0	0	1	1	0	0
1	0	0	1	1	0	1	0	0	1	0	1
1	1	0	1	0	1	0	1	0	0	1	0
0	0	1	0	0	1	1	0	1	0	1	1
1	1	0	1	1	0	0	1	0	1	0	0
1	1	0	1	1	0	1	0	0	1	0	0

::::: Puzzle (742) :::::

0	0	1	0	0	1	1	0	1	1	0	1
1	1	0	0	1	0	0	1	0	1	0	1
0	0	1	1	0	1	0	1	1	0	1	0
0	0	1	0	1	0	1	0	1	0	1	1
1	1	0	0	1	0	1	0	0	1	0	1
0	0	1	1	0	1	0	1	0	1	1	0
0	1	0	0	1	0	1	0	1	0	1	1
1	0	1	1	0	1	0	0	1	1	0	0
1	1	0	1	0	0	1	1	0	0	1	0
0	1	0	0	1	1	0	1	1	0	0	1
1	0	1	1	0	1	1	0	0	1	0	0
1	1	0	1	1	0	0	1	0	0	1	0

::::: Puzzle (743) :::::

0	0	1	0	0	1	0	1	1	0	1	1
1	0	0	1	0	0	1	0	1	1	0	1
0	1	0	0	1	1	0	1	0	1	1	0
0	0	1	0	0	1	1	0	1	0	1	1
1	0	0	1	1	0	1	1	0	1	0	0
0	1	1	0	0	1	0	1	0	0	1	1
0	1	0	1	1	0	1	0	1	1	0	0
1	0	1	0	1	0	1	0	1	0	0	1
1	1	0	1	0	1	0	1	0	0	1	0
0	1	1	0	1	1	0	0	1	1	0	0
1	0	1	1	0	0	1	0	0	1	0	1
1	1	0	1	1	0	0	1	0	0	1	0

::::: Puzzle (744) :::::

0	1	0	0	1	0	0	1	1	0	1	1
0	1	0	0	1	0	1	0	1	0	1	1
1	0	1	1	0	1	0	1	0	1	0	0
0	1	0	0	1	1	0	0	1	1	0	1
0	0	1	0	1	0	1	0	1	0	1	1
1	0	1	1	0	0	1	1	0	1	0	0
0	1	0	1	0	1	0	1	0	0	1	1
1	1	0	0	1	0	1	0	1	1	0	0
1	0	1	1	0	1	0	1	0	0	1	0
0	0	1	0	0	1	0	1	1	0	1	1
1	1	0	1	1	0	1	0	0	1	0	0
1	0	1	1	0	1	1	0	0	1	0	0

::::: Puzzle (745) :::::

0	1	0	0	1	0	0	1	1	0	1	1
0	1	0	0	1	0	1	0	1	1	0	1
1	0	1	1	0	1	0	1	0	0	1	0
0	0	1	0	0	1	1	0	1	0	1	1
0	1	0	1	1	0	1	0	1	1	0	0
1	0	1	1	0	1	0	1	0	1	0	0
1	0	1	0	0	1	0	1	0	0	1	1
0	1	0	1	1	0	1	0	1	0	1	0
1	0	1	0	1	0	0	1	0	1	0	1
0	0	1	1	0	1	0	1	0	0	1	1
1	1	0	0	1	0	1	0	1	1	0	0
1	1	0	1	0	1	1	0	0	1	0	0

::::: Puzzle (746) :::::

1	1	0	0	1	0	0	1	0	1	1	0
0	1	1	0	0	1	0	1	1	0	0	1
0	0	1	1	0	1	1	0	1	0	1	0
1	0	0	1	1	0	1	0	0	1	0	1
0	1	1	0	0	1	0	1	0	1	1	0
0	0	1	0	0	1	0	1	1	0	1	1
1	0	0	1	1	0	1	0	1	0	0	1
0	1	1	0	1	0	1	0	0	1	1	0
1	0	0	1	0	1	0	1	0	1	0	1
1	0	0	1	1	0	0	1	1	0	0	1
0	1	1	0	0	1	1	0	1	0	1	0
1	1	0	1	1	0	1	0	0	1	0	0

::::: Puzzle (747) :::::

0	0	1	0	0	1	1	0	1	0	1	1
0	1	0	0	1	1	0	1	0	1	1	0
1	0	0	1	0	0	1	0	1	1	0	1
0	0	1	0	0	1	0	1	1	0	1	1
0	1	0	1	1	0	1	0	0	1	1	0
1	0	0	1	0	0	1	1	0	1	0	1
0	1	1	0	1	1	0	0	1	0	1	0
1	0	1	0	1	0	1	0	1	0	0	1
1	1	0	1	0	1	0	1	0	1	0	0
0	1	1	0	1	1	0	1	0	0	1	0
1	0	1	1	0	0	1	0	1	0	0	1
1	1	0	1	1	0	0	1	0	1	0	0

::::: Puzzle (748) :::::

1	0	0	1	0	0	1	1	0	1	1	0
0	0	1	0	0	1	0	1	1	0	1	1
1	1	0	0	1	1	0	0	1	0	0	1
0	0	1	1	0	0	1	1	0	1	1	0
1	0	0	1	0	1	0	0	1	0	1	1
1	1	0	0	1	0	1	1	0	1	0	0
0	0	1	0	1	0	0	1	1	0	1	1
1	1	0	1	0	1	1	0	0	1	0	0
0	1	1	0	1	0	1	0	1	0	0	1
0	0	1	1	0	1	0	1	0	0	1	1
1	1	0	1	1	0	1	0	0	1	0	0
0	1	1	0	1	1	0	0	1	1	0	0

::::: Puzzle (749) :::::

1	0	0	1	0	0	1	0	1	0	1	1
0	0	1	0	0	1	0	1	1	0	1	1
1	1	0	0	1	1	0	1	0	1	0	0
0	0	1	1	0	0	1	0	1	1	0	1
0	0	1	0	1	1	0	0	1	0	1	1
1	1	0	1	0	0	1	1	0	0	1	0
0	0	1	0	1	1	0	1	0	1	0	1
0	1	1	0	0	1	1	0	1	0	1	0
1	1	0	1	1	0	0	1	0	1	0	0
0	0	1	0	0	1	1	0	1	1	0	1
1	1	0	1	1	0	0	1	0	0	1	0
1	1	0	1	1	0	1	0	0	1	0	0

::::: Puzzle (750) :::::

1	0	0	1	0	1	1	0	1	1	0	0
0	0	1	1	0	0	1	0	1	0	1	1
0	1	0	0	1	1	0	1	0	1	1	0
1	0	0	1	0	0	1	0	1	1	0	1
0	0	1	0	0	1	0	1	1	0	1	1
0	1	1	0	1	0	1	1	0	1	0	0
1	1	0	1	0	1	0	0	1	0	0	1
0	0	1	0	1	1	0	1	0	0	1	1
1	1	0	1	1	0	1	0	0	1	0	0
0	1	1	0	0	1	0	1	1	0	1	0
1	0	1	0	1	0	1	0	0	1	0	1
1	1	0	1	1	0	0	1	0	0	1	0

::::: Puzzle (751) :::::

0	0	1	0	1	0	1	1	0	1	0	1
0	1	0	0	1	1	0	0	1	1	0	1
1	0	1	1	0	0	1	1	0	0	1	0
0	0	1	0	0	1	1	0	1	1	0	1
0	1	0	0	1	1	0	0	1	0	1	1
1	0	1	1	0	0	1	1	0	1	0	0
0	1	0	1	0	0	1	0	1	0	1	1
1	0	1	0	1	1	0	0	1	0	1	0
1	1	0	1	0	1	0	1	0	1	0	0
0	0	1	1	0	0	1	0	1	0	1	1
1	1	0	0	1	1	0	1	0	0	1	0
1	1	0	1	1	0	0	1	0	1	0	0

::::: Puzzle (752) :::::

1	1	0	0	1	0	1	0	1	0	0	1
0	0	1	0	1	0	0	1	1	0	1	1
0	1	0	1	0	1	0	1	0	1	1	0
1	0	1	0	0	1	1	0	1	1	0	0
0	0	1	0	1	0	1	1	0	0	1	1
0	1	0	1	0	1	0	0	1	1	0	1
1	0	0	1	1	0	1	0	0	1	1	0
0	0	1	0	0	1	0	1	1	0	1	1
1	1	0	1	0	0	1	1	0	1	0	0
0	1	1	0	1	1	0	0	1	0	0	1
1	0	1	1	0	1	0	1	0	0	1	0
1	1	0	1	1	0	1	0	0	1	0	0

::::: Puzzle (753) :::::

0	0	1	0	0	1	0	1	1	0	1	1
0	1	0	0	1	0	1	0	1	0	1	1
1	1	0	1	0	0	1	1	0	1	0	0
0	0	1	0	1	1	0	1	0	1	1	0
0	0	1	1	0	0	1	0	1	0	1	1
1	1	0	1	0	0	1	0	1	1	0	0
0	1	1	0	1	1	0	1	0	0	1	0
1	0	0	1	1	0	0	1	0	1	0	1
1	0	1	0	0	1	1	0	1	0	0	1
0	1	0	1	1	0	1	0	0	1	1	0
1	0	1	0	1	1	0	1	0	1	0	0
1	1	0	1	0	1	0	0	1	0	0	1

::::: Puzzle (754) :::::

1	1	0	0	1	0	0	1	0	1	1	0
0	0	1	0	0	1	0	1	1	0	1	1
0	0	1	1	0	0	1	0	1	1	0	1
1	1	0	0	1	0	1	0	0	1	1	0
0	0	1	1	0	1	0	1	0	0	1	1
0	0	1	0	0	1	1	0	1	1	0	1
1	1	0	1	1	0	0	1	0	0	1	0
0	1	0	1	0	1	1	0	1	0	0	1
1	0	1	0	1	0	1	1	0	1	0	0
0	1	1	0	1	1	0	1	0	0	1	0
1	1	0	1	0	1	0	0	1	0	0	1
1	0	0	1	1	0	1	0	1	1	0	0

::::: Puzzle (755) :::::

1	0	0	1	0	1	0	1	0	1	1	0
0	0	1	0	0	1	1	0	1	1	0	1
0	1	0	0	1	0	1	0	1	0	1	1
1	0	1	1	0	1	0	1	0	1	0	0
0	0	1	0	1	0	0	1	1	0	1	1
0	1	0	0	1	0	1	0	1	1	0	1
1	0	1	1	0	1	0	1	0	0	1	0
0	1	1	0	0	1	1	0	1	0	0	1
1	1	0	1	1	0	0	1	0	1	0	0
0	0	1	1	0	0	1	1	0	0	1	1
1	1	0	0	1	1	0	0	1	0	1	0
1	1	0	1	1	0	1	0	0	1	0	0

::::: Puzzle (756) :::::

0	0	1	1	0	0	1	0	1	0	1	1
1	0	0	1	0	0	1	0	1	1	0	1
0	1	1	0	1	1	0	1	0	1	0	0
0	0	1	0	1	0	0	1	1	0	1	1
1	0	0	1	0	1	1	0	0	1	1	0
0	1	1	0	0	1	0	0	1	1	0	1
0	0	1	0	1	0	1	1	0	0	1	1
1	1	0	1	0	1	0	0	1	1	0	0
1	1	0	0	1	0	1	1	0	0	1	0
0	0	1	1	0	1	0	1	1	0	0	1
1	1	0	1	1	0	1	0	0	1	0	0
1	1	0	0	1	1	0	1	0	0	1	0

::::: Puzzle (757) :::::

0	1	0	0	1	0	1	1	0	1	1	0
0	0	1	0	0	1	0	1	1	0	1	1
1	0	0	1	1	0	1	0	0	1	0	1
0	1	1	0	0	1	0	1	0	1	1	0
0	0	1	1	0	0	1	0	1	0	1	1
1	0	0	1	1	0	1	0	1	1	0	0
0	1	1	0	1	1	0	1	0	0	1	0
1	0	1	0	0	1	0	1	1	0	0	1
1	1	0	1	1	0	1	0	0	1	0	0
0	0	1	0	1	0	1	0	1	0	1	1
1	1	0	1	0	1	0	1	0	1	0	0
1	1	0	1	0	1	0	0	1	0	0	1

::::: Puzzle (758) :::::

0	1	0	0	1	1	0	1	0	0	1	1
0	0	1	0	0	1	1	0	1	1	0	1
1	0	0	1	0	0	1	1	0	1	1	0
0	1	1	0	1	1	0	0	1	0	0	1
0	0	1	1	0	0	1	0	1	1	0	1
1	0	0	1	1	0	0	1	0	1	1	0
0	1	1	0	1	1	0	0	1	0	1	0
1	0	1	0	0	1	1	0	0	1	0	1
1	1	0	1	1	0	0	1	0	0	1	0
0	0	1	1	0	1	0	1	1	0	0	1
1	1	0	0	1	0	1	0	1	1	0	0
1	1	0	1	0	0	1	1	0	0	1	0

::::: Puzzle (759) :::::

1	0	0	1	0	0	1	0	1	1	0	1
1	0	1	0	0	1	0	1	1	0	1	0
0	1	0	0	1	0	1	1	0	0	1	1
0	0	1	1	0	1	0	0	1	1	0	1
1	0	0	1	0	1	0	1	1	0	1	0
0	1	1	0	1	0	1	0	0	1	0	1
0	0	1	0	1	1	0	0	1	0	1	1
1	1	0	1	0	0	1	1	0	0	1	0
0	1	1	0	1	1	0	1	0	1	0	0
0	0	1	0	0	1	1	0	1	0	1	1
1	1	0	1	1	0	1	0	0	1	0	0
1	1	0	1	1	0	0	1	0	1	0	0

::::: Puzzle (760) :::::

1	0	0	1	0	1	0	1	1	0	1	0
0	0	1	0	0	1	1	0	1	1	0	1
0	1	0	1	1	0	1	0	0	1	1	0
1	0	1	0	0	1	0	1	1	0	0	1
0	0	1	0	1	0	1	1	0	1	1	0
0	1	0	1	0	0	1	0	1	0	1	1
1	0	1	0	1	1	0	1	0	1	0	0
0	1	1	0	0	1	0	0	1	0	1	1
1	1	0	1	1	0	1	0	0	1	0	0
0	0	1	0	1	0	1	1	0	0	1	1
1	1	0	1	0	1	0	0	1	0	0	1
1	1	0	1	1	0	0	1	0	1	0	0

:::: *Puzzle (761)* ::::

1	0	0	1	0	0	1	0	1	1	0	1
0	0	1	0	0	1	0	1	1	0	1	1
0	1	0	0	1	0	1	1	0	1	1	0
1	0	1	1	0	1	0	0	1	0	0	1
0	0	1	0	1	1	0	1	0	1	1	0
0	1	0	1	1	0	1	0	1	0	0	1
1	0	1	1	0	1	0	0	1	0	1	0
0	1	1	0	1	0	1	1	0	1	0	0
1	1	0	0	1	0	0	1	0	0	1	1
0	0	1	1	0	1	1	0	1	0	0	1
1	1	0	0	1	1	0	1	0	1	0	0
1	1	0	1	0	0	1	0	0	1	1	0

:::: *Puzzle (762)* ::::

1	0	1	0	0	1	0	0	1	1	0	1
0	0	1	0	0	1	0	1	1	0	1	1
0	1	0	1	1	0	1	0	0	1	1	0
1	0	1	0	0	1	0	1	1	0	0	1
0	1	0	0	1	0	1	0	1	0	1	1
1	0	1	1	0	0	1	1	0	1	0	0
0	0	1	0	1	1	0	1	0	0	1	1
0	1	0	1	1	0	1	0	1	1	0	0
1	1	0	1	0	1	0	1	0	0	1	0
0	0	1	0	1	1	0	1	1	0	0	1
1	1	0	1	1	0	1	0	0	1	0	0
1	1	0	1	0	0	1	0	0	1	1	0

:::: *Puzzle (763)* ::::

0	0	1	0	0	1	0	1	1	0	1	1
1	1	0	0	1	0	1	0	0	1	1	0
0	0	1	1	0	0	1	0	1	1	0	1
0	0	1	0	1	1	0	1	1	0	0	1
1	1	0	0	1	0	1	1	0	0	1	0
1	0	0	1	0	0	1	0	1	1	0	1
0	1	1	0	1	1	0	1	0	0	1	0
0	0	1	1	0	0	1	1	0	1	0	1
1	1	0	1	0	1	0	0	1	0	1	0
0	0	1	0	1	1	0	1	0	0	1	1
1	1	0	1	1	0	1	0	0	1	0	0
1	1	0	1	0	1	0	0	1	1	0	0

:::: *Puzzle (764)* ::::

0	0	1	0	0	1	0	1	1	0	1	1
1	0	0	1	1	0	1	0	0	1	0	1
0	1	0	0	1	0	1	1	0	1	1	0
1	0	1	0	0	1	0	1	1	0	1	0
0	0	1	1	0	0	1	0	1	1	0	1
1	1	0	1	1	0	0	1	0	0	1	0
0	1	0	0	1	1	0	0	1	1	0	1
0	0	1	0	0	1	1	0	1	0	1	1
1	1	0	1	0	0	1	1	0	1	0	0
0	1	1	0	1	1	0	1	0	0	1	0
1	0	1	1	0	1	0	0	1	0	0	1
1	1	0	1	1	0	1	0	0	1	0	0

:::: *Puzzle (765)* ::::

0	0	1	0	0	1	1	0	1	0	1	1
1	0	0	1	0	0	1	1	0	1	1	0
0	1	1	0	1	1	0	0	1	0	0	1
0	0	1	0	1	0	1	1	0	1	1	0
1	0	0	1	0	1	0	1	0	1	0	1
0	1	1	0	1	0	1	0	1	0	0	1
0	0	1	1	0	1	0	1	1	0	1	0
1	1	0	0	1	0	1	0	0	1	0	1
1	1	0	1	0	1	0	0	1	0	1	0
0	0	1	0	0	1	0	1	1	0	1	1
1	1	0	1	1	0	1	0	0	1	0	0
1	1	0	1	1	0	0	1	0	1	0	0

:::: *Puzzle (766)* ::::

1	0	0	1	0	0	1	0	1	1	0	1
0	0	1	1	0	0	1	1	0	0	1	1
0	1	1	0	1	1	0	1	0	1	0	0
1	0	0	1	0	1	1	0	1	0	0	1
0	0	1	0	1	0	1	1	0	1	1	0
0	1	0	0	1	0	0	1	1	0	1	1
1	0	1	1	0	1	0	0	1	0	0	1
0	1	1	0	0	1	1	0	0	1	1	0
1	1	0	0	1	0	0	1	1	0	1	0
0	0	1	1	0	1	1	0	0	1	0	1
1	1	0	0	1	1	0	0	1	1	0	0
1	1	0	1	1	0	0	1	0	0	1	0

:::: *Puzzle (767)* ::::

0	1	0	0	1	0	0	1	1	0	1	1
0	1	0	0	1	0	1	0	1	0	1	1
1	0	1	1	0	1	0	1	0	1	0	0
0	0	1	0	1	0	1	0	1	0	1	1
0	1	0	0	1	0	1	1	0	1	0	1
1	0	1	1	0	1	0	0	1	0	1	0
0	0	1	1	0	1	1	0	0	1	0	1
1	1	0	0	1	0	1	1	0	0	1	0
1	0	1	1	0	1	0	0	1	1	0	0
0	0	1	1	0	0	1	1	0	0	1	1
1	1	0	0	1	1	0	1	0	1	0	0
1	1	0	1	0	1	0	0	1	1	0	0

:::: *Puzzle (768)* ::::

0	1	0	0	1	0	0	1	1	0	1	1
1	0	1	0	0	1	1	0	1	0	0	1
0	0	1	1	0	0	1	1	0	1	1	0
0	1	0	0	1	1	0	0	1	1	0	1
1	0	1	0	0	1	1	0	1	0	1	0
0	0	1	1	0	0	1	1	0	1	0	1
0	1	0	0	1	1	0	1	0	1	1	0
1	0	1	1	0	1	0	0	1	0	0	1
1	1	0	1	1	0	1	0	0	1	0	0
0	0	1	0	1	0	1	1	0	1	1	0
1	1	0	1	0	1	0	0	1	0	0	1
1	1	0	1	1	0	0	1	0	0	1	0

:::: *Puzzle (769)* ::::

0	1	0	0	1	0	1	1	0	1	0	1
1	1	0	0	1	0	0	1	0	1	1	0
0	0	1	1	0	1	1	0	1	0	0	1
0	0	1	0	0	1	0	1	1	0	1	1
1	1	0	0	1	0	1	0	0	1	1	0
0	0	1	1	0	0	1	0	1	1	0	1
0	1	0	0	1	1	0	1	1	0	1	0
1	0	1	1	0	1	0	1	0	0	1	0
1	0	0	1	1	0	1	0	0	1	0	1
0	1	1	0	0	1	0	1	1	0	1	0
1	0	1	1	0	1	0	0	1	0	0	1
1	1	0	1	1	0	1	0	0	1	0	0

:::: *Puzzle (770)* ::::

0	0	1	0	0	1	0	1	1	0	1	1
0	0	1	0	1	0	1	1	0	1	0	1
1	1	0	1	0	0	1	0	1	0	1	0
0	0	1	0	1	1	0	0	1	1	0	1
0	0	1	0	1	0	1	1	0	0	1	1
1	1	0	1	0	1	0	0	1	0	1	0
0	1	0	1	1	0	1	0	0	1	0	1
1	0	1	0	0	1	0	1	1	0	1	0
1	1	0	1	1	0	0	1	0	1	0	0
0	1	0	0	1	0	1	0	1	0	1	1
1	0	1	1	0	1	0	1	0	1	0	0
1	1	0	1	0	1	1	0	0	1	0	0

:::: *Puzzle (771)* ::::

1	0	0	1	0	0	1	0	1	1	0	1
0	1	0	0	1	0	1	1	0	1	1	0
0	0	1	0	0	1	0	1	1	0	1	1
1	0	1	1	0	0	1	0	0	1	0	1
0	1	0	0	1	1	0	1	1	0	1	0
0	0	1	1	0	1	0	1	0	1	0	1
1	1	0	0	1	0	1	0	1	0	1	0
0	1	1	0	1	0	0	1	0	0	1	1
1	0	1	1	0	1	1	0	0	1	0	0
1	0	0	1	1	0	1	0	1	0	0	1
0	1	1	0	1	1	0	1	0	0	1	0
1	1	0	1	0	1	0	0	1	1	0	0

:::: *Puzzle (772)* ::::

0	0	1	0	0	1	1	0	1	1	0	1
0	0	1	0	1	0	1	1	0	0	1	1
1	1	0	1	0	1	0	0	1	1	0	0
0	0	1	0	1	0	1	1	0	1	0	1
0	0	1	1	0	1	0	1	1	0	1	0
1	1	0	0	1	0	1	0	1	0	1	0
0	1	0	1	0	1	0	1	0	1	0	1
1	0	1	0	0	1	0	0	1	0	1	1
1	1	0	1	1	0	1	0	0	1	0	0
0	1	0	1	1	0	0	1	0	1	1	0
1	0	1	0	0	1	1	0	1	0	0	1
1	1	0	1	1	0	0	1	0	0	1	0

:::: *Puzzle (773)* ::::

0	0	1	0	0	1	0	1	1	0	1	1
1	0	0	1	0	1	0	1	0	1	1	0
0	1	1	0	1	0	1	0	0	1	0	1
0	0	1	0	0	1	1	0	1	0	1	1
1	0	0	1	1	0	0	1	1	0	1	0
0	1	1	0	1	0	1	1	0	1	0	0
0	0	1	1	0	1	1	0	0	1	0	1
1	1	0	0	1	0	0	1	1	0	1	0
1	1	0	1	0	0	1	0	1	1	0	0
0	0	1	0	1	1	0	1	0	0	1	1
1	1	0	1	1	0	1	0	0	1	0	0
1	1	0	1	0	1	0	0	1	0	0	1

:::: *Puzzle (774)* ::::

0	0	1	0	0	1	0	1	1	0	1	1
0	0	1	0	1	0	1	1	0	1	1	0
1	1	0	1	0	0	1	0	0	1	0	1
0	0	1	0	1	1	0	1	1	0	0	1
0	1	1	0	1	0	0	1	0	1	1	0
1	0	0	1	0	1	1	0	1	1	0	0
0	1	0	1	1	0	1	0	1	0	0	1
1	0	1	0	1	1	0	1	0	0	1	0
1	1	0	1	0	0	1	0	0	1	1	0
0	0	1	1	0	0	1	0	1	1	0	1
1	1	0	0	1	1	0	1	0	0	1	0
1	1	0	1	0	1	0	0	1	0	0	1

:::: *Puzzle (775)* ::::

1	0	1	0	0	1	0	0	1	1	0	1
0	0	1	0	0	1	0	1	1	0	1	1
0	1	0	1	1	0	1	1	0	1	0	0
1	0	0	1	0	0	1	0	1	0	1	1
1	0	1	0	0	1	0	1	0	1	0	1
0	1	1	0	1	0	0	1	1	0	1	0
0	1	0	1	1	0	1	0	0	1	0	1
1	0	1	0	0	1	1	0	1	0	1	0
1	1	0	1	1	0	0	1	0	0	1	0
0	0	1	0	1	1	0	1	0	1	0	1
0	1	0	1	0	1	1	0	1	0	1	0
1	1	0	1	1	0	1	0	0	1	0	0

:::: *Puzzle (776)* ::::

1	0	1	0	0	1	0	0	1	0	1	1
1	0	0	1	0	1	1	0	0	1	0	1
0	1	1	0	1	0	0	1	1	0	1	0
0	0	1	1	0	0	1	1	0	0	1	1
1	0	0	1	0	1	1	0	1	1	0	0
0	1	1	0	1	0	0	1	0	0	1	1
0	1	0	0	1	0	1	0	1	1	0	1
1	0	1	1	0	1	1	0	0	1	0	0
0	1	0	0	1	1	0	1	1	0	1	0
0	0	1	0	1	0	1	0	1	1	0	1
1	1	0	1	0	1	0	1	0	1	0	0
1	1	0	1	1	0	0	1	0	0	1	0

:::: *Puzzle (777)* ::::

0	0	1	0	0	1	0	1	1	0	1	1
0	0	1	0	1	0	1	0	1	1	0	1
1	1	0	1	1	0	0	1	0	0	1	0
0	0	1	0	0	1	1	0	1	1	0	1
0	1	0	1	1	0	0	1	0	1	1	0
1	1	0	0	1	1	0	0	1	0	1	0
0	0	1	1	0	1	1	0	0	1	0	1
1	0	1	1	0	0	1	1	0	0	1	0
1	1	0	0	1	1	0	0	1	0	0	1
0	0	1	1	0	1	0	1	0	1	1	0
1	1	0	0	1	0	1	1	0	1	0	0
1	1	0	1	0	0	1	0	1	0	0	1

:::: *Puzzle (778)* ::::

0	0	1	0	0	1	0	1	1	0	1	1
1	1	0	0	1	0	1	0	0	1	1	0
0	0	1	1	0	0	1	0	1	1	0	1
0	0	1	0	1	1	0	1	0	0	1	1
1	1	0	0	1	0	0	1	1	0	1	0
0	0	1	1	0	1	1	0	1	1	0	0
0	1	0	0	1	0	1	1	0	0	1	1
1	0	1	1	0	1	0	0	1	0	0	1
1	1	0	1	0	0	1	1	0	1	0	0
0	1	0	0	1	1	0	1	0	0	1	1
1	0	1	1	0	1	0	0	1	1	0	0
1	1	0	1	1	0	1	0	0	1	0	0

:::: *Puzzle (779)* ::::

0	0	1	0	0	1	1	0	1	1	0	1
0	0	1	0	1	0	0	1	1	0	1	1
1	1	0	1	0	0	1	1	0	0	1	0
0	0	1	0	1	1	0	0	1	1	0	1
0	1	0	1	1	0	0	1	0	1	1	0
1	0	0	1	0	0	1	1	0	0	1	1
0	1	1	0	1	1	0	0	1	1	0	0
1	1	0	0	1	0	1	0	1	0	1	0
1	0	0	1	0	1	0	1	0	1	0	1
0	1	1	0	1	0	1	1	0	0	1	0
1	1	0	1	0	1	0	0	1	0	0	1
1	0	1	1	0	1	1	0	0	1	0	0

:::: *Puzzle (780)* ::::

1	0	0	1	0	0	1	1	0	1	1	0
0	0	1	0	0	1	1	0	1	1	0	1
0	1	0	1	1	0	0	1	1	0	0	1
1	0	1	0	0	1	0	1	0	1	1	0
0	0	1	0	0	1	1	0	1	0	1	1
0	1	0	1	1	0	1	0	1	0	0	1
1	0	1	0	1	0	0	1	0	1	1	0
0	1	0	1	0	1	0	1	1	0	1	0
1	1	0	0	1	0	1	0	0	1	0	1
1	0	1	1	0	1	0	0	1	0	0	1
0	1	1	0	1	1	0	1	0	0	1	0
1	1	0	1	1	0	1	0	0	1	0	0

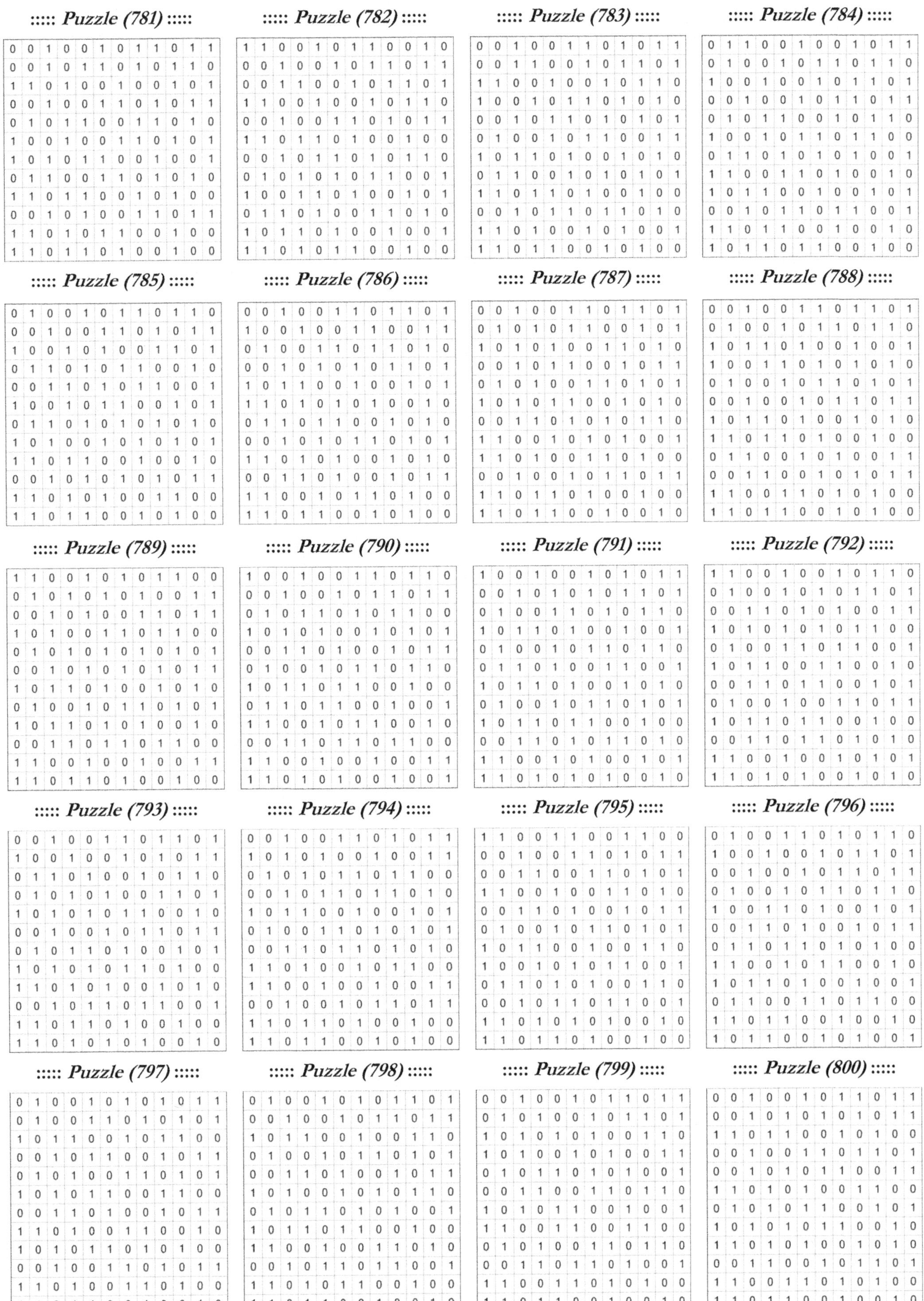

::::: *Puzzle (781)* :::::

0	0	1	0	0	1	0	1	1	0	1	1
0	0	1	0	1	1	0	1	0	1	1	0
1	1	0	1	0	0	1	0	0	1	0	1
0	0	1	0	0	1	1	0	1	0	1	1
0	1	0	1	1	0	0	1	1	0	1	0
1	0	0	1	0	0	1	1	0	1	0	1
1	0	1	0	1	1	0	0	1	0	0	1
0	1	1	0	0	1	1	0	1	0	1	0
1	1	0	1	1	0	0	1	0	1	0	0
0	0	1	0	1	0	0	1	1	0	1	1
1	1	0	1	0	1	1	0	0	1	0	0
1	1	0	1	1	0	1	0	0	1	0	0

::::: *Puzzle (782)* :::::

1	1	0	0	1	0	1	1	0	0	1	0
0	0	1	0	0	1	0	1	1	0	1	1
0	0	1	1	0	0	1	0	1	1	0	1
1	1	0	0	1	0	0	1	0	1	1	0
0	0	1	0	0	1	1	0	1	0	1	1
1	1	0	1	1	0	1	0	0	1	0	0
0	0	1	0	1	1	0	1	0	1	1	0
0	1	0	1	0	1	0	1	1	0	0	1
1	0	0	1	1	0	1	0	0	1	0	1
0	1	1	0	1	0	0	1	1	0	1	0
1	0	1	1	0	1	0	0	1	0	0	1
1	1	0	1	0	1	1	0	0	1	0	0

::::: *Puzzle (783)* :::::

0	0	1	0	0	1	1	0	1	0	1	1
0	0	1	1	0	0	1	0	1	1	0	1
1	1	0	0	1	0	0	1	0	1	1	0
1	0	0	1	0	1	1	0	1	0	1	0
0	0	1	0	1	1	0	1	0	1	0	1
0	1	0	0	1	0	1	1	0	0	1	1
1	0	1	1	0	1	0	0	1	0	1	0
0	1	1	0	0	1	0	1	0	1	0	1
1	1	0	1	1	0	1	0	0	1	0	0
0	0	1	0	1	1	0	1	1	0	1	0
1	1	0	1	0	0	1	0	1	0	0	1
1	1	0	1	1	0	0	1	0	1	0	0

::::: *Puzzle (784)* :::::

0	1	1	0	0	1	0	0	1	0	1	1
0	1	0	0	1	0	1	1	0	1	1	0
1	0	0	1	0	0	1	0	1	1	0	1
0	0	1	0	0	1	0	1	1	0	1	1
0	1	0	1	1	0	0	1	0	1	1	0
1	0	0	1	0	1	1	0	1	1	0	0
0	1	1	0	1	0	1	0	1	0	0	1
1	1	0	0	1	1	0	1	0	0	1	0
1	0	1	1	0	0	1	0	0	1	0	1
0	0	1	0	1	1	0	1	1	0	0	1
1	1	0	1	1	0	0	1	0	0	1	0
1	0	1	1	0	1	1	0	0	1	0	0

::::: *Puzzle (785)* :::::

0	1	0	0	1	0	1	1	0	1	1	0
0	0	1	0	0	1	1	0	1	0	1	1
1	0	0	1	0	1	0	0	1	1	0	1
0	1	1	0	1	0	1	1	0	0	1	0
0	0	1	1	0	1	0	1	1	0	0	1
1	0	0	1	0	1	1	0	0	1	0	1
0	1	1	0	1	0	1	0	1	0	1	0
1	0	1	0	0	1	0	1	0	1	0	1
1	1	0	1	1	0	0	1	0	0	1	0
0	0	1	0	1	0	1	0	1	0	1	1
1	1	0	1	0	1	0	0	1	1	0	0
1	1	0	1	1	0	0	1	0	1	0	0

::::: *Puzzle (786)* :::::

0	0	1	0	0	1	1	0	1	1	0	1
1	0	0	1	0	0	1	1	0	0	1	1
0	1	0	0	1	1	0	1	1	0	1	0
0	0	1	0	1	0	1	0	1	1	0	1
1	0	1	1	0	0	1	0	0	1	0	1
1	1	0	1	0	1	0	1	0	0	1	0
0	1	1	0	1	1	0	0	1	0	1	0
0	0	1	0	1	0	1	1	0	1	0	1
1	1	0	1	0	1	0	0	1	0	1	0
0	0	1	1	0	1	0	0	1	0	1	1
1	1	0	0	1	0	1	1	0	1	0	0
1	1	0	1	1	0	0	1	0	1	0	0

::::: *Puzzle (787)* :::::

0	0	1	0	0	1	1	0	1	1	0	1
0	1	0	1	0	1	1	0	0	1	0	1
1	0	1	0	1	0	0	1	1	0	1	0
0	0	1	0	1	1	0	0	1	0	1	1
0	1	0	1	0	0	1	1	0	1	0	1
1	0	1	0	1	1	0	0	1	0	1	0
0	0	1	1	0	1	0	1	0	1	1	0
1	1	0	0	1	0	1	0	1	0	0	1
1	1	0	1	0	0	1	1	0	1	0	0
0	0	1	0	0	1	0	1	1	0	1	1
1	1	0	1	1	0	1	0	0	1	0	0
1	1	0	1	1	0	0	1	0	0	1	0

::::: *Puzzle (788)* :::::

0	0	1	0	0	1	1	0	1	1	0	1
0	1	0	0	1	0	1	1	0	1	1	0
1	0	1	1	0	1	0	0	1	0	0	1
1	0	0	1	1	0	1	0	1	0	1	0
0	1	0	0	1	0	1	1	0	1	0	1
0	0	1	0	0	1	0	1	1	0	1	1
1	0	1	1	0	1	0	0	1	0	1	0
1	1	0	1	1	0	1	0	0	1	0	0
0	1	1	0	0	1	0	1	0	0	1	1
0	0	1	1	0	0	1	0	1	0	1	1
1	1	0	0	1	1	0	1	0	1	0	0
1	1	0	1	1	0	0	1	0	1	0	0

::::: *Puzzle (789)* :::::

1	1	0	0	1	0	1	0	1	1	0	0
0	1	0	1	0	1	0	1	0	0	1	1
0	0	1	0	1	0	0	1	1	0	1	1
1	0	1	0	0	1	1	0	1	1	0	0
0	1	0	1	0	1	0	1	0	1	0	1
0	0	1	0	1	0	1	0	1	0	1	1
1	0	1	1	0	1	0	0	1	0	1	0
0	1	0	0	1	0	1	1	0	1	0	1
1	0	1	1	0	1	0	1	0	0	1	0
0	0	1	1	0	1	1	0	1	1	0	0
1	1	0	0	1	0	0	1	0	0	1	1
1	1	0	1	1	0	1	0	0	1	0	0

::::: *Puzzle (790)* :::::

1	0	0	1	0	0	1	1	0	1	1	0
0	0	1	0	0	1	0	1	1	0	1	1
0	1	0	1	1	0	1	0	1	1	0	0
1	0	1	0	1	0	0	1	0	1	0	1
0	0	1	1	0	1	0	0	1	0	1	1
0	1	0	0	1	0	1	1	0	1	1	0
1	0	1	1	0	1	1	0	0	1	0	0
0	1	1	0	1	1	0	0	1	0	0	1
1	1	0	0	1	0	1	1	0	0	1	0
0	0	1	1	0	1	1	0	1	1	0	0
1	1	0	0	1	0	0	1	0	0	1	1
1	1	0	1	0	1	0	0	1	0	0	1

::::: *Puzzle (791)* :::::

1	0	0	1	0	0	1	0	1	0	1	1
0	0	1	0	1	0	1	0	1	1	0	1
0	1	0	0	1	1	0	1	0	1	1	0
1	0	1	1	0	1	0	0	1	0	0	1
0	1	0	0	1	0	1	1	0	1	1	0
0	1	1	0	1	0	0	1	1	0	0	1
1	0	1	1	0	1	0	0	1	0	1	0
0	1	0	0	1	0	1	1	0	1	0	1
1	0	1	1	0	1	1	0	0	1	0	0
0	0	1	1	0	1	0	1	1	0	1	0
1	1	0	0	1	0	1	0	0	1	0	1
1	1	0	1	0	1	0	1	0	0	1	0

::::: *Puzzle (792)* :::::

1	1	0	0	1	0	0	1	0	1	1	0
0	1	0	0	1	0	1	0	1	1	0	1
0	0	1	1	0	1	0	1	0	0	1	1
1	0	1	0	1	0	1	0	1	1	0	0
0	1	0	0	1	1	0	1	1	0	0	1
1	0	1	1	0	0	1	1	0	0	1	0
0	0	1	1	0	1	1	0	0	1	0	1
0	1	0	0	1	0	0	1	1	0	1	1
1	0	1	1	0	1	1	0	0	1	0	0
0	0	1	1	0	1	1	0	1	0	1	0
1	1	0	0	1	0	0	1	0	1	0	1
1	1	0	1	0	1	0	0	1	0	1	0

::::: *Puzzle (793)* :::::

0	0	1	0	0	1	1	0	1	1	0	1
1	0	0	1	0	0	1	0	1	0	1	1
0	1	1	0	1	0	0	1	0	1	1	0
0	1	0	1	0	1	0	0	1	1	0	1
1	0	1	0	1	0	1	1	0	0	1	0
0	0	1	0	0	1	0	1	1	0	1	1
0	1	0	1	1	0	1	0	0	1	0	1
1	0	1	0	1	0	1	1	0	1	0	0
1	1	0	1	0	1	0	0	1	0	1	0
0	0	1	0	1	1	0	1	1	0	0	1
1	1	0	1	1	0	1	0	0	1	0	0
1	1	0	1	0	1	0	1	0	0	1	0

::::: *Puzzle (794)* :::::

0	0	1	0	0	1	1	0	1	0	1	1
1	0	1	0	1	0	0	1	0	0	1	1
0	1	0	1	0	1	1	0	1	1	0	0
0	0	1	0	1	1	0	1	1	0	1	0
1	0	1	1	0	0	1	0	0	1	0	1
0	1	0	0	1	1	0	1	0	1	0	1
0	0	1	1	0	1	1	0	1	0	1	0
1	1	0	1	0	0	1	0	1	1	0	0
1	1	0	0	1	0	0	1	0	0	1	1
0	0	1	0	0	1	0	1	1	0	1	1
1	1	0	1	1	0	1	0	0	1	0	0
1	1	0	1	1	0	0	1	0	1	0	0

::::: *Puzzle (795)* :::::

1	1	0	0	1	1	0	0	1	1	0	0
0	0	1	0	0	1	1	0	1	0	1	1
0	0	1	1	0	0	1	1	0	1	0	1
1	1	0	0	1	0	0	1	1	0	1	0
0	0	1	1	0	1	0	0	1	0	1	1
0	1	0	0	1	0	1	1	0	1	0	1
1	0	1	1	0	0	1	0	0	1	1	0
1	0	0	1	0	1	0	1	1	0	0	1
0	1	1	0	1	0	1	0	0	1	1	0
0	0	1	0	1	1	0	1	1	0	0	1
1	1	0	1	0	1	0	1	0	0	1	0
1	1	0	1	1	0	1	0	0	1	0	0

::::: *Puzzle (796)* :::::

0	1	0	0	1	1	0	1	0	1	1	0
1	0	0	1	0	0	1	0	1	1	0	1
0	0	1	0	0	1	0	1	1	0	1	1
0	1	0	0	1	0	1	1	0	1	1	0
1	0	0	1	1	0	1	0	0	1	0	1
0	0	1	1	0	1	0	0	1	0	1	1
0	1	1	0	1	1	0	1	0	1	0	0
1	1	0	0	1	0	1	1	0	0	1	0
1	0	1	1	0	1	0	0	1	0	0	1
0	1	1	0	0	1	1	0	1	1	0	0
1	1	0	1	1	0	0	1	0	0	1	0
1	0	1	1	0	0	1	0	1	0	0	1

::::: *Puzzle (797)* :::::

0	1	0	0	1	0	1	0	1	0	1	1
0	1	0	0	1	1	0	1	0	1	0	1
1	0	1	1	0	0	1	0	1	1	0	0
0	0	1	0	1	1	0	0	1	0	1	1
0	1	0	1	0	0	1	1	0	1	0	1
1	0	1	0	1	1	0	0	1	1	0	0
0	0	1	1	0	1	0	0	1	0	1	1
1	1	0	1	0	0	1	1	0	0	1	0
1	0	1	0	1	1	0	1	0	1	0	0
0	0	1	0	0	1	1	0	1	0	1	1
1	1	0	1	0	0	1	1	0	1	0	0
1	1	0	1	1	0	0	1	0	0	1	0

::::: *Puzzle (798)* :::::

0	1	0	0	1	0	1	0	1	1	0	1
0	0	1	0	0	1	0	1	1	0	1	1
1	0	1	1	0	0	1	0	0	1	1	0
0	1	0	0	1	0	1	1	0	1	0	1
0	0	1	1	0	1	0	0	1	0	1	1
1	0	1	0	0	1	0	1	0	1	1	0
0	1	0	1	1	0	1	0	1	0	0	1
1	0	1	1	0	1	1	0	0	1	0	0
1	1	0	0	1	0	0	1	1	0	1	0
0	0	1	0	1	1	0	1	1	0	0	1
1	1	0	1	0	1	1	0	0	1	0	0
1	1	0	1	1	0	0	1	0	0	1	0

::::: *Puzzle (799)* :::::

0	0	1	0	0	1	0	1	1	0	1	1
0	1	0	1	0	0	1	0	1	1	0	1
1	0	1	0	1	0	1	0	0	1	1	0
1	0	1	0	0	1	0	1	0	0	1	1
0	1	0	1	1	0	1	0	1	0	0	1
0	0	1	1	0	0	1	1	0	1	1	0
1	0	1	0	1	1	0	0	1	0	0	1
1	1	0	0	1	1	0	0	1	1	0	0
0	1	0	1	0	0	1	1	0	1	1	0
0	0	1	1	0	1	1	0	1	0	0	1
1	1	0	0	1	1	0	1	0	1	0	0
1	1	0	1	1	0	0	1	0	0	1	0

::::: *Puzzle (800)* :::::

0	0	1	0	0	1	0	1	1	0	1	1
0	0	1	0	1	0	1	0	1	0	1	1
1	1	0	1	1	0	0	1	0	1	0	0
0	0	1	0	0	1	1	0	1	1	0	1
0	0	1	0	1	0	1	1	0	0	1	1
1	1	0	1	0	1	0	0	1	1	0	0
0	1	0	1	0	1	1	0	0	1	0	1
1	0	1	0	1	0	1	1	0	0	1	0
1	1	0	1	0	1	0	0	1	0	1	0
0	0	1	1	0	0	1	0	1	1	0	1
1	1	0	0	1	1	0	1	0	1	0	0
1	1	0	1	1	0	0	1	0	0	1	0

::::: Puzzle (801) :::::

0	1	0	0	1	0	1	1	0	1	0	1
0	0	1	0	0	1	0	1	1	0	1	1
1	0	0	1	0	1	1	0	0	1	1	0
0	1	1	0	1	0	0	1	1	0	0	1
0	0	1	1	0	0	1	0	1	0	1	1
1	0	0	1	0	1	0	1	0	1	1	0
0	1	1	0	1	0	1	1	0	1	0	0
1	0	1	0	1	1	0	0	1	0	0	1
1	1	0	1	0	1	0	0	1	0	1	0
0	0	1	1	0	0	1	1	0	1	0	1
1	1	0	0	1	1	0	0	1	0	1	0
1	1	0	1	1	0	1	0	0	1	0	0

::::: Puzzle (802) :::::

0	0	1	0	0	1	0	1	1	0	1	1
0	0	1	0	0	1	1	0	1	1	0	1
1	1	0	1	1	0	0	1	0	1	0	0
1	0	0	1	0	1	0	0	1	0	1	1
0	0	1	0	0	1	1	0	1	0	1	1
0	1	0	1	1	0	1	1	0	1	0	0
1	0	1	0	1	0	0	1	1	0	1	0
0	1	1	0	0	1	1	0	0	1	0	1
1	1	0	1	1	0	1	0	0	1	0	0
0	0	1	0	1	1	0	1	1	0	1	0
1	1	0	1	0	0	1	0	0	1	0	1
1	1	0	1	1	0	0	1	0	0	1	0

::::: Puzzle (803) :::::

1	0	0	1	0	0	1	0	1	1	0	1
0	0	1	0	0	1	1	0	1	0	1	1
1	1	0	0	1	1	0	1	0	1	0	0
0	0	1	1	0	0	1	1	0	1	1	0
0	0	1	0	1	1	0	0	1	0	1	1
1	1	0	1	0	0	1	1	0	1	0	0
0	0	1	1	0	1	1	0	0	1	1	0
0	1	1	0	1	1	0	0	1	0	0	1
1	1	0	0	1	0	0	1	1	0	1	0
0	0	1	1	0	1	1	0	0	1	0	1
1	1	0	0	1	0	0	1	1	0	0	1
1	1	0	1	1	0	0	1	0	0	1	0

::::: Puzzle (804) :::::

0	0	1	0	1	0	0	1	1	0	1	1
1	0	0	1	0	0	1	0	1	1	0	1
0	1	1	0	0	1	0	1	0	1	1	0
0	1	0	1	1	0	1	1	0	0	1	0
1	0	1	1	0	1	0	0	1	0	0	1
0	1	1	0	0	1	1	0	0	1	1	0
0	1	0	1	1	0	1	1	0	1	0	0
1	0	1	0	0	1	0	1	1	0	0	1
1	1	0	0	1	0	1	0	0	1	1	0
0	0	1	1	0	1	1	0	0	1	0	1
1	0	0	1	1	0	0	1	1	0	1	0
1	1	0	0	1	1	0	0	1	0	0	1

::::: Puzzle (805) :::::

0	0	1	0	0	1	1	0	1	1	0	1
1	0	0	1	1	0	0	1	0	1	1	0
0	1	0	0	1	0	0	1	1	0	1	1
0	0	1	1	0	1	1	0	0	1	0	1
1	1	0	0	1	1	0	0	1	0	1	0
0	0	1	1	0	0	1	1	0	0	1	1
1	0	1	1	0	0	1	0	1	1	0	0
1	1	0	0	1	1	0	1	0	0	1	0
0	1	0	1	0	0	1	0	1	1	0	1
1	0	1	1	0	1	1	0	0	1	0	0
0	1	1	0	1	1	0	1	0	0	1	0
1	1	0	0	1	0	0	1	1	0	0	1

::::: Puzzle (806) :::::

0	0	1	0	1	1	0	1	1	0	1	0
0	1	0	0	1	0	1	0	1	1	0	1
1	0	0	1	0	0	1	1	0	1	1	0
0	0	1	0	1	1	0	0	1	0	1	1
0	1	0	1	0	1	1	0	1	1	0	0
1	0	1	0	1	0	0	1	0	0	1	1
0	1	1	0	1	1	0	1	0	1	0	0
1	1	0	1	0	0	1	0	1	0	0	1
1	0	0	1	0	1	0	1	0	1	1	0
0	1	1	0	1	0	1	1	0	0	1	0
1	1	0	1	0	1	0	0	1	0	0	1
1	0	1	1	0	0	1	0	0	1	0	1

::::: Puzzle (807) :::::

1	0	0	1	0	0	1	1	0	0	1	1
0	0	1	0	0	1	0	1	1	0	1	1
0	1	1	0	1	1	0	0	1	1	0	0
1	0	0	1	1	0	1	1	0	1	0	0
0	0	1	0	0	1	1	0	1	0	1	1
0	1	1	0	1	1	0	1	0	1	0	0
1	0	0	1	1	0	0	1	1	0	0	1
1	1	0	1	0	0	1	0	0	1	1	0
0	1	1	0	1	1	0	0	1	0	0	1
0	0	1	1	0	0	1	1	0	1	1	0
1	1	0	0	1	0	1	0	0	1	1	0
1	1	0	1	0	1	0	0	1	0	0	1

::::: Puzzle (808) :::::

1	0	0	1	0	1	0	1	0	1	1	0
0	0	1	0	0	1	0	1	1	0	1	1
0	1	0	0	1	0	1	0	1	1	0	1
1	0	1	1	0	0	1	0	0	1	1	0
0	0	1	0	1	1	0	1	1	0	0	1
0	1	0	1	0	1	1	0	1	1	0	0
1	0	1	0	1	0	0	1	0	0	1	1
0	1	1	0	0	1	1	0	1	0	0	1
1	1	0	1	1	0	0	1	0	1	0	0
0	0	1	0	0	1	1	0	1	0	1	1
1	1	0	1	1	0	1	0	0	1	0	0
1	1	0	1	1	0	0	1	0	0	1	0

::::: Puzzle (809) :::::

1	0	1	0	0	1	0	0	1	1	0	1
0	1	0	1	1	0	1	0	0	1	1	0
0	0	1	0	0	1	0	1	1	0	1	1
1	0	0	1	0	0	1	0	1	1	0	1
0	1	1	0	1	0	1	1	0	0	1	0
0	1	0	0	1	1	0	1	0	0	1	1
1	0	1	1	0	0	1	0	1	1	0	0
1	0	1	0	0	1	0	1	1	0	0	1
0	1	0	1	1	0	1	1	0	0	1	0
0	0	1	0	1	1	0	0	1	1	0	1
1	1	0	1	0	1	0	1	0	0	1	0
1	1	0	1	1	0	1	0	0	1	0	0

::::: Puzzle (810) :::::

1	0	0	1	0	0	1	1	0	1	1	0
0	0	1	0	0	1	0	1	1	0	1	1
0	1	0	0	1	0	1	0	1	1	0	1
1	0	1	1	0	0	1	1	0	0	1	0
0	0	1	1	0	1	0	0	1	0	1	1
0	1	0	0	1	0	1	1	0	1	0	1
1	0	1	0	1	1	0	0	1	0	1	0
1	1	0	1	0	1	0	1	0	1	0	0
0	1	1	0	1	0	1	0	1	0	0	1
0	0	1	1	0	1	0	1	0	1	1	0
1	1	0	0	1	1	0	0	1	0	0	1
1	1	0	1	1	0	1	0	0	1	0	0

::::: Puzzle (811) :::::

0	0	1	0	0	1	0	1	1	0	1	1
1	0	0	1	0	0	1	0	1	1	0	1
0	1	1	0	1	0	0	1	0	1	1	0
0	0	1	1	0	1	1	0	1	0	0	1
1	1	0	0	1	0	0	1	1	0	0	1
1	0	1	0	1	0	1	0	0	1	1	0
0	0	1	1	0	1	1	0	0	1	0	1
0	1	0	0	1	1	0	1	1	0	1	0
1	1	0	1	0	0	1	1	0	0	1	0
0	0	1	0	1	1	0	0	1	1	0	1
1	1	0	1	0	1	0	1	0	0	1	0
1	1	0	1	1	0	1	0	0	1	0	0

::::: Puzzle (812) :::::

0	1	0	0	1	0	1	0	1	0	1	1
0	1	0	0	1	0	1	0	1	1	0	1
1	0	1	1	0	1	0	1	0	0	1	0
0	0	1	0	0	1	1	0	1	1	0	1
0	1	0	0	1	0	0	1	1	0	1	1
1	0	1	1	0	1	1	0	0	1	0	0
0	1	0	1	0	1	0	1	1	0	1	0
1	0	1	0	1	0	0	1	0	1	0	1
1	1	0	1	0	0	1	0	0	1	1	0
0	0	1	1	0	1	1	0	1	0	0	1
1	0	1	0	1	1	0	1	0	0	1	0
1	1	0	1	1	0	0	1	0	1	0	0

::::: Puzzle (813) :::::

1	1	0	0	1	0	0	1	0	1	0	1
1	0	0	1	0	1	1	0	1	0	1	0
0	0	1	0	0	1	1	0	1	1	0	1
1	1	0	0	1	0	0	1	0	1	1	0
0	0	1	1	0	1	1	0	1	0	0	1
0	0	1	0	0	1	0	1	1	0	1	1
1	1	0	1	1	0	1	0	0	1	0	0
0	0	1	1	0	0	1	1	0	1	1	0
0	1	1	0	1	1	0	0	1	0	0	1
1	0	0	1	1	0	0	1	1	0	0	1
0	1	1	0	0	1	1	0	0	1	1	0
1	1	0	1	1	0	0	1	0	0	1	0

::::: Puzzle (814) :::::

0	0	1	0	0	1	0	1	1	0	1	1
1	0	0	1	0	0	1	0	1	1	0	1
0	1	1	0	1	0	0	1	0	1	1	0
0	1	0	0	1	1	0	0	1	0	1	1
1	0	1	1	0	0	1	0	0	1	0	1
0	0	1	0	1	1	0	1	1	0	1	0
0	1	0	1	0	1	1	0	1	0	0	1
1	1	0	0	1	0	1	1	0	1	0	0
1	0	1	1	0	1	0	1	0	0	1	0
0	0	1	1	0	1	0	0	1	1	0	1
1	1	0	0	1	0	1	1	0	0	1	0
1	1	0	1	1	0	1	0	0	1	0	0

::::: Puzzle (815) :::::

0	1	0	0	1	0	1	0	1	1	0	1
1	1	0	0	1	1	0	1	0	0	1	0
1	0	1	1	0	0	1	0	1	1	0	0
0	0	1	0	0	1	0	1	1	0	1	1
0	1	0	0	1	1	0	1	0	1	0	1
1	0	1	1	0	0	1	0	0	1	1	0
0	0	1	0	1	1	0	1	1	0	1	0
0	1	0	1	0	1	1	0	0	1	0	1
1	0	1	1	0	0	1	0	1	0	0	1
0	0	1	0	1	1	0	1	0	1	1	0
1	1	0	1	1	0	0	1	0	0	1	0
1	1	0	1	0	0	1	0	1	0	0	1

::::: Puzzle (816) :::::

0	1	0	0	1	0	1	0	1	1	0	1
1	0	1	1	0	1	0	1	0	1	0	0
0	0	1	0	0	1	1	0	1	0	1	1
0	1	0	1	1	0	0	1	0	1	0	1
1	0	1	0	1	0	1	0	0	1	1	0
0	0	1	0	0	1	0	1	1	0	1	1
1	1	0	1	0	0	1	0	1	0	0	1
0	0	1	0	1	1	0	1	0	1	1	0
1	1	0	1	0	0	1	0	1	0	1	0
0	0	1	0	1	1	0	1	1	0	0	1
1	1	0	1	1	0	1	0	0	1	0	0
1	1	0	1	0	1	0	1	0	0	1	0

::::: Puzzle (817) :::::

1	0	0	1	0	0	1	1	0	1	1	0
0	1	0	0	1	1	0	0	1	1	0	1
0	0	1	0	1	0	0	1	1	0	1	1
1	0	0	1	0	1	1	0	0	1	1	0
0	1	1	0	0	1	0	1	1	0	0	1
0	0	1	0	1	0	1	0	1	0	1	1
1	1	0	1	1	0	0	1	0	1	0	0
0	0	1	1	0	1	1	0	1	0	0	1
1	1	0	0	1	0	1	1	0	0	1	0
0	1	1	0	0	1	0	1	0	1	0	1
1	0	1	1	0	1	0	0	1	0	1	0
1	1	0	1	1	0	1	0	0	1	0	0

::::: Puzzle (818) :::::

1	0	0	1	0	0	1	0	1	0	1	1
0	0	1	0	0	1	1	0	1	1	0	1
0	1	0	0	1	1	0	1	0	1	1	0
1	1	0	1	0	0	1	0	1	0	1	0
0	0	1	0	1	1	0	1	1	0	0	1
0	0	1	1	0	1	1	0	0	1	1	0
1	1	0	0	1	0	0	1	0	0	1	1
0	0	1	1	0	1	0	1	1	0	0	1
1	1	0	1	1	0	1	0	0	1	0	0
1	0	1	0	1	0	0	1	0	1	1	0
0	1	1	0	0	1	1	0	1	0	0	1
1	1	0	1	1	0	0	1	0	1	0	0

::::: Puzzle (819) :::::

0	1	0	0	1	0	0	1	1	0	1	1
1	0	1	0	0	1	1	0	1	0	0	1
0	0	1	1	0	0	1	1	0	1	1	0
1	1	0	0	1	1	0	0	1	1	0	0
0	0	1	0	1	0	0	1	1	0	1	1
1	0	0	1	0	0	1	1	0	0	1	1
0	1	1	0	1	1	0	0	1	1	0	0
0	0	1	1	0	1	1	0	0	1	0	1
1	1	0	1	0	0	1	1	0	0	1	0
0	0	1	0	1	1	0	0	1	0	1	1
1	1	0	1	0	1	0	1	0	1	0	0
1	1	0	1	1	0	1	0	0	1	0	0

::::: Puzzle (820) :::::

0	0	1	0	0	1	0	1	1	0	1	1
0	0	1	1	0	0	1	1	0	1	1	0
1	1	0	0	1	1	0	0	1	0	0	1
0	1	0	1	1	0	1	0	0	1	1	0
0	0	1	1	0	0	1	1	0	1	0	1
1	0	1	0	1	1	0	0	1	0	1	0
0	1	0	0	1	0	1	0	1	1	0	1
1	0	1	1	0	1	0	1	0	0	1	0
1	1	0	0	1	0	1	1	0	1	0	0
0	0	1	0	0	1	1	0	1	0	1	1
1	1	0	1	1	0	0	1	0	1	0	0
1	1	0	1	0	1	0	0	1	0	0	1

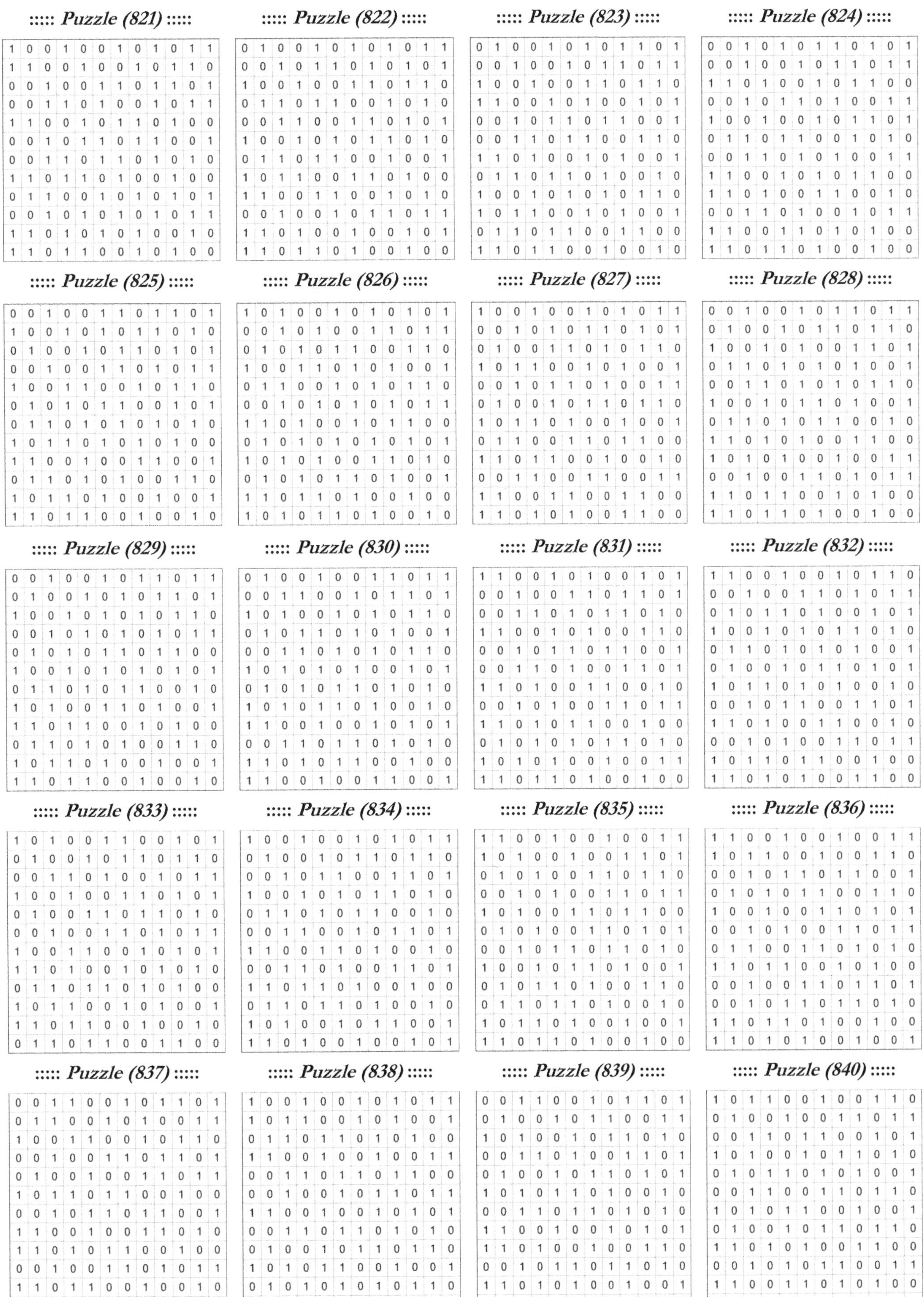

::::: Puzzle (821) :::::

1	0	0	1	0	0	1	0	1	0	1	1
1	1	0	0	1	0	0	1	0	1	1	0
0	0	1	0	0	1	1	0	1	1	0	1
0	0	1	1	0	1	0	0	1	0	1	1
1	1	0	0	1	0	1	1	0	1	0	0
0	0	1	0	1	1	0	1	1	0	0	1
0	0	1	1	0	1	1	0	1	0	1	0
1	1	0	1	1	0	1	0	0	1	0	0
0	1	1	0	0	1	0	1	0	1	0	1
0	0	1	0	1	0	1	0	1	0	1	1
1	1	0	1	0	1	0	1	0	0	1	0
1	1	0	1	1	0	0	1	0	1	0	0

::::: Puzzle (822) :::::

0	1	0	0	1	0	1	0	1	0	1	1
0	0	1	0	1	1	0	1	0	1	0	1
1	0	0	1	0	0	1	1	0	1	1	0
0	1	1	0	1	1	0	0	1	0	1	0
0	0	1	1	0	0	1	1	0	1	0	1
1	0	0	1	0	1	0	1	1	0	1	0
0	1	1	0	1	1	0	0	1	0	0	1
1	0	1	1	0	0	1	1	0	1	0	0
1	1	0	0	1	1	0	0	1	0	1	0
0	0	1	0	0	1	0	1	1	0	1	1
1	1	0	1	0	0	1	0	0	1	0	1
1	1	0	1	1	0	1	0	0	1	0	0

::::: Puzzle (823) :::::

0	1	0	0	1	0	1	0	1	1	0	1
0	0	1	0	0	1	0	1	1	0	1	1
1	0	0	1	0	0	1	1	0	1	1	0
1	1	0	0	1	0	1	0	0	1	0	1
0	0	1	0	1	1	0	1	1	0	0	1
0	0	1	1	0	1	1	0	0	1	1	0
1	1	0	1	0	0	1	0	1	0	0	1
0	1	1	0	1	1	0	1	0	0	1	0
1	0	0	1	0	1	0	1	0	1	1	0
1	0	1	1	0	0	1	0	1	0	0	1
0	1	1	0	1	1	0	0	1	1	0	0
1	1	0	1	1	0	0	1	0	0	1	0

::::: Puzzle (824) :::::

0	0	1	0	1	0	1	1	0	1	0	1
0	0	1	0	0	1	0	1	1	0	1	1
1	1	0	1	0	0	1	0	1	1	0	0
0	0	1	0	1	1	0	1	0	0	1	1
1	0	0	1	0	0	1	0	1	1	0	1
0	1	1	0	1	1	0	0	1	0	1	0
0	0	1	1	0	1	0	1	0	0	1	1
1	1	0	0	1	0	1	0	1	1	0	0
1	1	0	1	0	0	1	1	0	0	1	0
0	0	1	1	0	1	0	0	1	0	1	1
1	1	0	0	1	1	0	1	0	1	0	0
1	1	0	1	1	0	1	0	0	1	0	0

::::: Puzzle (825) :::::

0	0	1	0	0	1	1	0	1	1	0	1
1	0	0	1	0	1	0	1	1	0	1	0
0	1	0	0	1	0	1	1	0	1	0	1
0	0	1	0	0	1	1	0	1	0	1	1
1	0	0	1	1	0	0	1	0	1	1	0
0	1	0	1	0	1	1	0	0	1	0	1
0	1	1	0	1	0	1	0	1	0	1	0
1	0	1	1	0	1	0	1	0	1	0	0
1	1	0	0	1	0	0	1	1	0	0	1
0	1	1	0	1	0	1	0	0	1	1	0
1	0	1	1	0	1	0	0	1	0	0	1
1	1	0	1	1	0	0	1	0	0	1	0

::::: Puzzle (826) :::::

1	0	1	0	0	1	0	1	0	1	0	1
0	0	1	0	1	0	0	1	1	0	1	1
0	1	0	1	0	1	1	0	0	1	1	0
1	0	0	1	1	0	1	0	1	0	0	1
0	1	1	0	0	1	0	1	0	1	1	0
0	0	1	0	1	0	1	0	1	0	1	1
1	1	0	1	0	0	1	0	1	1	0	0
0	1	0	1	0	1	0	1	0	1	0	1
1	0	1	0	1	0	0	1	1	0	1	0
0	1	0	1	0	1	1	0	1	0	0	1
1	1	0	1	1	0	1	0	0	1	0	0
1	0	1	0	1	1	0	1	0	0	1	0

::::: Puzzle (827) :::::

1	0	0	1	0	0	1	0	1	0	1	1
0	0	1	0	1	0	1	1	0	1	0	1
0	1	0	0	1	1	0	1	0	1	1	0
1	0	1	1	0	0	1	0	1	0	0	1
0	0	1	0	1	1	0	1	0	0	1	1
0	1	0	0	1	0	1	1	0	1	1	0
1	0	1	1	0	1	0	0	1	0	0	1
0	1	1	0	0	1	1	0	1	1	0	0
1	1	0	1	1	0	0	1	0	0	1	0
0	0	1	1	0	0	1	1	0	0	1	1
1	1	0	0	1	1	0	0	1	1	0	0
1	1	0	1	0	1	0	0	1	1	0	0

::::: Puzzle (828) :::::

0	0	1	0	0	1	0	1	1	0	1	1
0	1	0	0	1	0	1	1	0	1	1	0
1	0	0	1	0	1	0	0	1	1	0	1
0	1	1	0	1	0	1	0	1	0	0	1
0	0	1	1	0	1	0	1	0	1	1	0
1	0	0	1	0	1	1	0	1	0	0	1
0	1	1	0	1	0	1	1	0	0	1	0
1	1	0	1	0	1	0	0	1	1	0	0
1	0	1	0	1	0	0	1	0	0	1	1
0	0	1	0	0	1	1	0	1	0	1	1
1	1	0	1	1	0	0	1	0	1	0	0
1	1	0	1	1	0	1	0	0	1	0	0

::::: Puzzle (829) :::::

0	0	1	0	0	1	0	1	1	0	1	1
0	1	0	0	1	0	1	0	1	1	0	1
1	0	0	1	0	1	0	1	0	1	1	0
0	0	1	0	1	0	1	0	1	0	1	1
0	1	0	1	0	1	1	0	1	1	0	0
1	0	0	1	0	1	0	1	0	1	0	1
0	1	1	0	1	0	1	1	0	0	1	0
1	0	1	0	0	1	1	0	1	0	0	1
1	1	0	1	1	0	0	1	0	1	0	0
0	1	1	0	1	0	1	0	0	1	1	0
1	0	1	1	0	1	0	0	1	0	0	1
1	1	0	1	1	0	0	1	0	0	1	0

::::: Puzzle (830) :::::

0	1	0	0	1	0	0	1	1	0	1	1
0	0	1	1	0	0	1	0	1	1	0	1
1	0	1	0	0	1	0	1	0	1	1	0
0	1	0	1	1	0	1	0	1	0	0	1
0	0	1	1	0	1	0	1	0	1	1	0
1	0	1	0	1	0	1	0	0	1	0	1
0	1	0	1	0	1	1	0	1	0	1	0
1	0	1	0	1	1	0	1	0	0	1	0
1	1	0	0	1	0	0	1	0	1	0	1
0	0	1	1	0	1	1	0	1	0	1	0
1	1	0	1	0	1	1	0	0	1	0	0
1	1	0	0	1	0	0	1	1	0	0	1

::::: Puzzle (831) :::::

1	1	0	0	1	0	1	0	0	1	0	1
0	0	1	0	0	1	1	0	1	1	0	1
0	0	1	1	0	1	0	1	1	0	1	0
1	1	0	0	1	0	1	0	0	1	1	0
0	0	1	0	1	1	0	1	1	0	0	1
0	0	1	1	0	1	0	0	1	1	0	1
1	1	0	1	0	0	1	1	0	0	1	0
0	0	1	0	1	0	0	1	1	0	1	1
1	1	0	1	0	1	1	0	0	1	0	0
0	1	0	1	0	1	0	1	1	0	1	0
1	0	1	0	1	0	0	1	0	0	1	1
1	1	0	1	1	0	1	0	0	1	0	0

::::: Puzzle (832) :::::

1	1	0	0	1	0	0	1	0	1	1	0
0	0	1	0	0	1	1	0	1	0	1	1
0	1	0	1	1	0	1	0	0	1	0	1
1	0	0	1	0	1	0	1	1	0	1	0
0	1	1	0	1	0	1	0	1	0	0	1
0	1	0	0	1	0	1	1	0	1	0	1
1	0	1	1	0	1	0	1	0	0	1	0
0	0	1	0	1	1	0	0	1	1	0	1
1	1	0	1	0	0	1	1	0	0	1	0
0	0	1	0	1	0	0	1	1	0	1	1
1	0	1	1	0	1	1	0	0	1	0	0
1	1	0	1	0	1	0	0	1	1	0	0

::::: Puzzle (833) :::::

1	0	1	0	0	1	1	0	0	1	0	1
0	1	0	0	1	0	1	1	0	1	1	0
0	0	1	1	0	1	0	0	1	0	1	1
1	0	0	1	0	0	1	1	0	1	0	1
0	1	0	0	1	1	0	1	1	0	1	0
0	0	1	0	0	1	1	0	1	0	1	1
1	0	0	1	1	0	0	1	0	1	0	1
1	1	0	1	0	0	1	0	1	0	1	0
0	1	1	0	1	1	0	1	0	1	0	0
1	0	1	1	0	0	1	0	1	0	0	1
1	1	0	1	1	0	0	1	0	0	1	0
0	1	1	0	1	1	0	0	1	1	0	0

::::: Puzzle (834) :::::

1	0	0	1	0	0	1	0	1	0	1	1
0	1	0	0	1	0	1	1	0	1	1	0
0	0	1	0	1	1	0	0	1	1	0	1
1	0	0	1	0	1	0	1	1	0	1	0
0	1	1	0	1	0	1	1	0	0	1	0
0	0	1	1	0	0	1	0	1	1	0	1
1	1	0	0	1	1	0	1	0	0	1	0
0	0	1	1	0	1	0	0	1	1	0	1
1	1	0	1	1	0	1	0	0	1	0	0
0	1	1	0	1	1	0	1	0	0	1	0
1	0	1	0	0	1	0	1	1	0	0	1
1	1	0	1	0	0	1	0	0	1	0	1

::::: Puzzle (835) :::::

1	1	0	0	1	0	0	1	0	0	1	1
1	0	1	0	0	1	0	0	1	1	0	1
0	1	0	1	0	0	1	1	0	1	1	0
0	0	1	0	1	0	0	1	1	0	1	1
1	0	1	0	0	1	1	0	1	1	0	0
0	1	0	1	0	0	1	1	0	1	0	1
0	0	1	0	1	1	0	1	1	0	1	0
1	0	0	1	0	1	1	0	1	0	0	1
0	1	0	1	1	0	1	0	0	1	1	0
0	1	1	0	1	1	0	1	0	0	1	0
1	0	1	1	0	1	0	0	1	0	0	1
1	1	0	1	1	0	1	0	0	1	0	0

::::: Puzzle (836) :::::

1	1	0	0	1	0	0	1	0	0	1	1
1	0	1	1	0	0	1	0	0	1	1	0
0	0	1	0	1	1	0	1	1	0	0	1
0	1	0	1	0	1	1	0	0	1	1	0
1	0	0	1	0	0	1	1	0	1	0	1
0	0	1	0	1	0	0	1	1	0	1	1
0	1	1	0	0	1	1	0	1	0	1	0
1	1	0	1	1	0	0	1	0	1	0	0
0	0	1	0	0	1	1	0	1	1	0	1
0	0	1	0	1	1	0	1	1	0	1	0
1	1	0	1	1	0	1	0	0	1	0	0
1	1	0	1	0	1	0	0	1	0	0	1

::::: Puzzle (837) :::::

0	0	1	1	0	0	1	0	1	1	0	1
0	1	1	0	0	1	0	1	0	0	1	1
1	0	0	1	1	0	0	1	0	1	1	0
0	0	1	0	0	1	1	0	1	1	0	1
0	1	0	0	1	0	0	1	1	0	1	1
1	0	1	1	0	1	1	0	0	1	0	0
0	0	1	0	1	1	0	1	1	0	0	1
1	1	0	0	1	0	0	1	1	0	1	0
1	1	0	1	0	1	1	0	0	1	0	0
0	0	1	0	0	1	1	0	1	0	1	1
1	1	0	1	1	0	0	1	0	0	1	0
1	1	0	1	1	0	1	0	0	1	0	0

::::: Puzzle (838) :::::

1	0	0	1	0	0	1	0	1	0	1	1
1	0	1	1	0	0	1	0	1	0	0	1
0	1	1	0	1	1	0	1	0	1	0	0
1	1	0	0	1	0	0	1	0	0	1	1
0	0	1	1	0	1	1	0	1	1	0	0
0	0	1	0	0	1	0	1	1	0	1	1
1	1	0	0	1	0	0	1	0	1	0	1
0	0	1	1	0	1	1	0	1	0	1	0
0	1	0	0	1	0	1	1	0	1	1	0
1	0	1	0	1	1	0	0	1	0	0	1
0	1	0	1	0	1	0	1	0	1	1	0
1	1	0	1	1	0	1	0	0	1	0	0

::::: Puzzle (839) :::::

0	0	1	1	0	0	1	0	1	1	0	1
0	1	0	0	1	0	1	1	0	0	1	1
1	0	1	0	0	1	0	1	1	0	1	0
0	0	1	1	0	1	0	0	1	1	0	1
0	1	0	0	1	0	1	1	0	1	0	1
1	0	1	0	1	1	0	1	0	0	1	0
0	0	1	1	0	1	1	0	1	0	1	0
1	1	0	0	1	0	0	1	0	1	0	1
1	1	0	1	0	0	1	0	0	1	1	0
0	0	1	0	1	1	0	1	1	0	1	0
1	1	0	1	0	1	0	0	1	0	0	1
1	1	0	1	1	0	1	0	0	1	0	0

::::: Puzzle (840) :::::

1	0	1	1	0	0	1	0	0	1	1	0
0	1	0	0	1	0	0	1	1	0	1	1
0	0	1	1	0	1	1	0	0	1	0	1
1	0	1	0	0	1	0	1	1	0	1	0
0	1	0	1	1	0	1	0	1	0	0	1
0	0	1	1	0	0	1	1	0	1	1	0
1	0	1	0	1	1	0	0	1	0	0	1
0	1	0	0	1	0	1	1	0	1	1	0
1	1	0	1	0	1	0	0	1	1	0	0
0	0	1	0	1	0	1	1	0	0	1	1
1	1	0	0	1	1	0	1	0	1	0	0
1	1	0	1	0	1	0	0	1	0	0	1

::::: Puzzle (841) :::::

0	0	1	0	0	1	0	1	1	0	1	1
0	0	1	0	0	1	1	0	1	1	0	1
1	1	0	1	1	0	0	1	0	0	1	0
0	0	1	0	0	1	1	0	1	0	1	1
0	0	1	1	0	0	1	1	0	1	0	1
1	1	0	0	1	1	0	0	1	0	1	0
1	0	0	1	1	0	0	1	0	0	1	1
0	1	1	0	0	1	1	0	1	1	0	0
1	1	0	1	1	0	0	1	0	1	0	0
0	0	1	0	1	0	0	1	1	0	1	1
1	1	0	1	0	1	1	0	0	1	0	0
1	1	0	1	1	0	1	0	0	1	0	0

::::: Puzzle (842) :::::

1	1	0	0	1	0	0	1	1	0	0	1
0	0	1	1	0	0	1	0	1	0	1	1
0	0	1	0	1	1	0	1	0	1	1	0
1	1	0	1	0	1	0	0	1	0	0	1
0	0	1	0	1	0	1	1	0	1	1	0
0	0	1	0	0	1	0	1	1	0	1	1
1	1	0	1	0	1	1	0	0	1	0	0
1	0	0	1	1	0	0	1	0	0	1	1
0	1	1	0	0	1	1	0	1	1	0	0
0	0	1	0	1	0	1	0	1	0	1	1
1	1	0	1	0	1	0	1	0	1	0	0
1	1	0	1	1	0	1	0	0	1	0	0

::::: Puzzle (843) :::::

0	0	1	0	0	1	0	1	1	0	1	1
0	1	0	0	1	0	1	1	0	0	1	1
1	0	1	1	0	0	1	0	1	1	0	0
1	0	0	1	0	1	0	1	0	0	1	1
0	1	1	0	1	0	0	1	0	1	0	1
0	0	1	1	0	1	1	0	1	0	1	0
1	0	0	1	1	0	1	1	0	1	0	0
0	1	1	0	0	1	0	0	1	0	1	1
1	1	0	1	1	0	1	0	0	1	0	0
0	0	1	0	1	0	1	1	0	1	1	0
1	1	0	1	0	1	0	0	1	0	0	1
1	1	0	0	1	1	0	0	1	1	0	0

::::: Puzzle (844) :::::

1	1	0	0	1	1	0	0	1	0	1	0
0	0	1	0	1	0	1	1	0	0	1	1
0	0	1	1	0	1	0	0	1	1	0	1
1	1	0	0	1	0	1	1	0	1	0	0
0	1	0	0	1	0	0	1	1	0	1	1
0	0	1	1	0	1	1	0	1	0	0	1
1	0	1	0	0	1	0	1	0	1	1	0
0	1	0	1	1	0	0	1	0	0	1	1
1	0	1	1	0	0	1	0	1	1	0	0
0	0	1	0	0	1	0	1	1	0	1	1
1	1	0	1	1	0	1	0	0	1	0	0
1	1	0	1	0	1	1	0	0	1	0	0

::::: Puzzle (845) :::::

0	0	1	0	0	1	0	1	1	0	1	1
0	0	1	0	0	1	1	0	1	0	1	1
1	1	0	1	1	0	0	1	0	1	0	0
0	0	1	0	1	0	1	1	0	1	0	1
1	0	0	1	0	1	1	0	1	0	1	0
1	1	0	0	1	0	0	1	0	1	0	1
0	0	1	1	0	1	1	0	0	1	1	0
0	1	1	0	1	0	0	1	1	0	1	0
1	1	0	1	0	0	1	0	1	0	0	1
0	0	1	0	1	1	0	1	0	1	1	0
1	1	0	1	1	0	1	0	0	1	0	0
1	1	0	1	0	1	0	0	1	0	0	1

::::: Puzzle (846) :::::

0	0	1	0	1	0	1	1	0	1	1	0
0	0	1	0	1	1	0	1	0	1	1	0
1	1	0	1	0	0	1	0	1	0	0	1
1	0	0	1	0	0	1	1	0	0	1	1
0	1	1	0	1	1	0	0	1	1	0	0
0	0	1	0	1	0	1	1	0	0	1	1
1	0	0	1	0	1	0	0	1	1	0	1
0	1	1	0	0	1	0	1	1	0	1	0
1	1	0	1	1	0	1	0	0	1	0	0
0	0	1	1	0	0	1	0	1	0	1	1
1	1	0	0	1	1	0	1	0	1	0	0
1	1	0	1	0	1	0	0	1	0	0	1

::::: Puzzle (847) :::::

1	1	0	0	1	0	0	1	0	0	1	1
0	1	0	1	0	1	1	0	0	1	1	0
0	0	1	0	0	1	1	0	1	1	0	1
1	0	0	1	1	0	0	1	1	0	0	1
0	1	0	1	0	0	1	1	0	1	1	0
0	1	1	0	1	1	0	0	1	1	0	0
1	0	1	0	0	1	0	0	1	0	1	1
0	1	0	1	1	0	1	1	0	1	0	0
1	0	1	0	1	0	0	1	0	0	1	1
0	0	1	1	0	1	1	0	1	0	0	1
1	1	0	1	0	0	1	0	1	1	0	0
1	0	1	0	1	1	0	1	0	0	1	0

::::: Puzzle (848) :::::

1	0	0	1	0	0	1	0	1	1	0	1
0	0	1	0	1	0	0	1	1	0	1	1
0	1	0	0	1	1	0	1	0	1	1	0
1	0	1	1	0	0	1	0	0	1	0	1
1	0	0	1	0	1	1	0	1	0	1	0
0	1	1	0	1	1	0	1	0	1	0	0
0	0	1	0	1	0	1	0	1	1	0	1
1	1	0	1	0	0	1	1	0	0	1	0
0	1	1	0	1	1	0	0	1	0	0	1
0	0	1	1	0	0	1	1	0	1	1	0
1	1	0	0	1	1	0	0	1	0	0	1
1	1	0	1	0	1	0	1	0	0	1	0

::::: Puzzle (849) :::::

0	0	1	0	0	1	0	1	1	0	1	1
0	0	1	0	1	0	1	1	0	1	1	0
1	1	0	1	0	0	1	0	1	0	0	1
0	0	1	1	0	1	0	1	0	1	1	0
0	0	1	0	1	0	1	0	1	1	0	1
1	1	0	1	0	0	1	0	1	0	1	0
1	0	0	1	0	1	0	1	0	0	1	1
0	1	1	0	1	0	1	1	0	1	0	0
1	1	0	0	1	1	0	0	1	1	0	0
0	0	1	1	0	1	0	1	0	0	1	1
1	1	0	1	1	0	1	0	0	1	0	0
1	1	0	0	1	1	0	0	1	0	0	1

::::: Puzzle (850) :::::

0	1	0	0	1	0	1	1	0	1	1	0
0	0	1	0	0	1	0	1	1	0	1	1
1	0	0	1	0	0	1	0	1	1	0	1
0	1	1	0	1	0	1	1	0	0	1	0
0	0	1	1	0	1	0	0	1	0	1	1
1	0	0	1	0	0	1	1	0	1	0	1
0	1	1	0	1	1	0	1	0	0	1	0
1	0	1	1	0	1	0	0	1	1	0	0
1	1	0	0	1	0	1	0	1	0	0	1
0	0	1	0	1	1	0	1	0	0	1	1
1	1	0	1	0	1	0	0	1	1	0	0
1	1	0	1	1	0	1	0	0	1	0	0

::::: Puzzle (851) :::::

0	0	1	0	0	1	0	1	1	0	1	1
1	0	1	0	1	0	0	1	0	0	1	1
1	1	0	1	0	1	1	0	0	1	0	0
0	0	1	0	0	1	1	0	1	1	0	1
0	1	0	0	1	0	0	1	1	0	1	1
1	0	1	1	0	0	1	0	0	1	1	0
0	0	1	0	1	1	0	1	1	0	0	1
0	1	0	1	0	1	1	0	1	1	0	0
1	1	0	1	1	0	0	1	0	0	1	0
0	0	1	0	0	1	1	0	1	0	1	1
1	1	0	1	1	0	0	1	0	1	0	0
1	1	0	1	1	0	1	0	0	1	0	0

::::: Puzzle (852) :::::

0	0	1	0	0	1	0	1	1	0	1	1
0	0	1	0	1	0	1	0	1	0	1	1
1	1	0	1	1	0	0	1	0	1	0	0
0	0	1	0	0	1	1	0	1	0	1	1
0	1	0	0	1	0	1	1	0	1	0	1
1	1	0	1	1	0	0	1	0	0	1	0
0	0	1	1	0	1	1	0	1	1	0	0
1	1	0	0	1	1	0	0	1	0	0	1
1	0	0	1	0	0	1	1	0	1	1	0
0	1	1	0	1	0	0	1	0	1	0	1
1	1	0	1	0	1	0	0	1	0	1	0
1	0	1	1	0	1	1	0	0	1	0	0

::::: Puzzle (853) :::::

0	0	1	0	0	1	1	0	1	1	0	1
0	0	1	0	1	1	0	1	0	1	1	0
1	1	0	1	0	0	1	0	1	0	0	1
0	0	1	0	1	1	0	1	1	0	1	0
0	1	0	1	0	1	1	0	0	1	0	1
1	0	0	1	0	0	1	1	0	1	1	0
0	1	1	0	1	0	0	1	1	0	0	1
1	1	0	0	1	1	0	0	1	1	0	0
1	0	1	1	0	0	1	1	0	0	1	0
0	0	1	0	1	1	0	0	1	0	1	1
1	1	0	1	0	0	1	0	0	1	0	1
1	1	0	1	1	0	0	1	0	0	1	0

::::: Puzzle (854) :::::

1	0	0	1	0	0	1	0	1	0	1	1
0	0	1	0	1	0	1	1	0	1	1	0
0	1	0	0	1	1	0	0	1	1	0	1
1	0	1	1	0	0	1	1	0	0	1	0
0	0	1	0	1	0	1	0	1	1	0	1
0	1	0	0	1	1	0	1	0	1	1	0
1	0	1	1	0	1	0	0	1	0	0	1
0	1	1	0	1	0	1	1	0	0	1	0
1	1	0	1	0	1	0	0	1	1	0	0
0	0	1	1	0	0	1	1	0	0	1	1
1	1	0	0	1	1	0	1	0	1	0	0
1	1	0	1	0	1	0	0	1	0	0	1

::::: Puzzle (855) :::::

1	0	0	1	1	0	0	1	0	0	1	1
1	1	0	0	1	0	0	1	1	0	1	0
0	0	1	0	0	1	1	0	1	1	0	1
1	0	0	1	0	0	1	1	0	1	1	0
1	1	0	0	1	1	0	0	1	0	0	1
0	1	1	0	0	1	1	0	1	0	1	0
0	0	1	1	0	0	1	1	0	1	0	1
1	1	0	1	1	0	0	1	0	1	0	0
0	0	1	0	0	1	1	0	1	0	1	1
0	0	1	1	0	1	0	1	0	0	1	1
1	1	0	1	1	0	1	0	0	1	0	0
0	1	1	0	1	1	0	0	1	1	0	0

::::: Puzzle (856) :::::

0	0	1	0	0	1	1	0	1	1	0	1
1	0	0	1	0	0	1	0	1	0	1	1
0	1	1	0	1	0	0	1	0	1	1	0
0	0	1	1	0	1	0	1	0	1	0	1
1	0	0	1	0	1	1	0	1	0	1	0
0	1	1	0	1	0	0	1	0	0	1	1
0	0	1	0	1	0	1	0	1	1	0	1
1	1	0	1	0	1	0	1	0	0	1	0
1	1	0	0	1	0	1	1	0	1	0	0
0	0	1	1	0	1	1	0	1	0	0	1
1	1	0	1	1	0	0	1	0	0	1	0
1	1	0	0	1	1	0	0	1	1	0	0

::::: Puzzle (857) :::::

1	0	1	0	0	1	0	0	1	1	0	1
0	1	0	0	1	0	0	1	1	0	1	1
0	0	1	1	0	1	1	0	0	1	1	0
1	0	1	0	0	1	0	1	1	0	0	1
0	1	0	1	1	0	1	0	1	1	0	0
0	0	1	0	1	0	1	1	0	1	1	0
1	0	1	0	0	1	0	1	0	0	1	1
0	1	0	1	0	1	1	0	1	0	0	1
1	1	0	1	1	0	0	1	0	1	0	0
0	0	1	0	0	1	1	0	1	0	1	1
1	1	0	1	1	0	0	1	0	0	1	0
1	1	0	1	1	0	1	0	0	1	0	0

::::: Puzzle (858) :::::

0	0	1	0	1	0	0	1	1	0	1	1
0	1	0	0	1	1	0	1	1	0	0	1
1	0	0	1	0	1	1	0	0	1	1	0
0	0	1	1	0	0	1	0	1	0	1	1
0	1	1	0	1	0	0	1	0	1	0	1
1	0	0	1	0	1	0	1	0	1	1	0
0	1	1	0	0	1	1	0	1	0	0	1
1	0	1	0	1	0	0	1	1	0	1	0
1	1	0	1	0	1	1	0	0	1	0	0
0	0	1	0	0	1	1	0	1	0	1	1
1	1	0	1	1	0	0	1	0	1	0	0
1	1	0	1	1	0	1	0	0	1	0	0

::::: Puzzle (859) :::::

1	0	1	0	0	1	0	1	0	1	0	1
0	0	1	0	0	1	0	1	1	0	1	1
0	1	0	1	1	0	1	0	1	0	1	0
1	0	0	1	0	0	1	1	0	1	0	1
0	0	1	0	1	1	0	1	1	0	1	0
0	1	1	0	0	1	0	0	1	1	0	1
1	0	0	1	1	0	1	0	0	1	1	0
0	1	1	0	1	0	1	1	0	0	1	0
1	1	0	1	0	1	0	0	1	0	0	1
0	0	1	0	0	1	1	0	1	1	0	1
1	1	0	1	1	0	0	1	0	0	1	0
1	1	0	1	1	0	1	0	0	1	0	0

::::: Puzzle (860) :::::

1	1	0	0	1	0	0	1	0	0	1	1
1	1	0	0	1	0	1	0	1	1	0	0
0	0	1	1	0	1	0	1	0	1	1	0
1	0	0	1	0	0	1	0	1	0	1	1
0	1	1	0	1	0	1	0	0	1	0	1
0	0	1	0	1	1	0	1	1	0	1	0
1	0	0	1	0	1	0	1	0	1	1	0
0	1	1	0	1	0	1	0	1	0	0	1
0	0	1	1	0	1	0	1	1	0	0	1
1	0	0	1	0	0	1	1	0	1	1	0
0	1	1	0	1	1	0	0	1	0	0	1
1	1	0	1	0	1	1	0	0	1	0	0

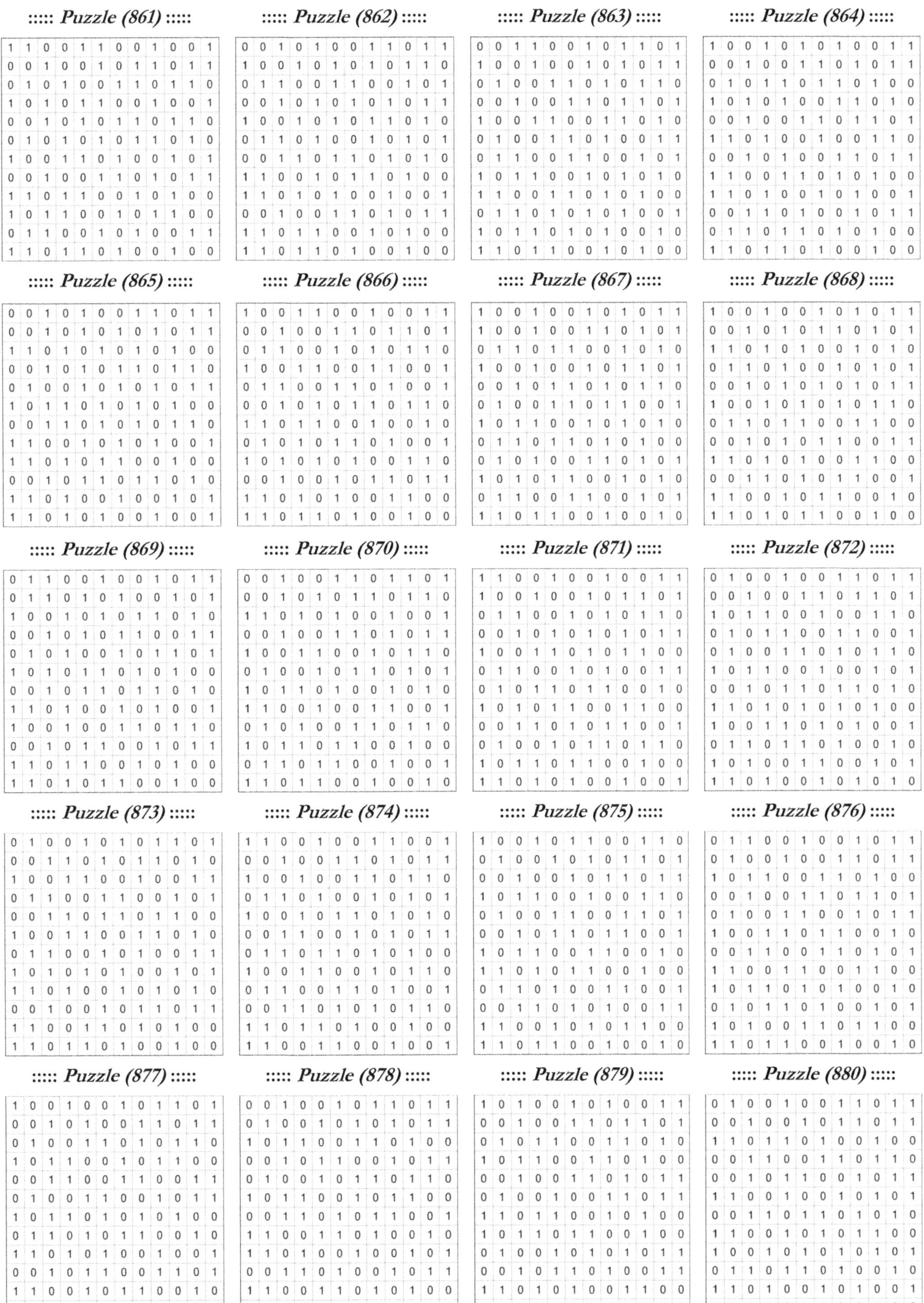

:::: Puzzle (861) ::::

1	1	0	0	1	1	0	0	1	0	0	1
0	0	1	0	0	1	0	1	1	0	1	1
0	1	0	1	0	0	1	1	0	1	1	0
1	0	1	0	1	1	0	0	1	0	0	1
0	0	1	0	1	0	1	1	0	1	1	0
0	1	0	1	0	1	0	1	1	0	1	0
1	0	0	1	1	0	1	0	0	1	0	1
0	0	1	0	0	1	1	0	1	0	1	1
1	1	0	1	1	0	0	1	0	1	0	0
1	0	1	1	0	0	1	0	1	1	0	0
0	1	1	0	0	1	0	1	0	0	1	1
1	1	0	1	1	0	1	0	0	1	0	0

:::: Puzzle (862) ::::

0	0	1	0	1	0	0	1	1	0	1	1
1	0	0	1	0	1	0	1	0	1	1	0
0	1	1	0	0	1	1	0	0	1	0	1
0	0	1	0	1	0	1	0	1	0	1	1
1	0	0	1	0	1	0	1	1	0	1	0
0	1	1	0	1	0	0	1	0	1	0	1
0	0	1	1	0	1	1	0	1	0	1	0
1	1	0	0	1	0	1	1	0	1	0	0
1	1	0	1	0	1	0	0	1	0	0	1
0	0	1	0	0	1	1	0	1	0	1	1
1	1	0	1	1	0	0	1	0	1	0	0
1	1	0	1	1	0	1	0	0	1	0	0

:::: Puzzle (863) ::::

0	0	1	1	0	0	1	0	1	1	0	1
1	0	0	1	0	0	1	0	1	0	1	1
0	1	0	0	1	1	0	1	0	1	1	0
0	0	1	0	0	1	1	0	1	1	0	1
1	0	0	1	1	0	0	1	1	0	1	0
0	1	0	0	1	1	0	1	0	0	1	1
0	1	1	0	0	1	1	0	0	1	0	1
1	0	1	1	0	0	1	0	1	0	1	0
1	1	0	0	1	1	0	1	0	1	0	0
0	1	1	0	1	0	1	0	1	0	0	1
1	0	1	1	0	1	0	1	0	0	1	0
1	1	0	1	1	0	0	1	0	1	0	0

:::: Puzzle (864) ::::

1	0	0	1	0	1	0	1	0	0	1	1
0	0	1	0	0	1	1	0	1	0	1	1
0	1	0	1	1	0	1	1	0	1	0	0
1	0	1	0	1	0	0	1	1	0	1	0
0	0	1	0	0	1	1	0	1	1	0	1
1	1	0	1	0	0	1	0	0	1	1	0
0	0	1	0	1	0	0	1	1	0	1	1
1	1	0	0	1	1	0	1	0	1	0	0
1	1	0	1	0	0	1	0	1	0	0	1
0	0	1	1	0	1	0	0	1	0	1	1
0	1	1	0	1	1	0	1	0	1	0	0
1	1	0	1	1	0	1	0	0	1	0	0

:::: Puzzle (865) ::::

0	0	1	0	1	0	0	1	1	0	1	1
0	0	1	0	1	0	1	0	1	0	1	1
1	1	0	1	0	1	0	1	0	1	0	0
0	0	1	0	1	0	1	1	0	1	1	0
0	1	0	0	1	0	1	0	1	0	1	1
1	0	1	1	0	1	0	1	0	1	0	0
0	0	1	1	0	1	0	1	0	1	1	0
1	1	0	0	1	0	1	0	1	0	0	1
1	1	0	1	0	1	1	0	0	1	0	0
0	0	1	0	1	1	0	1	1	0	1	0
1	1	0	1	0	0	1	0	0	1	0	1
1	1	0	1	0	1	0	0	1	0	0	1

:::: Puzzle (866) ::::

1	0	0	1	1	0	0	1	0	0	1	1
0	0	1	0	0	1	1	0	1	1	0	1
0	1	1	0	0	1	0	1	0	1	1	0
1	0	0	1	1	0	0	1	1	0	0	1
0	1	1	0	0	1	1	0	1	0	0	1
0	0	1	0	1	0	1	1	0	1	1	0
1	1	0	1	1	0	0	1	0	0	1	0
0	1	0	1	0	1	1	0	1	0	0	1
1	0	1	0	1	0	1	0	0	1	1	0
0	0	1	0	0	1	0	1	1	0	1	1
1	1	0	1	0	1	0	0	1	1	0	0
1	1	0	1	1	0	1	0	0	1	0	0

:::: Puzzle (867) ::::

1	0	0	1	0	0	1	0	1	0	1	1
1	0	0	1	0	0	1	1	0	1	0	1
0	1	1	0	1	1	0	0	1	0	1	0
1	0	0	1	0	0	1	0	1	1	0	1
0	0	1	0	1	1	0	1	0	1	1	0
0	1	0	0	1	1	0	1	1	0	0	1
1	0	1	1	0	0	1	0	1	0	1	0
0	1	1	0	1	1	0	1	0	1	0	0
0	1	0	1	0	0	1	1	0	1	0	1
1	0	1	0	1	1	0	0	1	0	1	0
0	1	1	0	0	1	1	0	0	1	0	1
1	1	0	1	1	0	0	1	0	0	1	0

:::: Puzzle (868) ::::

1	0	0	1	0	0	1	0	1	0	1	1
0	0	1	0	1	0	1	1	0	1	0	1
1	1	0	1	0	1	0	0	1	0	1	0
0	1	1	0	1	0	0	1	0	1	0	1
0	0	1	0	1	0	1	0	1	0	1	1
1	0	0	1	0	1	0	1	0	1	1	0
0	1	1	0	1	1	0	0	1	1	0	0
0	0	1	0	1	0	1	1	0	0	1	1
1	1	0	1	0	1	0	0	1	1	0	0
0	0	1	1	0	1	0	1	1	0	0	1
1	1	0	0	1	0	1	1	0	0	1	0
1	1	0	1	0	1	1	0	0	1	0	0

:::: Puzzle (869) ::::

0	1	1	0	0	1	0	0	1	0	1	1
0	1	1	0	1	0	1	0	0	1	0	1
1	0	0	1	0	1	0	1	1	0	1	0
0	0	1	0	1	0	1	1	0	0	1	1
0	1	0	1	0	0	1	0	1	1	0	1
1	0	1	0	1	1	0	1	0	1	0	0
0	0	1	0	1	1	0	1	1	0	1	0
1	1	0	1	0	0	1	0	1	0	0	1
1	0	0	1	0	0	1	1	0	1	1	0
0	0	1	0	1	1	0	0	1	0	1	1
1	1	0	1	1	0	0	1	0	1	0	0
1	1	0	1	0	1	1	0	0	1	0	0

:::: Puzzle (870) ::::

0	0	1	0	0	1	1	0	1	1	0	1
0	0	1	0	1	0	1	1	0	1	1	0
1	1	0	1	0	1	0	0	1	0	0	1
0	0	1	0	0	1	1	0	1	0	1	1
1	0	0	1	1	0	0	1	0	1	1	0
0	1	0	0	1	0	1	1	0	1	0	1
1	0	1	1	0	1	0	0	1	0	1	0
1	1	0	0	1	0	0	1	1	0	0	1
0	1	0	1	0	0	1	1	0	1	1	0
1	0	1	1	0	1	1	0	0	1	0	0
0	1	1	0	1	1	0	0	1	0	0	1
1	1	0	1	1	0	0	1	0	0	1	0

:::: Puzzle (871) ::::

1	1	0	0	1	0	0	1	0	0	1	1
1	0	0	1	0	0	1	0	1	1	0	1
0	1	1	0	0	1	0	1	0	1	1	0
0	0	1	0	1	0	1	0	1	0	1	1
1	0	0	1	1	0	1	0	1	1	0	0
0	1	1	0	0	1	0	1	0	0	1	1
0	1	0	1	1	0	1	1	0	0	1	0
1	0	1	0	1	1	0	0	1	1	0	0
0	0	1	1	0	1	0	1	1	0	0	1
0	1	0	0	1	0	1	1	0	1	1	0
1	0	1	1	0	1	1	0	0	1	0	0
1	1	0	1	0	1	0	0	1	0	0	1

:::: Puzzle (872) ::::

0	1	0	0	1	0	0	1	1	0	1	1
0	0	1	0	0	1	1	0	1	1	0	1
1	0	1	1	0	0	1	0	0	1	1	0
0	1	0	1	1	0	0	1	1	0	0	1
0	1	0	0	1	1	0	1	0	1	1	0
1	0	1	1	0	0	1	0	0	1	0	1
0	0	1	0	1	1	0	1	1	0	1	0
1	1	0	1	0	1	0	1	0	1	0	0
1	0	0	1	1	0	1	0	1	0	0	1
0	1	1	0	1	1	0	1	0	0	1	0
1	0	1	0	0	1	1	0	0	1	0	1
1	1	0	1	0	0	1	0	1	0	1	0

:::: Puzzle (873) ::::

0	1	0	0	1	0	1	0	1	1	0	1
0	0	1	1	0	1	0	1	1	0	1	0
1	0	0	1	1	0	0	1	0	0	1	1
0	1	1	0	0	1	1	0	0	1	0	1
0	0	1	1	0	1	1	0	1	1	0	0
1	0	0	1	1	0	0	1	1	0	1	0
0	1	1	0	0	1	0	1	0	0	1	1
1	0	1	0	1	0	1	0	0	1	0	1
1	1	0	1	0	0	1	0	1	0	1	0
0	0	1	0	0	1	0	1	1	0	1	1
1	1	0	0	1	1	0	1	0	1	0	0
1	1	0	1	1	0	1	0	0	1	0	0

:::: Puzzle (874) ::::

1	1	0	0	1	0	0	1	1	0	0	1
0	0	1	0	0	1	1	0	1	0	1	1
1	0	0	1	0	0	1	1	0	1	1	0
0	1	1	0	1	0	0	1	0	1	0	1
1	0	0	1	0	1	1	0	1	0	1	0
0	0	1	1	0	0	1	0	1	0	1	1
0	1	1	0	1	1	0	1	0	1	0	0
1	0	0	1	1	0	0	1	0	1	1	0
0	1	1	0	0	1	1	0	1	0	0	1
0	0	1	1	0	1	0	1	0	1	1	0
1	1	0	1	1	0	1	0	0	1	0	0
1	1	0	0	1	1	0	0	1	0	0	1

:::: Puzzle (875) ::::

1	0	0	1	0	1	1	0	0	1	1	0
0	1	0	0	1	0	1	0	1	1	0	1
0	0	1	0	0	1	0	1	1	0	1	1
1	0	1	1	0	0	1	0	0	1	1	0
0	1	0	0	1	1	0	0	1	1	0	1
0	0	1	0	1	1	0	1	1	0	0	1
1	0	1	1	0	0	1	1	0	0	1	0
1	1	0	1	0	1	1	0	0	1	0	0
0	1	1	0	1	0	0	1	1	0	0	1
0	0	1	1	0	1	0	1	0	0	1	1
1	1	0	0	1	0	1	0	1	1	0	0
1	1	0	1	1	0	0	1	0	0	1	0

:::: Puzzle (876) ::::

0	1	1	0	0	1	0	0	1	0	1	1
0	1	0	0	1	0	0	1	1	0	1	1
1	0	1	1	0	0	1	1	0	1	0	0
0	0	1	0	0	1	1	0	1	1	0	1
0	1	0	0	1	1	0	0	1	0	1	1
1	0	0	1	1	0	1	1	0	0	1	0
0	0	1	1	0	0	1	1	0	1	0	1
1	1	0	0	1	1	0	0	1	1	0	0
1	0	1	1	0	1	0	1	0	0	1	0
0	1	0	1	1	0	1	0	0	1	0	1
1	0	1	0	0	1	1	0	1	1	0	0
1	1	0	1	1	0	0	1	0	0	1	0

:::: Puzzle (877) ::::

1	0	0	1	0	0	1	0	1	1	0	1
0	0	1	0	1	0	0	1	1	0	1	1
0	1	0	0	1	1	0	1	0	1	1	0
1	0	1	1	0	0	1	0	1	1	0	0
0	0	1	1	0	0	1	1	0	0	1	1
0	1	0	0	1	1	0	0	1	0	1	1
1	0	1	1	0	1	0	1	0	1	0	0
0	1	1	0	1	0	1	1	0	0	1	0
1	1	0	1	0	1	0	0	1	0	0	1
0	0	1	0	1	1	0	0	1	1	0	1
1	1	0	0	1	0	1	1	0	0	1	0
1	1	0	1	0	1	1	0	0	1	0	0

:::: Puzzle (878) ::::

0	0	1	0	0	1	0	1	1	0	1	1
0	1	0	0	1	0	1	0	1	0	1	1
1	0	1	1	0	0	1	1	0	1	0	0
0	0	1	0	1	1	0	0	1	0	1	1
0	1	0	0	1	0	1	1	0	1	1	0
1	0	1	1	0	0	1	0	1	1	0	0
0	0	1	1	0	1	0	1	1	0	0	1
1	1	0	0	1	1	0	1	0	0	1	0
1	1	0	1	0	0	1	0	0	1	0	1
0	0	1	1	0	1	0	0	1	0	1	1
1	1	0	0	1	1	0	1	0	1	0	0
1	1	0	1	1	0	1	0	0	1	0	0

:::: Puzzle (879) ::::

1	0	1	0	0	1	0	1	0	0	1	1
0	0	1	0	0	1	1	0	1	1	0	1
0	1	0	1	1	0	0	1	1	0	1	0
1	0	1	1	0	0	1	1	0	1	0	0
0	0	1	0	0	1	1	0	1	0	1	1
0	1	0	0	1	0	0	1	1	0	1	1
1	1	0	1	1	0	0	1	0	1	0	0
1	0	1	1	0	1	1	0	0	1	0	0
0	1	0	0	1	0	1	0	1	0	1	1
0	0	1	0	1	1	0	1	0	0	1	1
1	1	0	1	0	1	0	0	1	1	0	0
1	1	0	1	1	0	1	0	0	1	0	0

:::: Puzzle (880) ::::

0	1	0	0	1	0	0	1	1	0	1	1
0	0	1	0	0	1	0	1	1	0	1	1
1	1	0	1	1	0	1	0	0	1	0	0
0	0	1	1	0	0	1	1	0	1	1	0
0	0	1	0	1	1	0	0	1	0	1	1
1	1	0	0	1	0	0	1	0	1	0	1
0	0	1	1	0	1	1	0	1	0	1	0
1	1	0	0	1	0	1	0	1	1	0	0
1	0	0	1	0	1	0	1	0	1	0	1
0	1	1	0	1	1	0	1	0	0	1	0
1	1	0	1	0	0	1	0	1	0	0	1
1	0	1	1	0	1	1	0	0	1	0	0

:::: Puzzle (881) ::::

0	1	0	0	1	0	1	1	0	0	1	1
0	0	1	0	0	1	1	0	1	1	0	1
1	0	0	1	0	1	0	1	1	0	1	0
0	1	0	0	1	0	1	1	0	1	1	0
0	0	1	0	1	0	1	0	1	1	0	1
1	1	0	1	0	1	0	0	1	0	0	1
0	0	1	1	0	1	0	1	0	1	1	0
1	0	1	0	1	0	1	0	0	1	0	1
1	1	0	1	0	1	0	0	1	0	1	0
0	1	1	0	1	0	0	1	1	0	0	1
1	0	1	1	0	1	1	0	0	1	0	0
1	1	0	1	1	0	0	1	0	0	1	0

:::: Puzzle (882) ::::

0	0	1	1	0	0	1	0	1	1	0	1
0	0	1	0	0	1	0	1	1	0	1	1
1	1	0	0	1	0	1	0	0	1	1	0
0	0	1	1	0	1	0	0	1	1	0	1
1	0	0	1	1	0	1	1	0	0	1	0
0	1	0	0	1	0	1	0	1	0	1	1
1	0	1	1	0	1	0	0	1	1	0	0
0	1	1	0	0	1	0	1	0	1	0	1
1	1	0	0	1	0	1	1	0	0	1	0
0	0	1	1	0	1	1	0	1	0	0	1
1	1	0	0	1	1	0	1	0	1	0	0
1	1	0	1	1	0	0	1	0	0	1	0

:::: Puzzle (883) ::::

0	0	1	0	0	1	0	1	1	0	1	1
0	0	1	0	1	0	1	0	1	1	0	1
1	1	0	1	0	1	0	1	0	0	1	0
0	0	1	0	0	1	1	0	1	1	0	1
0	0	1	0	1	0	1	1	0	1	1	0
1	1	0	1	0	1	0	0	1	0	0	1
0	1	0	1	0	0	1	1	0	1	0	1
1	0	1	0	1	1	0	0	1	0	1	0
1	1	0	1	1	0	0	1	0	0	1	0
0	0	1	1	0	1	1	0	0	1	0	1
1	1	0	0	1	0	1	0	1	0	1	0
1	1	0	1	1	0	0	1	0	1	0	0

:::: Puzzle (884) ::::

1	0	0	1	0	0	1	0	1	1	0	1
0	0	1	0	1	1	0	1	0	1	1	0
0	1	0	0	1	0	0	1	1	0	1	1
1	0	1	1	0	1	1	0	0	1	0	0
1	0	1	0	0	1	0	0	1	1	0	1
0	1	0	1	1	0	0	1	1	0	1	0
0	0	1	0	1	0	1	1	0	0	1	1
1	1	0	1	0	1	1	0	0	1	0	0
0	1	1	0	0	1	0	1	1	0	0	1
0	0	1	0	1	0	1	0	1	0	1	1
1	1	0	1	1	0	1	0	0	1	0	0
1	1	0	1	0	1	0	1	0	0	1	0

:::: Puzzle (885) ::::

1	0	0	1	0	0	1	0	1	0	1	1
1	0	0	1	0	0	1	1	0	0	1	1
0	1	1	0	1	1	0	0	1	1	0	0
0	0	1	0	0	1	1	0	1	1	0	1
1	0	0	1	1	0	0	1	0	0	1	1
1	1	0	0	1	0	0	1	0	1	1	0
0	0	1	1	0	1	1	0	1	0	0	1
0	1	1	0	1	0	0	1	1	0	1	0
1	1	0	0	1	1	0	1	0	1	0	0
0	0	1	1	0	0	1	0	1	0	1	1
1	1	0	1	0	1	1	0	0	1	0	0
0	1	1	0	1	1	0	1	0	1	0	0

:::: Puzzle (886) ::::

0	0	1	0	0	1	1	0	1	0	1	1
0	0	1	1	0	1	0	1	0	1	0	1
1	1	0	0	1	0	1	0	1	0	1	0
0	0	1	0	0	1	1	0	1	1	0	1
1	0	0	1	1	0	0	1	0	1	0	1
1	1	0	0	1	0	0	1	1	0	1	0
0	0	1	1	0	1	1	0	0	1	0	1
0	1	1	0	1	0	0	1	1	0	1	0
1	1	0	1	0	1	1	0	0	1	0	0
0	0	1	0	0	1	0	1	1	0	1	1
1	1	0	1	1	0	0	1	0	0	1	0
1	1	0	1	1	0	1	0	0	1	0	0

:::: Puzzle (887) ::::

0	0	1	1	0	1	0	0	1	0	1	1
1	0	1	0	0	1	1	0	0	1	1	0
0	1	0	1	1	0	1	1	0	1	0	0
0	0	1	0	1	0	0	1	1	0	1	1
1	0	1	1	0	1	0	0	1	0	0	1
0	1	0	1	0	0	1	1	0	1	1	0
0	0	1	0	1	1	0	0	1	1	0	1
1	1	0	0	1	0	1	1	0	0	1	0
1	1	0	1	0	0	1	0	0	1	0	1
0	0	1	0	1	1	0	1	1	0	1	0
1	1	0	0	1	0	1	1	0	1	0	0
1	1	0	1	0	1	0	0	1	0	0	1

:::: Puzzle (888) ::::

1	0	0	1	1	0	0	1	1	0	1	0
1	0	0	1	0	0	1	0	1	1	0	1
0	1	1	0	0	1	0	1	0	1	1	0
0	0	1	0	1	0	0	1	1	0	1	1
1	0	0	1	0	1	1	0	1	1	0	0
0	1	1	0	1	0	1	0	0	1	0	1
0	0	1	1	0	1	0	1	0	0	1	1
1	1	0	0	1	1	0	0	1	0	1	0
0	1	1	0	1	0	1	1	0	1	0	0
0	0	1	1	0	1	1	0	1	0	0	1
1	1	0	0	1	1	0	1	0	0	1	0
1	1	0	1	0	0	1	0	0	1	0	1

:::: Puzzle (889) ::::

0	0	1	0	1	0	0	1	1	0	1	1
0	0	1	0	0	1	1	0	1	1	0	1
1	1	0	1	0	0	1	0	0	1	1	0
0	0	1	0	1	1	0	1	1	0	0	1
0	1	0	1	1	0	0	1	0	1	1	0
1	0	1	0	0	1	1	0	1	0	0	1
0	1	0	1	1	0	1	1	0	0	1	0
1	1	0	1	0	1	0	0	1	1	0	0
1	0	1	0	1	0	0	1	0	1	0	1
0	1	0	0	1	0	1	0	1	0	1	1
1	1	0	1	0	1	0	1	0	0	1	0
1	0	1	1	0	1	1	0	0	1	0	0

:::: Puzzle (890) ::::

1	0	1	0	1	0	0	1	1	0	1	0
0	0	1	0	0	1	1	0	1	0	1	1
0	1	0	1	0	1	1	0	0	1	0	1
1	0	0	1	1	0	0	1	1	0	1	0
0	0	1	0	0	1	1	0	1	1	0	1
0	1	0	0	1	0	1	1	0	0	1	1
1	0	1	1	0	1	0	0	1	1	0	0
0	1	1	0	0	1	1	0	0	1	0	1
1	1	0	1	1	0	0	1	0	0	1	0
0	0	1	0	0	1	0	1	1	0	1	1
1	1	0	1	1	0	1	0	0	1	0	0
1	1	0	1	1	0	0	1	0	1	0	0

:::: Puzzle (891) ::::

1	0	0	1	1	0	0	1	0	1	0	1
1	0	0	1	0	0	1	1	0	1	1	0
0	1	1	0	0	1	0	0	1	0	1	1
0	0	1	0	1	0	1	0	1	1	0	1
1	1	0	1	0	1	0	1	0	0	1	0
0	0	1	0	0	1	0	1	1	0	1	1
1	1	0	0	1	0	1	0	1	1	0	0
0	1	0	1	1	0	0	1	0	0	1	1
0	0	1	1	0	1	1	0	1	1	0	0
1	1	0	0	1	0	1	0	1	0	0	1
0	1	1	0	1	1	0	1	0	0	1	0
1	0	1	1	0	1	1	0	0	1	0	0

:::: Puzzle (892) ::::

0	0	1	0	0	1	0	1	1	0	1	1
0	0	1	0	1	0	1	0	1	0	1	1
1	1	0	1	0	1	1	0	0	1	0	0
0	0	1	0	1	0	0	1	1	0	1	1
0	1	0	1	0	0	1	1	0	1	1	0
1	0	0	1	0	1	1	0	1	0	0	1
0	1	1	0	1	1	0	1	0	0	1	0
1	1	0	1	1	0	1	0	0	1	0	0
1	0	1	0	0	1	0	0	1	1	0	1
0	0	1	1	0	0	1	1	0	0	1	1
1	1	0	0	1	1	0	0	1	1	0	0
1	1	0	1	1	0	0	1	0	1	0	0

:::: Puzzle (893) ::::

1	0	0	1	0	1	0	0	1	1	0	1
0	0	1	0	0	1	0	1	1	0	1	1
0	1	0	1	1	0	1	0	0	1	1	0
1	0	1	0	1	0	0	1	0	1	0	1
0	1	0	1	0	1	0	1	1	0	1	0
0	1	1	0	0	1	1	0	0	1	0	1
1	0	1	0	1	0	0	1	1	0	1	0
0	1	0	1	1	0	1	1	0	0	1	0
1	0	1	0	0	1	1	0	0	1	0	1
0	0	1	0	1	1	0	1	1	0	1	0
1	1	0	1	0	0	1	0	1	0	0	1
1	1	0	1	1	0	1	0	0	1	0	0

:::: Puzzle (894) ::::

0	1	1	0	0	1	0	1	0	1	0	1
0	0	1	0	1	0	0	1	1	0	1	1
1	0	0	1	0	1	1	0	1	0	1	0
0	1	0	0	1	1	0	1	0	1	0	1
0	0	1	1	0	0	1	0	1	1	0	1
1	0	0	1	1	0	0	1	1	0	1	0
0	1	1	0	0	1	1	0	0	1	0	1
1	0	0	1	1	0	1	0	1	0	1	0
1	1	0	0	1	0	0	1	0	1	1	0
0	1	1	0	0	1	1	0	1	0	0	1
1	0	1	1	0	1	1	0	0	1	0	0
1	1	0	1	1	0	0	1	0	0	1	0

:::: Puzzle (895) ::::

1	0	1	0	0	1	0	1	0	1	1	0
0	0	1	0	0	1	1	0	1	1	0	1
0	1	0	1	1	0	0	1	1	0	0	1
1	0	0	1	0	1	1	0	0	1	1	0
0	0	1	0	0	1	0	1	1	0	1	1
0	1	0	1	1	0	1	0	0	1	0	1
1	0	1	0	1	0	0	1	1	0	1	0
0	1	1	0	0	1	1	0	1	0	0	1
1	1	0	1	1	0	1	0	0	1	0	0
0	0	1	0	1	1	0	1	0	1	1	0
1	1	0	1	0	0	1	0	1	0	0	1
1	1	0	1	1	0	0	1	0	0	1	0

:::: Puzzle (896) ::::

1	1	0	0	1	0	1	0	0	1	0	1
0	0	1	0	0	1	1	0	1	0	1	1
0	0	1	1	0	1	0	1	0	1	1	0
1	1	0	0	1	0	1	0	1	1	0	0
0	0	1	0	1	0	0	1	1	0	1	1
1	0	0	1	0	1	0	1	0	0	1	1
0	1	1	0	1	0	1	0	1	1	0	0
0	0	1	1	0	1	0	1	1	0	1	0
1	1	0	1	0	0	1	0	0	1	0	1
0	0	1	0	1	1	0	1	1	0	0	1
1	1	0	1	0	1	0	1	0	0	1	0
1	1	0	1	1	0	1	0	0	1	0	0

:::: Puzzle (897) ::::

1	0	0	1	1	0	0	1	0	1	1	0
0	0	1	0	0	1	0	1	1	0	1	1
0	1	0	0	1	0	1	0	1	1	0	1
1	0	1	1	0	1	0	1	0	0	1	0
0	0	1	0	1	0	1	0	1	0	1	1
1	1	0	1	0	1	0	1	0	1	0	0
0	1	1	0	0	1	1	0	1	0	1	0
0	0	1	0	1	0	1	1	0	1	0	1
1	1	0	1	0	1	0	0	1	0	0	1
0	0	1	1	0	0	1	1	0	1	1	0
1	1	0	0	1	1	0	0	1	0	0	1
1	1	0	1	1	0	1	0	0	1	0	0

:::: Puzzle (898) ::::

1	0	0	1	0	1	0	1	0	0	1	1
0	0	1	0	0	1	1	0	1	1	0	1
0	1	0	1	1	0	0	1	1	0	1	0
1	0	1	0	0	1	0	1	0	1	0	1
0	0	1	0	0	1	1	0	1	0	1	1
0	1	0	1	1	0	1	0	0	1	1	0
1	0	1	0	1	0	0	1	1	0	0	1
1	1	0	1	0	1	1	0	0	1	0	0
0	1	1	0	1	0	1	0	1	0	1	0
0	0	1	0	0	1	0	1	1	0	1	1
1	1	0	1	1	0	1	0	0	1	0	0
1	1	0	1	1	0	0	1	0	1	0	0

:::: Puzzle (899) ::::

0	0	1	0	0	1	1	0	1	0	1	1
1	0	0	1	0	0	1	1	0	1	1	0
0	1	1	0	1	0	0	1	1	0	0	1
0	1	0	0	1	1	0	0	1	1	0	1
1	0	1	1	0	0	1	0	0	1	1	0
0	0	1	0	0	1	0	1	1	0	1	1
1	1	0	0	1	1	0	0	1	1	0	0
0	1	0	1	1	0	1	1	0	0	1	0
1	0	1	1	0	0	1	0	0	1	0	1
0	0	1	0	1	1	0	1	1	0	0	1
1	1	0	1	0	1	0	1	0	0	1	0
1	1	0	1	1	0	1	0	0	1	0	0

:::: Puzzle (900) ::::

0	0	1	0	0	1	1	0	1	1	0	1
1	0	1	0	0	1	0	1	1	0	1	0
0	1	0	1	1	0	0	1	0	1	1	0
0	0	1	0	1	0	1	0	1	1	0	1
1	0	1	0	0	1	0	0	1	0	1	1
0	1	0	1	1	0	1	1	0	1	0	0
0	0	1	1	0	0	1	1	0	0	1	1
1	1	0	0	1	1	0	0	1	0	0	1
1	1	0	1	1	0	1	0	0	1	0	0
0	0	1	0	0	1	0	1	1	0	1	1
1	1	0	1	1	0	0	1	0	0	1	0
1	1	0	1	0	1	1	0	0	1	0	0

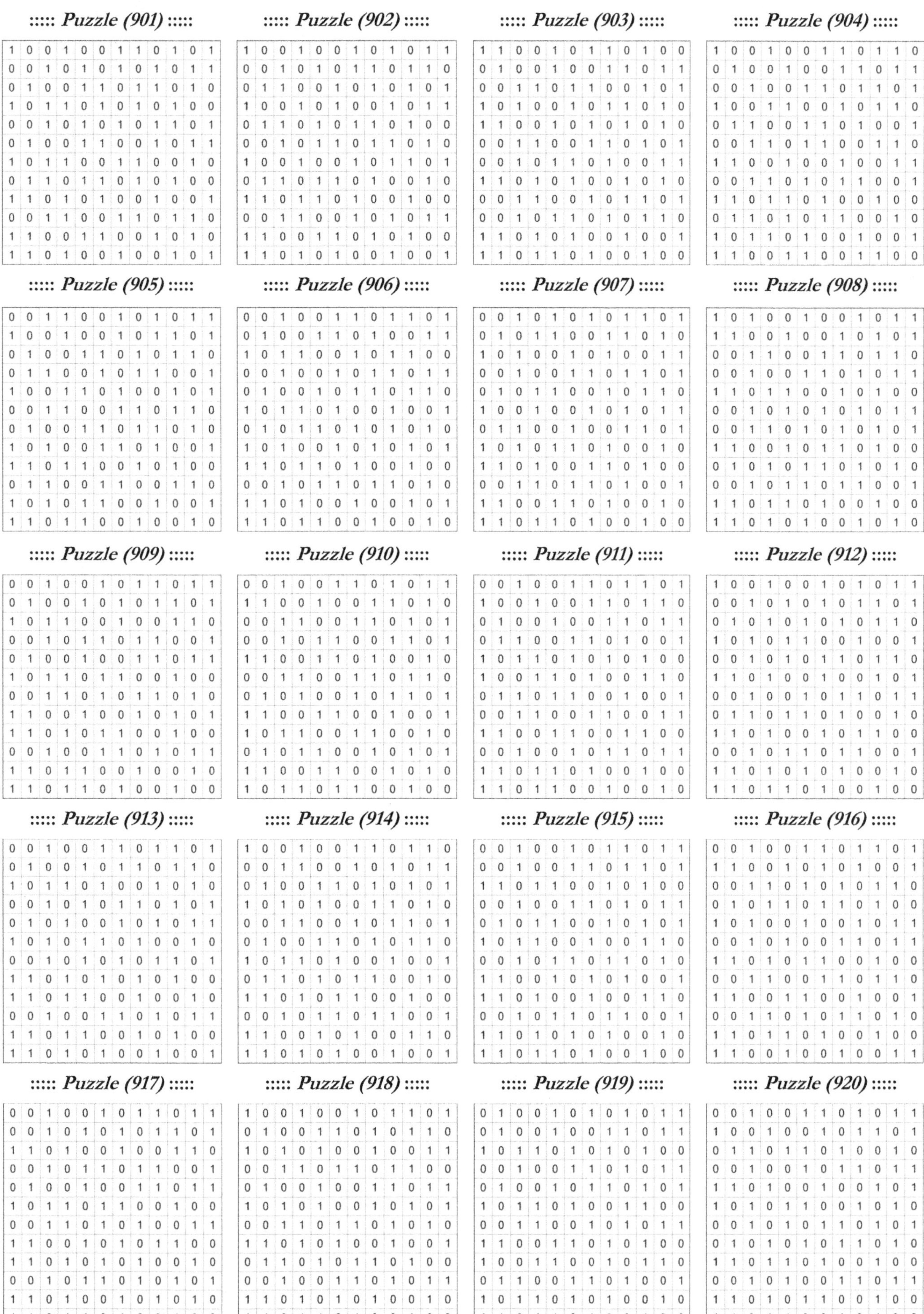

::::: Puzzle (901) :::::

1	0	0	1	0	0	1	1	0	1	0	1
0	0	1	0	1	0	1	0	1	0	1	1
0	1	0	0	1	1	0	1	1	0	1	0
1	0	1	1	0	1	0	1	0	1	0	0
0	0	1	0	1	0	1	0	1	1	0	1
0	1	0	0	1	1	0	0	1	0	1	1
1	0	1	1	0	0	1	1	0	0	1	0
0	1	1	0	1	1	0	1	0	1	0	0
1	1	0	1	0	1	0	0	1	0	0	1
0	0	1	1	0	0	1	1	0	1	1	0
1	1	0	0	1	1	0	0	1	0	1	0
1	1	0	1	0	0	1	0	0	1	0	1

::::: Puzzle (902) :::::

1	0	0	1	0	0	1	0	1	0	1	1
0	0	1	0	1	0	1	1	0	1	1	0
0	1	1	0	0	1	0	1	0	1	0	1
1	0	0	1	0	1	0	0	1	0	1	1
0	1	1	0	1	0	1	1	0	1	0	0
0	0	1	0	1	1	0	1	1	0	1	0
1	0	0	1	0	0	1	0	1	1	0	1
0	1	1	0	1	1	0	1	0	0	1	0
1	1	0	1	1	0	1	0	0	1	0	0
0	0	1	1	0	0	1	0	1	0	1	1
1	1	0	0	1	1	0	1	0	1	0	0
1	1	0	1	0	1	0	0	1	0	0	1

::::: Puzzle (903) :::::

1	1	0	0	1	0	1	1	0	1	0	0
0	1	0	0	1	0	0	1	1	0	1	1
0	0	1	1	0	1	1	0	0	1	0	1
1	0	1	0	0	1	0	1	1	0	1	0
1	1	0	0	1	0	1	0	1	0	1	0
0	0	1	1	0	0	1	1	0	1	0	1
0	0	1	0	1	1	0	1	0	0	1	1
1	1	0	1	0	1	0	0	1	0	1	0
0	0	1	1	0	0	1	0	1	1	0	1
0	0	1	0	1	1	0	1	0	1	1	0
1	1	0	1	0	1	0	0	1	0	0	1
1	1	0	1	1	0	1	0	0	1	0	0

::::: Puzzle (904) :::::

1	0	0	1	0	0	1	1	0	1	1	0
0	1	0	0	1	0	0	1	1	0	1	1
0	0	1	0	0	1	1	0	1	1	0	1
1	0	0	1	1	0	0	1	0	1	1	0
0	1	1	0	0	1	1	0	1	0	0	1
0	0	1	1	0	1	1	0	0	1	1	0
1	1	0	0	1	0	0	1	0	0	1	1
0	0	1	1	0	1	0	1	1	0	0	1
1	1	0	1	1	0	1	0	0	1	0	0
0	1	1	0	1	0	1	1	0	0	1	0
1	0	1	1	0	1	0	0	1	0	0	1
1	1	0	0	1	1	0	0	1	1	0	0

::::: Puzzle (905) :::::

0	0	1	1	0	0	1	0	1	0	1	1
1	0	0	1	0	0	1	0	1	1	0	1
0	1	0	0	1	1	0	1	0	1	1	0
0	1	1	0	0	1	0	1	1	0	0	1
1	0	0	1	1	0	1	0	0	1	0	1
0	0	1	1	0	0	1	1	0	1	1	0
0	1	0	0	1	1	0	1	1	0	1	0
1	0	1	0	0	1	1	0	1	0	0	1
1	1	0	1	1	0	0	1	0	1	0	0
0	1	1	0	0	1	1	0	0	1	1	0
1	0	1	0	1	1	0	0	1	0	0	1
1	1	0	1	1	0	0	1	0	0	1	0

::::: Puzzle (906) :::::

0	0	1	0	0	1	1	0	1	1	0	1
0	1	0	0	1	1	0	1	0	0	1	1
1	0	1	1	0	0	1	0	1	1	0	0
0	0	1	0	0	1	0	1	1	0	1	1
0	1	0	0	1	0	1	1	0	1	1	0
1	0	1	1	0	1	0	0	1	0	0	1
0	1	0	1	1	0	1	0	1	0	1	0
1	0	1	0	0	1	0	1	0	1	0	1
1	1	0	1	1	0	1	0	0	1	0	0
0	0	1	0	1	1	0	1	1	0	1	0
1	1	0	1	0	0	1	0	0	1	0	1
1	1	0	1	1	0	0	1	0	0	1	0

::::: Puzzle (907) :::::

0	0	1	0	1	0	1	0	1	1	0	1
0	1	0	1	1	0	0	1	1	0	1	0
1	0	1	0	0	1	0	1	0	0	1	1
0	0	1	0	0	1	1	0	1	1	0	1
0	1	0	1	1	0	0	1	0	1	1	0
1	0	0	1	0	0	1	0	1	0	1	1
0	1	1	0	0	1	0	0	1	1	0	1
1	0	1	0	1	1	0	1	0	0	1	0
1	1	0	1	0	0	1	1	0	1	0	0
0	0	1	1	0	1	1	0	1	0	0	1
1	1	0	0	1	1	0	1	0	0	1	0
1	1	0	1	1	0	1	0	0	1	0	0

::::: Puzzle (908) :::::

1	0	1	0	0	1	0	0	1	0	1	1
1	1	0	0	1	0	0	1	0	1	0	1
0	0	1	1	0	0	1	1	0	1	1	0
0	0	1	0	0	1	1	0	1	0	1	1
1	1	0	1	1	0	0	1	0	1	0	0
0	0	1	0	1	0	1	0	1	0	1	1
0	0	1	1	0	1	0	1	0	1	0	1
1	1	0	0	1	0	1	1	0	1	0	0
0	1	0	1	0	1	1	0	1	0	1	0
0	0	1	0	1	1	0	1	1	0	0	1
1	1	0	1	1	0	1	0	0	1	0	0
1	1	0	1	0	1	0	0	1	0	1	0

::::: Puzzle (909) :::::

0	0	1	0	0	1	0	1	1	0	1	1
0	1	0	0	1	0	1	0	1	1	0	1
1	0	1	1	0	0	1	0	0	1	1	0
0	0	1	0	1	1	0	1	1	0	0	1
0	1	0	0	1	0	0	1	1	0	1	1
1	0	1	1	0	1	1	0	0	1	0	0
0	0	1	1	0	1	0	1	1	0	1	0
1	1	0	0	1	0	0	1	0	1	0	1
1	1	0	1	0	1	1	0	0	1	0	0
0	0	1	0	0	1	1	0	1	0	1	1
1	1	0	1	1	0	0	1	0	0	1	0
1	1	0	1	1	0	1	0	0	1	0	0

::::: Puzzle (910) :::::

0	0	1	0	0	1	1	0	1	0	1	1
1	1	0	0	1	0	0	1	1	0	1	0
0	0	1	1	0	0	1	1	0	1	0	1
0	0	1	0	1	1	0	0	1	1	0	1
1	1	0	0	1	1	0	1	0	0	1	0
0	0	1	1	0	0	1	1	0	1	1	0
0	1	0	1	0	0	1	0	1	1	0	1
1	1	0	0	1	1	0	0	1	0	0	1
1	0	1	1	0	0	1	1	0	0	1	0
0	1	0	1	1	0	0	1	0	1	0	1
1	1	0	0	1	1	0	0	1	0	1	0
1	0	1	1	0	1	1	0	0	1	0	0

::::: Puzzle (911) :::::

0	0	1	0	0	1	1	0	1	1	0	1
1	0	0	1	0	0	1	1	0	1	1	0
0	1	0	0	1	0	0	1	1	0	1	1
0	1	1	0	0	1	1	0	1	0	0	1
1	0	1	1	0	1	0	1	0	1	0	0
1	0	0	1	1	0	1	0	0	1	1	0
0	1	1	0	1	1	0	0	1	0	0	1
0	0	1	1	0	0	1	1	0	0	1	1
1	1	0	0	1	1	0	0	1	1	0	0
0	0	1	0	0	1	0	1	1	0	1	1
1	1	0	1	1	0	1	0	0	1	0	0
1	1	0	1	1	0	0	1	0	0	1	0

::::: Puzzle (912) :::::

1	0	0	1	0	0	1	0	1	0	1	1
0	0	1	0	1	0	1	0	1	1	0	1
0	1	0	1	0	1	0	1	0	1	1	0
1	0	1	0	1	1	0	0	1	0	0	1
0	0	1	0	1	0	1	1	0	1	1	0
1	1	0	1	0	0	1	0	0	1	0	1
0	0	1	0	0	1	0	1	1	0	1	1
0	1	1	0	1	1	0	1	0	0	1	0
1	1	0	1	0	0	1	0	1	1	0	0
0	0	1	0	1	1	0	1	1	0	0	1
1	1	0	1	0	1	0	1	0	0	1	0
1	1	0	1	1	0	1	0	0	1	0	0

::::: Puzzle (913) :::::

0	0	1	0	0	1	1	0	1	1	0	1
0	1	0	0	1	0	1	1	0	1	1	0
1	0	1	1	0	1	0	0	1	0	1	0
0	0	1	0	1	0	1	1	0	1	0	1
0	1	0	1	0	0	1	0	1	0	1	1
1	0	1	0	1	1	0	1	0	0	1	0
0	0	1	0	1	0	1	0	1	1	0	1
1	1	0	1	0	1	0	1	0	1	0	0
1	1	0	1	1	0	0	1	0	0	1	0
0	0	1	0	0	1	1	0	1	0	1	1
1	1	0	1	1	0	0	1	0	1	0	0
1	1	0	1	0	1	0	0	1	0	0	1

::::: Puzzle (914) :::::

1	0	0	1	0	0	1	1	0	1	1	0
0	0	1	1	0	0	1	0	1	0	1	1
0	1	0	0	1	1	0	1	0	1	0	1
1	0	1	0	1	0	0	1	1	0	1	0
0	0	1	1	0	0	1	0	1	1	0	1
0	1	0	0	1	1	0	1	0	1	1	0
1	0	1	1	0	1	0	0	1	0	0	1
0	1	1	0	1	0	1	1	0	0	1	0
1	1	0	1	0	1	1	0	0	1	0	0
0	0	1	0	1	1	0	1	1	0	0	1
1	1	0	0	1	0	1	0	0	1	1	0
1	1	0	1	0	1	0	0	1	0	0	1

::::: Puzzle (915) :::::

0	0	1	0	0	1	0	1	1	0	1	1
0	0	1	0	0	1	1	0	1	1	0	1
1	1	0	1	1	0	0	1	0	1	0	0
0	0	1	0	0	1	1	0	1	0	1	1
0	1	0	1	1	0	0	1	0	1	0	1
1	0	1	1	0	0	1	0	0	1	1	0
0	0	1	0	1	1	0	1	1	0	1	0
1	1	0	0	1	0	1	0	1	0	0	1
1	1	0	1	0	0	1	0	0	1	1	0
0	0	1	0	1	1	0	1	1	0	0	1
1	1	0	1	0	1	0	1	0	0	1	0
1	1	0	1	1	0	1	0	0	1	0	0

::::: Puzzle (916) :::::

0	0	1	0	0	1	1	0	1	1	0	1
1	1	0	0	1	0	1	0	1	0	0	1
0	0	1	1	0	1	0	1	0	1	1	0
0	1	0	1	1	0	1	1	0	1	0	0
1	0	1	0	0	1	0	0	1	0	1	1
0	0	1	0	1	0	0	1	1	0	1	1
1	1	0	1	0	1	1	0	0	1	0	0
0	0	1	1	0	0	1	1	0	1	1	0
1	1	0	0	1	1	0	0	1	0	0	1
0	0	1	1	0	1	0	1	1	0	1	0
1	1	0	1	1	0	1	0	0	1	0	0
1	1	0	0	1	0	0	1	0	0	1	1

::::: Puzzle (917) :::::

0	0	1	0	0	1	0	1	1	0	1	1
0	0	1	0	1	0	1	0	1	1	0	1
1	1	0	1	0	0	1	0	0	1	1	0
0	0	1	0	1	1	0	1	1	0	0	1
0	1	0	0	1	0	0	1	1	0	1	1
1	0	1	1	0	1	1	0	0	1	0	0
0	0	1	1	0	1	0	1	0	0	1	1
1	1	0	0	1	0	1	0	1	1	0	0
1	1	0	1	0	1	0	1	0	0	1	0
0	0	1	0	1	1	0	1	0	1	0	1
1	1	0	1	0	0	1	0	1	0	1	0
1	1	0	1	1	0	1	0	0	1	0	0

::::: Puzzle (918) :::::

1	0	0	1	0	0	1	0	1	1	0	1
0	1	0	0	1	1	0	1	0	1	1	0
1	0	1	0	1	0	0	1	0	0	1	1
0	0	1	1	0	1	1	0	1	1	0	0
0	1	0	0	1	0	0	1	1	0	1	1
1	0	1	0	1	0	0	1	0	1	0	1
0	0	1	1	0	1	1	0	1	0	1	0
1	1	0	1	0	1	0	0	1	0	0	1
0	1	1	0	1	0	1	1	0	1	0	0
0	0	1	0	0	1	1	0	1	0	1	1
1	1	0	1	0	1	0	1	0	0	1	0
1	1	0	1	1	0	1	0	0	1	0	0

::::: Puzzle (919) :::::

0	1	0	0	1	0	1	0	1	0	1	1
0	1	0	0	1	0	0	1	1	0	1	1
1	0	1	1	0	1	0	1	0	1	0	0
0	0	1	0	0	1	1	0	1	0	1	1
0	1	0	0	1	0	1	1	0	1	0	1
1	0	1	1	0	1	0	0	1	1	0	0
0	0	1	1	0	0	1	0	1	0	1	1
1	1	0	0	1	1	0	1	0	1	0	0
1	0	0	1	1	0	0	1	0	1	1	0
0	1	1	0	0	1	1	0	1	0	0	1
1	0	1	1	0	1	0	1	0	0	1	0
1	1	0	1	1	0	1	0	0	1	0	0

::::: Puzzle (920) :::::

0	0	1	0	0	1	1	0	1	0	1	1
1	0	0	1	0	0	1	0	1	1	0	1
0	1	1	0	1	1	0	1	0	0	1	0
0	0	1	0	0	1	0	1	1	0	1	1
1	1	0	1	0	0	1	0	0	1	0	1
1	0	1	0	1	1	0	0	1	0	1	0
0	0	1	0	1	0	1	1	0	1	0	1
0	1	0	1	0	1	0	1	1	0	1	0
1	1	0	1	1	0	1	0	0	1	0	0
0	0	1	0	1	0	0	1	1	0	1	1
1	1	0	1	0	1	1	0	0	1	0	0
1	1	0	1	1	0	0	1	0	1	0	0

::::: *Puzzle (921)* :::::

0	0	1	0	0	1	1	0	1	1	0	1
0	0	1	0	1	1	0	1	0	0	1	1
1	1	0	1	0	0	1	0	1	1	0	0
0	0	1	0	1	0	0	1	1	0	1	1
0	1	0	0	1	1	0	1	0	0	1	1
1	0	1	1	0	0	1	0	1	1	0	0
0	0	1	1	0	1	0	1	1	0	0	1
1	1	0	0	1	0	0	1	0	1	1	0
1	1	0	1	0	1	1	0	0	1	0	0
0	0	1	0	0	1	1	0	1	0	1	1
1	1	0	1	1	0	0	1	0	0	1	0
1	1	0	1	1	0	1	0	0	1	0	0

::::: *Puzzle (922)* :::::

1	1	0	0	1	0	0	1	1	0	0	1
0	1	0	1	0	0	1	0	1	1	0	1
0	0	1	0	1	1	0	1	0	1	1	0
1	0	1	0	1	0	0	1	0	0	1	1
0	1	0	1	0	1	1	0	1	1	0	0
0	0	1	0	0	1	1	0	1	0	1	1
1	0	1	0	1	0	0	1	0	1	0	1
0	1	0	1	0	1	1	0	1	0	1	0
1	0	1	1	0	0	1	1	0	0	1	0
0	0	1	0	1	1	0	1	0	1	0	1
1	1	0	1	0	1	0	0	1	0	1	0
1	1	0	1	1	0	1	0	0	1	0	0

::::: *Puzzle (923)* :::::

1	0	1	0	0	1	1	0	1	0	0	1
0	0	1	0	1	1	0	1	0	1	1	0
0	1	0	1	0	0	1	0	1	0	1	1
1	0	1	0	0	1	0	1	1	0	0	1
0	1	0	0	1	1	0	1	0	1	1	0
0	1	0	1	0	0	1	0	1	1	0	1
1	0	1	0	1	0	1	0	1	0	1	0
0	0	1	1	0	1	0	1	0	0	1	1
1	1	0	1	1	0	1	0	0	1	0	0
0	0	1	0	0	1	1	0	1	1	0	1
1	1	0	1	1	0	0	1	0	0	1	0
1	1	0	1	1	0	0	1	0	1	0	0

::::: *Puzzle (924)* :::::

0	1	0	0	1	0	0	1	1	0	1	1
0	1	0	1	0	0	1	1	0	0	1	1
1	0	1	0	1	1	0	0	1	1	0	0
0	0	1	0	0	1	0	1	1	0	1	1
0	1	0	1	0	0	1	1	0	1	1	0
1	0	1	0	1	1	0	0	1	0	0	1
0	0	1	1	0	0	1	0	1	0	1	1
1	1	0	0	1	1	0	1	0	1	0	0
1	0	1	1	0	1	1	0	0	1	0	0
0	0	1	0	1	0	1	0	1	0	1	1
1	1	0	1	0	1	0	1	0	1	0	0
1	1	0	1	1	0	1	0	0	1	0	0

::::: *Puzzle (925)* :::::

0	0	1	0	0	1	1	0	1	1	0	1
1	0	0	1	1	0	0	1	1	0	0	1
1	1	0	1	0	0	1	0	0	1	1	0
0	0	1	0	0	1	0	1	1	0	1	1
0	1	0	0	1	0	1	0	1	1	0	1
1	0	1	1	0	0	1	1	0	0	1	0
1	1	0	0	1	1	0	0	1	1	0	0
0	1	0	0	1	0	1	1	0	0	1	1
1	0	1	1	0	1	0	1	0	1	0	0
0	1	1	0	1	1	0	0	1	0	0	1
0	1	0	1	1	0	1	0	0	1	1	0
1	0	1	1	0	1	0	1	0	0	1	0

::::: *Puzzle (926)* :::::

0	1	0	0	1	0	1	0	1	1	0	1
0	0	1	0	0	1	0	1	1	0	1	1
1	0	0	1	0	0	1	1	0	1	1	0
1	1	0	0	1	1	0	0	1	0	0	1
0	0	1	0	1	0	1	1	0	1	1	0
0	0	1	1	0	1	0	0	1	0	1	1
1	1	0	0	1	1	0	1	0	1	0	0
0	0	1	1	0	0	1	1	0	0	1	1
1	1	0	1	0	0	1	0	1	1	0	0
0	1	1	0	1	1	0	1	0	0	1	0
1	0	1	1	0	1	0	0	1	0	0	1
1	1	0	1	1	0	1	0	0	1	0	0

::::: *Puzzle (927)* :::::

1	0	0	1	1	0	0	1	0	1	0	1
0	0	1	0	0	1	1	0	1	0	1	1
0	1	0	0	1	0	1	1	0	1	1	0
1	0	1	1	0	1	0	0	1	0	0	1
0	0	1	0	0	1	1	0	1	1	0	1
1	1	0	0	1	0	0	1	0	1	1	0
0	1	0	1	0	1	1	0	1	0	1	0
0	0	1	0	1	0	1	0	1	1	0	1
1	1	0	1	0	1	0	1	0	0	1	0
0	1	1	0	1	0	1	0	1	0	0	1
1	0	1	1	0	1	0	1	0	1	0	0
1	1	0	1	1	0	0	1	0	0	1	0

::::: *Puzzle (928)* :::::

0	1	0	0	1	0	0	1	1	0	1	1
1	0	1	0	0	1	0	0	1	1	0	1
0	1	0	1	0	1	1	0	0	1	1	0
0	0	1	0	1	0	1	1	0	0	1	1
1	0	1	0	0	1	0	1	1	0	0	1
0	1	0	1	1	0	1	0	0	1	1	0
0	1	0	0	1	1	0	1	1	0	0	1
1	0	1	1	0	1	0	0	1	0	1	0
1	0	0	1	1	0	1	1	0	1	0	0
0	1	1	0	0	1	0	0	1	1	0	1
1	0	1	1	0	0	1	1	0	0	1	0
1	1	0	1	1	0	1	0	0	1	0	0

::::: *Puzzle (929)* :::::

0	0	1	0	0	1	0	1	1	0	1	1
0	0	1	0	0	1	1	0	1	0	1	1
1	1	0	1	1	0	1	0	0	1	0	0
0	1	0	1	1	0	0	1	0	0	1	1
0	0	1	0	0	1	1	0	1	1	0	1
1	0	0	1	1	0	0	1	0	1	1	0
0	1	1	0	0	1	1	0	1	0	0	1
1	0	1	0	1	0	0	1	0	1	1	0
1	1	0	1	0	0	1	0	1	1	0	0
0	0	1	0	1	1	0	1	1	0	0	1
1	1	0	1	1	0	0	1	0	0	1	0
1	1	0	1	0	1	1	0	0	1	0	0

::::: *Puzzle (930)* :::::

0	0	1	0	1	0	1	0	1	0	1	1
0	0	1	0	0	1	0	1	1	0	1	1
1	1	0	1	0	0	1	1	0	1	0	0
0	1	0	0	1	1	0	0	1	0	1	1
0	0	1	0	0	1	1	0	1	1	0	1
1	0	1	1	0	0	1	1	0	0	1	0
1	1	0	0	1	1	0	0	1	1	0	0
0	0	1	1	0	1	0	1	0	0	1	1
1	1	0	1	1	0	1	0	0	1	0	0
0	0	1	0	1	0	0	1	1	0	1	1
1	1	0	1	0	1	1	0	0	1	0	0
1	1	0	1	1	0	0	1	0	1	0	0

::::: *Puzzle (931)* :::::

1	0	0	1	0	0	1	0	1	1	0	1
0	0	1	0	0	1	1	0	1	0	1	1
0	1	0	0	1	1	0	1	0	1	1	0
1	0	1	1	0	0	1	1	0	1	0	0
0	0	1	0	1	1	0	0	1	0	1	1
0	1	0	0	1	1	0	1	0	0	1	1
1	0	1	1	0	0	1	0	1	1	0	0
0	1	1	0	0	1	0	1	0	0	1	1
1	1	0	1	1	0	0	1	0	1	0	0
0	0	1	1	0	1	1	0	1	0	0	1
1	1	0	0	1	0	0	1	1	0	1	0
1	1	0	1	1	0	1	0	0	1	0	0

::::: *Puzzle (932)* :::::

0	0	1	1	0	0	1	1	0	0	1	1
0	0	1	0	0	1	1	0	1	1	0	1
1	1	0	0	1	0	0	1	0	1	1	0
0	0	1	1	0	1	0	0	1	0	1	1
0	1	0	0	1	0	1	0	1	1	0	1
1	0	0	1	0	1	0	1	0	1	1	0
0	1	1	0	0	1	1	0	1	0	0	1
1	1	0	1	1	0	0	1	0	1	0	0
1	0	1	0	1	1	0	1	0	0	1	0
0	1	0	1	0	1	1	0	1	0	0	1
1	1	0	1	1	0	1	0	0	1	0	0
1	0	1	0	1	0	0	1	1	0	1	0

::::: *Puzzle (933)* :::::

1	0	0	1	0	0	1	0	1	0	1	1
0	1	1	0	0	1	0	1	1	0	0	1
0	0	1	0	1	0	1	1	0	1	1	0
1	0	0	1	0	1	0	0	1	0	1	1
0	1	1	0	1	1	0	1	0	1	0	0
0	0	1	0	1	0	1	1	0	0	1	1
1	0	0	1	0	0	1	0	1	1	0	1
0	1	1	0	1	1	0	1	0	0	1	0
1	1	0	1	1	0	1	0	0	1	0	0
0	0	1	1	0	0	1	0	1	0	1	1
1	1	0	0	1	1	0	1	0	1	0	0
1	1	0	1	0	1	0	0	1	1	0	0

::::: *Puzzle (934)* :::::

0	1	0	0	1	0	1	0	1	1	0	1
1	0	0	1	0	1	0	1	0	1	1	0
0	0	1	0	0	1	0	1	1	0	1	1
0	1	1	0	1	0	1	0	1	0	0	1
1	0	0	1	0	0	1	1	0	1	1	0
0	1	1	0	1	1	0	0	1	0	1	0
1	0	1	1	0	0	1	0	0	1	0	1
0	1	0	1	0	1	0	1	0	0	1	1
1	0	1	0	1	0	1	0	1	1	0	0
1	0	0	1	0	1	0	1	1	0	0	1
0	1	1	0	1	1	0	1	0	0	1	0
1	1	0	1	1	0	1	0	0	1	0	0

::::: *Puzzle (935)* :::::

0	0	1	0	0	1	0	1	1	0	1	1
1	0	0	1	0	0	1	1	0	1	1	0
0	1	0	0	1	0	1	0	1	1	0	1
1	0	1	0	1	1	0	0	1	0	1	0
0	0	1	1	0	1	0	1	0	1	1	0
1	1	0	0	1	0	1	0	0	1	0	1
0	0	1	1	0	1	0	1	1	0	0	1
0	1	1	0	0	1	1	0	1	0	1	0
1	1	0	1	1	0	0	1	0	1	0	0
0	0	1	0	1	0	1	1	0	0	1	1
1	1	0	1	0	1	0	0	1	0	0	1
1	1	0	1	1	0	1	0	0	1	0	0

::::: *Puzzle (936)* :::::

1	0	0	1	1	0	0	1	0	0	1	1
0	0	1	0	0	1	1	0	1	1	0	1
0	1	0	0	1	1	0	1	0	1	1	0
1	0	1	1	0	0	1	0	1	0	0	1
0	0	1	0	0	1	0	1	1	0	1	1
0	1	0	0	1	0	1	1	0	1	1	0
1	0	1	1	0	1	0	0	1	0	0	1
0	1	1	0	1	0	1	0	0	1	1	0
1	1	0	1	1	0	0	1	0	1	0	0
0	0	1	1	0	1	1	0	1	0	0	1
1	1	0	0	1	0	1	1	0	0	1	0
1	1	0	1	0	1	0	0	1	1	0	0

::::: *Puzzle (937)* :::::

0	1	0	0	1	1	0	1	0	0	1	1
0	0	1	0	0	1	1	0	1	0	1	1
1	0	1	1	0	0	1	0	1	1	0	0
0	1	0	0	1	1	0	1	0	1	1	0
0	0	1	1	0	0	1	0	1	0	1	1
1	0	0	1	0	1	0	0	1	1	0	1
0	1	1	0	1	0	1	1	0	0	1	0
1	0	1	0	0	1	0	1	1	0	0	1
1	1	0	1	1	0	1	0	0	1	0	0
0	0	1	0	1	0	0	1	1	0	1	1
1	1	0	1	0	1	1	0	0	1	0	0
1	1	0	1	1	0	0	1	0	1	0	0

::::: *Puzzle (938)* :::::

0	1	1	0	1	0	1	0	1	0	1	0
0	0	1	1	0	1	0	0	1	1	0	1
1	0	0	1	0	0	1	1	0	0	1	1
0	1	0	0	1	0	1	1	0	1	1	0
1	0	1	0	1	1	0	0	1	1	0	0
0	0	1	1	0	0	1	1	0	0	1	1
0	1	0	0	1	1	0	1	0	1	0	1
1	0	1	0	0	1	1	0	1	1	0	0
1	1	0	1	1	0	0	1	0	0	1	0
0	0	1	0	1	0	1	1	0	1	0	1
1	1	0	1	0	1	0	0	1	0	0	1
1	1	0	1	0	1	0	0	1	0	1	0

::::: *Puzzle (939)* :::::

0	1	0	0	1	0	0	1	1	0	1	1
0	0	1	0	1	0	1	1	0	1	0	1
1	0	0	1	0	1	1	0	1	1	0	0
0	1	1	0	1	1	0	0	1	0	1	0
0	0	1	1	0	0	1	1	0	1	0	1
1	0	0	1	0	1	1	0	0	1	1	0
0	1	1	0	1	1	0	0	1	0	0	1
1	1	0	1	0	0	1	1	0	0	1	0
1	0	1	0	0	1	0	1	0	1	1	0
0	0	1	0	1	1	0	0	1	1	0	1
1	1	0	1	0	0	1	0	1	0	0	1
1	1	0	1	1	0	0	1	0	0	1	0

::::: *Puzzle (940)* :::::

0	0	1	1	0	0	1	0	1	0	1	1
0	0	1	0	1	0	1	1	0	1	1	0
1	1	0	0	1	1	0	0	1	0	0	1
0	0	1	1	0	0	1	0	1	1	0	1
0	1	0	0	1	1	0	1	0	1	1	0
1	1	0	0	1	0	0	1	1	0	0	1
0	0	1	1	0	1	1	0	0	1	0	1
1	0	1	0	0	1	0	1	1	0	1	0
1	1	0	1	1	0	1	0	0	1	0	0
0	0	1	0	0	1	1	0	1	0	1	1
1	1	0	1	0	1	0	1	0	0	1	0
1	1	0	1	1	0	0	1	0	1	0	0

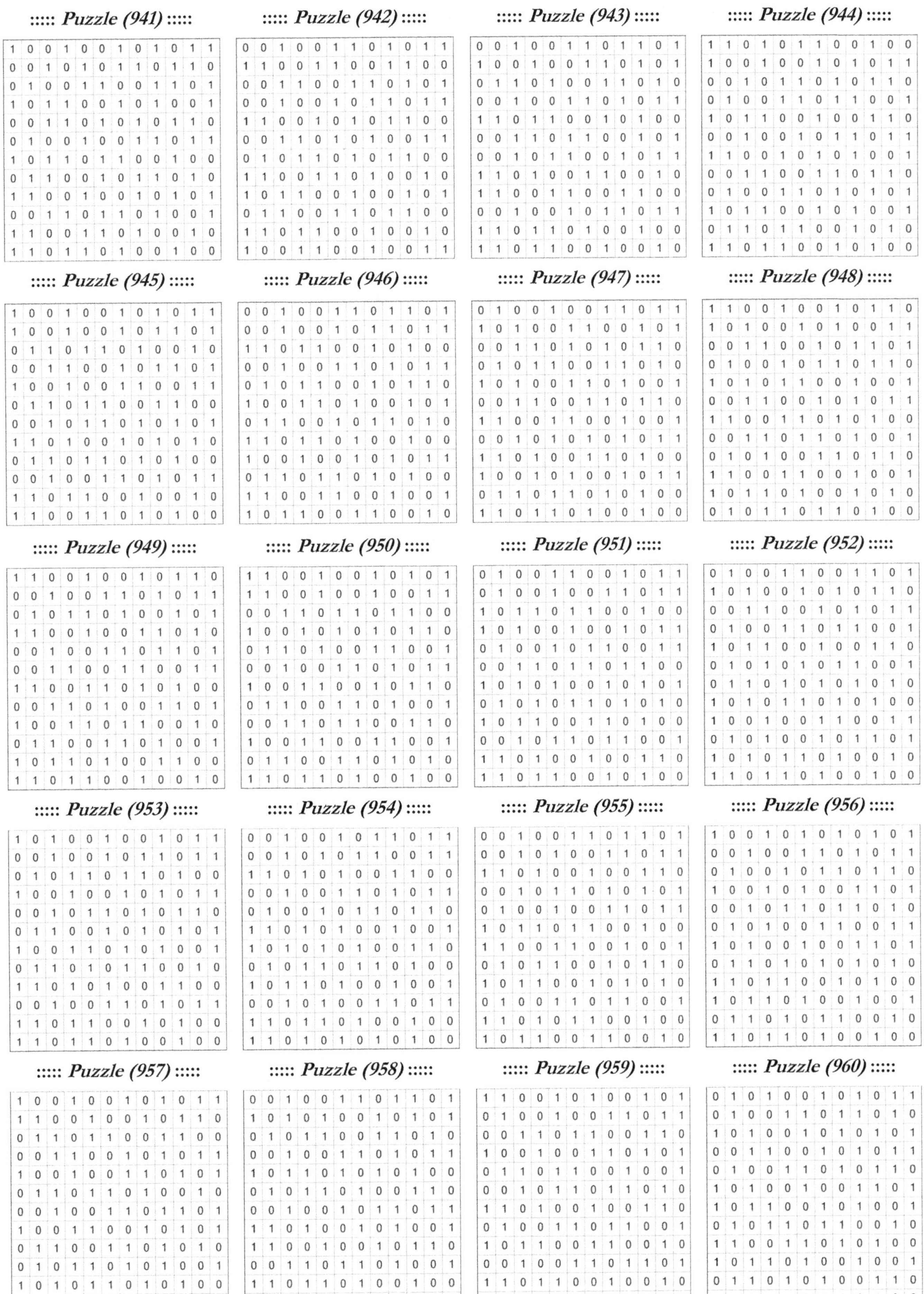

:::: *Puzzle (941)* ::::

1	0	0	1	0	0	1	0	1	0	1	1
0	0	1	0	1	0	1	1	0	1	1	0
0	1	0	0	1	1	0	0	1	1	0	1
1	0	1	1	0	0	1	0	1	0	0	1
0	0	1	1	0	1	0	1	0	1	1	0
0	1	0	0	1	0	0	1	1	0	1	1
1	0	1	1	0	1	1	0	0	1	0	0
0	1	1	0	0	1	0	1	1	0	1	0
1	1	0	0	1	0	0	1	0	1	0	1
0	0	1	1	0	1	1	0	1	0	0	1
1	1	0	0	1	1	0	1	0	0	1	0
1	1	0	1	1	0	1	0	0	1	0	0

:::: *Puzzle (942)* ::::

0	0	1	0	0	1	1	0	1	0	1	1
1	1	0	0	1	1	0	0	1	1	0	0
0	0	1	1	0	0	1	1	0	1	0	1
0	0	1	0	0	1	0	1	1	0	1	1
1	1	0	0	1	0	1	0	1	1	0	0
0	0	1	1	0	1	0	1	0	0	1	1
0	1	0	1	1	0	1	0	1	1	0	0
1	1	0	0	1	1	0	1	0	0	1	0
1	0	1	1	0	0	1	0	0	1	0	1
0	1	1	0	0	1	1	0	1	1	0	0
1	1	0	1	1	0	0	1	0	0	1	0
1	0	0	1	1	0	0	1	0	0	1	1

:::: *Puzzle (943)* ::::

0	0	1	0	0	1	1	0	1	1	0	1
1	0	0	1	0	0	1	1	0	1	0	1
0	1	1	0	1	0	0	1	1	0	1	0
0	0	1	0	0	1	1	0	1	0	1	1
1	1	0	1	1	0	0	1	0	1	0	0
0	0	1	1	0	1	1	0	0	1	0	1
0	0	1	0	1	1	0	0	1	0	1	1
1	1	0	1	0	0	1	1	0	0	1	0
1	1	0	0	1	1	0	0	1	1	0	0
0	0	1	0	0	1	0	1	1	0	1	1
1	1	0	1	1	0	1	0	0	1	0	0
1	1	0	1	1	0	0	1	0	0	1	0

:::: *Puzzle (944)* ::::

1	1	0	1	0	1	1	0	0	1	0	0
1	0	0	1	0	0	1	0	1	0	1	1
0	0	1	0	1	1	0	1	0	1	1	0
0	1	0	0	1	1	0	1	1	0	0	1
1	0	1	1	0	0	1	0	0	1	1	0
0	0	1	0	0	1	0	1	1	0	1	1
1	1	0	0	1	0	1	0	1	0	0	1
0	0	1	1	0	0	1	1	0	1	1	0
0	1	0	0	1	1	0	1	0	1	0	1
1	0	1	1	0	0	1	0	1	0	0	1
0	1	1	0	1	1	0	0	1	0	1	0
1	1	0	1	1	0	0	1	0	1	0	0

:::: *Puzzle (945)* ::::

1	0	0	1	0	0	1	0	1	0	1	1
1	0	0	1	0	0	1	0	1	1	0	1
0	1	1	0	1	1	0	1	0	0	1	0
0	0	1	1	0	0	1	0	1	1	0	1
1	0	0	1	0	0	1	1	0	0	1	1
0	1	1	0	1	1	0	0	1	1	0	0
0	0	1	0	1	1	0	1	0	1	0	1
1	1	0	1	0	0	1	0	1	0	1	0
0	1	1	0	1	1	0	1	0	1	0	0
0	0	1	0	0	1	1	0	1	0	1	1
1	1	0	1	1	0	0	1	0	0	1	0
1	1	0	0	1	1	0	1	0	1	0	0

:::: *Puzzle (946)* ::::

0	0	1	0	0	1	1	0	1	1	0	1
0	0	1	0	0	1	0	1	1	0	1	1
1	1	0	1	1	0	0	1	0	1	0	0
0	0	1	0	0	1	1	0	1	0	1	1
0	1	0	1	1	0	0	1	0	1	1	0
1	0	0	1	1	0	1	0	0	1	0	1
0	1	1	0	0	1	0	1	1	0	1	0
1	1	0	1	1	0	1	0	0	1	0	0
1	0	0	1	0	0	1	0	1	0	1	1
0	1	1	0	1	1	0	1	0	1	0	0
1	1	0	0	1	1	0	0	1	0	0	1
1	0	1	1	0	0	1	1	0	0	1	0

:::: *Puzzle (947)* ::::

0	1	0	0	1	0	0	1	1	0	1	1
1	0	1	0	0	1	1	0	0	1	0	1
0	0	1	1	0	1	0	1	0	1	1	0
0	1	0	1	1	0	0	1	1	0	1	0
1	0	1	0	0	1	1	0	1	0	0	1
0	0	1	1	0	0	1	1	0	1	1	0
1	1	0	0	1	1	0	0	1	0	0	1
0	0	1	0	1	0	1	0	1	0	1	1
1	1	0	1	0	0	1	1	0	1	0	0
1	0	0	1	0	1	0	0	1	0	1	1
0	1	1	0	1	1	0	1	0	1	0	0
1	1	0	1	1	0	1	0	0	1	0	0

:::: *Puzzle (948)* ::::

1	1	0	0	1	0	0	1	0	1	1	0
1	0	1	0	0	1	0	1	0	0	1	1
0	0	1	1	0	0	1	0	1	1	0	1
0	1	0	0	1	0	1	1	0	1	1	0
1	0	1	0	1	1	0	0	1	0	0	1
0	0	1	1	0	0	1	0	1	0	1	1
1	1	0	0	1	1	0	1	0	1	0	0
0	0	1	1	0	1	1	0	1	0	0	1
0	1	0	1	0	0	1	1	0	1	1	0
1	1	0	0	1	1	0	0	1	0	0	1
1	0	1	1	0	1	0	0	1	0	1	0
0	1	0	1	1	0	1	1	0	1	0	0

:::: *Puzzle (949)* ::::

1	1	0	0	1	0	0	1	0	1	1	0
0	0	1	0	0	1	1	0	1	0	1	1
0	1	0	1	1	0	1	0	0	1	0	1
1	1	0	0	1	0	0	1	1	0	1	0
0	0	1	0	0	1	1	0	1	1	0	1
0	0	1	1	0	0	1	1	0	0	1	1
1	1	0	0	1	1	0	1	0	1	0	0
0	0	1	1	0	1	0	0	1	1	0	1
1	0	0	1	1	0	1	1	0	0	1	0
0	1	1	0	0	1	1	0	1	0	0	1
1	0	1	1	0	1	0	0	1	1	0	0
1	1	0	1	1	0	0	1	0	0	1	0

:::: *Puzzle (950)* ::::

1	1	0	0	1	0	0	1	0	1	0	1
1	1	0	0	1	0	0	1	0	0	1	1
0	0	1	1	0	1	1	0	1	1	0	0
1	0	0	1	0	1	0	1	0	1	1	0
0	1	1	0	1	0	0	1	1	0	0	1
0	0	1	0	0	1	1	0	1	0	1	1
1	0	0	1	1	0	0	1	0	1	1	0
0	1	1	0	0	1	1	0	1	0	0	1
0	0	1	1	0	1	1	0	0	1	1	0
1	0	0	1	1	0	0	1	1	0	0	1
0	1	1	0	0	1	1	0	1	0	1	0
1	1	0	1	1	0	1	0	0	1	0	0

:::: *Puzzle (951)* ::::

0	1	0	0	1	1	0	0	1	0	1	1
0	1	0	0	1	0	0	1	1	0	1	1
1	0	1	1	0	1	1	0	0	1	0	0
1	0	1	0	0	1	0	0	1	0	1	1
0	1	0	0	1	0	1	1	0	0	1	1
0	0	1	1	0	1	1	0	1	1	0	0
1	0	1	0	1	0	0	1	0	1	0	1
0	1	0	1	0	1	1	0	1	0	1	0
1	0	1	1	0	0	1	1	0	1	0	0
0	0	1	0	1	1	0	1	1	0	0	1
1	1	0	1	0	0	1	0	0	1	1	0
1	1	0	1	1	0	0	1	0	1	0	0

:::: *Puzzle (952)* ::::

0	1	0	0	1	1	0	0	1	1	0	1
1	0	1	0	0	1	0	1	0	1	1	0
0	0	1	1	0	0	1	0	1	0	1	1
0	1	0	0	1	1	0	1	1	0	0	1
1	0	1	1	0	0	1	0	0	1	1	0
0	1	0	1	0	1	0	1	1	0	0	1
0	1	1	0	1	0	1	0	1	0	1	0
1	0	1	0	1	1	0	1	0	1	0	0
1	0	0	1	0	0	1	1	0	0	1	1
0	1	0	1	0	0	1	0	1	1	0	1
1	0	1	0	1	1	0	1	0	0	1	0
1	1	0	1	1	0	1	0	0	1	0	0

:::: *Puzzle (953)* ::::

1	0	1	0	0	1	0	0	1	0	1	1
0	0	1	0	0	1	0	1	1	0	1	1
0	1	0	1	1	0	1	1	0	1	0	0
1	0	0	1	0	0	1	0	1	0	1	1
0	0	1	0	1	1	0	1	0	1	1	0
0	1	1	0	0	1	0	1	0	1	0	1
1	0	0	1	1	0	1	0	1	0	0	1
0	1	1	0	1	0	1	1	0	0	1	0
1	1	0	1	0	1	0	0	1	1	0	0
0	0	1	0	0	1	1	0	1	0	1	1
1	1	0	1	1	0	0	1	0	1	0	0
1	1	0	1	1	0	1	0	0	1	0	0

:::: *Puzzle (954)* ::::

0	0	1	0	0	1	0	1	1	0	1	1
0	0	1	0	1	0	1	1	0	0	1	1
1	1	0	1	0	1	0	0	1	1	0	0
0	0	1	0	0	1	1	0	1	0	1	1
0	1	0	0	1	0	1	1	0	1	1	0
1	1	0	1	0	1	0	0	1	0	0	1
1	0	1	0	1	0	1	0	0	1	1	0
0	1	0	1	1	0	1	1	0	1	0	0
1	0	1	1	0	1	0	0	1	0	0	1
0	0	1	0	1	0	0	1	1	0	1	1
1	1	0	1	1	0	1	0	0	1	0	0
1	1	0	1	0	1	0	1	0	1	0	0

:::: *Puzzle (955)* ::::

0	0	1	0	0	1	1	0	1	1	0	1
0	0	1	0	1	0	0	1	1	0	1	1
1	1	0	1	0	0	1	0	0	1	1	0
0	0	1	0	1	1	0	1	0	1	0	1
0	1	0	0	1	0	0	1	1	0	1	1
1	0	1	1	0	1	1	0	0	1	0	0
1	1	0	0	1	1	0	0	1	0	0	1
0	1	0	1	1	0	0	1	0	1	1	0
1	0	1	1	0	0	1	0	1	0	1	0
0	1	0	0	1	1	0	1	1	0	0	1
1	1	0	1	0	1	1	0	0	1	0	0
1	0	1	1	0	0	1	1	0	0	1	0

:::: *Puzzle (956)* ::::

1	0	0	1	0	1	0	1	0	1	0	1
0	0	1	0	0	1	1	0	1	0	1	1
0	1	0	0	1	0	1	1	0	1	1	0
1	0	0	1	0	1	0	0	1	1	0	1
0	0	1	0	1	1	0	1	1	0	1	0
0	1	0	1	0	0	1	1	0	0	1	1
1	0	1	0	0	1	0	0	1	1	0	1
0	1	1	0	1	0	1	0	1	0	1	0
1	1	0	1	1	0	0	1	0	1	0	0
1	0	1	1	0	1	0	0	1	0	0	1
0	1	1	0	1	0	1	1	0	0	1	0
1	1	0	1	1	0	1	0	0	1	0	0

:::: *Puzzle (957)* ::::

1	0	0	1	0	0	1	0	1	0	1	1
1	1	0	0	1	0	0	1	0	1	1	0
0	1	1	0	1	1	0	0	1	1	0	0
0	0	1	1	0	0	1	0	1	0	1	1
1	0	0	1	0	0	1	1	0	1	0	1
0	1	1	0	1	1	0	1	0	0	1	0
0	0	1	0	0	1	1	0	1	1	0	1
1	0	0	1	1	0	0	1	0	1	0	1
0	1	1	0	0	1	1	0	1	0	1	0
0	1	0	1	1	0	1	0	1	0	0	1
1	0	1	0	1	1	0	1	0	1	0	0
1	1	0	1	0	1	0	1	0	0	1	0

:::: *Puzzle (958)* ::::

0	0	1	0	0	1	1	0	1	1	0	1
1	0	1	0	1	0	0	1	0	1	0	1
0	1	0	1	1	0	0	1	1	0	1	0
0	0	1	0	0	1	1	0	1	0	1	1
1	0	1	1	0	1	0	1	0	1	0	0
0	1	0	1	1	0	1	0	0	1	1	0
0	0	1	0	0	1	0	1	1	0	1	1
1	1	0	1	0	0	1	0	1	0	0	1
1	1	0	0	1	0	0	1	0	1	1	0
0	0	1	1	0	1	1	0	1	0	0	1
1	1	0	1	1	0	1	0	0	1	0	0
1	1	0	0	1	1	0	1	0	0	1	0

:::: *Puzzle (959)* ::::

1	1	0	0	1	0	1	0	0	1	0	1
0	1	0	0	1	0	0	1	1	0	1	1
0	0	1	1	0	1	1	0	0	1	1	0
1	0	0	1	0	0	1	1	0	1	0	1
0	1	1	0	1	1	0	0	1	0	0	1
0	0	1	0	1	1	0	1	1	0	1	0
1	1	0	1	0	0	1	0	0	1	1	0
0	1	0	0	1	1	0	1	1	0	0	1
1	0	1	1	0	0	1	1	0	0	1	0
0	0	1	0	0	1	1	0	1	1	0	1
1	1	0	1	1	0	0	1	0	0	1	0
1	0	1	1	0	1	0	0	1	1	0	0

:::: *Puzzle (960)* ::::

0	1	0	1	0	0	1	0	1	0	1	1
0	1	0	0	1	1	0	1	1	0	1	0
1	0	1	0	0	1	0	1	0	1	0	1
0	0	1	1	0	0	1	0	1	0	1	1
0	1	0	0	1	1	0	1	0	1	1	0
1	0	1	0	0	1	0	0	1	1	0	1
1	0	1	1	0	0	1	0	1	0	0	1
0	1	0	1	1	0	1	1	0	0	1	0
1	1	0	0	1	1	0	1	0	1	0	0
1	0	1	1	0	1	0	0	1	0	0	1
0	1	1	0	1	0	1	0	0	1	1	0
1	0	0	1	1	0	1	1	0	1	0	0

:::: Puzzle (961) ::::

0	1	0	0	1	0	0	1	1	0	1	1
1	0	0	1	0	0	1	0	1	1	0	1
0	0	1	0	1	1	0	1	0	1	1	0
0	1	0	0	1	0	1	0	1	0	1	1
1	0	1	1	0	0	1	1	0	1	0	0
1	1	0	0	1	1	0	0	1	0	0	1
0	0	1	1	0	0	1	1	0	0	1	1
0	1	1	0	1	1	0	1	0	1	0	0
1	0	0	1	0	1	1	0	1	0	1	0
1	0	1	1	0	0	1	0	0	1	0	1
0	1	1	0	1	1	0	1	0	0	1	0
1	1	0	1	0	1	0	0	1	1	0	0

:::: Puzzle (962) ::::

0	0	1	0	0	1	1	0	1	1	0	1
0	1	0	0	1	0	0	1	1	0	1	1
1	0	0	1	0	1	1	0	0	1	1	0
0	0	1	0	1	1	0	1	1	0	0	1
0	1	0	1	0	0	1	1	0	1	1	0
1	0	1	1	0	1	0	0	1	0	0	1
0	1	1	0	1	0	1	0	0	1	0	1
1	1	0	0	1	0	1	1	0	0	1	0
1	0	1	1	0	1	0	0	1	0	1	0
0	1	0	1	1	0	1	0	0	1	0	1
1	1	0	0	1	0	0	1	1	0	1	0
1	0	1	1	0	1	0	1	0	1	0	0

:::: Puzzle (963) ::::

0	0	1	0	1	0	0	1	1	0	1	1
0	0	1	0	0	1	0	1	1	0	1	1
1	1	0	1	1	0	1	0	0	1	0	0
0	0	1	1	0	0	1	0	1	0	1	1
0	0	1	0	1	1	0	1	0	1	0	1
1	1	0	1	0	0	1	0	0	1	1	0
1	0	0	1	0	1	1	0	1	0	0	1
0	1	1	0	1	1	0	1	0	0	1	0
1	1	0	1	0	0	1	1	0	1	0	0
0	0	1	0	0	1	1	0	1	0	1	1
1	1	0	0	1	1	0	0	1	1	0	0
1	1	0	1	1	0	0	1	0	1	0	0

:::: Puzzle (964) ::::

0	1	0	0	1	1	0	0	1	0	1	1
1	1	0	0	1	0	1	0	0	1	0	1
0	0	1	1	0	0	1	1	0	1	1	0
0	0	1	0	0	1	0	1	1	0	1	1
1	1	0	0	1	1	0	0	1	1	0	0
0	0	1	1	0	0	1	1	0	0	1	1
0	0	1	0	1	1	0	0	1	1	0	1
1	1	0	1	0	1	0	1	0	0	1	0
1	0	1	1	0	0	1	0	1	1	0	0
0	0	1	0	1	1	0	1	1	0	0	1
1	1	0	1	0	0	1	1	0	0	1	0
1	1	0	1	1	0	1	0	0	1	0	0

:::: Puzzle (965) ::::

1	0	0	1	0	0	1	0	1	0	1	1
0	0	1	0	1	0	1	0	1	1	0	1
0	1	0	0	1	1	0	1	0	1	1	0
1	0	1	1	0	0	1	0	1	0	1	0
0	1	0	1	0	1	0	1	1	0	0	1
0	0	1	0	1	0	1	1	0	1	0	1
1	1	0	0	1	1	0	0	1	0	1	0
0	1	0	1	0	0	1	1	0	1	0	1
1	0	1	1	0	1	0	1	0	0	1	0
0	1	1	0	1	1	0	0	1	0	0	1
1	1	0	0	1	0	1	0	0	1	1	0
1	0	1	1	0	1	0	1	0	1	0	0

:::: Puzzle (966) ::::

1	0	0	1	0	0	1	0	1	1	0	1
1	0	0	1	0	0	1	1	0	0	1	1
0	1	1	0	1	1	0	0	1	1	0	0
0	1	1	0	0	1	0	1	0	1	1	0
1	0	0	1	0	0	1	0	1	0	1	1
0	0	1	0	1	1	0	1	0	1	0	1
0	1	0	1	0	1	1	0	1	0	1	0
1	0	1	0	1	0	0	1	0	1	0	1
0	1	0	1	1	0	1	0	1	0	1	0
0	1	1	0	0	1	1	0	1	0	0	1
1	0	1	0	1	1	0	1	0	1	0	0
1	1	0	1	1	0	0	1	0	0	1	0

:::: Puzzle (967) ::::

0	0	1	0	0	1	0	1	1	0	1	1
0	0	1	1	0	0	1	1	0	0	1	1
1	1	0	0	1	0	1	0	1	1	0	0
0	0	1	1	0	1	0	1	0	0	1	1
1	0	0	1	0	1	0	0	1	1	0	1
1	1	0	0	1	0	1	0	0	1	1	0
0	0	1	0	1	1	0	1	1	0	1	0
1	1	0	1	0	0	1	0	1	0	0	1
0	1	1	0	1	1	0	1	0	1	0	0
0	0	1	0	0	1	1	0	1	0	1	1
1	1	0	1	1	0	0	1	0	1	0	0
1	1	0	1	1	0	1	0	0	1	0	0

:::: Puzzle (968) ::::

0	0	1	0	1	0	0	1	1	0	1	1
0	1	0	0	1	0	1	0	1	0	1	1
1	0	1	1	0	1	0	1	0	1	0	0
0	0	1	0	1	0	1	0	1	1	0	1
0	1	0	0	1	0	0	1	1	0	1	1
1	0	1	1	0	1	0	1	0	0	1	0
0	0	1	1	0	1	1	0	0	1	0	1
1	1	0	0	1	0	1	0	1	0	1	0
1	1	0	1	0	1	0	1	0	1	0	0
0	0	1	1	0	0	1	0	1	0	1	1
1	1	0	0	1	1	0	1	0	1	0	0
1	1	0	1	0	1	1	0	0	1	0	0

:::: Puzzle (969) ::::

1	1	0	0	1	0	0	1	0	1	1	0
0	0	1	0	0	1	1	0	1	0	1	1
0	0	1	1	0	0	1	0	1	1	0	1
1	1	0	0	1	1	0	1	0	0	1	0
0	0	1	0	0	1	0	1	1	0	1	1
0	1	0	1	1	0	1	0	0	1	0	1
1	0	1	0	1	0	1	1	0	0	1	0
0	0	1	1	0	1	0	1	1	0	0	1
1	1	0	1	0	0	1	0	1	1	0	0
0	0	1	0	1	1	0	1	0	0	1	1
1	1	0	1	1	0	1	0	0	1	0	0
1	1	0	1	0	1	0	0	1	1	0	0

:::: Puzzle (970) ::::

0	1	0	0	1	1	0	0	1	0	1	1
0	1	0	0	1	0	1	1	0	0	1	1
1	0	1	1	0	1	0	0	1	1	0	0
0	0	1	0	0	1	1	0	1	0	1	1
0	1	0	1	1	0	1	1	0	1	0	0
1	0	1	0	0	1	0	0	1	0	1	1
0	0	1	0	1	0	1	1	0	1	1	0
1	1	0	1	0	0	1	1	0	1	0	0
1	0	1	1	0	1	0	0	1	0	0	1
0	0	1	0	1	0	1	0	1	0	1	1
1	1	0	1	1	0	0	1	0	1	0	0
1	1	0	1	0	1	0	1	0	1	0	0

:::: Puzzle (971) ::::

0	1	0	0	1	1	0	1	0	1	1	0
0	0	1	0	0	1	0	1	1	0	1	1
1	0	0	1	1	0	1	0	0	1	0	1
0	1	1	0	0	1	0	1	1	0	1	0
0	0	1	1	0	0	1	0	1	0	1	1
1	0	0	1	1	0	0	1	0	1	0	1
0	1	1	0	0	1	1	0	1	0	1	0
1	1	0	0	1	0	1	0	0	1	0	1
1	0	1	1	0	1	0	1	0	1	0	0
0	1	0	1	1	0	0	1	1	0	1	0
1	1	0	0	1	0	1	0	1	0	0	1
1	0	1	1	0	1	1	0	0	1	0	0

:::: Puzzle (972) ::::

1	0	0	1	0	1	0	1	0	1	1	0
0	0	1	0	1	0	0	1	1	0	1	1
1	1	0	0	1	0	1	0	0	1	0	1
0	0	1	1	0	1	0	1	0	1	1	0
0	0	1	0	0	1	1	0	1	0	1	1
1	1	0	0	1	0	0	1	1	0	0	1
0	1	0	1	1	0	1	1	0	1	0	0
0	0	1	1	0	1	1	0	1	0	1	0
1	1	0	0	1	1	0	0	1	0	0	1
1	0	1	1	0	0	1	1	0	1	0	0
0	1	1	0	0	1	0	0	1	0	1	1
1	1	0	1	1	0	1	0	0	1	0	0

:::: Puzzle (973) ::::

0	1	0	0	1	0	0	1	1	0	1	1
0	0	1	0	0	1	1	0	1	1	0	1
1	0	1	1	0	0	1	0	0	1	1	0
0	1	0	0	1	1	0	1	1	0	0	1
0	0	1	0	1	0	1	1	0	1	0	1
1	0	1	1	0	1	0	0	1	0	1	0
0	1	0	1	0	1	0	0	1	1	0	1
1	1	0	0	1	0	1	1	0	1	0	0
1	0	1	1	0	1	0	1	0	0	1	0
0	0	1	0	0	1	1	0	1	0	1	1
1	1	0	1	1	0	1	0	0	1	0	0
1	1	0	1	1	0	0	1	0	0	1	0

:::: Puzzle (974) ::::

0	1	0	0	1	0	1	1	0	1	1	0
0	0	1	0	0	1	0	1	1	0	1	1
1	0	0	1	0	1	0	0	1	1	0	1
1	1	0	0	1	0	1	1	0	1	0	0
0	0	1	0	0	1	1	0	1	0	1	1
0	0	1	1	0	1	0	1	0	0	1	1
1	1	0	1	1	0	1	0	0	1	0	0
0	0	1	0	1	1	0	0	1	1	0	1
1	1	0	1	0	0	1	1	0	0	1	0
1	0	1	1	0	1	0	0	1	1	0	0
0	1	1	0	1	0	1	0	1	0	0	1
1	1	0	1	1	0	0	1	0	0	1	0

:::: Puzzle (975) ::::

0	0	1	1	0	0	1	0	1	0	1	1
0	0	1	0	0	1	1	0	1	1	0	1
1	1	0	0	1	0	0	1	0	1	1	0
0	0	1	1	0	0	1	1	0	0	1	1
0	0	1	1	0	1	1	0	1	1	0	0
1	1	0	0	1	1	0	1	0	0	1	0
1	0	0	1	1	0	0	1	1	0	0	1
0	1	1	0	0	1	1	0	0	1	0	1
1	1	0	1	1	0	0	1	0	0	1	0
1	0	1	0	0	1	0	1	1	0	0	1
0	1	0	1	1	0	1	0	0	1	1	0
1	1	0	0	1	1	0	0	1	1	0	0

:::: Puzzle (976) ::::

1	0	1	0	1	0	0	1	0	1	0	1
1	1	0	0	1	0	1	0	1	0	0	1
0	0	1	1	0	1	0	1	0	1	1	0
0	0	1	0	0	1	1	0	1	1	0	1
1	1	0	0	1	0	1	0	1	0	1	0
0	0	1	1	0	1	0	1	0	0	1	1
0	0	1	0	1	1	0	0	1	1	0	1
1	1	0	1	0	0	1	0	0	1	1	0
0	1	0	1	0	1	0	1	1	0	1	0
0	0	1	0	1	1	0	1	1	0	0	1
1	1	0	1	1	0	1	0	0	1	0	0
1	1	0	1	0	0	1	1	0	0	1	0

:::: Puzzle (977) ::::

0	0	1	0	0	1	0	1	1	0	1	1
1	1	0	0	1	0	1	0	1	1	0	0
0	0	1	1	0	1	1	0	0	1	0	1
1	0	0	1	0	1	0	1	0	0	1	1
0	1	1	0	1	0	0	1	1	0	1	0
0	0	1	0	0	1	1	0	1	1	0	1
1	0	0	1	1	0	1	0	0	1	0	1
0	1	1	0	0	1	0	1	1	0	1	0
1	1	0	1	1	0	0	1	0	1	0	0
0	0	1	0	0	1	1	0	1	0	1	1
1	1	0	1	1	0	1	0	0	1	0	0
1	1	0	1	1	0	0	1	0	0	1	0

:::: Puzzle (978) ::::

1	0	1	0	0	1	0	0	1	1	0	1
1	1	0	0	1	0	1	1	0	0	1	0
0	0	1	1	0	0	1	0	1	1	0	1
0	0	1	0	0	1	0	1	1	0	1	1
1	1	0	1	1	0	0	1	0	0	1	0
0	0	1	0	0	1	1	0	1	1	0	1
0	1	1	0	1	0	1	0	0	1	1	0
1	0	0	1	0	1	0	1	0	0	1	1
0	1	0	1	1	0	1	0	1	1	0	0
0	0	1	0	1	1	0	1	1	0	0	1
1	1	0	1	0	1	0	1	0	0	1	0
1	1	0	1	1	0	1	0	0	1	0	0

:::: Puzzle (979) ::::

0	0	1	0	0	1	0	1	1	0	1	1
1	0	0	1	0	0	1	0	1	1	0	1
0	1	0	0	1	0	1	1	0	1	1	0
0	0	1	1	0	1	0	0	1	0	1	1
1	1	0	0	1	0	1	0	0	1	0	1
0	1	1	0	0	1	0	1	1	0	1	0
1	0	0	1	1	0	1	0	1	1	0	0
0	1	1	0	1	0	0	1	0	0	1	1
1	0	1	1	0	1	0	1	0	1	0	0
0	1	0	1	1	0	1	0	1	0	0	1
1	1	0	0	1	1	0	1	0	0	1	0
1	0	1	1	0	1	1	0	0	1	0	0

:::: Puzzle (980) ::::

1	0	0	1	0	1	0	0	1	1	0	1
0	0	1	0	0	1	1	0	1	0	1	1
0	1	0	0	1	0	1	1	0	1	1	0
1	0	0	1	0	1	0	1	1	0	0	1
0	1	1	0	1	0	1	0	0	1	1	0
0	0	1	0	1	0	0	1	1	0	1	1
1	1	0	1	0	1	0	0	1	1	0	0
0	1	0	1	1	0	1	1	0	1	0	0
1	0	1	0	0	1	0	1	0	0	1	1
0	1	1	0	1	0	1	0	1	0	0	1
1	1	0	1	1	0	1	0	0	1	0	0
1	0	1	1	0	1	0	1	0	0	1	0

:::: Puzzle (981) ::::

1	1	0	0	1	0	0	1	1	0	0	1
0	0	1	1	0	0	1	1	0	1	1	0
0	0	1	0	0	1	1	0	1	0	1	1
1	1	0	0	1	0	0	1	0	1	0	1
0	0	1	1	0	1	1	0	1	1	0	0
0	1	0	0	1	0	0	1	1	0	1	1
1	0	1	0	0	1	1	0	0	1	1	0
0	0	1	1	0	1	1	0	1	0	0	1
1	1	0	1	1	0	0	1	0	1	0	0
0	0	1	0	1	1	0	0	1	0	1	1
1	1	0	1	0	1	1	0	0	1	0	0
1	1	0	1	1	0	0	1	0	0	1	0

:::: Puzzle (982) ::::

0	0	1	0	0	1	0	1	1	0	1	1
1	0	0	1	0	0	1	0	1	1	0	1
0	1	0	0	1	0	1	1	0	1	1	0
0	0	1	0	1	1	0	1	1	0	0	1
1	1	0	1	0	0	1	0	1	0	1	0
0	0	1	0	1	1	0	1	0	1	0	1
0	1	0	1	0	1	0	0	1	1	0	1
1	1	0	0	1	0	1	1	0	0	1	0
1	0	1	1	0	0	1	0	0	1	1	0
0	1	1	0	1	1	0	0	1	0	0	1
1	1	0	1	1	0	0	1	0	0	1	0
1	0	1	1	0	1	1	0	0	1	0	0

:::: Puzzle (983) ::::

1	1	0	0	1	0	0	1	0	1	1	0
1	0	0	1	0	1	0	0	1	0	1	1
0	0	1	0	0	1	1	0	1	1	0	1
1	1	0	1	1	0	0	1	0	0	1	0
0	0	1	1	0	0	1	0	1	1	0	1
0	0	1	0	0	1	0	1	1	0	1	1
1	1	0	1	1	0	1	0	0	1	0	0
1	0	0	1	0	0	1	1	0	1	0	1
0	1	1	0	1	1	0	0	1	0	1	0
1	0	0	1	1	0	1	1	0	1	0	0
0	1	1	0	0	1	1	0	1	0	0	1
0	1	1	0	1	1	0	1	0	0	1	0

:::: Puzzle (984) ::::

0	0	1	0	0	1	1	0	1	0	1	1
0	0	1	0	1	0	0	1	1	0	1	1
1	1	0	1	0	0	1	1	0	1	0	0
0	0	1	0	0	1	1	0	1	1	0	1
0	1	0	0	1	1	0	1	0	0	1	1
1	0	1	1	0	0	1	0	0	1	1	0
0	1	0	1	1	0	1	0	1	0	0	1
1	0	1	0	1	1	0	1	0	0	1	0
1	1	0	1	0	1	0	0	1	1	0	0
0	0	1	0	1	0	1	0	1	0	1	1
1	1	0	1	0	1	0	1	0	1	0	0
1	1	0	1	1	0	0	1	0	1	0	0

:::: Puzzle (985) ::::

0	0	1	0	0	1	0	1	1	0	1	1
0	0	1	0	0	1	1	0	1	1	0	1
1	1	0	1	1	0	0	1	0	0	1	0
0	0	1	0	0	1	1	0	1	0	1	1
1	0	1	0	1	0	1	0	1	1	0	0
0	1	0	1	0	1	0	1	0	0	1	1
1	0	0	1	1	0	0	1	0	1	1	0
0	1	1	0	0	1	1	0	1	0	0	1
1	1	0	1	1	0	0	1	0	1	0	0
0	0	1	0	1	1	0	1	0	1	1	0
1	1	0	1	0	0	1	0	1	0	0	1
1	1	0	1	1	0	1	0	0	1	0	0

:::: Puzzle (986) ::::

1	0	0	1	0	0	1	0	1	1	0	1
1	0	0	1	0	0	1	0	1	0	1	1
0	1	1	0	1	1	0	1	0	1	0	0
0	0	1	0	0	1	0	1	1	0	1	1
1	0	0	1	1	0	1	0	0	1	1	0
0	1	1	0	0	1	0	0	1	1	0	1
0	1	0	1	1	0	1	1	0	0	1	0
1	0	1	0	1	0	0	1	0	0	1	1
0	1	0	1	0	1	1	0	1	1	0	0
0	1	1	0	1	1	0	0	1	0	0	1
1	0	1	0	1	0	1	1	0	0	1	0
1	1	0	1	0	1	0	1	0	1	0	0

:::: Puzzle (987) ::::

0	1	0	0	1	0	0	1	1	0	1	1
0	0	1	0	1	0	0	1	1	0	1	1
1	0	1	1	0	1	1	0	0	1	0	0
1	1	0	0	1	1	0	0	1	0	1	0
0	0	1	1	0	0	1	1	0	0	1	1
0	0	1	0	1	1	0	0	1	1	0	1
1	1	0	1	0	1	0	1	0	1	0	0
1	0	0	1	0	0	1	0	1	0	1	1
0	1	1	0	1	0	1	1	0	1	0	0
1	0	1	0	0	1	0	1	0	1	1	0
0	1	0	1	0	1	1	0	1	0	0	1
1	1	0	1	1	0	1	0	0	1	0	0

:::: Puzzle (988) ::::

1	0	0	1	0	0	1	0	1	0	1	1
1	0	1	0	0	1	0	0	1	1	0	1
0	1	0	0	1	0	1	1	0	1	1	0
0	0	1	1	0	1	0	1	1	0	0	1
1	1	0	0	1	1	0	0	1	0	1	0
0	0	1	0	1	0	1	1	0	1	0	1
0	0	1	1	0	1	1	0	1	1	0	0
1	1	0	1	0	1	0	1	0	0	1	0
0	1	1	0	1	0	0	1	0	1	0	1
0	0	1	0	0	1	1	0	1	0	1	1
1	1	0	1	1	0	1	0	0	1	0	0
1	1	0	1	1	0	0	1	0	0	1	0

:::: Puzzle (989) ::::

0	1	0	0	1	0	0	1	1	0	1	1
0	0	1	0	1	0	0	1	1	0	1	1
1	1	0	1	0	1	1	0	0	1	0	0
1	0	1	0	0	1	0	1	0	1	1	0
0	0	1	0	1	0	1	0	1	0	1	1
0	1	0	1	0	0	1	1	0	1	0	1
1	0	1	0	1	1	0	1	0	0	1	0
0	0	1	1	0	1	1	0	1	1	0	0
1	1	0	1	0	0	1	0	0	1	0	1
0	0	1	0	1	1	0	1	1	0	1	0
1	1	0	1	1	0	1	0	0	1	0	0
1	1	0	1	0	1	0	0	1	0	0	1

:::: Puzzle (990) ::::

0	1	0	0	1	0	1	0	1	1	0	1
0	1	0	0	1	0	0	1	1	0	1	1
1	0	1	1	0	1	0	1	0	0	1	0
0	0	1	0	1	0	1	0	1	1	0	1
0	1	0	1	0	1	0	1	0	0	1	1
1	0	1	0	1	1	0	0	1	1	0	0
0	1	0	0	1	0	1	1	0	1	0	1
1	0	1	1	0	1	0	0	1	0	1	0
1	0	0	1	0	0	1	1	0	1	1	0
0	1	1	0	1	1	0	0	1	0	0	1
1	0	1	1	0	0	1	1	0	0	1	0
1	1	0	1	0	1	1	0	0	1	0	0

:::: Puzzle (991) ::::

0	0	1	0	0	1	0	1	1	0	1	1
1	0	0	1	0	0	1	1	0	1	1	0
0	1	0	0	1	1	0	0	1	1	0	1
0	1	1	0	0	1	1	0	1	0	1	0
1	0	0	1	0	0	1	1	0	1	0	1
0	0	1	0	1	1	0	1	1	0	1	0
0	1	0	1	1	0	1	0	1	0	0	1
1	0	1	0	0	1	1	0	0	1	0	1
1	1	0	1	1	0	0	1	0	0	1	0
0	1	1	0	1	1	0	0	1	0	0	1
1	0	1	1	0	0	1	0	0	1	1	0
1	1	0	1	1	0	0	1	0	1	0	0

:::: Puzzle (992) ::::

0	1	0	0	1	0	0	1	1	0	1	1
0	1	0	0	1	0	1	1	0	1	1	0
1	0	1	1	0	1	0	0	1	0	0	1
1	0	0	1	0	0	1	1	0	1	1	0
0	1	1	0	1	1	0	0	1	1	0	0
0	1	0	0	1	0	1	1	0	0	1	1
1	0	1	1	0	0	1	0	0	1	0	1
0	0	1	0	1	1	0	1	1	0	1	0
1	1	0	1	0	1	1	0	0	1	0	0
0	0	1	1	0	0	1	1	0	1	0	1
1	0	1	0	1	1	0	0	1	0	1	0
1	1	0	1	0	1	0	0	1	0	0	1

:::: Puzzle (993) ::::

0	0	1	0	0	1	1	0	1	1	0	1
0	1	0	0	1	0	1	1	0	1	0	1
1	0	0	1	0	1	0	1	1	0	1	0
0	0	1	1	0	1	0	0	1	1	0	1
0	1	1	0	1	0	1	1	0	0	1	0
1	0	0	1	0	1	0	1	0	1	0	1
0	1	1	0	0	1	0	0	1	0	1	1
1	0	1	0	1	0	1	0	1	0	1	0
1	1	0	1	1	0	0	1	0	1	0	0
0	0	1	0	0	1	1	0	1	0	1	1
1	1	0	1	1	0	1	0	0	1	0	0
1	1	0	1	1	0	0	1	0	0	1	0

:::: Puzzle (994) ::::

0	0	1	0	0	1	0	1	1	0	1	1
0	1	0	0	1	1	0	1	1	0	1	0
1	0	1	1	0	0	1	0	0	1	0	1
0	0	1	0	0	1	1	0	1	1	0	1
0	1	0	1	1	0	0	1	1	0	1	0
1	0	0	1	1	0	1	0	0	1	0	1
0	1	1	0	0	1	0	1	0	1	1	0
1	0	0	1	0	0	1	0	1	0	1	1
1	1	0	0	1	0	1	1	0	1	0	0
0	1	1	0	1	1	0	0	1	0	0	1
1	0	1	1	0	1	0	1	0	0	1	0
1	1	0	1	1	0	1	0	0	1	0	0

:::: Puzzle (995) ::::

0	0	1	0	1	0	1	1	0	1	0	1
0	0	1	0	0	1	0	1	1	0	1	1
1	1	0	1	0	0	1	0	0	1	1	0
0	0	1	0	1	1	0	1	1	0	0	1
1	0	0	1	0	0	1	1	0	1	1	0
0	1	1	0	1	0	1	0	1	0	1	0
1	1	0	0	1	1	0	0	1	0	0	1
0	0	1	1	0	1	0	1	0	1	1	0
1	1	0	1	1	0	1	0	0	1	0	0
1	1	0	0	1	0	0	1	1	0	0	1
0	0	1	1	0	1	1	0	0	1	1	0
1	1	0	1	0	1	0	0	1	0	0	1

:::: Puzzle (996) ::::

1	0	0	1	1	0	0	1	1	0	0	1
1	0	1	0	0	1	0	1	0	1	1	0
0	1	1	0	0	1	1	0	0	1	0	1
0	1	0	1	1	0	0	1	1	0	1	0
1	0	1	1	0	0	1	0	1	0	0	1
0	0	1	0	1	1	0	1	0	1	1	0
0	1	0	0	1	0	0	1	1	0	1	1
1	0	0	1	0	1	1	0	1	0	0	1
0	1	1	0	0	1	1	0	0	1	1	0
0	0	1	0	1	0	0	1	1	0	1	1
1	1	0	1	0	1	1	0	0	1	0	0
1	1	0	1	1	0	1	0	0	1	0	0

:::: Puzzle (997) ::::

0	0	1	0	0	1	1	0	1	0	1	1
0	1	0	0	1	1	0	0	1	0	1	1
1	0	1	1	0	0	1	1	0	1	0	0
0	0	1	0	1	1	0	1	0	1	1	0
0	1	0	1	1	0	1	0	1	0	0	1
1	0	1	1	0	0	1	1	0	0	1	0
0	0	1	0	1	1	0	1	0	1	0	1
1	1	0	1	0	0	1	0	1	1	0	0
1	1	0	0	1	0	0	1	0	0	1	1
0	0	1	1	0	1	0	1	0	1	1	0
1	1	0	0	1	0	1	0	1	1	0	0
1	1	0	1	0	1	0	0	1	0	0	1

:::: Puzzle (998) ::::

0	0	1	0	0	1	1	0	1	1	0	1
0	0	1	0	0	1	0	1	1	0	1	1
1	1	0	1	1	0	0	1	0	0	1	0
0	1	0	0	1	0	1	0	1	1	0	1
0	0	1	0	0	1	1	0	1	0	1	1
1	0	0	1	0	1	0	1	0	1	1	0
0	1	0	1	1	0	1	0	0	1	0	1
1	0	1	0	1	0	1	0	1	0	1	0
1	1	0	1	0	1	0	1	0	1	0	0
0	1	1	0	1	0	1	0	1	0	0	1
1	0	1	1	0	1	0	1	0	0	1	0
1	1	0	1	1	0	0	1	0	1	0	0

:::: Puzzle (999) ::::

0	0	1	0	1	0	1	0	1	1	0	1
1	0	1	0	0	1	0	0	1	0	1	1
0	1	0	1	0	0	1	1	0	1	1	0
0	0	1	0	1	1	0	1	0	1	0	1
1	0	0	1	0	0	1	0	1	0	1	1
0	1	1	0	1	1	0	1	0	1	0	0
0	0	1	0	0	1	0	1	1	0	1	1
1	1	0	1	1	0	1	0	0	1	0	0
1	1	0	1	0	0	1	0	1	0	1	0
0	0	1	0	1	1	0	1	1	0	0	1
1	1	0	1	0	1	1	0	0	1	0	0
1	1	0	1	1	0	0	1	0	0	1	0

:::: Puzzle (1000) ::::

1	0	0	1	0	1	0	1	0	1	0	1
0	0	1	1	0	1	0	1	1	0	1	0
0	1	0	0	1	0	1	0	1	0	1	1
1	0	1	1	0	0	1	1	0	1	0	0
0	0	1	0	1	1	0	0	1	1	0	1
0	1	0	1	0	1	1	0	1	0	1	0
1	0	1	0	1	0	1	1	0	0	1	0
0	1	1	0	0	1	0	0	1	1	0	1
1	1	0	1	1	0	0	1	0	1	0	0
0	0	1	0	0	1	1	0	1	0	1	1
1	1	0	0	1	0	1	0	0	1	0	1
1	1	0	1	1	0	0	1	0	0	1	0

Special Bonus for Logic Puzzles Lovers

Please go to the link below to download and print this 500 Easy to Hard logic puzzles and start having fun.

https://bit.ly/2BM2LSC

A Special Request

Your brief review could really help us.

Thank you for your support

Made in the USA
Monee, IL
23 April 2021

66648537R00125